Collins Double Atlas

Contents

Britain

SYMBOLS	1
BRITISH ISLES	2
BRITISH ISLES Rock Types	3
BRITISH ISLES Seasonal Climate	4
BRITISH ISLES Crops & Stock	5
BRITISH ISLES Annual Climate & Farming Types	6
BRITISH ISLES Population & Communications	7
BRITISH ISLES Counties & Regions	8
BRITISH ISLES Historic Counties	9
BRITISH ISLES Employment	10
BRITISH ISLES & NORTHWEST EUROPE Energy & Industry	11
LONDON REGION	12
LONDON REGION Land Use	13
LONDON REGION Population & Industry	14
LONDON REGION Conservation & Recreation	15
SOUTHERN ENGLAND	16–17
SOUTHERN ENGLAND Land Use	18–19
SOUTHERN ENGLAND Population & Industry	20–21
SOUTHERN ENGLAND Conservation & Recreation	22–23
WALES & SOUTHWEST ENGLAND	24–25
WALES & SOUTHWEST ENGLAND Land Use	26–27
WALES & SOUTHWEST ENGLAND Population & Industry	28–29
WALES & SOUTHWEST ENGLAND Conservation & Recreation	30–31
NORTHERN ENGLAND	32–33
NORTHERN ENGLAND Land Use	34–35
NORTHERN ENGLAND Population & Industry	36–37
NORTHERN ENGLAND Conservation & Recreation	38–39
SOUTHERN SCOTLAND & NORTHEAST ENGLAND	40–41
SOUTHERN SCOTLAND & NORTHEAST ENGLAND Land Use	42–43
SOUTHERN SCOTLAND & NORTHEAST ENGLAND Population & Industry	44–45
SOUTHERN SCOTLAND & NORTHEAST ENGLAND Conservation & Recreation	46–47
NORTHERN SCOTLAND	48–49
NORTHERN SCOTLAND Land Use	50–51
NORTHERN SCOTLAND Population & Industry	52–53
NORTHERN SCOTLAND Conservation & Recreation	54–55
IRELAND North	56–57
IRELAND South	58–59
INDEX	161–216

© Copyright Wm. Collins Sons & Co. Ltd. 1976
First published 1976
Printed and bound in Scotland
by Wm. Collins Sons & Co. Ltd.

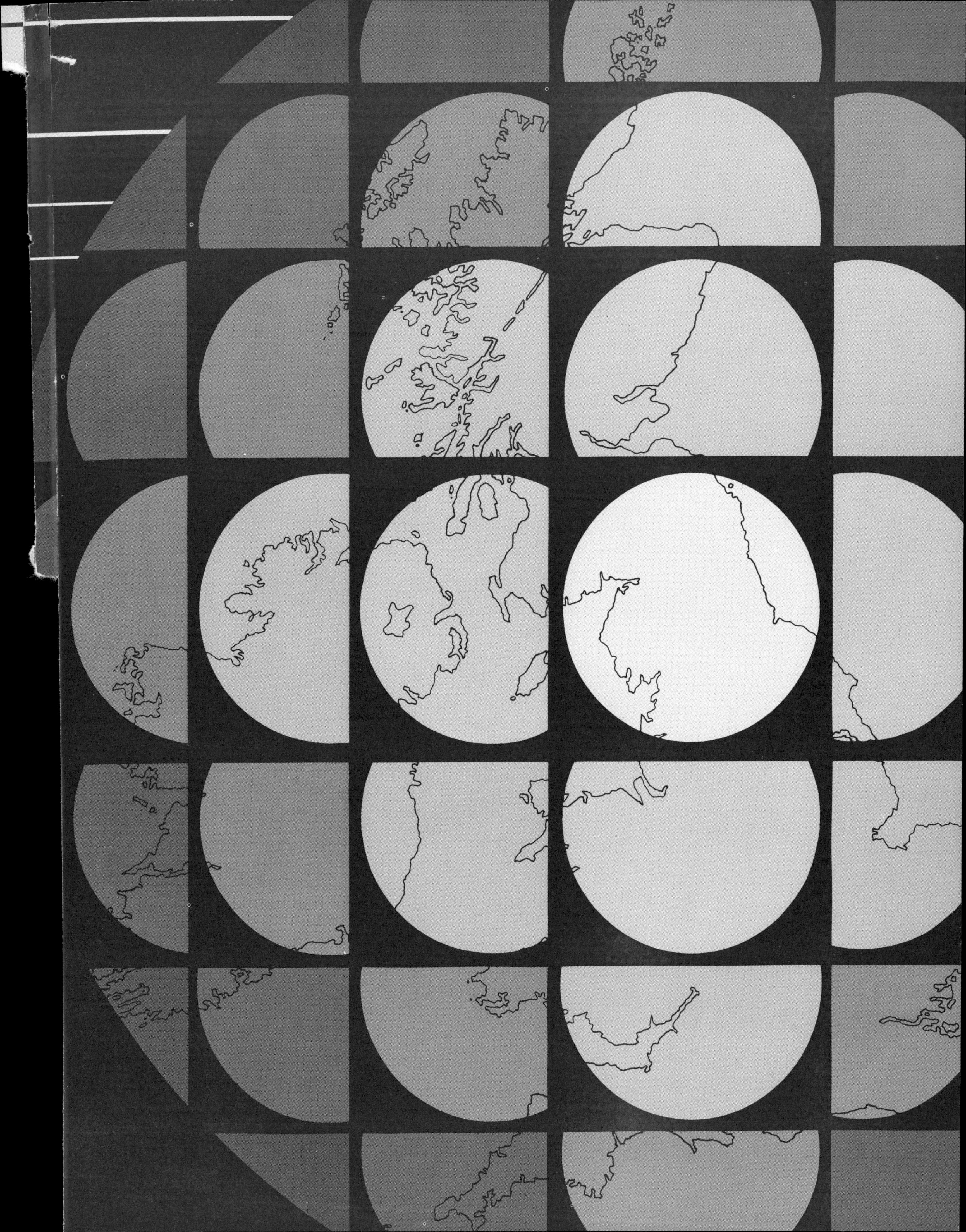

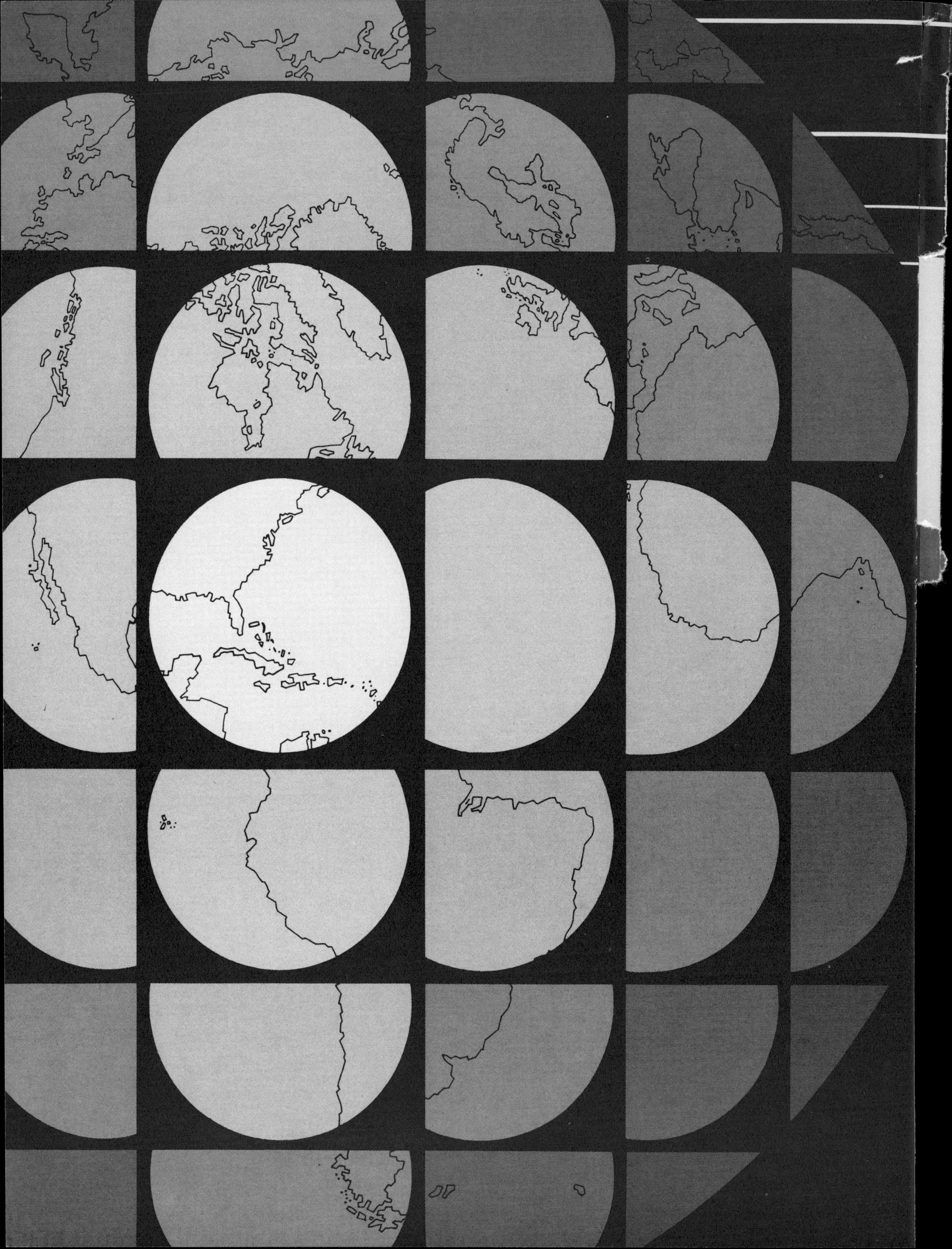

Contents

The World

SYMBOLS	1
EUROPE	60–61
EUROPE Political	62
EUROPE Physiography & Geology	63
EUROPE Climate	64–65
EUROPE Mineral Resources & Population	66
EUROPE Industry, Gross National Product & Economic Groups	67
FRANCE	68
SPAIN & PORTUGAL	69
ITALY & THE BALKANS	70–71
GERMANY & THE ALPS	72
BENELUX	73
SCANDINAVIA & ICELAND	74
EASTERN EUROPE	75
U.S.S.R.	76–77
ASIA	78–79
ASIA Climate	79 & 81
ASIA Physiography & Geology	80–81
ASIA Political	82–83
ASIA Mineral Resources & Population	83
SOUTHWEST ASIA	84–85
SOUTH ASIA	86–87
SOUTHEAST ASIA	88–89
EAST ASIA	90–91
EAST CHINA	92–93
BURMA, THAILAND & INDO-CHINA	94
JAPAN	95
JAPAN Industry	95
AFRICA	96
AFRICA Political	97
AFRICA Population	97
AFRICA Physiography, Geology & Mineral Resources	98
AFRICA Climate	99
NORTHERN AFRICA	100–101
WEST AFRICA	102–103
CENTRAL & EAST AFRICA	104–105
SOUTHERN AFRICA	106
AUSTRALIA	107
SOUTHEAST AUSTRALIA	108
AUSTRALASIA Physiography & Geology	109
AUSTRALIA Climate	110
AUSTRALIA Mineral Resources & Population	111
NEW ZEALAND General, Mineral Resources & Population	112
NORTH AMERICA Political	113
NORTH AMERICA	114–115
NORTH AMERICA Physiography & Geology	116
NORTH AMERICA Climate	117
NORTH AMERICA Population	118
NORTH AMERICA Mineral Resources	119
U.S.A.	120–121
CANADA	122–123
NORTHEAST U.S.A. & SOUTH CENTRAL CANADA	124–125
CENTRAL AMERICA & THE CARIBBEAN	126–127
SOUTH AMERICA General, Physiography & Geology	128–129
SOUTH AMERICA Political	130
SOUTH AMERICA Climate	131
SOUTH AMERICA Mineral Resources & Population	132
SOUTHEAST BRAZIL & NORTH ARGENTINA	133
POLAR REGIONS	134
WORLD Physiography & Structure	135
WORLD Physical	136–137
WORLD Political	138–139
WORLD Climate	140–141
WORLD Soils	142–143
WORLD Vegetation	144–145
WORLD Food Crops & Livestock	146
WORLD Crops for Industries	147
WORLD Forest Resources & Products	148
WORLD Cultivated Land & Food Supply	149
WORLD Mineral & Fuel Resources	150
WORLD Power & Industry	151
WORLD Population & Communications	152–153
WORLD Infant Mortality & Death Rate	154
WORLD Population Growth & Life Expectancy	155
WORLD Road Density & Passenger Cars	156
WORLD Gross National Product & Consumption of Energy	157
WORLD School Enrolment & Literacy	158
WORLD Races & Religions	159
WORLD Time Zones & International Organisations	160
INDEX	161–216

Countries of the World

COUNTRY	Population	AREA IN SQ. KM	DENSITY	MEAN ANNUAL % INCREASE	CAPITAL	Population
AFRICA						
AFARS AND ISSAS, FR. TERR. OF	125 000	22 000	5·7		Djibouti	62 000
ALGERIA	15 772 000	2 382 000	6·6	3·0	Algiers	943 000
ANGOLA	5 430 000	1 247 000	4·4	1·3	Luanda	225 000
BOTSWANA	648 000	600 000	1·1	3·0	Gaborone	18 436
BURUNDI	3 600 000	28 000	128·6	2·0	Bujumbura	71 000
CAMEROON	6 167 000	475 000	13·0	2·1	Yaoundé	101 000
CENTRAL AFRICAN REPUBLIC	2 088 000	623 000	3·3	2·5	Bangui	150 000
CHAD	3 868 000	1 284 000	3·0	1·5	N'Djamene	99 000
COMORO ISLANDS	291 000	2 000	145·5	3·9	Moroni	11 515
CONGO	1 004 000	342 000	2·9	1·3	Brazzaville	156 000
DAHOMEY	2 912 000	113 000	25·8	2·9	Porto Novo	75 000
EGYPT	35 619 000	1 001 000	35·6	2·5	Cairo	1 000 000
EQUATORIAL GUINEA	300 000	28 000	10·7	1·8	Santa Isabel	37 000
ETHIOPIA	26 076 000	1 222 000	21·3	2·1	Addis Ababa	644 000
GABON	630 000	266 000	2·4	1·0	Libreville	57 000
GAMBIA	493 000	11 000	44·8	2·1	Banjul	43 000
GHANA	9 355 000	239 000	39·1	2·7	Accra	849 000
GUINEA	4 208 000	246 000	17·1	2·5	Conakry	197 000
GUINEA BISSAU	556 000	36 000	15·4	0·2	Bissau	6 000
IVORY COAST	4 641 000	322 000	14·1	2·3	Abidjan	360 000
KENYA	12 482 000	583 000	21·4	2·9	Nairobi	509 000
LESOTHO	1 043 000	30 000	34·8	2·8	Maseru	19 274
LIBERIA	1 659 000	111 000	14·9	1·9	Monrovia	81 000
LIBYA	2 161 000	1 760 000	1·2	3·7	Tripoli	247 000
					Benghazi	137 000
MALAGASY REPUBLIC	6 777 000	587 000	11·5	2·4	Tananarive	333 000
MALAWI	4 791 000	118 000	40·6	2·9	Lilongwe	20 000
MALI	5 376 000	1 240 000	4·3	1·9	Bamako	282 000
MAURITANIA	1 257 000	1 031 000	1·2	2·0	Nouakchott	15 000
MAURITIUS	868 000	2 000	434·0	2·2	Port Louis	135 000
MOÇAMBIQUE	8 823 000	783 000	11·3	1·4	Lourenço Marques	179 000
MOROCCO	16 309 000	445 000	36·6	2·9	Rabat	435 000
NIGER	4 304 000	1 267 000	3·4	2·7	Niamey	79 000
NIGERIA	66 174 000	924 000	71·6	2·4	Lagos	842 000
REPUBLIC OF SOUTH AFRICA	23 724 000	1 221 000	19·4	2·4	Cape Town	626 000
					Pretoria	493 000
RÉUNION	474 000	3 000	158·0	2·3	St. Denis	66 000
RHODESIA	5 900 000	391 000	15·1	3·2	Salisbury	385 000
RWANDA	3 984 000	26 000	153·2	3·0	Kigali	4 273
SENEGAL	4 227 000	196 000	21·6	2·2	Dakar	581 000
SEYCHELLES	56 000	376	148·9	2·2	Victoria	11 000
SIERRA LEONE	2 861 000	72 000	39·7	1·5	Freetown	171 000
SOMALI REPUBLIC	4 500 000	638 000	7·1	2·7	Mogadishu	173 000
SOUTH WEST AFRICA (NAMIBIA)	673 000	824 000	0·8	1·8	Windhoek	60 000
SPANISH SAHARA	99 000	266 000	0·4		El Aaiún	
SUDAN	16 901 000	2 506 000	6·7	2·8	Khartoum	400 000
SWAZILAND	463 000	17 000	27·2	3·0	Mbabane	14 000
TANZANIA	14 377 000	945 000	15·2	2·5	Dar es Salaam	273 000
TOGO	2 117 000	56 000	37·8	2·5	Lomé	135 000
TUNISIA	5 509 000	164 000	33·6	3·1	Tunis	642 000
UGANDA	10 810 000	236 000	45·8	3·2	Kampala	170 000
UPPER VOLTA	5 737 000	274 000	20·9	2·1	Ouagadougou	78 000
ZAÏRE	23 563 000	2 345 000	10·0	2·2	Kinshasa	1 000 000
ZAMBIA	4 635 000	753 000	6·2	3·1	Lusaka	238 000
THE AMERICAS						
ANTIGUA & BARBUDA	74 000	442	167·4	0·4	St. John's	25 000
ARGENTINA	24 352 000	2 777 000	8·8	1·5	Buenos Aires	9 070 000
BAHAMAS	193 000	14 000	13·8	6·2	Nassau	110 000
BARBADOS	256 000	431	593·9	1·1	Bridgetown	12 430
BELIZE	132 000	23 000	5·7	3·2	Belmopan	3 000
BERMUDA	55 000	53	1037·7	1·9	Hamilton	3 000
BOLIVIA	5 331 000	1 099 000	4·8	2·6	La Paz	562 000
					Sucre	85 000
BRAZIL	101 707 000	8 512 000	11·9	3·0	Brasilia	380 000
CANADA	22 125 000	9 976 000	2·2	1·8	Ottawa	518 000
CAYMAN ISLANDS	12 000	259	46·3	5·4	Georgetown	3 000

COUNTRY	Population	AREA IN SQ. KM	DENSITY	*MEAN ANNUAL % INCREASE*	CAPITAL	Population
CHILE	10 229 000	757 000	13.5	2.4	Santiago	2 448 000
COLOMBIA	23 209 000	1 139 000	20.4	3.2	Bogotá	2 294 000
COSTA RICA	1 887 000	51 000	37.0	3.4	San José	349 000
CUBA	8 873 000	115 000	77.2	2.2	Havana	1 566 000
DOMINICA	74 000	751	98.5	2.7	Roseau	11 924
DOMINICAN REPUBLIC	4 432 000	49 000	90.4	3.6	Santo Domingo	654 000
ECUADOR	6 726 000	284 000	23.7	3.4	Quito	496 000
EL SALVADOR	3 864 000	21 000	184.0	3.7	San Salvador	341 000
FALKLAND ISLANDS	2 200	12 000	0.2	0.0	Stanley	1 052
FRENCH GUIANA	52 000	91 000	0.6	2.3	Cayenne	25 000
GREENLAND	51 000	2 176 000	0.02	4.5	Godthaab	3 585
GRENADA	105 000	344	305.2	2.1	St. George's	8 400
GUADELOUPE	342 000	2 000	171.0	1.4	Pointe à Pitre	39 000
GUATEMALA	5 540 000	109 000	50.8	3.1	Guatemala City	577 000
GUYANA	763 000	215 000	3.5	3.1	Georgetown	195 000
HAITI	5 200 000	28 000	185.7	2.0	Port-au-Prince	240 000
HONDURAS	2 781 000	112 000	24.8	3.4	Tegucigalpa	253 000
JAMAICA	1 996 000	11 000	181.5	2.4	Kingston	377 000
MARTINIQUE	343 000	1 102	311.2	1.6	Fort-de-France	60 600
MEXICO	54 303 000	1 973 000	27.5	3.5	Mexico City	3 484 000
MONTSERRAT	15 000	98	153.1	1.6	Plymouth	3 000
NICARAGUA	2 015 000	130 000	15.5	3.7	Managua	262 000
PANAMA	1 570 000	76 000	20.7	3.3	Panamá City	389 000
PARAGUAY	2 674 000	407 000	6.6	3.2	Asunción	437 000
PERU	14 912 000	1 285 000	11.6	3.1	Lima	2 416 000
PUERTO RICO	2 919 000	9 000	324.3	1.5	San Juan	445 000
ST. KITTS-NEVIS	65 000	357	182.1		Basseterre	13 055
ST. LUCIA	115 000	616	186.7	2.7	Castries	40 000
ST. VINCENT	96 000	388	247.4	2.0	Kingstown	23 000
SURINAM	432 000	163 000	2.6	3.5	Paramaribo	182 000
TRINIDAD & TOBAGO	1 064 000	5 000	212.8	2.0	Port of Spain	100 000
UNITED STATES OF AMERICA	210 404 000	9 363 000	22.5	1.2	Washington	2 751 000
URUGUAY	2 992 000	178 000	16.8	1.2	Montevideo	1 154 000
VENEZUELA	11 293 000	912 000	12.4	3.5	Caracas	2 064 000
VIRGIN ISLANDS (U.S.A.)	65 000	344	189.0	1.6	Charlotte Amalie	13 000

ASIA

COUNTRY	Population	AREA IN SQ. KM	DENSITY	*MEAN ANNUAL % INCREASE*	CAPITAL	Population
AFGHANISTAN	18 294 000	647 000	28.3	2.1	Kabul	456 000
BAHRAIN	227 000	622	365.0	3.3	Manama	89 608
BANGLADESH	72 500 000	142 000	510.6		Dacca	829 000
BHUTAN	894 000	47 000	19.0	1.9	Thimphu	11 000
BRUNEI	145 000	6 000	24.2	3.6	Brunei	34 000
BURMA	29 560 000	678 000	43.6	2.2	Rangoon	1 759 000
CAMBODIA	6 701 000	181 000	37.0	2.2	Phnom Penh	394 000
CHINA	700 000 000	9 561 000	73.2	1.4	Peking	4 010 000
CYPRUS	659 000	9 000	73.2	1.1	Nicosia	112 000
HONG KONG	4 160 000	1 000	4160.0	2.2	Victoria	671 000
INDIA	574 422 000	3 287 000	174.8	2.5	Delhi	324 000
INDONESIA	124 602 000	1 907 000	65.3	2.5	Djakarta	4 750 000
IRAN	31 298 000	1 648 000	19.0	3.0	Tehran	2 720 000
IRAQ	10 413 000	435 000	23.9	2.4	Baghdad	1 745 000
ISRAEL	3 183 000	21 000	151.6	2.9	Jerusalem	275 000
JAPAN	108 346 000	372 000	291.3	1.1	Tokyo	11 350 000
JORDAN	2 555 000	98 000	26.1	3.2	Amman	330 000
KOREA (NORTH)	15 087 000	121 000	124.7	2.5	Pyongyang	940 000
KOREA (SOUTH)	32 905 000	98 000	335.8	2.5	Seoul	3 795 000
KUWAIT	883 000	18 000	49.0	6.6	Kuwait	295 000
LAOS	3 181 000	237 000	13.4	2.4	Vientiane	162 000
LEBANON	3 055 000	10 000	305.5	2.5	Beirut	700 000
MACAO	314 000	16	19 625.0		Macao City	250 000
MALAYSIA	11 609 000	330 000	35.2	2.8	Kuala Lumpur	452 000
MONGOLIA	1 359 000	1 565 000	0.9	3.1	Ulan Bator	195 000
NEPAL	12 020 000	141 000	85.2	1.8	Katmandu	121 000
OMAN	750 000	212 000	3.5		Muscat	7 650
PAKISTAN	66 749 000	888 000	75.2	2.1	Islamabad	50 000
PHILIPPINES	40 219 000	300 000	134.1	3.5	Quezon City	546 000
PORTUGUESE TIMOR	639 000	15 000	42.6	1.6	Dili	7 000
QATAR	130 000	22 000	5.9	10.5	Doha	100 000
SAUDI ARABIA	8 443 000	2 150 000	3.9	1.6	Riyadh	225 000

COUNTRY	Population	AREA IN SQ. KM	DENSITY	MEAN ANNUAL % INCREASE	CAPITAL	Population
SINGAPORE	2 975 000	581	5 120·5	2·1	Singapore	1 987 000
SOUTHERN YEMEN	1 555 000	288 000	5·4	2·2	Al Shaab	10 000
SRI LANKA	13 249 000	66 000	200·7	2·4	Colombo	551 000
SYRIA	6 890 000	185 000	37·2	2·8	Damascus	790 000
TAIWAN	14 787 000	36 000	410·8	2·8	Taipei	1 605 000
THAILAND	39 787 000	514 000	77·4	3·1	Bangkok	1 800 000
TURKEY	37 933 000	781 000	48·6	2·5	Ankara	979 000
UNION OF ARAB EMIRATES	208 000	84 000	2·5	1·5		
VIETNAM (NORTH)	22 481 000	159 000	141·4	3·1	Hanoi	644 000
VIETNAM (SOUTH)	19 367 000	174 000	111·3	2·6	Saigon	1 682 000
YEMEN	5 733 000	195 000	29·4	0·0	Sana	60 000

EUROPE

COUNTRY	Population	AREA IN SQ. KM	DENSITY	MEAN ANNUAL % INCREASE	CAPITAL	Population
ALBANIA	2 347 000	29 000	80·9	2·8	Tiranë	169 000
ANDORRA	19 000	453	41·9	8·5	Andorra	2 500
AUSTRIA	7 521 000	84 000	89·5	0·5	Vienna	1 642 000
BELGIUM	9 757 000	31 000	314·7	0·6	Brussels	1 077 000
BULGARIA	8 619 000	111 000	77·6	0·7	Sofia	840 000
CZECHOSLOVAKIA	14 578 000	128 000	113·9	0·5	Prague	1 032 000
DENMARK	5 025 000	43 000	116·9	0·8	Copenhagen	1 378 000
FAROE ISLANDS	42 000	1 399	30·0	0·9	Thorshavn	10 000
FINLAND	4 779 000	337 000	14·2	0·6	Helsinki	804 000
FRANCE	52 130 000	547 000	95·3	0·9	Paris	8 197 000
GERMANY (EAST)	16 980 000	108 000	157·2	−0·1	East Berlin	1 082 000
GERMANY (WEST)	61 967 000	248 000	249·9	1·0	Bonn	138 000
GIBRALTAR	28 000	6	4 666·7			
GREECE	8 892 000	132 000	67·4	0·7	Athens	1 853 000
HUNGARY	10 411 000	93 000	112·0	0·3	Budapest	1 940 000
ICELAND	212 000	103 000	2·1	1·5	Reykjavik	94 000
ITALY	54 888 000	301 000	182·4	0·8	Rome	2 656 000
LIECHTENSTEIN	22 000	157	140·1	3·1	Vaduz	4 070
LUXEMBOURG	350 000	3 000	116·7	0·7	Luxembourg	77 000
MALTA	330 000	316	1 044·3	−0·3	Valletta	141 000
MONACO	24 000	1·5	16 000·0	0·9	Monaco	2 000
NETHERLANDS	13 438 000	41 000	327·8	1·2	Amsterdam	1 048 000
NORWAY	3 961 000	324 000	12·2	0·8	Oslo	487 000
POLAND	33 361 000	313 000	106·6	1·0	Warsaw	1 274 000
PORTUGAL	9 560 000	92 000	103·9	0·9	Lisbon	828 000
REPUBLIC OF IRELAND	3 029 000	70 000	43·3	0·4	Dublin	850 000
ROMANIA	20 828 000	238 000	87·5	1·0	Bucharest	1 519 000
SAN MARINO	19 000	61	311·5	1·1	San Marino	4 000
SPAIN	34 857 000	505 000	69·0	1·0	Madrid	2 851 000
SWEDEN	8 137 000	450 000	18·1	0·8	Stockholm	1 289 000
SWITZERLAND	6 435 000	41 000	157·0	1·3	Berne	258 000
U.S.S.R.	249 749 000	22 402 000	11·2	1·1	Moscow	7 061 000
UNITED KINGDOM	55 933 000	244 000	229·2	0·6	London	7 349 014
YUGOSLAVIA	21 500 000	256 000	84·0	1·1	Belgrade	678 000

OCEANIA

COUNTRY	Population	AREA IN SQ. KM	DENSITY	MEAN ANNUAL % INCREASE	CAPITAL	Population
AUSTRALIA	13 132 000	7 687 000	1·7	2·0	Canberra	133 000
FIJI	551 000	18 000	30·6	3·0	Suva	80 000
GILBERT & ELLICE IS.	63 000	886	71·1		Bairiki	1 000
NAURU	7 000	21	333·3			
NEW CALEDONIA	119 000	19 000	6·3	2·0	Noumea	48 000
NEW HEBRIDES	90 000	15 000	6·0	2·1	Vila	3 300
NEW ZEALAND	2 964 000	269 000	11·0	1·6	Wellington	176 000
PAPUA NEW GUINEA	2 563 000	462 000	5·6	2·1	Port Moresby	42 000
SOLOMON ISLANDS	179 000	28 000	6·4	1·9	Honiara	7 500
TONGA	92 000	699	131·6	3·0	Nuku'alofa	15 500
WESTERN SAMOA	152 000	3 000	50·7	3·0	Apia	29 500

SYMBOLS 1

GENERAL MAPS The symbols used on general maps in this atlas are explained below. Thematic map symbols are explained in keys alongside each map.

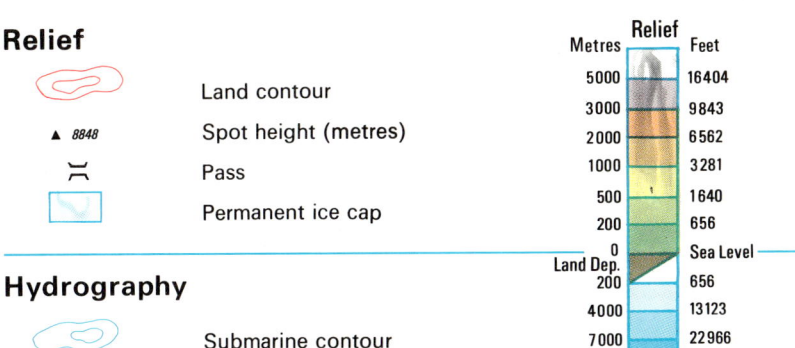

BRITISH ISLES GENERAL MAPS Additional or variant symbols used on these maps.

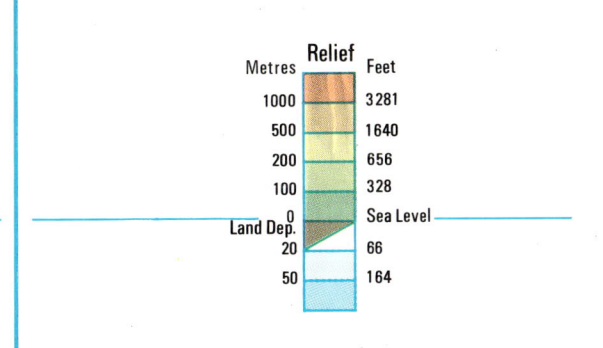

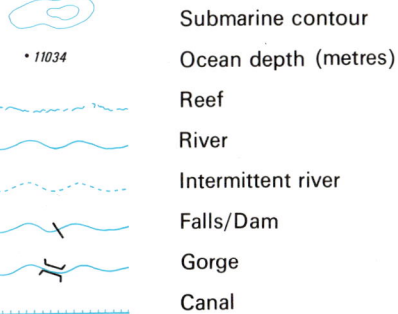

Relief

- Land contour
- ▲ 8848 Spot height (metres)
- Pass
- Permanent ice cap

Relief

Metres	Feet
5000	16404
3000	9843
2000	6562
1000	3281
500	1640
200	656
0	Sea Level
Land Dep.	
200	656
4000	13123
7000	22966

Relief

Metres	Feet
1000	3281
500	1640
200	656
100	328
0	Sea Level
Land Dep.	
20	66
50	164

Hydrography

- Submarine contour
- •11034 Ocean depth (metres)
- Reef
- River
- Intermittent river
- Falls/Dam
- Gorge
- Canal
- Lake/Reservoir
- Intermittent lake
- Marsh/Swamp

Conversion Scale : kilometres to miles

km	10	50	100	200	400	600	800	1000
miles	6.2	31.1	62.1	124.3	248.5	372.8	497.1	621.4

Communications

- Tunnel — Railway
- Tunnel — Road
- ---------- Desert track

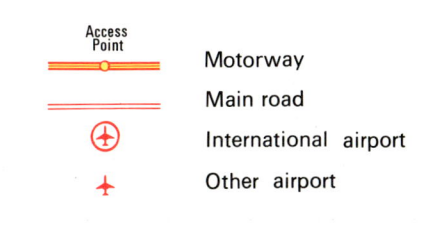

- Access Point — Motorway
- Main road
- ✈ International airport
- ✈ Other airport

Administration

- International boundary
- ---- Undefined boundary
- ---- Internal boundary
- National capitals

- —·—·— National boundary
- —··—··— County or Region boundary

Settlement

- ⊡ **Calcutta** Over 1 000 000 inhabitants
- ◉ **Dortmund** 500 000–1 000 000 inhabitants
- ◎ **Veracruz** 100 000–500 000 inhabitants
- ○ **Timbuktu** Under 100 000 inhabitants

Built-up area

- ⊡ Over 1 000 000 inhabitants
- ◉ 500 000–1 000 000 inhabitants
- ◎ 100 000–500 000 inhabitants
- ○ 25 000–100 000 inhabitants
- ○ 10 000–25 000 inhabitants
- · Under 10 000 inhabitants

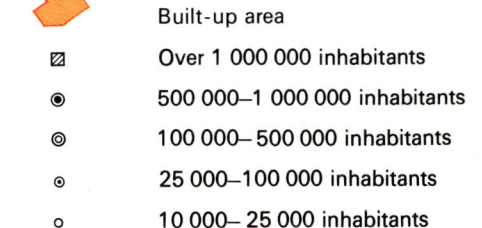

Lettering

Various styles of lettering are used in this atlas, each style for a different type of feature.

Physical features	*ALPS*	*Congo Basin*	*Nicobar Islands*	*Mt Cook*
Hydrographic features	*PACIFIC OCEAN*	*Red Sea*	*Lake Erie*	*Amazon*
Country name	CHILE	Internal division	IOWA	Territorial admin. (Fr.)

© Collins ◇ Longman Atlases

2 BRITISH ISLES

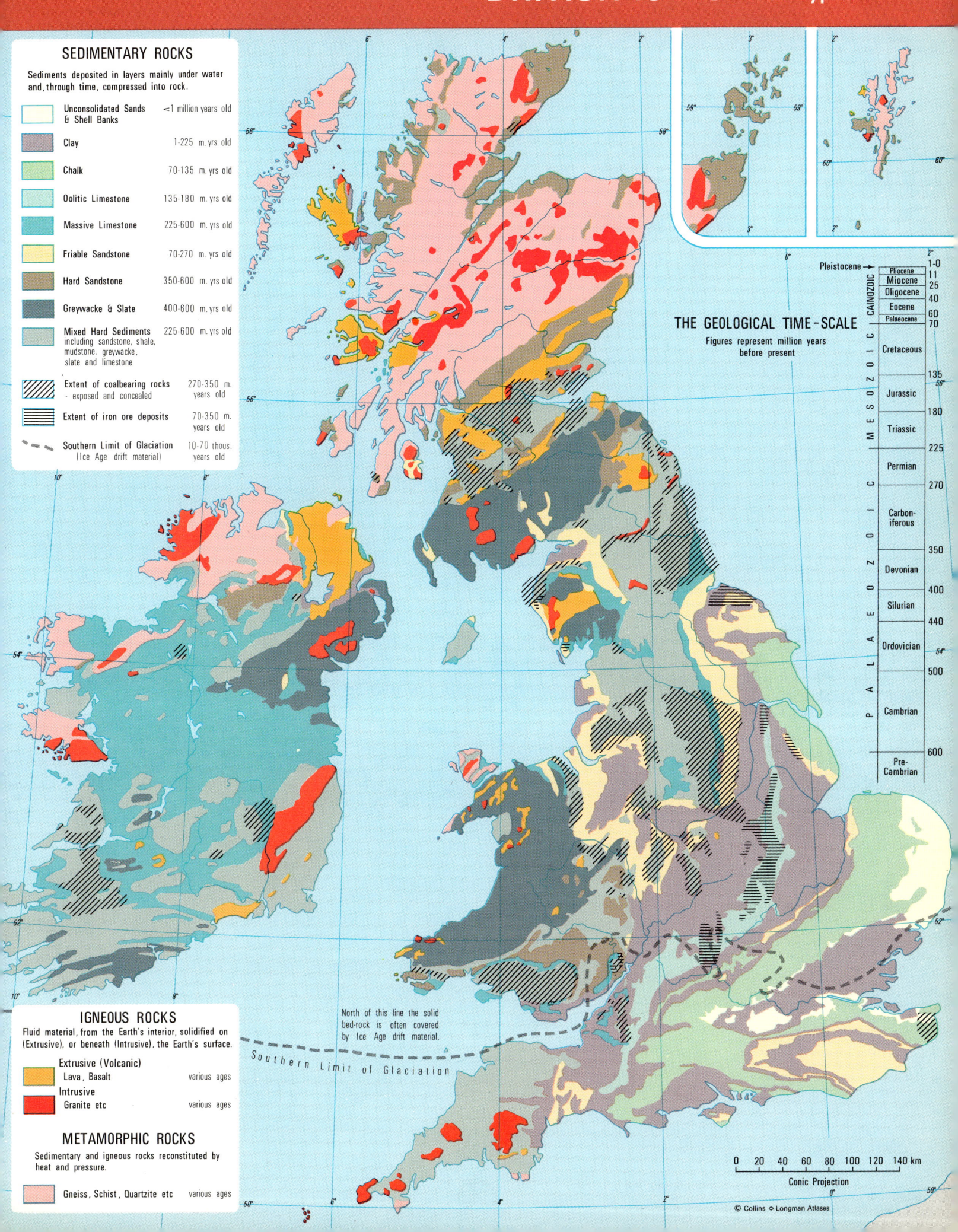

BRITISH ISLES Rock Types

3

SEDIMENTARY ROCKS
Sediments deposited in layers mainly under water and, through time, compressed into rock.

	Unconsolidated Sands & Shell Banks	<1 million years old
	Clay	1–225 m. yrs old
	Chalk	70–135 m. yrs old
	Oolitic Limestone	135–180 m. yrs old
	Massive Limestone	225–600 m. yrs old
	Friable Sandstone	70–270 m. yrs old
	Hard Sandstone	350–600 m. yrs old
	Greywacke & Slate	400–600 m. yrs old
	Mixed Hard Sediments including sandstone, shale, mudstone, greywacke, slate and limestone	225–600 m. yrs old
	Extent of coalbearing rocks - exposed and concealed	270–350 m. years old
	Extent of iron ore deposits	70–350 m. years old
	Southern Limit of Glaciation (Ice Age drift material)	10–70 thous. years old

IGNEOUS ROCKS
Fluid material, from the Earth's interior, solidified on (Extrusive), or beneath (Intrusive), the Earth's surface.

- **Extrusive (Volcanic)** Lava, Basalt — various ages
- **Intrusive** Granite etc — various ages

METAMORPHIC ROCKS
Sedimentary and igneous rocks reconstituted by heat and pressure.

- Gneiss, Schist, Quartzite etc — various ages

THE GEOLOGICAL TIME-SCALE
Figures represent million years before present

Era	Period	m.y.
CAINOZOIC	Pleistocene	1·0
	Pliocene	11
	Miocene	25
	Oligocene	40
	Eocene	60
	Palaeocene	70
MESOZOIC	Cretaceous	135
	Jurassic	180
	Triassic	225
PALAEOZOIC	Permian	270
	Carboniferous	350
	Devonian	400
	Silurian	440
	Ordovician	500
	Cambrian	600
	Pre-Cambrian	

North of this line the solid bed-rock is often covered by Ice Age drift material.

Southern Limit of Glaciation

0 20 40 60 80 100 120 140 km
Conic Projection

© Collins ◊ Longman Atlases

4 BRITISH ISLES Seasonal Climate

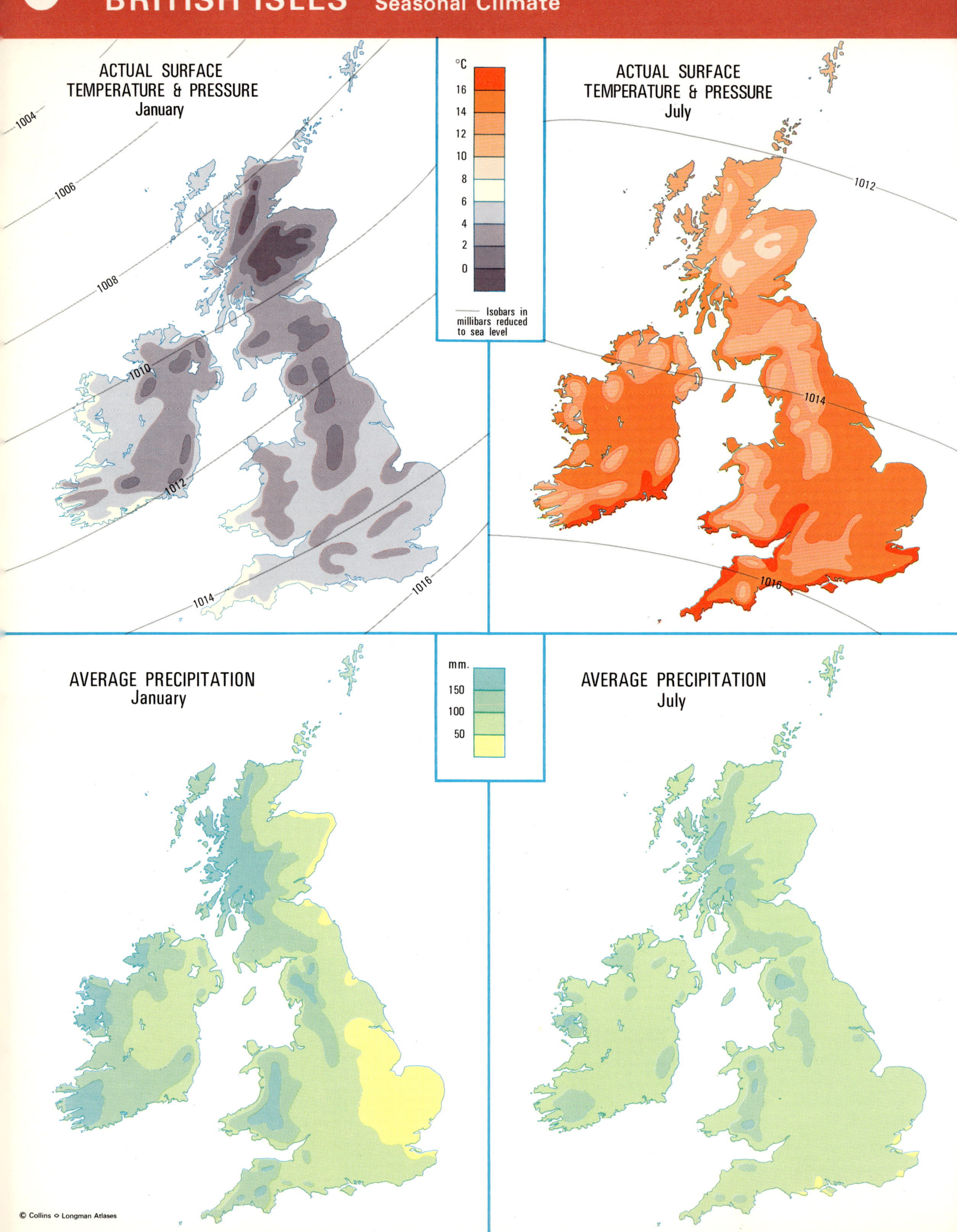

ACTUAL SURFACE TEMPERATURE & PRESSURE
January

ACTUAL SURFACE TEMPERATURE & PRESSURE
July

°C
- 16
- 14
- 12
- 10
- 8
- 6
- 4
- 2
- 0

Isobars in millibars reduced to sea level

AVERAGE PRECIPITATION
January

AVERAGE PRECIPITATION
July

mm.
- 150
- 100
- 50

© Collins ◊ Longman Atlases

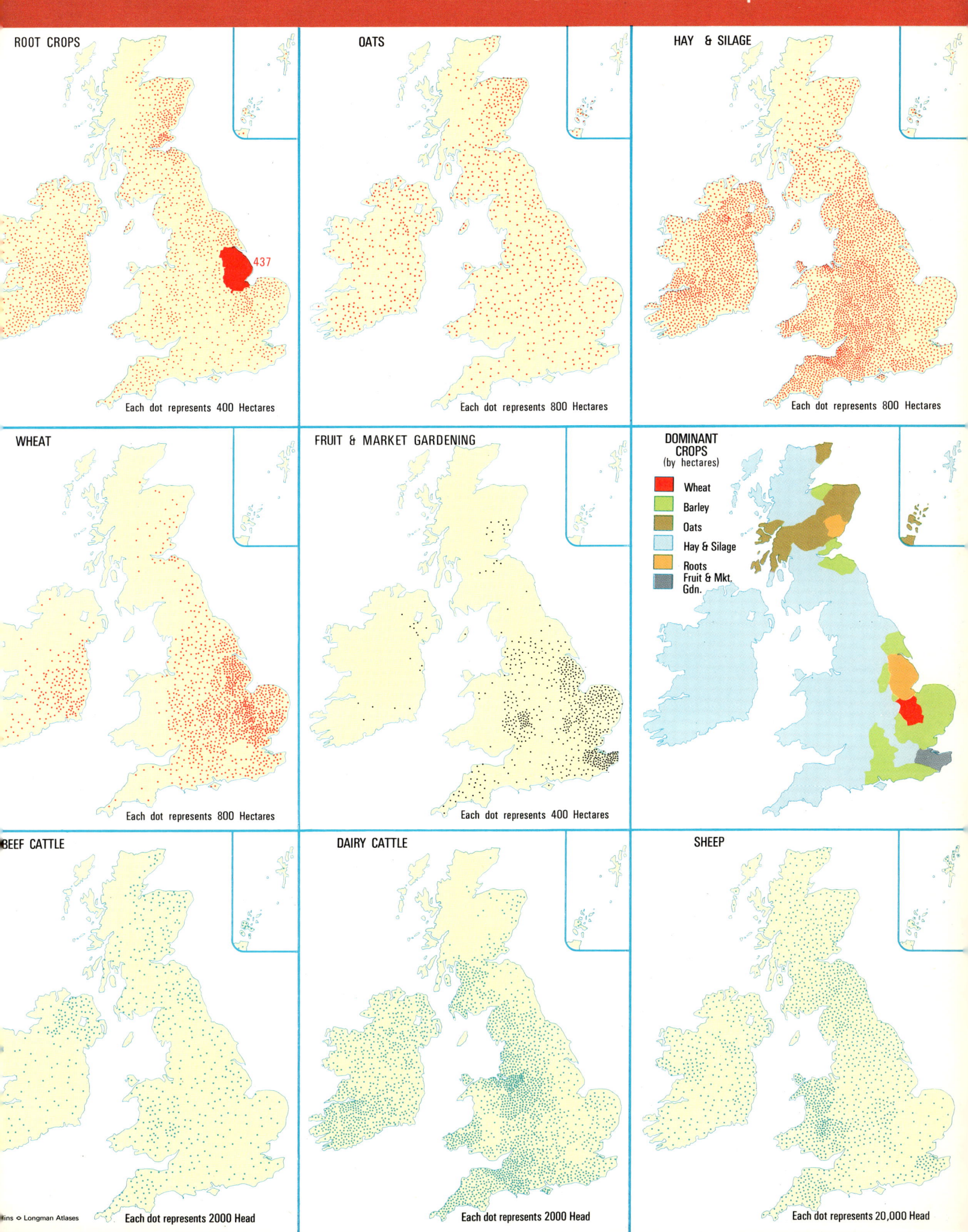

BRITISH ISLES Crops & Stock

ROOT CROPS
Each dot represents 400 Hectares
437

OATS
Each dot represents 800 Hectares

HAY & SILAGE
Each dot represents 800 Hectares

WHEAT
Each dot represents 800 Hectares

FRUIT & MARKET GARDENING
Each dot represents 400 Hectares

DOMINANT CROPS (by hectares)
- Wheat
- Barley
- Oats
- Hay & Silage
- Roots
- Fruit & Mkt. Gdn.

BEEF CATTLE
Each dot represents 2000 Head

DAIRY CATTLE
Each dot represents 2000 Head

SHEEP
Each dot represents 20,000 Head

Collins ○ Longman Atlases

6 BRITISH ISLES — Annual Climate & Farming Types

TYPES OF FARMING
Only predominant types shown - Urban areas not taken into account

- Market Gardening
- Arable
- Mixed - crops and livestock
- Dairying
- Stock - rearing, feeding and fattening
- Hill Sheep - raising and fattening
- Crofting

CLIMATE

Average Annual Rainfall (mm): 3200, 2400, 1600, 1200, 800, 600

Average Annual Mean Air Temperature (°C)
Isotherms at 2·5 °C intervals

BRITISH ISLES Population & Communications

7

AIR & SEA ROUTES

Internal Air Routes
- >10 return flights/day
- 6-10 return flights/day
- 3-5 return flights/day
- 2 return flights/day
- 1 return flight/day
- ○ Glasgow — Airport / Airstrip

Car Ferry Routes
- Main routes
- Short crossings
- ▼ Dover — Car ferry terminal (only major terminals named)
- Belfast — Airport & Car ferry terminal

Scale: 0 50 100 150 200 km
Conic Projection

POPULATION 1971

British Isles, Total	58 500 392
England	45 870 062
Scotland	5 227 706
Wales	2 723 596
Northern Ireland	1 525 187
Republic of Ireland	2 971 230
Channel Is. & Isle of Man	182 611

Density
- >150 persons/sq.km
- 10-150 persons/sq.km
- 0-10 persons/sq.km

Major Towns & Cities
- ● >1 000 000 inhabitants
- ● 500 000-1 000 000 inhabitants
- • 100 000-500 000 inhabitants

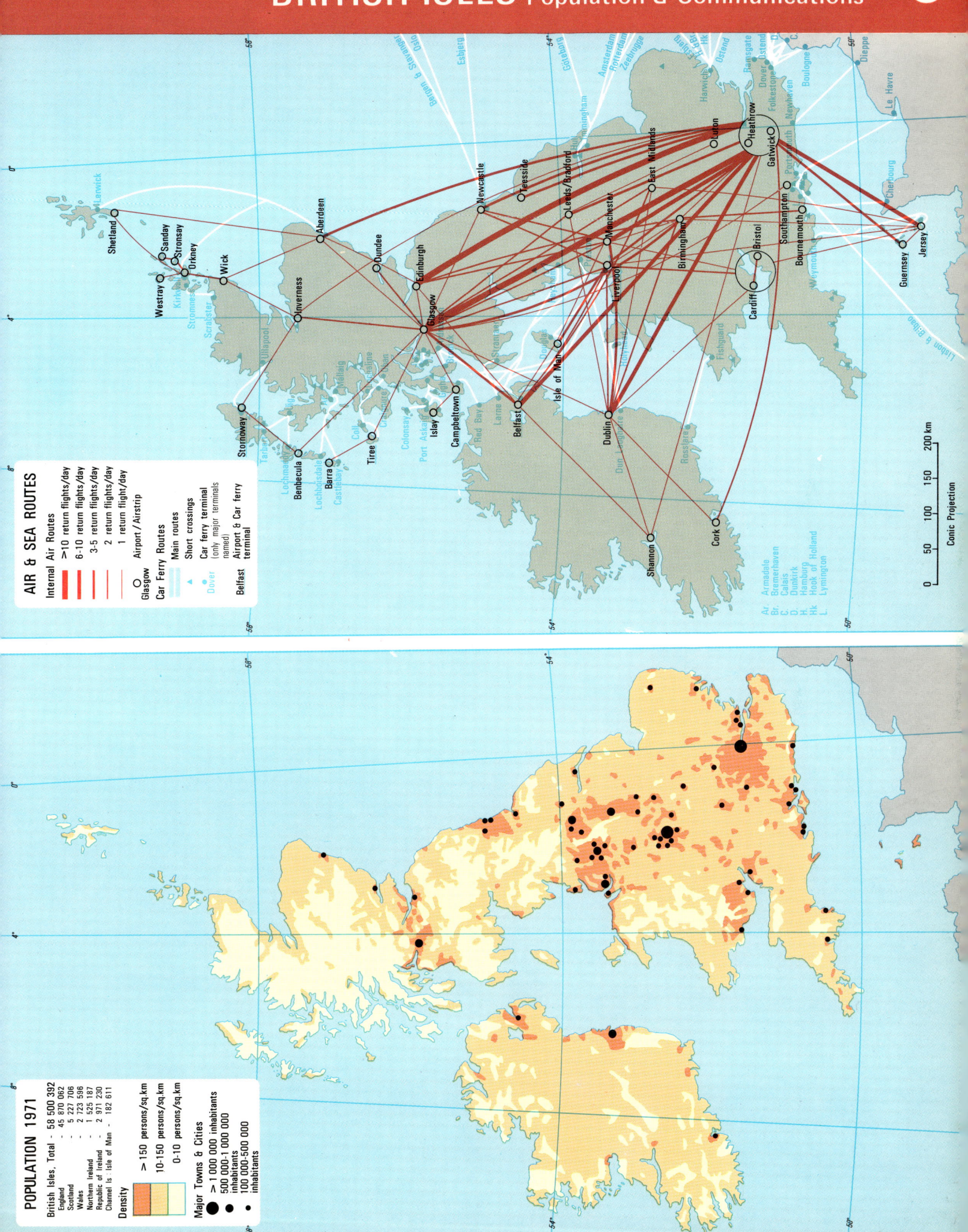

8 BRITISH ISLES — Counties & Regions

Legend:
- International boundary
- National boundary
- County or region boundary
- Historic counties in Northern Ireland
- Metropolitan county
- Greater London
- • Administrative headquarters (those underlined contain the offices of more than one county) Administrative headquarters for Scotland have yet to be decided

The local government boundaries for England & Wales shown on this map were officially approved by an Act of Parliament in October 1972, and those for Scotland and Northern Ireland in October 1973. The new names remain subject to change. The sub-division of Counties and Regions is not shown.

SCOTLAND
9 Regions
3 Island Authorities
53 Districts

Regions: WESTERN ISLES, HIGHLAND, GRAMPIAN, STRATHCLYDE, TAYSIDE, CENTRAL, FIFE, LOTHIAN, BORDERS, DUMFRIES & GALLOWAY
Island Authorities: ORKNEY, SHETLAND

NORTHERN IRELAND
1 Region
26 Districts

Historic counties: Londonderry, Antrim, Tyrone, Fermanagh, Armagh, Down
• Belfast

REPUBLIC OF IRELAND
26 Counties

DONEGAL (Lifford), SLIGO, LEITRIM (Carrick-on-Shannon), MAYO (Castlebar), ROSCOMMON (Roscommon), CAVAN (Cavan), MONAGHAN (Monaghan), LOUTH (Dundalk), LONGFORD (Longford), WEST MEATH (Mullingar), MEATH (Navan), GALWAY (Galway), OFFALY (Tullamore), KILDARE (Naas), DUBLIN (Dublin), CLARE (Ennis), LAOIS (Port Laoise), CARLOW (Carlow), WICKLOW (Wicklow), TIPPERARY, KILKENNY (Kilkenny), WEXFORD (Wexford), LIMERICK (Limerick), WATERFORD (Waterford), KERRY (Tralee), CORK (Cork), Clonmel

ENGLAND
39 Counties
6 Metropolitan Counties
Greater London
36 Metropolitan Districts
296 Non-Metropolitan Districts

NORTHUMBERLAND (Newcastle upon Tyne), TYNE & WEAR, CUMBRIA (Carlisle), DURHAM (Durham), CLEVELAND (Middlesbrough), NORTH YORKSHIRE (Northallerton), LANCASHIRE (Preston), WEST YORKSHIRE (Wakefield), SOUTH YORKSHIRE (Barnsley), HUMBERSIDE (Kingston upon Hull), MERSEYSIDE (Liverpool), G.M. (Manchester), CHESHIRE (Chester), DERBYSHIRE (Matlock), NOTTINGHAMSHIRE (Nottingham), LINCOLNSHIRE (Lincoln), SALOP (Shrewsbury), STAFFORDSHIRE (Stafford), W.M. (Birmingham), LEICESTERSHIRE (Leicester), NORFOLK (Norwich), WARWICKSHIRE (Warwick), NORTHAMPTONSHIRE (Northampton), CAMBRIDGESHIRE (Cambridge), SUFFOLK (Ipswich), HEREFORD & WORCESTER (Worcester), BEDFORDSHIRE (Bedford), HERTFORDSHIRE (Hertford), ESSEX (Chelmsford), GLOUCESTERSHIRE (Gloucester), OXFORDSHIRE (Oxford), BUCKINGHAMSHIRE (Aylesbury), GREATER LONDON, KENT (Maidstone), AVON (Bristol), BERKSHIRE (Reading), SURREY (Kingston upon Thames), WILTSHIRE (Trowbridge), HAMPSHIRE (Winchester), WEST SUSSEX (Chichester), EAST SUSSEX (Lewes), SOMERSET (Taunton), DEVON (Exeter), DORSET (Dorchester), ISLE OF WIGHT (Newport), CORNWALL (Truro), ISLE OF MAN (Douglas)

WALES
8 Counties
37 Districts

GWYNEDD (Caernarvon), CLWYD (Mold), POWYS (Brecon), DYFED (Carmarthen), WEST GLAMORGAN, MID GLAMORGAN, S.G. SOUTH GLAMORGAN (Cardiff), GWENT (Newport)

G.M. GREATER MANCHESTER
S.G. SOUTH GLAMORGAN
W.M. WEST MIDLANDS

Scale: 0 — 50 — 100 — 150 km
Conic Projection

© Collins • Longman Atlases

BRITISH ISLES Historic Counties

9

Scotland

- Lewis
- Harris
- North Uist
- Benbecula
- South Uist
- Barra
- Skye
- Rhum
- Eigg
- Coll
- Tiree
- Mull
- Jura
- Islay
- Arran
- Bute

SUTHERLAND
CAITHNESS — Wick
ROSS AND CROMARTY — Dingwall
- Golspie
- Nairn — NAIRN
- Elgin — MORAYSHIRE
- Banff — BANFFSHIRE
- Inverness
INVERNESS-SHIRE
ABERDEENSHIRE — ○Aberdeen
- Dee
- KINCARDINE-SHIRE — Stonehaven
ANGUS
PERTHSHIRE — Forfar
ARGYLLSHIRE
- Perth
- Kinross — KIN.
- Cupar — FIFE
- Stirling — Alloa — CL.
- STIRLINGSHIRE
- DUN. — Linlithgow — Edinburgh — EAST LOTHIAN — Haddington
- Dumbarton — WEST LOTHIAN — MIDLOTHIAN — Duns
- Paisley — DUN.(DET)
- Rothesay — RENFREWSHIRE — Glasgow — Hamilton — PEEBLESSHIRE — Peebles — BERWICK-SHIRE
- AYRSHIRE — LANARKSHIRE — Newtown St. Boswells
- Clyde — SELKIRKSHIRE — Selkirk
- Ayr — ROXBURGHSHIRE
- DUMFRIESSHIRE
- KIRKCUDBRIGHT-SHIRE — Dumfries
- WIGTOWN-SHIRE — Kirkcudbright
- Stranraer

CL. — CLACKMANNANSHIRE
DUN. — DUNBARTONSHIRE
KIN. — KINROSS-SHIRE

London — Capital City
Peebles — County Town

Orkney Is.
- Westray
- Sanday
- Mainland
- Stronsay
- ORKNEY — Kirkwall
- Hoy
- South Ronaldsay
- CAITHNESS — Wick
- Same scale

Shetland Is.
- Unst
- Yell — Fetlar
- Mainland — ZETLAND
- Lerwick
- Fair Is. — Same scale

Ireland

- DONEGAL — Lifford
- LONDONDERRY — ○Londonderry
- ANTRIM
- NORTHERN IRELAND
- Omagh — TYRONE — L. Neagh — Belfast
- Sligo — FERMANAGH — Enniskillen — MONAGHAN — ARMAGH — DOWN
- SLIGO — LEITRIM — CAVAN — Armagh — Downpatrick
- MAYO — Carrick-on-Shannon — Monaghan — Dundalk
- Castlebar — ROSCOMMON — LONGFORD — LOUTH
- Roscommon — Longford — Mullingar — Navan — MEATH
- GALWAY — WEST MEATH — Dublin ○Dublin
- Galway — Shannon — Tullamore — KILDARE
- EIRE — OFFALY — Port Laoise — Naas — WICKLOW — Wicklow
- CLARE — LAOIS — Carlow
- Ennis — KILKENNY — CARLOW
- LIMERICK — TIPPERARY — Kilkenny — WEXFORD
- Limerick — Clonmel — Wexford
- Tralee — WATERFORD — Suir — Wexford
- KERRY — CORK — Waterford ○Waterford
- Cork ○

ISLE OF MAN
- Douglas

England

- NORTHUMBERLAND — Newcastle upon Tyne
- Carlisle ○ — Durham
- CUMBERLAND — DURHAM — ○Middlesbrough
- WESTMORLAND — Northallerton
- Kendal — NORTH RIDING
- YORKSHIRE
- LANCASHIRE — York — EAST RIDING
- Preston — WEST — ○Beverley
- Liverpool — Leeds — Wakefield — ○Kingston upon Hull
- Birkenhead — Manchester — RIDING
- ANGLESEY — Sheffield — LINDSEY
- Llangefni — FLINTSHIRE — CHESHIRE — DERBYSHIRE — ○Lincoln
- Caernarvon — Ruthin — Mold — Chester — NOTTINGHAMSHIRE — LINCOLNSHIRE
- CAERNARVONSHIRE — DENBIGHSHIRE — Stoke-on-Trent — Nottingham — KESTEVEN
- MERIONETH-SHIRE — FLINT (DET) — Derby — Sleaford
- Dolgellau — STAFFORDSHIRE — Trent — ○Boston
- Welshpool — Stafford — LEICESTER — RUTLAND — HOLLAND
- MONTGOMERY-SHIRE — SHROPSHIRE — Leicester — Oakham — NORFOLK
- Shrewsbury — SHIRE — ○Norwich
- Aberystwyth — WALES — Birmingham — WARWICKSHIRE — NORTHAMPTONSHIRE — CAMBRIDGESHIRE AND ISLE OF ELY
- CARDIGANSHIRE — RADNORSHIRE — WORCESTER-SHIRE — Coventry — HUNTINGDON AND PETERBOROUGH — SUFFOLK
- Llandrindod Wells — Worcester — Warwick — Northampton — ○Bury St. Edmunds — WEST — EAST
- PEMBROKE-SHIRE — BRECKNOCK-SHIRE — HEREFORD-SHIRE — Bedford — Cambridge — Ipswich
- CARMARTHENSHIRE — Brecon — Hereford — BEDFORDSHIRE — ESSEX
- Haverfordwest — Carmarthen — MONMOUTH-SHIRE — Gloucester — OXFORDSHIRE — HERTFORDSHIRE
- GLAMORGAN — GLOUCESTERSHIRE — Oxford — BUCKINGHAMSHIRE — Hertford — Chelmsford
- Swansea — Newport — Aylesbury — GREATER LONDON
- Cardiff — Bristol — Severn — Thames — BERKSHIRE — Reading — ○London — Kingston upon Thames — Maidstone
- WILTSHIRE — Guildford — SURREY — KENT
- SOMERSET — Trowbridge — HAMPSHIRE — SUSSEX
- Taunton — Winchester — WEST — EAST
- DEVONSHIRE — Southampton — Chichester — Lewes
- DORSET — Portsmouth
- Exeter — Dorchester — Newport — Isle of Wight
- CORNWALL
- Truro — ○Plymouth

ATLANTIC OCEAN

NORTH SEA

IRISH SEA

St. George's Channel

English Channel

Isles of Scilly

0 50 100 150km
Conic Projection

© Collins ○ Longman Atlases

BRITISH ISLES Employment

TERTIARY EMPLOYMENT

TRANSPORT & COMMUNICATION	Water transport	0.87
	Air transport	(0.29)
	Road transport	2.20
	Rail transport	1.16
	Postal Services, Telecommunications	1.95
	Miscellaneous	(0.41)
CONSTRUCTION		6.40
UTILITIES	Gas, Electricity, Water Supply	1.76
	Wholesale	2.28
DISTRIBUTIVE TRADES	Retail	8.53
	Other Suppliers	1.15
FINANCIAL SERVICES	Insurance	1.32
	Banking	1.14
	Miscellaneous	1.49
PROFESSIONAL & SCIENTIFIC SERVICES	Educational	6.01
	Medical & Dental	4.41
	Accountancy, Religious, Legal, Research etc.	1.86
MISCELLANEOUS SERVICES	Food & Drink	1.29
	Hotel, Hostel	1.32
	Cleaning (0.53)	
	Domestic (0.51)	
	Motor	1.83
	Entertainment	0.85
	Others	2.01
PUBLIC ADMINISTRATION	National Government	2.47
	Local Government	3.63

SECONDARY EMPLOYMENT

METAL PROCESSING	Iron & Steel, Tinplate	1.94
	Non-Ferrous metals	(0.64)
MANUFACTURING	Engineering	12.69
	Vehicles (road/rail/air)	3.66
	Shipbuilding	0.84
	Chemicals	2.34
	Glassware (0.36)	
	Pottery (0.27)	
	Building Materials	0.90
	Textiles	3.12
	Clothing	1.77
	Footwear & Leather	0.66
	Rubber Goods (0.55)	
	Furniture	0.67
	Miscellaneous Timber	0.69
	Pulp & Paper	1.01
	Printing & Publishing	1.82
	Food	2.92
	Drink	0.67
	Tobacco (0.16)	
	Misc. Manufacturing	0.98

EMPLOYMENT STRUCTURE ANALYSIS
(Great Britain only)

Total Employed Population = 22,600,000
Primary Employment = 3.68%
Secondary Employment = 38.66%
Tertiary Employment = 57.66%

Figures in columns give percentage of total employed population in each subdivision

PRIMARY EMPLOYMENT

Agriculture	1.58
Forestry & Fishing	(0.15)
Coalmining	1.69
Quarrying & Extraction	(0.26)

EMPLOYMENT BY REGION

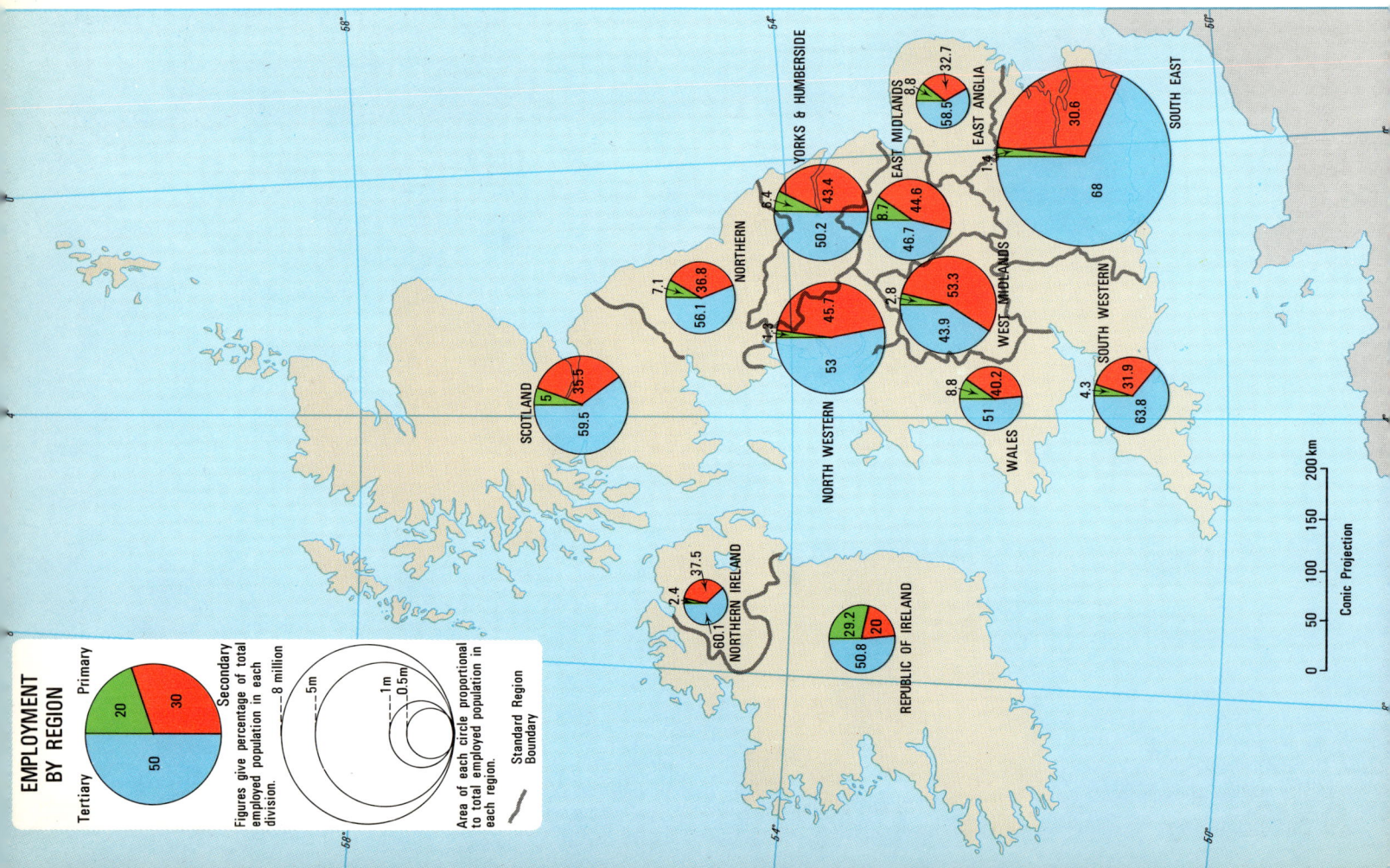

Tertiary 50 / Secondary 30 / Primary 20

Figures give percentage of total employed population in each division.
Area of each circle proportional to total employed population in each region.
Circle sizes: 8 million, 5m, 1m, 0.5m

Standard Region Boundary

Regional pie values

- SCOTLAND: Primary 5, Secondary 35.5, Tertiary 59.5
- NORTHERN: Primary 7.1, Secondary 36.8, Tertiary 56.1
- YORKS & HUMBERSIDE: Primary 6.4, Secondary 43.4, Tertiary 50.2
- EAST MIDLANDS: Primary 8.7, Secondary 44.6, Tertiary 46.7
- EAST ANGLIA: Primary 8.8, Secondary 32.7, Tertiary 58.5
- SOUTH EAST: Primary 1.4, Secondary 30.6, Tertiary 68
- NORTH WESTERN: Primary 1.3, Secondary 45.7, Tertiary 53
- WEST MIDLANDS: Primary 2.8, Secondary 53.3, Tertiary 43.9
- WALES: Primary 8.8, Secondary 40.2, Tertiary 51
- SOUTH WESTERN: Primary 4.3, Secondary 31.9, Tertiary 63.8
- NORTHERN IRELAND: Primary 2.4, Secondary 37.5, Tertiary 60.1
- REPUBLIC OF IRELAND: Primary 29.2, Secondary 20, Tertiary 50.8

Scale: 0–200 km, Conic Projection

BRITISH ISLES & NORTHWEST EUROPE Energy & Industry

11

FUEL
- Coalfield (major producing area)
- Gasfield (productive and potentially productive)
- Oilfield (productive and potentially productive)
- Submarine Pipeline
- Submarine Pipeline under construction or proposed
- Oil Refinery
- Continental Shelf Division

POWER
- Thermal Power Station (>500 MW Capacity)
- Nuclear Power Station (>500 MW Capacity)
- Hydro Power Station (>100 MW Capacity)

INDUSTRY
- Iron & Steel
- Non-ferrous metals
- Engineering
- Vehicles
- Shipbuilding
- Chemicals
- Textiles

INDUSTRIAL EMPLOYMENT (% of total working population)
- High
- Medium
- Low
- Sparse Population

0 50 100 150 200 km

12 LONDON REGION

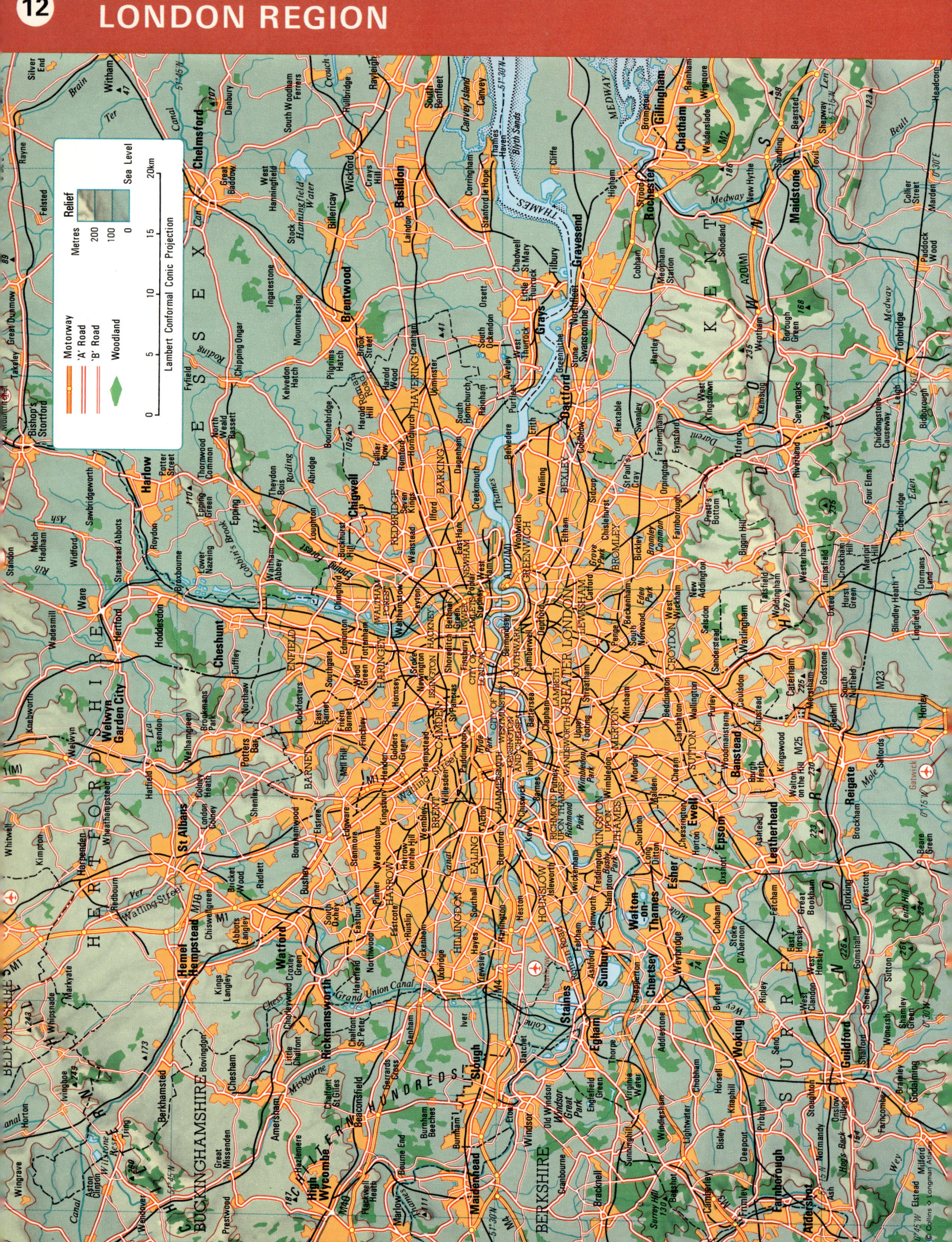

LONDON REGION Land Use

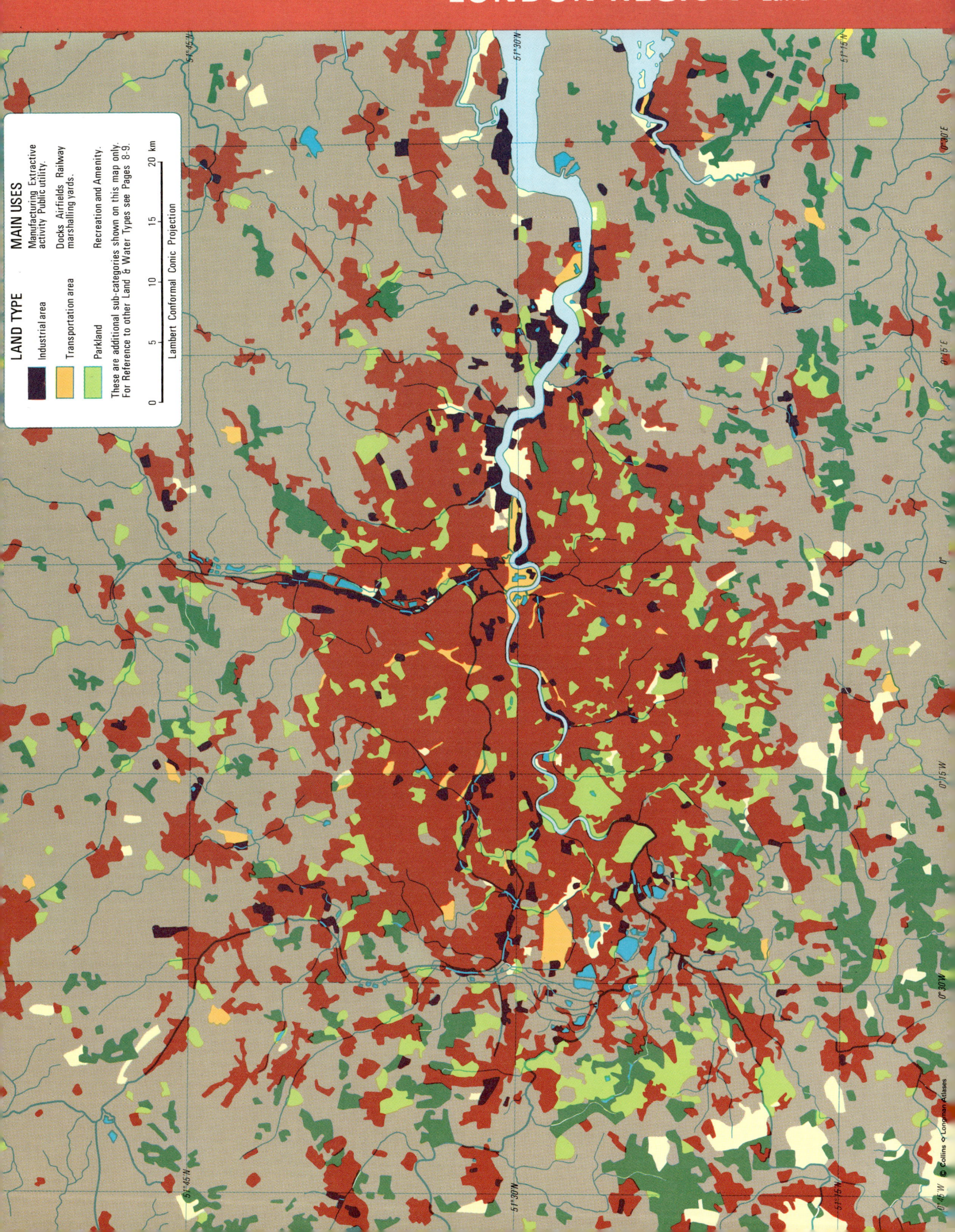

13

LAND TYPE
- Industrial area
- Transportation area
- Parkland

MAIN USES
- Manufacturing
- Extractive activity
- Public utility
- Docks
- Airfields
- Railway marshalling yards
- Recreation and Amenity

These are additional sub-categories shown on this map only. For Reference to other Land & Water Types see Pages 8-9.

Lambert Conformal Conic Projection

0   5   10   15   20 km

© Collins – Longman Atlases

14 LONDON REGION Population & Industry

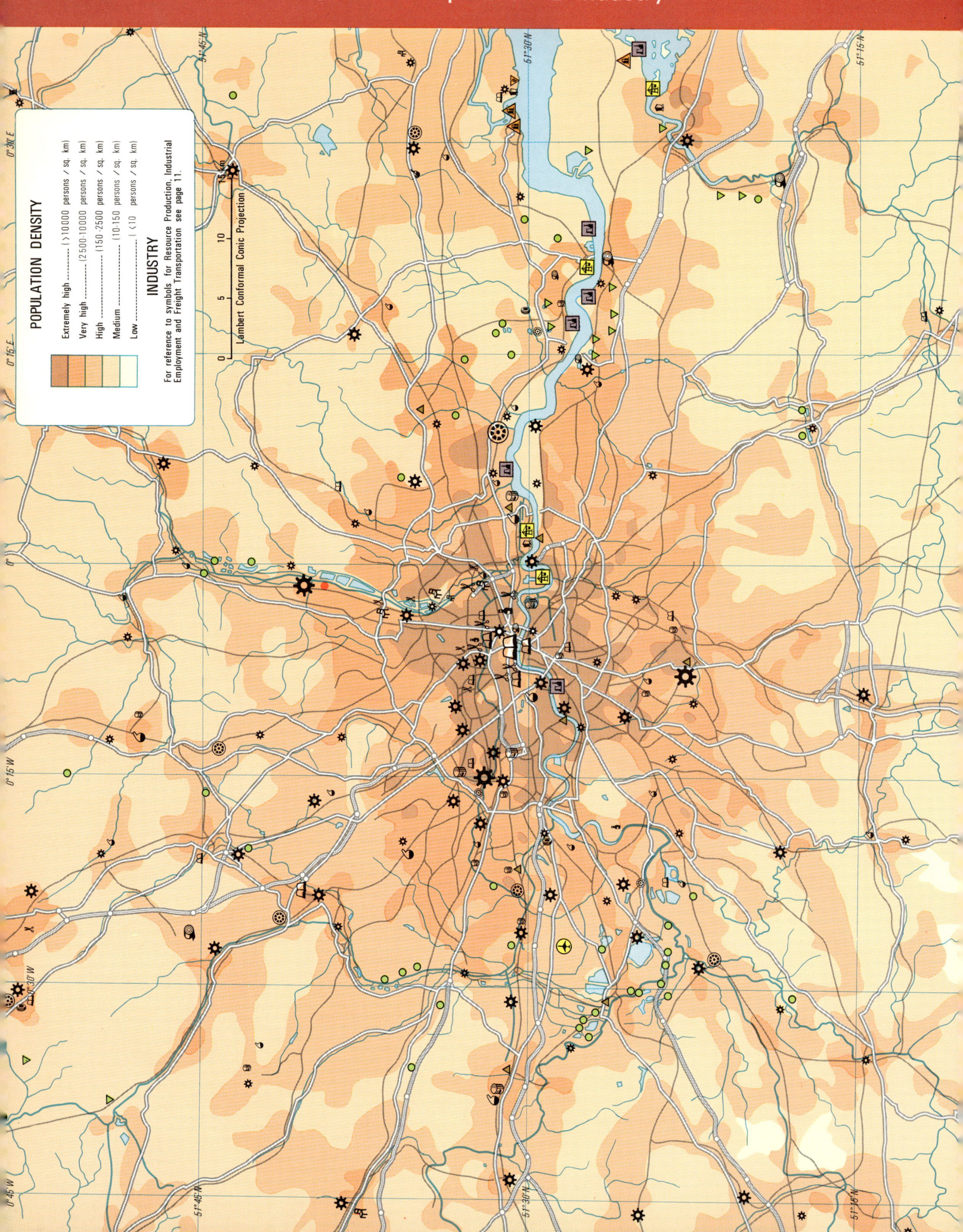

POPULATION DENSITY

- Extremely high — (>10 000 persons / sq. km)
- Very high — (2 500-10 000 persons / sq. km)
- High — (150-2 500 persons / sq. km)
- Medium — (10-150 persons / sq. km)
- Low — (<10 persons / sq. km)

INDUSTRY

For reference to symbols for Resource Production, Industrial Employment and Freight Transportation see page 11.

Lambert Conformal Conic Projection

LONDON REGION Conservation & Recreation

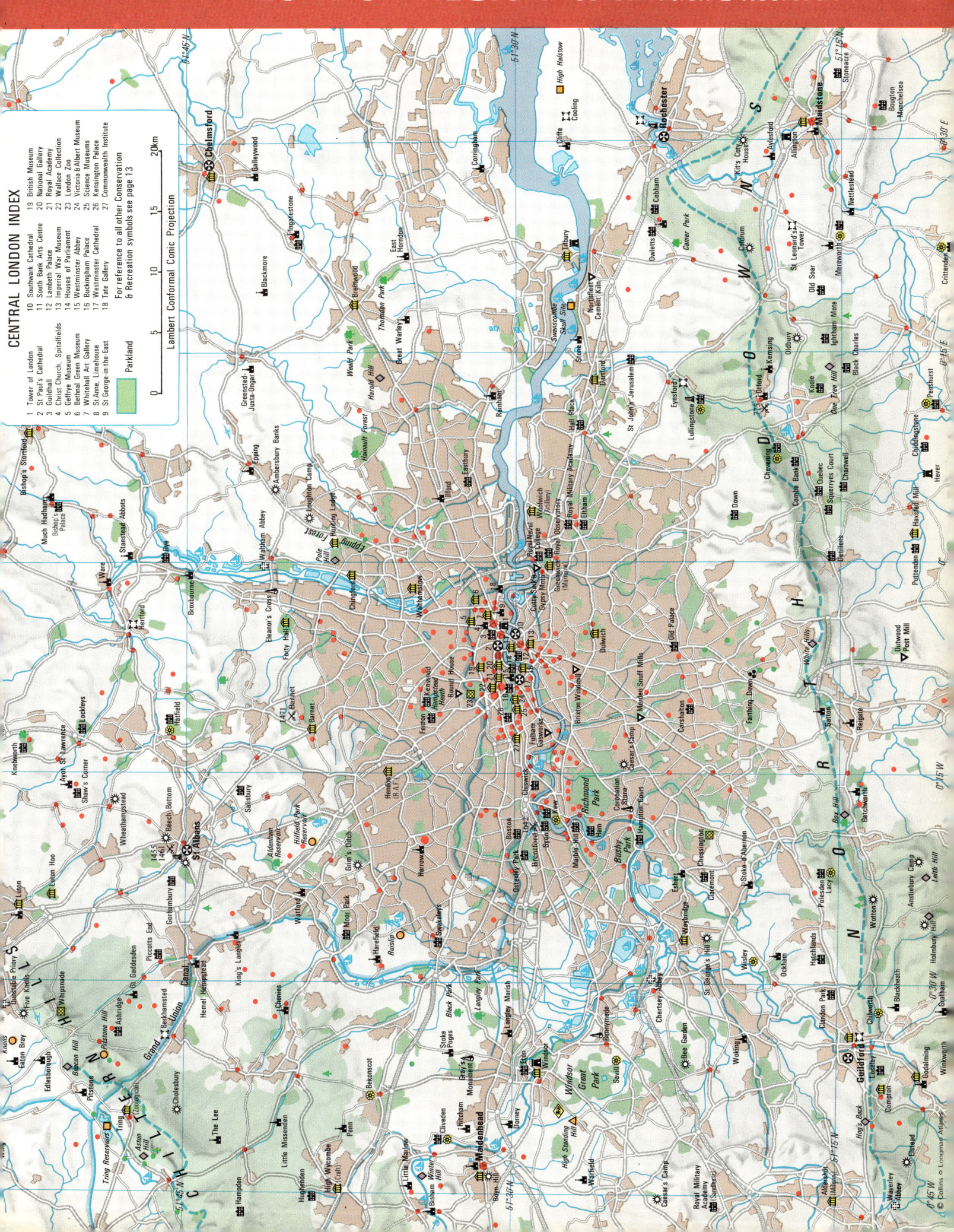

15

CENTRAL LONDON INDEX

1. Tower of London
2. St Paul's Cathedral
3. Guildhall
4. Christ Church, Spitalfields
5. Geffrye Museum
6. Bethnal Green Museum
7. Whitehall Art Gallery
8. St Anne, Limehouse
9. St George-in-the-East
10. Southwark Cathedral
11. South Bank Arts Centre
12. Lambeth Palace
13. Imperial War Museum
14. Houses of Parliament
15. Westminster Abbey
16. Buckingham Palace
17. Westminster Cathedral
18. Tate Gallery
19. British Museum
20. National Gallery
21. Royal Academy
22. Wallace Collection
23. London Zoo
24. Victoria & Albert Museum
25. Science Museums
26. Kensington Palace
27. Commonwealth Institute

For reference to all other Conservation & Recreation symbols see page 13

Parkland

0   5   10   15   20 km

Lambert Conformal Conic Projection

16 SOUTHERN ENGLAND

17

18 SOUTHERN ENGLAND Land Use

19

LAND TYPE		MAIN USES
■ (red)	Built-up area	Residential & commercial settlement Industrial production
■ (tan)	Cultivated land & improved grassland	Arable cropping Market gardening Fruit & flower growing Intensive livestock grazing
■ (pale yellow)	Unimproved land (Rough hill grassland Moorland Heathland Marshland Sand dunes)	Extensive livestock grazing (mainly sheep) Nature conservancy Deer 'forests' Grouse moors Recreational activity
■ (green)	Forest & Woodland	Tree growing for timber & pulp Shelter belts Amenity value Recreational activity

WATER TYPE		MAIN USES
■ (blue)	Fresh water	Domestic & industrial water supply Waste disposal Power production Transportation Irrigation Recreational activity
■ (pale blue)	Sea water	Commercial fishing Transportation Waste disposal Recreational activity

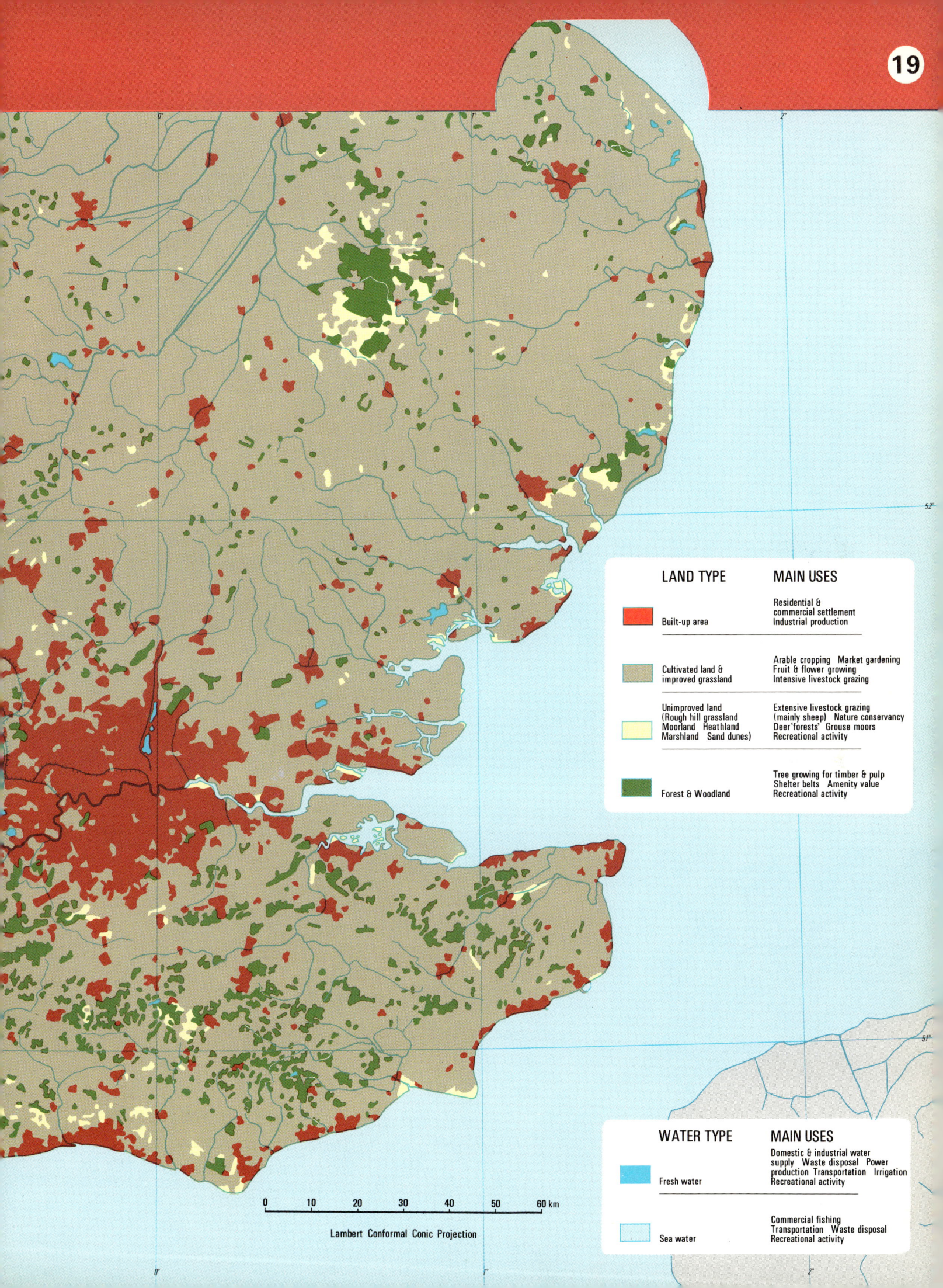

Lambert Conformal Conic Projection

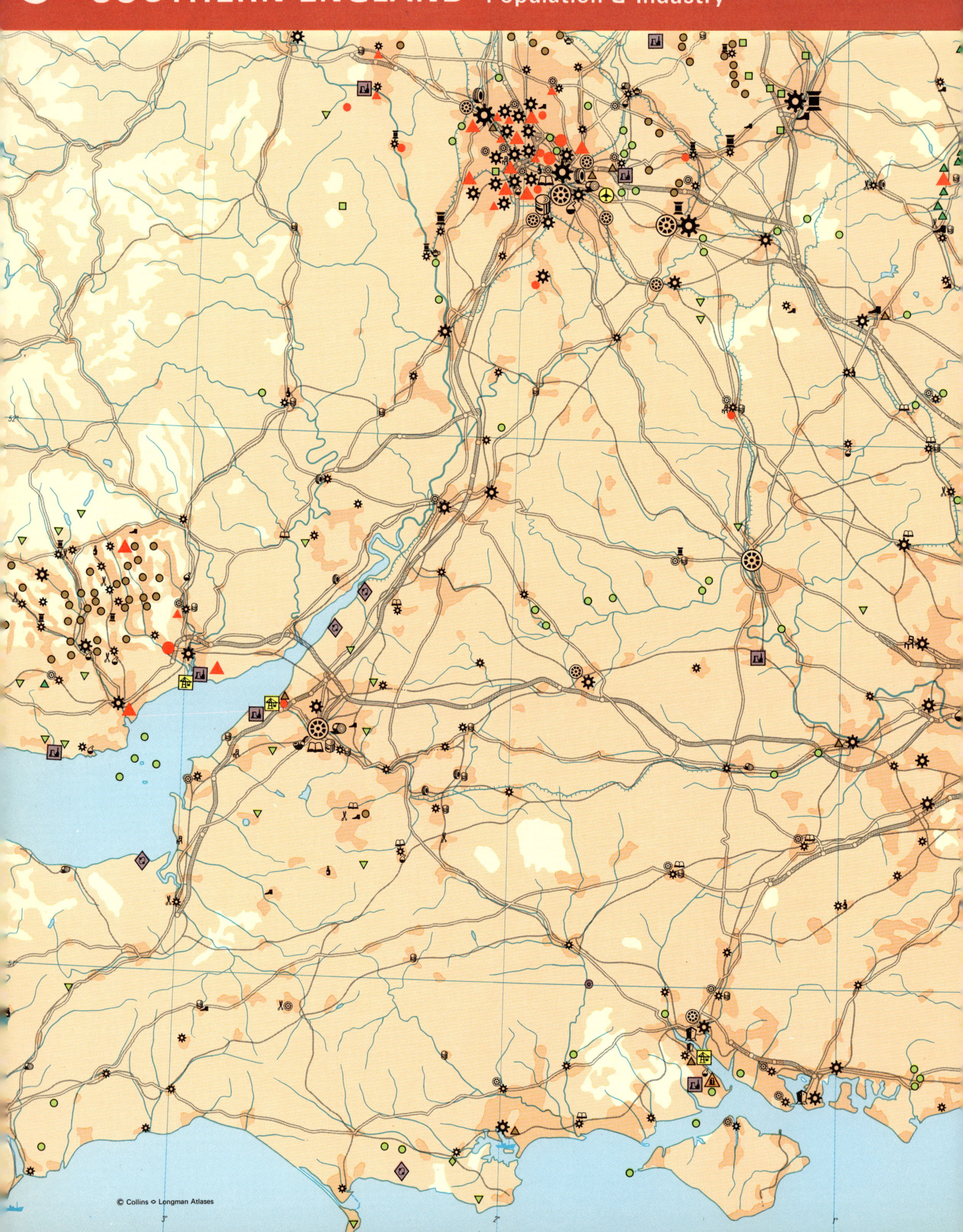

20 SOUTHERN ENGLAND Population & Industry

RESOURCE PRODUCTION

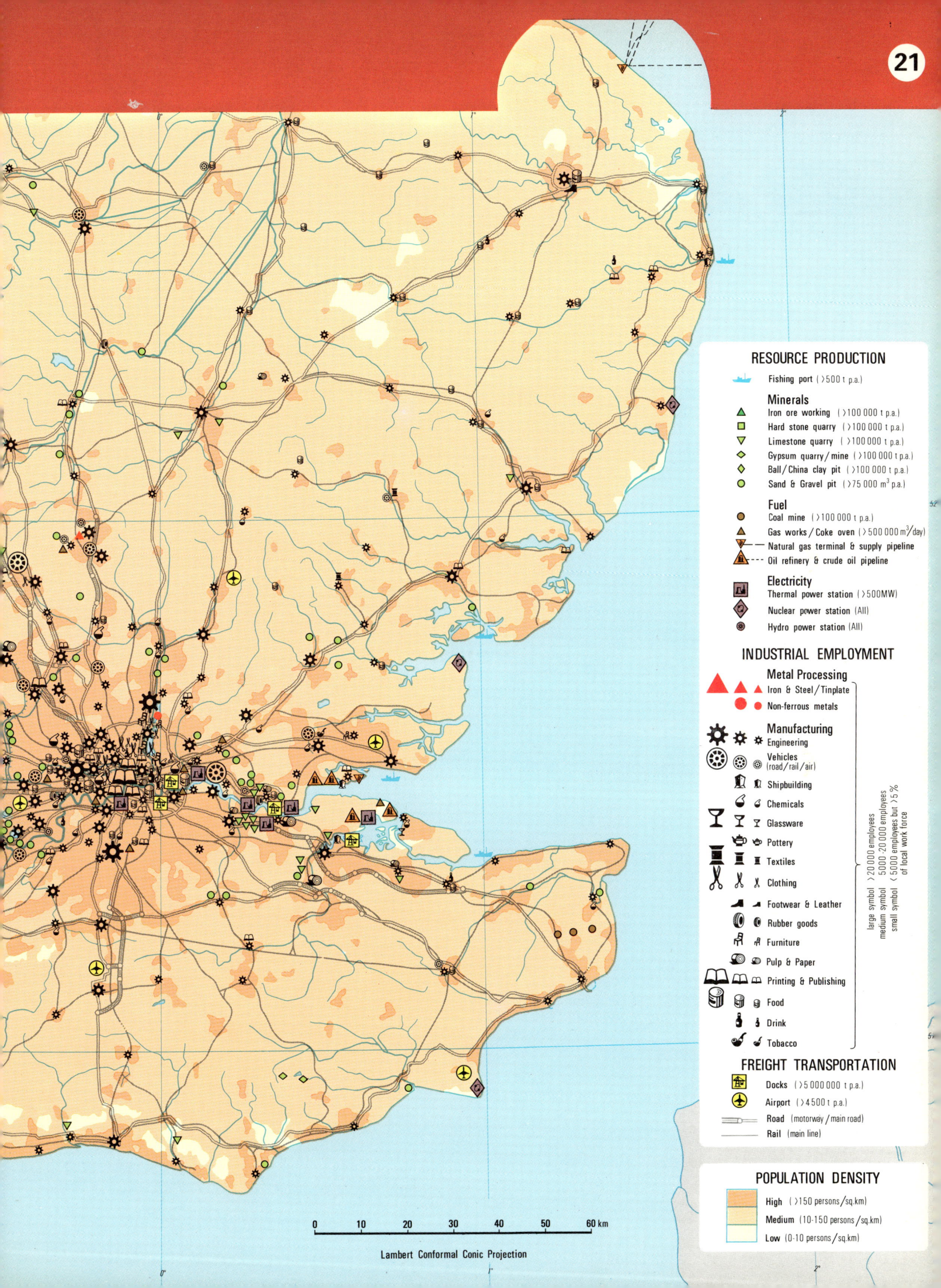

🚢 Fishing port (>500 t p.a.)

Minerals
- ▲ Iron ore working (>100 000 t p.a.)
- ■ Hard stone quarry (>100 000 t p.a.)
- ▽ Limestone quarry (>100 000 t p.a.)
- ◆ Gypsum quarry/mine (>100 000 t p.a.)
- ◇ Ball/China clay pit (>100 000 t p.a.)
- ● Sand & Gravel pit (>75 000 m³ p.a.)

Fuel
- ● Coal mine (>100 000 t p.a.)
- ▲ Gas works / Coke oven (>500 000 m³/day)
- ▽ Natural gas terminal & supply pipeline
- ▲ Oil refinery & crude oil pipeline

Electricity
- ◼ Thermal power station (>500MW)
- ◆ Nuclear power station (All)
- ● Hydro power station (All)

INDUSTRIAL EMPLOYMENT

Metal Processing
- ▲ Iron & Steel / Tinplate
- ● Non-ferrous metals

Manufacturing
- ✹ Engineering
- ⊙ Vehicles (road/rail/air)
- Shipbuilding
- Chemicals
- Glassware
- Pottery
- Textiles
- Clothing
- Footwear & Leather
- Rubber goods
- Furniture
- Pulp & Paper
- Printing & Publishing
- Food
- Drink
- Tobacco

large symbol >20 000 employees
medium symbol 5000-20 000 employees
small symbol <5000 employees but >5% of local work force

FREIGHT TRANSPORTATION

- Docks (>5 000 000 t p.a.)
- Airport (>4500 t p.a.)
- Road (motorway / main road)
- Rail (main line)

POPULATION DENSITY

- High (>150 persons /sq.km)
- Medium (10-150 persons /sq.km)
- Low (0-10 persons /sq.km)

0 10 20 30 40 50 60 km

Lambert Conformal Conic Projection

21

22 SOUTHERN ENGLAND — Conservation & Recreation

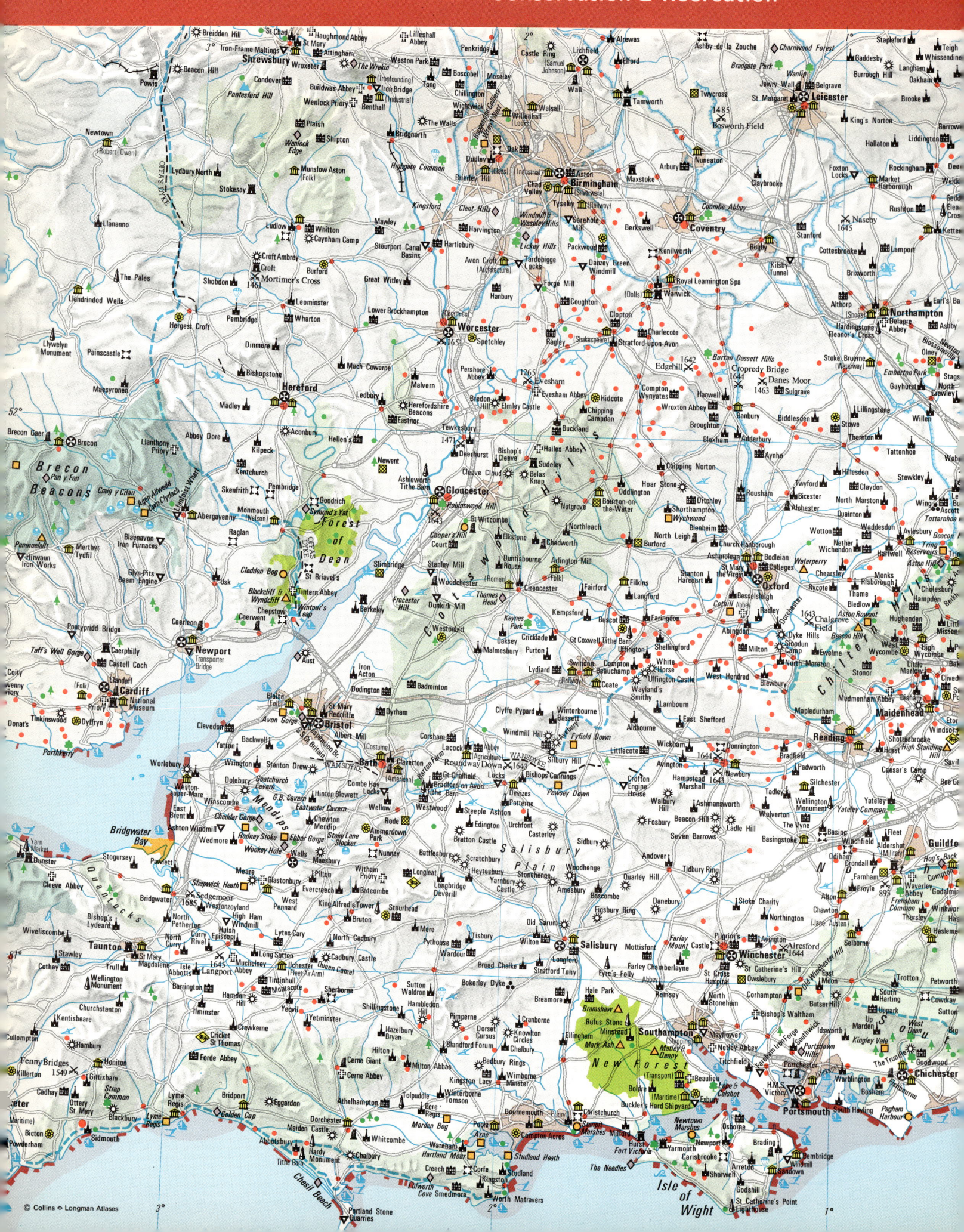

24 WALES & SOUTHWEST ENGLAND

25

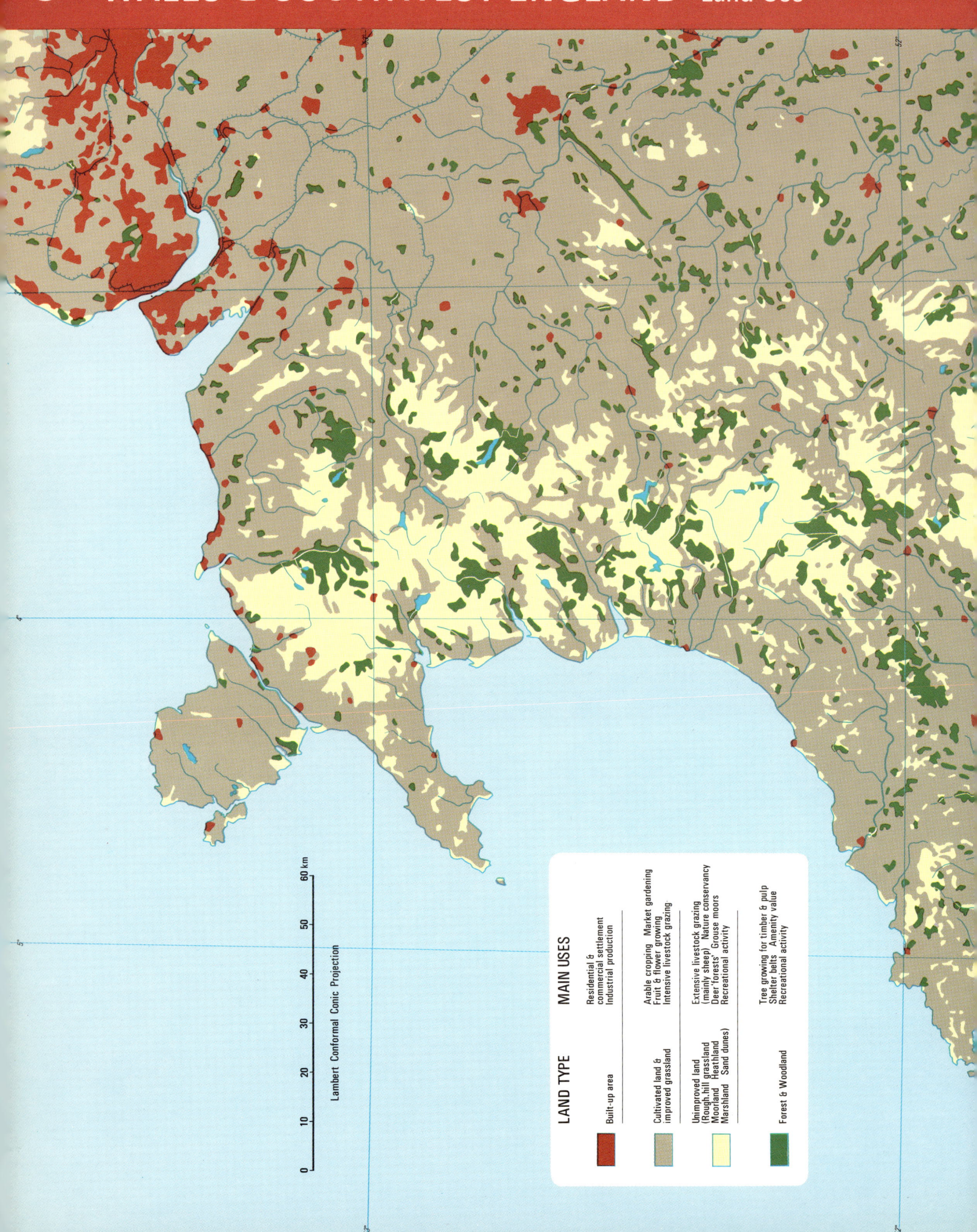

26 WALES & SOUTHWEST ENGLAND — Land Use

Lambert Conformal Conic Projection

0 10 20 30 40 50 60 km

LAND TYPE	MAIN USES
Built-up area	Residential & commercial settlement, Industrial production
Cultivated land & improved grassland	Arable cropping, Market gardening, Fruit & flower growing, Intensive livestock grazing
Unimproved land (Rough hill grassland, Moorland, Heathland, Marshland, Sand dunes)	Extensive livestock grazing (mainly sheep), Nature conservancy, Deer forests, Grouse moors, Recreational activity
Forest & Woodland	Tree growing for timber & pulp, Shelter belts, Amenity value, Recreational activity

27

WATER TYPE
- Fresh water
- Sea water

MAIN USES
Domestic & industrial water supply Waste disposal Power production Transportation Irrigation Recreational activity

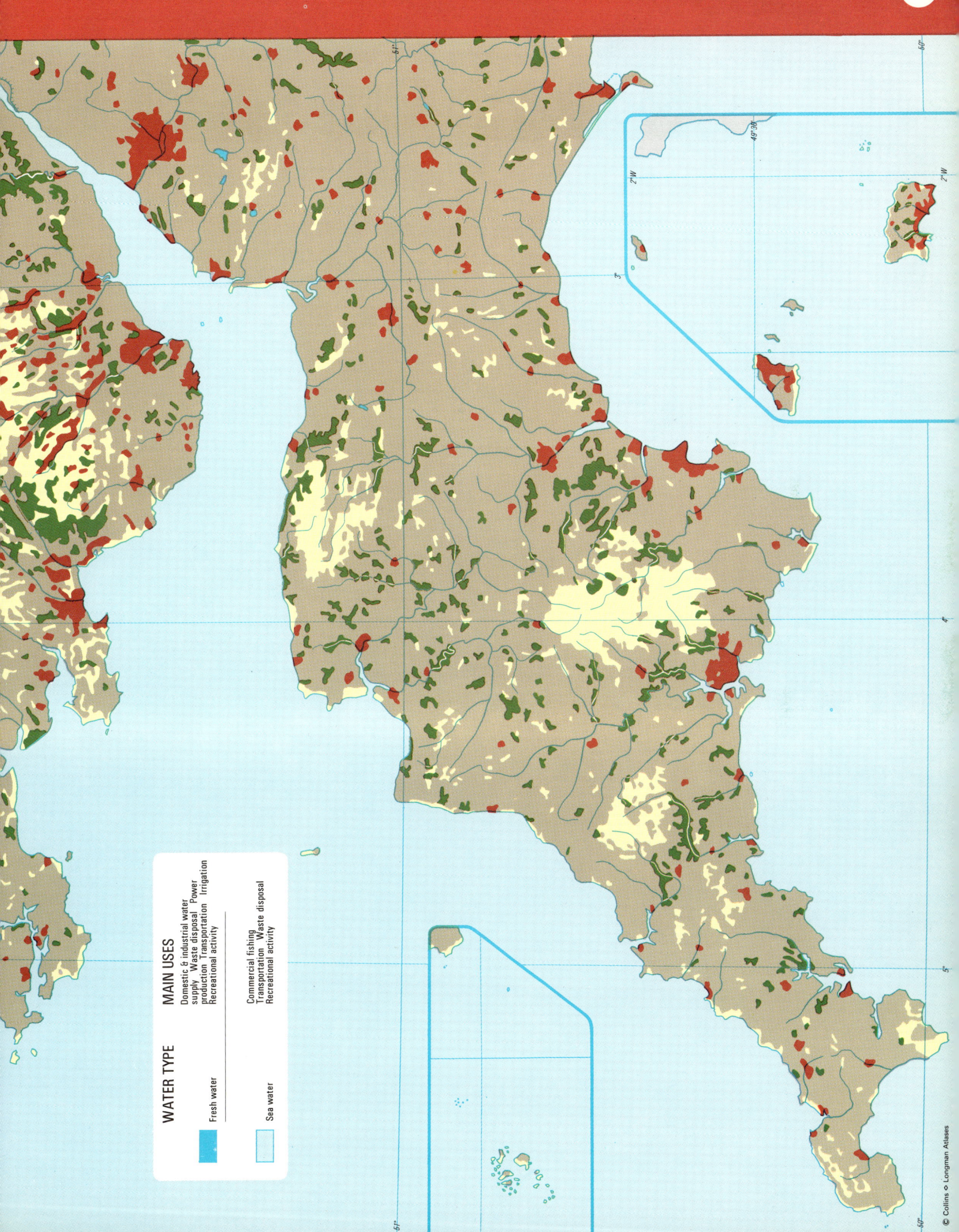

Commercial fishing Transportation Waste disposal Recreational activity

28 WALES & SOUTHWEST ENGLAND — Population & Industry

RESOURCE PRODUCTION

Fishing port (>500 t p.a.)

Minerals
- Iron ore working (>100 000 t p.a.)
- Hard stone quarry (>100 000 t p.a.)
- Limestone quarry (>100 000 t p.a.)
- Gypsum quarry / mine (>100 000 t p.a.)
- Ball / China clay pit (>100 000 t p.a.)
- Sand & Gravel pit (>75 000 m³ p.a.)

Fuel
- Coal mine (>100 000 t p.a.)
- Gas works / Coke oven (>500 000 m³/day)
- Natural gas terminal & supply pipeline
- Oil refinery & crude oil pipeline

Electricity
- Thermal power station (>500MW)
- Nuclear power station (All)
- Hydro power station (All)

INDUSTRIAL EMPLOYMENT

large symbol: >20 000 employees
medium symbol: 5000–20 000 employees
small symbol: <5000 employees but >5% of local work force

Metal Processing
- Iron & Steel / Tinplate
- Non-ferrous metals

Manufacturing
- Engineering
- Vehicles (road / rail / air)
- Shipbuilding
- Chemicals
- Glassware
- Pottery
- Textiles
- Clothing
- Footwear & Leather
- Rubber goods
- Furniture
- Pulp & Paper
- Printing & Publishing
- Food
- Drink
- Tobacco

FREIGHT TRANSPORTATION
- Docks (>5 000 000 t p.a.)
- Airport (>4500 t p.a.)
- Road (motorway / main road)
- Rail (main line)

29

POPULATION DENSITY
High (>150 persons/sq.km)
Medium (10-150 persons/sq.km)
Low (0-10 persons/sq.km)

Lambert Conformal Conic Projection

© Collins • Longman Atlases

WALES & SOUTHWEST ENGLAND — Conservation & Recreation

NATURAL HERITAGE
- National Park
- Area of Outstanding Natural Beauty
- Exmoor — Physical region
- Physical feature
- National Forest Park
- Forest with recreational facilities
- Country Park
- Nature trail
- National Nature Reserve (>20 sq.km) (<20 sq.km) Access often restricted
- Local Nature Reserve
- Forest Nature Reserve

CULTURAL HERITAGE
- Conservation Area (Buildings of architectural or historic interest. Large symbol denotes more than one area.)
- Battle site
- Pre-Roman remains
- Roman remains
- Post-Roman remains
- Castle / Fortress
- Ruined stronghold
- Palace / Mansion / Hall
- Cathedral
- Church / Abbey
- Ruined ecclesiastical building
- Monument / Misc. building
- Industrial monument
- Preserved Railway (Operational)
- Museum / Gallery / Library
- Botanical gardens
- Zoo / Aviary / Aquarium
- Wildlife park

OUTDOOR RECREATION
- Beach (Intensively used, main resort / small bay) (Moderately used)
- Surfing
- Sailing
- Water skiing
- Canoeing
- Cruising Waterway
- Gliding
- Parachuting
- Potholing
- Skiing
- Climbing
- Long Distance Path

31

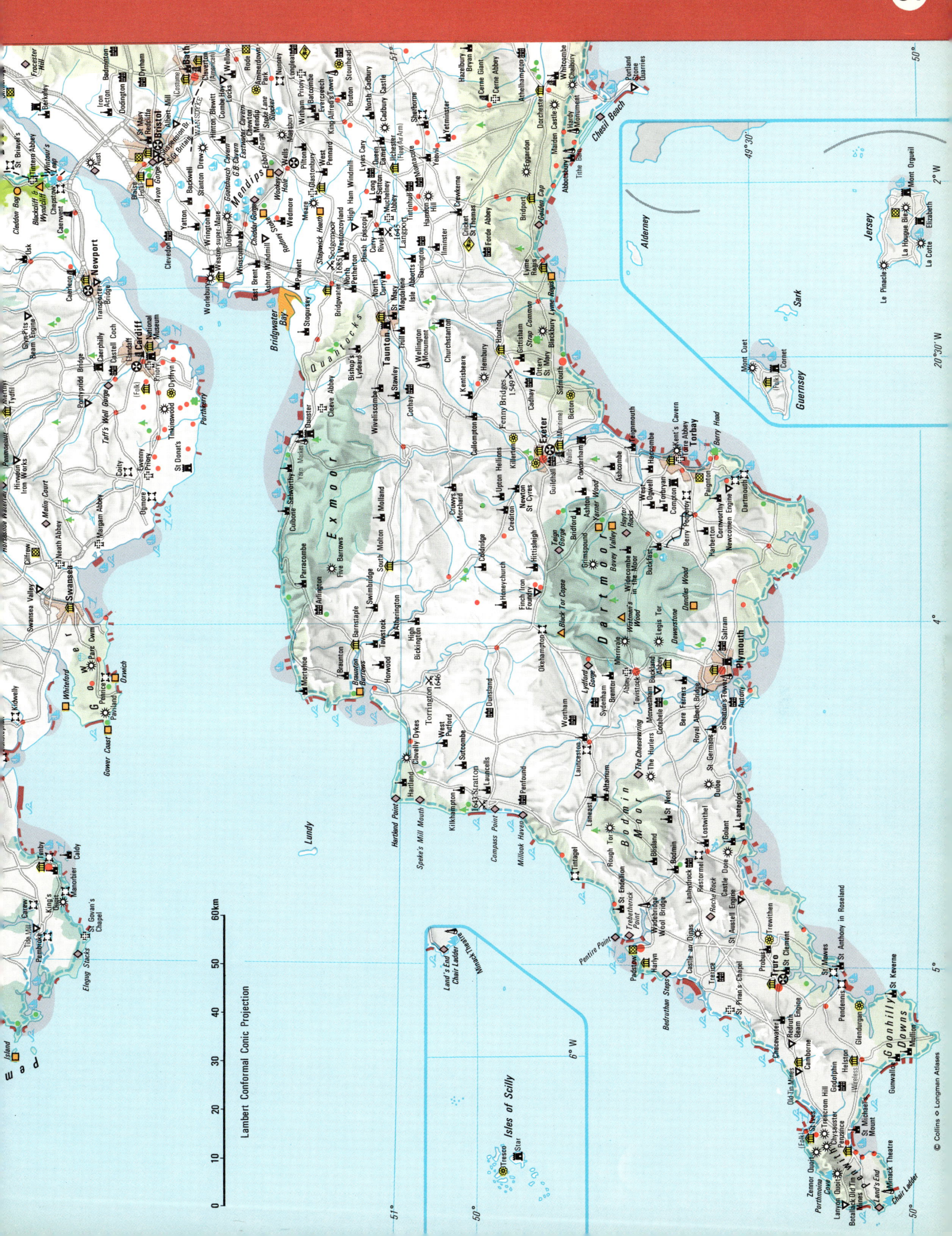

32 NORTHERN ENGLAND

33

34

NORTHERN ENGLAND   Land Use

35

LAND TYPE	MAIN USES
■ Built-up area	Residential & commercial settlement Industrial production
Cultivated land & improved grassland	Arable cropping Market gardening Fruit & flower growing Intensive livestock grazing
Unimproved land (Rough hill grassland Moorland Heathland Marshland Sand dunes)	Extensive livestock grazing (mainly sheep) Nature conservancy Deer 'forests' Grouse moors Recreational activity
■ Forest & Woodland	Tree growing for timber & pulp Shelter belts Amenity value Recreational activity

WATER TYPE	MAIN USES
Fresh water	Domestic & industrial water supply Waste disposal Power production Transportation Irrigation Recreational activity
Sea water	Commercial fishing Transportation Waste disposal Recreational activity

0 10 20 30 40 50 60 km

Lambert Conformal Conic Projection

© Collins ◇ Longman Atlases

36

NORTHERN ENGLAND Population & Industry

37

0 10 20 30 40 50 60 km

Lambert Conformal Conic Projection

RESOURCE PRODUCTION
- Fishing port (>500 t p.a.)

Minerals
- Iron ore working (>100 000 t p.a.)
- Hard stone quarry (>100 000 t p.a.)
- Limestone quarry (>100 000 t p.a.)
- Gypsum quarry / mine (>100 000 t p.a.)
- Ball / China clay pit (>100 000 t p.a.)
- Sand & Gravel pit (>75 000 m³ p.a.)

Fuel
- Coal mine (>100 000 t p.a.)
- Gas works / Coke oven (>500 000 m³/day)
- Natural gas terminal & supply pipeline
- Oil refinery & crude oil pipeline

Electricity
- Thermal power station (>500MW)
- Nuclear power station (All)
- Hydro power station (All)

INDUSTRIAL EMPLOYMENT

Metal Processing
- Iron & Steel / Tinplate
- Non-ferrous metals

Manufacturing
- Engineering
- Vehicles (road/rail/air)
- Shipbuilding
- Chemicals
- Glassware
- Pottery
- Textiles
- Clothing
- Footwear & Leather
- Rubber goods
- Furniture
- Pulp & Paper
- Printing & Publishing
- Food
- Drink
- Tobacco

large symbol >20 000 employees
medium symbol 5000-20 000 employees
small symbol <5000 employees but >5% of local work force

FREIGHT TRANSPORTATION
- Docks (>5 000 000 t p.a.)
- Airport (>4 500 t p.a.)
- Road (motorway / main road)
- Rail (main line)

POPULATION DENSITY
- High (>150 persons /sq.km)
- Medium (10-150 persons /sq.km)
- Low (0-10 persons /sq.km)

© Collins o Longman Atlases

38

BEACHES
Comparable data not available on use of
beaches in Scotland and the Isle of Man

© Collins · Longman Atlases

NORTHERN ENGLAND — Conservation & Recreation

39

0 10 20 30 40 50 60 km

Lambert Conformal Conic Projection

NATURAL HERITAGE
- National Park
- Area of Outstanding Natural Beauty
- *Exmoor* Physical region
- Physical feature
- National Forest Park
- Forest with recreational facilities
- Country Park
- Nature trail
- National Nature Reserve (>20 sq.km)
-   "   "   " (<20 sq.km)
- Local Nature Reserve
- Forest Nature Reserve

(Access often restricted)

CULTURAL HERITAGE
- Conservation Area (Buildings of architectural or historic interest. Large symbol denotes more than one area.)
- Battle site
- Pre-Roman remains
- Roman remains
- Post-Roman remains
- Castle / Fortress
- Ruined stronghold
- Palace / Mansion / Hall
- Cathedral
- Church / Abbey
- Ruined ecclesiastical building
- Monument / Misc. building
- Industrial monument
- Preserved Railway (Operational)
- Museum / Gallery / Library
- Botanical gardens
- Zoo / Aviary / Aquarium
- Wildlife park

OUTDOOR RECREATION
- Beach (Intensively used: main resort/small bay)
- " (Moderately used)
- Surfing
- Sailing
- Water skiing
- Canoeing
- Cruising Waterway
- Gliding
- Parachuting
- Potholing
- Skiing
- Climbing
- Long Distance Path

SOUTHERN SCOTLAND & NORTHEAST ENGLAND

0 10 20 30 40 50 60km
Lambert Conformal Conic Projection
Relief
Metres
1000
500
200
100
0
Sea Level
20
50
100
200
Metres
NORTH SEA
56°
55°
2°
1°
Montrose
Lunan Bay
Brechin
Forfar
Arbroath
Carnoustie
Dundee
Buddon Ness
Monifieth
Tayport
Newport-on-Tay
Inchcape or Bell Rock
St Andrews Bay
St Andrews
Fife Ness
Crail
Anstruther
Pittenweem
I. of May
Elie & Earlsferry
Buckhaven & Methil
Leven
Glenrothes
Kirkcaldy
Kinghorn
Burntisland
FIRTH OF FORTH
North Berwick
Bass Rock
Dunbar
Inchkeith
Dunfermline
Rosyth
Inverkeithing
Queensferry
Grangemouth
Falkirk
Bo'ness
Leith
Edinburgh
Musselburgh
Prestonpans
Longniddry
Tranent
Haddington
East Linton
Cockburnspath
St Abb's Hd
Coldingham
Eyemouth
Berwick-upon-Tweed
Holy I.
Farne Is
Bamburgh
Seahouses
Snook Pt
Embleton
Longhoughton
Alnwick
Coquet I.
Amble
Ashington
Newbiggin-by-the-Sea
Blyth
Bedlington
Cramlington
Seaton Delaval
Whitley Bay
Tynemouth
South Shields
TYNE AND WEAR
Wallsend
Jarrow
Gateshead
Newcastle upon Tyne
Sunderland
Washington
Houghton-le-Spring
Seaham
Easington
Peterlee
Hartlepool
Tees Bay
Redcar
Marske-by-the-Sea
CLEVELAND
Billingham
Stockton-on-Tees
Middlesbrough
Eston
Guisborough
Darlington
DURHAM
Durham
Bishop Auckland
Spennymoor
Consett
Stanley
Hexham
Haltwhistle
Corbridge
Prudhoe
Blaydon
Whickham
Morpeth
Rothbury
Otterburn
Bellingham
NORTHUMBERLAND
Kielder Forest
The Cheviot
816
Cheviot Hills
Wooler
Kelso
Coldstream
Jedburgh
Hawick
Selkirk
Galashiels
Melrose
St Boswells
Lauder
Peebles
BORDERS
Lammermuir Hills
Moorfoot Hills
Pentland Hills
SOUTHERN UPLANDS
Tinto Hills
Lanark
Motherwell
Wishaw
Hamilton
Airdrie
Cumbernauld
Bathgate
Livingston
Dalkeith
Penicuik
Moffat
Langholm
Lockerbie
Annan
Dumfries
DUMFRIES AND GALLOWAY
Gretna
Longtown
Carlisle
SOLWAY FIRTH
Silloth
Wigton
Aspatria
Maryport
Workington
Whitehaven
Cockermouth
Keswick
Skiddaw
931
Penrith
Appleby
CUMBRIA
Cross Fell
893
Dundee
Perth
Crieff
Comrie
Methven
Auchterarder
Kinross
Cupar
Falkland
Alloa
Dollar
Tillicoultry
Alva
Cowdenbeath
Lochgelly
Blairgowrie
Coupar Angus
Alyth
Kirriemuir
Glamis
Pitlochry
Aberfeldy
Dunkeld
Sidlaw Hills
Ochil Hills
Firth of Tay
Carse of Gowrie
Strathmore
Biggar
Broughton
Sanquhar
Thornhill
Dalbeattie
Kirkbean
Criffel
569
Ettrick Pen
692
Peel Fell
602
Cauldcleuch Head
608
Bewcastle Fells
Wark Forest
Tosson Hill
441
Whiteadder Wr
Lammermuir
Merse
Tweed
Teviotdale
Liddesdale
Eskdale
Annandale
Nithsdale
Clydesdale
Weardale
Teesdale
Ullswater
Derwent Wr
Crummock Wr

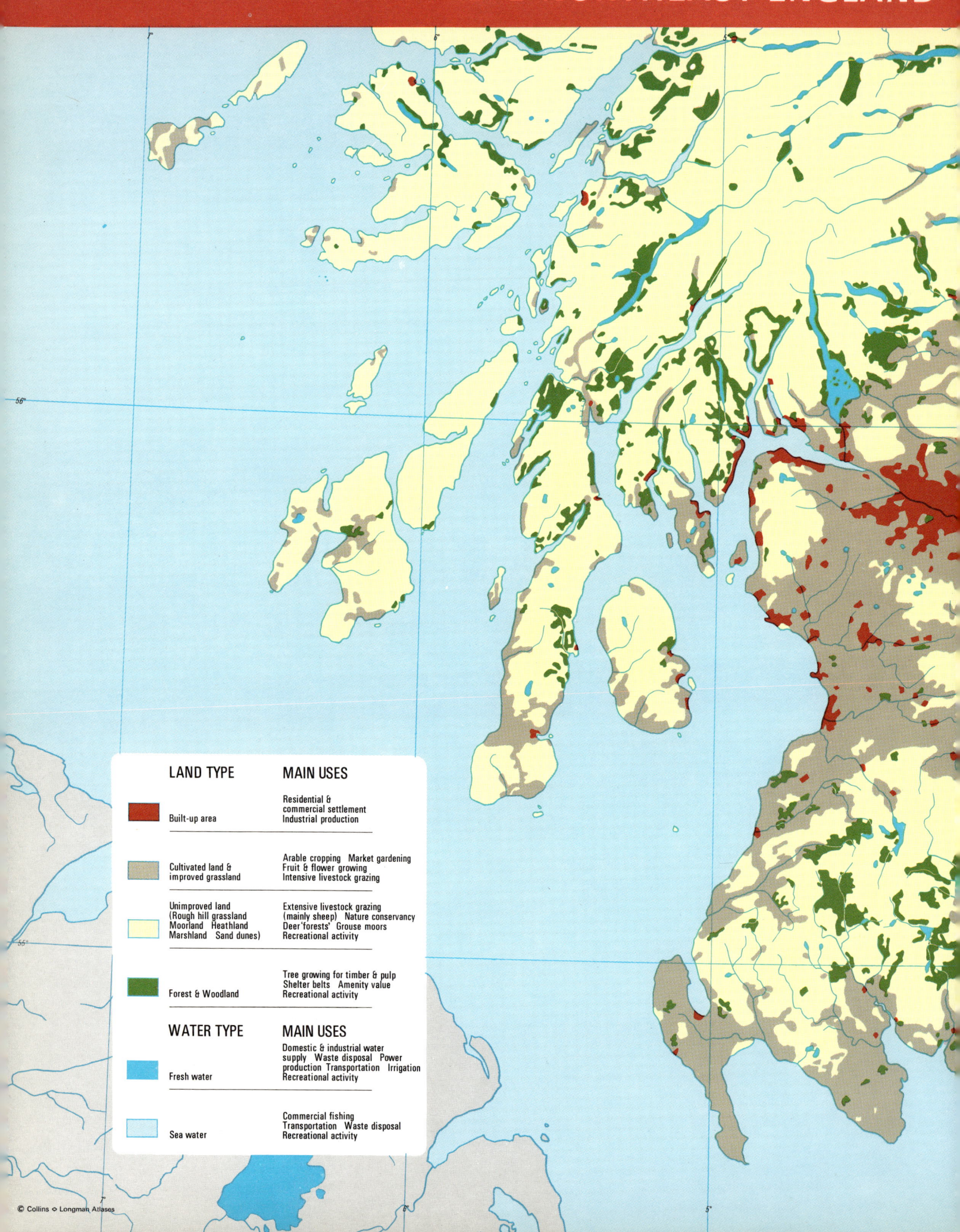

SOUTHERN SCOTLAND & NORTHEAST ENGLAND

LAND TYPE	MAIN USES
Built-up area	Residential & commercial settlement Industrial production
Cultivated land & improved grassland	Arable cropping Market gardening Fruit & flower growing Intensive livestock grazing
Unimproved land (Rough hill grassland Moorland Heathland Marshland Sand dunes)	Extensive livestock grazing (mainly sheep) Nature conservancy Deer 'forests' Grouse moors Recreational activity
Forest & Woodland	Tree growing for timber & pulp Shelter belts Amenity value Recreational activity

WATER TYPE	MAIN USES
Fresh water	Domestic & industrial water supply Waste disposal Power production Transportation Irrigation Recreational activity
Sea water	Commercial fishing Transportation Waste disposal Recreational activity

© Collins ◊ Longman Atlases

Land Use

43

44 SOUTHERN SCOTLAND & NORTHEAST ENGLAND

INDUSTRIAL EMPLOYMENT

Metal Processing
- Iron & Steel / Tinplate
- Non-ferrous metals

Manufacturing
- Engineering
- Vehicles (road/rail/air)
- Shipbuilding
- Chemicals
- Glassware
- Pottery
- Textiles
- Clothing
- Footwear & Leather
- Rubber goods
- Furniture
- Pulp & Paper
- Printing & Publishing
- Food
- Drink
- Tobacco

large symbol >20 000 employees
medium symbol 5000–20 000 employees
small symbol <5000 employees but >5% of local work force

FREIGHT TRANSPORTATION
- Docks (>5 000 000 t p.a.)
- Airport (>4500 t p.a.)
- Road (motorway / main road)
- Rail (main line)

Population & Industry

45

POPULATION DENSITY
- High (>150 persons /sq.km)
- Medium (10-150 persons /sq.km)
- Low (0-10 persons /sq.km)

RESOURCE PRODUCTION
- Fishing port (>500 t p.a.)

Minerals
- Iron ore working (>100 000 t p.a.)
- Hard stone quarry (>100 000 t p.a.)
- Limestone quarry (>100 000 t p.a.)
- Gypsum quarry / mine (>100 000 t p.a.)
- Ball / China clay pit (>100 000 t p.a.)
- Sand & Gravel pit (>75 000 m³ p.a.)

Fuel
- Coal mine (>100 000 t p.a.)
- Gas works / Coke oven (>500 000 m³/day)
- Natural gas terminal & supply pipeline
- Oil refinery & crude oil pipeline

Electricity
- Thermal power station (>500MW)
- Nuclear power station (All)
- Hydro power station (All)

0 10 20 30 40 50 60 km

Lambert Conformal Conic Projection

© Collins ◊ Longman Atlases

46 SOUTHERN SCOTLAND & NORTHEAST ENGLAND

NATURAL HERITAGE
- National Park
- Area of Outstanding Natural Beauty
- *Exmoor* Physical region
- ◇ Physical feature
- National Forest Park
- ▲ Forest with recreational facilities
- ● Country Park
- ● Nature trail
- National Nature Reserve (>20 sq.km) / (<20 sq.km)
- □
- ○ Local Nature Reserve
- △ Forest Nature Reserve

(Access often restricted)

CULTURAL HERITAGE
- ● Conservation Area (Buildings of architectural or historic interest. Large symbol denotes more than one area.)
- ●
- ✕ Battle site
- ☀ Pre-Roman remains
- ▲ Roman remains
- ♣ Post-Roman remains
- ■ Castle / Fortress
- ⌐ Ruined stronghold
- ⌂ Palace / Mansion / Hall
- ✦ Cathedral
- ✚ Church / Abbey
- ✞ Ruined ecclesiastical building
- ▲ Monument / Misc. building
- ▽ Industrial monument
- ⊢⊣ Preserved Railway (Operational)
- 🏛 Museum / Gallery / Library
- ❋ Botanical gardens
- ⊠ Zoo / Aviary / Aquarium
- ◈ Wildlife park

OUTDOOR RECREATION
- Beach (Intensively used, main resort/small bay) (Moderately used)
- Surfing
- Sailing
- Water skiing
- Canoeing
- Cruising Waterway
- Gliding
- Parachuting
- Potholing
- Skiing
- Climbing
- Long Distance Path

© Collins ◊ Longman Atlases

Conservation & Recreation

47

0 10 20 30 40 50 60km

Lambert Conformal Conic Projection

EDINBURGH INDEX

	Edinburgh Castle		Royal Scottish Museum
	St Giles Cathedral		National Museum of Antiquities of Scotland
	Parliament House		Museum of Childhood
	Palace of Holyroodhouse		National Library of Scotland
	Holyrood Abbey		National Monument
	Arthur's Seat & Salisbury Crags		Nelson's Monument
			Scott Monument
	Royal Scottish Academy National Gallery of Scotland		Royal Botanical Gardens
			Royal Scottish Zoo Park

Comparable data not available on use of BEACHES in Scotland.

NATIONAL PARKS and AREAS OF OUTSTANDING NATURAL BEAUTY are not designated in Scotland as yet, but many areas are under consideration.

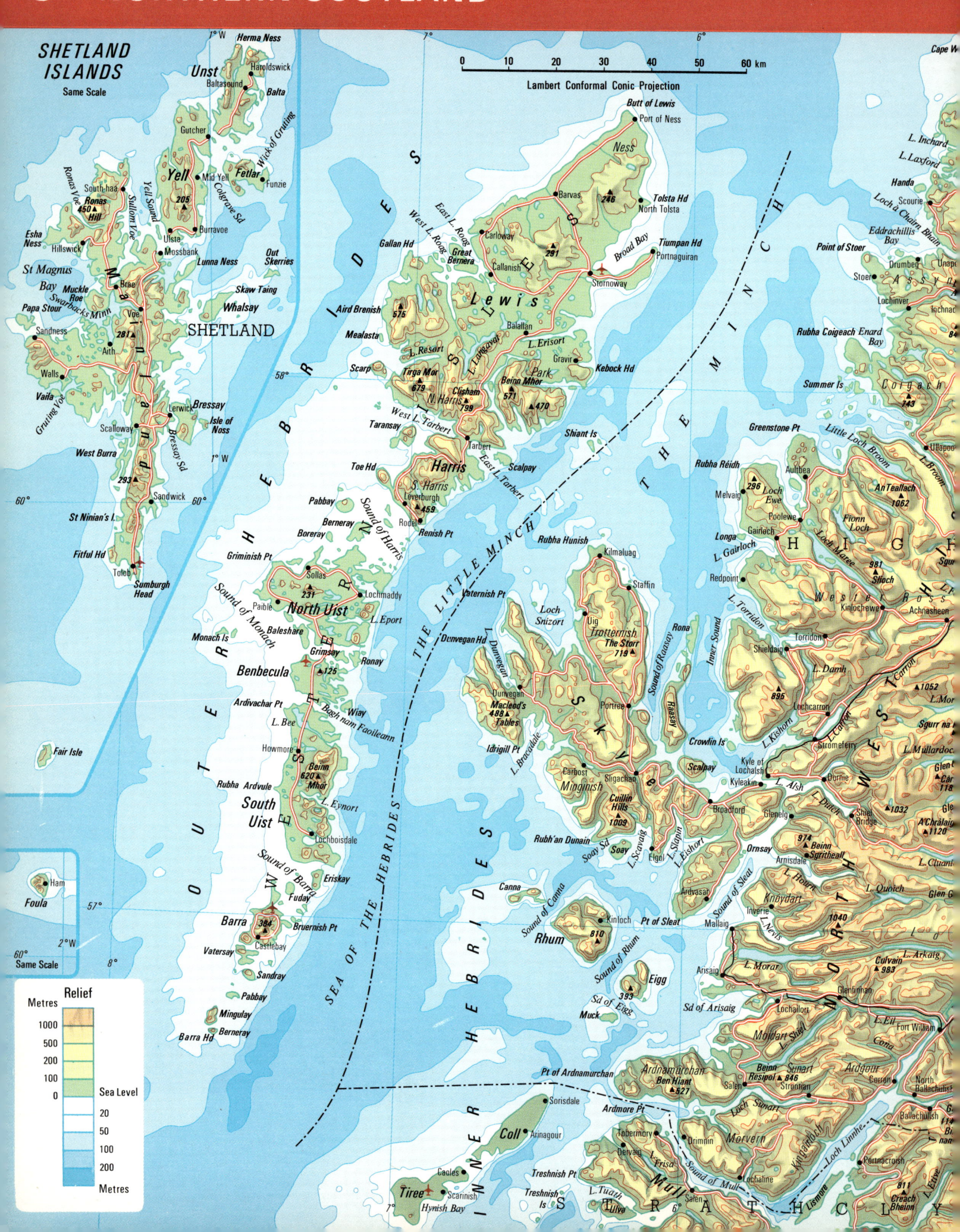

48 NORTHERN SCOTLAND

ORKNEY ISLANDS
Same Scale

50 NORTHERN SCOTLAND — Land Use

0 10 20 30 40 50 60 km

Lambert Conformal Conic Projection

For Reference to
LAND & WATER TYPE and their **MAIN USES**
see pages 32-33

51

52 NORTHERN SCOTLAND Population & Industry

0 10 20 30 40 50 60 km

Lambert Conformal Conic Projection

For reference to
POPULATION & INDUSTRY
symbols see pages 34-35

53

54 NORTHERN SCOTLAND — Conservation & Recreation

0 10 20 30 40 50 60 km
Lambert Conformal Conic Projection

For reference to CONSERVATION & RECREATION symbols see pages 36–37

55

56 IRELAND North

NORTH CHANNEL
IRISH SEA
NORTHERN IRELAND
ULSTER
LEINSTER
LONDONDERRY
ANTRIM
TYRONE
DOWN
ARMAGH
MONAGHAN
LOUTH
CAVAN
MEATH
WESTMEATH
KILDARE
STRATHCLYDE
DUMFRIES AND GALLOWAY
ISLE OF MAN
Isle of Man
Malin Hd
Malin
Culdaff
Clonmany
Carndonagh
Inishowen Peninsula
615
Slieve Snaght
Moville
Greencastle
Inishowen Hd
Lough Swilly
Buncrana
Lough Foyle
Carrowkeel
484
Muff
Londonderry
Eglinton
Limavady
Ballykelly
Newtown Cunningham
Foyle
Lifford
Strabane
Sion Mills
Claudy
Dungiven
Mullaghmore
683
556
Sperrin Mountains
Glenelly
Draperstown
Maghera
Owenkillew
Mourne
Gortin
Newtownstewart
Mullaghcarn
542
Omagh
Pollnalaght
299
Dromore
Fintona
Beragh
Sixmilecross
Creggan
Cookstown
Moneymore
Magherafelt
The Six Towns
529
Castledawson
Stewartstown
Coalisland
Dungannon
Ballygawley
Augher
Clogher
Blackwater
Aughnacloy
372
Emyvale
Caledon
Lisnaskea
Rosslea
Monaghan
Smithborough
215
Clones
Newtown Butler
Upper Lough Erne
Belturbet
Erne
Annalee
Butlers Bridge
Cootehill
Lough Oughter
Cavan
321
Arvagh
Bellananagh
Ballieborough
341
Shercock
Carrickmacross
Kingscourt
Knockbridge
Ballyjamesduff
Kilnaleck
Virginia
Drumcondra
Sheelin
Granard
L. Ramor
Mullagh
Nobber
Oldcastle
278
Slieve Na Calliagh
Edgeworthstown
Castlepollard
Derravaragh
L. Lene
Collinstown
Multyfarnham
Delvin
L. Owel
Clonmellon
Athboy
Kells
Blackwater
Navan
Trim
Ballivor
153
Killucan
Mullingar
L. Ennell
Kinnegad
Boyne
Rochfort Bridge
Tyrrellspass
Kilbeggan
Daingean
Tullamore
Ballynagore
Edenderry
Grand Canal
Bog of Allen
Carbury
Enfield
Kilcock
Maynooth
Clane
Liffey
Celbridge
Leixlip
Lucan
Rathcoole
Clondalkin
Clonee
Dunboyne
Dunshaughlin
Ashbourne
Ward
Blanchardstown
Dublin (Baile Átha Cliath)
Dublin Bay
Blackrock
Dún Laoghaire
Dalkey
Dundrum
Howth
Ireland's Eye
Portmarnock
Malahide
Swords
178
Lambay I.
Rush
Lusk
Skerries
Balbriggan
Duleek
Slane
Drogheda
Termonfeckin
Clogher Hd
Clogherhead
Mount Oriel
247
Collon
Ardee
Dee
Dunleer
Dunany Pt
Castlebellingham
DUNDALK BAY
Blackrock
Dundalk
Ballagan Pt
Greenore
Carlingford
Carlingford L.
510
Crossmaglen
577
Castleblayney
Mucknoe
Ballybay
Newtown Hamilton
Keady
Markethill
Armagh
Tanderagee
Portadown
Moy
Blackwater
Gilford
Banbridge
Poyntzpass
Bessbrook
Newry
Rathfriland
Warrenpoint
Mourne Mts
852
Slieve Donard
Kilkeel
Annalong
Castlewellan
Newcastle
Dundrum Bay
Dundrum
St John's Pt
Ardglass
Downpatrick
Quoile
535
Ballynahinch
Lagan
Dromore
Lurgan
Lisburn
Bann
Lough Neagh
Ballinderry
Crumlin
Antrim
Randalstown
L. Beg
Main
Portglenone
Ballymena
Kilrea
Garvagh
Bann
Roe
Coleraine
Portstewart
Portrush
Bushmills
Bush
Giant's Causeway
Benbane Hd
Rathlin Sound
Rathlin
Fair Head
Ballycastle
517
Knocklayd
Armoy
Ballymoney
Runabay Hd
Cushendun
Red Bay
Cushendall
Trostan
554
Mountains of Antrim
Garron Pt
Collin Top
435
Clough Mills
Glenarm
Agnew's Hill
476
Larne
Larne L.
Island Magee
Black Hd
Whitehead
Ballyclare
Carrickfergus
Muckamore
Glengormley
Newtownabbey
Whiteabbey
Greenisland
Belfast Lough
Belfast
Holywood
Bangor
Groomsport
Copeland I.
Donaghadee
Newtownards
Comber
Greyabbey
Ballywalter
Ards Peninsula
Kircubbin
Strangford L.
Saintfield
Killyleagh
Portaferry
Ballyquintin Pt
Killard Pt
Machrihanish
Campbeltown
Johnston's Pt
Southend
Sanda
Mull of Kintyre
Ailsa Craig
Culzean Bay
Maidens
Maybole
Patna
Doon
Dalmellington
Girvan
Carrick
Stinchar
Carrick Forest
Merrick
843
Bennane Hd
Ballantrae
Benerard
438
Bladnoch
Milleur Pt
Kirkcolm
L. Ryan
Stranraer
The Rhinns
Luce
Glenluce
Newton Stewart
Kirkcowan
Wigtown
The Machers
Portpatrick
Luce Bay
Port William
Port Logan
Drummore
Mull of Galloway
Jurby Hd
Kirk Michael
Peel
483
South Barrule
Douglas
Port Erin
Castletown
Calf of Man
Langness
The Skerries
Carmel Hd
Holyhead Bay
Holyhead
Holy I.
West from Greenwich
7°
6°
5°
55°
54°

IRELAND South

59

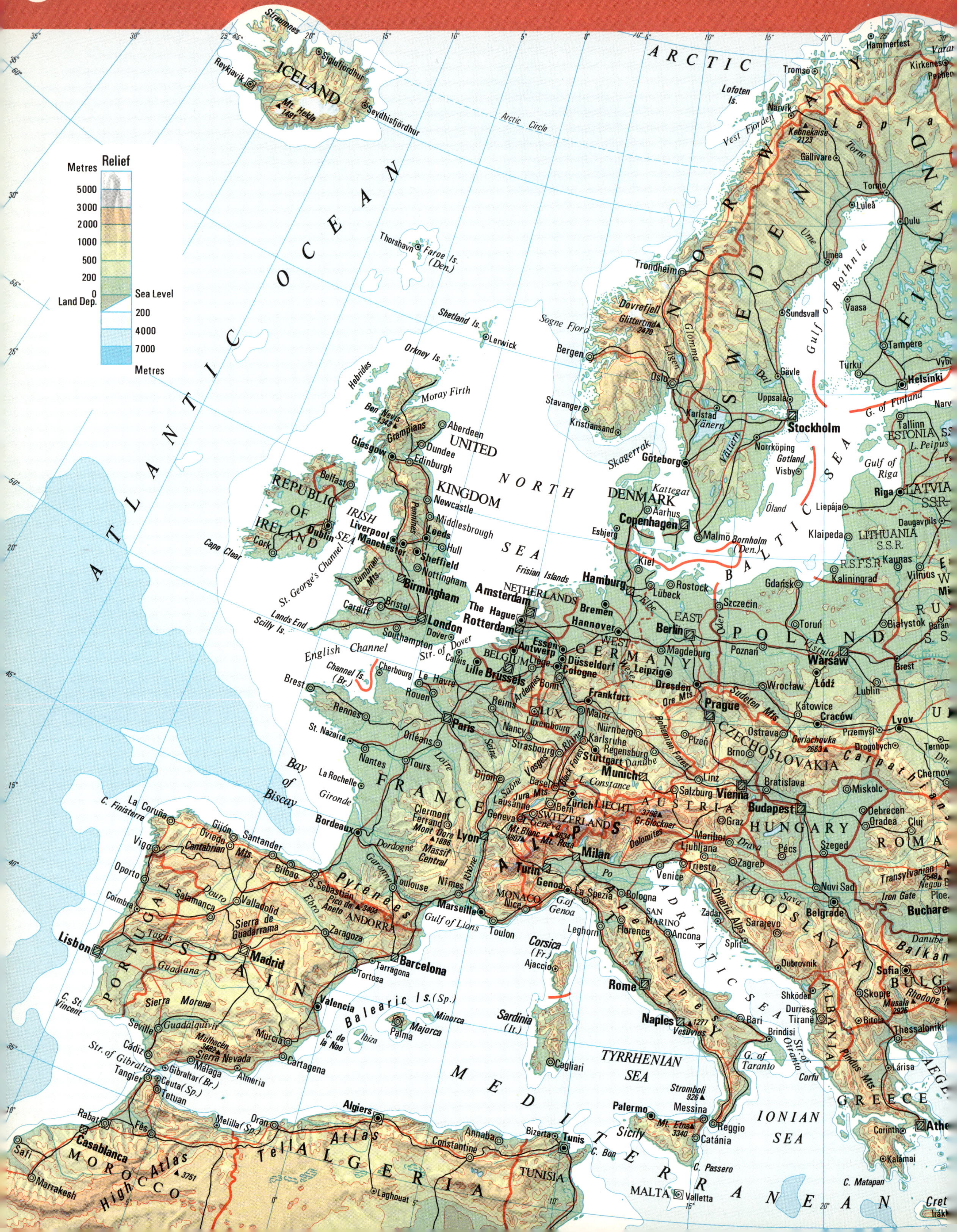

EUROPE 61

62 EUROPE Political

EUROPE Physiography & Geology

63

EUROPE Climate

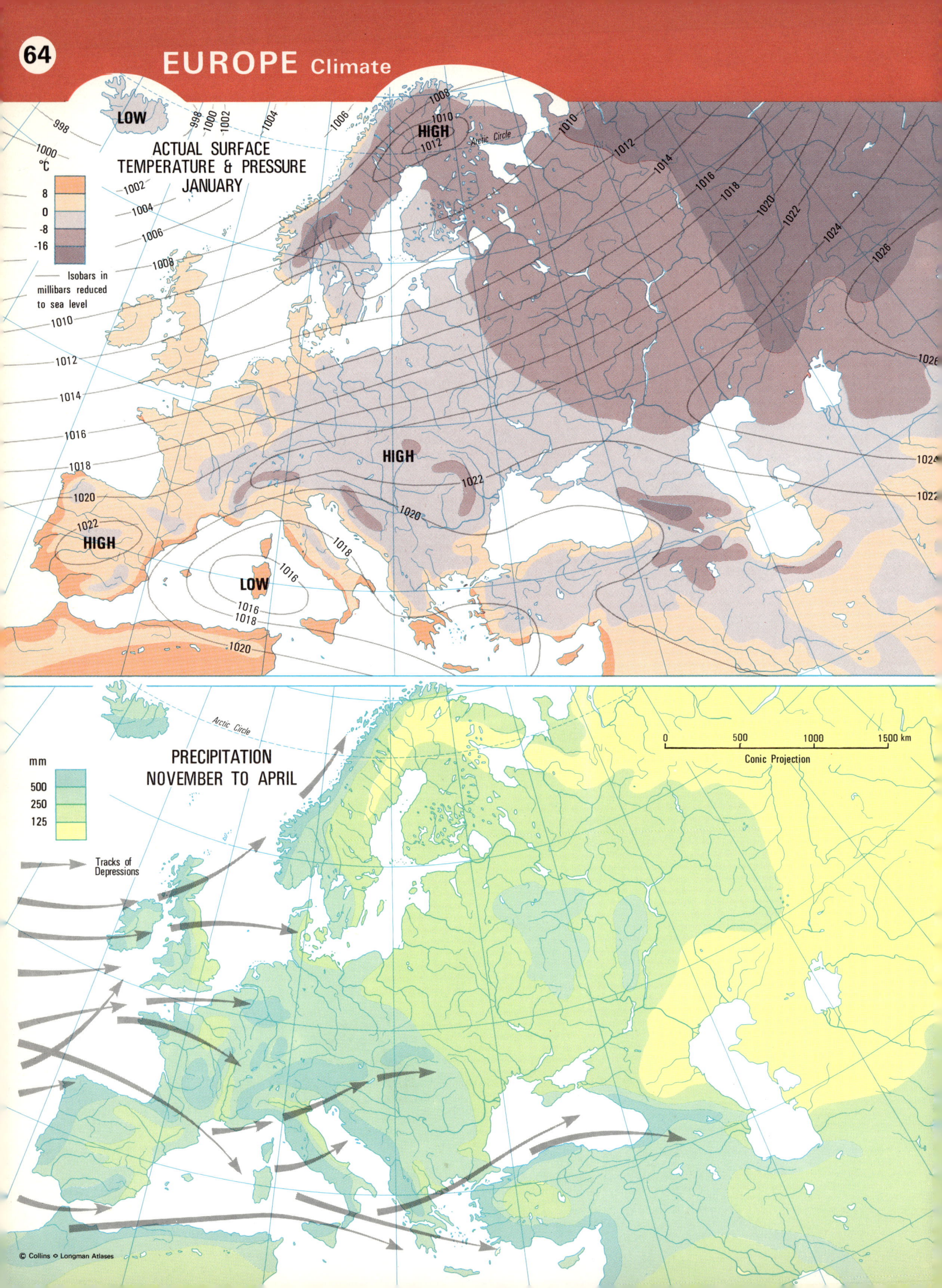

ACTUAL SURFACE TEMPERATURE & PRESSURE JANUARY

Legend:
- °C: 8, 0, -8, -16
- Isobars in millibars reduced to sea level

PRECIPITATION NOVEMBER TO APRIL

Legend:
- mm: 500, 250, 125
- Tracks of Depressions

Scale: 0 – 500 – 1000 – 1500 km
Conic Projection

© Collins © Longman Atlases

EUROPE Climate

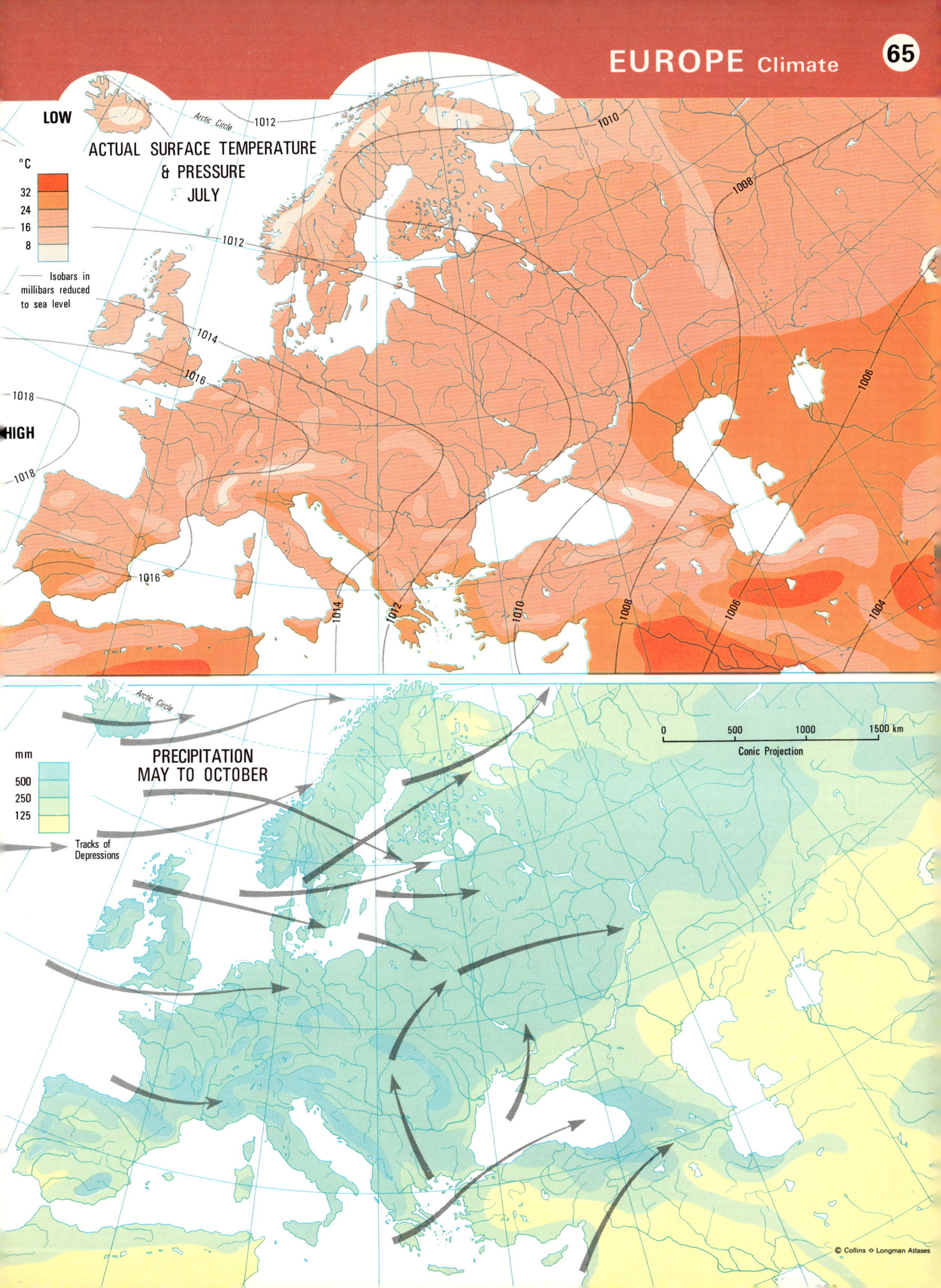

65

ACTUAL SURFACE TEMPERATURE & PRESSURE JULY

LOW

°C
- 32
- 24
- 16
- 8

Isobars in millibars reduced to sea level

HIGH

PRECIPITATION MAY TO OCTOBER

mm
- 500
- 250
- 125

Tracks of Depressions

0 500 1000 1500 km
Conic Projection

© Collins ◊ Longman Atlases

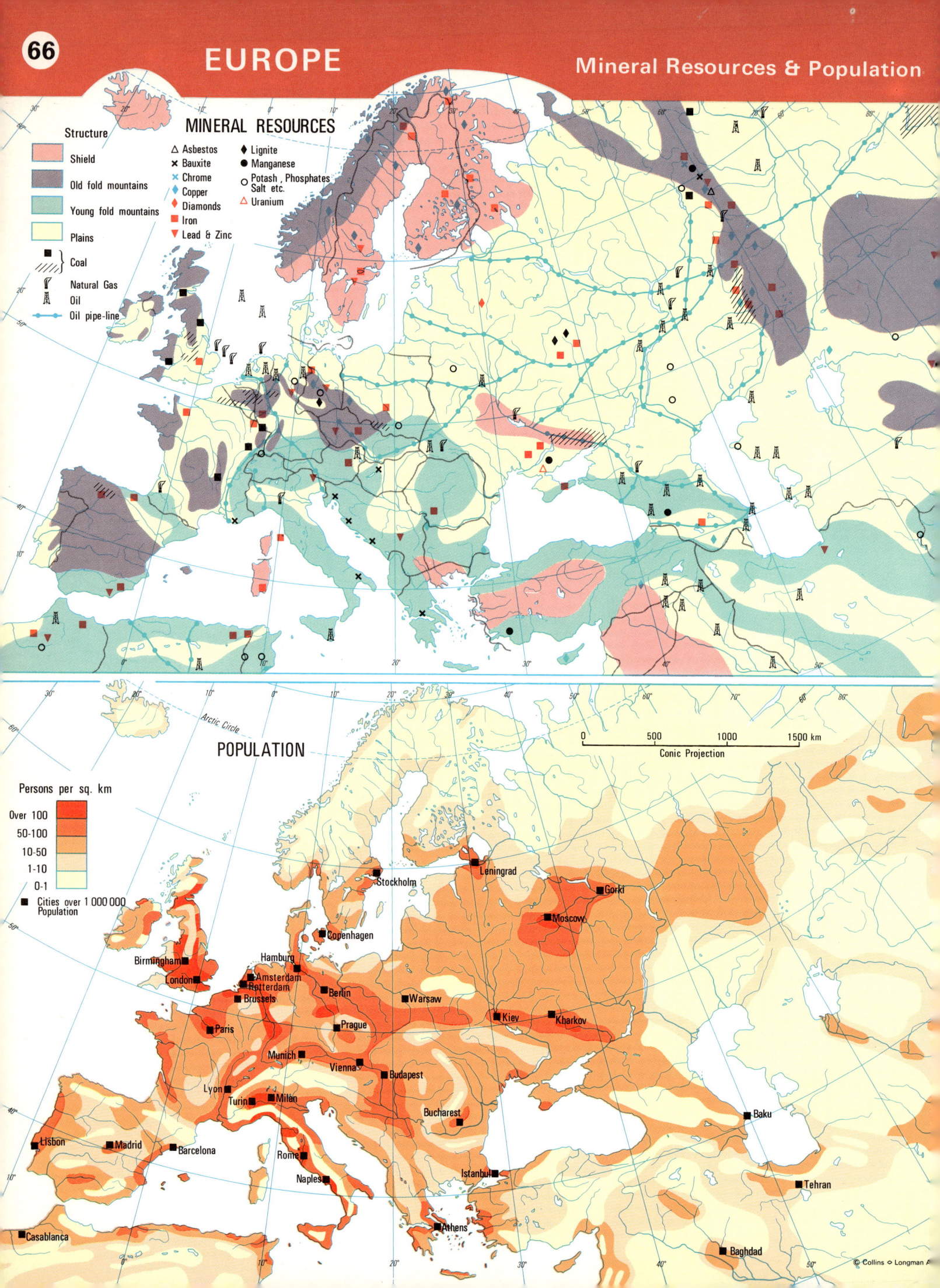

EUROPE — Mineral Resources & Population

MINERAL RESOURCES

Structure
- Shield
- Old fold mountains
- Young fold mountains
- Plains

- Coal
- Natural Gas
- Oil
- Oil pipe-line

- △ Asbestos
- × Bauxite
- × Chrome
- ◆ Copper
- ◆ Diamonds
- ■ Iron
- ▼ Lead & Zinc
- ◆ Lignite
- ● Manganese
- ○ Potash, Phosphates, Salt etc.
- △ Uranium

POPULATION

Persons per sq. km
- Over 100
- 50–100
- 10–50
- 1–10
- 0–1
- ■ Cities over 1 000 000 Population

Cities labelled: Stockholm, Leningrad, Gorki, Moscow, Copenhagen, Hamburg, Birmingham, London, Amsterdam, Rotterdam, Brussels, Berlin, Warsaw, Kiev, Kharkov, Paris, Prague, Munich, Vienna, Budapest, Lyon, Turin, Milan, Bucharest, Baku, Lisbon, Madrid, Barcelona, Rome, Naples, Istanbul, Tehran, Athens, Casablanca, Baghdad

Scale: 0 – 500 – 1000 – 1500 km, Conic Projection

© Collins ◦ Longman

EUROPE
Industry, G.N.P. & Economic Groups

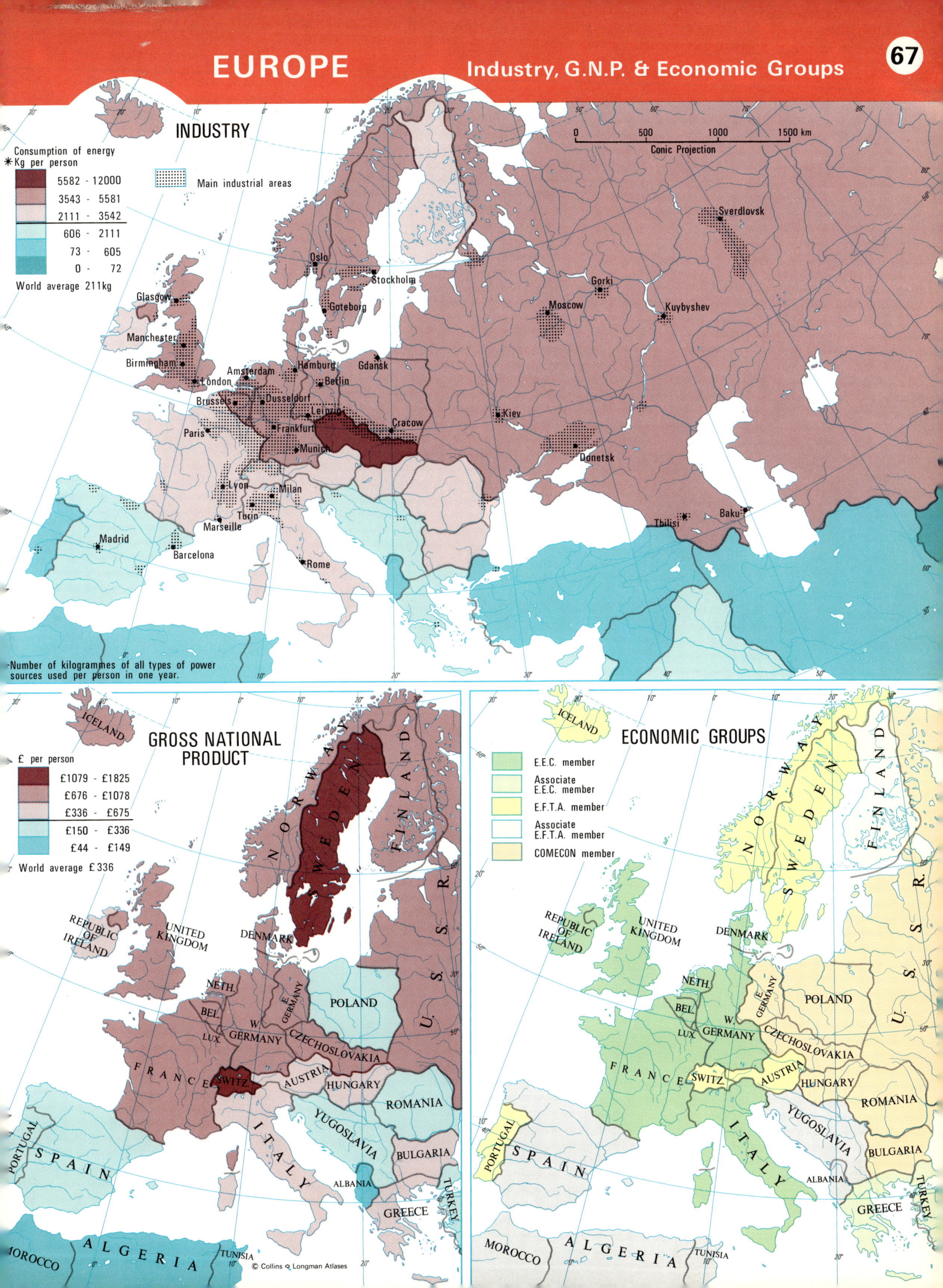

67

INDUSTRY

Consumption of energy
Kg per person
- 5582 – 12000
- 3543 – 5581
- 2111 – 3542
- 606 – 2111
- 73 – 605
- 0 – 72

World average 211kg

Main industrial areas

0 500 1000 1500 km
Conic Projection

Number of kilogrammes of all types of power sources used per person in one year.

Cities labeled: Oslo, Stockholm, Goteborg, Glasgow, Manchester, Birmingham, London, Amsterdam, Brussels, Hamburg, Berlin, Gdansk, Dusseldorf, Leipzig, Cracow, Paris, Frankfurt, Munich, Lyon, Milan, Turin, Marseille, Madrid, Barcelona, Rome, Sverdlovsk, Gorki, Moscow, Kuybyshev, Kiev, Donetsk, Tbilisi, Baku

GROSS NATIONAL PRODUCT

£ per person
- £1079 – £1825
- £676 – £1078
- £336 – £675
- £150 – £336
- £44 – £149

World average £336

ECONOMIC GROUPS

- E.E.C. member
- Associate E.E.C. member
- E.F.T.A. member
- Associate E.F.T.A. member
- COMECON member

© Collins – Longman Atlases

FRANCE

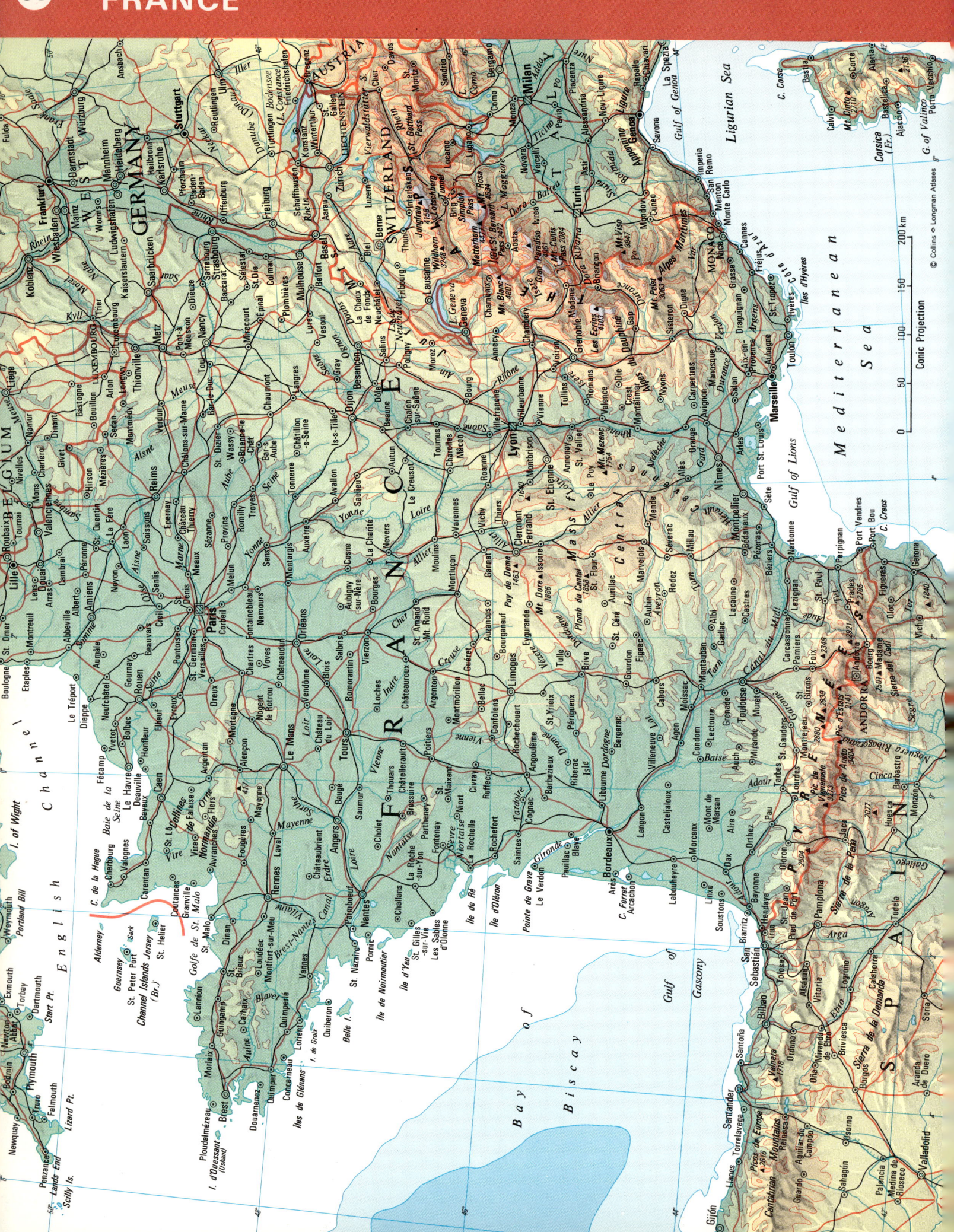

SPAIN & PORTUGAL

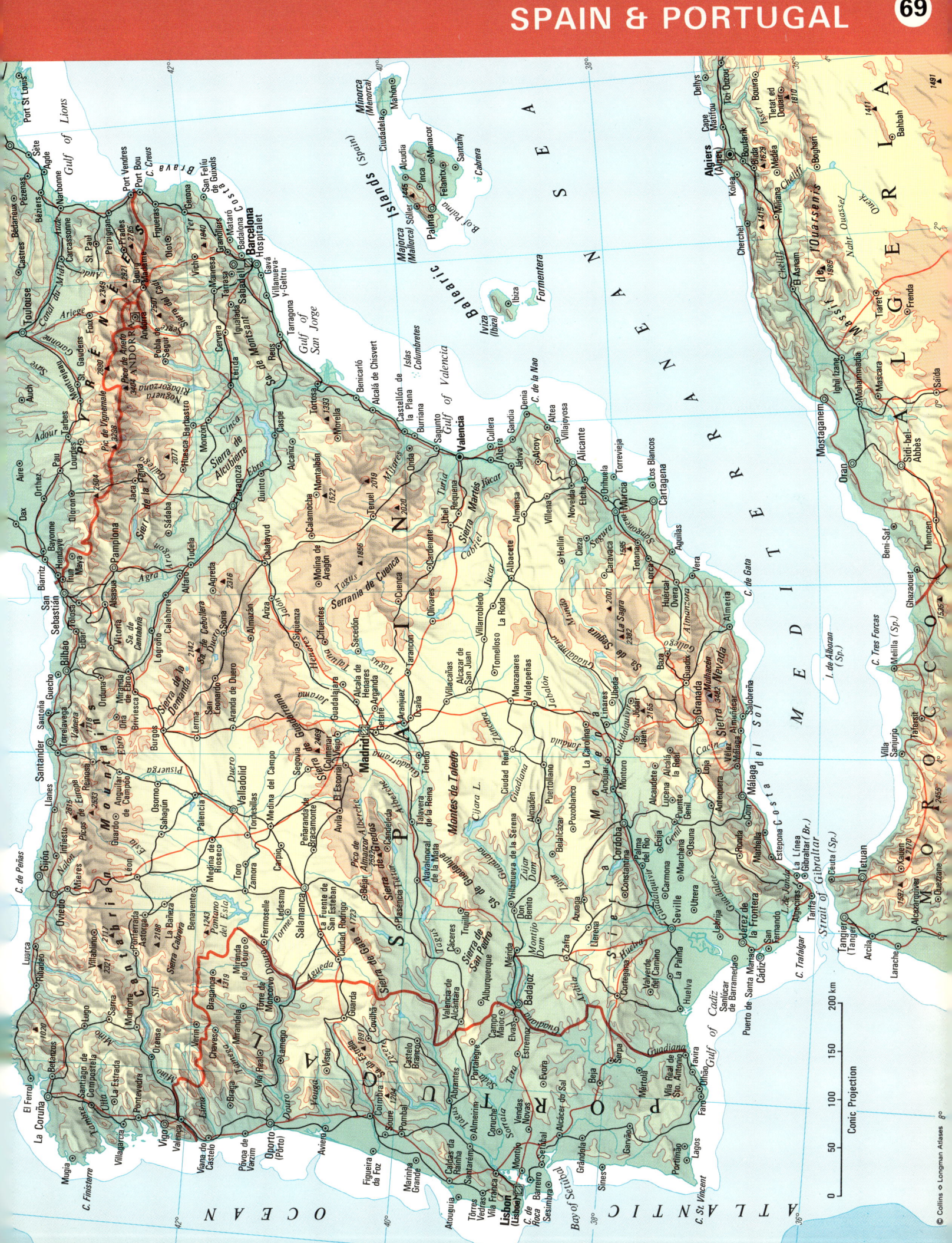

ITALY & THE BALKANS

71

72 GERMANY & THE ALPS

BENELUX

74 SCANDINAVIA & ICELAND

EASTERN EUROPE 75

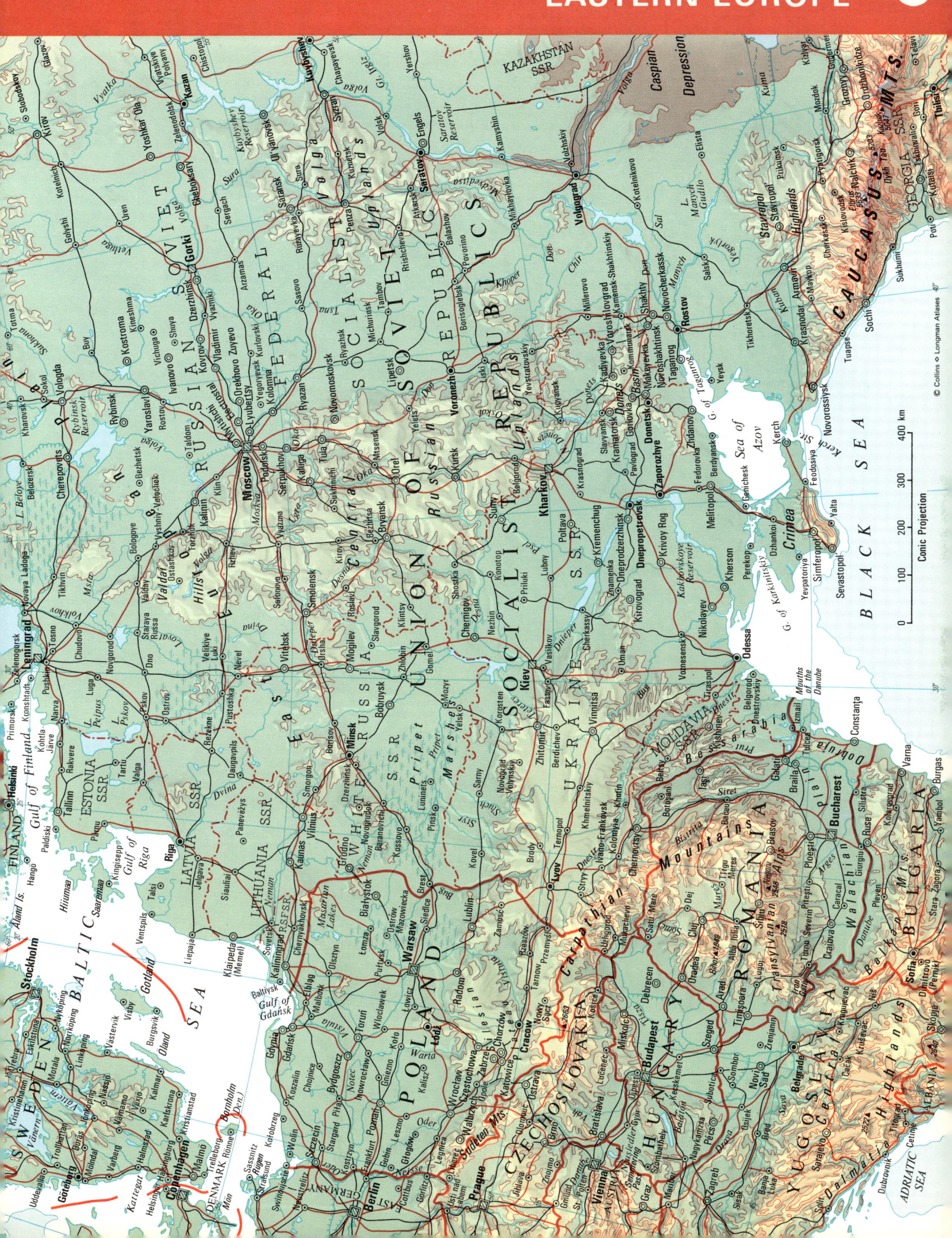

NORWAY
SWEDEN
FINLAND
BALTIC SEA
Gulf of Bothnia
G. of Finland
Kattegat
Skagerrak
BARENTS SEA
ARCTIC OCE
Franz Josef Land
Novaya Zemlya
KARA SEA
White Sea
Kola Pen.
Kanin Pen.
C. Kanin
Kolguyev
Pechora G.
Vaygach
Yamal Pen.
Gydanskiy Pen.
UNION OF SOVI
RUSSIAN S.F.S.R.
West Siberian Plain
SOVIET FE
Ural Mts
CASPIAN SEA
Caspian Depression
ARAL SEA
KAZAKH S.S.R.
UZBEKISTAN S.S.R.
TURKMENISTAN S.S.R.
KIRGIZIA S.S.R.
TADZHIKISTAN S.S.R.
Ust Urt Plateau
Kara Kum
Kyzyl Kum
Lake Balkhash
BLACK SEA
Sea of Azov
Caucasus Mts
GEORGIA S.S.R.
ARMENIA S.S.R.
AZERBAIJAN S.S.R.
TURKEY
IRAQ
IRAN
AFGHANISTAN
Elburz Mts
Zagros Mts
Pamirs
SINKIANG
Turfan Depression
GERMANY
POLAND
CZECHOSLOVAKIA
ROMANIA
UKRAINE S.S.R.
WHITE RUSSIA S.S.R.
MOLDAVIA S.S.R.
LITHUANIA S.S.R.
LATVIA S.S.R.
ESTONIA S.S.R.
Stavanger
Bergen
Oslo
Trondheim
Narvik
Göteborg
Copenhagen
Malmö
Stockholm
Norrköping
Luleå
Oulu
Tampere
Helsinki
Hamburg
Hannover
Dortmund
Dresden
Leipzig
Berlin
Szczecin
Gdańsk
Łódź
Warsaw
Wrocław
Cracow
Lublin
Brest
Kaliningrad
Klaipeda
Kaunas
Vilnius
Riga
Tallinn
Tartu
Pskov
Leningrad
Novgorod
Petrozavodsk
Murmansk
Kirovsk
Arkhangel'sk
Mezen
Naryan Mar
Ust' Tsilma
Vorkuta
Salekhard
Novy Port
Minsk
Baranovichi
Vitebsk
Mogilev
Gomel
Smolensk
Bryansk
Kalinin
Moscow
Velikiye Luki
Cherepovets
Rybinsk
Yaroslavl
Vologda
Kotlas
Kostroma
Ivanovo
Vladimir
Orekhovo Zuyevo
Ryazan
Tula
Orel
Kursk
Kharkov
Poltava
Kiev
Zhitomir
Lvov
Kishinev
Odessa
Nikolayev
Kirovograd
Krivoy Rog
Dnepropetrovsk
Zaporozh'ye
Donetsk
Voroshilovgrad
Zhdanov
Taganrog
Rostov
Sevastopol'
Simferopol'
Krasnodar
Tuapse
Armavir
Stavropol'
Batumi
Ordzhonikidze
Groznyy
Tbilisi
Yerevan
Kirovabad
Baku
Tabriz
Tehran
Hamadan
Isfahan
Mashhad
Herat
Voronezh
Tambov
Penza
Saratov
Volgograd
Engels
Syzran
Ul'yanovsk
Kazan
Gor'kiy
Kirov
Syktyvkar
Troitsko Pechorsk
Izhevsk
Perm
Berezniki
Kungur
Serov
Nizhniy Tagil
Sverdlovsk
Chistopol
Bugul'ma
Kuybyshev
Chapayevsk
Ufa
Zlatoust
Magnitogorsk
Chelyabinsk
Kurgan
Tyumen
Tobol'sk
Khanty-Mansiysk
Orenburg
Ural'sk
Aktyubinsk
Orsk
Kustanay
Petropavlovsk
Kokchetav
Omsk
Tatarsk
Tselinograd
Karaganda
Pavlodar
Slavgorod
Novosibirsk
Tomsk
Anzhero Sudzhensk
Kemerovo
Leninsk Kuznetskiy
Prokop'yevsk
Barnaul
Biysk
Novokuznetsk
Semipalatinsk
Leninogorsk
Zyryanovsk
Mt. Belukha 4506
Zaysan
L. Zaysan
Ayaguz
Balkhash
Alma-Ata
Frunze
Przheval'sk
Pobedy 7439
Issyk Kul'
Dzhambul
Chimkent
Tashkent
Turkestan
Kzyl Orda
Novokazalinsk
Aral'sk
Karsakpay
Namangan
Andizhan
Kokand
Leninabad
Samarkand
Bukhara
Chardzhou
Termez
Dushanbe
Pk Kommunizma 7495
Kashgar
Yarkand
Kungur 7719
Ashkhabad
Krasnovodsk
Kara Bogaz Gol Bay
Shevchenko
Mangyshlak Peninsula
Fort Shevchenko
Astrakhan
Gur'yev
Emba
Tihwa
Volga
Don
Dnieper
Desna
Pripet
Dnestr
Dvina
Pechora
N. Dvina
Sukhona
Vyatka
Kama
Belaya
Ural
Tobol
Ishim
Irtysh
Ob
Tavda
Tara
Pur
Taz
Yenisei
L. Ladoga
L. Onega
Rybinsk Res.
L. Tengiz
Syr Darya
Amu Darya
Narodnaya 1894
Yaman Tau 1638
Araks
L. Urmia
Yarkand
Tarim
0 200 400 600 800 km
Conic Projection
© Collins • Longman Atlases

UNION OF SOVIET SOCIALIST REPUBLICS

77

ASIA

ASIA Climate 79

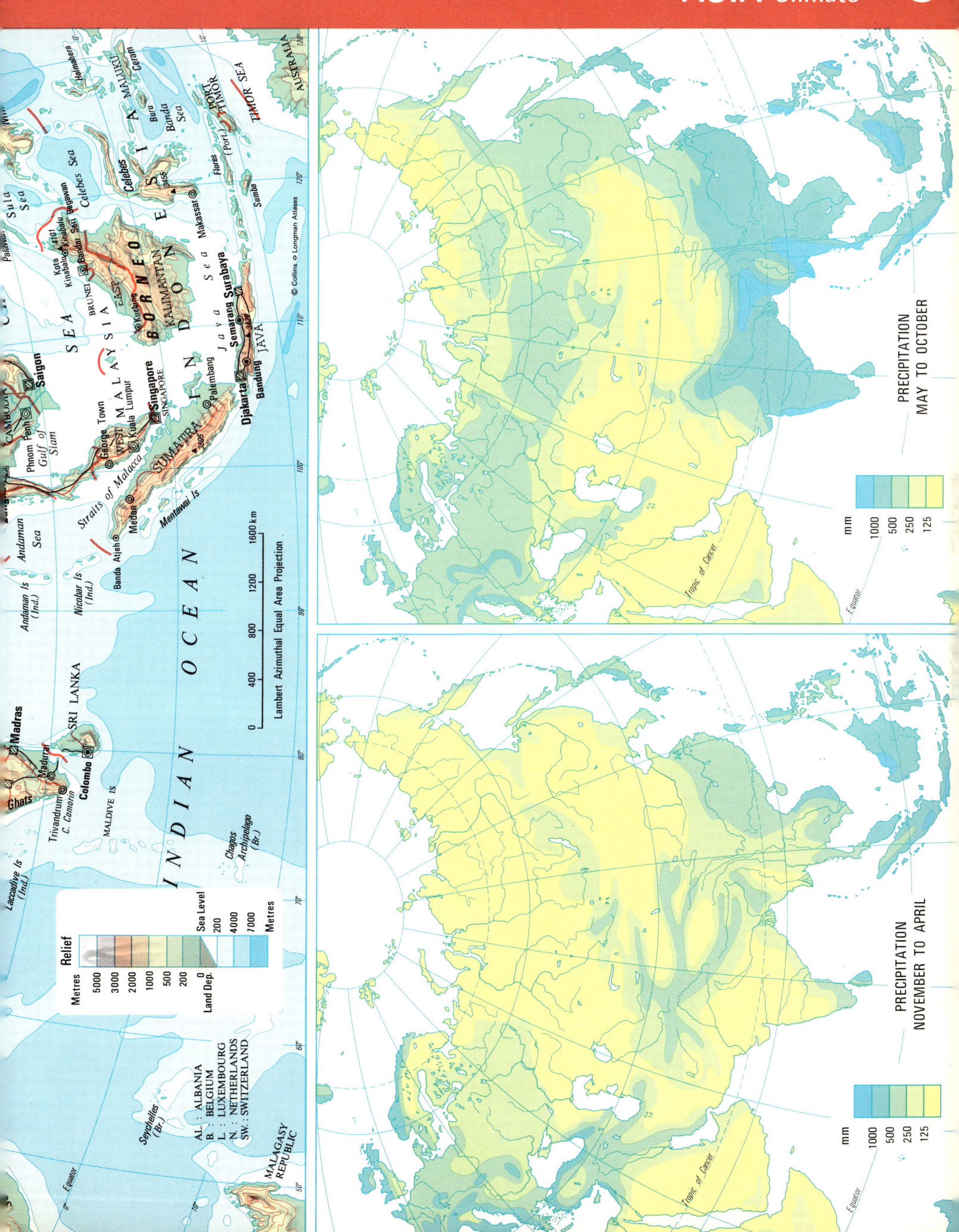

PRECIPITATION MAY TO OCTOBER

mm: 1000 | 500 | 250 | 125

PRECIPITATION NOVEMBER TO APRIL

mm: 1000 | 500 | 250 | 125

Lambert Azimuthal Equal Area Projection

0 – 400 – 800 – 1200 – 1600 km

Relief
Metres: 5000 | 3000 | 2000 | 1000 | 500 | 200 | Sea Level
Land Dep.: 0 | 200 | 4000 | 7000 Metres

AL.: ALBANIA
B.: BELGIUM
L.: LUXEMBOURG
N.: NETHERLANDS
SW.: SWITZERLAND

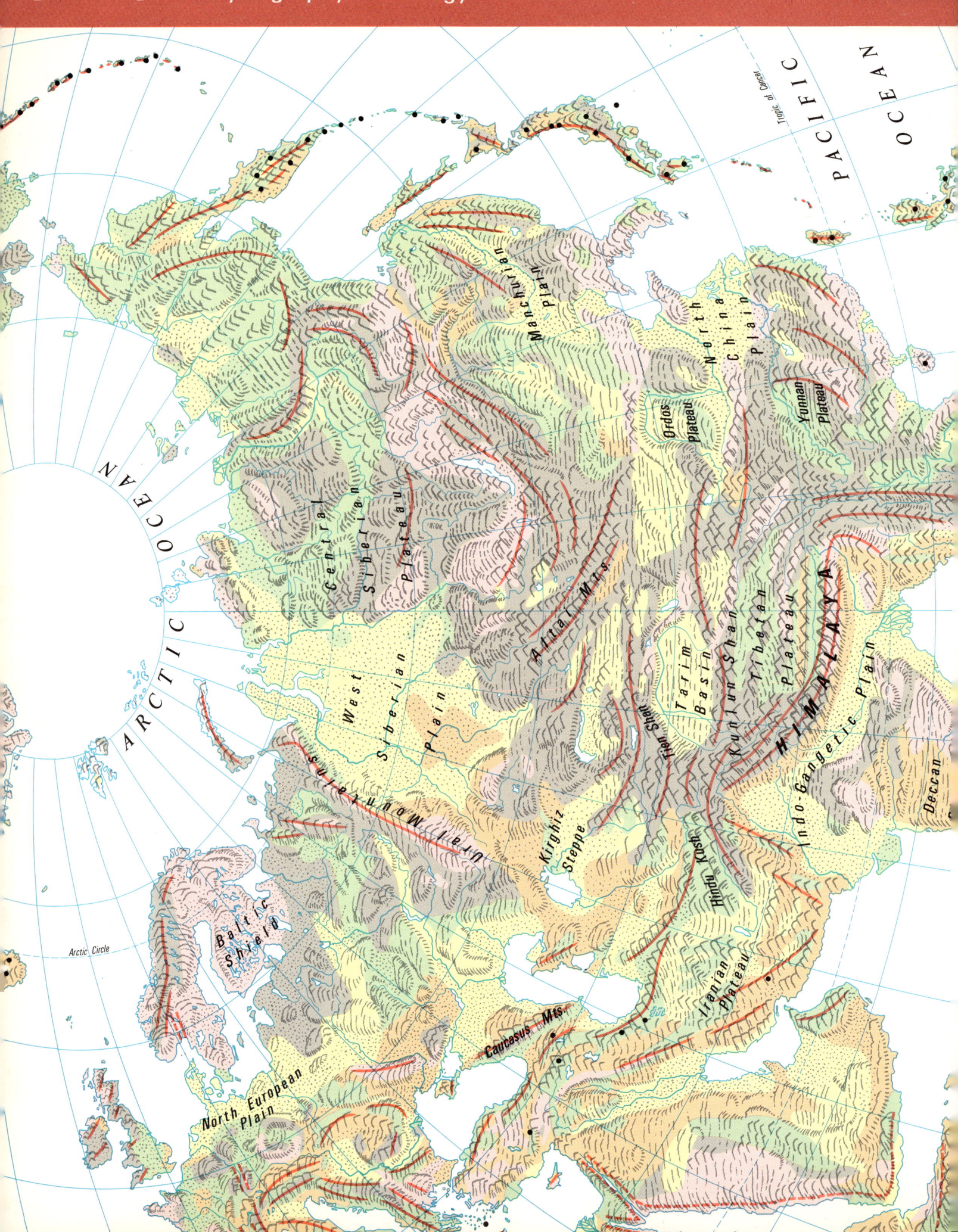

ASIA Physiography & Geology

ASIA Climate

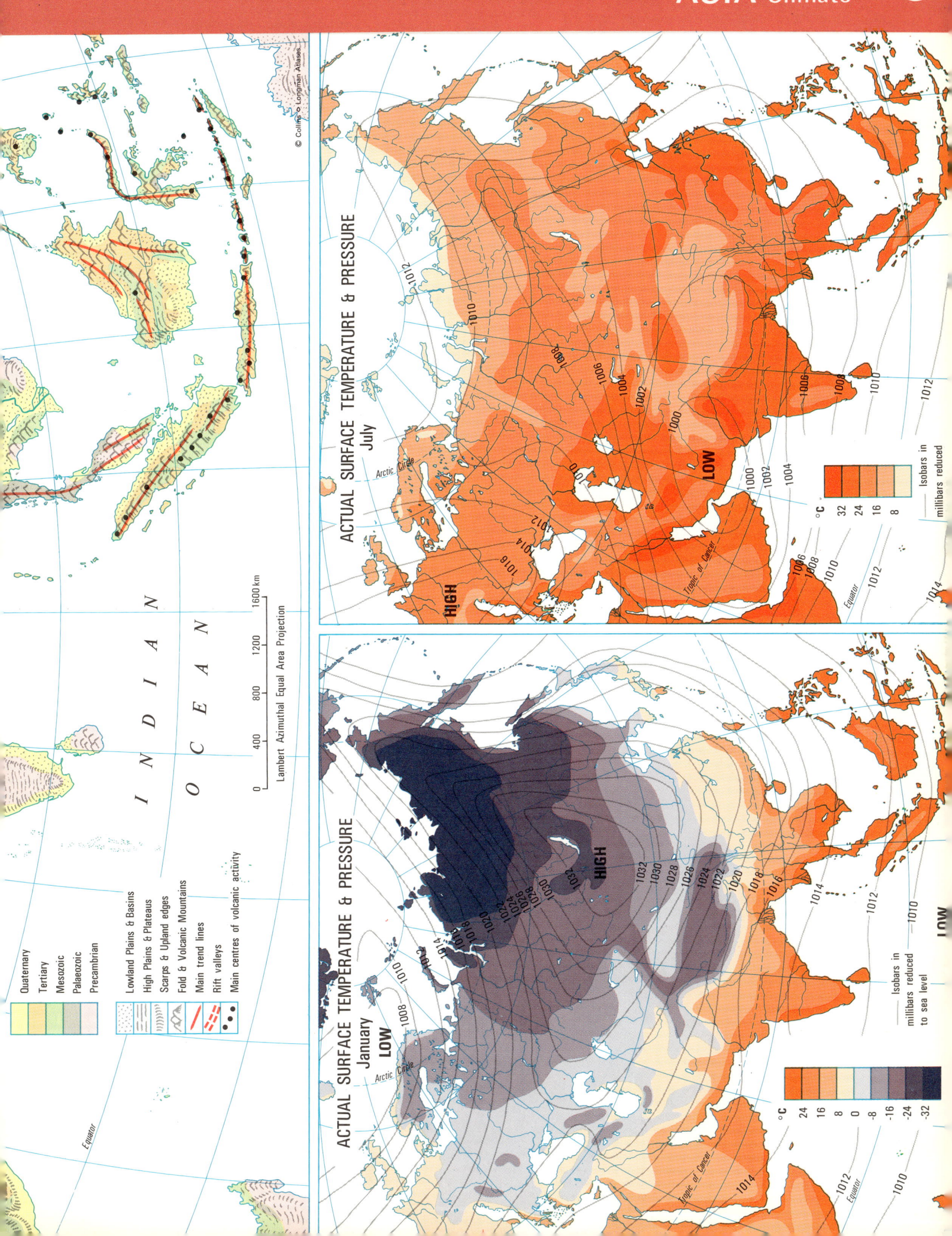

ACTUAL SURFACE TEMPERATURE & PRESSURE
July

°C: 32 | 24 | 16 | 8
Isobars in millibars reduced

ACTUAL SURFACE TEMPERATURE & PRESSURE
January

°C: 24 | 16 | 8 | 0 | -8 | -16 | -24 | -32
Isobars in millibars reduced to sea level

INDIAN OCEAN

Lambert Azimuthal Equal Area Projection
0 — 400 — 800 — 1200 — 1600 km

Quaternary
Tertiary
Mesozoic
Palaeozoic
Precambrian

Lowland Plains & Basins
High Plains & Plateaus
Scarps & Upland edges
Fold & Volcanic Mountains
Main trend lines
Rift valleys
Main centres of volcanic activity

82 ASIA Political

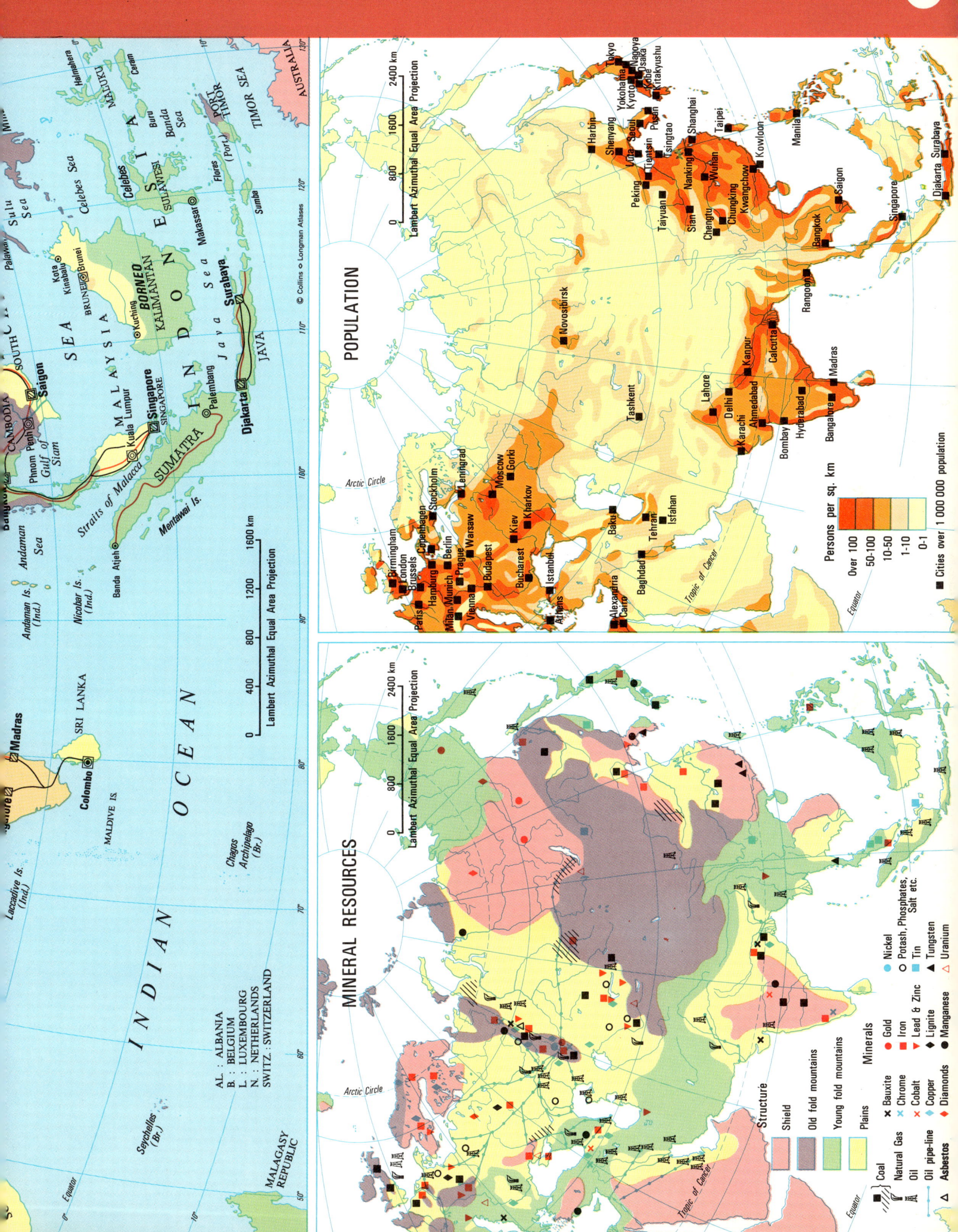

POPULATION

Persons per sq. km
- Over 100
- 50-100
- 10-50
- 1-10
- 0-1

■ Cities over 1 000 000 population

MINERAL RESOURCES

Structure
- Shield
- Old fold mountains
- Young fold mountains
- Plains

Minerals
- ▲ Bauxite
- × Chrome
- × Cobalt
- ◆ Copper
- ● Gold
- ● Iron
- ■ Lead & Zinc
- ● Lignite
- ▲ Manganese
- ● Nickel
- ○ Potash, Phosphates, Salt etc.
- ■ Tin
- ▲ Tungsten
- ◆ Uranium
- ◆ Diamonds
- ⏣ Asbestos
- ⛏ Coal
- ⛽ Natural Gas
- ▼ Oil
- — Oil pipe-line

AL.: ALBANIA
B.: BELGIUM
L.: LUXEMBOURG
N.: NETHERLANDS
SWITZ.: SWITZERLAND

84 SOUTHWEST ASIA

CASPIAN
SEA
(28 metres below sea level)
Kara Bogaz Gol Bay
Turkestan
U. S. S. R.
TURKMENISTAN S.S.R.
KARA KUM
(Black Sand Desert)
AZERBAIJAN S.S.R.
ARMENIA S.S.R.
CAUCASUS MTS.
ELBURZ MOUNTAINS
DASHT-E-KAVIR
(Salt Desert)
DASHT-E-LUT
(Barren Desert)
IRAN
ZAGROS MOUNTAINS
AFGHANISTAN
PAKISTAN
IRAQ
KUWAIT
Neutral Territory
SAUDI ARABIA
Ad Dahana
Arma Plateau
PERSIAN GULF
BAHRAIN
QATAR
UNION OF ARAB EMIRATES
GULF OF OMAN
OMAN
ARABIAN SEA
Str. of Hormuz
Makran
Kopet Range
Paropamisus Mts
Tehran
Baghdad
Baku
Tbilisi
Isfahan
Shiraz
Mashhad
Tabriz
Kuwait
Riyadh
Muscat
Doha
Dubai
Abu Dhabi
Basra
Abadan
Bandar Abbas
Kerman
Yazd
Herat
Ashkhabad
Krasnovodsk
Demavend 5681
Tropic of Cancer
Relief
Metres
5000
3000
2000
1000
500
200
0
Land Dep.
Sea Level
200
4000
7000
Metres
© Collins ◇ Longman Atlases

86 SOUTH ASIA

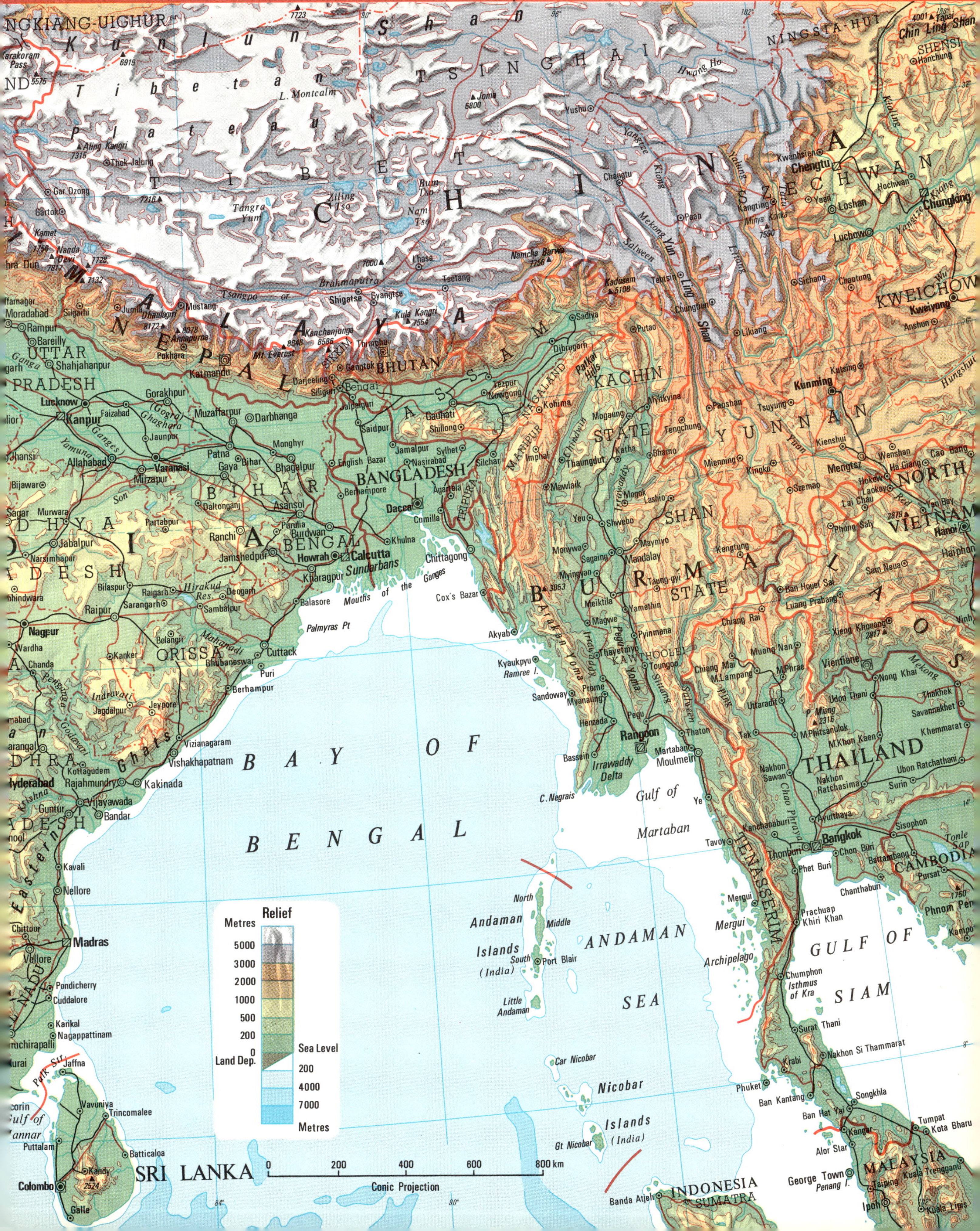

Tibetan Plateau
TIBET
CHINA
TSINGHAI
NINGSIA HUI
SHENSI
Chin Ling Shan
SZECHWAN
KWEICHOW
YUNNAN
HIMALAYA
NEPAL
SIKKIM
BHUTAN
ASSAM
NAGALAND
MANIPUR
TRIPURA
BANGLADESH
UTTAR PRADESH
BIHAR
BENGAL
ORISSA
INDIA
KACHIN STATE
SHAN STATE
BURMA
KAWTHOOLEI
LAOS
NORTH VIETNAM
THAILAND
CAMBODIA
MALAYSIA
INDONESIA
SUMATRA
SRI LANKA
TENASSERIM
BAY OF BENGAL
ANDAMAN SEA
Gulf of Martaban
GULF OF SIAM
Mergui Archipelago
Andaman Islands (India)
North
Middle
South
Little Andaman
Port Blair
Car Nicobar
Nicobar Islands (India)
Gt Nicobar
Irrawaddy Delta
Arakan Yoma
Eastern Ghats
Palk Str.
Gulf of Mannar
Isthmus of Kra
Karakoram Pass
L. Montcalm
Tangra Yum
Ziling Tso
Nam Tso
Brahmaputra
Tsangpo
Ganga
Ganges
Gogra
Ghaghara
Yamuna
Son
Mahanadi
Godavari
Krishna
Irrawaddy
Chindwin
Salween
Mekong
Yangtze Kiang
Hwang Ho
Yalung
Mouths of the Ganges
Sundarbans
Palmyras Pt
C. Negrais
Mt Everest
Kanchenjunga
Annapurna
Dhaulagiri
Namcha Barwa 7756
Kula Kangri 7554
Nanda Devi 7817
Kamet 7756
Lhasa
Shigatse
Gyangtse
Katmandu
Pokhara
Darjeeling
Siliguri
Gangtok
Thimphu
Lucknow
Kanpur
Allahabad
Varanasi
Mirzapur
Gorakhpur
Muzaffarpur
Darbhanga
Patna
Gaya
Monghyr
Bhagalpur
Jamalpur
Ranchi
Jamshedpur
Asansol
Burdwan
Howrah
Calcutta
Kharagpur
Dacca
Comilla
Khulna
Chittagong
Cox's Bazar
Sylhet
Shillong
Gauhati
Dibrugarh
Kohima
Imphal
Silchar
Agartala
Jabalpur
Nagpur
Raipur
Bilaspur
Sambalpur
Cuttack
Bhubaneswar
Puri
Berhampur
Vizianagaram
Vishakhapatnam
Kakinada
Rajahmundry
Vijayawada
Guntur
Bandar
Hyderabad
Nellore
Kavali
Madras
Vellore
Chittoor
Pondicherry
Cuddalore
Karikal
Nagappattinam
Jaffna
Vavuniya
Trincomalee
Puttalam
Batticaloa
Colombo
Kandy
Galle
Akyab
Kyaukpyu
Ramree I.
Sandoway
Prome
Henzada
Bassein
Rangoon
Pegu
Toungoo
Moulmein
Martaban
Tavoy
Mergui
Mandalay
Maymyo
Sagaing
Myitkyina
Bhamo
Lashio
Meiktila
Magwe
Pyinmana
Thayetmyo
Chiang Mai
Chiang Rai
Lampang
Tak
Phitsanulok
Nakhon Sawan
Nakhon Ratchasima
Ubon Ratchathani
Udon Thani
Nong Khai
Vientiane
Luang Prabang
Savannakhet
Bangkok
Thonburi
Ayutthaya
Kanchanaburi
Prachuap Khiri Khan
Chumphon
Surat Thani
Nakhon Si Thammarat
Songkhla
Hat Yai
Phuket
Krabi
Alor Star
George Town
Penang I.
Ipoh
Kota Bharu
Kuala Trengganu
Banda Atjeh
Phnom Penh
Battambang
Sisophon
Hanoi
Haiphong
Kunming
Chengtu
Chungking
Loshan
Kweiyang
Likiang
Paoshan
Tengchung
Metres
Relief
5000
3000
2000
1000
500
200
0
Land Dep.
Sea Level
200
4000
7000
Metres
0
200
400
600
800 km
Conic Projection

CHINA
Nanning
Kwangchow
Swatow
Kowloon
HONG KONG
Macao (Port.)
Victoria (Br.)
Pakhoi
Chanchiang
Laokay
Ha Giang
Lang Son
Phong Saly
Hanoi
Haiphong
Nam Dinh
Gulf of Tongking
Haikow
HAINAN I.
Yulin
Sam Neua
Thanh Hoa
NORTH VIETNAM
Vinh
Luang Prabang
Xieng Khouang
Vientiane
Nong Khai
Nakhon Phanom
Savannakhet
Dong Hoi
Quang Tri
Hué
Da Nang
Paracel Is
Pakse
Attopeu
Quang Ngai
SOUTH VIETNAM
Kontum
Binh Dinh
Nha Trang
Ban Me Thuot
Da Lat
Phan Rang
Saigon
Cholon
My Tho
Long Xuyen
Mouths of the Mekong
Con Son Is
Pte. de Ca Mau
SOUTH CHINA SEA
Thitu Is
Nanshan Is
Spratly I
Puerto Princesa
Brookes Pt
Balabac Str.
BURMA
Ramree I
Sandoway
Prome
Toungoo
Henzada
Bassein
Rangoon
Pegu
Irrawaddy Delta
Gulf of Martaban
Moulmein
Ye
Tavoy
Mergui
Mergui Archipelago
Tenasserim
Preparis
Great Coco
Little Coco
Andaman
Port Blair
Andaman Islands (India)
Little Andaman
ANDAMAN SEA
Ten Degree Channel
Car Nicobar
Nicobar Islands (India)
Little Nicobar
Great Nicobar
Chiang Mai
Muang Nan
Pak Lay
Uttaradit
Udon Thani
Tak
THAILAND
Nakhon Sawan
Nakhon Ratchasima
Ubon Ratchathani
Ayutthaya
Sara Buri
Thonburi
Bangkok
Phet Buri
Prachuap Khiri Khan
Chumphon
Sisophon
Angkor
Battambang
Tonle Sap
CAMBODIA
Pursat
Kratie
Chanthaburi
Phnom Penh
Loc Ninh
Kampot
Phu Quoc
Gulf of Siam
Isthmus of Kra
Ko Phangan
Ko Samui
Nakhon Si Thammarat
Thale Luang
Phuket
Chamai
Trang
Songkhla
Ban Hat Yai
Langkawi
Alor Star
Kota Bharu
George Town
Penang I
Butterworth
Taiping
Ipoh
Teluk Anson
Kuala Lipis
Kuala Trengganu
Kuantan
Chukai
WEST
MALAYSIA
Kuala Lumpur
Port Kelang
Gemas
Malacca
Mersing
Johore Bahru
Tioman
Straits of Malacca
SINGAPORE
Singapore
Bintan
Riau Is
Anambas Is
Natuna Besar
Natuna Selatan
Tanjung Datu
Banda Atjeh
Lhokseumawe
Meulaboh
Langsa
Leuser 3381
Medan
Bindjai
Pematangsiantar
Toba
Simeulue
Banjak Is
Sibolga
Rantauprapat
Nias
Natal
Pini
Batu Is
Bukittinggi
Pariaman
Padang
Marapi 2891
Muara
Pakanbaru
Kampar
Rokan
Inderagiri
Rengat
SUMATRA
Siberut
Mentawai Islands
Sipora
Pagai Utara
Pagai Selatan
Kerintji 3805
Barisan Range
Djambi
Hari
Lingga
Singkep
Bangka
Muntok
Pangkalpinang
Musi
Palembang
Toboali
Tandjungpandan
Belitung
Bengkulu
Lahat
Baturadja
Enggano
Telukbetung
INDIAN OCEAN
Equator
Sunda Str.
Djakarta
Bogor
Sukabumi
Bandung
Tjirebon
Pekalongan
Slamat 3428
Semarang
Surakarta
Jogjakarta
Muria 1602
Rembang
Bawean
Madura
Pamekasan
Madiun
Surabaya
Kediri
Malang
3676
Banjuwangi
JAVA
JAVA SEA
INDONESIA
Kangean Is
Bali
Singaradja
Denpasar
Lombok
3726
Lesser Sunda
Sumbawa
Raba
Christmas I (Austl.)
Kudat
Kota Kinabalu
Kinabalu 4101
Sandakan
Labuan
Bandar Seri Begawan
BRUNEI
Bingkor
Weston
Lahad Datu
Darvel
Miri
Tawau
Mt Murud 2438
EAST
Bintulu
Mukah
Tarakan
Iran Range
G. Batu 2252
Rajang
Hose Range
Kajan
Sibu
Kuching
Paloh
Simanggang
Niut 1701
BORNEO
KALIMANTAN
Kapuas
Tandjungredeb
Niapa 1380
Menjapa 2000
Bontang
Pontianak
Tajan
Raja 2278
Schwaner Mts
Samarinda
Balikpapan
Maja
Sukadana
Ketapang
Sukaradja
Kumai
Sampit
Barito
Mendawai
Kandangan
Bandjarmasin
Tanjung Puting
Tanjung Selatan
Laut
Makassar Str.
Madjene
Rantepao
0 200 400 600 800 km
Bonne Projection
© Collins · Longman Atlases

SOUTHEAST ASIA

89

90 EAST ASIA

U.S.S.R.
HEILUNGKIANG
KIRIN
LIAONING
MONGOLIA
INNER MONGOLIA
HOPEH
SHANSI
SHANTUNG
HONAN
KIANGSU
ANHWEI
HUPEH
CHEKIANG
KIANGSI
HUNAN
FUKIEN
KWANGTUNG
CHUANG
CHINA
NORTH CHINA PLAIN
NORTH KOREA
SOUTH KOREA
JAPAN
HONSHU
HOKKAIDO
SHIKOKU
KYUSHU
TAIWAN (FORMOSA)
HONG KONG (Br.)
Macao (Port.)
PHILIPPINES
LUZON
HAINAN
SEA OF JAPAN
YELLOW SEA
EAST CHINA SEA
SOUTH CHINA SEA
PACIFIC OCEAN
Gulf of Chihli
Korea Bay
Liaotung Bay
Liaotung Peninsula
Shantung Pen.
Korea Strait
La Perouse Strait
Formosa Strait
Bashi Channel
Luzon Strait
Ryukyu Islands
Kuril Islands
Batan Islands
Babuyan Islands
Luichow Peninsula
Sakhalin
Great Khingan Shan
Little Khingan Shan
Sikhote Alin Range
Manchuria
Great Wall
Amur
Argun
Shilka
Kerulen
Sungari
Hulun Chih
Khanka
Hwai Ho
Yangtze Kiang
Poyang Hu
Tung Ting Hu
Chita
Shilka
Borzya
Hailar
Svobodnyy
Blagoveshchensk
Aigun
Birobidzhan
Khabarovsk
Nunkiang
Pokotu
Pehan
Tsitsihar
Hailun
Fuchin
Bikin
Iman
Ilan
Harbin
Tamsag Bulag
Taonan
Fuyu
Mutankiang
Ussuriysk
Vladivostok
Olga
Sayn Shanda
Erhlien
Changchun
Kirin
Liaoyuan
Chihfeng
Shenyang
Fushun
Chengte
Chinchow
Anshan
Penki
Yingkow
Antung
Chiangkiakow
Paotow
Huhehot
Peking
Tangshan
Tientsin
Lüta
Pyongyang
Nampo
Hungnam
Wonsan
Seoul
Inchon
Chonju
Taejon
Taegu
Kwangju
Mokpo
Masan
Pusan
Quelpart
Ningwu
Paoting
Taiyuan
Shihkiachwang
Yentai
Weihai
Weifang
Tsingtao
Tsinan
Liaochen
Tzepo
Fenyang
Anyang
Tsining
Tenghsien
Lienyunkang
Sinhailien
Sian
Tungkwan
Chengchow
Kaifeng
Suchow
Hwaian
Pohsien
Pengpu
Taichow
Nantung
Chinkiang
Nanking
Wusih
Shanghai
Soochow
Kashing
Hofei
Wuhu
Kwanghua
Siangfan
Siangyang
Fengkieh
Ichang
Wuhan
Hwangkang
Hangchow
Shaohing
Ningpo
Kiongling
Shasi
Hwangshih
Anking
Kiukiang
Chuhsien
Lishui
Wenchow
Changteh
Nanchang
Fuchow
Changsha
Siangtan
Kienyang
Nanping
Foochow
Matsu Is.
Shaoyang
Kian
Changting
Putien
Kanchow
Chuanchow
Amoy
Changchow
Kweilin
Shiukwan
Yingtak
Chaochow
Swatow
Wuchow
Kwangchow
Kweiping
Fatshan
Kowloon
Victoria
Chanchiang
Haikow
Yulin
Chilung
Taipei
Taichung
Tainan
Kaohsiung
Laoag
Aparri
Tuguegarao
Ilagan
Miyako
Iriomote
Naha
Okinawa
Tokuno
Amami
Osumi Gunto
Oki Gunto
Tsushima
Yuzhno Sakhalinsk
Wakkanai
Iterup
Kunashir
Kushiro
Asahikawa
Asahi 2290
Sapporo
Otaru
Muroran
Hakodate
Aomori
Hachinohe
Morioka
Akita
Sendai
Yamagata
Niigata
Utsunomiya
Tokyo
Yokohama
Kawasaki
Kanazawa
Toyama
Fujiyama
Gifu
Nagoya
Shizuoka
Hamamatsu
Kyoto
Osaka
Kobe
Amagasaki
Wakayama
Okayama
Hiroshima
Takamatsu
Matsuyama
Shimonoseki
Kitakyushu
Fukuoka
Sasebo
Omuta
Kumamoto
Nagasaki
Kagoshima
Tropic of Cancer
Relief
Metres
5000
3000
2000
1000
500
200
0
Land Dep.
Sea Level
200
4000
7000
Metres
0 200 400 600 800 km
Conic Projection
© Collins ◇ Longman At

92

EAST CHINA
93

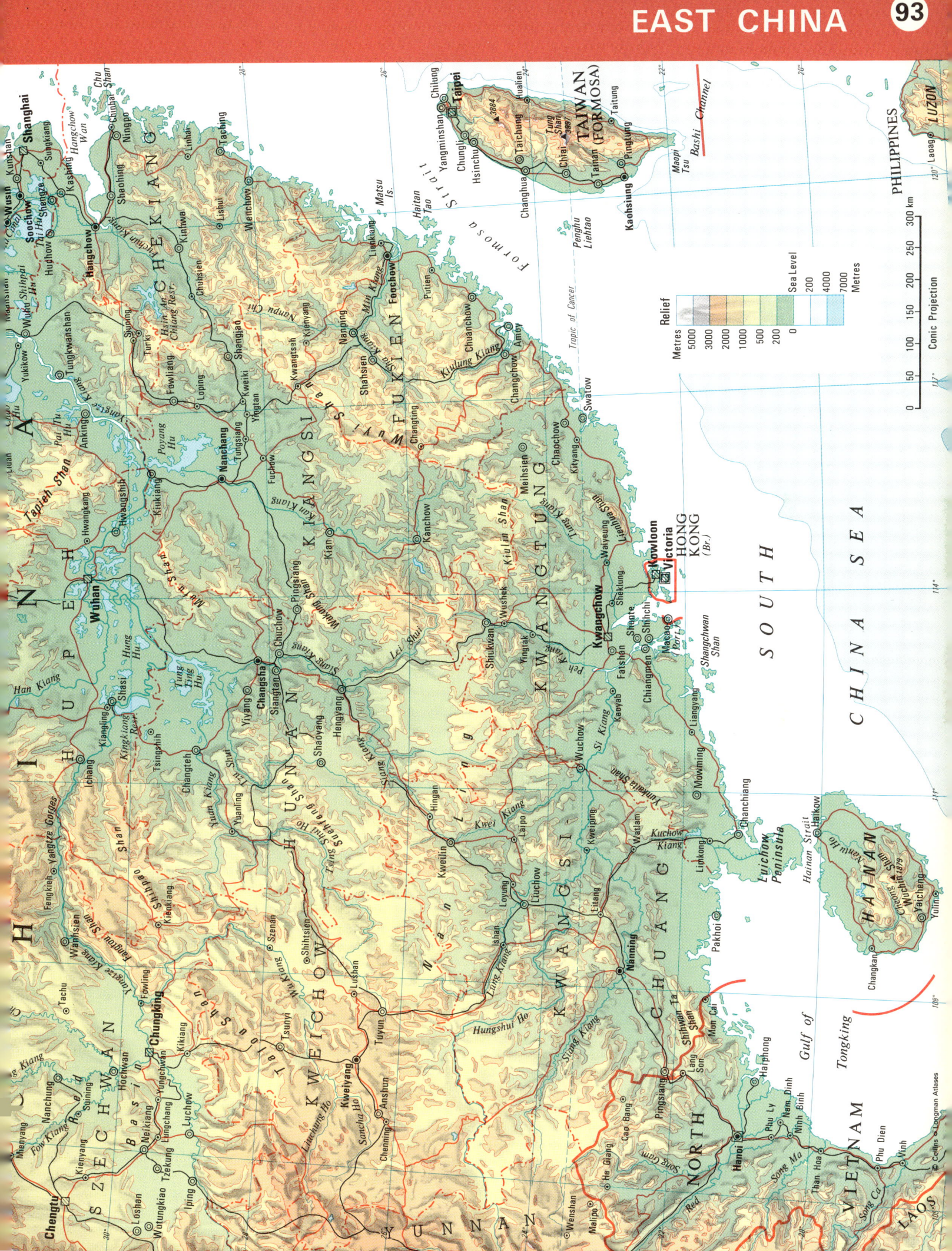

94 BURMA, THAILAND & INDO-CHINA

JAPAN

95

96 AFRICA General

AFRICA Political & Population

97

98 AFRICA Physiography, Geology & Mineral Resources

Main map labels

ATLANTIC OCEAN
MEDITERRANEAN SEA
High Atlas
Sahara Atlas
Tropic of Cancer
Ahaggar Mts.
Tibesti Mts.
RED SEA
Futa Jalon Plateau
Chad Basin
Jos Plateau
Ethiopian Highlands
Adamawa Mts.
Equator
Congo Basin
Great Rift Valley
Mt. Kenya
Kilimanjaro
INDIAN OCEAN
Okavango Basin
Ankaratra Highlands
Drakensberg
Tropic of Capricorn

0 500 1000 1500 km
Lambert Azimuthal Equal Area Projection

Legend – Physiography

- Lowland Plains & Basins
- High Plains & Plateaus
- Scarps & Upland Edges
- Fold & Volcanic Mountains
- Main trend lines
- Rift valleys
- Main centres of volcanic activity

Geology

- Quaternary
- Tertiary
- Mesozoic
- Palaeozoic
- Precambrian

Mineral Resources (inset)

Structure
- Shield
- Old fold mountains
- Young fold mountains
- Plains

Minerals
- Coal
- Oil
- Bauxite
- Cobalt
- Copper
- Diamonds
- Gold
- Iron
- Lead
- Manganese
- Phosphates
- Tin
- Uranium

© Collins ◇ Longman Atlases

AFRICA Climate 99

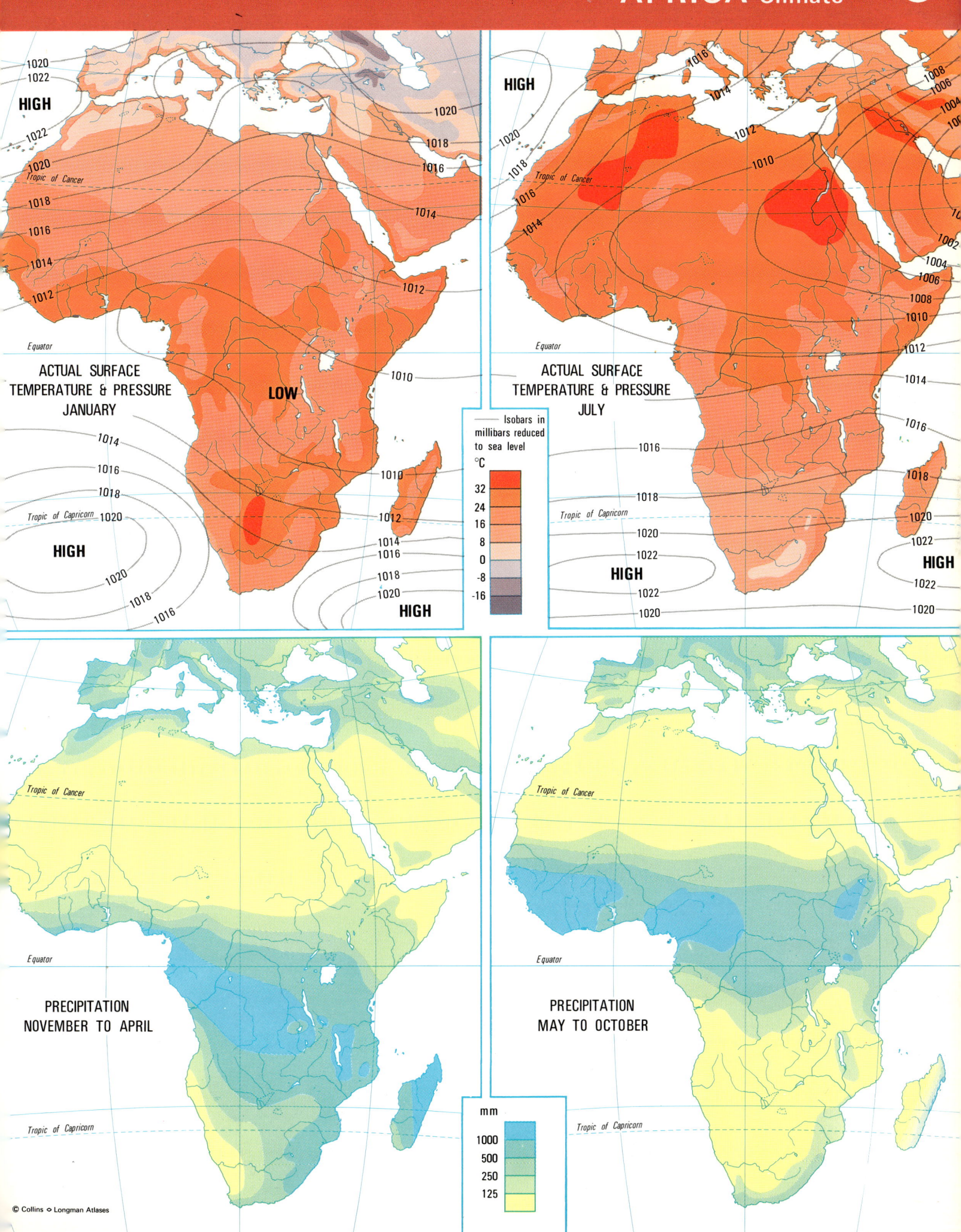

ACTUAL SURFACE TEMPERATURE & PRESSURE JANUARY

ACTUAL SURFACE TEMPERATURE & PRESSURE JULY

Isobars in millibars reduced to sea level

°C
32
24
16
8
0
-8
-16

PRECIPITATION NOVEMBER TO APRIL

PRECIPITATION MAY TO OCTOBER

mm
1000
500
250
125

© Collins ◊ Longman Atlases

NORTHERN AFRICA

BULGARIA
Sofia
Varna
Black Sea
Istanbul
Thessaloniki
Mt Olympus 2911
Athens
Aegean Sea
Bursa
Ankara
Samsun
Batumi
Caucasus Mts
Tbilisi
Yerevan
L. Sevan
Baku
Caspian Sea
Kara Bogaz Gol Bay
Krasnovodsk
U. S. S. R.
Turkestan
Amu Darya
Bukhara
Chardzhou
Ashkhabad
Mary
Atrek
Mashhad
Kushka
Herat
Hari
AFGHANISTAN
TURKEY
Anatolia
Izmir
Konya
Kayseri
Mt Erciyas 3916
Tuz
Taurus
Adana
Antalya
Mt Ararat 5165
L. Van
Kurdistan
Tabriz
Urmia
Rasht
Bandar-e Shah
Elburz Mts
Demavend 5601
Tehran
Dasht-e-Kavir (Salt Desert)
Rhodes
Iráklion
Crete
SEA
Nicosia
CYPRUS
Aleppo
SYRIA
Homs
LEBANON
Beirut
Damascus
Mosul
Mesopotamia
Euphrates
Tigris
IRAQ
Baghdad
Syrian Desert
Hamadan
Kermanshah
Zagros Mountains
IRAN
Isfahan
Yazd
Dasht-e-Lut
Kerman
Ahvaz
Abadan
Basra
Kuh-i-Dinar 4276
Shiraz
Zahedan
Bushire
Derna
Tobruk
Salûm
Alexandria
El Alamein
Port Said
Tel Aviv Jaffa
Amman
Jerusalem
Dead Sea
ISRAEL
JORDAN
Ma'an
Aqaba
Tanta
Cairo
Suez Canal
Suez
El Giza
El Faiyûm
Qattara Depression
Jaghbub
Libyan Desert
Sinai
G. Katherina 2637
G. of Suez
Al Jauf
KUWAIT
Kuwait
NEUT
An Nafud
Hail
Persian Gulf
Bandar Abbas
Makran
Asyût
2187
EGYPT
Qena
Quseir
Luxor
El Kharga
Aswân
High Dam
L. Nasser
1977
El Jauf
Red Sea
HEJAZ
Medina
NEJD
SAUDI ARABIA
Anaiza
Riyadh
Tropic of Cancer
Dhahran
Hofuf
BAHRAIN
QATAR
Dubai
(Oman)
UNION OF ARAB EMIRATES
W. Hajar
Gulf of Oman
Muscat
E. Hajar
OMAN
2217
Wadi Halfa
Nubian Desert
Juddah
Mecca
Tihama
ASIR
Rub al Khali
Dongola
Karima
Abu Hamed
Port Sudan
Suakin
Nile
Merowe
Atbara
Ed Damer
A
SUDAN
Salala
Kuria Muria Is
SOUTHERN YEMEN
Hadhramaut
Omdurman
Khartoum
Kassala
Agordat
Massawa
Asmara
Sana
YEMEN
Hodeida
Mukalla
Gulf of Aden
Darfur
El Fasher
Geneina
J. Gimbala 3071
Nyala
El Obeid
En Nahud
Er Rahad
Kosti
Gezira
Wad Medani
Sennar
Blue Nile
White Nile
Aduwa
Ras Dashan 4620
Danakil
Gonder
L. Tana
Er Roseires
Taizz
Perim
Al Shaab
Aden
Assab
Bab el Mandeb
FR. TERR. OF AFARS AND ISSAS
Djibouti
Socotra (S. Yemen)
C Guardafui
Ethiopian Highlands
Birhan 4154
Dessye
ETHIOPIA
Zeila
Berbera
Erigavo
El Muglad
Bahr el Ghazal
Malakal
Sobat
Ankober
Diredawa
Harar
Hargeisa
Addis Ababa
Wau
Sudd
Bahr el Jebel
Akobo
Jimma
L. Abaya
SOMALI REPUBLIC
Shebelle
Obbia
AFRICAN
Bomu
Zemio
Juba
Mega
Monga
Uele
Niangara
Buta
Isiro
Lake Rudolf
Albert Nile
Gulu
Pakwach
L. Mobutu
Soroti
Mt Elgon 4321
UGANDA
KENYA
Bardera
Isola Baidoa
Mogadishu
Juba
Wajir
ZAÏRE
Kisangani
Boyoma Falls
5119 Ruwenzori Ra
Kampala
Owen Falls
Jinja
Lake Victoria
Entebbe
Eldoret
Kisumu
Mt Kenya 5200
Garissa
Kismayu
L. Idi Amin Dada
Equator
Relief
Metres
5000
3000
2000
1000
500
200
0
Land Dep.
Sea Level
200
4000
7000
Metres
© Collins ◇ Longman Atlases

102 WEST AFRICA

ALGERIA
LIBYA
NIGER
CHAD
NIGERIA
CAMEROON
CENTRAL AFRICAN REPUBLIC
DAHOMEY
EQUATORIAL GUINEA
GABON
CONGO
ZAÏRE
Ahaggar Mts
Mt Tahat
2918
Tamanrasset
OASIS
A R A
Adrar des Iforas
Aïr or Azbine
Agadès
Djado Plateau
Djado
Tropic of Cancer
Tibesti Mountains
Bardai
3265
3160
3325
3415
Emi Koussi
Bilma
Bodélé Depression
Tanout
Nguigmi
Bosso
Lake Chad
Chari
Plain of Bornu
Moussoro
Bahr el Ghazal
Fittri
Yao
Batha
Bokoro
N'Djamene
Ba-Mbassa
Abou Deia
Melfi
Birni N'Konni
Niamey
Dosso
Maradi
Tessaoua
Zinder
Gouré
Katsina
Sokoto
Kaura Namoda
Birnin Kebbi
Zamfara
Gulbin-Ka
NORTH WESTERN
Gusau
Kano
KANO
Hadejia
Nguru
Geidam
Komadugu Gana
Azare
Potiskum
Damaturu
Maiduguri
Dikwa
Gongola
Buni
NORTH EASTERN
Biu
Mubi
Mandara Mts
Maroua
Zaria
NORTH CENTRAL
Kaduna
Gaya
Kandi
Niger
Yelwa
Kontagora
Mariga
Bauchi
Jos
Jos Plateau
Gombe
Zungeru
Minna
Kafanchan
1585
Nikki
Kaiama
Parakou
Jebba
Lafiagi
Bida
Wamba
Yola
Garoua
Benue
Logone
Lai
Sarh
B. Salamat
Bahr Aouk
Boumo
Meissala
Ouham
Ilorin
KWARA
Baro
Nasarawa
BENUE PLATEAU
Benue
Ibi
Shebshi Mts
Kontcha
Ogbomosho
Oyo
Oshogbo
Iwo
Ife
Ilesha
Ibadan
WESTERN
Abeokuta
Ijebu Ode
Akure
Owo
Lokoja
Kabba
Makurdi
Donga
Katsina Ala
Mayo Daga
Adamawa Highlands
Ngaoundéré
Vina
Pende
Ft. Crampel
Savé
Pobé
Sakété
Porto Novo
Ilaro
LAGOS
Lagos
Cotonou
Okitipupa
Benin City
MID WESTERN
Idah
Nsukka
Enugu
Ogoja
Abakaliki
EAST CENTRAL
Onitsha
Atikpo
SOUTH EASTERN
Bamenda Highlands
Bamenda
Foumban
Mamfe
Oschang
Banyo
Tibati
Dyerem
Bétaré Oya
Baboua
Bouar
Outham
Bossangoa
Ft. Sibut
Warri
Ughelli
Owerri
Umuahia
Uyo
Calabar
RIVERS
Yenagoa
Aba
Port Harcourt
Brass
Bonny
Mouths of the Niger
Bight of Benin
Nkongsamba
Bafia
Yoko
Kumba
Mt Cameroon
4070
Buea
Victoria
Douala
Sanaga
Malabo
3008
Edea
Nyong
Yaoundé
Bertoua
Batouri
Doumé
Carnot
Mambéré
Berbérati
Lobaye
Bangui
M'Baiki
Libenge
Kadei
Nola
Yokadouma
Boumba
Lomié
Kribi
Ebolowa
Campo
Bata
Principe (Port)
Bight of Biafra
Gulf of Guinea
Ubangi
Impfondo
Mékrou

104 CENTRAL & EAST AFRICA

SUDAN
ETHIOPIA
SOMALI REP
ZAÏRE
UGANDA
KENYA
RWANDA
BURUNDI
TANZANIA
ZAMBIA
MALAWI
RHODESIA
MOÇAMBIQUE
MALAGASY REPUBLIC
INDIAN OCEAN
Moçambique Channel
Lake Rudolf
Lake Victoria
1134 m above sea level
L. Chamo
L. Kyoga
L. Mobutu
L. Rukwa
Lake Mweru
Lake Bangweulu
Lake Kariba
L. Malaŵi (L. Nyasa)
RIFT VALLEY
NORTH EASTERN
EASTERN
CENTRAL
NYANZA
WESTERN
COAST
WEST LAKE
MARA
MWANZA
SHINYANGA
ARUSHA
KIGOMA
TABORA
SINGIDA
DODOMA
TANGA
MBEYA
IRINGA
MOROGORO
MTWARA
RUVUMA
CABO DELGADO
NIASSA
TETE
ZAMBEZIA
MANICA & SOFALA
Juba
Torit
Gulu
Kampala
Entebbe
Jinja
Mt. Elgon
Kisumu
Nakuru
Mt. Kenya 5200
Nairobi
Kilimanjaro 5895
Arusha
Moshi
Mombasa
Malindi
Lamu
Kismayu
Mogadishu
Merca
Brava
Equator
Kigali
Bujumbura
Kigoma
Ujiji
Tabora
Dodoma
Tanga
Pemba I.
Zanzibar I.
Zanzibar
Dar es Salaam
Mafia I.
Kilwa Kivinje
Kilwa Masoko
Lindi
Mtwara
C. Delgado
Mocimboa da Praia
Porto Amelia
Moçambique
Nacala
Quelimane
Blantyre
Zomba
Lilongwe
Mbeya
Iringa
Songea
Lusaka
Kitwe
Ndola
Lubumbashi
Kafue
Salisbury
Tete
Grande Comore
Moroni
Mohéli
Anjouan
Comoro Is. (France)
Ile Mayotte
Majunga
Serengeti Nat. Park
Tsavo National Park
Masai Steppe
Muchinga Mts.
Zambezi

SOUTHERN AFRICA

AUSTRALIA

108 SOUTHEAST AUSTRALIA

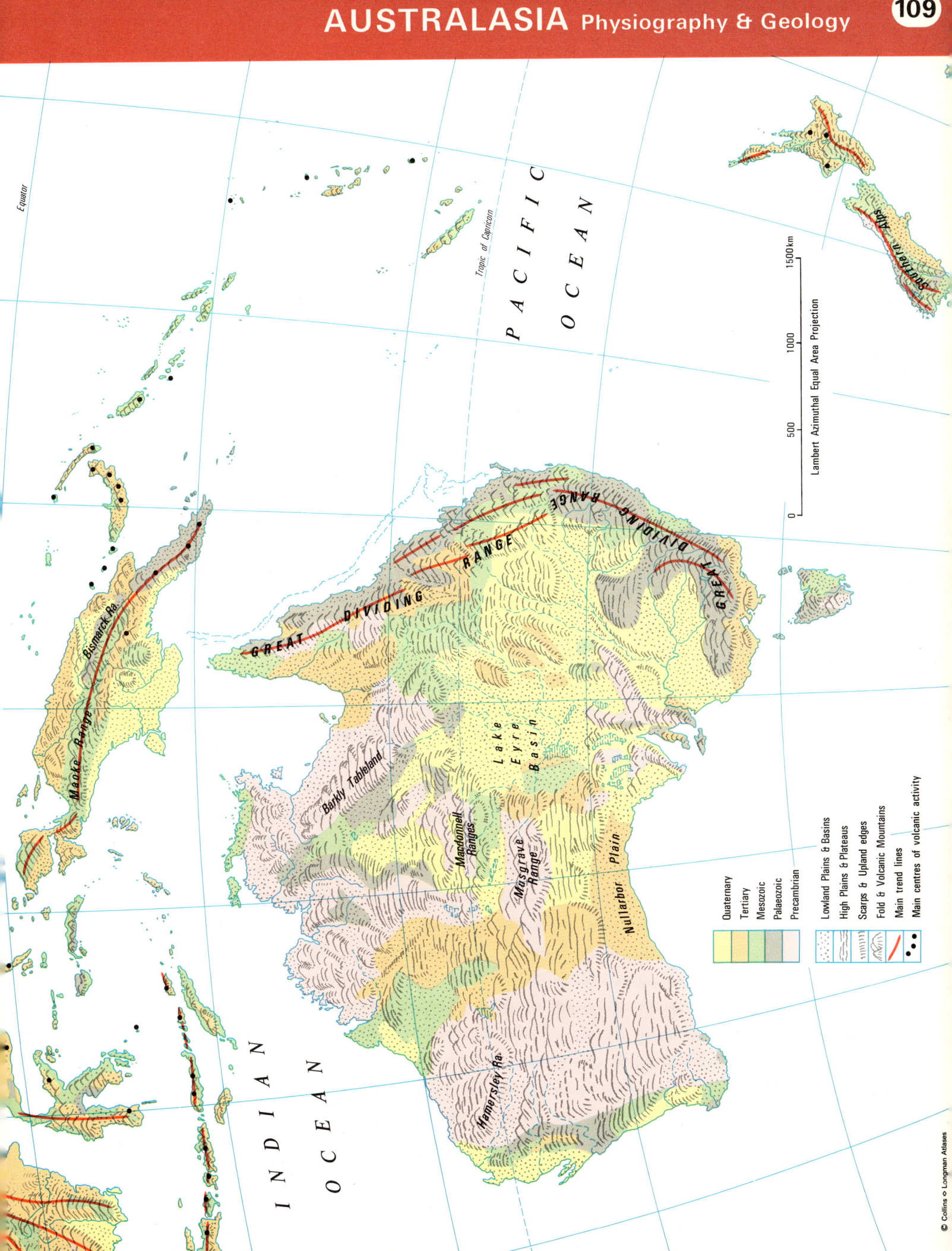

AUSTRALASIA Physiography & Geology

109

Pacific Ocean
Indian Ocean
Equator
Tropic of Capricorn

Southern Alps
Great Dividing Range
Bismarck Ra.
Maoke Range
Barkly Tableland
Lake Eyre Basin
Macdonnell Ranges
Musgrave Range
Nullarbor Plain
Hamersley Ra.

Scale: 0 – 500 – 1000 – 1500 km
Lambert Azimuthal Equal Area Projection

Legend:
- Quaternary
- Tertiary
- Mesozoic
- Palaeozoic
- Precambrian
- Lowland Plains & Basins
- High Plains & Plateaus
- Scarps & Upland edges
- Fold & Volcanic Mountains
- Main trend lines
- Main centres of volcanic activity

© Collins • Longman Atlases

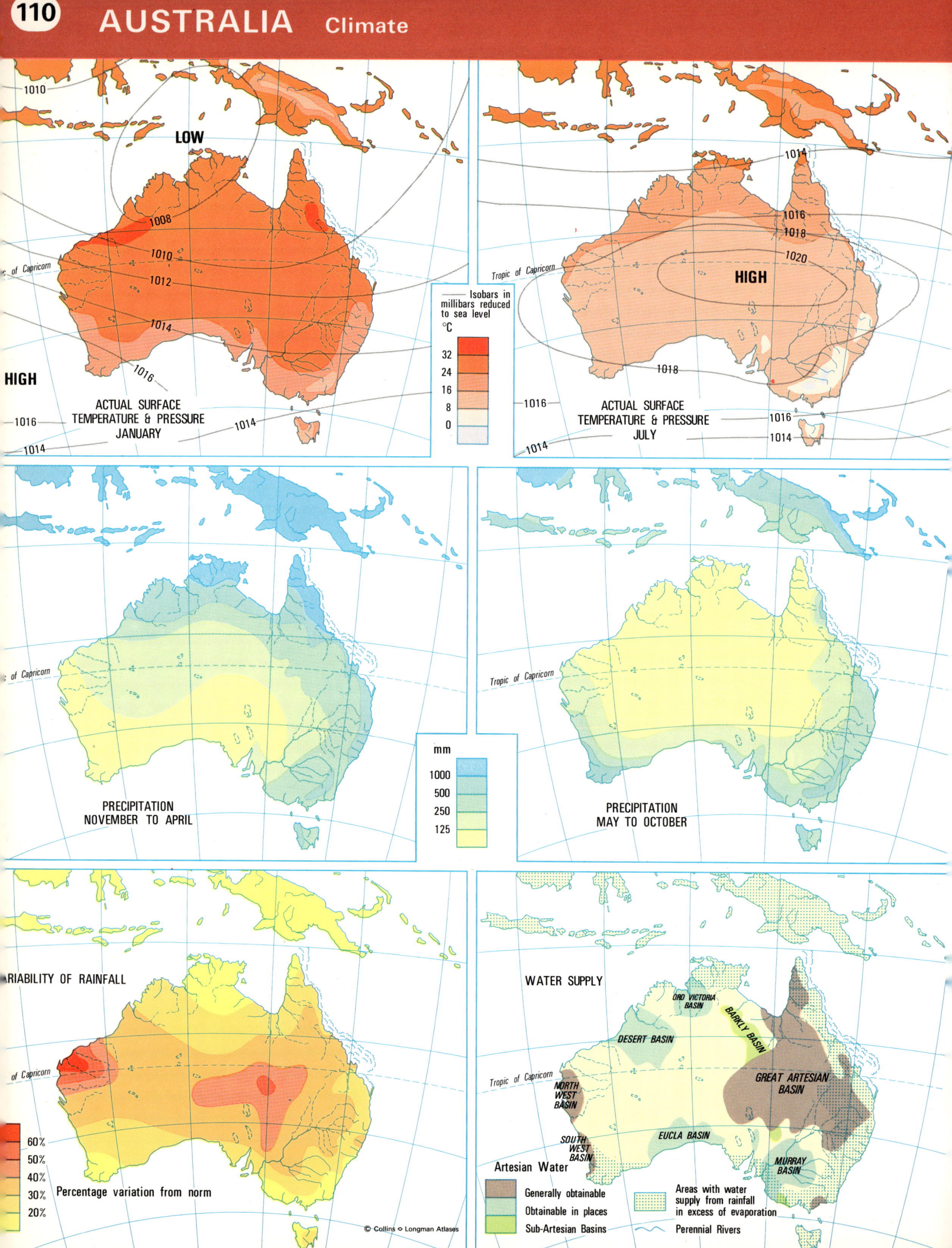

AUSTRALIA Climate

Actual Surface Temperature & Pressure — January

Isobars in millibars reduced to sea level

°C: 32, 24, 16, 8, 0

Actual Surface Temperature & Pressure — July

Precipitation November to April

mm: 1000, 500, 250, 125

Precipitation May to October

Variability of Rainfall

Percentage variation from norm: 60%, 50%, 40%, 30%, 20%

Water Supply

- Ord Victoria Basin
- Desert Basin
- Barkly Basin
- North West Basin
- Great Artesian Basin
- South West Basin
- Eucla Basin
- Murray Basin

Artesian Water:
- Generally obtainable
- Obtainable in places
- Sub-Artesian Basins
- Areas with water supply from rainfall in excess of evaporation
- Perennial Rivers

© Collins ○ Longman Atlases

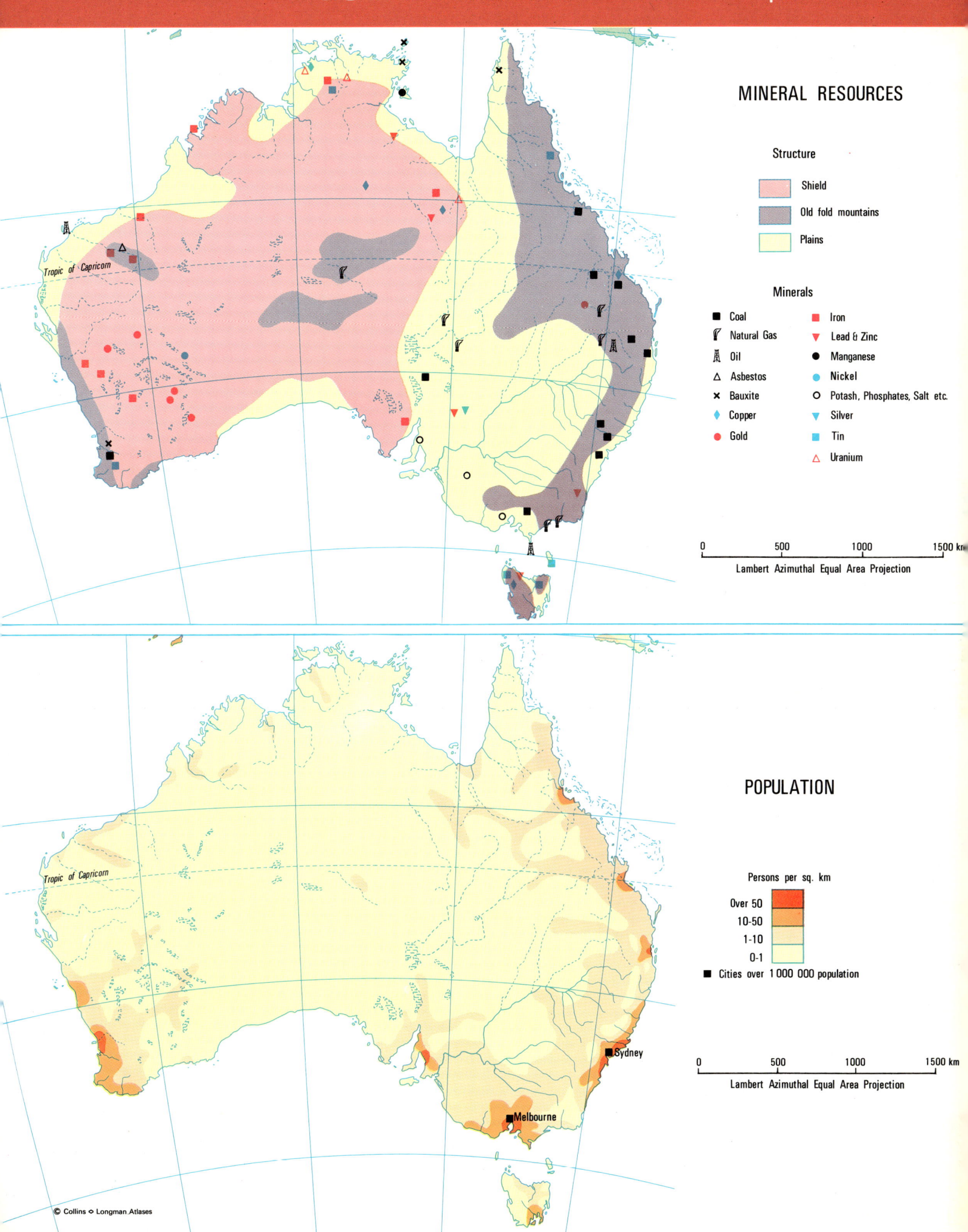

AUSTRALIA Mineral Resources & Population

MINERAL RESOURCES

Structure
- Shield
- Old fold mountains
- Plains

Minerals
- Coal
- Natural Gas
- Oil
- Asbestos
- Bauxite
- Copper
- Gold
- Iron
- Lead & Zinc
- Manganese
- Nickel
- Potash, Phosphates, Salt etc.
- Silver
- Tin
- Uranium

0   500   1000   1500 km
Lambert Azimuthal Equal Area Projection

POPULATION

Persons per sq. km
- Over 50
- 10-50
- 1-10
- 0-1
- ■ Cities over 1 000 000 population

Sydney
Melbourne

0   500   1000   1500 km
Lambert Azimuthal Equal Area Projection

© Collins ◊ Longman Atlases

NEW ZEALAND General, Mineral Resources & Population

MINERAL RESOURCES

Structure
- Young fold mountains
- Plains
- ■ Coal
- ♦ Natural gas
- ● Gold

0 100 200 300 km
Conic Projection

POPULATION

Persons per sq. km
- Over 50
- 10-50
- 1-10
- 0-1

0 100 200 300 km
Conic Projection

0 50 100 150 200 250 km
Conic Projection

SOUTH PACIFIC OCEAN

NORTH ISLAND

TASMAN SEA

SOUTH ISLAND

SOUTHERN ALPS

© Collins ◊ Longman Atlases

NORTH AMERICA Political

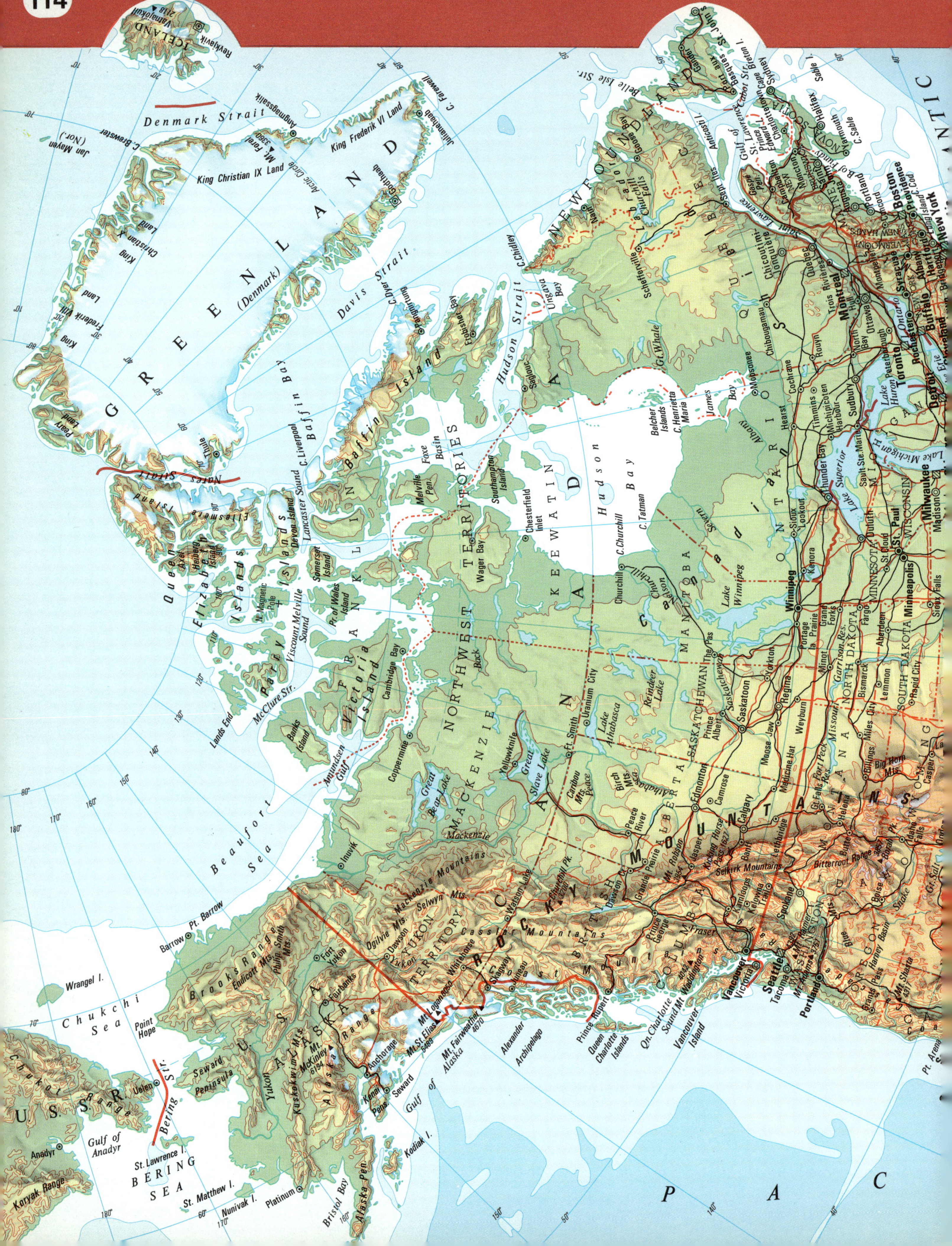

NORTH AMERICA 115

116 NORTH AMERICA Physiography & Geology

ARCTIC OCEAN
PACIFIC OCEAN
ATLANTIC OCEAN
Gulf of Mexico
CARIBBEAN SEA
Hudson Bay
Arctic Circle
Tropic of Cancer

Brooks Range
Alaska Range
Coast Mountains
Cascade Range
Sierra Nevada
Rocky Mountains
Great Basin
Great Plains
Canadian Shield
Ozark Plateau
Appalachian Mts
Blue Ridge
Altiplano Mexicano
Sierra Madre Occidental
Sierra Madre Oriental
Sierra Madre del Sur
Sierra Madre

Legend:
- Tertiary
- Mesozoic
- Palaeozoic
- Precambrian

- Lowland Plains & Basins
- High Plains & Plateaus
- Scarps & Upland Edges
- Fold & Volcanic Mountains
- Main trend lines
- Main centres of volcanic activity

0 400 800 1200 1600 km
Bonne Projection

© Collins ◊ Longman Atlases

NORTH AMERICA Climate

117

ACTUAL SURFACE TEMPERATURE & PRESSURE JANUARY

ACTUAL SURFACE TEMPERATURE & PRESSURE JULY

Isobars in millibars reduced to sea level

°C
32
24
16
8
0
-8
-16
-24
-32

PRECIPITATION NOVEMBER TO APRIL

PRECIPITATION MAY TO OCTOBER

mm
1000
500
250
125

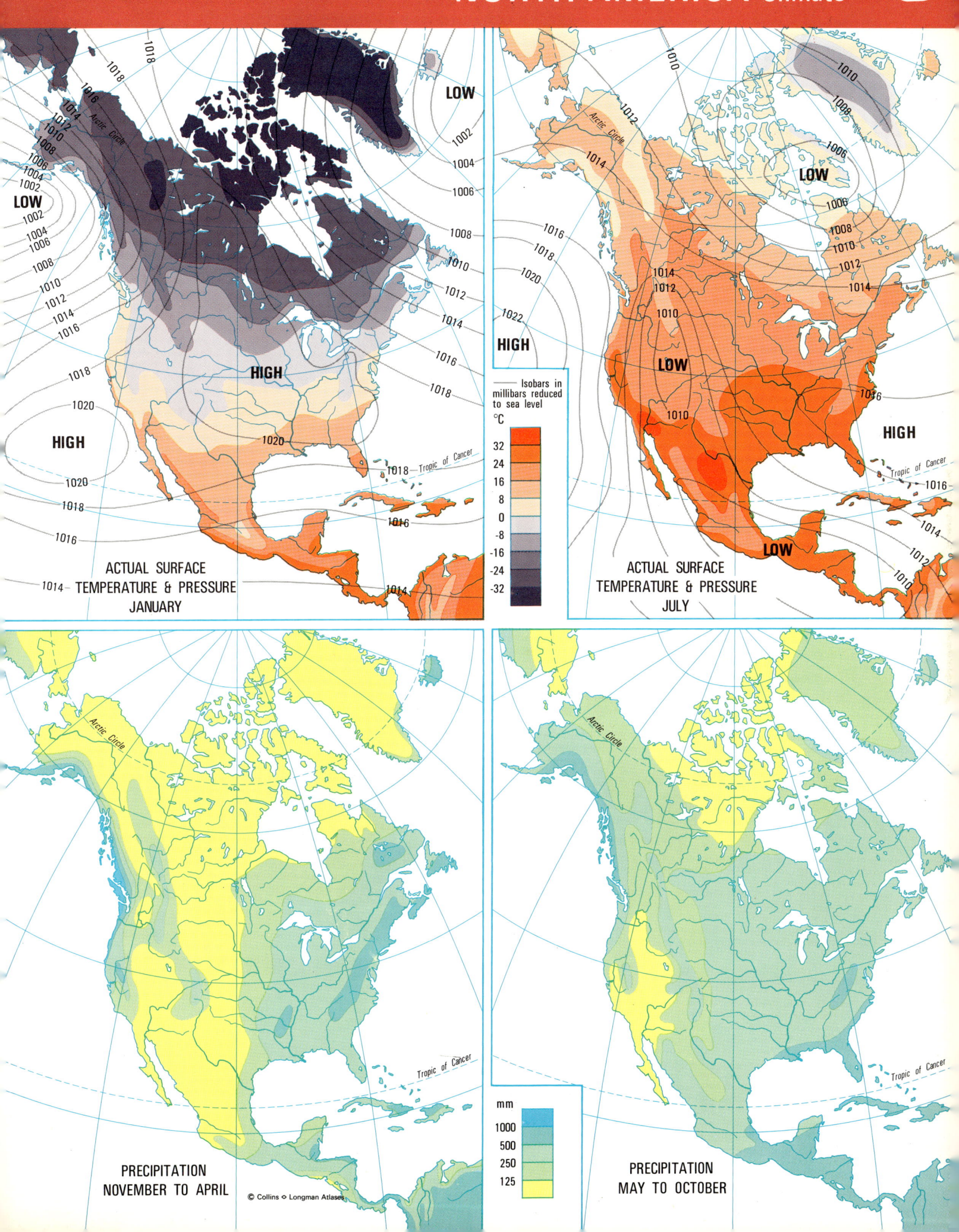

© Collins ◊ Longman Atlases

118 NORTH AMERICA Population

POPULATION

Persons per sq. km
- Over 100
- 50–100
- 10–50
- 1–10
- 0–1

■ Cities over 1 000 000 population

0 400 800 1200 1600 km

Bonne Projection

© Collins ◇ Longman Atlases

NORTH AMERICA Mineral Resources

119

Structure
- Shield
- Old fold mountains
- Young fold mountains
- Plains

Minerals
- Coal
- Natural Gas
- Oil
- Oil pipe-line
- Asbestos
- Bauxite
- Chrome
- Cobalt
- Copper
- Gold
- Iron
- Lead & Zinc
- Manganese
- Nickel
- Potash, Phosphates Salt etc.
- Tungsten
- Silver
- Tin
- Uranium

0 500 1000 1500 km

Bonne Projection

© Collins ◇ Longman Atlases

UNITED STATES OF AMERICA

CANADA
UNITED STATES OF AMERICA
ATLANTIC OCEAN
Gulf of Mexico
BAHAMAS
MINNESOTA
WISCONSIN
MICHIGAN
IOWA
ILLINOIS
INDIANA
OHIO
PENNSYLVANIA
NEW YORK
VERMONT
NEW HAMPSHIRE
MAINE
MASS.
CONN.
R.I.
N.J.
DEL.
MARYLAND
WEST VIRGINIA
VIRGINIA
KENTUCKY
TENNESSEE
NORTH CAROLINA
SOUTH CAROLINA
GEORGIA
FLORIDA
ALABAMA
MISSISSIPPI
LOUISIANA
ARKANSAS
MISSOURI
OKLAHOMA
TEXAS
James Bay
L. Superior
L. Michigan
L. Huron
Georgian Bay
L. Erie
L. Ontario
L. Champlain
L. Nipigon
Lake of the Woods
Red Lake
Mille Lacs L.
L. St. Joseph
Eabamet L.
L. Mistassini
L. Evans
L. Abitibi
L. Okeechobee
L. Cumberland
L. Texoma
St. Lawrence River
Bay of Fundy
Gaspé Pen.
Pr. Edward I.
Long Island
Nantucket I.
C. Cod
Delaware Bay
Chesapeake Bay
Albemarle Sound
C. Hatteras
C. Lookout
C. Fear
C. Romain
C. May
Cape Kennedy
C. San Blas
C. Romano
Apalachee Bay
Chandeleur Is.
Mobile Bay
Mississippi Delta
Atchafalaya Bay
Galveston Bay
Matagorda Bay
The Everglades
Okeefenokee Swamp
Appalachian Mountains
Allegheny Mountains
Mt. Mitchell 2037
Ozark Mts.
Ouachita Mts.
Mississippi
Missouri
Ohio
Tennessee
Cumberland
Arkansas
Red
Sabine
Trinity
Neches
Pearl
Tombigbee
Alabama
Chattahoochee
Flint
Altamaha
Savannah
Ogeechee
Roanoke
Hudson
Wabash
Ottawa
Winnipeg
Kenora
Thunder Bay
Duluth
Superior
Minneapolis
St. Paul
Milwaukee
Madison
Green Bay
Chicago
Gary
Detroit
Windsor
Toledo
Cleveland
Akron
Youngstown
Pittsburgh
Buffalo
Rochester
Syracuse
Albany
Toronto
Hamilton
St. Catherines
London
Kitchener
Montreal
Quebec
Ottawa
Sudbury
Sault Ste Marie
Boston
Providence
Hartford
New Haven
New York
Newark
Philadelphia
Trenton
Baltimore
Washington D.C.
Wilmington
Atlantic City
Richmond
Norfolk
Newport News
Raleigh
Greensboro
Winston-Salem
Charlotte
Columbia
Charleston
Savannah
Atlanta
Augusta
Macon
Columbus
Jacksonville
Tallahassee
Pensacola
Orlando
Tampa
St. Petersburg
West Palm Beach
Fort Lauderdale
Miami
Birmingham
Montgomery
Mobile
Jackson
Memphis
Nashville
Knoxville
Chattanooga
Louisville
Lexington
Cincinnati
Dayton
Columbus
Indianapolis
St. Louis
Kansas City
Springfield
Des Moines
Davenport
Peoria
Little Rock
Shreveport
New Orleans
Baton Rouge
Dallas
Houston
Galveston
Beaumont
Port Arthur
Tulsa
Nassau
New Providence
Freeport
Grand Bahama I.
Great Abaco I.
Eleuthera I.
Andros I.
Cat I.
San Salvador
Relief
Metres
5000
3000
2000
1000
500
200
0
Sea Level
Land Dep.
200
4000
7000
Metres
0 100 200 300 400 500 600 km
Bonne Projection

122 CANADA

GREENLAND
(Denmark)
King Christian IX Land
Mt. Forel 3360
Angmagssalik
Arctic Circle
King Frederick VI Coast
Upernavik
Thule
C. Parry
Nares Strait
Axel Heiberg I.
Ellesmere Island
Devon Island
Cornwallis I.
Resolute
Lancaster Sound
Bylot I.
Pond Inlet
Baffin Bay
Disko Is.
Godhavn
Christianshaab
Somerset Island
Prince of Wales Island
Home Bay
Penny Highland 2591
C. Dyer
Davis Strait
Sukkertoppen
Godthaab
Frederikshaab
Ivigtut
Julianehaab
C. Farewell
Baffin Island
Pangnirtung
Cumberland Sound
Frobisher Bay
Gulf of Boothia
Spence Bay
Melville Peninsula
Prince Charles I.
Foxe Basin
Foxe Channel
Back
Garry L.
Wager Bay
Southampton Island
Hudson Strait
Wakeham
Sagluc
Akpatok I.
C. Chidley
Ungava Bay
Fisher Strait
Coats I.
Mansel I.
Chesterfield Inlet
KEEWATIN
NORTH WEST TERRITORIES
Dubawnt Lake
Eskimo Point
Hudson Bay
Ottawa Is.
Port Harrison
Churchill
C. Churchill
Seal
Port Nelson
York Factory
C. Tatman
Fort Severn
Belcher Is.
C. Henrietta Maria
MANITOBA
Nelson
Hayes
Severn
Winisk
James Bay
Akimiski I.
Fort George
Fort Rupert
Eastmain
Fort Albany
Moosonee
Norway House
L. Winnipeg
Manitoba
Winnipeg
St Boniface
Portage la Prairie
Morden
Kenora
Sioux Lookout
L. Nipigon
Nipigon
Thunder Bay
Trans Canada Highway
Red Lake
Longlac
Hearst
Cochrane
Timmins
Kirkland Lake
Rouyn
Cobalt
Michipicoten Harbour
Sault Ste Marie
Sudbury
North Bay
Ottawa
Hull
Montreal
ONTARIO
Albany
Abitibi
Fort Frances
Grafton
Grand Forks
Red
Bismarck
Valley City
Fargo
Duluth
Superior
L. Superior
Ironwood
Marquette
Manistique
Georgian Bay
L. Huron
Owen Sound
Kitchener
Hamilton
Toronto
Oshawa
Kingston
L. Ontario
Niagara Falls
St Catharines
Buffalo
Rochester
Syracuse
Utica
Albany
Hudson
London
L. Erie
Erie
Detroit
Windsor
Toledo
Cleveland
Pittsburgh
Ohio
Cadillac
Bay City
Grand Rapids
L. Michigan
Green Bay
Wisconsin
Milwaukee
Madison
Chicago
Gary
Mississippi
Cedar Rapids
Waterloo
Mason City
Sioux Falls
Sioux City
Mitchell
Aberdeen
St. Cloud
Minneapolis
St. Paul
UNITED STATES OF AMERICA
Scranton
Newark
New York
Philadelphia
Baltimore
Hartford
New Haven
Long Island
Worcester
Providence
Boston
C. Cod
Manchester
Portland
Bangor
Champlain
Sherbrooke
St. Hyacinthe
Trois Rivières
St. Maurice
Roberval
Senneterre
Chibougamau
Lake Mistassini
Chicoutimi-Jonquière
Quebec
Levis
Edmunston
St. John
Fredericton
Saint John
Bay of Fundy
Yarmouth
C. Sable
Liverpool
Halifax
NOVA SCOTIA
NEW BRUNSWICK
Moncton
Truro
Bathurst
PR EDWARD I.
Charlottetown
Sydney
Cape Breton I.
Cabot Str.
St. Pierre-Miquelon (Fr.)
Sable I.
Rimouski
St. Lawrence
Gaspé
Gulf of St. Lawrence
Anticosti I.
Baie Comeau
Port Cartier
Sept Iles
Manicouagan
Moisie
Romaine
Gagnon
Péribonca
Eastmain
QUEBEC
Gt. Whale
Clearwater Lake
Larch
Leaf
Payne
Koksoak
Fort Chimo
Port-Nouveau Québec
George
Whale
Schefferville
Labrador City
Wabush City
Labrador
Hamilton
North West River
NEWFOUNDLAND
Nain
Hopedale
C. Harrison
Indian Harbour
Battle Harbour
C. Bauld
St. Anthony
Belle Isle Str.
Grand Falls
Gander
Bonavista
St. John's
Corner Brook
Newfoundland
Port aux Basques
ATLANTIC OCEAN
CANADA

124 NORTHEAST U.S.A. & SOUTH CENTRAL CANADA

QUEBEC
NEW BRUNSWICK
MAINE
VERMONT
NEW HAMPSHIRE
MASSACHUSETTS
CONNECTICUT
RHODE ISLAND
NEW YORK
NEW JERSEY
PENNSYLVANIA
MARYLAND
DELAWARE
VIRGINIA
ONTARIO
UNITED STATES OF AMERICA
Gaspé Peninsula
St. Lawrence
Matane
Mont Joli
Rimouski
Campbellton
Tadoussac
Chicoutimi-Jonquière
Saguenay
L. St. John
Dolbeau
Roberval
Rivière-du-Loup
Edmundston
St. Leonard
Grand Falls
La Malbaie
Baie St. Paul
Laurentides Mts.
La Tuque
Quebec
Levis
Montmagny
St. John
Allagash
Caribou
Presque Isle
Houlton
Fredericton
Oromocto
Mt. Katahdin 1606
Moosehead L.
Greenville
Danforth
Lincoln
St. Stephen
St. Andrews
Calais
Grand Manan I.
Bangor
Brewer
Ellsworth
Waterville
Augusta
Rockland
Bath
Lewiston
Portland
Biddeford
Sebago L.
Waswanipi L.
Gouin Res.
St. Maurice
Amos
Senneterre
Rouyn
Val-d'Or
L. Simard
Cabonga Res.
L. Kempt
Matawin
Kipawa L.
Baskatong L.
Mont Laurier
Maniwaki
Coulonge
Shawinigan
Trois-Rivières
Thetford Mines
Joliette
Sorel
Drummondville
Megantic
St. Jérôme
Montreal
St. Hyacinthe
Granby
Sherbrooke
Richelieu
Farnham
Valleyfield
Ottawa
Mattawa
Pembroke
Renfrew
Arnprior
Hull
Whitney
Madawaska
Huntsville
Haliburton Highlands
Smith's Falls
Cornwall
Malone
Plattsburgh
L. Champlain
Burlington
Montpelier
Brockville
Ogdensburg
L. Simcoe
Peterborough
Belleville
Kingston
Mt. Marcy 1629
Adirondack Mts.
L. George
Mt. Washington 1917
White Mts.
Berlin
Oshawa
Cobourg
Picton
Watertown
Toronto
Lake Ontario
Rutland
Lebanon
Claremont
Winnipesaukee L.
Concord
Portsmouth
Pulaski
Oswego
Glens Falls
Green Mts.
Connecticut
Keene
Manchester
Oneida L.
Rome
Utica
Amsterdam
Schenectady
Troy
Brattleboro
Lawrence
Lowell
Lynn
Cambridge
Boston
Niagara Falls
Rochester
Syracuse
Mohawk
Albany
Fitchburg
Buffalo
Lackawanna
Cayuga L.
Seneca L.
Cortland
Oneonta
Catskill Mts.
Holyoke
Worcester
Quincy
Brockton
Plymouth
C. Cod
Dunkirk
Ithaca
Springfield
Pawtucket
Providence
Fall River
New Bedford
Corning
Elmira
Binghamton
Olean
Jamestown
Kingston
Hudson
Taconic Mts.
Hartford
Manchester
Waterbury
Norwich
Newport
Nantucket Sound
Nantucket I.
Martha's Vineyard
Carbondale
Poughkeepsie
Newburgh
Danbury
New Haven
New London
Montauk Pt.
Kane
Scranton
Allegheny
Susquehanna
Appalachian Mts.
Kingston
Williamsport
Wilkes-Barre
Delaware
Bridgeport
Norwalk
Stamford
Long Island
Du Bois
Bloomsburg
Hazleton
Paterson
Yonkers
Jersey City
Hempstead
Sunbury
Newark
Elizabeth
New York
Kittanning
Allentown
Easton
Bethlehem
Perth Amboy
Long Branch
Altoona
Lewistown
New Brunswick
Reading
Trenton
Norristown
Johnstown
Harrisburg
Lebanon
Lancaster
York
Philadelphia
Camden
Chester
Wilmington
Cumberland
Hagerstown
Havre de Grace
Frederick
Martinsburg
Potomac
Baltimore
Vineland
Atlantic City
Dover
Annapolis
Wildwood
C. May
Delaware Bay
Washington D.C.
Alexandria
Laurel
ATLANTIC OCEAN
Relief
Metres
5000
3000
2000
1000
500
200
0
Land Dep.
Sea Level
200
4000
7000
Metres
0 50 100 150 200 250 300 km
Bonne Projection
© Collins • Longman Atlases

126 CENTRAL AMERICA & THE CARIBBEAN

Mexican States numbered on map.
1. FEDERAL DISTRICT
2. TLAXCALA
3. AGUASCALIENTES
4. MORELOS

Lambert Azimuthal Equal Area Projection

Relief

Metres
- 5000
- 3000
- 2000
- 1000
- 500
- 200
- Sea Level
- Land Dep.
- 200
- 4000
- 7000

Metres

© Collins ○ Longman Atlases

Hamilton BERMUDA
ATLANTIC OCEAN
WEST INDIES
BAHAMAS
West Palm Beach
Ft. Lauderdale
Miami
Kennedy
Freeport
Grand Bahama I.
Great Abaco I.
New Providence
Nassau
Eleuthera I.
Andros I.
Exuma Is.
Cat I.
San Salvador
Rum Cay
Gt. Exuma
Long I.
Samana Cay
Crooked I.
Fortune
French Cays
Mayaguana I.
Acklin's I.
Little Inagua
Great Inagua I.
Caicos Is. (Br.)
Turks Is. (Br.)
Tropic of Cancer
Archo. de Camagüey
Caibarién
Morón
Ciego de Avila
Camagüey
Nuevitas
Victoria de las Tunas
Holguín
Banes
Bayamo
Manzanillo
Turquino
Sa. Maestra
Baracoa
Guantánamo
Santiago de Cuba
Jardines de la Reina
Cayman Brac
C. Cruz
Windward Passage
Tortue
Cap Haïtien
Gonaïves
Valverde
Santiago
Puerto Plata
DOMINICAN REPUBLIC
Samana
La Vega
San Francisco de Macoris
G. of Gonâve
St. Marc
Gonâve I.
Jérémie
HAITI
Port-au-Prince
Les Cayes
Azua
S. Cristóbal
Santo Domingo
S. Pedro
La Romana
Barahona
Saona
Hispaniola
Puerto Rico Trench
PUERTO RICO (U.S.)
Arecibo
San Juan
Mayaguez
Mona
Ponce
Caguas
Vieques I.
Virgin Is.
St. Thomas (U.S.)
Tortola (Br.)
St. Croix (U.S.)
Anegada (Br.)
Virgin Gorda (Br.)
St. Martin (Fr.-Neth.)
Sint Eustatius (Neth.)
St. Kitts (Br.)
Nevis
Saba (N.)
St. Barthélemy (Fr.)
Anguilla (Br.)
Barbuda (Br.)
ANTIGUA
St. John's
Montserrat (Br.)
Guadeloupe (Fr.)
Pointe-à-Pitre
Marie Galante (Fr.)
Dominica (Br.)
Roseau
Martinique (Fr.)
Fort-de-France
St. Lucia (Br.)
Castries
St. Vincent (Br.)
Kingstown
The Grenadines (Br.)
Carriacou (Br.)
St. George's
Grenada
BARBADOS
Bridgetown
Leeward Islands
Windward Islands
Lesser Antilles
Montego Bay
St. Ann's Bay
Port Antonio
Black River
JAMAICA
Kingston
Greater Antilles
CARIBBEAN SEA
Aruba (Netherlands)
Curacao
Willemstad
Bonaire
Los Roques
Orchila
La Blanquilla
Margarita I.
Porlamar
Tortuga
Guajira
Penín.
Paraguaná Pen.
El Cardon
Gulf of Venezuela
Coro
Riohacha
Sta. Marta
Sa. Nevada de Sta. Marta
Cristóbal Colón
Barranquilla
Soledad
Cartagena
Arjona
Calamar
Maracaibo
Cabimas
Altagracia
Lake Maracaibo
Carora
Barquisimeto
San Felipe
Tucacas
Pto. Cabello
Maracay
Valencia
Caracas
La Guaira
San Juan de los Morros
Barcelona
Pto. La Cruz
Cumaná
Carúpano
Araya Pen.
Paria Pen.
Gulf of Paria
Dragon's Mouth
TOBAGO
Port of Spain
TRINIDAD
S. Fernando
Serpent's Mouth
Orinoco Delta
Caripito
Maturín
El Tigre
Valle
Llanos
CANAL ZONE (U.S.)
Colón
Panamá City
Gulf of Panamá
Archo. de las Perlas
Gulf of Darien
G. of Urabá
Montería
Magangue
El Banco
Magdalena
Sierra de Perijá
Trujillo
Acarigua
Mérida
Bolívar
Cordillera de Mérida
Barinas
Guanare
Cojedes
VENEZUELA
Cúcuta
San Cristóbal
Pamplona
Bucaramanga
Barrancabermeja
Málaga
Sa. Nevada de Cocuy
El Real
Turbo
Riosucio
Atrato
Cordillera Occidental
Cauca
S. Jorge
Sinú
Bello
Medellín
Cordillera Oriental
COLOMBIA
Apure
Arauca
S. Fernando
Orinoco
Ciudad Bolívar
S. Félix
Barrage
Curiapo
Caura
Paragua
Caroní
Cuyuni
Angel Falls
GUYANA
Meta
Puerto Carreño

128 SOUTH AMERICA — General, Physiography & Geology

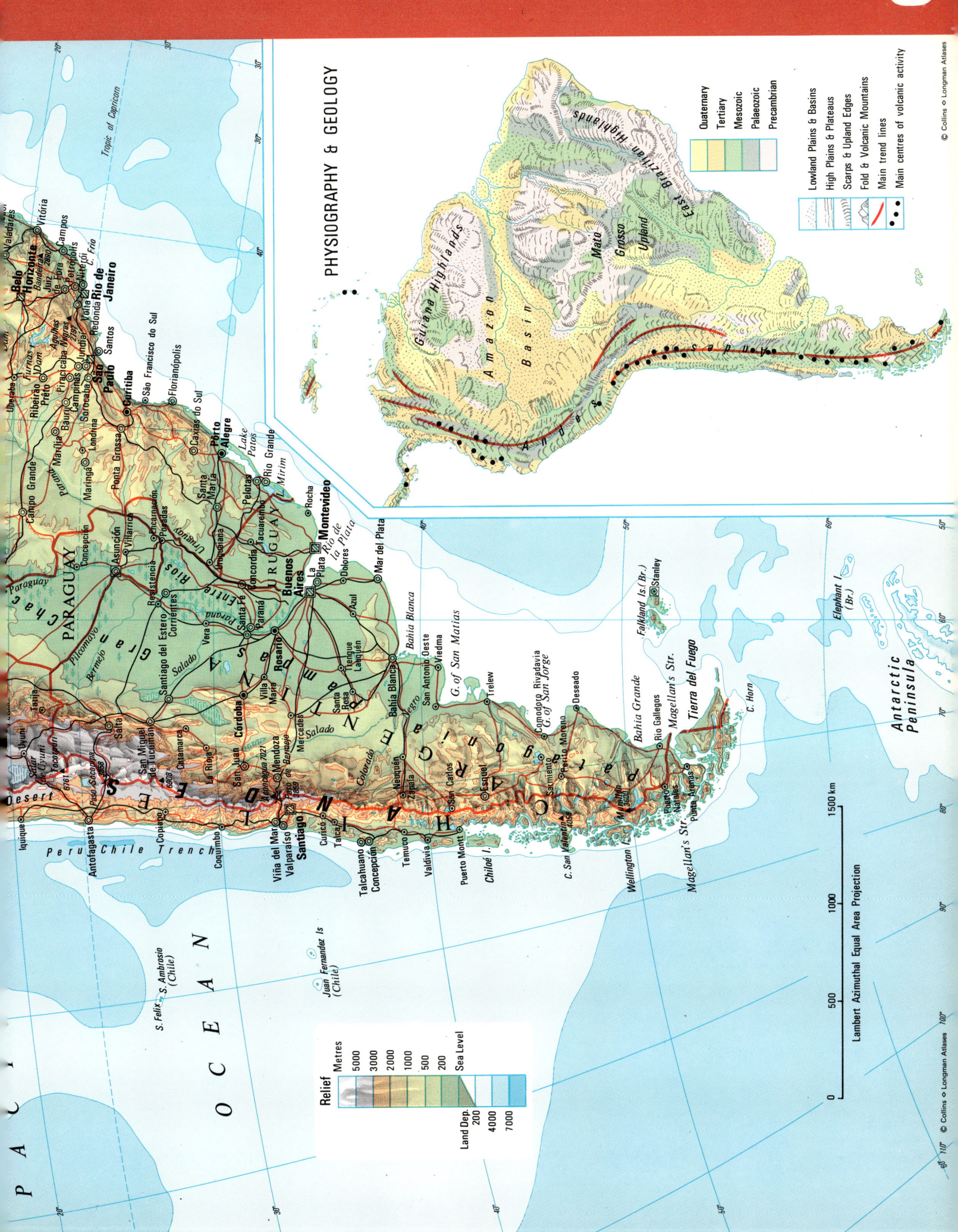

PHYSIOGRAPHY & GEOLOGY

Quaternary
Tertiary
Mesozoic
Palaeozoic
Precambrian

- Lowland Plains & Basins
- High Plains & Plateaus
- Scarps & Upland Edges
- Fold & Volcanic Mountains
- Main trend lines
- Main centres of volcanic activity

Guiana Highlands
Amazon Basin
Mato Grosso Upland
East Brazilian Highlands
Andes

Relief

Metres
5000
3000
2000
1000
500
200
Sea Level

Land Dep.
200
4000
7000

Lambert Azimuthal Equal Area Projection

0 500 1000 1500 km

Place names

Belo Horizonte, Valadares, Vitória, Campos, Barbacena, Juiz de Fora, Petrópolis, Niterói, Rio de Janeiro, C. Frio, Volta Redonda, Santos, São Paulo, Curitiba, São Francisco do Sul, Florianópolis, Uberaba, Ribeirão Prêto, Bauru, Piracicaba, Campinas, Jundiaí, Sorocaba, Londrina, Ponta Grossa, Caxias do Sul, Porto Alegre, Pelotas, Rio Grande, Lake Mirim, Lake Patos, Campo Grande, Maringá, Santa Maria, Rocha, Montevideo, Mar del Plata, Dolores, La Plata, Buenos Aires, Azul, Bahia Blanca, Paraguay, Concepción, Asunción, Villarrica, Encarnación, Posadas, Paysandú, Tacuarembó, Uruguay, Entre Ríos, Concordia, Paraná, Rosario, Resistencia, Corrientes, Santiago del Estero, Santa Fé, Vera, Villa María, Tenque Lauquén, Viedma, San Antonio Oeste, G. of San Matías, Trelew, Comodoro Rivadavia, G. of San Jorge, Deseado, Bahia Grande, Rio Gallegos, Magellan's Str., Tierra del Fuego, C. Horn, Falkland Is. (Br.), Stanley, Elephant I. (Br.), Antarctic Peninsula, Chaco, Pilcomayo, Bermejo, Salado, Gran Chaco, Catamarca, Salta, San Miguel de Tucumán, La Rioja, San Juan, Mendoza, Aconcagua 7021, Córdoba, Santa Rosa, Mercedes, Neuquén, Colorado, Zapala, San Carlos, Esquel, Sarmiento, Perito Moreno, Puerto Natales, Punta Arenas, Puerto Montt, Chiloé I., C. San Valentín, Wellington I., Valdivia, Temuco, Talcahuano, Concepción, Talca, Curicó, Santiago, Viña del Mar, Valparaíso, Coquimbo, Copiapó, Antofagasta, Iquique, Uyuni, Salar de Uyuni, Atacama Desert, Peru–Chile Trench

Juan Fernández Is (Chile)
S. Felix, S. Ambrosio (Chile)

PACIFIC OCEAN

Tropic of Capricorn

129

130 SOUTH AMERICA Political

SOUTH AMERICA Climate

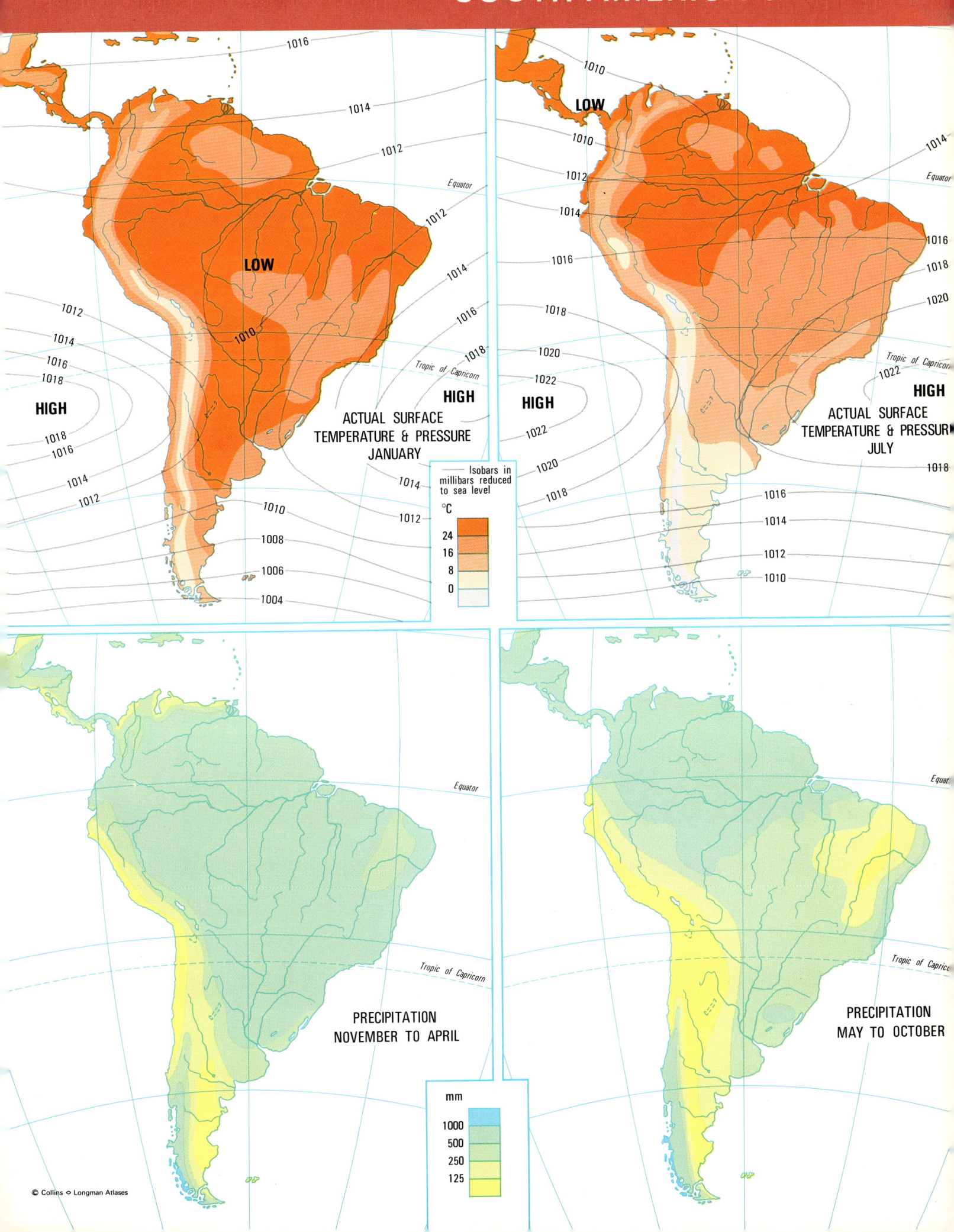

131

ACTUAL SURFACE TEMPERATURE & PRESSURE JANUARY

ACTUAL SURFACE TEMPERATURE & PRESSURE JULY

Isobars in millibars reduced to sea level

°C
- 24
- 16
- 8
- 0

PRECIPITATION NOVEMBER TO APRIL

PRECIPITATION MAY TO OCTOBER

mm
- 1000
- 500
- 250
- 125

© Collins ○ Longman Atlases

132 SOUTH AMERICA Mineral Resources & Population

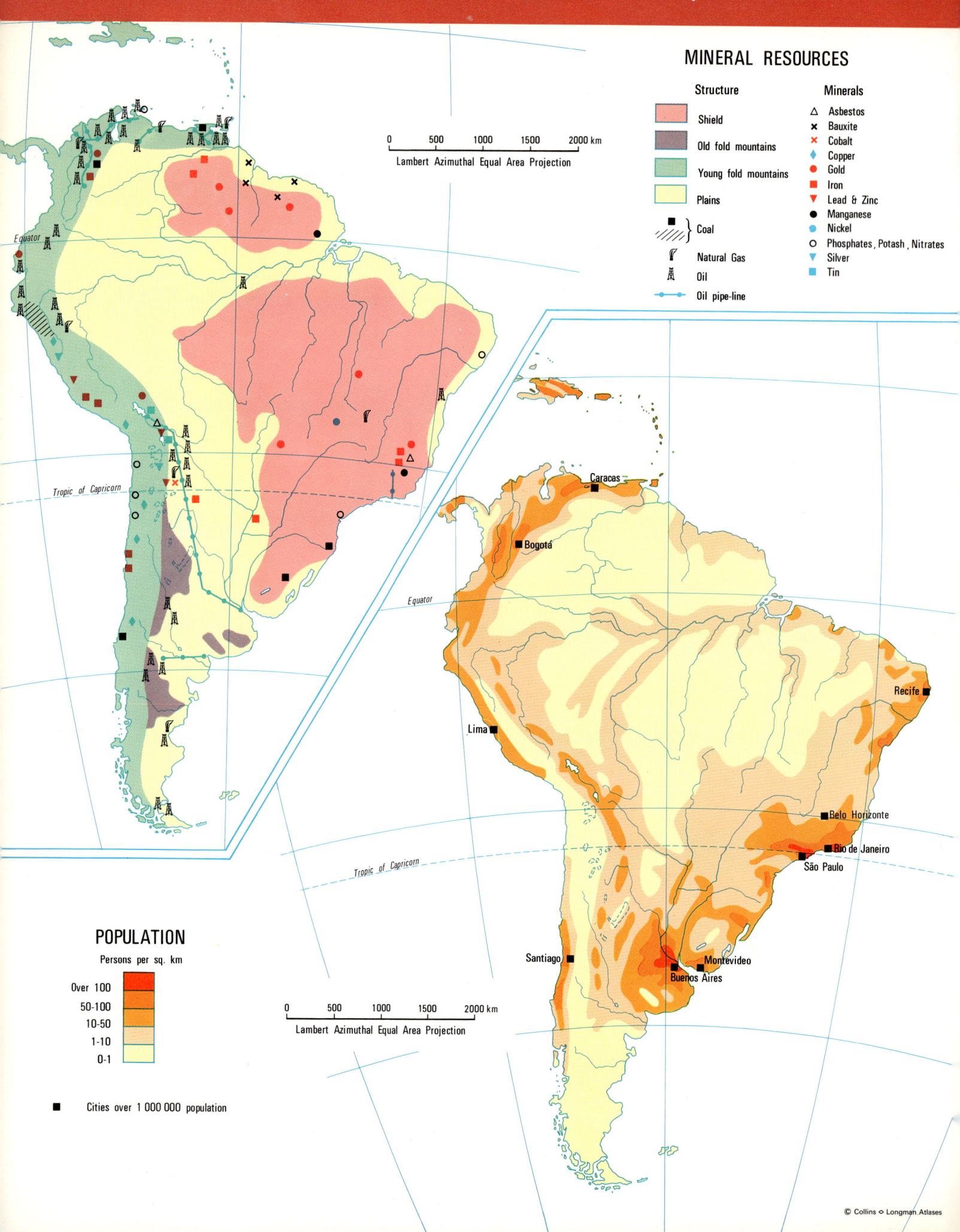

MINERAL RESOURCES

Structure
- Shield
- Old fold mountains
- Young fold mountains
- Plains

- Coal
- Natural Gas
- Oil
- Oil pipe-line

Minerals
- △ Asbestos
- ✕ Bauxite
- ✕ Cobalt
- ◆ Copper
- ● Gold
- ■ Iron
- ▼ Lead & Zinc
- ● Manganese
- ● Nickel
- ○ Phosphates, Potash, Nitrates
- ▼ Silver
- ■ Tin

Scale: 0 500 1000 1500 2000 km
Lambert Azimuthal Equal Area Projection

POPULATION

Persons per sq. km
- Over 100
- 50–100
- 10–50
- 1–10
- 0–1

■ Cities over 1 000 000 population

Cities labelled: Caracas, Bogotá, Lima, Santiago, Montevideo, Buenos Aires, São Paulo, Rio de Janeiro, Belo Horizonte, Recife

© Collins ◊ Longman Atlases

SOUTHEAST BRAZIL & NORTH ARGENTINA

POLAR REGIONS

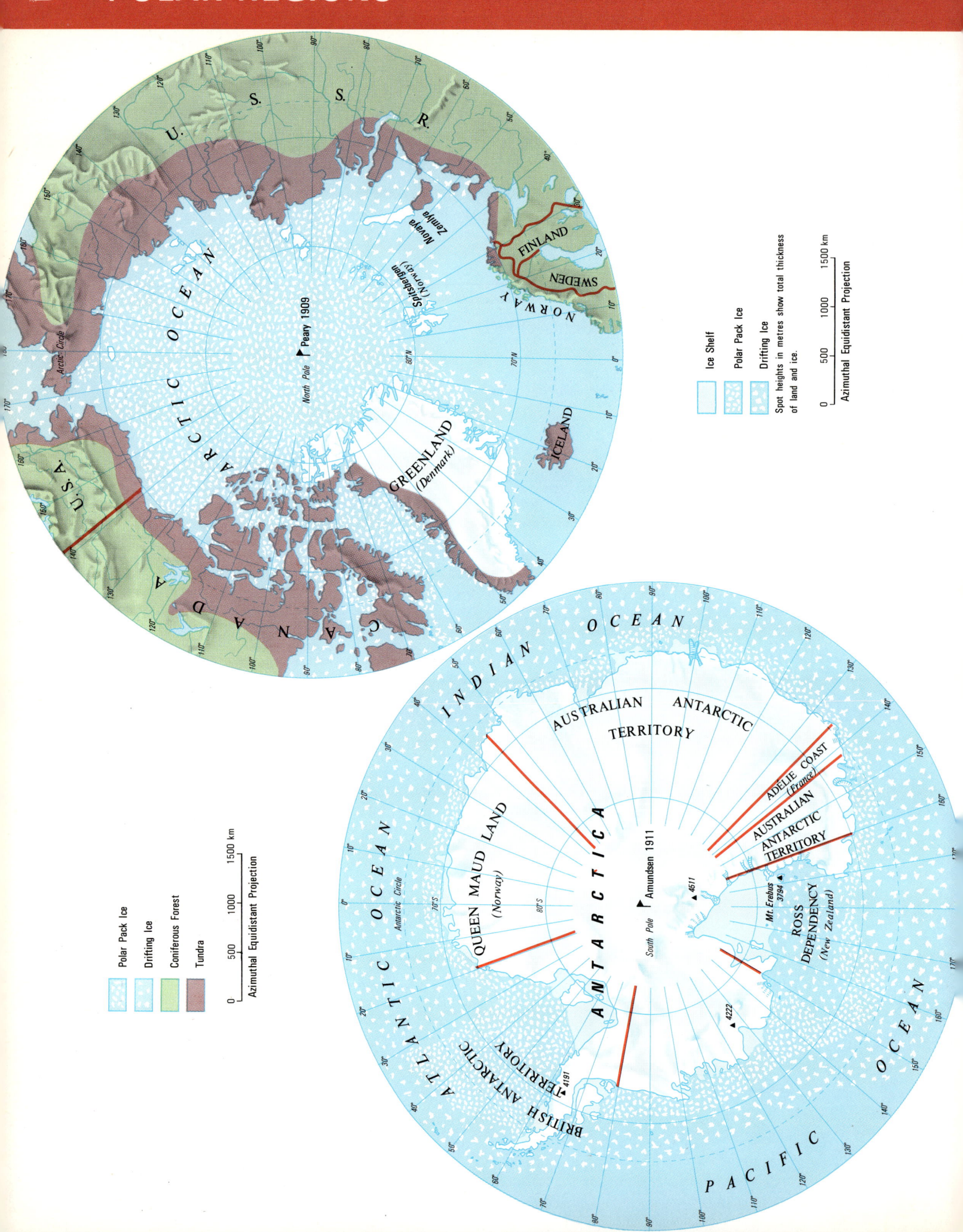

WORLD Physiography & Structure

135

Legend:
- Permanent ice cap
- Main trend lines
- Rift valleys
- Main centres of volcanic activity

- Young fold mountains and volcanic mountains
- Old fold mountains and volcanic mountains
- Shields mostly of old rocks including igneous masses
- Basins and plains

- Lowland Plains & Basins
- High Plains & Plateaus
- Scarps & Upland Edges
- Fold & Volcanic Mountains

Labels on map: HIMALAYA, CAUCASUS, BALTIC SHIELD, ALPS, ATLAS, BRAZILIAN SHIELD, ANDES, CANADIAN SHIELD, ROCKY MOUNTAINS

© Collins ◇ Longman Atlases

136 WORLD Physical

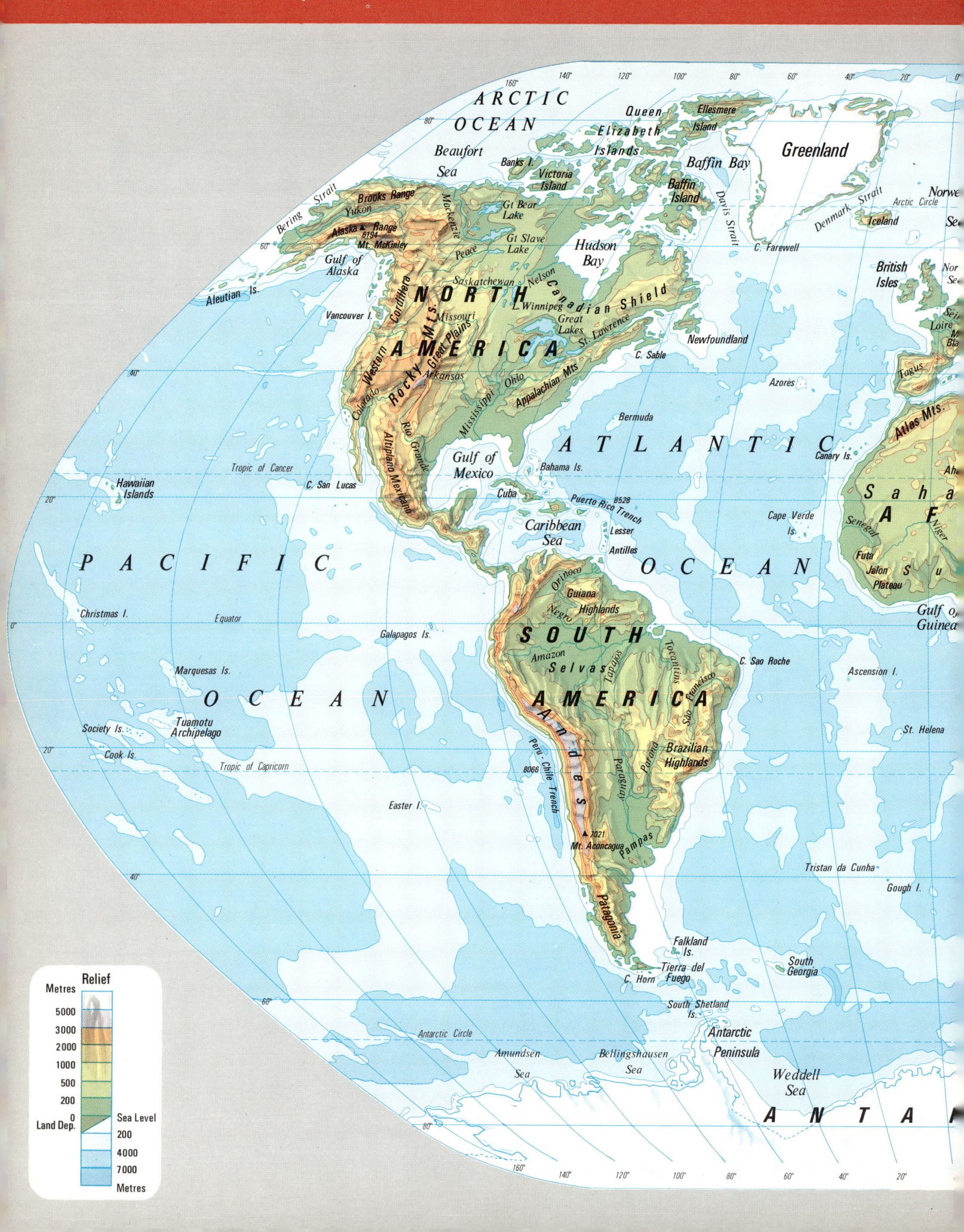

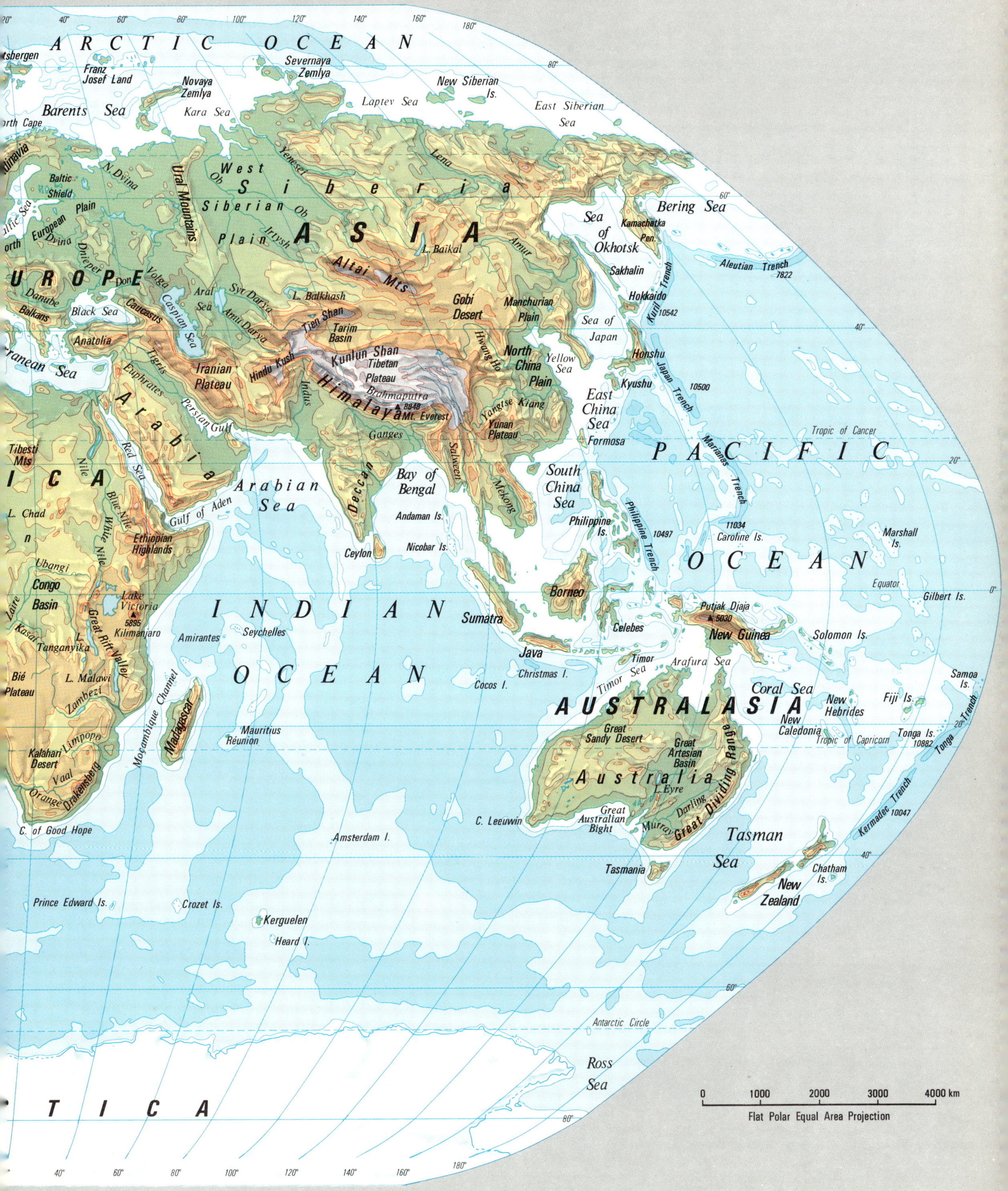

138 WORLD Political

UNION OF SOVIET SOCIALIST REPUBLICS
CEAN
Arctic Circle
Aleutian Is. (U.S.A.)
Arkhangel'sk
eningrad
Gorki
Moscow
nsk
Sverdlovsk
Omsk
Novosibirsk
Kiev
Kharkov
Odessa
ucharest
Black Sea
ARIA
Istanbul
Ankara
TURKEY
Caspian Sea
Aral Sea
Baku
Tashkent
Ulan Bator
MONGOLIA
Shenyang
NORTH KOREA
Pyongyang
Peking
Seoul
SOUTH KOREA
JAPAN
Tokyo
Osaka
CHINA
Nanking
Wuhan
Shanghai
Chungking
PACIFIC
OCEAN
Tropic of Cancer
Taipei
TAIWAN (FORMOSA)
Kwangchow
Victoria
HONG KONG (Br.)
Hanoi
NORTH VIETNAM
LAOS
Vientiane
THAILAND
Bangkok
CAMBODIA
Phnom Penh
SOUTH VIETNAM
Saigon
BURMA
Rangoon
Mariana Is. (U.S.A.)
Quezon City
Manila
PHILIPPINES
Caroline Is. (U.S.A.)
CYPRUS
LEBANON
SYRIA
ISRAEL
JORDAN
Cairo
EGYPT
IRAQ
Baghdad
Tehran
IRAN
KUWAIT
Kabul
AFGHANISTAN
KASHMIR
Islamabad
Lahore
PAKISTAN
Delhi
New Delhi
NEPAL
Katmandu
BHUTAN
Dacca
BANGLADESH
Calcutta
INDIA
Karachi
Ahmedabad
Bombay
Hyderabad
Madras
SAUDI ARABIA
Riyadh
BAHRAIN
QATAR
U. OF ARAB EMIRATES
Muscat
OMAN
Mecca
Red Sea
SOUTHERN YEMEN
Sana
YEMEN
Aden
F.
Khartoum
SUDAN
Addis Ababa
ETHIOPIA
SOMALI REPUBLIC
Mogadishu
Laccadive Is. (Ind.)
Andaman Is. (Ind.)
Nicobar Is. (Ind.)
SRI LANKA
Colombo
MALDIVE ISLANDS
UGANDA
Kampala
KENYA
Nairobi
RWANDA
BURUNDI
TANZANIA
Dar es Salaam
Seychelles (Br.)
Amirantes (Br.)
WEST
MALAYSIA
EAST
BRUNEI
Kuala Lumpur
Singapore
SINGAPORE
INDONESIA
Equator
Djakarta
Surabaya
Christmas I. (Austl.)
(Port.) PORT. TIMOR
PAPUA NEW GUINEA
Solomon Is. (Br.)
Cocos Is. (Austl.)
INDIAN OCEAN
MALAWI
Lilongwe
ZAMBIA
RHODESIA
MOCAMBIQUE
MALAGASY REPUBLIC
Tananarive
MAURITIUS
Pretoria
Can Phumo
SWAZILAND
Johannesburg
Durban
New Caledonia (Fr.)
Tropic of Capricorn
AUSTRALIA
Brisbane
Perth
Sydney
Adelaide
Canberra
Melbourne
Auckland
NEW ZEALAND
Wellington
St. Paul (Fr.)
Amsterdam (Fr.)
Prince Edward Is. (S. Africa)
Crozet Is. (Fr.)
Kerguelen (Fr.)
Heard I. (Austl.)
0 500 1000 1500 2000 2500 3000 km
Winkel Projection
© Collins ◇ Longman Atlases

WORLD Climate

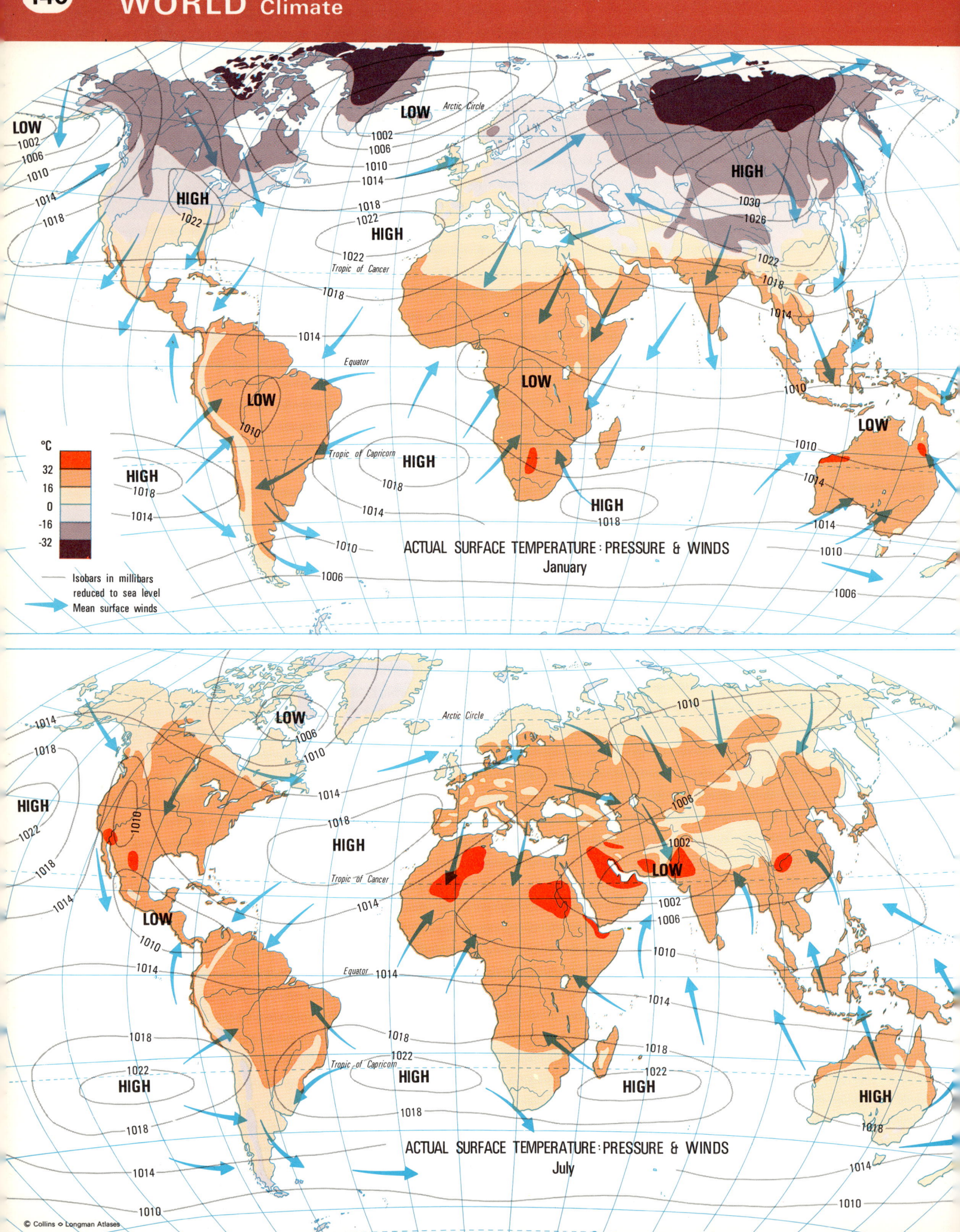

ACTUAL SURFACE TEMPERATURE: PRESSURE & WINDS
January

Legend:
°C
- 32
- 16
- 0
- -16
- -32

— Isobars in millibars reduced to sea level
→ Mean surface winds

ACTUAL SURFACE TEMPERATURE: PRESSURE & WINDS
July

© Collins ◊ Longman Atlases

WORLD Climate

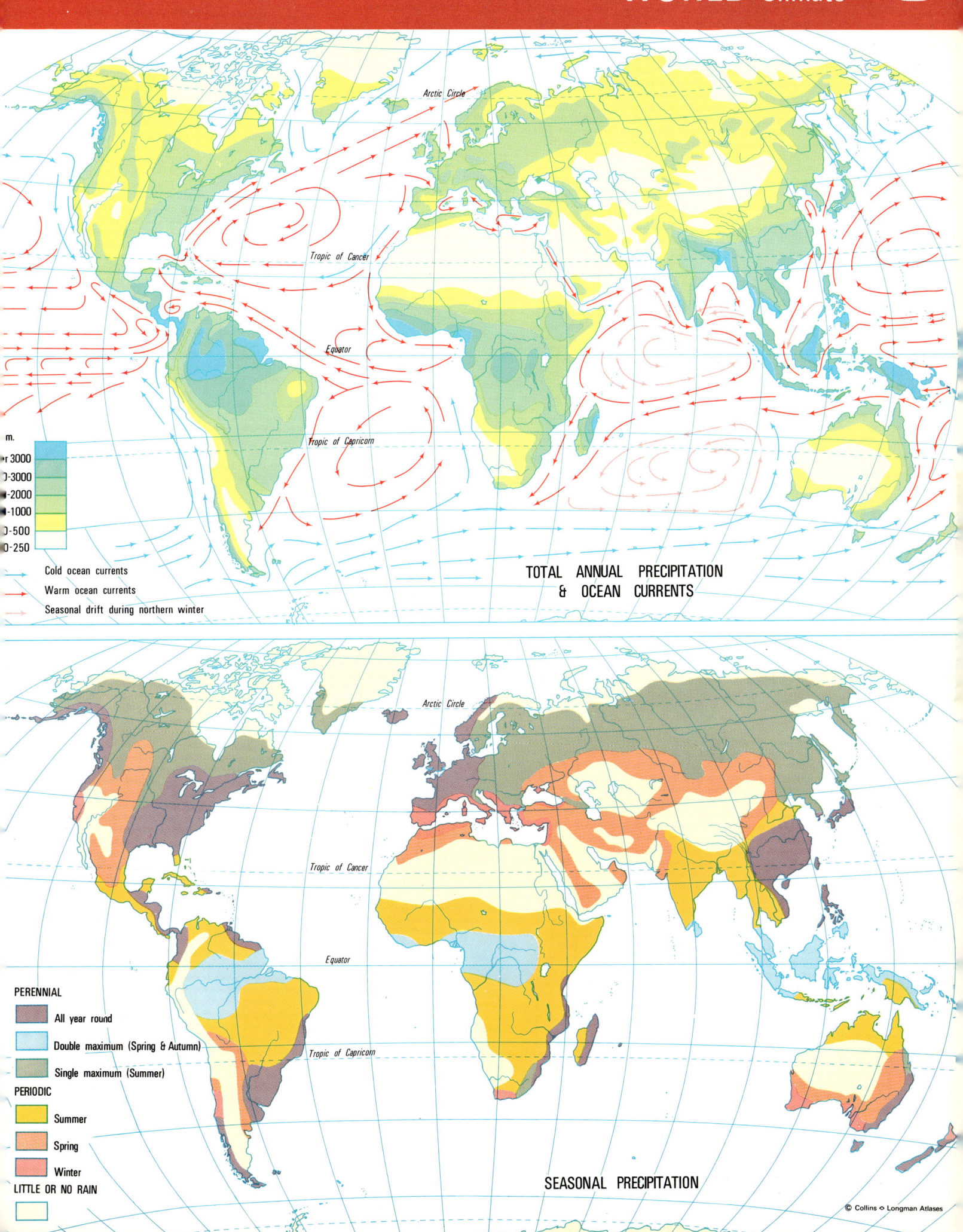

141

TOTAL ANNUAL PRECIPITATION & OCEAN CURRENTS

m.
- over 3000
- 2000-3000
- 1000-2000
- 500-1000
- 250-500
- 0-250

→ Cold ocean currents
→ Warm ocean currents
→ Seasonal drift during northern winter

SEASONAL PRECIPITATION

PERENNIAL
- All year round
- Double maximum (Spring & Autumn)
- Single maximum (Summer)

PERIODIC
- Summer
- Spring
- Winter

LITTLE OR NO RAIN

© Collins ◇ Longman Atlases

142 WORLD Soils

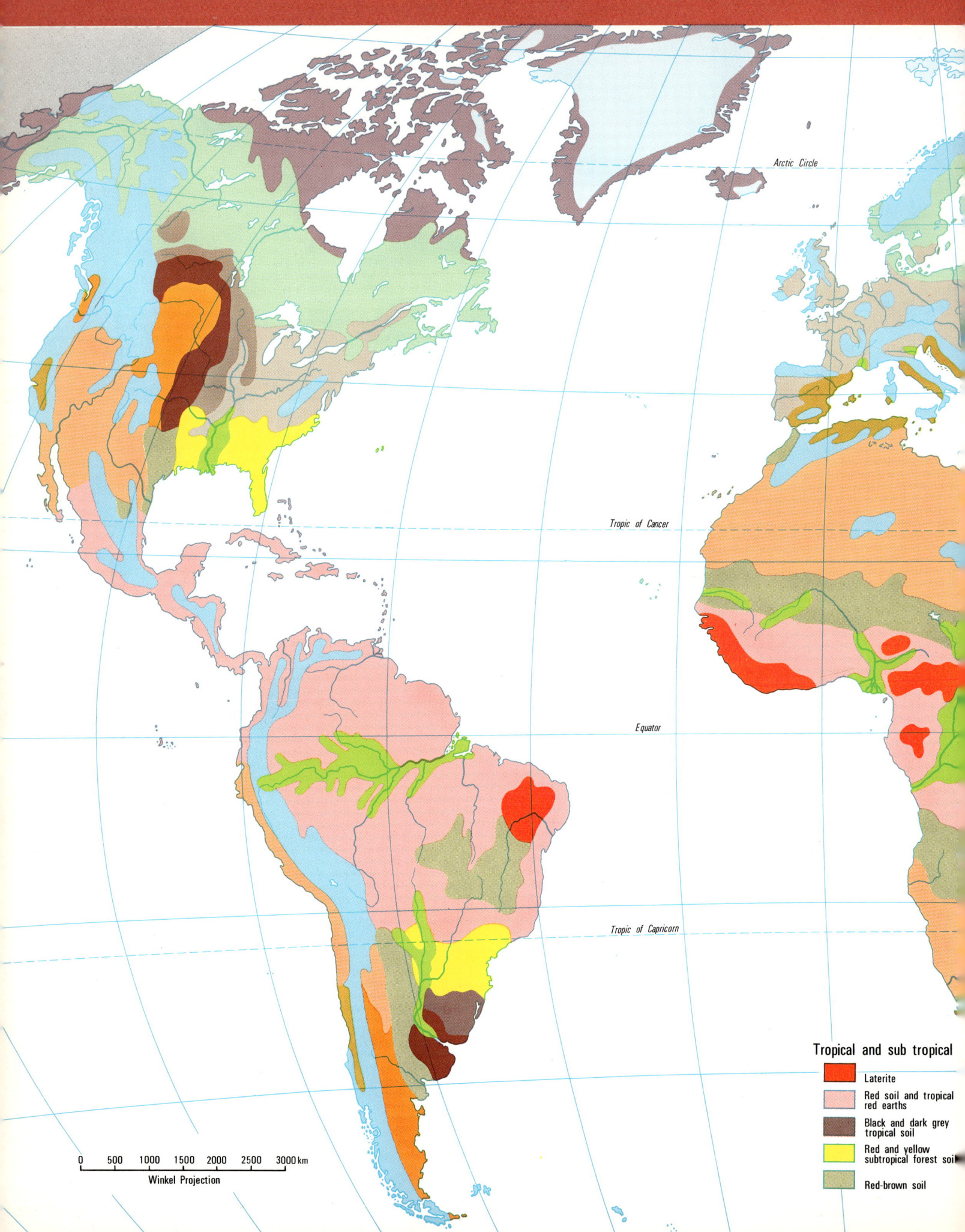

Arctic Circle

Tropic of Cancer

Equator

Tropic of Capricorn

0 500 1000 1500 2000 2500 3000 km
Winkel Projection

Tropical and sub tropical

- Laterite
- Red soil and tropical red earths
- Black and dark grey tropical soil
- Red and yellow subtropical forest soil
- Red-brown soil

SOIL TYPES

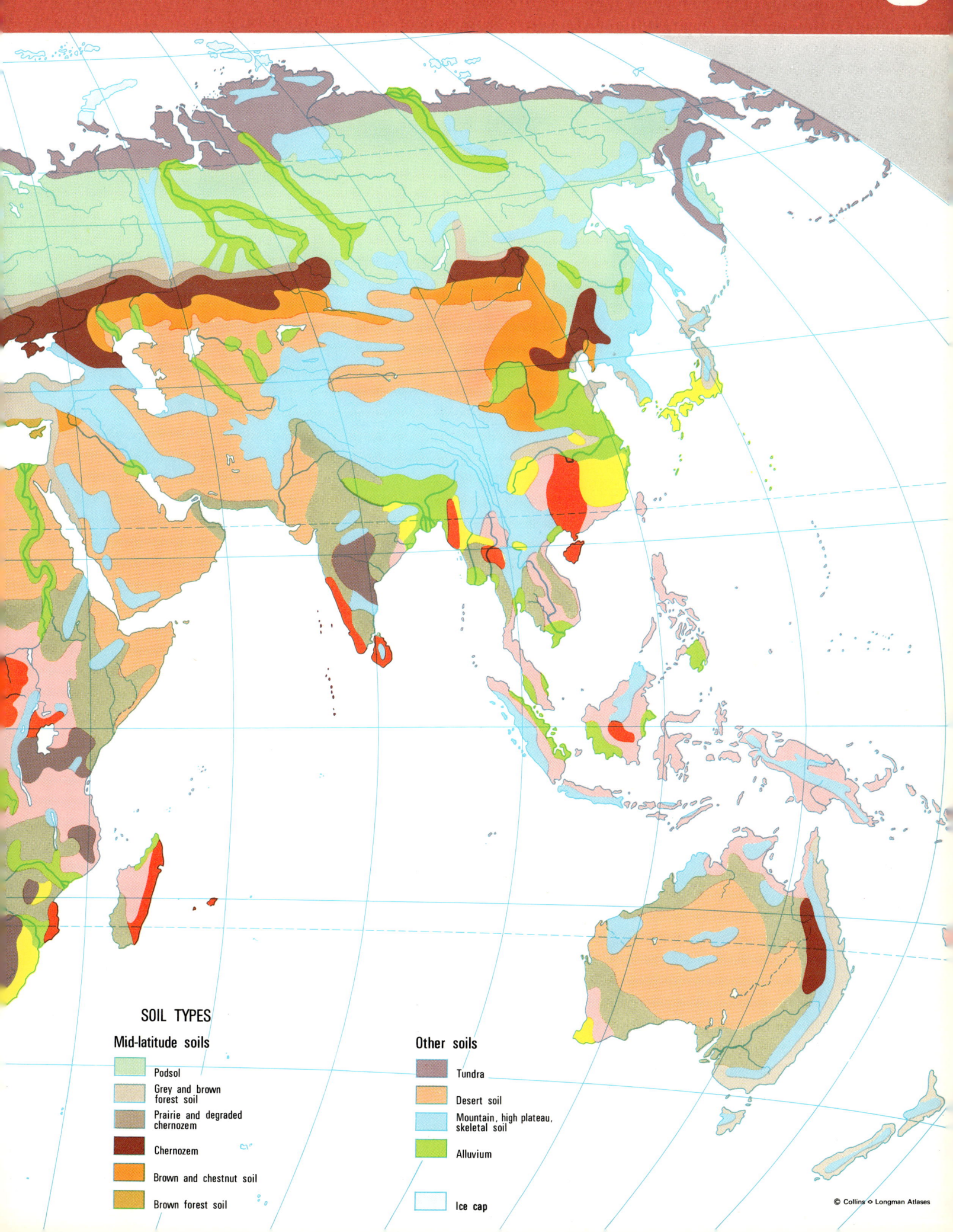

Mid-latitude soils
- Podsol
- Grey and brown forest soil
- Prairie and degraded chernozem
- Chernozem
- Brown and chestnut soil
- Brown forest soil

Other soils
- Tundra
- Desert soil
- Mountain, high plateau, skeletal soil
- Alluvium
- Ice cap

© Collins ◇ Longman Atlases

144 WORLD Vegetation

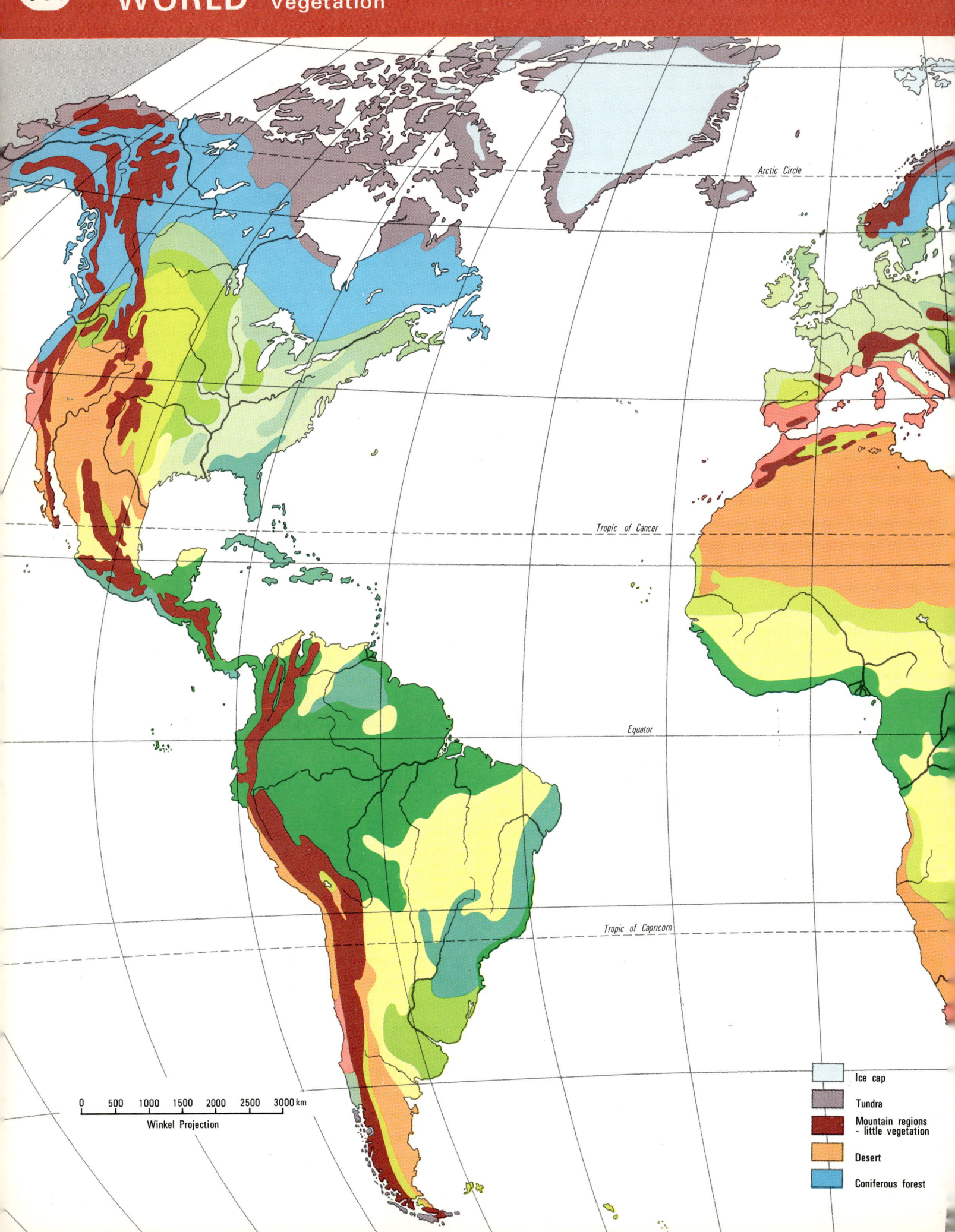

0 500 1000 1500 2000 2500 3000 km
Winkel Projection

- Ice cap
- Tundra
- Mountain regions - little vegetation
- Desert
- Coniferous forest

NATURAL VEGETATION

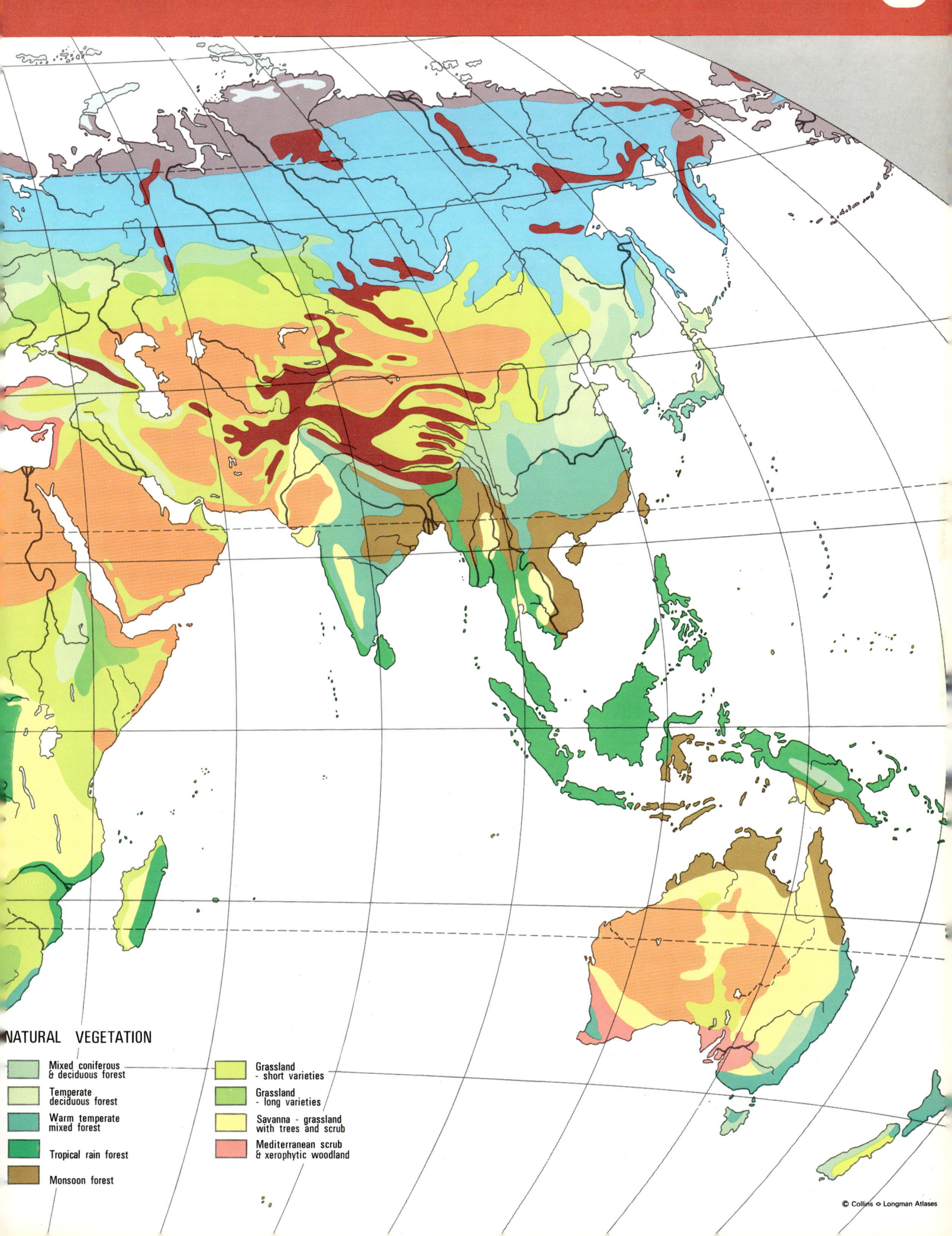

- Mixed coniferous & deciduous forest
- Temperate deciduous forest
- Warm temperate mixed forest
- Tropical rain forest
- Monsoon forest
- Grassland - short varieties
- Grassland - long varieties
- Savanna - grassland with trees and scrub
- Mediterranean scrub & xerophytic woodland

145

© Collins ○ Longman Atlases

146 WORLD Food Crops & Livestock

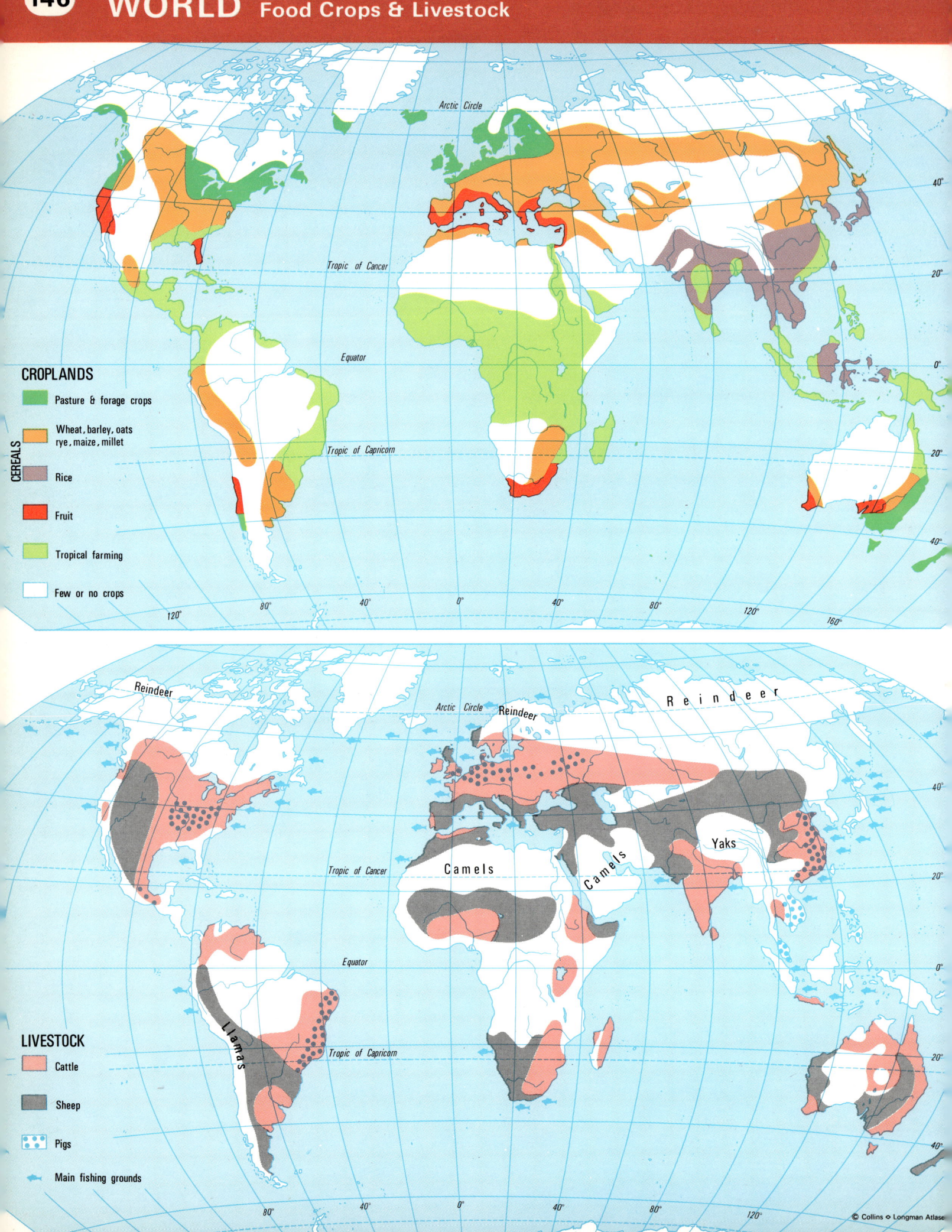

CROPLANDS

- Pasture & forage crops
- **CEREALS**
  - Wheat, barley, oats, rye, maize, millet
  - Rice
- Fruit
- Tropical farming
- Few or no crops

LIVESTOCK

- Cattle
- Sheep
- Pigs
- Main fishing grounds

Reindeer · Reindeer · Reindeer · Camels · Camels · Yaks · Llamas

© Collins ◊ Longman Atlases

WORLD Crops for Industries

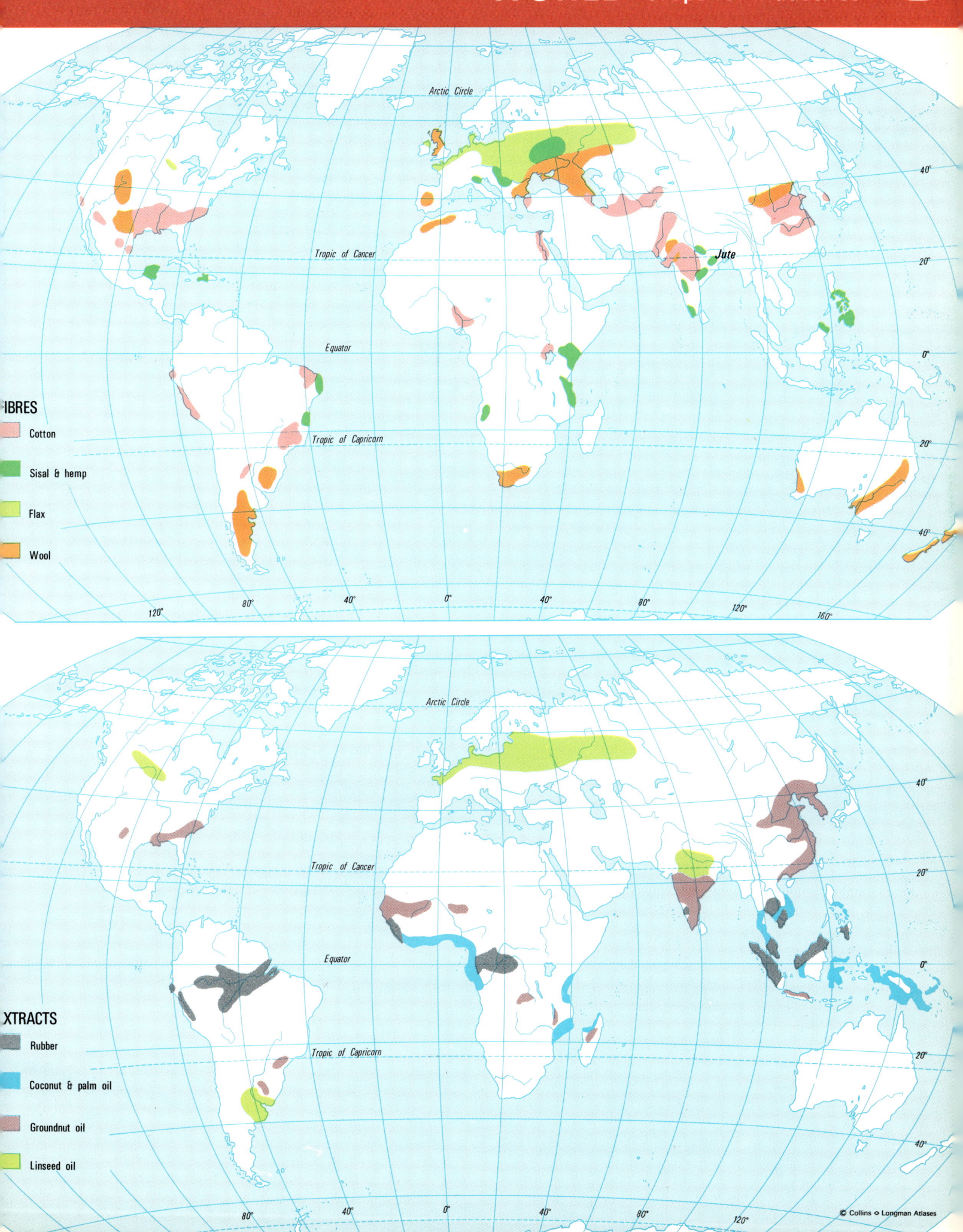

147

FIBRES
- Cotton
- Sisal & hemp
- Flax
- Wool

Jute

EXTRACTS
- Rubber
- Coconut & palm oil
- Groundnut oil
- Linseed oil

© Collins ◇ Longman Atlases

148 WORLD Forest Resources & Products

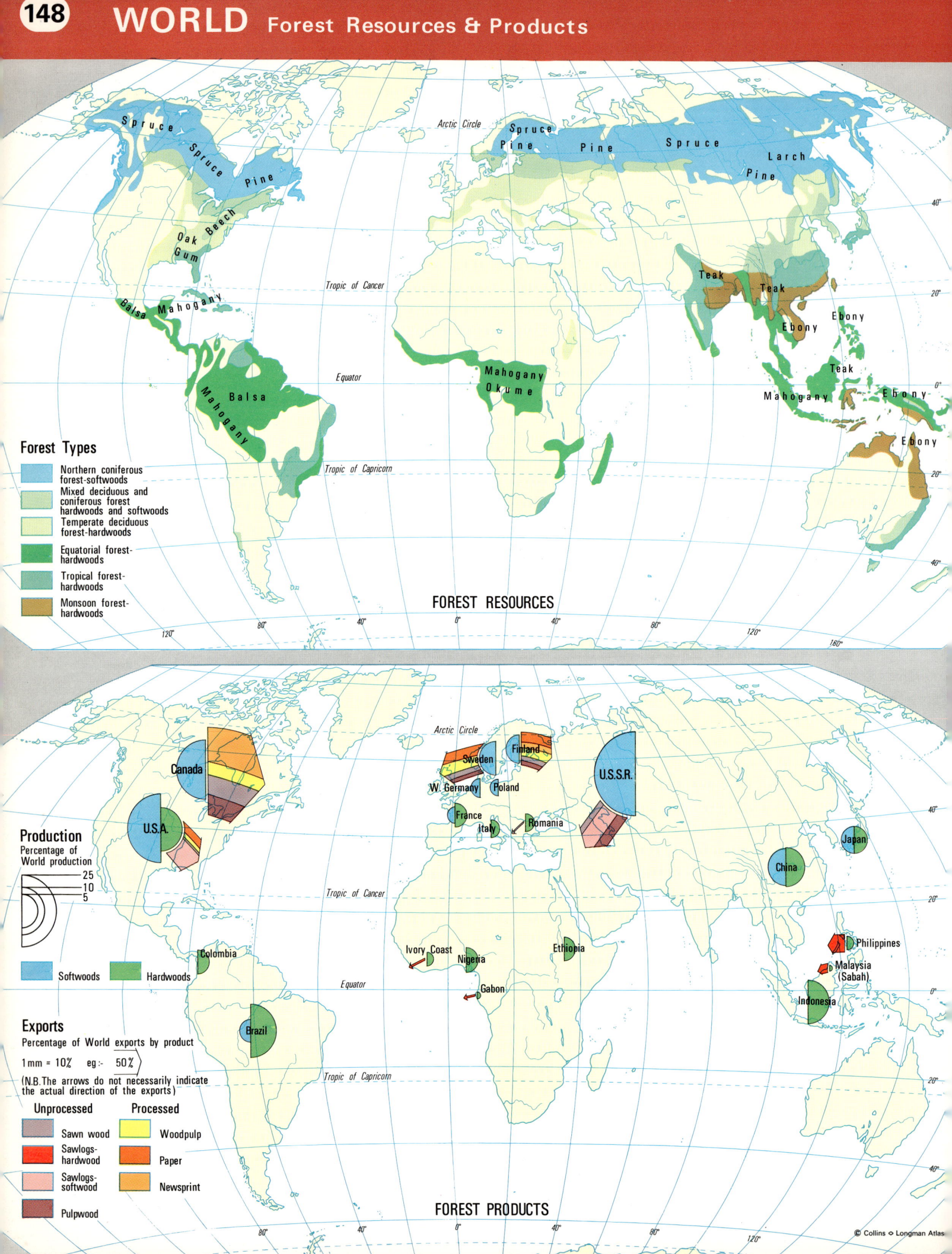

FOREST RESOURCES

Forest labels visible on map:
- North America: Spruce, Pine, Oak, Beech, Gum, Balsa, Mahogany
- South America: Balsa, Mahogany
- Europe/Asia: Spruce, Pine, Larch
- Africa: Mahogany, Okume
- Asia: Teak, Ebony, Mahogany

Forest Types
- Northern coniferous forest – softwoods
- Mixed deciduous and coniferous forest – hardwoods and softwoods
- Temperate deciduous forest – hardwoods
- Equatorial forest – hardwoods
- Tropical forest – hardwoods
- Monsoon forest – hardwoods

FOREST PRODUCTS

Countries shown: Canada, U.S.A., Colombia, Brazil, Sweden, Finland, W. Germany, Poland, France, Italy, Romania, U.S.S.R., Ivory Coast, Nigeria, Gabon, Ethiopia, China, Japan, Philippines, Malaysia (Sabah), Indonesia

Production
Percentage of World production
- 25
- 10
- 5

Softwoods | Hardwoods

Exports
Percentage of World exports by product
1 mm = 10% eg:- 50%
(N.B. The arrows do not necessarily indicate the actual direction of the exports)

Unprocessed
- Sawn wood
- Sawlogs - hardwood
- Sawlogs - softwood
- Pulpwood

Processed
- Woodpulp
- Paper
- Newsprint

© Collins ○ Longman Atlas

WORLD Cultivated Land & Food Supply

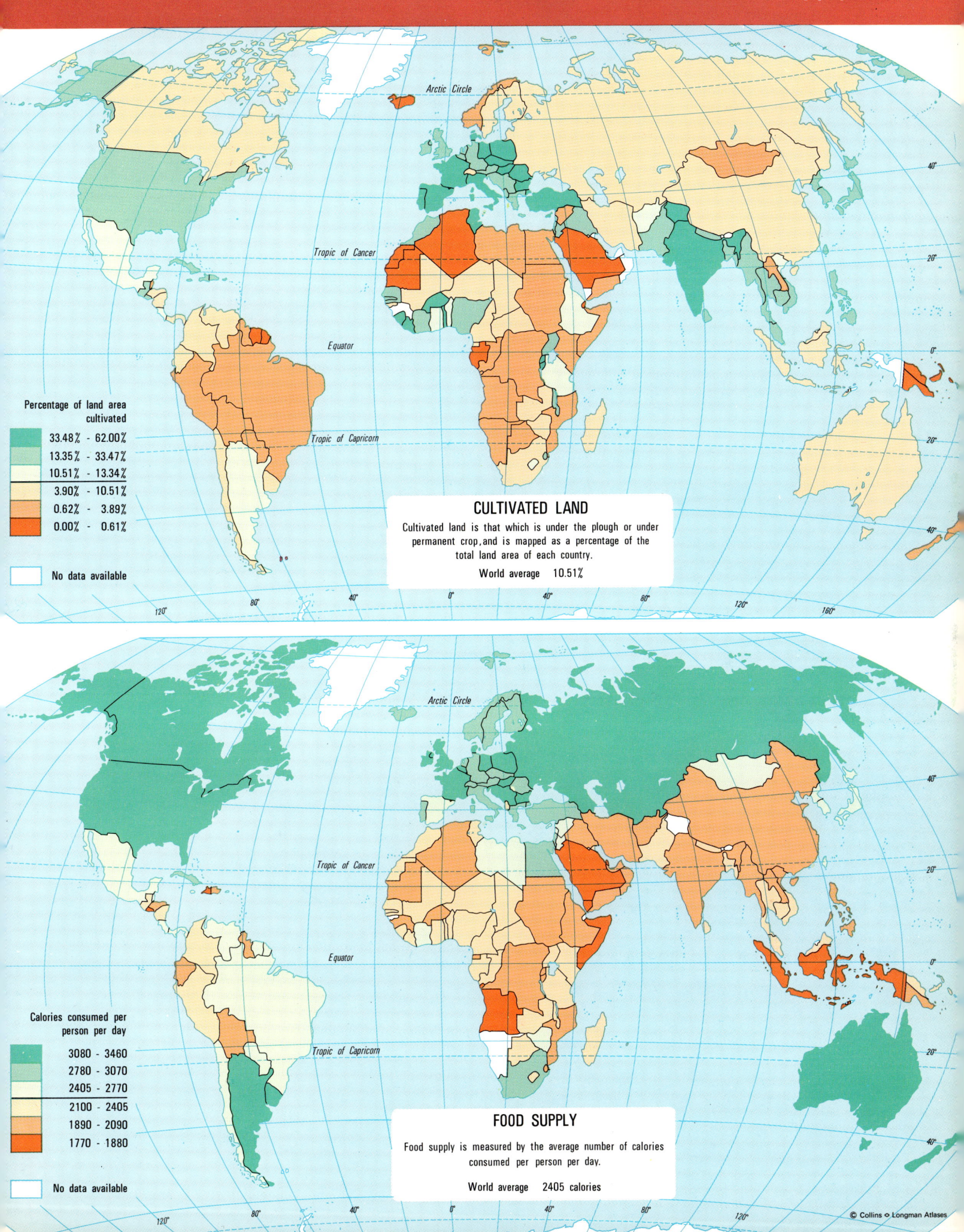

149

CULTIVATED LAND

Cultivated land is that which is under the plough or under permanent crop, and is mapped as a percentage of the total land area of each country.

World average 10.51%

Percentage of land area cultivated
- 33.48% - 62.00%
- 13.35% - 33.47%
- 10.51% - 13.34%
- 3.90% - 10.51%
- 0.62% - 3.89%
- 0.00% - 0.61%
- No data available

FOOD SUPPLY

Food supply is measured by the average number of calories consumed per person per day.

World average 2405 calories

Calories consumed per person per day
- 3080 - 3460
- 2780 - 3070
- 2405 - 2770
- 2100 - 2405
- 1890 - 2090
- 1770 - 1880
- No data available

© Collins ○ Longman Atlases

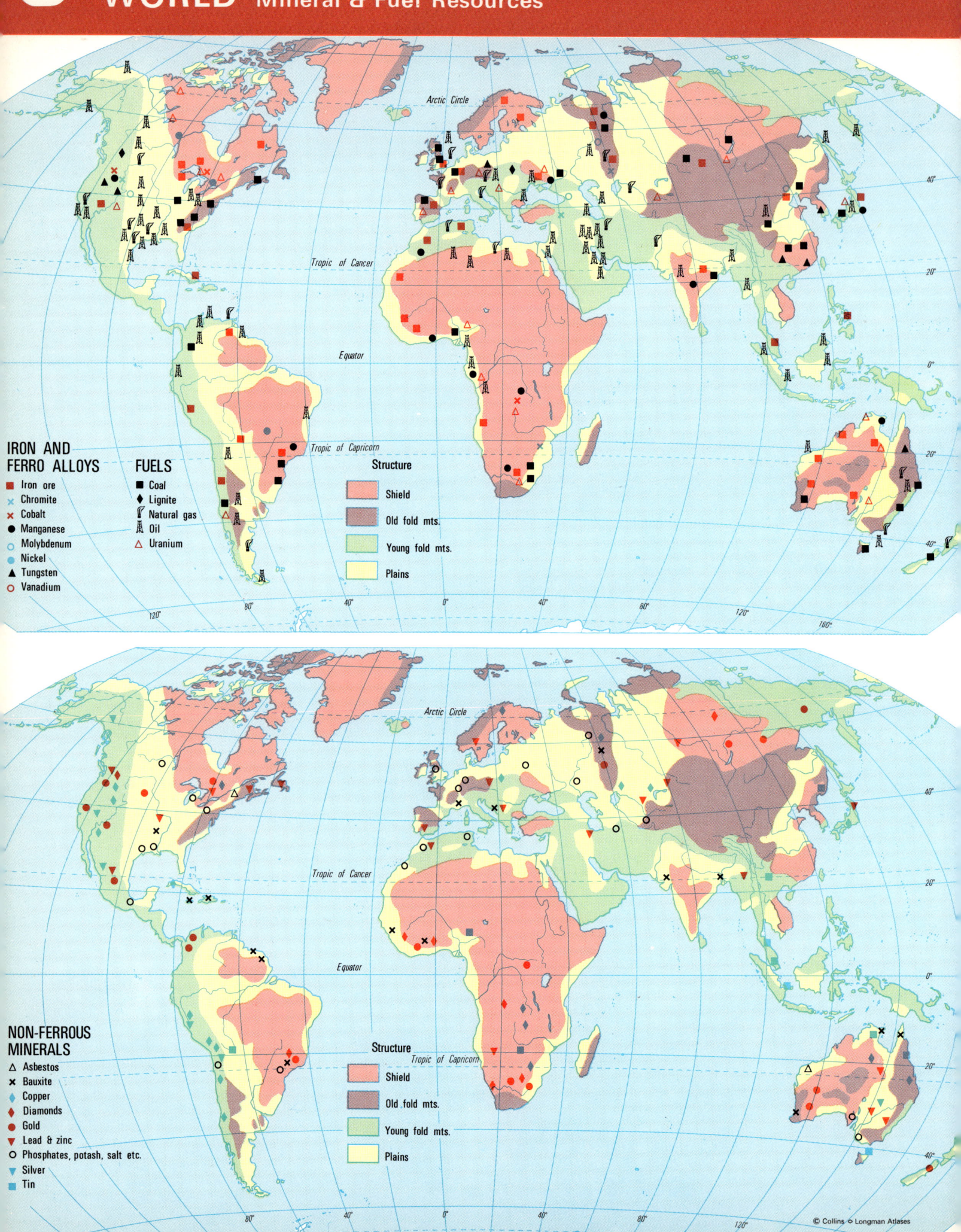

150 WORLD Mineral & Fuel Resources

IRON AND FERRO ALLOYS
- ■ Iron ore
- ✕ Chromite
- ✕ Cobalt
- ● Manganese
- ○ Molybdenum
- ● Nickel
- ▲ Tungsten
- ○ Vanadium

FUELS
- ■ Coal
- ◆ Lignite
- ⛽ Natural gas
- 🛢 Oil
- △ Uranium

Structure
- Shield
- Old fold mts.
- Young fold mts.
- Plains

NON-FERROUS MINERALS
- △ Asbestos
- ✕ Bauxite
- ◆ Copper
- ◆ Diamonds
- ● Gold
- ▼ Lead & zinc
- ○ Phosphates, potash, salt etc.
- ▼ Silver
- ■ Tin

Structure
- Shield
- Old fold mts.
- Young fold mts.
- Plains

© Collins ○ Longman Atlases

WORLD Power & Industry

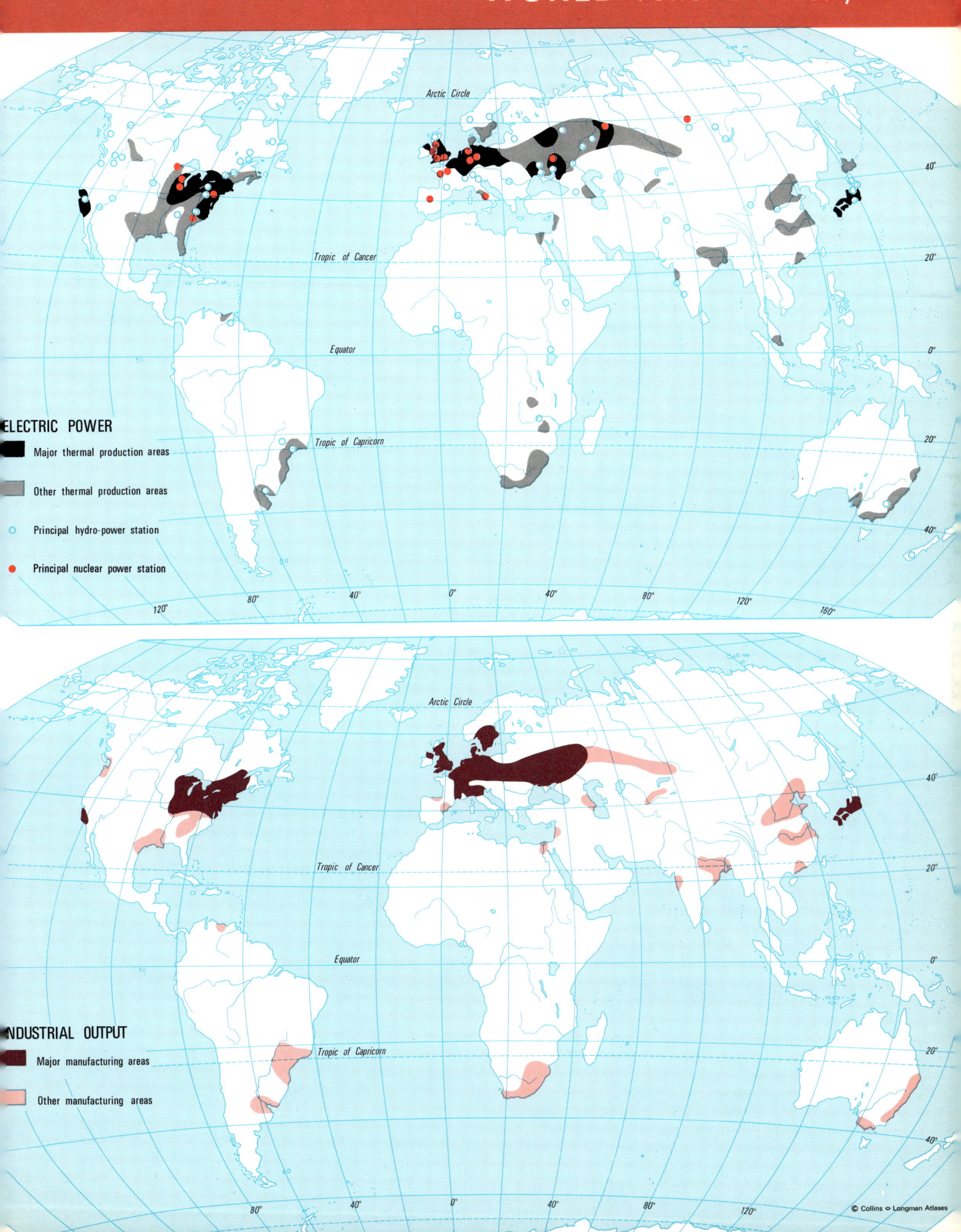

151

ELECTRIC POWER

- ■ Major thermal production areas
- ▨ Other thermal production areas
- ○ Principal hydro-power station
- ● Principal nuclear power station

INDUSTRIAL OUTPUT

- ■ Major manufacturing areas
- ▨ Other manufacturing areas

© Collins ○ Longman Atlases

152 WORLD Population & Communications

MAIN COMMUNICATIONS

——— Roads
═══ Railways
===== Trans-Saharan Routes
——— Shipping Lanes
——— Airways

154 WORLD Infant Mortality & Death Rate

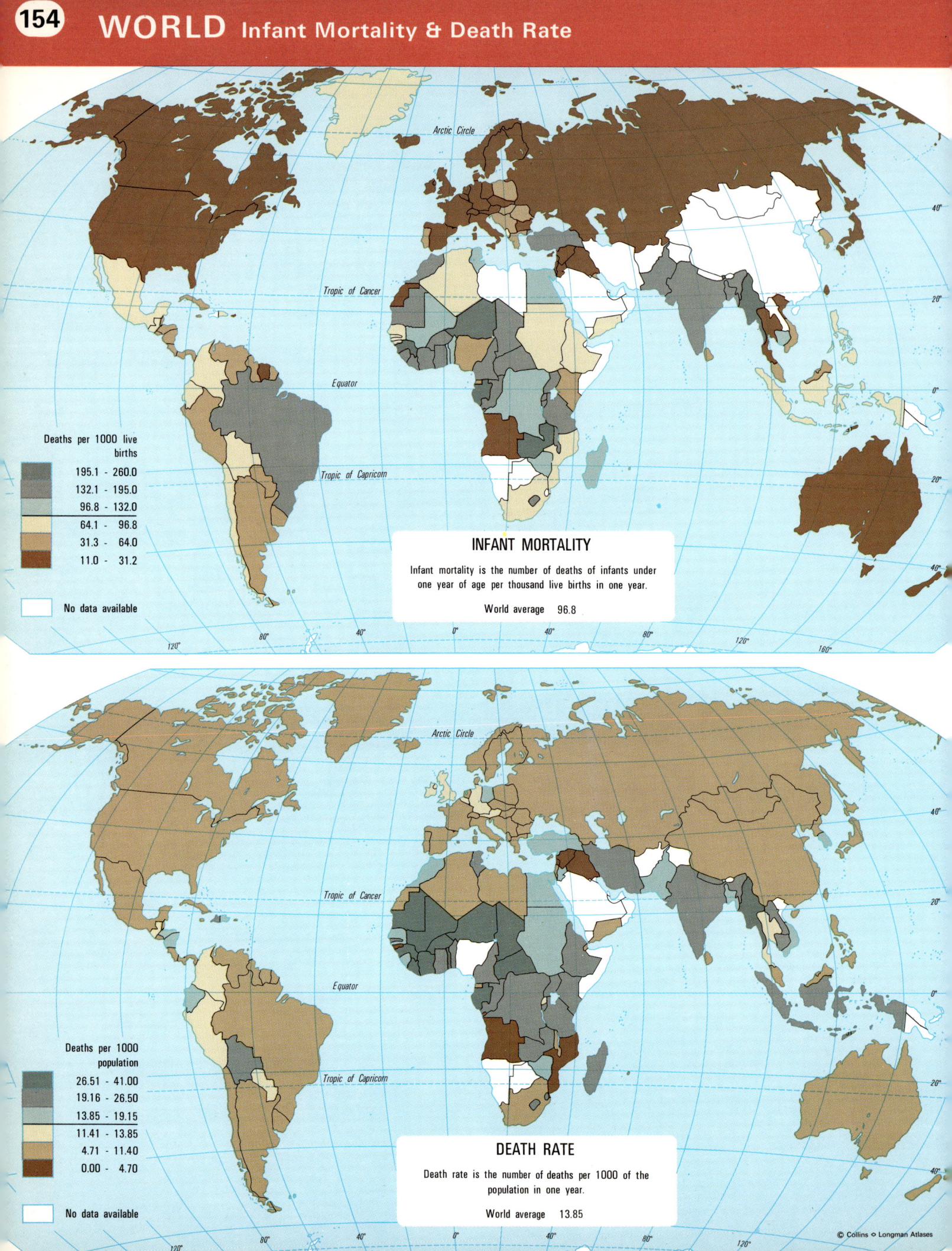

Deaths per 1000 live births
- 195.1 – 260.0
- 132.1 – 195.0
- 96.8 – 132.0
- 64.1 – 96.8
- 31.3 – 64.0
- 11.0 – 31.2
- No data available

INFANT MORTALITY

Infant mortality is the number of deaths of infants under one year of age per thousand live births in one year.

World average 96.8

Deaths per 1000 population
- 26.51 – 41.00
- 19.16 – 26.50
- 13.85 – 19.15
- 11.41 – 13.85
- 4.71 – 11.40
- 0.00 – 4.70
- No data available

DEATH RATE

Death rate is the number of deaths per 1000 of the population in one year.

World average 13.85

© Collins · Longman Atlases

WORLD Population Growth & Life Expectancy

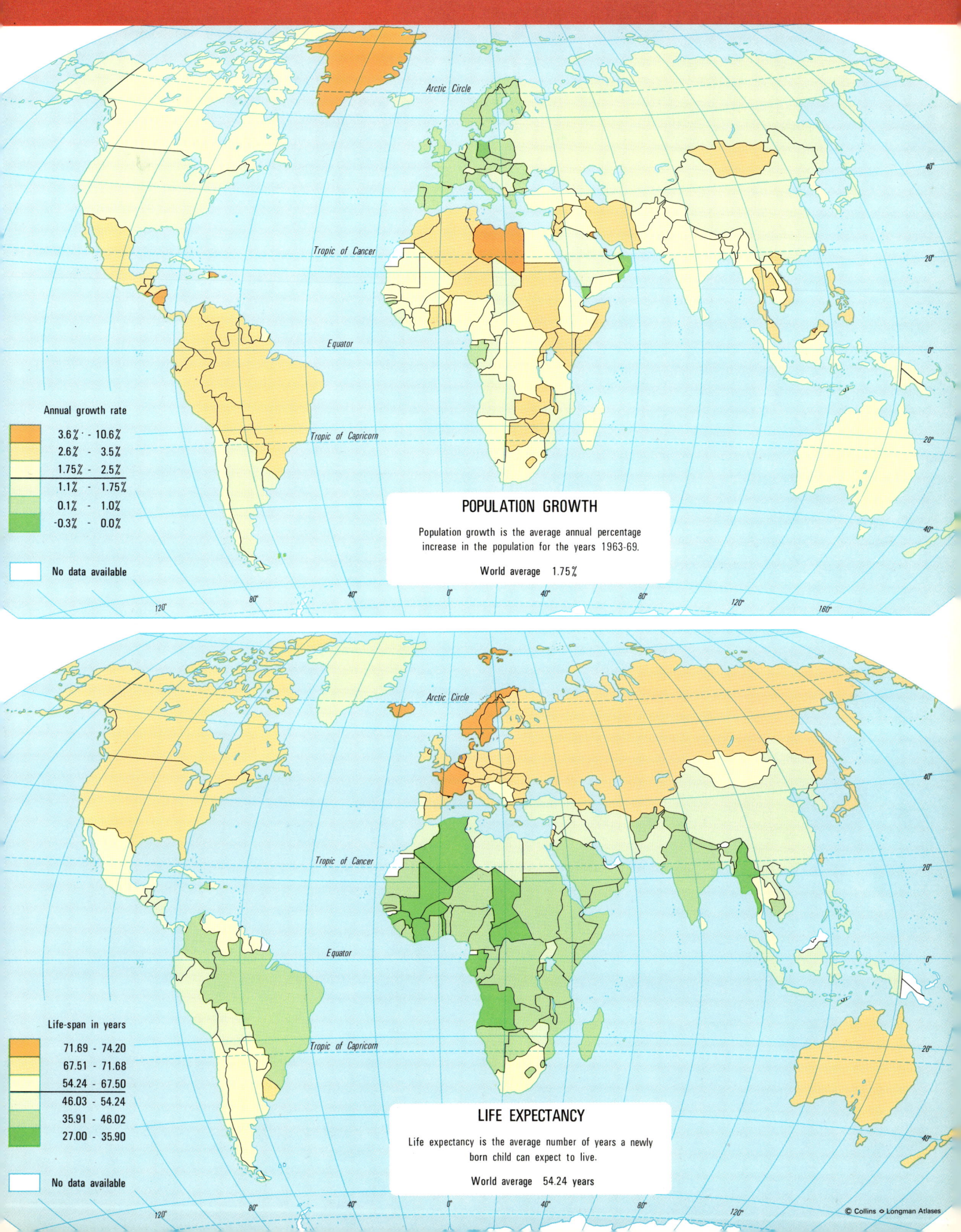

155

POPULATION GROWTH

Population growth is the average annual percentage increase in the population for the years 1963-69.

World average 1.75%

Annual growth rate
- 3.6% - 10.6%
- 2.6% - 3.5%
- 1.75% - 2.5%
- 1.1% - 1.75%
- 0.1% - 1.0%
- -0.3% - 0.0%
- No data available

LIFE EXPECTANCY

Life expectancy is the average number of years a newly born child can expect to live.

World average 54.24 years

Life-span in years
- 71.69 - 74.20
- 67.51 - 71.68
- 54.24 - 67.50
- 46.03 - 54.24
- 35.91 - 46.02
- 27.00 - 35.90
- No data available

© Collins ○ Longman Atlases

WORLD Road Density & Passenger Cars

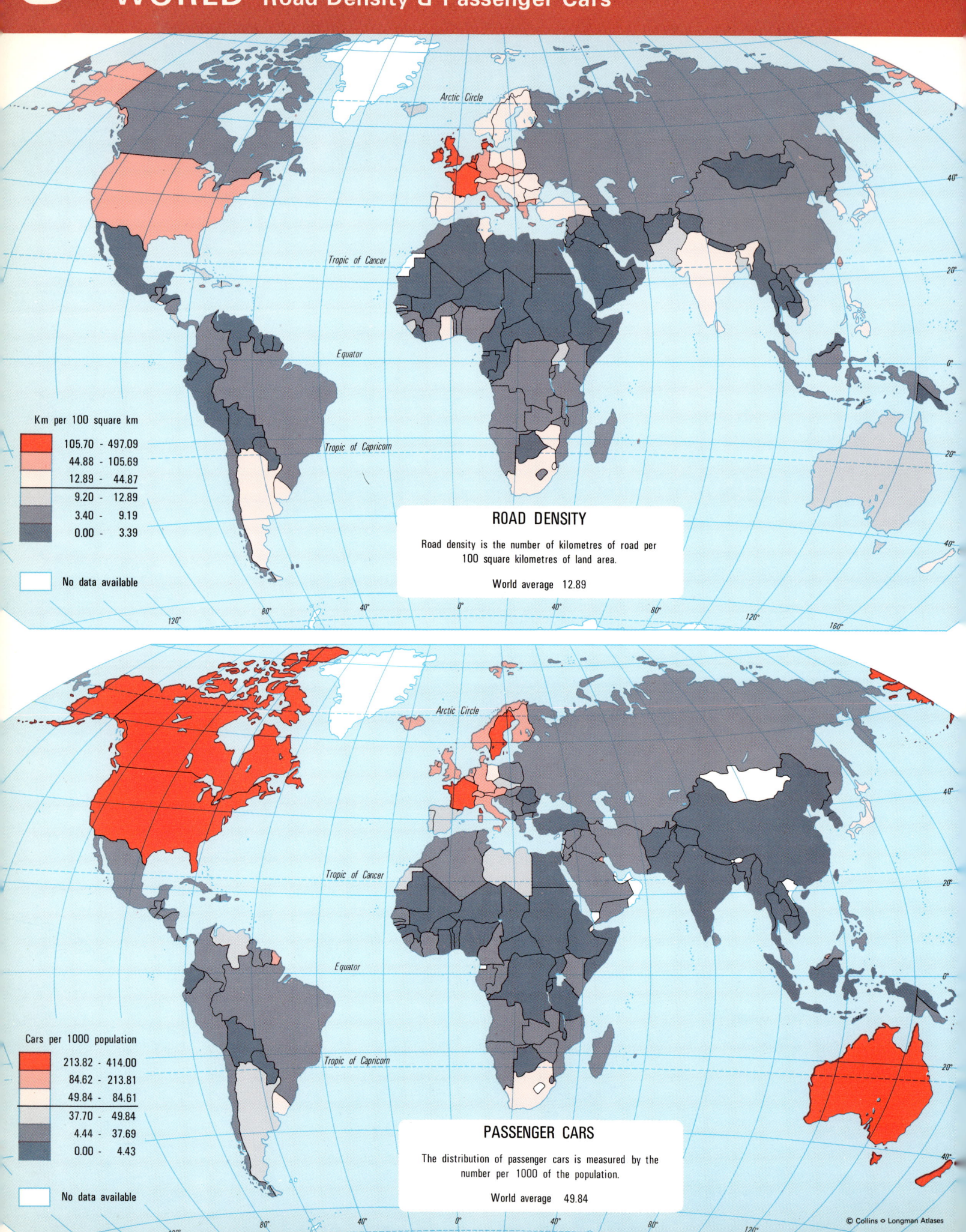

ROAD DENSITY

Road density is the number of kilometres of road per 100 square kilometres of land area.

World average 12.89

Km per 100 square km
- 105.70 – 497.09
- 44.88 – 105.69
- 12.89 – 44.87
- 9.20 – 12.89
- 3.40 – 9.19
- 0.00 – 3.39
- No data available

PASSENGER CARS

The distribution of passenger cars is measured by the number per 1000 of the population.

World average 49.84

Cars per 1000 population
- 213.82 – 414.00
- 84.62 – 213.81
- 49.84 – 84.61
- 37.70 – 49.84
- 4.44 – 37.69
- 0.00 – 4.43
- No data available

© Collins ◊ Longman Atlases

WORLD Gross National Product & Consumption of Energy

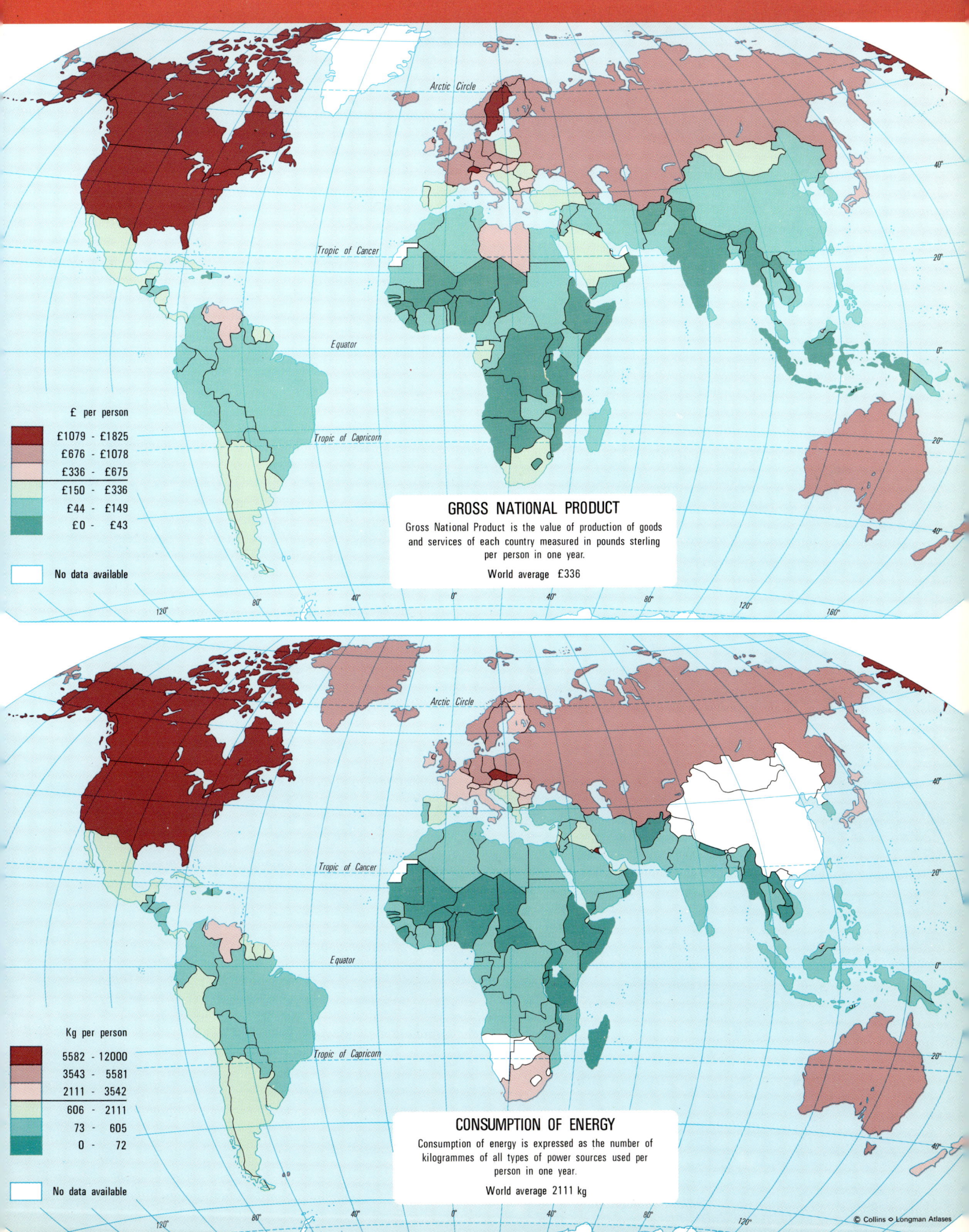

157

£ per person
- £1079 - £1825
- £676 - £1078
- £336 - £675
- £150 - £336
- £44 - £149
- £0 - £43
- No data available

GROSS NATIONAL PRODUCT

Gross National Product is the value of production of goods and services of each country measured in pounds sterling per person in one year.

World average £336

Kg per person
- 5582 - 12000
- 3543 - 5581
- 2111 - 3542
- 606 - 2111
- 73 - 605
- 0 - 72
- No data available

CONSUMPTION OF ENERGY

Consumption of energy is expressed as the number of kilogrammes of all types of power sources used per person in one year.

World average 2111 kg

© Collins ○ Longman Atlases

158 WORLD School Enrolment & Literacy

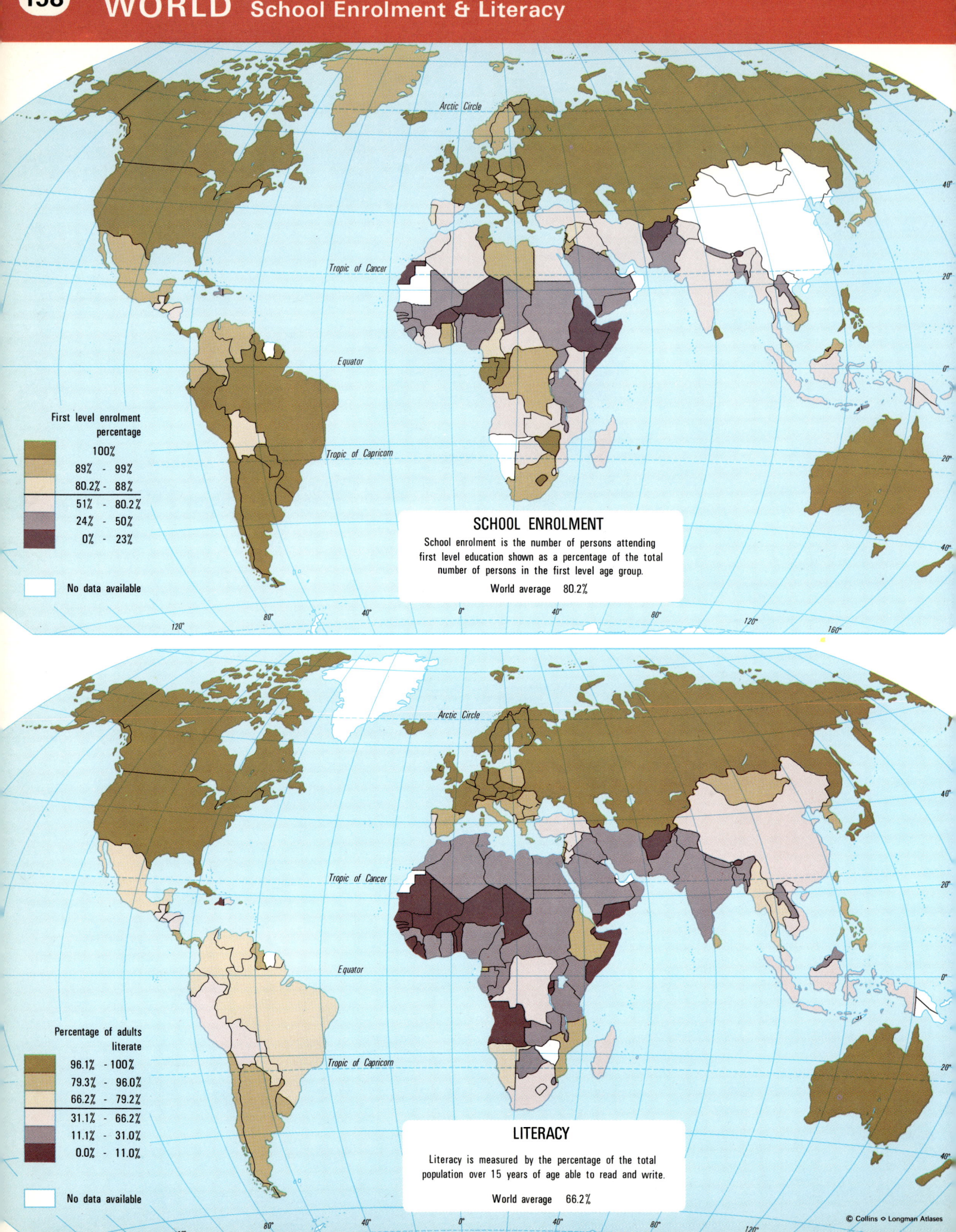

First level enrolment percentage
- 100%
- 89% – 99%
- 80.2% – 88%
- 51% – 80.2%
- 24% – 50%
- 0% – 23%
- No data available

SCHOOL ENROLMENT

School enrolment is the number of persons attending first level education shown as a percentage of the total number of persons in the first level age group.

World average 80.2%

Percentage of adults literate
- 96.1% – 100%
- 79.3% – 96.0%
- 66.2% – 79.2%
- 31.1% – 66.2%
- 11.1% – 31.0%
- 0.0% – 11.0%
- No data available

LITERACY

Literacy is measured by the percentage of the total population over 15 years of age able to read and write.

World average 66.2%

© Collins ◇ Longman Atlases

WORLD Races & Religions

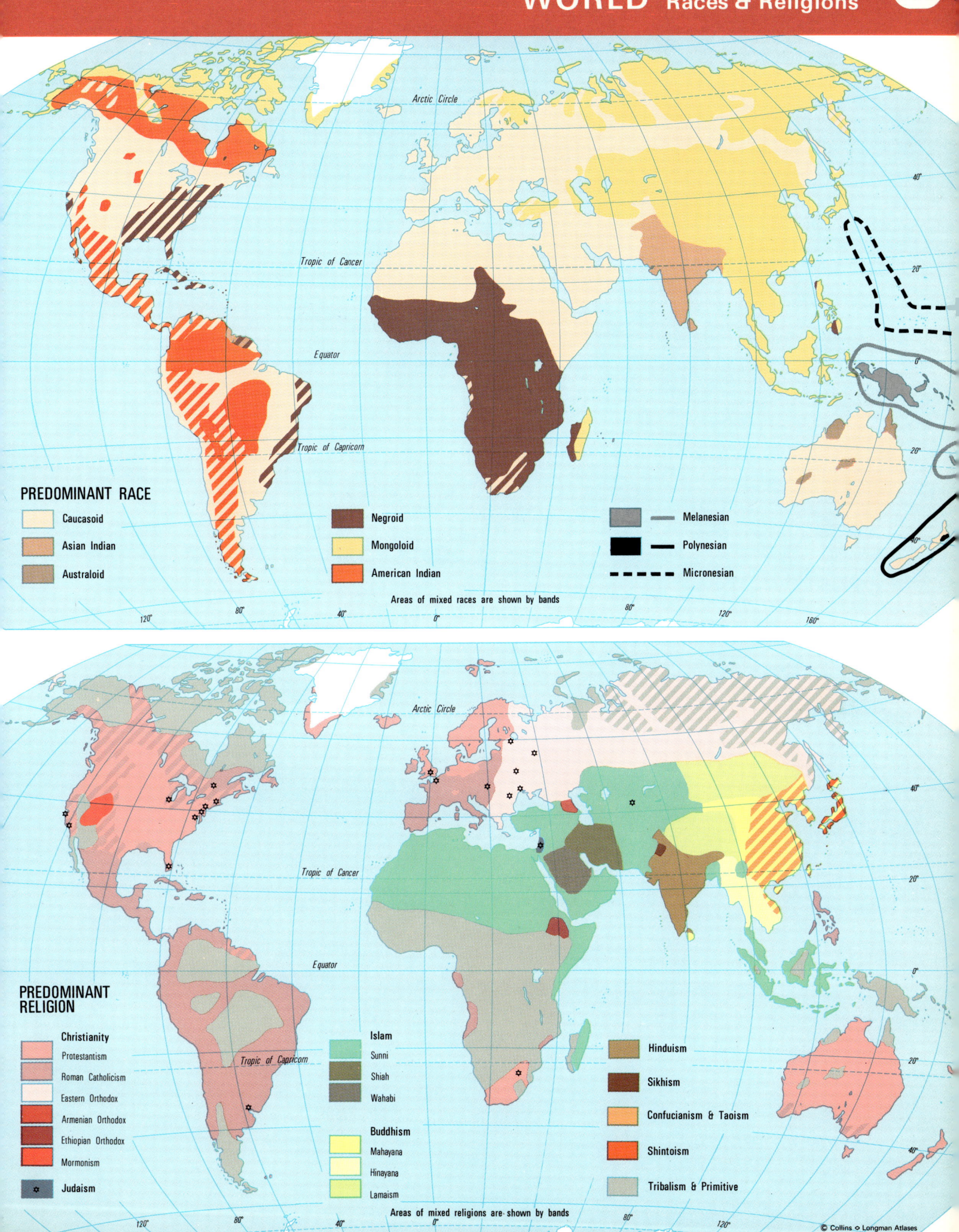

159

PREDOMINANT RACE

- Caucasoid
- Asian Indian
- Australoid
- Negroid
- Mongoloid
- American Indian
- Melanesian
- Polynesian
- Micronesian

Areas of mixed races are shown by bands

PREDOMINANT RELIGION

Christianity
- Protestantism
- Roman Catholicism
- Eastern Orthodox
- Armenian Orthodox
- Ethiopian Orthodox
- Mormonism
- Judaism

Islam
- Sunni
- Shiah
- Wahabi

Buddhism
- Mahayana
- Hinayana
- Lamaism

- Hinduism
- Sikhism
- Confucianism & Taoism
- Shintoism
- Tribalism & Primitive

Areas of mixed religions are shown by bands

© Collins ◊ Longman Atlases

160 WORLD Time Zones & International Organizations

A.M.   Noon   P.M.   Midnight

1.00 2.00 3.00 4.00 5.00 6.00 7.00 8.00 9.00 10.00 11.00 12.00 13.00 14.00 15.00 16.00 17.00 18.00 19.00 20.00 21.00 22.00 23.00 24.00

TIME ZONES

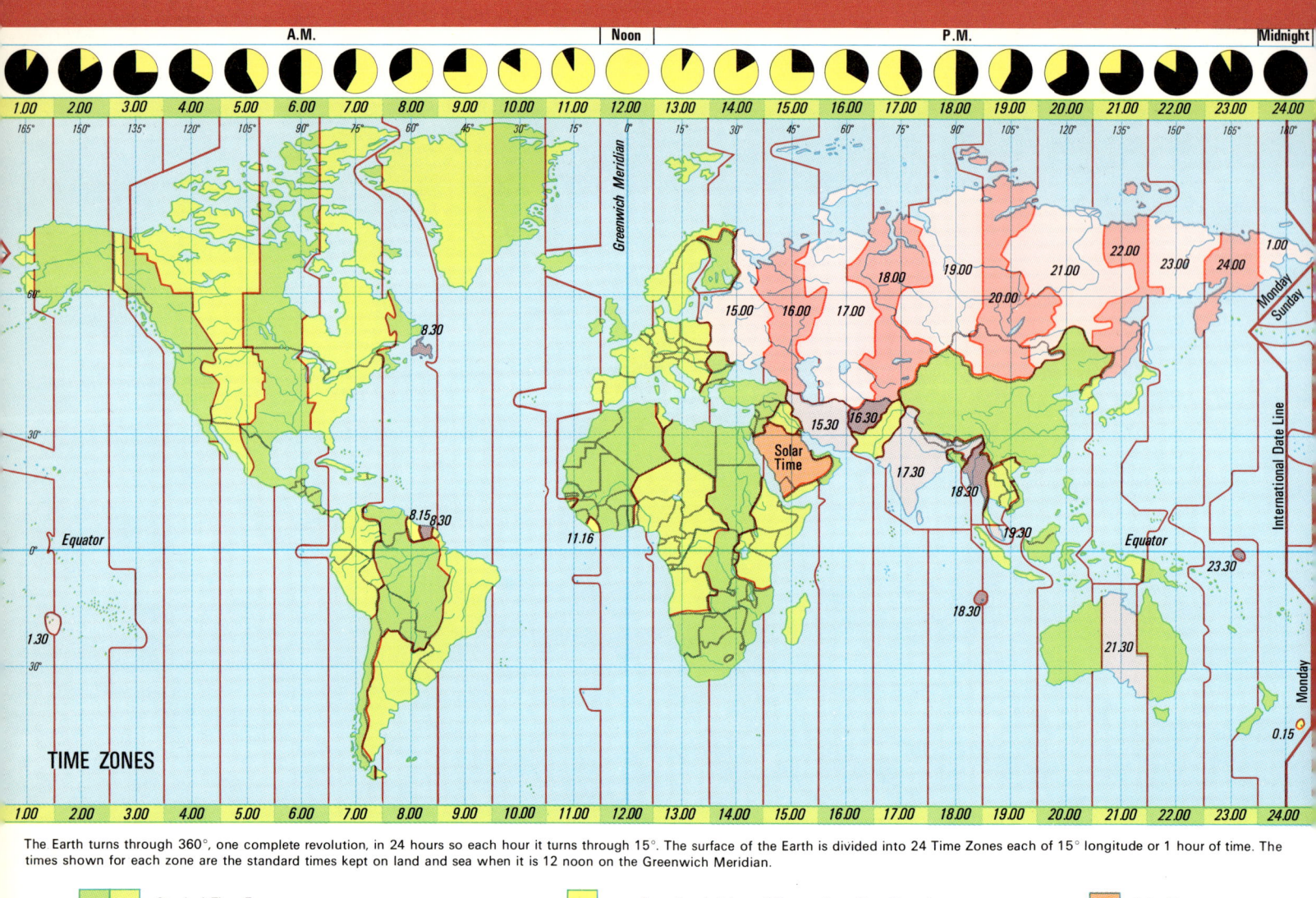

The Earth turns through 360°, one complete revolution, in 24 hours so each hour it turns through 15°. The surface of the Earth is divided into 24 Time Zones each of 15° longitude or 1 hour of time. The times shown for each zone are the standard times kept on land and sea when it is 12 noon on the Greenwich Meridian.

- Standard Time Zones
- Less than half hour difference from Time Zone time
- Solar Time
- Half hour difference from Time Zone time
- U.S.S.R. Standard Time Zones (1 hour in advance of Time Zone time)

INTERNATIONAL ORGANIZATIONS

Independent countries not represented in the United Nations on 1st. July 1974
Switzerland, N. Korea, S. Korea, N. Vietnam, S. Vietnam, Taiwan

- Organization of American States (O.A.S.)
- Organization of African Unity (O.A.U.)
- Council for Mutual Economic Aid (COMECON)
- European Free Trade Association (E.F.T.A.)
- The Commonwealth
- Colombo Plan
- European Economic Community (E.E.C.)

© Collins ◦ Longman Atlases

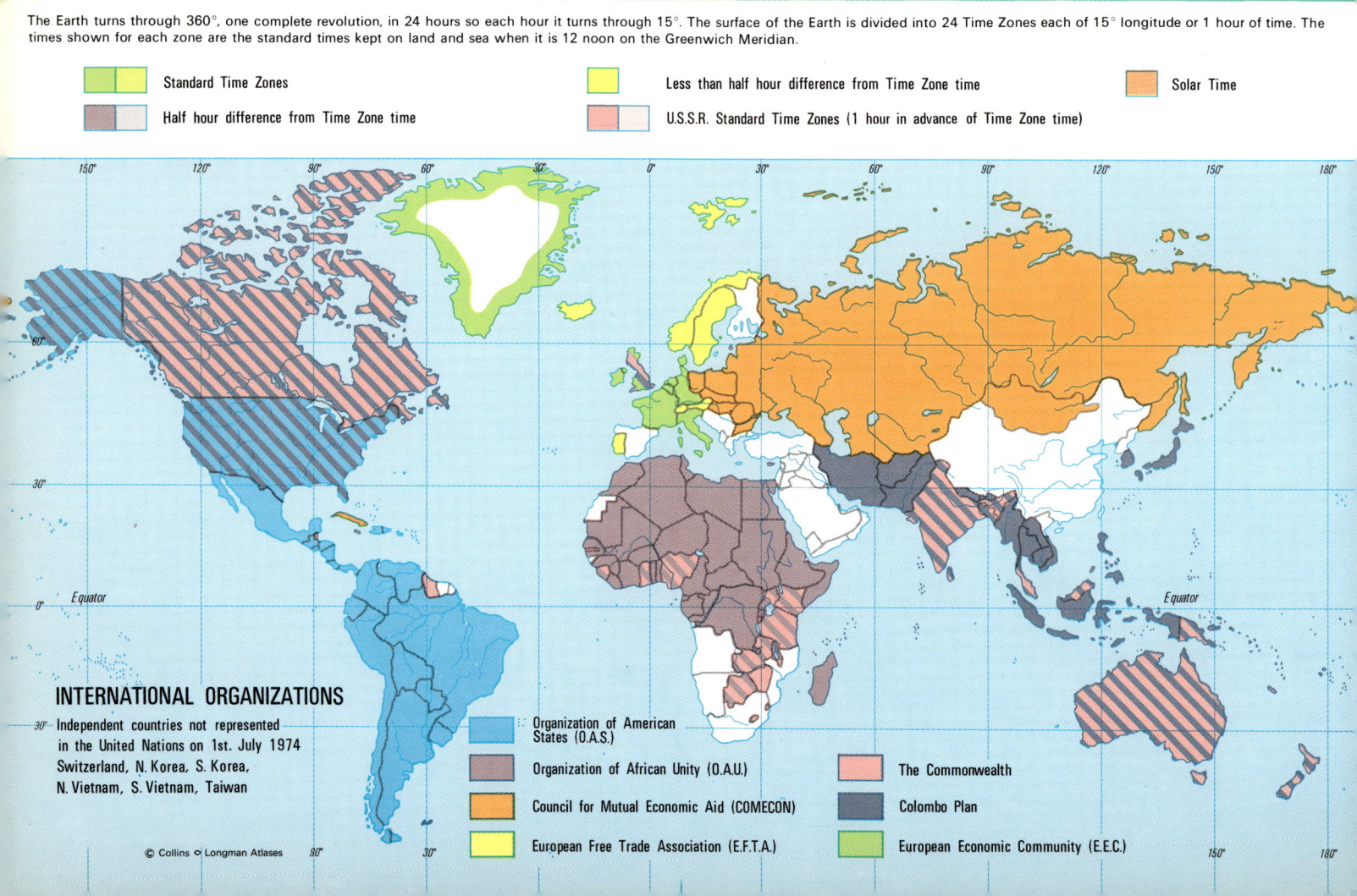

INDEX

All names in the atlas, except for some of those on the thematic maps, will be found in this index, printed in bold type. Each entry indicates the country or region of the world in which the name is located. This is followed by the number of the most appropriate page on which the name appears—generally the largest scale map. Lastly the latitude and longitude is given. Where the name applies to a very large area of the map these co-ordinates are sometimes omitted. For names that do apply to an area the reference is to the centre of the feature, which will usually also be the position of the name. In the case of rivers the mouth or confluence is always taken as the point of reference. Therefore it is necessary to follow the river upstream from this point to find its name on the map.

Towns listed in the index are not described as such unless the name could be misleading. Thus Whitley Bay is followed by 'town' in italic. Elsewhere, when the name itself does not indicate clearly what it is, a description is always added in italic immediately after. These descriptions have had to be abbreviated in many cases.

Abbreviations used in the index are explained below.

Abbreviations

Afghan.	Afghanistan	Neth.	Netherlands
Bangla.	Bangladesh	N. Ireland	Northern Ireland
b., **B.**	bay, Bay	Northants.	Northamptonshire
Beds.	Bedfordshire	Northum.	Northumberland
Berks.	Berkshire	N. Korea	North Korea
Bucks.	Buckinghamshire	N. Vietnam	North Vietnam
Cambs.	Cambridgeshire	N. Yorks.	North Yorkshire
c., **C.**	cape, Cape	Notts.	Nottinghamshire
C.A.R.	Central African Republic	Oxon.	Oxfordshire
Czech.	Czechoslovakia	P.N.G.	Papua New Guinea
d.	internal division eg. county, region, state	*pen.*, **Pen.**	peninsula, Peninsula
Derbys.	Derbyshire	Phil.	Philippines
des.	desert	**Pt.**	Point
Dom. Rep.	Dominican Republic	Port. Timor	Portuguese Timor
D. and G.	Dumfries and Galloway	*r.*, **R.**	river, River
E. Germany	Eastern Germany	Rep. of Ire.	Republic of Ireland
E. Sussex	East Sussex	R.S.A.	Republic of South Africa
Equat. Guinea	Equatorial Guinea	**Resr.**	Reservoir
est.	estuary	Somali Rep.	Somali Republic
f.	physical feature eg. valley, plain, geographic district or region	**Sd.**	Sound
		S. Yemen	Southern Yemen
F.T.A.I.	French Territory of Afars and Issas	S.G.	South Glamorgan
Game Res.	Game Reserve	S. Korea	South Korea
Glos.	Gloucestershire	S. Vietnam	South Vietnam
G.L.	Greater London	S.W. Africa	South West Africa
G.M.	Greater Manchester	S. Yorks.	South Yorkshire
G.	Gulf	Span. Sahara	Spanish Sahara
Hants.	Hampshire	Staffs.	Staffordshire
H. and W.	Hereford and Worcester	*str.*, **Str.**	strait, Strait
Herts.	Hertfordshire	Strath.	Strathclyde
Humber.	Humberside	Switz.	Switzerland
i., **I.**, *is.*, **Is.**	island, Island, islands, Islands	T. and W.	Tyne and Wear
I.o.M.	Isle of Man	U.A.E.	Union of Arab Emirates
I.o.W.	Isle of Wight	U.S.S.R.	Union of Soviet Socialist Republics
l., **L.**	lake, Lake	U.K.	United Kingdom
Lancs.	Lancashire	U.S.A.	United States of America
Leics.	Leicestershire	U. Volta	Upper Volta
Liech.	Liechtenstein	Warwicks.	Warwickshire
Lincs.	Lincolnshire	W. Germany	Western Germany
Lux.	Luxembourg	W.G.	West Glamorgan
Malagasy Rep.	Malagasy Republic	W. Isles	Western Isles
Mersey.	Merseyside	W. Midlands	West Midlands
M.G.	Mid Glamorgan	W. Sussex	West Sussex
Mt.	Mount	W. Yorks.	West Yorkshire
mtn., **Mtn.**	mountain, Mountain	Wilts.	Wiltshire
mts., **Mts.**	mountains, Mountains	Yugo.	Yugoslavia
Nat. Park	National Park		

A

Aa r. France **17** 51.00N 2.06E
Aachen W. Germany **73** 50.46N 6.06E
Äänekoski Finland **74** 62.36N 25.44E
Aarau Switz. **72** 47.24N 8.04E
Aardenburg Neth. **73** 51.16N 3.26E
Aare r. Switz. **68** 47.03N 7.18E
Århus Denmark **74** 56.10N 10.13E
Aarschot Belgium **73** 50.59N 4.50E
Aba Nigeria **103** 5.06N 7.21E
Abadan Iran **85** 30.21N 48.15E
Abadan I. Iran **85** 30.10N 48.30E
Abadeh Iran **85** 31.10N 52.40E
Abadla Algeria **100** 31.01N 2.45W
Abakaliki Nigeria **103** 6.17N 8.04E
Abakan U.S.S.R. **77** 53.43N 91.25E
Abashiri wan b. Japan **95** 44.02N 144.17E
Abaya, L. Ethiopia **101** 6.20N 38.00E
Abbeville France **68** 50.06N 1.51E
Abbeyfeale Rep. of Ire. **58** 52.23N 9.18W
Abbeyleix Rep. of Ire. **59** 52.57N 7.22W
Abbey Town England **32** 54.50N 3.18W
Abbotsbury England **16** 50.40N 2.36W
Abbots Langley England **12** 51.43N 0.25W
Abéché Chad **101** 13.49N 20.49E
Abengourou Ivory Coast **102** 6.42N 3.27W
Åbenrå Denmark **74** 55.03N 9.26E
Abeokuta Nigeria **103** 7.10N 3.26E
Aberayron Wales **24** 52.15N 4.16W
Abercarn Wales **25** 51.39N 3.09W
Aberdare Wales **25** 51.43N 3.27W
Aberdare Mts. Kenya **105** 0.20S 36.40E
Aberdaron Wales **24** 52.48N 4.41W
Aberdeen Scotland **49** 57.08N 2.07W
Aberdeen S. Dak. U.S.A. **120** 45.28N 98.30W
Aberdeen Wash. U.S.A. **120** 46.58N 123.49W
Aberdovey Wales **24** 52.33N 4.03W
Aberfan Wales **25** 51.42N 3.20W
Aberfeldy Scotland **41** 56.37N 3.54W
Aberffraw Wales **24** 53.11N 4.28W
Aberfoyle Scotland **40** 56.11N 4.23W
Abergavenny Wales **24** 51.49N 3.01W
Abergele Wales **24** 53.17N 3.34W
Abernethy Scotland **41** 56.20N 3.19W
Aberporth Wales **24** 52.08N 4.33W
Abersoch Wales **24** 52.50N 4.31W
Abersychan Wales **16** 51.44N 3.03W
Abertillery Wales **25** 51.44N 3.09W
Aberystwyth Wales **24** 52.25N 4.06W
Ab-i-Diz r. Iran **85** 31.38N 48.54E
Abidjan Ivory Coast **102** 5.19N 4.01W
Abilene U.S.A. **120** 32.27N 99.45W
Abingdon England **16** 51.40N 1.17W
Abington Scotland **41** 55.29N 3.42W
Abitibi r. Canada **121** 51.15N 81.30W
Abitibi, L. Canada **125** 48.40N 79.35W
Abomey Dahomey **103** 7.14N 2.00E
Abou Deia Chad **103** 11.20N 19.20E
Aboyne Scotland **49** 57.05N 2.48W
Abqaiq Saudi Arabia **85** 25.55N 49.40E
Abrantes Portugal **69** 39.28N 8.12W
Abridge England **12** 51.40N 0.08E
Abu Dhabi U.A.E. **85** 24.27N 54.23E
Abu Hamed Sudan **101** 19.32N 33.20E
Abu Simbel Egypt **84** 22.18N 31.40E
Abu Tig Egypt **84** 27.06N 31.17E
Abu Zenima Egypt **84** 29.03N 33.06E
Acámbaro Mexico **126** 20.01N 100.42W
Acapulco Mexico **126** 16.51N 99.56W
Acarigua Venezuela **127** 9.35N 69.12W
Acatlán Mexico **126** 18.12N 98.02W
Accra Ghana **102** 5.33N 0.15W
Accrington England **32** 53.46N 2.22W
Achahoish Scotland **40** 55.57N 5.30W
à Chairn Bhain, Loch Scotland **48** 58.16N 5.05W
Achill Head Rep. of Ire. **56** 53.59N 10.15W
Achill I. Rep. of Ire. **56** 53.57N 10.00W
Achill Sound town Rep. of Ire. **56** 53.56N 9.55W
Achnasheen Scotland **48** 57.34N 5.05W
A'Chràlaig mtn. Scotland **48** 57.11N 5.09W
Acklin's I. Bahamas **127** 22.30N 74.10W
Ackworth Moor Top town England **33** 53.39N 1.20W
Aconcagua, Mt. Argentina **129** 32.37S 70.00W
Acqui Italy **70** 44.41N 8.28E
Acton England **12** 51.31N 0.17W
Adamawa Highlands Nigeria/Cameroon **103** 7.05N 12.00E
Adams, Mt. U.S.A. **120** 46.13N 121.29W
Adana Turkey **84** 37.00N 35.19E
Adapazari Turkey **84** 40.45N 30.23E
Adare Rep. of Ire. **58** 52.33N 8.48W
Adda r. Italy **68** 45.08N 9.55E
Ad Dahana des. Saudi Arabia **85** 26.00N 47.00E
Adderbury England **16** 52.01N 1.19W
Addis Ababa Ethiopia **101** 9.03N 38.42E
Ad Diwaniya Iraq **85** 31.59N 44.57E
Addlestone England **12** 51.22N 0.31W
Adelaide Australia **108** 34.56S 138.36E
Adélie Coast Antarctica **134** 80.00S 140.00E
Aden S. Yemen **101** 12.50N 45.00E
Aden, G. of Indian Oc. **101** 13.00N 50.00E
Adi i. Asia **89** 4.10S 133.10E
Adige r. Italy **70** 45.10N 12.20E
Adirondack Mts. U.S.A. **125** 44.00N 74.15W
Adiyaman Turkey **84** 37.46N 38.15E
Adlington England **32** 53.37N 2.36W
Admiralty Is. Pacific Oc. **89** 2.30S 147.20E
Adour r. France **68** 43.28N 1.35W
Adrano Italy **70** 37.39N 14.49E
Adrar des Iforas mts. Algeria **103** 20.00N 2.30E
Adraskand r. Afghan. **85** 33.17N 62.08E
Adrian U.S.A. **124** 41.55N 84.01W
Adriatic Sea Med. Sea **70** 42.30N 16.00E
Adrigole Rep. of Ire. **58** 51.42N 9.44W
Adur r. England **17** 50.50N 0.16W
Aduwa Ethiopia **101** 14.12N 38.56E
Adwick le Street England **33** 53.35N 1.12W
Aegean Sea Med. Sea **71** 39.00N 25.00E
Aeron r. Wales **24** 52.14N 4.16W
Afghanistan Asia **86** 34.00N 65.30E
Afif Saudi Arabia **84** 23.53N 42.59E
Afikpo Nigeria **103** 5.53N 7.55E
Afmadu Somali Rep. **105** 0.27N 42.05E
Africa **96**
Afyon Turkey **84** 38.46N 30.32E
Agadès Niger **103** 17.00N 7.56E
Agana Asia **89** 13.28N 144.45E
Agano r. Japan **95** 37.58N 139.02E
Agartala India **87** 23.49N 91.15E
Agboville Ivory Coast **102** 5.55N 4.15W
Agde France **69** 43.25N 3.30E
Agedabia Libya **100** 30.48N 20.15E
Agen France **68** 44.12N 0.38E
Agger r. W. Germany **73** 50.45N 7.06E
Aghada Rep. of Ire. **58** 51.50N 8.13W
Aghda Iran **85** 32.25N 33.38E
Aghleam Rep. of Ire. **56** 54.07N 10.06W
Agnew's Hill N. Ireland **57** 54.51N 5.58W
Agordat Ethiopia **101** 15.35N 37.55E
Agout r. France **68** 43.40N 1.40E
Agra India **86** 27.09N 78.00E
Agra r. Spain **69** 42.12N 1.43W
Agreda Spain **69** 41.51N 1.55W
Agri r. Italy **71** 40.13N 16.45E
Agri Turkey **84** 39.44N 43.04E
Agrigento Italy **70** 37.19N 13.36E
Agrihan i. Asia **89** 18.44N 145.39E
Aguascalientes Mexico **126** 21.51N 102.18W
Aguascalientes d. Mexico **126** 22.00N 102.00W
Agueda r. Spain **69** 41.00N 6.56W
Aguilar de Campóo Spain **68** 42.47N 4.15W
Aguilas Spain **69** 37.25N 1.35W
Agulhas, C. R.S.A. **106** 34.50S 20.00E
Agulhas Negras mtn. Brazil **129** 22.20S 44.43W
Ahaggar Mts. Algeria **103** 24.00N 5.50E
Ahar Iran **85** 38.25N 47.07E
Ahaus W. Germany **73** 52.04N 7.01E
Ahmedabad India **86** 23.03N 72.40E
Ahmednagar India **86** 19.08N 74.48E
Ahr r. W. Germany **73** 50.34N 7.16E
Ahwaz Iran **85** 31.17N 48.44E
Aigun China **91** 49.40N 127.10E
Ailao Shan mts. China **94** 23.30N 101.45E
Ailette r. France **73** 49.35N 3.09E
Ailsa Craig i. Scotland **40** 55.15N 5.07W
Ain r. France **68** 45.47N 5.12E
Aïna r. Gabon **104** 0.38N 12.47E
Ain Beida Algeria **70** 35.50N 7.29E
Ain Salah Algeria **100** 27.12N 2.29E
Aïn Sefra Algeria **100** 32.45N 0.35W
Aïr mts. Niger **103** 18.30N 8.30E
Aird Brenish c. Scotland **48** 58.08N 7.08W
Airdrie Scotland **41** 55.52N 3.59W
Aire r. England **33** 53.42N 0.54W
Aire France **73** 43.39N 0.15W
Airedale f. England **32** 53.56N 1.54W
Aisne r. France **73** 49.27N 2.51E
Aitape P.N.G. **89** 3.10S 142.17E
Aith Scotland **48** 60.17N 1.23W
Aix-en-Provence France **68** 43.31N 5.27E
Aiyina i. Greece **71** 37.43N 23.30E
Aizeb r. Botswana **106** 20.20S 21.10E
Ajaccio France **68** 41.55N 8.43E
Ajmer India **86** 26.29N 74.40E
Akaishi san mts. Japan **95** 35.20N 138.05E
Akbou Algeria **70** 36.26N 4.33E
Aketi Zaire **104** 2.46N 23.51E
Akhaltsikhe U.S.S.R. **84** 41.37N 42.59E
Akhdar, Jebel mts. Libya **101** 32.10N 22.00E
Akhdar, Jebel mts. Oman **85** 23.10N 57.25E
Akhdar, Wadi r. Saudi Arabia **84** 28.30N 36.48E
Akhelóös Greece **71** 38.20N 21.04E
Akhisar Turkey **71** 38.54N 27.49E
Akimiski I. Canada **123** 53.00N 81.20W
Akita Japan **95** 39.44N 140.05E
Akjoujt Mauritania **102** 19.44N 14.26W
Akkajaure l. Sweden **74** 67.40N 17.30E
Akobo r. Sudan/Ethiopia **101** 8.30N 33.15E
Akola India **86** 20.40N 77.02E
Akpatok I. Canada **123** 60.30N 68.30W
Akron U.S.A. **124** 41.04N 81.31W
Aksaray Turkey **84** 38.22N 34.02E
Akşehir Turkey **84** 38.22N 31.24E
Aksu China **90** 42.10N 80.00E
Aktogay U.S.S.R. **90** 46.59N 79.42E
Aktyubinsk U.S.S.R. **61** 50.16N 57.13E
Akure Nigeria **103** 7.14N 5.08E
Akureyri Iceland **74** 65.41N 18.04W
Akuse Ghana **102** 6.04N 0.12E
Akyab Burma **94** 20.09N 92.50E
Alabama d. U.S.A. **121** 33.00N 87.00W
Alabama r. U.S.A. **121** 31.05N 87.55W
Alagez mtn. U.S.S.R. **85** 40.32N 44.11E
Al Ain, Wadi r. Oman **85** 22.18N 55.35E
Alakol, L. U.S.S.R. **90** 46.00N 81.40E
Alakurtti U.S.S.R. **74** 67.00N 30.23E
Alamagan i. Asia **89** 17.35N 145.50E
Alamosa U.S.A. **120** 37.28N 105.54W
Åland Is. Finland **74** 60.20N 20.00E
Alanya Turkey **84** 36.32N 32.02E
Alaşehir Turkey **71** 38.22N 28.29E
Ala Shan mts. China **92** 39.50N 103.30E
Alaska d. U.S.A. **122** 65.00N 153.00W
Alaska, G. of U.S.A. **122** 58.45N 145.00W
Alaska Pen. U.S.A. **122** 56.00N 160.00W
Alaska Range mts. U.S.A. **122** 62.10N 152.00W
Alazan r. U.S.S.R. **85** 41.06N 46.40E
Albacete Spain **69** 39.00N 1.52W
Alba Iulia Romania **71** 46.04N 23.33E
Albania Europe **71** 41.00N 20.00E
Albany Australia **107** 35.01S 117.54E
Albany r. Canada **121** 52.10N 82.00W
Albany Ga. U.S.A. **121** 31.37N 84.10W
Albany N.Y. U.S.A. **125** 42.40N 73.49W
Albany Oreg. U.S.A. **120** 44.38N 123.07W
Albemarle Sd. U.S.A. **121** 36.10N 76.00W
Alberche r. Spain **69** 40.00N 4.45W
Albert France **68** 50.00N 2.40E
Alberta d. Canada **122** 55.00N 115.00W
Albert Canal Belgium **73** 51.00N 5.15E
Albert Nile r. Uganda **105** 3.30N 32.00E
Albi France **68** 43.56N 2.08E
Albina, Punta Angola **104** 15.52S 11.44E
Alboran, Isleta de Spain **69** 35.55N 3.10W
Ålborg Denmark **74** 57.03N 9.56E
Albuquerque U.S.A. **120** 35.05N 106.38W
Alburquerque Spain **69** 39.13N 6.59W
Albury Australia **108** 36.03S 146.53E
Alcácer do Sal Portugal **69** 38.22N 8.30W
Alcalá de Chisvert Spain **69** 40.19N 0.13E
Alcalá de Henares Spain **69** 40.28N 3.22W
Alcalá la Real Spain **69** 37.28N 3.55W
Alcamo Italy **70** 37.59N 12.58E
Alcañiz Spain **69** 41.03N 0.09W
Alcaudete Spain **69** 37.35N 4.05W
Alcazar de San Juan Spain **69** 39.24N 3.12W
Alcazarquiver Morocco **69** 35.01N 5.54W
Alcester England **16** 52.13N 1.52W
Alcira Spain **69** 39.10N 0.27W
Alcoy Spain **69** 38.42N 0.29W
Alcubierre, Sierra de mts. Spain **69** 41.40N 0.20W
Alcudia Spain **69** 39.51N 3.09E
Aldabra Is. Indian Oc. **97** 9.00S 47.00E
Aldan U.S.S.R. **77** 58.44N 125.22E
Aldan r. U.S.S.R. **77** 63.30N 130.00E
Aldbourne England **16** 51.28N 1.38W
Aldbrough England **33** 53.50N 0.07W
Alde r. England **17** 52.02N 1.28E
Aldeburgh England **17** 52.09N 1.35E
Alderney i. Channel Is. **25** 49.42N 2.11W
Aldershot England **12** 51.15N 0.47W
Aldridge England **16** 52.36N 1.55W
Aldsworth England **16** 51.48N 1.46W
Aleksandrovsk Sakhalinskiy U.S.S.R. **77** 50.55N 142.12E
Alençon France **68** 48.25N 0.05E
Aleppo Syria **84** 36.14N 37.10E
Aleria France **68** 42.05N 9.30E
Alès France **68** 44.08N 4.05E
Alessandria Italy **68** 44.55N 8.37E
Ålesund Norway **74** 62.28N 6.11E
Aleutian Is. U.S.A. **82** 57.00N 180.00
Aleutian Range mts. U.S.A. **122** 58.00N 156.00W
Aleutian Trench Pacific Oc. **137** 50.00N 178.00E
Alexander Archipelago is. U.S.A. **122** 56.30N 134.30W
Alexander Bay town R.S.A. **106** 28.40S 16.30E
Alexandra New Zealand **112** 45.14S 169.26E
Alexandria Egypt **84** 31.13N 29.55E
Alexandria Scotland **40** 55.59N 4.35W
Alexandria La. U.S.A. **121** 31.19N 92.29W
Alexandria Va. U.S.A. **125** 38.49N 77.06W
Alexandroúpolis Greece **71** 40.50N 25.53E
Alfaro Spain **69** 42.11N 1.45W
Alfiós r. Greece **71** 37.37N 21.27E
Alford Scotland **49** 57.14N 2.42W
Alfreton England **33** 53.06N 1.22W
Algeciras Spain **69** 36.08N 5.27W
Alger see Algiers Algeria **69**
Algeria Africa **100** 28.00N 2.00E
Al Ghadaf, Wadi r. Iraq **84** 32.54N 43.33E

Alghero to **Ararat, Mt.**

Alghero Italy **70** 40.33N 8.20E
Algiers Algeria **69** 36.50N 3.00E
Algoa B. R.S.A. **106** 33.56S 26.10E
Al Hamra des. U.A.E. **85** 22.45N 55.10E
Aliákmon r. Greece **71** 40.30N 22.38E
Alicante Spain **69** 38.21N 0.29W
Alice U.S.A. **120** 27.45N 98.06W
Alice Springs town Australia **107** 23.42S 133.52E
Aligarh India **86** 27.54N 78.04E
Aligudarz Iran **85** 33.25N 49.38E
Alima r. Congo **104** 1.36S 16.35E
Aling Kangri mtn. China **87** 32.51N 81.03E
Alingsås Sweden **74** 57.55N 12.30E
Aliquippa U.S.A. **124** 40.38N 80.16W
Aliwal North R.S.A. **106** 30.42S 26.43E
Al Jaub f. Saudi Arabia **85** 23.00N 50.00E
Al Jauf Saudi Arabia **84** 29.49N 39.52E
Al Jazi des. Iraq **84** 35.00N 41.00E
Al Khurr r. Iraq **84** 32.00N 44.15E
Alkmaar Neth. **73** 52.37N 4.44E
Al Kut Iraq **85** 32.30N 45.51E
Allagash r. U.S.A. **125** 47.08N 69.10W
Allahabad India **86** 25.57N 81.50E
Allakaket U.S.A. **122** 66.30N 152.45W
Allaqi, Wadi r. Egypt **84** 22.55N 33.02E
Allegheny Mts. U.S.A. **125** 40.00N 79.00W
Allegheny r. U.S.A. **125** 40.26N 80.00W
Allen r. England **41** 54.58N 2.18W
Allen, Lough Rep. of Ire. **56** 54.07N 8.03W
Allentown U.S.A. **125** 40.37N 75.30W
Alleppey India **86** 9.30N 76.22E
Aller r. W. Germany **72** 52.43N 9.38E
Alliance U.S.A. **120** 42.08N 103.00W
Allier r. France **68** 46.58N 3.04E
Alloa Scotland **41** 56.07N 3.49W
Alma U.S.A. **124** 43.23N 84.40W
Alma-Ata U.S.S.R. **90** 43.19N 76.55E
Almadén Spain **69** 38.47N 4.50W
Al Maharadh des. Saudi Arabia **85** 20.00N 52.30E
Almansa Spain **69** 38.52N 1.06W
Almanzor, Pico de mtn. Spain **69** 40.20N 5.22W
Almanzora r. Spain **69** 37.16N 1.49W
Almazán Spain **69** 41.29N 2.31W
Almeirim Portugal **69** 39.12N 8.37W
Almelo Neth. **73** 52.21N 6.40E
Almeria Spain **69** 36.50N 2.26W
Älmhult Sweden **74** 56.32N 14.10E
Al Mira, Wadi r. Iraq **84** 32.27N 41.21E
Almond r. Scotland **41** 56.25N 3.28W
Almuñécar Spain **69** 36.44N 3.41W
Aln r. England **41** 55.23N 1.36W
Alness Scotland **49** 57.42N 4.15W
Alnwick England **41** 55.25N 1.41W
Alor i. Indonesia **89** 8.20S 124.30E
Alor Star Malaysia **94** 6.06N 100.23E
Alost Belgium **73** 50.57N 4.03E
Alpena U.S.A. **124** 45.04N 83.27W
Alpes Maritimes mts. France **68** 44.07N 7.08E
Alphen Neth. **73** 52.08N 4.40E
Alpine U.S.A. **120** 30.22N 103.40W
Alps mts. Europe **72** 47.00N 10.00E
Al Qurna Iraq **85** 31.00N 47.26E
Alsager England **32** 53.07N 2.20W
Alsásua Spain **69** 42.54N 2.10W
Alsh, Loch Scotland **48** 57.15N 5.36W
Al Shaab S. Yemen **101** 12.50N 44.56E
Alston England **32** 54.48N 2.26W
Alta Norway **74** 69.57N 23.10E
Alta r. Norway **74** 70.00N 23.15E
Altagracia Venezuela **127** 10.44N 71.30W
Altai China **90** 47.48N 88.07E
Altai mts. Mongolia **90** 46.30N 93.30E
Altaj Mongolia **90** 46.20N 97.00E
Altamaha r. U.S.A. **121** 31.15N 81.23W
Altamura Italy **71** 40.50N 16.32E
Altea Spain **69** 38.37N 0.03W
Altenkirchen W. Germany **73** 50.41N 7.40E
Al Tihama des. Saudi Arabia **84** 27.50N 35.30E
Altiplano Mexicano mts. N. America **136** 24.00N 105.00W
Altnaharra Scotland **49** 58.16N 4.26W
Alto Molocue Moçambique **105** 15.38S 37.42E
Alton England **16** 51.08N 0.59W
Alton U.S.A. **124** 38.55N 90.10W
Altoona U.S.A. **125** 40.32N 78.23W
Altrincham England **32** 53.25N 2.21W
Altyn Tagh mts. China **90** 38.10N 87.50E
Al'Ula Saudi Arabia **84** 26.39N 37.58E
Alva Scotland **41** 56.09N 3.49W
Alva U.S.A. **120** 36.48N 98.40W
Alvarado Mexico **126** 18.49N 95.46W
Älvsbyn Sweden **74** 65.41N 21.00E
Al Wajh Saudi Arabia **84** 26.16N 36.28E
Al Wakrah Qatar **85** 25.09N 51.36E
Alwar India **86** 27.32N 76.35E
Alyaty U.S.S.R. **85** 39.59N 49.20E
Alyth Scotland **41** 56.38N 3.14W
Alzette r. Lux. **73** 49.52N 6.07E
Amadeus, L. Australia **107** 24.50S 131.00E
Amadi Sudan **105** 5.32N 30.20E
Amagasaki Japan **95** 34.43N 135.20E

Amami i. Japan **91** 28.20N 129.30E
Amara Iraq **85** 31.52N 47.50E
Amarillo U.S.A. **120** 35.14N 101.50W
Amaro, Monte mtn. Italy **70** 42.06N 14.04E
Amasya Turkey **84** 40.37N 35.50E
Amazon r. Brazil **128** 2.00S 50.00W
Amazon, Mouths of the Brazil **128** 0.00 50.00W
Ambala India **86** 30.19N 76.49E
Ambarchik U.S.S.R. **77** 69.39N 162.27E
Ambato-Boeni Malagasy Rep. **105** 16.30S 46.33E
Ambergris Cay i. Belize **126** 18.00N 87.58W
Amberley England **17** 50.54N 0.33W
Amble England **41** 55.20N 1.34W
Ambleside England **32** 54.26N 2.58W
Ambon Indonesia **89** 4.50S 128.10E
Ambriz Angola **104** 7.54S 13.12E
Ambrizete Angola **104** 7.13S 12.56E
Ameland i. Neth. **73** 53.28N 5.48E
Amersfoort Neth. **73** 52.10N 5.23E
Amersham England **12** 51.40N 0.38W
Amesbury England **16** 51.10N 1.46W
Amga U.S.S.R. **77** 60.51N 131.59E
Amga r. U.S.S.R. **77** 62.40N 135.20E
Amgun r. U.S.S.R. **77** 53.10N 139.47E
Amiata mtn. Italy **70** 42.53N 11.37E
Amiens France **68** 49.54N 2.18E
Amirantes is. Indian Oc. **139** 6.00S 52.00E
Amlwch Wales **24** 53.24N 4.21W
Amman Jordan **84** 31.57N 35.56E
Ammanford Wales **25** 51.48N 4.00W
Amol Iran **85** 36.26N 52.24E
Amorgós i. Greece **71** 36.50N 25.55E
Amos Canada **125** 48.04N 78.08W
Amoy China **93** 24.30N 118.08E
Ampala Honduras **126** 13.16N 87.39W
Ampthill England **17** 52.03N 0.30W
Amraoti India **86** 20.58N 77.50E
Amritsar India **86** 31.35N 74.56E
Amroha India **86** 28.54N 78.14E
Amsterdam Neth. **73** 52.22N 4.54E
Amsterdam U.S.A. **125** 42.56N 74.12W
Amsterdam I. Indian Oc. **139** 37.00S 79.00E
Amu Darya r. U.S.S.R. **61** 43.50N 59.00E
Amundsen G. Canada **122** 70.30N 122.00W
Amundsen Sea Antarctica **136** 70.00S 116.00W
Amur r. U.S.S.R. **77** 53.17N 140.00E
Anabar r. U.S.S.R. **77** 72.40N 113.30E
Anadyr U.S.S.R. **77** 64.40N 177.32E
Anadyr r. U.S.S.R. **77** 65.00N 176.00E
Anadyr, G. of U.S.S.R. **77** 64.30N 177.50W
Anaiza Saudi Arabia **85** 26.05N 43.57E
Anambas Is. Indonesia **88** 3.00N 106.10E
Anar Iran **85** 30.54N 55.18E
Anatahan i. Asia **89** 16.22N 145.38E
Anatolia f. Turkey **84** 38.00N 35.00E
Anchorage U.S.A. **122** 61.10N 150.00W
Ancona Italy **70** 43.37N 13.33E
Ancroft England **41** 55.42N 2.00W
Ancuabe Moçambique **105** 13.00S 39.50E
Andalsnes Norway **74** 62.33N 7.43E
Andaman Is. India **94** 12.00N 92.45E
Andaman Sea Indian Oc. **94** 10.00N 95.00E
Andara S.W. Africa **106** 18.04S 21.29E
Andernach W. Germany **73** 50.25N 7.24E
Anderson r. Canada **122** 69.45N 129.00W
Anderson U.S.A. **124** 40.05N 85.41W
Andes mts. S. America **128** 15.00S 72.00W
And Fjord est. Norway **74** 69.10N 16.20E
Andhra Pradesh d. India **87** 17.00N 79.00E
Andikíthira i. Greece **71** 35.52N 23.18E
Andizhan U.S.S.R. **90** 40.48N 72.23E
Andorra town Andorra **69** 42.29N 1.31E
Andorra Europe **69** 42.30N 1.32E
Andover England **16** 51.13N 1.29W
Andoy i. Norway **74** 69.00N 15.30E
Andreas I.o.M. **32** 54.22N 4.26W
Andreas, C. Cyprus **84** 35.40N 34.35E
Ándros i. Greece **84** 37.50N 24.50E
Andros I. Bahamas **121** 24.30N 78.00W
Andujar Spain **69** 38.02N 4.03W
Andulo Angola **104** 11.28S 16.43E
Anécho Togo **103** 6.17N 1.40E
Anegada i. Virgin Is. **127** 18.46N 64.24W
Aneiza, Jebel mtn. Asia **84** 32.15N 39.19E
Aneto, Pico de mtn. Spain **69** 42.40N 0.19E
Angara r. U.S.S.R. **77** 58.00N 93.00E
Angarsk U.S.S.R. **77** 52.31N 103.55E
Angaston Australia **108** 34.30S 139.03E
Ange Sweden **74** 62.31N 15.40E
Angel de la Guarda i. Mexico **120** 29.10N 113.20W
Angel Falls f. Venezuela **127** 5.55N 62.30W
Ängelholm Sweden **74** 56.15N 12.50E
Ångerman Sweden **74** 62.52N 17.45E
Angers France **68** 47.29N 0.32W
Angkor ruins Cambodia **94** 13.30N 103.50E
Angle Wales **25** 51.40N 5.03W
Anglesey i. Wales **24** 53.16N 4.25W
Angmagssalik Greenland **123** 65.40N 38.00W
Ango Zaïre **104** 4.01N 25.52E
Angola Africa **104** 11.00S 18.00E

Angoulême France **68** 45.40N 0.10E
Ang Thong Thailand **79** 15.00N 99.50E
Anguilar de Campóo Spain **69** 42.55N 4.15W
Anguilla C. America **127** 18.14N 63.05W
Angumu Zaïre **105** 0.10S 27.38E
Anholt W. Germany **73** 51.51N 6.26E
Anhwei d. China **93** 32.00N 117.00E
Aniak U.S.A. **122** 61.32N 159.40W
Anjouan i. Comoro Is. **105** 12.12S 44.28E
Ankang China **92** 32.38N 109.12E
Ankara Turkey **84** 39.55N 32.50E
Anking China **93** 30.40N 117.03E
Ankober Ethiopia **101** 9.32N 39.43E
Annaba Algeria **70** 36.55N 7.47E
An Nafud des. Saudi Arabia **84** 28.40N 41.30E
An Najaf Iraq **85** 31.59N 44.19E
Annalee r. Rep. of Ire. **57** 54.02N 7.25W
Annalong N. Ireland **57** 54.06N 5.55W
Annam Highlands mts. Asia **88** 17.40N 105.30E
Annan Scotland **41** 54.59N 3.16W
Annan r. Scotland **41** 54.58N 3.16W
Annandale f. Scotland **41** 55.12N 3.25W
Annapolis U.S.A. **125** 38.59N 76.30W
Annapurna mtn. Nepal **86** 28.34N 83.50E
Ann Arbor U.S.A. **124** 42.18N 83.43W
An Nasiriya Iraq **85** 31.04N 46.16E
Annecy France **68** 45.54N 6.07E
Annfield Plain town England **32** 54.42N 1.45W
Annonay France **68** 45.15N 4.40E
Ansbach W. Germany **72** 49.18N 10.36E
Anshan China **92** 41.06N 122.58E
Anshun China **93** 26.11N 105.50E
Ansi China **90** 40.32N 95.57E
Anston England **33** 53.22N 1.13W
Anstruther Scotland **41** 56.14N 2.42W
Antakya Turkey **84** 36.12N 36.10E
Antalya Turkey **84** 36.53N 30.42E
Antalya, G. of Turkey **84** 36.38N 31.00E
Antarctica 134
Antarctic Pen. Antarctica **129** 65.00S 64.00W
An Teallach mtn. Scotland **48** 57.48N 5.16W
Antequera Spain **69** 37.01N 4.34W
Anticosti I. Canada **123** 49.20N 63.00W
Antigo U.S.A. **124** 45.10N 89.10W
Antigua C. America **127** 17.09N 61.49W
Antigua Guatemala **126** 14.33N 90.42W
Anti-Lebanon mts. Lebanon **84** 34.00N 36.25E
Antofagasta Chile **129** 23.40S 70.23W
Antonio Enes Moçambique **105** 16.10S 39.57E
Antrim N. Ireland **57** 54.43N 6.14W
Antrim d. N. Ireland **57** 54.45N 6.15W
Antrim, Mts. of N. Ireland **57** 55.00N 6.10W
Antung China **92** 40.10N 124.25E
Antwerp Belgium **73** 51.13N 4.25E
Antwerp d. Belgium **73** 51.16N 4.45E
Anvik U.S.A. **122** 62.38N 160.20W
Anyang China **92** 36.05N 114.20E
Anzhero-Sudzhensk U.S.S.R. **76** 56.10N 86.10E
Aomori Japan **95** 40.50N 140.43E
Aosta Italy **68** 45.43N 7.19E
Apalachee B. U.S.A. **121** 29.30N 84.00W
Aparri Phil. **89** 18.22N 121.40E
Apatity U.S.S.R. **74** 67.32N 33.21E
Apeldoorn Neth. **73** 52.13N 5.57E
Apennines mts. Italy **70** 42.00N 13.30E
Apostle Is. U.S.A. **124** 47.00N 90.30W
Appalachian Mts. U.S.A. **121** 39.30N 78.00W
Appennino Ligure mts. Italy **68** 44.33N 8.45E
Appingedam Neth. **73** 53.18N 6.52E
Appleby England **32** 54.35N 2.29W
Appleton U.S.A. **124** 44.17N 88.24W
Apsheron Pen. U.S.S.R. **85** 40.28N 50.00E
Apure r. Venezuela **127** 7.44N 66.38W
Aqaba Jordan **84** 29.32N 35.00E
Aqaba, G. of Asia **84** 28.45N 34.45E
Aqlat as Suqur Saudi Arabia **84** 25.50N 42.12E
Aquila Mexico **126** 18.30N 103.50W
Arabia Asia **137** 25.00N 45.00E
Arabian Desert Egypt **84** 28.15N 31.55E
Arabian Sea Asia **86** 16.00N 65.00E
Aracaju Brazil **128** 10.54S 37.07W
Arad Romania **71** 46.12N 21.19E
Arafura Sea Austa. **89** 9.00S 135.00E
Aragon r. Spain **69** 42.20N 1.45W
Araguaia r. Brazil **128** 5.30S 48.05W
Araguari Brazil **129** 18.38S 48.13W
Arak Iran **85** 34.06N 49.44E
Arakan Yoma mts. Burma **94** 19.30N 94.30E
Aral Sea U.S.S.R. **61** 45.00N 60.00E
Aralsk U.S.S.R. **61** 46.56N 61.43E
Aranda de Duero Spain **69** 41.40N 3.41W
Aran Fawddwy mtn. Wales **24** 52.48N 3.42W
Aran I. Rep. of Ire. **56** 54.59N 8.33W
Aran Is. Rep. of Ire. **58** 53.07N 9.38W
Aranjuez Spain **69** 40.02N 3.37W
Araouane Mali **102** 18.53N 3.31W
Arapkir Turkey **84** 39.03N 38.29E
Arar, Wadi r. Iraq **84** 32.00N 42.30E
Ararat Australia **108** 37.20S 143.00E
Ararat, Mt. Turkey **85** 39.45N 44.15E

Aras r. see Araxes Turkey 84
Arauca r. Venezuela 127 7.20N 66.40W
Araxes r. U.S.S.R. 85 40.00N 48.28E
Araya Pen. Venezuela 127 10.30N 64.30W
Arbatax Italy 70 39.56N 9.41E
Arbroath Scotland 49 56.34N 2.35W
Arcachon France 68 44.40N 1.11W
Archers Post Kenya 105 0.42N 37.40E
Arcila Morocco 69 35.28N 6.04W
Arctic Ocean 134
Arctic Red r. Canada 122 67.26N 133.48W
Arda r. Greece 71 41.39N 26.30E
Ardabil Iran 85 38.15N 48.18E
Ardara Rep. of Ire. 56 54.45N 8.26W
Ardèche r. France 68 44.31N 4.40E
Ardee Rep. of Ire. 57 53.51N 6.33W
Ardennes mts. Belgium 73 50.10N 5.30E
Ardentinny Scotland 40 56.03N 4.55W
Arderin mtn. Rep. of Ire. 58 53.02N 7.40W
Ardfert Rep. of Ire. 58 52.20N 9.48W
Ardglass N. Ireland 57 54.16N 5.37W
Ardgour f. Scotland 48 56.45N 5.20W
Ardila Spain 69 38.10N 7.30W
Ardistan Iran 85 33.22N 52.25E
Ardivachar Pt. Scotland 48 57.23N 7.26W
Ardlamont Pt. Scotland 40 55.49N 5.12W
Ardlui Scotland 40 56.18N 4.43W
Ardmore Rep. of Ire. 58 51.58N 7.43W
Ardmore Head Rep. of Ire. 58 51.56N 7.43W
Ardmore Pt. Strath. Scotland 48 56.39N 6.08W
Ardmore Pt. Strath. Scotland 40 55.42N 6.01W
Ardnamurchan f. Scotland 48 56.44N 6.00W
Ardnamurchan, Pt. of Scotland 48 56.44N 6.14W
Ardnave Pt. Scotland 40 55.54N 6.20W
Ardrahan Rep. of Ire. 58 53.09N 8.49W
Ardres France 17 50.51N 1.59E
Ardrishaig Scotland 40 56.00N 5.26W
Ardrossan Scotland 40 55.38N 4.49W
Ards Pen. N. Ireland 57 54.30N 5.30W
Ardvasar Scotland 48 57.03N 5.54W
Arecibo Puerto Rico 127 18.29N 66.44W
Arena, Pt. U.S.A. 120 38.58N 123.44W
Arendal Norway 74 58.27N 8.56E
Arequipa Peru 128 16.25S 71.32W
Arès France 68 44.47N 1.08W
Arezzo Italy 70 43.27N 11.52E
Arfak mtn. Asia 89 1.30S 133.50E
Arga r. Spain 68 42.20N 1.44W
Arganda Spain 69 40.19N 3.26W
Argens r. France 68 43.10N 6.45E
Argentan France 68 48.45N 0.01W
Argentina S. America 129 35.00S 65.00W
Argenton France 68 46.36N 1.30E
Argeş r. Romania 71 44.13N 26.22E
Argos Greece 71 37.37N 22.45E
Argun r. China 91 53.30N 121.48E
Argyll f. Scotland 40 56.12N 5.15W
Ariano Italy 70 41.04N 15.00E
Arica Chile 129 18.30S 70.20W
Ariege r. France 69 43.02N 1.40E
Arinagour Scotland 40 56.37N 6.31W
Arisaig Scotland 48 56.55N 5.51W
Arisaig, Sd. of Scotland 48 56.51N 5.50W
Ariza Spain 69 41.19N 2.03W
Arizona d. U.S.A. 120 34.00N 112.00W
Arizpe Mexico 126 30.20N 110.11W
Arjona Colombia 127 10.14N 75.22W
Arkaig, Loch Scotland 48 56.58N 5.08W
Arkansas d. U.S.A. 121 35.00N 92.00W
Arkansas r. U.S.A. 121 33.50N 91.00W
Arkansas City U.S.A. 121 37.03N 97.02W
Arkhangel'sk U.S.S.R. 61 64.32N 40.40E
Arklow Rep. of Ire. 59 52.47N 6.10W
Arlberg Pass Austria 72 47.00N 10.05E
Arles France 68 43.41N 4.38E
Arlon Belgium 73 49.41N 5.49E
Armadale Scotland 41 55.54N 3.41W
Armagh N. Ireland 57 54.21N 6.40W
Armagh d. N. Ireland 57 54.15N 6.45W
Arma Plateau Saudi Arabia 85 25.30N 46.30E
Armavir U.S.S.R. 75 44.59N 41.10E
Armenia Colombia 128 4.32N 75.40W
Armenia Soviet Socialist Republic d. U.S.S.R. 85 40.00N 45.00E
Armentières France 73 50.41N 2.53E
Armidale Australia 108 30.32S 151.40E
Armoy N. Ireland 57 55.08N 6.20W
Arnauti, C. Cyprus 84 35.06N 32.17E
Arnhem Neth. 73 52.00N 5.55E
Arnhem, C. Australia 107 12.10S 137.00E
Arnisdale Scotland 48 57.08N 5.34W
Arno r. Italy 70 43.43N 10.17E
Arnold England 33 53.00N 1.08W
Arnprior Canada 125 45.26N 76.24W
Arnsberg W. Germany 73 51.24N 8.03E
Arnside England 32 54.12N 2.49W
Arrah India 86 25.34N 84.40E
Ar Ramadi Iraq 84 33.27N 43.19E
Arra Mts. Rep. of Ire. 58 52.50N 8.22W
Arran i. Scotland 40 55.35N 5.14W

Arras France 73 50.17N 2.46E
Arrochar Scotland 40 56.12N 4.44W
Arrow, Lough Rep. of Ire. 56 54.04N 8.20W
Ar Rutba Iraq 84 33.03N 40.18E
Árta Greece 71 39.10N 20.57E
Artem U.S.S.R. 95 43.21N 132.09E
Arthur's Pass f. New Zealand 112 42.50S 171.45E
Artois f. France 73 50.16N 2.50E
Artsakan Nūr l. China 92 43.30N 114.35E
Artush China 90 38.27N 77.16E
Artvin Turkey 84 41.12N 41.48E
Arua Uganda 105 3.02N 30.56E
Aruba i. Neth. Antilles 127 12.30N 70.00W
Aru Is. Indonesia 89 6.00S 134.30E
Arun r. England 16 50.48N 0.32W
Arundel England 16 50.52N 0.32W
Arusha Tanzania 105 3.21S 36.40E
Arusha d. Tanzania 105 4.00S 37.00E
Aruwimi r. Zaire 104 1.20N 23.36E
Arvagh Rep. of Ire. 57 53.56N 7.36W
Arvidsjaur Sweden 74 65.37N 19.10E
Arvika Sweden 74 59.41N 12.38E
Arzamas U.S.S.R. 75 55.24N 43.48E
Asahi daki mtn. Japan 95 43.42N 142.54E
Asahigawa Japan 95 43.46N 142.23E
Asansol India 86 23.40N 87.00E
Asbest U.S.S.R. 61 57.05N 61.30E
Ascension I. Atlantic Oc. 138 8.00S 14.00W
Aschaffenburg W. Germany 72 49.58N 9.10E
Aschendorf W. Germany 73 53.03N 7.20E
Ascoli Piceno Italy 70 42.52N 13.36E
Aseda Sweden 74 57.10N 15.20E
Ash England 12 51.14N 0.44W
Ash r. England 12 51.48N 0.00
Ashanti d. Ghana 102 6.30N 1.30W
Ashbourne England 32 53.02N 1.44W
Ashbourne Rep. of Ire. 57 53.31N 6.25W
Ashburton r. Australia 107 21.15S 115.00E
Ashburton England 25 50.31N 3.45W
Ashburton New Zealand 112 43.54S 171.46E
Ashby de la Zouch England 16 52.45N 1.29W
Ashdown Forest England 17 51.03N 0.05E
Asheville U.S.A. 121 35.35N 82.35W
Ashford Kent England 17 51.08N 0.53E
Ashford Surrey England 12 51.26N 0.27W
Ashikaga Japan 95 36.21N 139.26E
Ashington England 41 55.11N 1.34W
Ashizuri saki c. Japan 95 32.45N 133.05E
Ashkhabad U.S.S.R. 85 37.58N 58.24E
Ashland Wisc. U.S.A. 124 46.34N 90.45W
Ashland Ky. U.S.A. 121 38.28N 82.40W
Ash Sham des. Saudi Arabia 84 28.15N 43.05E
Ash Shama des. Saudi Arabia 84 31.20N 38.00E
Ashtabula U.S.A. 124 41.53N 80.47W
Ashtead England 12 51.19N 0.18W
Ashton-in-Makerfield England 32 53.29N 2.39W
Ashton-under-Lyne England 32 53.30N 2.08W
Asia 78
Asinara i. Italy 70 41.04N 8.18E
Asinara, G. of Med. Sea 70 41.00N 8.32E
Asir f. Saudi Arabia 101 19.00N 42.00E
Askeaton Rep. of Ire. 58 52.36N 9.00W
Askern England 33 53.37N 1.09W
Askersund Sweden 74 58.55N 14.55E
Asmara Ethiopia 101 15.20N 38.58E
Aspatria England 32 54.45N 3.20W
Aspiring, Mt. New Zealand 112 44.20S 168.45E
Assab Ethiopia 101 13.01N 42.47E
Assam d. India 86 26.20N 90.05E
Assen Neth. 73 53.00N 6.34E
Assiniboine, Mt. Canada 120 50.51N 115.39W
Assynt f. Scotland 48 58.12N 5.08W
Assynt, L. Scotland 48 58.11N 5.03W
Asti Italy 68 44.55N 8.13E
Aston Clinton England 12 51.54N 0.39W
Astorga Spain 69 42.30N 6.02W
Astoria U.S.A. 120 46.12N 123.50W
Astrakhan U.S.S.R. 61 46.22N 48.04E
Astrida Rwanda 105 2.34S 29.43E
Asuncion i. Asia 89 19.34N 145.24E
Asunción Paraguay 129 25.15S 57.40W
Aswân Egypt 84 24.05N 32.56E
Aswân High Dam Egypt 84 23.59N 32.54E
Asyût Egypt 84 27.14N 31.07E
Atacama Desert S. America 129 20.00S 69.00W
Atakpamé Togo 103 7.34N 1.14E
Atar Mauritania 102 20.32N 13.08W
Atbara Sudan 101 17.42N 34.00E
Atbara r. Sudan 101 17.47N 34.00E
Atbasar U.S.S.R. 61 51.49N 68.18E
Atchafalaya B. U.S.A. 121 29.30N 92.00W
Ath Belgium 73 50.38N 3.45E
Athabasca Canada 122 54.44N 113.15W
Athabasca r. Canada 122 58.30N 111.00W
Athabasca, L. Canada 122 59.30N 109.00W
Athboy Rep. of Ire. 57 53.38N 6.56W
Athea Rep. of Ire. 58 52.28N 9.19W
Athenry Rep. of Ire. 56 53.18N 8.44W
Athens Greece 71 37.59N 23.42E
Athens U.S.A. 124 39.20N 82.06W

Atherstone England 16 52.35N 1.32W
Atherton England 32 53.32N 2.30W
Athleague Rep. of Ire. 56 53.34N 8.15W
Athlone Rep. of Ire. 56 53.26N 7.57W
Áthos, Mt. Greece 71 40.09N 24.19E
Athy Rep. of Ire. 59 53.00N 7.00W
Atikokan Canada 124 48.45N 91.38W
Atkarsk U.S.S.R. 75 51.55N 45.00E
Atlanta U.S.A. 121 33.45N 84.23W
Atlantic City U.S.A. 125 39.23N 74.27W
Atlantic Ocean 136
Atlas Mts. Africa 96 33.00N 1.00W
Atouguia Portugal 69 39.20N 9.20W
Átran r. Sweden 74 56.54N 12.30E
Atrato r. Colombia 127 8.15N 76.58W
Atrek r. Asia 85 37.23N 54.00E
Attleborough England 17 52.31N 1.01E
Attopeu Laos 88 14.51N 106.56E
Atura Uganda 105 2.09N 32.22E
Aubagne France 68 43.17N 5.35E
Aube r. France 68 48.30N 3.37E
Aubigny-sur-Nère France 68 47.29N 2.26E
Aubin France 68 44.32N 2.14E
Auch France 68 43.40N 0.36E
Auchinleck Scotland 40 55.28N 4.17W
Auchterarder Scotland 41 56.18N 3.43W
Auchtermuchty Scotland 41 56.17N 3.15W
Auckland New Zealand 112 36.55S 174.45E
Aude r. France 68 43.13N 2.20E
Audlem England 32 52.59N 2.31W
Audruicq France 17 50.52N 2.05E
Augher N. Ireland 57 54.26N 7.08W
Aughnacloy N. Ireland 57 54.25N 6.59W
Aughrim Rep. of Ire. 59 52.51N 6.19W
Augrabies Falls f. R.S.A. 106 28.30S 20.16E
Augsburg W. Germany 72 48.21N 10.54E
Augusta Ga. U.S.A. 121 33.29N 82.00W
Augusta Maine U.S.A. 125 44.17N 69.50W
Aulne r. France 68 48.30N 4.11W
Aultbea Scotland 48 57.50N 5.35W
Aumâle France 68 49.46N 1.45E
Aurangabad India 86 19.52N 75.22E
Aurich W. Germany 73 53.28N 7.29E
Aurillac France 68 44.56N 2.26E
Aurora U.S.A. 124 41.45N 88.20W
Au Sable r. U.S.A. 124 44.25N 83.20W
Au Sable Pt. U.S.A. 124 44.21N 83.20W
Auskerry i. Scotland 49 59.02N 2.34W
Austin Minn. U.S.A. 124 43.40N 92.58W
Austin Texas U.S.A. 120 30.18N 97.47W
Australasia 137
Australia Austa. 107
Australian Alps mts. Australia 108 36.30S 148.45E
Australian Antarctic Territory Antarctica 134 73.00S 90.00E
Australian Capital Territory d. Australia 108 35.30S 149.00E
Austria Europe 72 47.30N 14.00E
Autun France 68 46.58N 4.18E
Auxerre France 68 47.48N 3.35E
Auzances France 68 46.02N 2.29E
Avallon France 68 47.30N 3.54E
Avanos Turkey 84 38.44N 34.51E
Aveley England 12 51.31N 0.15E
Avellino Italy 70 40.55N 14.46E
Avesnes France 73 50.08N 3.57E
Avesta Sweden 74 60.09N 16.10E
Aveyron r. France 68 44.09N 1.10E
Avezzano Italy 70 42.03N 13.26E
Aviemore Scotland 49 57.12N 3.50W
Aviero Portugal 69 40.40N 8.35W
Avignon France 68 43.56N 4.48E
Avila Spain 69 40.39N 4.42W
Avon d. England 16 51.35N 2.40W
Avon r. Avon England 16 51.30N 2.43W
Avon r. Devon England 25 50.17N 3.52W
Avon r. Dorset England 16 50.43N 1.45W
Avon r. Glos. England 16 52.00N 2.10W
Avon r. Scotland 49 57.25N 3.23W
Avonmouth England 16 51.30N 2.42W
Avranches France 68 48.42N 1.21W
Awa shima i. Japan 95 38.30N 139.20E
Awaso Ghana 102 6.20N 2.22W
Awatera r. New Zealand 112 41.37S 174.09E
Awbeg r. Rep. of Ire. 58 52.09N 8.27W
Awe, Loch Scotland 40 56.18N 5.24W
Axe r. Devon England 25 50.42N 3.03W
Axe r. Somerset England 16 51.18N 3.00W
Axel Heiberg I. Canada 123 79.30N 90.00W
Axim Ghana 102 4.53N 2.14W
Axminster England 16 50.47N 3.01W
Ayaguz U.S.S.R. 90 47.59N 80.27E
Ayan U.S.S.R. 77 56.29N 138.00E
Aycliffe England 33 54.36N 1.34W
Aydin Turkey 84 37.52N 27.50E
Áyios Evstrátios i. Greece 71 39.30N 25.00E
Aylesbury England 16 51.49N 0.49W
Aylesham England 17 51.14N 1.12E
Aylsham England 17 52.48N 1.16E
Ayr Scotland 40 55.28N 4.37W
Ayr r. Scotland 40 55.28N 4.38W
Ayre, Pt. of I.o.M. 32 54.25N 4.22W

Aysgarth to **Barahona** 165

Aysgarth England **32** 54.18N 2.00W
Ayutthaya Thailand **94** 14.20N 100.40E
Ayvalik Turkey **71** 39.19N 26.42E
Azamgarh India **86** 26.03N 83.10E
Azare Nigeria **103** 11.40N 10.08E
Azbine *mts. see* AïrNiger **103**
Azerbaijan Soviet Socialist Republic *d.* U.S.S.R. **85** 40.10N 47.50E
Azores *is.* Atlantic Oc. **138** 39.00N 30.00W
Azov, Sea of U.S.S.R. **75** 46.00N 36.30E
Azua Dom. Rep. **127** 18.29N 70.44W
Azuaga Spain **69** 38.16N 5.40W
Azuero Pen. Panamá **127** 7.30N 80.30W
Azul Argentina **129** 36.46S 59.50W

B

Ba'albek Lebanon **84** 34.00N 36.12E
Baarle-Hertog Neth. **73** 51.26N 4.56E
Babar Is. Indonesia **89** 8.00S 129.30E
Babbacombe B. England **25** 50.30N 3.28W
Bab el Mandeb *str.* Asia **101** 13.00N 43.10E
Babol Iran **85** 36.32N 52.42E
Baboua C.A.R. **103** 5.49N 14.51E
Babuyan Is. Phil. **89** 19.20N 121.30E
Babylon *ruins* Iraq **85** 32.33N 44.25E
Bacau Romania **75** 46.32N 26.59E
Baccarat France **72** 48.27N 6.45E
Back *r.* Canada **123** 66.37N 96.00W
Bacolod Phil. **89** 10.38N 122.58E
Bacton England **17** 52.50N 1.29E
Bacup England **32** 53.42N 2.12W
Badajoz Spain **69** 38.53N 6.58W
Badalona Spain **69** 41.27N 2.15E
Baden-Baden W. Germany **72** 48.45N 8.15E
Badenoch *f.* Scotland **49** 57.00N 4.10W
Badgastein Austria **72** 47.07N 13.09E
Bad Ischl Austria **72** 47.43N 13.38E
Bad Kreuznach W. Germany **73** 49.51N 7.52E
Baffin B. Canada **123** 74.00N 70.00W
Baffin I. Canada **123** 68.50N 70.00W
Bafia Cameroon **103** 4.39N 11.14E
Bafing *r.* Mali **102** 14.48N 12.10W
Bafoulabé Mali **102** 13.49N 10.50W
Bafq Iran **85** 31.35N 55.21E
Bafra Turkey **84** 41.34N 35.56E
Bafwasende Zaïre **105** 1.09N 27.12E
Bagamoyo Tanzania **105** 6.26S 38.55E
Baggy Pt. England **25** 51.08N 4.15W
Baghdad Iraq **85** 33.20N 44.26E
Baghelkhand *f.* India **86** 24.20N 82.00E
Bagh nam Faoileann *str.* Scotland **48** 57.23N 7.15W
Baghrash Köl *l.* China **90** 42.00N 87.00E
Bagoé *r.* Mali **102** 12.34N 6.30W
Bagshot England **12** 51.22N 0.42W
Baguio Phil. **89** 16.25N 120.37E
Bahama Is. C. America **136** 25.00N 77.00W
Bahamas C. America **127** 23.30N 75.00W
Bahao Kalat Iran **85** 25.42N 61.28E
Bahawalpur Pakistan **86** 29.24N 71.47E
Bahbah Algeria **69** 35.04N 3.05E
Bahía Blanca Argentina **129** 38.45S 62.15W
Bahía Grande Argentina **129** 50.45S 68.00W
Bahraich India **86** 27.35N 81.36E
Bahrain Asia **85** 26.00N 50.35E
Bahramabad Iran **86** 30.24N 56.00E
Bahr Aouk *r.* C.A.R. **103** 8.50N 18.50E
Bahr el Ghazal *r.* Chad **103** 12.26N 15.25E
Bahr el Ghazal *r.* Sudan **101** 9.30N 31.30E
Bahr el Jebel *r.* Sudan **101** 9.30N 30.20E
Bahr Salamat *r.* Chad **103** 9.30N 18.10E
Baie Comeau Canada **121** 49.12N 68.10W
Baie St. Paul Canada **125** 47.27N 70.30W
Baikal, L. U.S.S.R. **90** 53.30N 108.00E
Baile Atha Cliath *see* Dublin Rep. of Ire. **57**
Bailieborough Rep. of Ire. **57** 53.55N 6.59W
Bailleul France **73** 50.44N 2.44E
Bain *r.* England **33** 53.05N 0.12W
Baing Indonesia **89** 10.15S 120.34E
Bairnsdale Australia **108** 37.51S 147.38E
Baise *r.* France **68** 44.15N 0.20E
Baja Hungary **71** 46.12N 18.58E
Bakali *r.* Zaïre **104** 3.58S 17.10E
Bakel Senegal **102** 14.54N 12.26W
Baker Mont. U.S.A. **120** 46.23N 104.16W
Baker Oreg. U.S.A. **120** 44.46N 117.50W
Baker, Mt. U.S.A. **120** 48.48N 121.10W
Bakersfield U.S.A. **120** 35.25N 119.00W
Bakewell England **32** 53.13N 1.40W
Baku U.S.S.R. **85** 40.22N 49.53E
Bala Wales **24** 52.54N 3.36W
Balabac Str. Asia **88** 7.30N 117.00E
Balallan Scotland **48** 58.25N 6.36W
Balama Moçambique **105** 13.19S 38.35E
Bala Murghab Afghan. **85** 35.34N 63.20E
Balashov U.S.S.R. **75** 51.30N 43.10E
Balasore India **87** 21.31N 86.59E
Balaton, L. Hungary **75** 46.55N 17.50E
Balboa Panama Canal Zone **127** 8.37N 79.33W
Balbriggan Rep. of Ire. **57** 53.36N 6.12W
Balchik Bulgaria **71** 43.24N 28.10E
Balclutha New Zealand **112** 46.16S 169.46E
Baldock England **17** 51.59N 0.11W
Balearic Is. Spain **69** 39.30N 2.30E
Balerno Scotland **41** 55.53N 3.10W
Baleshare *i.* Scotland **48** 57.32N 7.22W
Balfron Scotland **40** 56.04N 4.20W
Bali *i.* Indonesia **88** 8.30S 115.05E
Balikesir Turkey **71** 39.38N 27.51E
Balikpapan Indonesia **88** 1.15S 116.50E
Balkan Mts. Bulgaria **71** 42.50N 24.30E
Balkhan Range *mts.* U.S.S.R. **85** 39.38N 54.30E
Balkhash U.S.S.R. **90** 46.51N 75.00E
Balkhash, L. U.S.S.R. **90** 46.40N 75.00E
Balla Rep. of Ire. **56** 53.48N 9.07W
Ballachulish Scotland **40** 56.40N 5.08W
Ballagan Pt. Rep. of Ire. **57** 54.00N 6.06W
Ballaghaderreen Rep. of Ire. **56** 53.54N 8.35W
Ballantrae Scotland **40** 55.06N 5.01W
Ballarat Australia **108** 37.36S 143.58E
Ballater Scotland **49** 57.03N 3.03W
Ballenas B. Mexico **120** 26.40N 113.30W
Ballia India **86** 25.45N 84.09E
Ballickmoyler Rep. of Ire. **59** 52.53N 7.00W
Ballina Rep. of Ire. **56** 54.07N 9.09W
Ballinakill Rep. of Ire. **59** 52.53N 7.19W
Ballinamore Rep. of Ire. **56** 54.03N 7.49W
Ballinascarty Rep. of Ire. **58** 51.40N 8.52W
Ballinasloe Rep. of Ire. **56** 53.20N 8.14W
Ballincollig Rep. of Ire. **58** 51.53N 8.36W
Ballinderry *r.* N. Ireland **57** 54.40N 6.32W
Ballindine Rep. of Ire. **56** 53.40N 8.57W
Ballingarry Limerick Rep. of Ire. **58** 52.28N 8.52W
Ballingarry Tipperary Rep. of Ire. **59** 52.36N 7.33W
Ballingarry Tipperary Rep. of Ire. **58** 53.01N 8.02W
Ballingeary Rep. of Ire. **58** 51.50N 9.15W
Ballinhassig Rep. of Ire. **58** 51.48N 8.32W
Ballinlough Rep. of Ire. **56** 53.45N 8.39W
Ballinrobe Rep. of Ire. **56** 53.38N 9.14W
Ballinskelligs B. Rep. of Ire. **58** 51.48N 10.13W
Ballivor Rep. of Ire. **57** 53.31N 6.57W
Balloch Scotland **40** 56.00N 4.36W
Ballon Rep. of Ire. **59** 52.45N 6.47W
Ballybay Rep. of Ire. **57** 54.08N 6.55W
Ballybofey Rep. of Ire. **56** 54.48N 7.49W
Ballybunion Rep. of Ire. **58** 52.30N 9.40W
Ballycanew Rep. of Ire. **59** 52.36N 6.19W
Ballycarney Rep. of Ire. **59** 52.34N 6.35W
Ballycastle N. Ireland **57** 55.12N 6.16W
Ballycastle Rep. of Ire. **56** 54.17N 9.23W
Ballyclare N. Ireland **57** 54.45N 6.00W
Ballyconneely Rep. of Ire. **56** 53.26N 10.04W
Ballyconnell Rep. of Ire. **57** 54.06N 7.36W
Ballycotton Rep. of Ire. **58** 51.50N 8.01W
Ballycumber Rep. of Ire. **56** 53.19N 7.41W
Ballydavid Head Rep. of Ire. **58** 52.13N 10.23W
Ballydehob Rep. of Ire. **58** 51.34N 9.28W
Ballydonegan Rep. of Ire. **58** 51.38N 10.04W
Ballyduff Rep. of Ire. **58** 52.09N 8.04W
Ballygar Rep. of Ire. **56** 53.31N 8.19W
Ballygawley N. Ireland **57** 54.28N 7.03W
Ballyhack Rep. of Ire. **59** 52.15N 6.59W
Ballyhale Rep. of Ire. **59** 52.27N 7.13W
Ballyhaunis Rep. of Ire. **56** 53.46N 8.46W
Ballyhoura Mts. Rep. of Ire. **58** 52.18N 8.31W
Ballyjamesduff Rep. of Ire. **57** 53.52N 7.13W
Ballykelly N. Ireland **57** 55.03N 7.00W
Ballylinan Rep. of Ire. **59** 52.57N 7.03W
Ballymacarbry Rep. of Ire. **58** 52.15N 7.44W
Ballymacoda Rep. of Ire. **58** 51.53N 7.56W
Ballymahon Rep. of Ire. **56** 53.33N 7.47W
Ballymena N. Ireland **57** 54.52N 6.17W
Ballymoe Rep. of Ire. **56** 53.41N 8.28W
Ballymoney N. Ireland **57** 55.04N 6.32W
Ballymore Rep. of Ire. **56** 53.29N 7.41W
Ballymore Eustace Rep. of Ire. **59** 53.08N 6.37W
Ballymote Rep. of Ire. **56** 54.05N 8.32W
Ballynagore Rep. of Ire. **57** 53.24N 7.29W
Ballynahinch N. Ireland **57** 54.24N 5.54W
Ballynakill Harbour *est.* Rep. of Ire. **56** 53.34N 10.03W
Ballyquintin Pt. N. Ireland **57** 54.20N 5.30W
Ballyragget Rep. of Ire. **59** 52.47N 7.20W
Ballyshannon Rep. of Ire. **56** 54.30N 8.12W
Ballyvaughan Rep. of Ire. **58** 53.06N 9.09W
Ballyvourney Rep. of Ire. **58** 51.57N 9.10W
Ballyvoyle Head Rep. of Ire. **59** 52.06N 7.29W
Ballywalter N. Ireland **57** 54.34N 5.30W
Balranald Australia **108** 34.37S 143.37E
Balsas *r.* Mexico **126** 18.10N 102.05W
Balta *i.* Scotland **48** 60.44N 0.46W
Baltasound Scotland **48** 60.45N 0.52W
Baltic Sea Europe **74** 56.30N 19.00E
Baltic Shield *f.* Europe **137** 63.00N 30.00E
Baltimore U.S.A. **125** 39.18N 76.38W
Baltinglass Rep. of Ire. **59** 52.56N 6.43W
Baltiysk U.S.S.R. **74** 54.41N 19.59E
Baluchistan *f.* Pakistan **86** 28.00N 66.00E
Bam Iran **85** 29.07N 58.20E
Bamako Mali **102** 12.40N 7.59W
Bamba Mali **102** 17.05N 1.23W
Ba-Mbassa *r.* Chad **103** 11.30N 15.30E
Bamberg W. Germany **72** 49.54N 10.53E
Bambesa Zaïre **104** 3.27N 25.43E
Bambili Zaïre **104** 3.34N 26.07E
Bamburgh England **41** 55.36N 1.41W
Bamenda Cameroon **103** 5.55N 10.09E
Bamenda Highlands Cameroon **103** 6.20N 10.20E
Bampton Devon England **16** 51.00N 3.29W
Bampton Oxon. England **16** 51.44N 1.33W
Bampur Iran **85** 27.13N 60.29E
Bampur *r.* Iran **85** 27.18N 59.02E
Banagher Rep. of Ire. **58** 53.12N 8.00W
Banalia Zaïre **104** 1.33N 25.23E
Banana Zaïre **104** 5.55S 12.27E
Banbridge N. Ireland **57** 54.21N 6.16W
Banbury England **16** 52.04N 1.21W
Banchory Scotland **49** 57.03N 2.30W
Banda Gabon **104** 3.47S 11.04E
Banda India **86** 25.28N 80.25E
Banda *i.* Indonesia **89** 4.30S 129.55E
Banda Atjeh Indonesia **88** 5.35N 95.20E
Bandama *r.* Ivory Coast **102** 5.10N 4.59W
Ballymore Rep. of Ire. **58** 53.30N 7.42W
Bandar India **87** 16.13N 81.12E
Bandar Abbas Iran **85** 27.10N 56.15E
Bandar Dilam Iran **85** 30.05N 50.11E
Bandar-e-Lengeh Iran **85** 26.34N 54.53E
Bandar-e-Pahlavi Iran **85** 37.26N 49.29E
Bandar-e-Shah Iran **85** 36.55N 54.05E
Bandar Rig Iran **85** 29.30N 50.40E
Bandar Seri Begawan Brunei **88** 4.56N 114.58E
Bandar Shahpur Iran **85** 30.26N 49.03E
Banda Sea Indonesia **89** 5.00S 128.00E
Bandawe Malaŵi **105** 11.57S 34.11E
Bandeira *mtn.* Brazil **129** 20.25S 41.45W
Bandirma Turkey **71** 40.22N 28.00E
Bandjarmasin Indonesia **88** 3.22S 114.36E
Bandon Rep. of Ire. **58** 51.45N 8.45W
Bandon *r.* Rep. of Ire. **58** 51.43N 8.38W
Bandundu Zaïre **104** 3.20S 17.24E
Bandundu *d.* Zaïre **104** 4.00S 18.30E
Bandung Indonesia **88** 6.57S 107.34E
Banes Cuba **127** 20.59N 75.24W
Banff Canada **120** 51.10N 115.54W
Banff Scotland **49** 57.40N 2.31W
Bangalore India **86** 12.58N 77.35E
Bangangté Cameroon **104** 5.09N 10.29E
Bangassou C.A.R. **104** 4.41N 22.52E
Banggai Is. Indonesia **89** 1.30S 123.10E
Bangka *i.* Indonesia **88** 2.20S 106.10E
Bangkok Thailand **94** 13.45N 100.35E
Bangkok, Bight of *b.* Thailand **94** 13.00N 100.30E
Bangladesh Asia **86** 24.30N 90.00E
Bangor N. Ireland **57** 54.39N 5.41W
Bangor Rep. of Ire. **56** 54.09N 9.45W
Bangor U.S.A. **125** 44.49N 68.47W
Bangor Wales **24** 53.13N 4.09W
Bangui C.A.R. **103** 4.23N 18.37E
Bangweulu, L. Zambia **105** 11.15S 29.45E
Ban Hat Yai Thailand **94** 7.10N 100.28E
Ban Houei Sai Laos **94** 20.21N 100.32E
Bani *r.* Mali **102** 14.30N 4.15W
Banjak Is. Indonesia **88** 2.15N 97.10E
Banja Luka Yugo. **71** 44.47N 17.10E
Banjul Gambia **102** 13.28N 16.39W
Banjuwangi Indonesia **88** 8.12S 114.22E
Ban Kantang Thailand **94** 7.25N 99.35E
Bankfoot Scotland **41** 56.30N 3.32W
Banks I. Australia **89** 10.15S 142.15E
Banks I. Canada **122** 73.00N 122.00W
Banks Pen. New Zealand **112** 43.45S 173.10E
Banks Str. Australia **108** 40.37S 148.07E
Bankura India **86** 23.14N 87.05E
Ban Me Thuot S. Vietnam **88** 12.41N 108.02E
Bann *r.* N. Ireland **57** 55.10N 6.47W
Bann *r.* Rep. of Ire. **59** 52.33N 6.33W
Bannockburn Rhodesia **106** 20.16S 29.51E
Bannockburn Scotland **41** 56.06N 3.55W
Bannow B. Rep. of Ire. **59** 52.14N 6.48W
Bansha Rep. of Ire. **58** 52.26N 8.04W
Banstead England **12** 51.19N 0.12W
Bantry Rep. of Ire. **58** 51.41N 9.27W
Bantry B. Rep. of Ire. **58** 51.40N 9.40W
Banwy *r.* Wales **24** 52.41N 3.16W
Banyo Cameroon **103** 6.47N 11.50E
Baoulé *r.* Mali **102** 13.47N 10.45W
Bapaume France **73** 50.07N 2.51E
Bar Albania **71** 42.05N 19.06E
Bara Banki India **86** 26.56N 81.11E
Barabinsk U.S.S.R. **61** 55.20N 78.18E
Baracoa Cuba **127** 20.23N 74.31W
Baradine Australia **108** 30.56S 149.05E
Barahona Dom. Rep. **127** 18.13N 71.07W

Baranof I. U.S.A. 122 57.05N 135.00W
Baranovichi U.S.S.R. 75 53.09N 26.00E
Barbados C. America 127 13.20N 59.40W
Barbastro Spain 69 42.02N 0.07E
Barberton R.S.A. 106 25.48S 31.03E
Barbezieux France 68 45.28N 0.09E
Barbuda C. America 127 17.41N 61.48W
Barcaldine Australia 107 23.31S 145.15E
Barcellona Italy 70 38.10N 15.13E
Barcelona Spain 69 41.25N 2.10E
Barcelona Venezuela 127 10.08N 64.43W
Bardai Chad 103 21.21N 16.56E
Bardera Somali Rep. 105 2.18N 42.18E
Bardi India 86 24.30N 82.28E
Bardia Libya 84 31.44N 25.08E
Bardney England 33 53.13N 0.19W
Bardsey i. Wales 24 52.45N 4.48W
Bardsey Sd. Wales 24 52.45N 4.48W
Bardu Norway 74 68.54N 18.20E
Bareilly India 86 28.20N 79.24E
Barents Sea Arctic Oc. 76 73.00N 40.00E
Bari Italy 71 41.08N 16.52E
Barika Algeria 70 35.25N 5.19E
Barinas Venezuela 127 8.36N 70.15W
Barisal Bangla. 86 22.41N 90.20E
Barisan Range mts. Indonesia 88 3.30S 102.30E
Barito r. Indonesia 88 3.35S 114.35E
Bariz Kuh, Jebel mts. Iran 85 28.40N 58.10E
Barking d. England 12 51.32N 0.05E
Barkly West R.S.A. 106 28.32S 24.32E
Barle r. England 25 51.00N 3.31W
Bar-le-Duc France 68 48.46N 5.10E
Barletta Italy 70 41.20N 16.15E
Barmouth Wales 24 52.44N 4.03W
Barnard Castle town England 32 54.33N 1.55W
Barnaul U.S.S.R. 61 53.21N 83.15E
Barnes England 12 51.28N 0.15W
Barnet England 12 51.39N 0.11W
Barneveld Neth. 73 52.10N 5.39E
Barnoldswick England 32 53.55N 2.11W
Barnsley England 33 53.33N 1.29W
Barnstaple England 25 51.05N 4.03W
Barnstaple B. England 25 51.04N 4.20W
Baro Nigeria 103 8.37N 6.19E
Baroda India 86 22.19N 73.14E
Barquisimeto Venezuela 127 10.03N 69.18W
Barra i. Scotland 48 56.59N 7.28W
Barra, Sd. of Scotland 48 57.04N 7.20W
Barra Head Scotland 48 56.47N 7.36W
Barrancabermeja Colombia 127 7.06N 73.54W
Barrancas Venezuela 128 8.55N 62.05W
Barranquilla Colombia 127 11.00N 74.50W
Barreiro Portugal 69 38.40N 9.05W
Barrhead Scotland 40 55.47N 4.24W
Barrie Canada 125 44.22N 79.42W
Barrington, Mt. Australia 108 32.03S 151.55E
Barrow r. Rep. of Ire. 59 52.17N 7.00W
Barrow U.S.A. 122 71.16N 156.50W
Barrow, Pt. U.S.A. 114 71.22N 156.30W
Barrow I. Australia 107 21.40S 115.27E
Barrow-in-Furness England 32 54.08N 3.15W
Barry Wales 25 51.23N 3.19W
Barstow U.S.A. 120 34.55N 117.01W
Bar-sur-Aube France 68 48.14N 4.43E
Bartin Turkey 84 41.37N 32.20E
Bartolomeu Dias Moçambique 106 21.10S 35.09E
Barton on Sea England 16 50.44N 1.40W
Barton-upon-Humber England 33 53.41N 0.27W
Barvas Scotland 48 58.21N 6.31W
Barwon r. Australia 108 30.00S 148.03E
Basankusu Zaïre 104 1.12N 19.50E
Basel Switz. 72 47.33N 7.36E
Bashi Channel Asia 93 21.30N 121.00E
Basilan i. Phil. 89 6.40N 122.10E
Basildon England 12 51.34N 0.25E
Basingstoke England 16 51.15N 1.05W
Baskatong L. Canada 125 46.50N 75.46W
Basoko Zaïre 104 1.20N 23.36E
Basongo Zaïre 104 4.23S 20.28E
Basra Iraq 85 30.33N 47.50E
Bassein Burma 94 16.46N 94.45E
Bass Rock i. Scotland 41 56.05N 2.38W
Bass Str. Australia 108 39.45S 146.00E
Bastak Iran 85 27.15N 54.26E
Bastelica France 68 42.00N 9.03E
Basti India 86 26.48N 82.44E
Bastia France 68 42.41N 9.26E
Bastogne Belgium 73 50.00N 5.43E
Bas Zaïre d. Zaïre 104 5.15S 14.00E
Bata Equat. Guinea 104 1.51N 9.49E
Batabanó, G. of Cuba 126 23.15N 82.30W
Batangas Phil. 89 13.46N 121.01E
Batan Is. Phil. 89 20.50N 121.55E
Bath England 16 51.22N 2.22W
Bath U.S.A. 125 43.56N 69.50W
Batha r. Chad 103 12.47N 17.34E
Batha, Wadi r. Oman 85 20.01N 59.39E
Bathgate Scotland 41 55.44N 3.38W
Bathurst Australia 108 33.27S 149.35E
Bathurst Canada 121 47.37N 65.40W

Bathurst, C. Canada 122 70.30N 128.00W
Bathurst I. Australia 107 11.45S 130.15E
Bathurst I. Canada 123 76.00N 100.00W
Bathurst Inlet town Canada 122 66.48N 108.00W
Batinah f. Oman 85 24.25N 56.50E
Batjan i. Indonesia 89 0.30S 127.30E
Batley England 32 53.43N 1.38W
Batna Algeria 70 35.35N 6.11E
Baton Rouge U.S.A. 121 30.30N 91.10W
Batouri Cameroon 103 4.26N 14.27E
Battambang Cambodia 94 13.06N 103.12E
Battersea England 12 51.28N 0.10W
Batticaloa Sri Lanka 87 7.43N 81.42E
Battle England 17 50.55N 0.30E
Battle Creek town U.S.A. 124 42.20N 85.10W
Battle Harbour Canada 123 52.16N 55.36W
Battock, Mt. Scotland 49 56.57N 2.44W
Batu Is. Indonesia 88 0.30S 98.20E
Batumi U.S.S.R. 84 41.37N 41.36E
Baturadja Indonesia 88 4.10S 104.10E
Bauchi Nigeria 103 10.16N 9.50E
Baugé France 68 47.33N 0.06W
Bauld, C. Canada 123 51.30N 55.45W
Bauru Brazil 129 22.19S 49.07W
Bavay France 73 50.18N 3.48E
Bawdsey England 17 52.01N 1.27E
Bawean i. Indonesia 88 5.50S 112.35E
Bawiti Egypt 84 28.21N 28.51E
Bawtry England 33 53.25N 1.01W
Bayamo Cuba 127 20.23N 76.39W
Bayan Kara Shan mts. China 90 34.00N 97.20E
Bayburt Turkey 84 40.15N 40.16E
Bay City U.S.A. 124 43.35N 83.52W
Baydaratskaya B. U.S.S.R. 76 70.00N 66.00E
Bayeux France 68 49.16N 0.42W
Bay Is. Honduras 126 16.10N 86.30W
Bayonne France 68 43.30N 1.28W
Bayreuth W. Germany 72 49.56N 11.35E
Baza Spain 69 37.30N 2.45W
Bazman Kuh mtn. Iran 85 28.06N 60.00E
Beachport Australia 108 37.29S 140.01E
Beachy Head England 17 50.43N 0.15E
Beacon Hill England 16 51.12N 1.42W
Beacon Hill Wales 24 52.23N 3.14W
Beaconsfield England 12 51.37N 0.39W
Beaminster England 16 50.48N 2.44W
Beare Green England 12 51.10N 0.18W
Bear I. Rep. of Ire. 58 51.38N 9.52W
Bearsden Scotland 40 55.56N 4.20W
Bearsted England 12 51.17N 0.35E
Beaufort Sea N. America 122 72.00N 141.00W
Beaufort West R.S.A. 106 32.21S 22.35E
Beauly Scotland 49 57.29N 4.29W
Beauly r. Scotland 49 57.29N 4.25W
Beauly Firth est. Scotland 49 57.29N 4.20W
Beaumaris Wales 24 53.16N 4.07W
Beaumont Belgium 73 50.14N 4.16E
Beaumont U.S.A. 121 30.04N 94.06W
Beaune France 68 47.02N 4.50E
Beauvais France 68 49.26N 2.05E
Beaver I. U.S.A. 124 45.40N 85.35W
Beawar India 86 26.02N 74.20E
Bebington England 32 53.23N 3.01W
Beccles England 17 52.27N 1.33E
Béchar Algeria 100 31.35N 2.17W
Beckenham England 12 51.24N 0.01W
Beckum W. Germany 73 51.45N 8.02E
Bedale England 33 54.18N 1.35W
Bédarieux France 68 43.35N 3.10E
Beddington England 12 51.22N 0.08W
Bedford England 17 52.08N 0.29W
Bedford U.S.A. 124 38.51N 86.30W
Bedford Levels f. England 17 52.35N 0.08E
Bedfordshire d. England 17 52.04N 0.28W
Bedlington England 41 55.08N 1.34W
Bedwas Wales 25 51.36N 3.10W
Bedwellty Wales 25 51.42N 3.13W
Bedworth England 16 52.28N 1.29W
Bee, Loch Scotland 48 57.23N 7.22W
Beenoskee mtn. Rep. of Ire. 58 52.13N 10.04W
Beersheba Israel 84 31.15N 34.47E
Beeston England 33 52.55N 1.11W
Beeville U.S.A. 120 28.25N 97.47W
Befale Zaïre 104 0.27N 21.01E
Beg, Lough N. Ireland 57 54.48N 6.29W
Bega Australia 108 36.41S 149.50E
Begna r. Norway 74 60.06N 10.15E
Behbehan Iran 85 30.35N 50.17E
Beida Libya 101 32.50N 21.50E
Beilen Neth. 73 52.51N 6.31E
Beinn à Ghlò mtn. Scotland 49 56.50N 3.42W
Beinn an Tuirc mtn. Scotland 40 55.24N 5.33W
Beinn Bheigeir mtn. Scotland 40 55.44N 6.08W
Beinn Dearg mtn. Scotland 49 57.47N 4.55W
Beinn Dhorain mtn. Scotland 49 58.07N 3.50W
Beinn Mhor mtn. Scotland 48 57.59N 6.40W
Beinn nam Bad Mor mtn. Scotland 49 58.29N 3.43W
Beinn Resipol mtn. Scotland 46 56.43N 5.38W
Beinn Sgritheall mtn. Scotland 48 57.09N 5.34W
Beinn Tharsuinn mtn. Scotland 49 57.47N 4.21W

Beira Moçambique 106 19.49S 34.52E
Beirut Lebanon 84 33.52N 35.30E
Beitbridge Rhodesia 106 22.10S 30.01E
Beith Scotland 40 55.45N 4.37W
Béja Tunisia 70 36.44N 9.12E
Beja Portugal 69 38.01N 7.52W
Bejaïa Algeria 70 36.45N 5.05E
Béjar Spain 69 40.24N 5.45W
Bejestan Iran 85 34.32N 58.08E
Bela India 86 25.55N 82.00E
Bela Pakistan 86 26.12N 66.20E
Belalcázar Spain 69 38.35N 5.10W
Belang Indonesia 89 0.58N 124.56E
Bela Vista Moçambique 106 26.20S 32.40E
Belaya r. U.S.S.R. 76 55.40N 52.30E
Belcher Is. Canada 123 56.00N 79.00W
Belcoo N. Ireland 56 54.18N 7.53W
Belderrig Rep. of Ire. 56 54.18N 9.33W
Belém Brazil 128 1.27S 48.29W
Belen U.S.A. 120 34.39N 106.48W
Belet Wen Somali Rep. 105 4.38N 45.12E
Belfast N. Ireland 57 54.36N 5.57W
Belfast Lough N. Ireland 57 54.41N 5.49W
Belford England 41 55.36N 1.48W
Belfort France 72 47.38N 6.52E
Belgaum India 86 15.54N 74.36E
Belgium Europe 73 51.00N 4.30E
Belgorod U.S.S.R. 75 50.38N 36.36E
Belgorod Dnestrovskiy U.S.S.R. 75 46.10N 30.19E
Belgrade Yugo. 71 44.49N 20.28E
Belikh r. Syria 84 35.58N 39.05E
Belitung i. Indonesia 88 3.00S 108.00E
Belize Belize 126 17.29N 88.20W
Belize C. America 126 17.00N 88.30W
Bellac France 68 46.07N 1.04E
Bellananagh Rep. of Ire. 57 53.56N 7.25W
Bellary India 86 15.11N 76.54E
Bellavary Rep. of Ire. 56 53.54N 9.09W
Belleek N. Ireland 56 54.29N 8.06W
Belle Île France 68 47.20N 3.10W
Belle Isle Str. Canada 123 50.45N 58.00W
Bellerive Australia 108 42.52S 147.21E
Belleville Canada 125 44.10N 77.22W
Bellingham England 41 55.09N 2.15W
Bellingham U.S.A. 120 48.45N 122.29W
Bellingshausen Sea Antarctica 136 70.00S 84.00W
Bello Colombia 127 6.20N 75.41W
Bell Rock i. see Inchcape Scotland 41
Belmopan Belize 126 17.25N 88.46W
Belmullet Rep. of Ire. 56 54.14N 9.59W
Belo Horizonte Brazil 129 19.45S 43.53W
Beloye, L. U.S.S.R. 75 60.12N 37.45E
Belozersk U.S.S.R. 75 60.00N 37.49E
Belper England 33 53.02N 1.29W
Beltra, Lough Rep. of Ire. 56 53.56N 9.26W
Beltsy U.S.S.R. 75 47.45N 27.59E
Belturbet Rep. of Ire. 57 54.06N 7.27W
Belukha, Mt. U.S.S.R. 90 49.46N 86.40E
Belvedere England 12 51.30N 0.10E
Bembridge England 16 50.41N 1.04W
Bemidji U.S.A. 121 47.29N 94.52W
Ben Alder mtn. Scotland 49 56.49N 4.28W
Benalla Australia 108 36.35S 145.58E
Benavente Spain 69 42.00N 5.40W
Ben Avon mtn. Scotland 49 57.06N 3.27W
Benbane Head N. Ireland 57 55.15N 6.29W
Benbecula i. Scotland 48 57.26N 7.18W
Benbulbin mtn. Rep. of Ire. 56 54.22N 8.28W
Ben Chonzie mtn. Scotland 41 56.27N 4.00W
Ben Cruachan mtn. Scotland 40 56.26N 5.18W
Bend U.S.A. 120 44.04N 121.20W
Bendigo Australia 108 36.48S 144.21E
Beneraird mtn. Scotland 40 55.04N 4.56W
Benevento Italy 70 41.07N 14.46E
Bengal d. India 86 23.00N 88.00E
Bengal, B. of Indian Oc. 87 17.00N 89.00E
Benghazi Libya 100 32.07N 20.05E
Bengkulu Indonesia 88 3.46S 102.16E
Ben Griam More mtn. Scotland 49 58.20N 4.02W
Benguela Angola 104 12.34S 13.24E
Benguela d. Angola 104 12.45S 14.00E
Ben Hee mtn. Scotland 49 58.16N 4.41W
Ben Hiant mtn. Scotland 40 56.42N 6.01W
Ben Hope mtn. Scotland 49 58.24N 4.36W
Ben Horn mtn. Scotland 49 58.07N 4.02W
Ben Hutig mtn. Scotland 49 58.33N 4.31W
Beni r. Bolivia 128 10.30S 66.00W
Beni Zaïre 105 0.29N 29.27E
Benicarló Spain 69 40.25N 0.25E
Benin, Bight of Africa 103 5.30N 3.00E
Benin City Nigeria 103 6.19N 5.41E
Beni-Saf Algeria 69 35.28N 1.22W
Beni Suef Egypt 84 29.05N 31.05E
Ben Klibreck mtn. Scotland 49 58.15N 4.22W
Ben Lawers mtn. Scotland 46 56.33N 4.14W
Benllech Wales 24 53.18N 4.15W
Ben Lomond mtn. Scotland 40 56.12N 4.38W
Ben Lomond mtn. Australia 108 30.04S 151.43E
Ben Loyal mtn. Scotland 49 58.24N 4.26W
Ben Lui mtn. Scotland 40 56.23N 4.49W

Ben Macdhui to **Bodélé Depression** 167

Ben Macdhui *mtn.* Scotland **49** 57.04N 3.40W
Ben More *mtn.* Central Scotland **40** 56.23N 4.31W
Ben More *mtn.* Strath. Scotland **40** 56.26N 6.02W
Ben More Assynt *mtn.* Scotland **49** 58.07N 4.52W
Bennane Head Scotland **40** 55.08N 5.00W
Bennettsbridge Rep. of Ire. **59** 52.35N 7.11W
Ben Nevis *mtn.* Scotland **48** 56.48N 5.00W
Benoni R.S.A. **106** 26.12S 28.18E
Ben Rinnes *mtn.* Scotland **49** 57.24N 3.15W
Benton Harbor U.S.A. **124** 42.07N 86.27W
Benue *r.* Nigeria **103** 7.52N 6.45E
Benue-Plateau *d.* Nigeria **103** 8.00N 9.00E
Ben Vorlich *mtn.* Scotland **40** 56.21N 4.13W
Benwee Head Rep. of Ire. **56** 54.21N 9.47W
Ben Wyvis *mtn.* Scotland **49** 57.40N 4.35W
Beppu Japan **95** 33.18N 131.30E
Beragh N. Ireland **57** 54.33N 7.11W
Berat Albania **71** 40.42N 19.59E
Berbera Somali Rep. **101** 10.28N 45.02E
Berbérati C.A.R. **103** 4.19N 15.51E
Berchem Belgium **73** 50.48N 3.32E
Berdichev U.S.S.R. **75** 49.54N 28.39E
Berdyansk U.S.S.R. **75** 46.45N 36.47E
Berens *r.* Canada **121** 52.25N 97.00W
Berezniki U.S.S.R. **61** 59.26N 56.49E
Berezovo U.S.S.R. **61** 63.58N 65.00E
Bergama Turkey **71** 39.08N 27.10E
Bergamo Italy **68** 45.42N 9.40E
Bergen Norway **74** 60.23N 5.20E
Bergen op Zoom Neth. **73** 51.30N 4.17E
Bergerac France **68** 44.50N 0.29E
Bergheim W. Germany **73** 50.58N 6.39E
Bergisch Gladbach W. Germany **73** 50.59N 7.10E
Berhampore India **86** 24.06N 88.18E
Berhampur India **87** 19.21N 84.51E
Bering Sea N. America/Asia **122** 65.00N 170.00W
Bering Str. U.S.S.R./U.S.A. **122** 65.00N 170.00W
Berkel *r.* Neth. **73** 52.10N 6.12E
Berkhamsted England **12** 51.46N 0.35W
Berkshire *d.* England **16** 51.25N 1.03W
Berkshire Downs *hills* England **16** 51.32N 1.36W
Berlin E. Germany **72** 52.32N 13.25E
Berlin U.S.A. **125** 44.27N 71.13W
Bermagui Australia **108** 36.28S 150.03E
Bermejo *r.* Argentina **129** 26.47S 58.30W
Bermondsey England **12** 51.30N 0.04W
Bermuda Atlantic Oc. **127** 32.18N 64.45W
Berne Switz. **72** 46.57N 7.26E
Berneray *i.* W. Isles Scotland **48** 56.47N 7.38W
Berneray *i.* W. Isles Scotland **48** 57.43N 7.11W
Bernina *mtn.* Italy/Switz. **70** 46.22N 9.57E
Bernkastel W. Germany **73** 49.55N 7.05E
Berri Australia **108** 34.17S 140.36E
Berriedale Scotland **49** 58.11N 3.30W
Berry Head England **25** 50.24N 3.28W
Bertoua Cameroon **103** 4.34N 13.42E
Bertraghboy B. Rep. of Ire. **56** 53.23N 9.52W
Berwick-upon-Tweed England **41** 55.46N 2.00W
Berwyn *mts.* Wales **24** 52.55N 3.25W
Besalampy Malagasy Rep. **105** 16.53S 44.29E
Besançon France **72** 47.14N 6.02E
Bessarabia *f.* U.S.S.R. **75** 46.30N 28.40E
Bessbrook N. Ireland **57** 54.12N 6.25W
Betanzos Spain **69** 43.17N 8.13W
Bétaré Oya Cameroon **103** 5.34N 14.09E
Bethal R.S.A. **106** 26.27S 29.28E
Bethersden England **17** 51.08N 0.46E
Bethesda Wales **24** 53.11N 4.03W
Bethlehem R.S.A. **106** 28.15S 28.19E
Bethlehem U.S.A. **125** 40.36N 75.22W
Bethnal Green England **12** 51.32N 0.03W
Béthune France **73** 50.32N 2.38E
Bettyhill Scotland **49** 58.30N 4.14W
Betwa *r.* India **86** 25.48N 80.10E
Betws-y-Coed Wales **24** 53.05N 3.48W
Beult *r.* England **12** 51.13N 0.26E
Beverley England **33** 53.52N 0.26W
Beverwijk Neth. **73** 52.29N 4.40E
Bewcastle England **41** 55.03N 2.45W
Bewcastle Fells *hills* England **41** 55.05N 2.50W
Bewdley England **16** 52.23N 2.19W
Bexhill England **17** 50.51N 0.29E
Bexley England **12** 51.26N 0.10E
Beyla Guinea **102** 8.42N 8.39W
Beysehir L. Turkey **84** 37.47N 31.30E
Bezhetsk U.S.S.R. **75** 57.49N 36.40E
Bezhitsa U.S.S.R. **75** 53.19N 34.17E
Béziers France **68** 43.21N 3.13E
Bhagalpur India **86** 25.14N 85.59E
Bhamo Burma **94** 24.10N 97.30E
Bhatpara India **90** 22.51N 88.31E
Bhavnagar India **86** 21.46N 72.14E
Bhima *r.* India **86** 16.30N 77.10E
Bhind India **86** 26.33N 78.47E
Bhopal India **86** 23.17N 77.28E
Bhubaneswar India **87** 20.15N 85.50E
Bhuj India **86** 23.12N 69.54E
Bhutan Asia **86** 27.20N 90.30E
Biak *i.* Asia **89** 0.55S 136.00E
Białogard Poland **72** 54.00N 16.00E
Białystok Poland **75** 53.09N 23.10E
Biarritz France **68** 43.29N 1.33W
Bicester England **16** 51.53N 1.09W
Bickley England **12** 51.24N 0.03E
Bida Nigeria **103** 9.06N 5.59E
Bidborough England **12** 51.11N 0.14E
Biddeford U.S.A. **125** 43.29N 70.27W
Biddulph England **32** 53.08N 2.11W
Bidean nam Bian *mtn.* Scotland **40** 56.39N 5.02W
Bideford England **25** 51.01N 4.13W
Bideford B. England **25** 51.04N 4.20W
Bi Doup *mtn.* S. Vietnam **94** 12.05N 108.40E
Bié *d.* Angola **104** 12.30S 17.30E
Biel Switz. **72** 47.09N 7.16E
Bielefeld W. Germany **72** 52.02N 8.32E
Bien Hoa S. Vietnam **94** 10.58N 106.50E
Bié Plateau *f.* Angola **104** 13.00S 16.00E
Bigbury B. England **25** 50.15N 3.56W
Biggar Scotland **41** 55.38N 3.31W
Biggin Hill *town* England **12** 51.19N 0.04E
Biggleswade England **17** 52.06N 0.16W
Big Horn *r.* U.S.A. **120** 46.05N 107.20W
Big Horn Mts. U.S.A. **114** 44.30N 107.30W
Bignona Senegal **102** 12.48N 16.18W
Big Snowy Mtn. U.S.A. **120** 46.46N 109.31W
Big Spring *town* U.S.A. **120** 32.15N 101.30W
Bihać Yugo. **70** 44.49N 15.53E
Bihar India **86** 25.13N 85.31E
Bihar *d.* India **86** 24.35N 85.40E
Biharamulo Tanzania **105** 2.34S 31.20E
Bihor *mtn.* Romania **75** 46.26N 22.43E
Bijagos Archipelago *is.* Guinea Bissau **102** 11.30N 16.00W
Bijar Iran **85** 35.52N 47.39E
Bijawar India **86** 24.36N 79.30E
Bikaner India **86** 28.01N 73.22E
Bikin U.S.S.R. **91** 46.52N 134.15E
Bikoro Zaïre **104** 0.45S 18.09E
Bilaspur India **86** 22.03N 82.12E
Bilauktaung Range *mts.* Thailand **94** 13.00N 99.15E
Bilbao Spain **69** 43.15N 2.56W
Bilecik Turkey **84** 40.10N 29.59E
Bili *r.* Zaïre **104** 4.09N 22.25E
Billericay England **12** 51.38N 0.25E
Billingham England **33** 54.36N 1.18W
Billings U.S.A. **120** 45.47N 108.30W
Billingshurst England **17** 51.02N 0.28W
Billington England **12** 51.54N 0.39W
Bill of Portland *c.* England **25** 50.32N 2.28W
Bilma Niger **103** 18.46N 12.50E
Biloxi U.S.A. **121** 30.30N 89.00W
Bima *r.* Zaïre **104** 3.24N 25.10E
Bina India **86** 24.09N 78.10E
Binaija *mtn.* Indonesia **89** 3.10S 129.30E
Binche Belgium **73** 50.25N 4.10E
Bindjai Indonesia **88** 3.37N 98.25E
Bindura Rhodesia **106** 17.20S 31.21E
Binga, Mt. Rhodesia **106** 19.47S 33.03E
Bingara Australia **108** 29.51S 150.38E
Bingen W. Germany **73** 49.58N 7.55E
Bingerville Ivory Coast **102** 5.20N 3.53W
Bingham England **33** 52.57N 0.57W
Binghamton U.S.A. **125** 42.06N 75.55W
Bingkor Malaysia **88** 5.26N 116.15E
Bingley England **32** 53.51N 1.50W
Bingöl Turkey **84** 38.54N 40.29E
Bingol Dağlari *mtn.* Turkey **84** 39.21N 41.22E
Binh Dinh S. Vietnam **94** 13.53N 109.07E
Bintan *i.* Indonesia **88** 1.10N 104.30E
Bintulu Malaysia **88** 3.12N 113.01E
Birch Mts. Canada **114** 58.00N 113.00W
Birdum Australia **107** 15.38S 133.12E
Birecik Turkey **84** 37.03N 37.59E
Birhan *mtn.* Ethiopia **101** 11.00N 37.50E
Birjand Iran **85** 32.54N 59.10E
Birkenfeld W. Germany **73** 49.39N 7.10E
Birkenhead England **32** 53.24N 3.01W
Birket Qârûn *l.* Egypt **84** 29.30N 30.40E
Birmingham England **16** 52.30N 1.55W
Birmingham U.S.A. **121** 33.30N 86.55W
Birnin Kebbi Nigeria **103** 12.30N 4.11E
Birni N'Konni Niger **103** 13.49N 5.19E
Birobidzhan U.S.S.R. **91** 48.49N 132.54E
Birq, Wadi *r.* Saudi Arabia **85** 24.08N 47.35E
Birr Rep. of Ire. **58** 53.06N 7.56W
Birreencorragh *mtn.* Rep. of Ire. **56** 53.59N 9.30W
Biscay, B. of France **68** 45.30N 4.00W
Bishop Auckland England **32** 54.40N 1.40W
Bishopbriggs Scotland **40** 55.55N 4.12W
Bishop's Castle England **16** 52.29N 3.00W
Bishop's Lydeard England **16** 51.04N 3.12W
Bishop's Stortford England **12** 51.53N 0.09E
Bishops Waltham England **16** 50.57N 1.13W
Bisitun Iran **85** 34.22N 47.29E
Biskotasi L. Canada **124** 47.15N 82.15W
Biskra Algeria **70** 34.48N 5.40E
Bisley England **12** 51.20N 0.39W
Bismarck U.S.A. **120** 46.50N 100.48W
Bismarck Range *mts.* P.N.G. **89** 6.00S 145.00E
Bismarck Sea Pacific Oc. **89** 4.00S 146.30E
Bissau Guinea Bissau **102** 11.52N 15.39W
Bistrita *r.* Romania **75** 46.30N 26.54E
Bitburg W. Germany **73** 49.58N 6.31E
Bitlis Turkey **84** 38.23N 42.04E
Bitola Yugo. **71** 41.02N 21.21E
Bitterfontein R.S.A. **106** 31.03S 18.16E
Bitter Lakes Egypt **84** 30.20N 32.50E
Biu Nigeria **103** 10.36N 12.11E
Biumba Rwanda **105** 1.38S 30.02E
Biwa ko *l.* Japan **95** 35.20N 136.10E
Biysk U.S.S.R. **61** 52.35N 85.16E
Bizerta Tunisia **70** 37.17N 9.51E
Black *r.* N. Vietnam **94** 21.20N 105.24E
Black *r.* Rep. of Ire. **56** 53.48N 7.53W
Black *r.* Ark. U.S.A. **121** 35.30N 91.20W
Black *r.* Wisc. U.S.A. **124** 43.55N 91.20W
Black Bull Head Rep. of Ire. **58** 51.35N 10.03W
Blackburn England **32** 53.44N 2.30W
Black Combe *mtn.* England **32** 54.15N 3.20W
Blackcraig Hill Scotland **40** 55.19N 4.08W
Black Down Hills England **16** 50.55N 3.10W
Blackford Scotland **41** 56.16N 3.48W
Black Forest *f.* W. Germany **72** 48.00N 7.45E
Black Head N. Ireland **57** 54.46N 5.41W
Black Head Rep. of Ire. **58** 53.09N 9.16W
Black Isle *f.* Scotland **49** 57.35N 4.15W
Blackmoor Vale *f.* England **16** 50.55N 2.25W
Black Mtn. Wales **24** 51.52N 3.50W
Black Mts. Wales **24** 51.52N 3.09W
Blackpool England **32** 53.48N 3.03W
Black River *town* Jamaica **127** 18.02N 77.52W
Blackrock Dublin Rep. of Ire. **57** 53.18N 6.12W
Blackrock Louth Rep. of Ire. **57** 53.58N 6.23W
Black Rock Desert U.S.A. **120** 41.10N 118.45W
Black Sand Desert U.S.S.R. **85** 37.45N 60.00E
Black Sea Europe **61** 43.00N 34.30E
Blacksod B. Rep. of Ire. **56** 54.04N 10.00W
Blackstairs Mts. Rep. of Ire. **59** 52.35N 6.47W
Black Volta *r.* Ghana/U. Volta **102** 8.14N 2.11W
Blackwater *r.* England **17** 51.43N 0.42E
Blackwater *r.* N. Ireland **57** 54.31N 6.35W
Blackwater Rep. of Ire. **59** 52.26N 6.20W
Blackwater *r.* Meath Rep. of Ire. **57** 53.39N 6.41W
Blackwater *r.* Waterford Rep. of Ire. **58** 51.58N 7.52W
Blackwater Resr. Scotland **40** 56.43N 4.58W
Bladnoch *r.* Scotland **40** 54.52N 4.26W
Blaenau Ffestiniog Wales **24** 53.00N 3.57W
Blaenavon Wales **25** 51.46N 3.05W
Blagoevgrad Bulgaria **71** 42.02N 23.04E
Blagoveshchensk U.S.S.R. **91** 50.19N 127.30E
Blair Atholl Scotland **49** 56.46N 3.51W
Blairgowrie Scotland **41** 56.36N 3.21W
Blakeney Pt. England **33** 52.58N 0.57E
Blanc, Cap Mauritania **102** 20.44N 17.05W
Blanc, Mont Europe **68** 45.50N 6.52E
Blanca, Bahía *b.* Argentina **129** 39.15S 61.00W
Blanchardstown Rep. of Ire. **59** 53.24N 6.23W
Blanche, L. Australia **108** 29.15S 139.40E
Blanco, C. Costa Rica **126** 9.36N 85.06W
Blanco, C. U.S.A. **120** 42.50N 124.29W
Blandford Forum England **16** 50.52N 2.10W
Blankenberge Belgium **73** 51.18N 3.08E
Blantyre Malaŵi **105** 15.46S 35.00E
Blarney Rep. of Ire. **58** 51.56N 8.34W
Blavet *r.* France **68** 47.43N 3.18W
Blaydon England **32** 54.58N 1.42W
Blaye France **68** 45.08N 0.40W
Bleaklow Hill England **32** 53.27N 1.50W
Blenheim New Zealand **112** 41.32S 173.58E
Blessington Rep. of Ire. **59** 53.11N 6.33W
Bletchley England **16** 51.59N 0.45W
Blida Algeria **69** 36.30N 2.50E
Blidworth England **33** 53.06N 1.07W
Blindley Heath England **12** 51.12N 0.04W
Blind River *town* Canada **124** 46.12N 82.59W
Blitta Togo **103** 8.23N 1.06E
Bloemfontein R.S.A. **106** 29.07S 26.14E
Blois France **68** 47.36N 1.20E
Bloody Foreland *c.* Rep. of Ire. **56** 55.09N 8.18W
Bloomington Ind. U.S.A. **124** 39.10N 86.31W
Bloomington Ill. U.S.A. **124** 40.29N 89.00W
Bloomsburg U.S.A. **125** 41.01N 76.27W
Bluefield U.S.A. **121** 37.14N 81.17W
Bluefields Nicaragua **126** 12.00N 83.49W
Blue Mts. Australia **108** 33.30S 150.15E
Blue Mts. U.S.A. **120** 45.00N 118.00W
Blue Nile *r.* Sudan **101** 15.45N 32.25E
Blue Stack Mts. Rep. of Ire. **56** 54.44N 8.09W
Bluff New Zealand **112** 46.38S 168.21E
Blyth England **41** 55.07N 1.29W
Blyth *r.* Northum. England **41** 55.08N 1.29W
Blyth *r.* Suffolk England **17** 52.19N 1.36E
Blyth Bridge *town* Scotland **41** 55.42N 3.23W
Blyth Sands England **12** 51.28N 0.33E
Bo Sierra Leone **102** 7.58N 11.45W
Bobo-Dioulasso U. Volta **102** 11.11N 4.18W
Bobruysk U.S.S.R. **75** 53.08N 29.10E
Bocholt W. Germany **73** 51.49N 6.37E
Bochum W. Germany **73** 51.28N 7.11E
Boddam Scotland **49** 57.28N 1.48W
Bodélé Depression *f.* Chad **103** 16.50N 17.10E

Boden to **Broad Haven** 168

Boden Sweden **74** 65.50N 21.44E
Bodenham England **16** 52.09N 2.41W
Bodmin England **25** 50.28N 4.44W
Bodmin Moor England **25** 50.35N 4.35W
Bodö Norway **74** 67.18N 14.26E
Boende Zaïre **104** 0.15S 20.49E
Boffa Guinea **102** 10.12N 14.02W
Bogan Gate *town* Australia **108** 33.08S 147.50E
Bogenfels S.W. Africa **106** 27.23S 15.22E
Boggabilla Australia **108** 28.36S 150.21E
Boggeragh Mts. Rep. of Ire. **58** 52.03N 8.53W
Boghari Algeria **69** 35.55N 2.47E
Bognor Regis England **16** 50.47N 0.40W
Bog of Allen *f.* Rep. of Ire. **59** 53.17N 7.00W
Bogong, Mt. Australia **108** 36.45S 147.21E
Bogor Indonesia **88** 6.34S 106.45E
Bogotá Colombia **128** 4.38N 74.05W
Bogra Bangla. **86** 24.52N 89.28E
Bogué Mauritania **102** 16.40N 14.10W
Bohain France **73** 49.59N 3.28E
Bohemian Forest *mts.* Czech. **72** 49.20N 13.10E
Boherboy Rep. of Ire. **58** 52.12N 9.03W
Bohol *i.* Phil. **89** 9.45N 124.10E
Boise U.S.A. **120** 43.38N 116.12W
Bojeador, C. Phil. **89** 18.30N 120.50E
Bojnurd Iran **85** 37.28N 57.20E
Boké Guinea **102** 10.57N 14.13W
Bokn Fjord *est.* Norway **74** 59.15N 5.50E
Bokoro Chad **103** 12.17N 17.04E
Bokungu Zaïre **104** 0.44S 22.28E
Bolamo Guinea Bissau **102** 11.35N 15.30W
Bolangir India **87** 20.41N 83.30E
Bolbec France **68** 49.34N 0.28E
Bole Ghana **102** 9.03N 2.23W
Bolgrad U.S.S.R. **71** 45.42N 28.40E
Bolivar *mtn.* Venezuela **127** 7.27N 71.00W
Bolivia S. America **128** 17.00S 65.00W
Bollin *r.* England **32** 53.23N 2.29W
Bollnäs Sweden **74** 61.20N 16.25E
Bolmen *l.* Sweden **74** 57.00N 13.45E
Bolobo Zaïre **104** 2.10S 16.17E
Bologna Italy **70** 44.30N 11.20E
Bologoye U.S.S.R. **75** 57.58N 34.00E
Bolomba Zaïre **104** 0.30N 19.13E
Bolsena, Lago di *l.* Italy **70** 42.36N 11.55E
Bolshevik *i.* U.S.S.R. **77** 78.30N 102.00E
Bolshoi Lyakhovskiy *i.* U.S.S.R. **77** 73.30N 142.00E
Bolsover England **33** 53.14N 1.18W
Bolt Head *c.* England **25** 50.13N 3.48W
Bolton England **32** 53.35N 2.26W
Bolu Turkey **84** 40.45N 31.38E
Bolus Head Rep. of Ire. **58** 51.47N 10.20W
Bolvadin Turkey **84** 38.43N 31.02E
Bolzano Italy **72** 46.30N 11.20E
Boma Zaïre **104** 5.50S 13.03E
Bombala Australia **108** 36.55S 149.16E
Bombay India **86** 18.56N 72.51E
Bomokandi *r.* Zaïre **105** 3.37N 26.09E
Bomongo Zaïre **104** 1.30N 18.21E
Bomu *r.* C.A.R. **104** 4.08N 22.25E
Bon, C. Tunisia **70** 37.05N 11.02E
Bonaire *i.* Neth. Antilles **127** 12.15N 68.27W
Bonar-Bridge *town* Scotland **49** 57.33N 4.21W
Bonavista Canada **123** 48.38N 53.08W
Bondo Zaïre **104** 3.47N 23.45E
Bondoukou Ivory Coast **102** 8.03N 2.15W
Bone, G. of Indonesia **89** 4.00S 120.50E
Bo'ness Scotland **41** 56.01N 3.36W
Bongandanga Zaïre **104** 1.28N 21.03E
Bonifacio France **70** 41.23N 9.10E
Bonifacio, Str. of Med. Sea **70** 41.18N 9.10E
Bon Me Thuot S. Vietnam **94** 12.40N 108.02E
Bonn W. Germany **73** 50.44N 7.06E
Bonny Nigeria **104** 4.25N 7.15E
Bonny, Bight of Africa **103** 2.58N 7.00E
Bonnyrigg Scotland **41** 55.52N 3.07W
Bontang Indonesia **88** 0.05N 117.31E
Boothia, G. of Canada **123** 70.00N 90.00W
Bootle Cumbria England **32** 54.17N 3.24W
Bootle Mersey. England **32** 53.28N 3.01W
Booué Gabon **104** 0.00 11.58E
Boppard W. Germany **73** 50.13N 7.35E
Borah Peak U.S.A. **120** 44.09N 113.47W
Borås Sweden **74** 57.44N 12.55E
Borazjan Iran **85** 29.14N 51.12E
Bordeaux France **68** 44.50N 0.34W
Borden I. Canada **122** 78.30N 111.00W
Borders *d.* Scotland **41** 55.30N 2.53W
Bordertown Australia **108** 36.18S 140.49E
Bordö *i.* Faroe Is. **74** 62.10N 7.13W
Bordon Camp England **16** 51.06N 0.52W
Borehamwood England **12** 51.40N 0.16W
Boreray *i.* Scotland **48** 57.43N 7.17W
Borgå Finland **74** 60.24N 25.40E
Borgefjell *mtn.* Norway **74** 65.15N 13.50E
Borger U.S.A. **120** 35.39N 101.24W
Borisoglebsk U.S.S.R. **75** 51.23N 42.02E
Borisov U.S.S.R. **75** 54.09N 28.30E
Borken W. Germany **73** 51.50N 6.52E
Borkum W. Germany **73** 53.34N 6.41E
Borkum *i.* W. Germany **73** 53.35N 6.45E
Borlänge Sweden **74** 60.29N 15.25E
Bormida *r.* Italy **68** 45.02N 8.43E
Borneo *i.* Asia **88** 1.00N 114.00E
Bornholm *i.* Denmark **74** 55.02N 15.00E
Boroughbridge England **33** 54.06N 1.23W
Borough Green England **12** 51.17N 0.19E
Borris Rep. of Ire. **59** 52.36N 6.55W
Borris-in-Ossory Rep. of Ire. **59** 52.56N 7.38W
Borrisokane Rep. of Ire. **58** 53.00N 8.08W
Borth Wales **24** 52.29N 4.03W
Borzya U.S.S.R. **91** 50.24N 116.35E
Bosa Italy **70** 40.18N 8.29E
Boscastle England **25** 50.42N 4.42W
Bosna *r.* Yugo. **71** 45.04N 18.27E
Bosobolo Zaïre **104** 4.11N 19.55E
Boso Hanto *b.* Japan **95** 35.40N 140.50E
Bosporus *str.* Turkey **71** 41.07N 29.04E
Bossangoa C.A.R. **103** 6.27N 17.21E
Bossembelé C.A.R. **104** 5.10N 17.44E
Bosso Niger **103** 13.43N 13.19E
Boston England **33** 52.59N 0.02W
Boston U.S.A. **125** 42.20N 71.05W
Botany B. Australia **108** 34.04S 151.08E
Botevgrad Bulgaria **71** 42.55N 23.57E
Bothnia, G. of Europe **74** 63.30N 20.30E
Botletle *r.* Botswana **106** 21.06S 24.47E
Botoşani Romania **75** 47.44N 26.41E
Botrange *mtn.* Belgium **73** 50.30N 6.04E
Botswana Africa **106** 22.00S 24.15E
Bottesford England **33** 52.56N 0.48W
Bottrop W. Germany **73** 51.31N 6.55E
Bouaflé Ivory Coast **102** 7.01N 5.47W
Bouaké Ivory Coast **102** 7.42N 5.00W
Bouar C.A.R. **103** 5.58N 15.35E
Boufarik Algeria **69** 36.36N 2.54E
Boughton England **33** 53.13N 0.59W
Bougouni Mali **102** 11.25N 7.28W
Bouillon Belgium **68** 49.47N 5.04E
Bouira Algeria **69** 36.22N 3.55E
Boulder U.S.A. **120** 40.02N 105.16W
Boulogne France **68** 50.43N 1.37E
Boumba *r.* Cameroon **103** 2.00N 15.10E
Boumo Chad **103** 9.01N 16.24E
Bouna Ivory Coast **102** 9.19N 2.53W
Boundary Peak *mtn.* U.S.A. **120** 37.51N 118.23W
Boundiali Ivory Coast **102** 9.30N 6.31W
Bourem Mali **102** 16.59N 0.20W
Bourg France **68** 46.12N 5.13E
Bourganeuf France **68** 45.57N 1.44E
Bourges France **68** 47.05N 2.23E
Bourg Madame France **68** 42.26N 1.55E
Bourke Australia **108** 30.09S 145.59E
Bourne England **33** 52.46N 0.23W
Bourne *r.* England **16** 51.04N 1.47W
Bournebridge England **12** 51.37N 0.12E
Bourne End England **12** 51.34N 0.42W
Bournemouth England **16** 50.43N 1.53W
Bovingdon England **12** 51.44N 0.32W
Bowen Australia **107** 20.00S 148.15E
Bowes England **32** 54.31N 2.01W
Bowmore Scotland **40** 55.45N 6.17W
Bowness-on-Solway England **41** 54.57N 3.11W
Boxtel Neth. **73** 51.36N 5.20E
Boyle Rep. of Ire. **56** 53.58N 8.18W
Boyne *r.* Rep. of Ire. **57** 53.43N 6.18W
Boyoma Falls *f.* Zaïre **104** 0.18N 25.32E
Bozeman U.S.A. **120** 45.40N 111.00W
Braan *r.* Scotland **41** 56.34N 3.36W
Brabant *d.* Belgium **73** 50.47N 4.30E
Brac *i.* Yugo. **71** 43.20N 16.38E
Bracadale, Loch Scotland **48** 57.22N 6.30W
Bräcke Sweden **74** 62.44N 15.30E
Bracknell England **12** 51.26N 0.46W
Brad Romania **71** 46.06N 22.48E
Bradano *r.* Italy **71** 40.23N 16.52E
Bradford England **32** 53.47N 1.45W
Bradford-on-Avon England **16** 51.20N 2.15W
Bradwell-on-Sea England **17** 51.44N 0.55E
Bradworthy England **25** 50.54N 4.22W
Brae Scotland **48** 60.24N 1.21W
Braemar Scotland **49** 57.01N 3.24W
Braemar *f.* Scotland **49** 57.02N 3.24W
Braga Portugal **69** 41.32N 8.26W
Braganca Portugal **69** 41.47N 6.46W
Brahmaputra *r.* Asia **87** 23.50N 89.45E
Brăila Romania **71** 45.18N 27.58E
Brailsford England **32** 52.58N 1.35W
Brain *r.* England **12** 51.47N 0.40E
Braintree England **12** 51.53N 0.32E
Bramley England **12** 51.11N 0.35W
Brampton England **41** 54.56N 2.43W
Branco *r.* Brazil **128** 1.30S 62.00W
Brandberg *mtn.* S.W. Africa **106** 21.10S 14.33E
Brandenburg E. Germany **72** 52.25N 12.34E
Brandfort R.S.A. **106** 28.42S 26.28E
Brandon Canada **120** 49.50N 99.57W
Brandon Suffolk England **17** 52.27N 0.37E
Brandon Durham England **32** 54.46N 1.37W
Brandon B. Rep. of Ire. **58** 52.16N 10.05W
Brandon Hill Rep. of Ire. **59** 52.30N 6.59W
Brandon Mtn. Rep. of Ire. **58** 52.14N 10.15W
Brandon Pt. Rep. of Ire. **58** 52.17N 10.11W
Brantford Canada **124** 43.09N 80.17W
Brasília Brazil **128** 15.54S 47.50W
Braşov Romania **71** 45.40N 25.35E
Brass Nigeria **103** 4.20N 6.15E
Bratislava Czech. **75** 48.10N 17.10E
Bratsk U.S.S.R. **77** 56.20N 101.15E
Bratsk Resr. U.S.S.R. **77** 54.40N 103.00E
Brattleboro U.S.A. **125** 42.51N 72.36W
Braunschweig W. Germany **72** 52.15N 10.30E
Braunton England **25** 51.06N 4.09W
Brava Somali Rep. **105** 1.02N 44.02E
Brawley U.S.A. **120** 33.10N 115.30W
Bray *r.* England **25** 50.56N 3.54W
Bray Rep. of Ire. **59** 53.12N 6.07W
Bray Head Kerry Rep. of Ire. **58** 51.53N 10.26W
Bray Head Wicklow Rep. of Ire. **59** 53.11N 6.04W
Brazil S. America **128** 10.00S 52.00W
Brazilian Highlands Brazil **128** 14.00S 45.00W
Brazos *r.* U.S.A. **121** 28.55N 95.20W
Brazzaville Congo **104** 4.14S 15.10E
Breadalbane *f.* Scotland **40** 56.30N 4.20W
Breaksea Pt. Wales **25** 51.24N 3.25W
Bream B. New Zealand **112** 36.00S 174.30E
Brechin Scotland **41** 56.44N 2.40W
Breckland *f.* England **17** 52.28N 0.40E
Brecon Wales **24** 51.57N 3.23W
Brecon Beacons *mts.* Wales **24** 51.53N 3.27W
Breda Neth. **73** 51.35N 4.46E
Bredasdorp R.S.A. **106** 34.32S 20.02E
Brede *r.* England **17** 50.57N 0.44E
Bregenz Austria **72** 47.31N 9.46E
Breidha Fjördhur *est.* Iceland **74** 65.15N 23.00W
Bremen W. Germany **72** 53.05N 8.48E
Bremerhaven W. Germany **72** 53.33N 8.35E
Brendon Hills England **16** 51.05N 3.25W
Brenner Pass Austria/Italy **70** 47.00N 11.30E
Brent *d.* England **12** 51.33N 0.16W
Brenta *r.* Italy **70** 45.25N 12.15E
Brentford England **12** 51.30N 0.18W
Brentwood England **12** 51.38N 0.18E
Brescia Italy **70** 45.33N 10.12E
Breskens Neth. **73** 51.24N 3.34E
Bressanone Italy **72** 46.43N 11.40E
Bressay *i.* Scotland **48** 60.08N 1.05W
Bressay Sd. Scotland **48** 60.08N 1.10W
Bressuire France **68** 46.50N 0.28W
Brest France **68** 48.23N 4.30W
Brest U.S.S.R. **75** 52.08N 23.40E
Brest-Nantes Canal France **68** 47.55N 2.30W
Brett, C. New Zealand **112** 35.15S 174.20E
Brewarrina Australia **108** 29.57S 147.54E
Brewer U.S.A. **125** 44.48N 68.44W
Brewster, C. Greenland **114** 70.00N 25.00W
Briançon France **68** 44.53N 6.39E
Bricket Wood *town* England **12** 51.42N 0.20W
Bride I.o.M. **32** 54.23N 4.24W
Bride *r.* Rep. of Ire. **58** 52.05N 7.52W
Bridgend Wales **25** 51.30N 3.35W
Bridge of Allan *town* Scotland **41** 56.09N 3.58W
Bridge of Cally *town* Scotland **41** 56.39N 3.25W
Bridge of Earn *town* Scotland **41** 56.24N 3.25W
Bridgeport U.S.A. **125** 41.12N 73.12W
Bridgetown Barbados **127** 13.06N 59.37W
Bridgetown Rep. of Ire. **59** 52.14N 6.33W
Bridgnorth England **16** 52.33N 2.25W
Bridgwater England **16** 51.08N 3.00W
Bridgwater B. England **16** 51.15N 3.10W
Bridlington England **33** 54.06N 0.11W
Bridlington B. England **33** 54.03N 0.10W
Bridport England **16** 50.43N 2.45W
Brienne-le-Château France **68** 48.24N 4.32E
Brienz Switz. **72** 46.46N 8.02E
Brierfield England **32** 53.49N 2.15W
Brig Switz. **68** 46.19N 8.00E
Brigg England **33** 53.33N 0.30W
Brighouse England **32** 53.42N 1.47W
Bright Australia **108** 36.42S 146.58E
Brightlingsea England **17** 51.49N 1.01E
Brighton England **17** 50.50N 0.09W
Brindisi Italy **71** 40.38N 17.57E
Brisbane Australia **108** 27.30S 153.00E
Bristol England **25** 51.26N 2.35W
Bristol B. U.S.A. **122** 58.00N 158.50W
Bristol Channel England/Wales **25** 51.17N 3.20W
British Antarctic Territory Antarctica **134** 70.00S 50.00W
British Columbia *d.* Canada **122** 55.00N 125.00W
British Isles Europe **136** 54.00N 5.00W
Briton Ferry *town* Wales **25** 51.37N 3.50W
Britstown R.S.A. **106** 30.36S 23.30E
Brive France **68** 45.09N 1.32E
Briviesca Spain **69** 42.33N 3.19W
Brixham England **25** 50.24N 3.31W
Brno Czech. **72** 49.11N 16.39E
Broad B. Scotland **48** 58.15N 6.15W
Broadback *r.* Canada **121** 51.15N 78.55W
Broadford Scotland **48** 57.14N 5.54W
Broad Haven *b.* Rep. of Ire. **56** 54.17N 9.54W

Broad Law to **Caledon** 169

Broad Law *mtn.* Scotland **41** 55.30N 3.21W
Broadstairs England **17** 51.22N 1.27E
Broadstone England **16** 50.45N 2.00W
Broadway England **16** 52.02N 1.51W
Brocken *mtn.* E. Germany **72** 51.50N 10.50E
Brockenhurst England **16** 50.49N 1.34W
Brockham England **12** 51.13N 0.16W
Brockton U.S.A. **125** 42.06N 71.01W
Brockville Canada **125** 44.35N 75.44W
Brod Yugo. **71** 45.09N 18.02E
Brodick Scotland **40** 55.34N 5.09W
Brody U.S.S.R. **75** 50.05N 25.08E
Broken Hill *town* Australia **108** 31.57S 141.30E
Bromley England **12** 51.24N 0.02E
Bromley Common England **12** 51.23N 0.04E
Brompton England **12** 51.24N 0.35E
Bromsgrove England **16** 52.20N 2.03W
Bromyard England **16** 52.12N 2.30W
Brönderslev Denmark **74** 57.16N 9.58E
Brong-Ahafo *d.* Ghana **102** 7.45N 1.30W
Brookes Point *town* Phil. **88** 8.50N 117.52E
Brookmans Park *town* England **12** 51.43N 0.10W
Brooks Range *mts.* U.S.A. **122** 68.50N 152.00W
Brook Street England **12** 51.37N 0.17E
Broom, Loch Scotland **48** 57.52N 5.07W
Broome Australia **107** 17.58S 122.15E
Brora Scotland **49** 58.01N 3.52W
Brora *r.* Scotland **49** 58.00N 3.51W
Brosna *r.* Rep. of Ire. **58** 53.13N 7.58W
Brotton England **33** 54.34N 0.55W
Brough England **32** 54.32N 2.19W
Brough Head Scotland **49** 59.09N 3.19W
Brough Ness *c.* Scotland **49** 58.44N 2.57W
Broughton England **33** 54.26N 1.08W
Broughton Scotland **41** 55.37N 3.25W
Broughton in Furness England **32** 54.17N 3.12W
Brownhills England **16** 52.38N 1.57W
Brownstown Head Rep. of Ire. **59** 52.08N 7.07W
Brownsville U.S.A. **126** 25.54N 97.30W
Brown Willy *hill* England **25** 50.36N 4.36W
Broxbourne England **12** 51.45N 0.01W
Bruay-en-Artois France **73** 50.29N 2.36E
Brue *r.* England **16** 51.13N 3.00W
Bruernish Pt. Scotland **48** 56.59N 7.22W
Bruff Rep. of Ire. **58** 52.28N 8.34W
Bruges Belgium **73** 51.13N 3.14E
Brühl W. Germany **73** 50.50N 6.55E
Brunei Asia **88** 4.56N 114.58E
Brunner New Zealand **112** 42.28S 171.12E
Brunssun Neth. **73** 50.57N 5.59E
Brunswick U.S.A. **121** 31.09N 81.21W
Bruny I. Australia **108** 43.15S 147.16E
Bruree Rep. of Ire. **58** 52.25N 8.40W
Brussels Belgium **73** 50.50N 4.23E
Bruton England **16** 51.06N 2.28W
Bryansk U.S.S.R. **75** 53.15N 34.09E
Bryher *i.* England **25** 49.57N 6.21W
Bryn Brawd *mtn.* Wales **24** 52.08N 3.54W
Brynmawr Wales **25** 51.48N 3.10W
Bua *r.* Malaŵi **105** 12.42S 34.15E
Bubiyan I. Kuwait **85** 29.45N 48.15E
Bubye *r.* Rhodesia **106** 22.18S 31.00E
Bucaramanga Colombia **127** 7.08N 73.01W
Buchan *f.* Scotland **49** 57.34N 2.03W
Buchanan Liberia **102** 5.57N 10.02W
Buchan Ness *c.* Scotland **49** 57.28N 1.47W
Bucharest Romania **71** 44.25N 26.06E
Buckfastleigh England **25** 50.28N 3.47W
Buckhaven and Methil Scotland **41** 56.11N 3.03W
Buckhurst Hill England **12** 51.38N 0.03E
Buckie Scotland **49** 57.40N 2.58W
Buckingham England **16** 52.00N 0.59W
Buckinghamshire *d.* England **16** 51.50N 0.48W
Buckley Wales **24** 53.11N 3.04W
Buco Zau Angola **104** 4.46S 12.34E
Budapest Hungary **75** 47.30N 19.03E
Budaun India **86** 28.02N 79.07E
Buddon Ness *c.* Scotland **41** 56.29N 2.42W
Bude England **25** 50.49N 4.33W
Bude B. England **25** 50.50N 4.40W
Budjala Zaïre **104** 2.38N 19.48E
Budleigh Salterton England **16** 50.37N 3.19W
Buea Cameroon **103** 4.09N 9.13E
Buenaventura Colombia **115** 3.54N 77.02W
Buenos Aires Argentina **129** 34.40S 58.30W
Buffalo N.Y. U.S.A. **125** 42.52N 78.55W
Buffalo Wyo. U.S.A. **120** 44.21N 106.40W
Bug *r.* Poland **75** 52.29N 21.11E
Bug *r.* U.S.S.R. **75** 46.55N 31.59E
Buggs Island *l.* U.S.A. **121** 36.35N 78.20W
Bugulma U.S.S.R. **76** 54.32N 52.46E
Buie, Loch Scotland **40** 56.20N 5.53W
Builth Wells Wales **24** 52.09N 3.24W
Buitenpost Neth. **73** 53.15N 6.09E
Bujumbura Burundi **105** 3.22S 29.21E
Bukama Zaïre **104** 9.16S 25.52E
Bukavu Zaïre **105** 2.30S 28.49E
Bukhara U.S.S.R. **85** 39.47N 64.26E
Bukittinggi Indonesia **88** 0.18S 100.20E
Bukoba Tanzania **105** 1.20S 31.49E
Bula Indonesia **89** 3.07S 130.27E
Bulagan Mongolia **90** 48.34N 103.12E
Bulan Phil. **89** 12.40N 123.53E
Bulandshahr India **86** 28.30N 77.49E
Bulawayo Rhodesia **106** 20.10S 28.43E
Bulgaria Europe **71** 42.30N 25.00E
Bulkington England **16** 52.29N 1.25W
Buller *r.* New Zealand **112** 41.45S 171.35E
Buller, Mt. Australia **108** 37.11S 146.26E
Bulloo *r.* Australia **108** 27.26S 144.06E
Bull's Head Rep. of Ire. **58** 52.06N 10.11W
Bultfontein R.S.A. **106** 28.17S 26.10E
Bulun U.S.S.R. **77** 70.50N 127.20E
Bumba Zaïre **104** 2.15N 22.32E
Bumi *r.* Rhodesia **106** 17.00S 28.20E
Bum Tso *l.* China **87** 31.30N 91.10E
Bunbury Australia **107** 33.20S 115.34E
Bunclody Rep. of Ire. **59** 52.39N 6.39W
Buncrana Rep. of Ire. **57** 55.08N 7.28W
Bundaberg Australia **107** 24.50S 152.21E
Bunde W. Germany **73** 53.12N 7.16E
Bundelkhand *f.* India **86** 24.40N 80.00E
Bundoran Rep. of Ire. **56** 54.28N 8.18W
Bunessan Scotland **40** 56.18N 6.14W
Bungay England **17** 52.27N 1.26E
Bungo suido *str.* Japan **95** 32.52N 132.30E
Buni Nigeria **103** 11.20N 11.59E
Bunia Zaïre **105** 1.30N 30.10E
Bunmahon Rep. of Ire. **59** 52.08N 7.23W
Bunratty Rep. of Ire. **58** 52.42N 8.48W
Buntingford England **17** 51.57N 0.01W
Buol Indonesia **89** 1.12N 121.28E
Buqbuq Egypt **84** 31.30N 25.32E
Bura Coast Kenya **105** 3.30S 38.19E
Buraida Saudi Arabia **85** 26.18N 43.58E
Buraimi U.A.E. **85** 24.15N 55.45E
Burdur Turkey **84** 37.44N 30.17E
Burdwan India **86** 23.15N 87.52E
Bure *r.* England **17** 52.36N 1.44E
Bures England **17** 51.59N 0.46E
Burford England **16** 51.48N 1.38W
Burgan Kuwait **85** 29.00N 47.53E
Burgas Bulgaria **71** 42.30N 27.29E
Burgess Hill England **17** 50.57N 0.07W
Burghead Scotland **49** 57.42N 3.30W
Burgh Heath England **12** 51.18N 0.12W
Burgh le Marsh England **33** 53.10N 0.15E
Burgos Spain **69** 42.21N 3.41W
Burgsteinfurt W. Germany **73** 52.09N 7.21E
Burgsvik Sweden **74** 57.03N 18.19E
Burhanpur India **86** 21.18N 76.08E
Burias *i.* Phil. **89** 12.50N 123.10E
Burica, Punta Panamá **126** 8.05N 82.50W
Burley U.S.A. **120** 42.32N 113.48W
Burlington U.S.A. **125** 44.28N 73.14W
Burma Asia **94** 21.45N 97.00E
Burnham England **12** 51.35N 0.39W
Burnham Beeches England **12** 51.33N 0.39W
Burnham Market England **33** 52.57N 0.43E
Burnham-on-Crouch England **17** 51.37N 0.50E
Burnham-on-Sea England **16** 51.15N 3.00W
Burnie Australia **108** 41.03S 145.55E
Burnley England **32** 53.47N 2.15W
Burntisland Scotland **41** 56.03N 3.15W
Burra Australia **108** 33.40S 138.57E
Burravoe Scotland **48** 60.23N 1.20W
Burray *i.* Scotland **49** 58.51N 2.54W
Burren Junction Australia **108** 30.08S 148.59E
Burriana Spain **69** 30.54N 0.05W
Burrinjuck Resr. Australia **108** 35.00S 148.40E
Burrow Head Scotland **40** 54.41N 4.24W
Burry Port Wales **25** 51.41N 4.17W
Bursa Turkey **71** 40.11N 29.04E
Burscough England **32** 53.37N 2.51W
Burton Agnes England **33** 54.04N 0.18W
Burton Latimer England **16** 52.23N 0.41W
Burton upon Trent England **32** 52.58N 1.39W
Buru *i.* Indonesia **89** 3.30S 126.30E
Burujird Iran **85** 33.54N 48.47E
Burullus, L. Egypt **84** 31.30N 30.45E
Burundi Africa **105** 3.00S 30.00E
Bururi Burundi **105** 3.58S 29.35E
Burwell Cambs. England **17** 52.17N 0.20E
Burwell Lincs. England **33** 53.19N 0.02E
Bury England **32** 53.36N 2.19W
Bury St. Edmunds England **17** 52.15N 0.42E
Bush *r.* N. Ireland **57** 55.13N 6.33W
Bushey England **12** 51.39N 0.22W
Bushire Iran **85** 28.57N 50.52E
Bushmanland *f.* R.S.A. **106** 29.20S 18.45E
Bushmills N. Ireland **57** 55.12N 6.32W
Bushy Park *f.* England **12** 51.25N 0.19W
Businga Zaïre **104** 3.16N 20.55E
Busira *r.* Zaïre **104** 0.05N 18.18E
Bussum Neth. **73** 52.17N 5.10E
Busu Djanoa Zaïre **104** 1.42N 21.23E
Buta Zaïre **104** 2.50N 24.50E
Bute *i.* Scotland **40** 55.51N 5.07W
Bute, Sd. of Scotland **40** 55.44N 5.10W
Butiaba Uganda **105** 1.48N 31.15E
Butlers Bridge Rep. of Ire. **57** 54.03N 7.23W
Butser Hill England **16** 50.58N 0.58W
Butte U.S.A. **120** 46.00N 112.31W
Butterworth Malaysia **88** 5.24N 100.22E
Butterworth R.S.A. **106** 32.20S 28.09E
Buttevant Rep. of Ire. **58** 52.14N 8.41W
Butt of Lewis *c.* Scotland **48** 58.31N 6.15W
Butuan Phil. **89** 8.56N 125.31E
Butung *i.* Indonesia **89** 5.00S 122.50E
Buxton England **32** 53.16N 1.54W
Buy U.S.S.R. **75** 58.23N 41.27E
Buzău Romania **71** 45.10N 26.49E
Buzău *r.* Romania **71** 45.24N 27.48E
Buzi *r.* Moçambique **106** 19.52S 34.00E
Bydgoszcz Poland **75** 53.16N 17.33E
Byfield England **16** 52.10N 1.15W
Byfleet England **12** 51.20N 0.29W
Bylot I. Canada **123** 73.00N 78.30W
Byrock Australia **108** 30.40S 146.25E
Byrranga Mts. U.S.S.R. **77** 74.50N 101.00E
Byske *r.* Sweden **74** 64.58N 21.10E

C

Cabanatuan Phil. **89** 15.30N 120.58E
Cabimas Venezuela **127** 10.26N 71.27W
Cabinda Angola **104** 5.34S 12.12E
Cabo Delgado *d.* Moçambique **105** 12.30S 39.00E
Cabonga Resr. Canada **125** 47.35N 76.40W
Cabora Bassa Dam Moçambique **105** 15.36S 32.41E
Cabot Str. Canada **123** 47.00N 59.00W
Cabrera *i.* Spain **69** 39.08N 2.56E
Cabrera, Sierra *mts.* Spain **69** 42.10N 6.30W
Cabriel *r.* Spain **69** 39.13N 1.07W
Čačak Yugo. **75** 43.45N 20.22E
Cáceres Spain **69** 39.29N 6.23W
Cachimo *r.* Zaïre **104** 7.02S 21.13E
Cacin *r.* Spain **69** 37.10N 4.01W
Cacolo Angola **104** 10.09S 19.15E
Caconda Angola **104** 13.46S 15.06E
Cader Idris *mtn.* Wales **24** 52.40N 3.55W
Cadi, Sierra del *mts.* Spain **69** 42.12N 1.35E
Cadillac U.S.A. **124** 44.15N 85.23W
Cádiz Spain **69** 36.32N 6.18W
Cádiz, G. of Spain **69** 37.00N 7.10W
Caen France **68** 49.11N 0.22W
Caerleon Wales **25** 51.36N 2.57W
Caernarvon Wales **24** 53.08N 4.17W
Caernarvon B. Wales **24** 53.05N 4.25W
Caerphilly Wales **25** 51.34N 3.13W
Cagayan de Oro Phil. **89** 8.29N 124.40E
Cagliari Italy **70** 39.14N 9.07E
Cagliari, G. of Med. Sea **70** 39.07N 9.15E
Caguas Puerto Rico **127** 18.08N 66.00W
Caha Mts. Rep. of Ire. **58** 51.44N 9.45W
Caherciveen Rep. of Ire. **58** 51.56N 10.13W
Caher I. Rep. of Ire. **56** 53.43N 10.03W
Cahir Rep. of Ire. **58** 52.23N 7.56W
Cahore Pt. Rep. of Ire. **59** 52.34N 6.12W
Cahors France **68** 44.28N 0.26E
Caianda Angola **104** 11.02S 23.29E
Caibarién Cuba **127** 22.31N 79.28W
Caicos Is. C. America **127** 21.30N 72.00W
Cairn *r.* Scotland **41** 55.05N 3.38W
Cairn Gorm *mtn.* Scotland **49** 57.06N 3.39W
Cairngorms *mts.* Scotland **49** 57.04N 3.30W
Cairns Australia **107** 16.51S 145.43E
Cairnsmore of Carsphairn *mtn.* Scotland **40** 55.15N 4.12W
Cairn Table *mtn.* Scotland **41** 55.29N 4.02W
Cairo Egypt **84** 30.03N 31.15E
Cairo U.S.A. **121** 37.02N 89.02W
Caister-on-Sea England **17** 52.38N 1.43E
Caistor England **33** 53.29N 0.20W
Cajamarca Peru **128** 7.09S 78.32W
Calabar Nigeria **104** 4.56N 8.22E
Calafat Romania **71** 43.59N 22.57E
Calahorra Spain **69** 41.19N 1.58W
Calais France **17** 50.57N 1.52E
Calais U.S.A. **125** 45.11N 67.16W
Calamar Colombia **127** 10.16N 74.55W
Calamian Group *is.* Phil. **89** 12.00N 120.05E
Calamocha Spain **69** 40.54N 1.18W
Calapan Phil. **89** 13,23N 121.10E
Călăraşi Romania **71** 44.11N 27.21E
Calatayud Spain **69** 41.21N 1.39W
Calbayog Phil. **89** 12.04N 124.58E
Calcutta India **86** 22.35N 88.21E
Caldas da Rainha Portugal **69** 39.24N 9.08W
Caldbeck England **32** 54.45N 3.03W
Caldew *r.* England **32** 54.54N 2.55W
Caldy *i.* Wales **25** 51.38N 4.43W
Caledon N. Ireland **57** 54.21N 6.51W
Caledon *r.* R.S.A. **106** 30.35S 26.00E

Calf of Man to **Cebollera, Sierra de** 170

Calf of Man *i.* I.o.M. **57** 54.03N 4.49W
Calgary Canada **120** 51.05N 114.05W
Cali Colombia **128** 3.24N 76.30W
Caliente U.S.A. **120** 37.36N 114.31W
California *d.* U.S.A. **120** 37.00N 120.00W
California, G. of Mexico **120** 28.30N 112.30W
Callabonna *r.* Australia **108** 29.37S 140.08E
Callabonna, L. Australia **108** 29.47S 140.07E
Callan Rep. of Ire. **59** 52.33N 7.25W
Callander Scotland **40** 56.15N 4.13W
Callanish Scotland **48** 58.12N 6.45W
Callao Peru **128** 12.05S 77.08W
Callington England **25** 50.30N 4.19W
Calne England **16** 51.26N 2.00W
Caltagirone Italy **70** 37.14N 14.30E
Caltanissetta Italy **70** 37.30N 14.05E
Calulo Angola **104** 10.05S 14.56E
Calunga Cameia Angola **104** 11.30S 20.47E
Calvi France **68** 42.34N 8.44E
Calvinia R.S.A. **106** 31.25S 19.47E
Cam *r.* England **17** 52.34N 0.21E
Camabatela Angola **104** 8.20S 15.29E
Camagüey Cuba **127** 21.25N 77.55W
Camagüey *d.* Cuba **127** 21.30N 78.00W
Camagüey, Archipelago de Cuba **127** 22.30N 78.00W
Camarón, C. Honduras **126** 15.59N 85.00W
Camaross Rep. of Ire. **59** 52.22N 6.44W
Ca Mau, Pointe de *c.* S. Vietnam **88** 8.30N 104.35E
Cambay, G. of India **86** 20.30N 72.00E
Camberley England **12** 51.21N 0.45W
Camberwell England **12** 51.28N 0.05W
Cambodia Asia **94** 12.45N 105.00E
Camborne England **25** 50.12N 5.19W
Cambrai France **73** 50.11N 3.14E
Cambrian Mts. Wales **24** 52.33N 3.33W
Cambridge England **17** 52.13N 0.08E
Cambridge New Zealand **112** 37.53S 175.29E
Cambridge Mass. U.S.A. **125** 42.22N 71.06W
Cambridge Ohio U.S.A. **124** 40.02N 81.36W
Cambridge Bay *town* Canada **122** 69.09N 105.00W
Cambridgeshire *d.* England **17** 52.15N 0.05E
Camden Australia **108** 34.04S 150.40E
Camden *d.* England **12** 51.33N 0.10W
Camden U.S.A. **125** 39.52N 75.07W
Cameia Nat. Park Angola **104** 12.00S 21.30E
Camel *r.* England **25** 50.31N 4.50W
Camelford England **25** 50.37N 4.41W
Cameron Mts. New Zealand **112** 45.50S 167.00E
Cameroon Africa **103** 6.00N 12.30E
Cameroon, Mt. Cameroon **103** 4.20N 9.05E
Campbell, C. New Zealand **112** 41.45S 174.15E
Campbellton Canada **125** 48.00N 66.41W
Campbelltown Australia **108** 34.04S 150.49E
Campbeltown Scotland **40** 55.25N 5.36W
Campeche Mexico **126** 19.50N 90.30W
Campeche *d.* Mexico **126** 19.00N 90.00W
Campeche B. Mexico **126** 19.30N 94.00W
Camperdown Australia **108** 38.15S 143.14E
Campina Grande Brazil **128** 7.15S 35.53W
Campinas Brazil **129** 22.54S 47.06W
Campine *f.* Belgium **73** 51.05N 5.00E
Campo Cameroon **103** 2.22N 9.50E
Campo *r.* Cameroon **104** 2.21N 9.51E
Campobasso Italy **70** 41.34N 14.39E
Campo Grande Brazil **129** 20.24S 54.35W
Campo Maior Portugal **69** 39.01N 7.04W
Campos Brazil **129** 21.46S 41.21W
Campsie Fells *hills* Scotland **40** 56.02N 4.15W
Camrose Canada **122** 53.01N 112.48W
Can *r.* England **12** 51.44N 0.28E
Canada N. America **122** 60.00N 105.00W
Canadian *r.* U.S.A. **121** 35.20N 95.40W
Canadian Shield *f.* Canada **114** 50.00N 82.00W
Çanakkale Turkey **71** 40.09N 26.26E
Canal du Midi France **68** 43.18N 2.00E
Canarreos, Archipelago de los Cuba **126** 21.40N 82.30W
Canary Is. Atlantic Oc. **100** 29.00N 15.00W
Canberra Australia **108** 35.18S 149.08E
Candeleda Spain **69** 40.10N 5.14W
Canea Greece **71** 35.30N 24.02E
Cangamba Angola **104** 13.40S 19.50E
Canglass Pt. Rep. of Ire. **58** 51.59N 10.15W
Çankiri Turkey **84** 40.35N 33.37E
Canna *i.* Scotland **48** 57.03N 6.30W
Canna, Sd. of Scotland **48** 57.03N 6.27W
Cannes France **68** 43.33N 7.00E
Cannich Scotland **49** 57.20N 4.45W
Cannock England **16** 52.42N 2.02W
Cannock Chase *f.* England **16** 52.45N 2.00W
Canonbie Scotland **41** 55.05N 2.56W
Canon City U.S.A. **120** 38.27N 105.14W
Can Phumo *see* Lourenço Marques Moçambique **106**
Cantabria, Sierra de *mts.* Spain **69** 42.40N 2.30W
Cantabrian Mts. Spain **69** 42.55N 5.10W
Canterbury England **17** 51.17N 1.05E
Canterbury Bight New Zealand **112** 44.15S 172.00E
Can Tho S. Vietnam **94** 10.03N 105.40E
Canton U.S.A. **124** 40.48N 81.23W
Canvey England **12** 51.32N 0.35E
Canvey Island England **12** 51.32N 0.34E
Cao Bang N. Vietnam **93** 22.37N 106.18E
Caoles Scotland **40** 56.32N 6.44W
Caolisport, Loch Scotland **40** 55.54N 5.38W
Cape Barren I. Australia **108** 40.22S 148.15E
Cape Breton I. Canada **123** 46.00N 61.00W
Cape Coast *town* Ghana **102** 5.10N 1.13W
Cape Johnson Depth Pacific Oc. **89** 10.20N 127.20E
Capel England **17** 51.08N 0.18W
Capelongo Angola **104** 14.55S 15.03E
Cape Matifou *town* Algeria **69** 36.51N 3.15E
Cape Province *d.* R.S.A. **106** 31.00S 22.00E
Cape Town R.S.A. **106** 33.56S 18.28E
Cape Verde Is. Atlantic Oc. **138** 17.00N 25.00W
Cap Haitien *town* Haiti **127** 19.47N 72.17W
Cappamore Rep. of Ire. **58** 52.37N 8.21W
Cappoquin Rep. of Ire. **58** 52.09N 7.52W
Capraia *i.* Italy **70** 43.03N 9.50E
Capreol Canada **124** 46.43N 80.56W
Caprera *i.* Italy **70** 41.48N 9.27E
Capri *i.* Italy **70** 40.33N 14.13E
Caprivi Strip *f.* S.W. Africa **106** 17.50S 22.50E
Caquengue Angola **104** 12.23S 22.31E
Cara *i.* Scotland **40** 55.58N 5.45W
Caracal Romania **71** 44.08N 24.18E
Caracas Venezuela **127** 10.35N 66.56W
Caragh, Lough Rep. of Ire. **58** 52.03N 9.51W
Caratasca Lagoon Honduras **126** 15.10N 89.00W
Caravaca Spain **69** 38.06N 1.51W
Carbonara, C. Italy **70** 39.06N 9.32E
Carbondale U.S.A. **125** 41.35N 75.31W
Carbost Scotland **48** 57.27N 6.18W
Carbury Rep. of Ire. **59** 53.21N 6.58W
Carcassonne France **68** 43.13N 2.21E
Carcross Canada **122** 60.11N 134.41W
Cardenas Cuba **126** 23.02N 81.12W
Cardenete Spain **69** 39.46N 1.42W
Cardiff Wales **25** 51.28N 3.11W
Cardigan Wales **24** 52.06N 4.41W
Cardigan B. Wales **24** 52.30N 4.30W
Carentan France **68** 49.18N 1.14W
Carhaix France **68** 48.16N 3.35W
Caribbean Sea **127** 15.00N 75.00W
Caribou U.S.A. **125** 46.52N 68.01W
Caribou Mts. Canada **122** 58.30N 115.00W
Carignan France **73** 49.38N 5.10E
Caripito Venezuela **127** 10.07N 63.07W
Cark Mtn. Rep. of Ire. **56** 54.53N 7.53W
Carlingford Rep. of Ire. **57** 54.02N 6.12W
Carlingford Lough Rep. of Ire. **57** 54.03N 6.09W
Carlisle England **32** 54.54N 2.55W
Carlow Rep. of Ire. **59** 52.50N 6.56W
Carlow *d.* Rep. of Ire. **59** 52.45N 6.45W
Carloway Scotland **48** 58.17N 6.47W
Carlton England **33** 52.58N 1.06W
Carluke Scotland **41** 55.44N 3.51W
Carmacks Canada **122** 62.04N 136.21W
Carmarthen Wales **24** 51.52N 4.20W
Carmarthen B. Wales **25** 51.40N 4.30W
Carmel Head Wales **24** 53.24N 4.35W
Carmen Mexico **126** 18.38N 91.50W
Carmen I. Mexico **126** 18.35N 91.40W
Carmona Spain **69** 37.28N 5.38W
Carmyllie Scotland **41** 56.36N 2.41W
Carna Galway Rep. of Ire. **56** 53.20N 9.49W
Carna Wexford Rep. of Ire. **59** 52.12N 6.22W
Carnarvon R.S.A. **106** 30.59S 22.08E
Carndonagh Rep. of Ire. **40** 55.15N 7.15W
Carnedd y Filiast *mtn.* Wales **24** 52.56N 3.40W
Carnegie, L. Australia **107** 26.15S 123.00E
Carn Eige *mtn.* Scotland **48** 57.17N 5.07W
Carnew Rep. of Ire. **59** 52.43N 6.30W
Carnforth England **32** 54.08N 2.47W
Carnic Alps *mts.* Austria/Italy **70** 46.40N 12.48E
Car Nicobar *i.* India **94** 9.11N 92.45E
Carn Mòr *mtn.* Scotland **49** 57.14N 3.13W
Càrn na Loine *mtn.* Scotland **49** 57.24N 3.33W
Carnot C.A.R. **103** 4.59N 15.56E
Carnoustie Scotland **41** 56.30N 2.44W
Carnsore Pt. Rep. of Ire. **59** 52.10N 6.22W
Carnwath Scotland **41** 55.43N 3.37W
Carolina R.S.A. **106** 26.05S 30.07E
Caroline Is. Pacific Oc. **89** 7.50N 145.00E
Caroni *r.* Venezuela **127** 8.20N 62.45W
Carora Venezuela **127** 10.12N 70.07W
Carpathian Mts. Europe **75** 48.45N 23.45E
Carpentaria, G. of Australia **107** 14.00S 140.00E
Carpentras France **68** 44.03N 5.03E
Carpio Spain **69** 41.13N 5.07W
Carra, Lough Rep. of Ire. **56** 53.41N 9.15W
Carradale Scotland **40** 55.35N 5.28W
Carrara Italy **70** 44.04N 10.06E
Carrauntoohil *mtn.* Rep. of Ire. **58** 52.00N 9.45W
Carrbridge Scotland **49** 57.17N 3.49W
Carriacou *i.* Grenada **127** 12.30N 61.35W
Carrick Rep. of Ire. **56** 54.40N 8.39W
Carrick *f.* Scotland **40** 55.12N 4.38W
Carrickfergus N. Ireland **57** 54.43N 5.49W
Carrick Forest *hills* Scotland **40** 55.11N 4.29W
Carrickmacross Rep. of Ire. **57** 53.59N 6.44W
Carrick-on-Shannon Rep. of Ire. **56** 53.57N 8.18W
Carrick-on-Suir Rep. of Ire. **59** 52.21N 7.26W
Carrigaline Rep. of Ire. **58** 51.48N 8.24W
Carron *r.* Highland Scotland **48** 57.25N 5.27W
Carron *r.* Highland Scotland **49** 57.54N 4.23W
Carron, Loch Scotland **48** 57.23N 5.30W
Carrowkeel Rep. of Ire. **57** 55.08N 7.13W
Carrowmore Lough Rep. of Ire. **56** 54.12N 9.47W
Çarşamba Turkey **84** 41.13N 36.43E
Çarşamba *r.* Turkey **84** 37.52N 31.48E
Carse of Gowrie *f.* Scotland **41** 56.25N 3.15W
Carshalton England **12** 51.22N 0.10W
Carson City U.S.A. **120** 39.10N 119.46W
Carsphairn Scotland **40** 55.13N 4.15W
Carstairs Scotland **41** 55.42N 3.41W
Cartagena Colombia **127** 10.24N 75.33W
Cartagena Spain **69** 37.36N 0.59W
Cartago Costa Rica **126** 9.50N 83.52W
Caruaru Brazil **128** 8.15S 35.55W
Carúpano Venezuela **127** 10.39N 63.14W
Carvin France **73** 50.30N 2.58E
Cary *r.* England **16** 51.10N 3.00W
Casablanca Morocco **100** 33.39N 7.35W
Cascade Pt. New Zealand **112** 44.00S 168.20E
Cascade Range *mts.* U.S.A. **120** 44.00N 144.00W
Caserta Italy **70** 41.06N 14.21E
Cashel Rep. of Ire. **58** 52.31N 7.54W
Casino Australia **108** 28.50S 153.02E
Caspe Spain **69** 41.14N 0.03W
Casper U.S.A. **120** 42.50N 106.20W
Caspian Depression *f.* U.S.S.R. **61** 47.40N 51.40E
Caspian Sea U.S.S.R. **61** 42.00N 50.30E
Cassai *r.* Angola **104** 10.38S 22.15E
Casslar Mts. Canada **114** 39.30N 130.30W
Cassley *r.* Scotland **49** 57.58N 4.35W
Castaños Mexico **126** 26.48N 101.26W
Casteljaloux France **68** 44.19N 0.06W
Castellón de la Plana Spain **69** 39.59N 0.03W
Castelo Branco Portugal **69** 39.50N 7.30W
Casterton Australia **108** 37.35S 141.25E
Castlebar Rep. of Ire. **56** 53.51N 9.18W
Castlebay *town* Scotland **48** 56.58N 7.30W
Castlebellingham Rep. of Ire. **57** 53.54N 6.24W
Castleblayney Rep. of Ire. **57** 54.08N 6.46W
Castlebridge Rep. of Ire. **59** 52.23N 6.28W
Castle Cary England **16** 51.06N 2.31W
Castlecomer Rep. of Ire. **59** 52.48N 7.13W
Castledawson N. Ireland **57** 54.47N 6.35W
Castlederg N. Ireland **57** 54.52N 7.37W
Castledermot Rep. of Ire. **59** 52.54N 6.51W
Castle Douglas Scotland **41** 54.56N 3.56W
Castlefin Rep. of Ire. **57** 54.48N 7.40W
Castleford England **33** 53.43N 1.21W
Castlegregory Rep. of Ire. **58** 52.16N 10.01W
Castlehill Rep. of Ire. **56** 54.00N 9.49W
Castleisland Rep. of Ire. **58** 52.13N 9.28W
Castlemaine Australia **108** 37.05S 144.19E
Castlemaine Rep. of Ire. **58** 52.10N 9.41W
Castlemaine Harbour *est.* Rep. of Ire. **58** 52.08N 9.50W
Castlepollard Rep. of Ire. **57** 53.40N 7.19W
Castlerea Rep. of Ire. **56** 53.45N 8.30W
Castlerock N. Ireland **57** 55.10N 6.49W
Castletown I.o.M. **57** 54.05N 4.38W
Castletown Bere Rep. of Ire. **58** 51.40N 9.56W
Castletownroche Rep. of Ire. **58** 52.10N 8.28W
Castletownshend Rep. of Ire. **58** 51.32N 9.12W
Castlewellan N. Ireland **57** 54.15N 5.57W
Castres France **68** 43.36N 2.14E
Castries St. Lucia **127** 14.01N 60.59W
Catalca Turkey **71** 41.09N 28.29E
Catamarca Argentina **129** 28.28S 65.46W
Catanduanes *i.* Phil. **89** 13.45N 124.20E
Catania Italy **70** 37.31N 15.05E
Catanzaro Italy **71** 38.55N 16.35E
Catarman Phil. **89** 12.28N 124.50E
Caterham England **17** 51.17N 0.04W
Catete Angola **104** 9.09S 13.40E
Catford England **12** 51.26N 0.00
Cat I. Bahamas **127** 24.30N 75.30W
Catoche, C. Mexico **126** 21.38N 87.08W
Catskill Mts. U.S.A. **125** 42.15N 74.15W
Catterick England **32** 54.23N 1.38W
Cauca *r.* Colombia **127** 8.57N 74.30W
Caucasus Mts. U.S.S.R. **75** 43.00N 44.00E
Cauldcleuch Head *mtn.* Scotland **41** 55.18N 2.50W
Caungula Angola **104** 8.26S 18.35E
Caura *r.* Venezuela **127** 7.30N 65.00W
Causeway Rep. of Ire. **58** 52.25N 9.46W
Cavally *r.* Ivory Coast **102** 4.25N 7.39W
Cavan Rep. of Ire. **57** 53.59N 7.22W
Cavan *d.* Rep. of Ire. **57** 54.00N 7.15W
Cavite Phil. **89** 14.30N 120.54E
Cawood England **33** 53.50N 1.07W
Caxias do Sul Brazil **129** 29.14S 51.10W
Caxito Angola **104** 8.32S 13.38E
Cayenne French Guiana **128** 4.55N 52.18W
Cayman Brac *i.* Cayman Is. **127** 19.44N 79.48W
Cayman Is. C. America **127** 19.00N 81.00W
Cayuga L. U.S.A. **125** 42.40N 76.40W
Cazombo Angola **104** 11.54S 22.56E
Cebollera, Sierra de *mts.* Spain **69** 41.58N 2.30W

Cebu to **Chongjin** 171

Cebu Phil. **89** 10.17N 123.56E
Cebu *i.* Phil. **89** 10.15N 123.45E
Cecina Italy **70** 43.18N 10.30E
Cedar *r.* U.S.A. **124** 41.10N 91.25W
Cedar City U.S.A. **120** 37.40N 103.04W
Cedar Falls *town* U.S.A. **124** 42.34N 92.26W
Cedar Rapids *town* U.S.A. **124** 41.59N 91.39W
Cedros I. Mexico **120** 28.15N 115.15W
Ceduna Australia **107** 32.07S 133.42E
Cefalù Italy **70** 38.01N 14.03E
Ceiriog *r.* Wales **24** 52.57N 3.01W
Cela Angola **104** 11.26S 15.05E
Celaya Mexico **126** 20.32N 100.48W
Celbridge Rep. of Ire. **57** 53.20N 6.34W
Celebes *i.* Indonesia **89** 2.00S 120.30E
Celebes Sea Indonesia **89** 3.00N 122.00E
Celje Yugo. **70** 46.15N 15.16E
Celle W. Germany **72** 52.37N 10.05E
Cemaes Bay *town* Wales **24** 53.24N 4.27W
Cemaes Head Wales **59** 52.07N 4.44W
Central *d.* Ghana **102** 5.30N 1.10W
Central *d.* Kenya **105** 0.30S 37.00E
Central *d.* Scotland **40** 56.10N 4.20W
Central, Cordillera *mts.* Colombia **128** 6.00N 75.00W
Central African Republic Africa **100** 6.30N 20.00E
Centralia U.S.A. **124** 38.32N 89.08W
Central Russian Uplands U.S.S.R. **75** 53.00N 37.00E
Central Siberian Plateau *f.* U.S.S.R. **77** 66.00N 108.00E
Ceram *i.* Indonesia **89** 3.10S 129.30E
Ceram Sea Pacific Oc. **89** 2.50S 128.00E
Cerignola Italy **70** 41.17N 15.53E
Cernavodă Romania **71** 44.20N 28.02E
Cerne Abbas England **16** 50.49N 2.29W
Cerro de Pasco Peru **128** 10.43S 76.15W
Cerro Marahuaca *mtn.* Venezuela **128** 4.20N 65.30W
Cervera Spain **69** 41.40N 1.16W
Česke Budějovice Czech. **72** 49.00N 14.30E
Cessnock Australia **108** 32.51S 151.21E
Cetinje Yugo. **71** 42.24N 18.55E
Ceuta Spain **69** 35.53N 5.19W
Cevennes *mts.* France **68** 44.25N 4.05E
Ceyhan *r.* Turkey **84** 36.54N 34.58E
Ceylon *i.* Asia **137** 7.00N 81.00E
Chad Africa **103** 15.00N 17.00E
Chad, L. Africa **103** 13.30N 14.00E
Chadwell St. Mary England **12** 51.29N 0.22E
Chagford England **25** 50.40N 3.50W
Chagos Archipelago Indian Oc. **79** 6.00S 72.00E
Chah Bahar Iran **85** 25.17N 60.41E
Chaiyaphum Thailand **94** 15.46N 101.57E
Chakansur Afghan. **85** 31.10N 62.02E
Chalfont St. Giles England **12** 51.39N 0.35W
Chalfont St. Peter England **12** 51.37N 0.33W
Challans France **68** 46.51N 1.52W
Challenger Depth Pacific Oc. **89** 11.19N 142.15E
Châlons-sur-Marne France **68** 48.58N 4.22E
Chalon-sur-Saône France **68** 46.47N 4.51E
Chamai Thailand **88** 8.10N 99.41E
Chambal *r.* India **86** 26.30N 79.20E
Chambéry France **68** 45.34N 5.55E
Chambeshi *r.* Zambia **105** 11.15S 30.37E
Chamo, L. Ethiopia **105** 4.45N 36.53E
Chamonix France **68** 45.55N 6.52E
Champ Iran **85** 26.40N 60.31E
Champaign U.S.A. **124** 40.07N 88.14W
Champlain, L. U.S.A. **125** 44.45N 73.20W
Chanchiang China **93** 21.08N 110.22E
Chanda India **87** 19.58N 79.21E
Chandeleur Is. U.S.A. **121** 29.50N 88.50W
Chandigarh India **86** 30.44N 76.54E
Changchih China **92** 36.10N 113.00E
Changchow Fukien China **93** 24.30N 117.40E
Changchow Kiangsu China **93** 31.46N 119.58E
Changchun China **92** 43.51N 125.15E
Changhua Taiwan **93** 24.05N 120.30E
Chang I. Thailand **94** 12.04N 102.23E
Changkan China **93** 19.10N 108.44E
Changkiakow China **92** 40.47N 114.56E
Changkwansai Ling *mts.* China **95** 44.30N 128.00E
Changpeh China **92** 41.08N 114.44E
Changsha China **93** 28.09N 112.59E
Changshan Liehtao *is.* China **92** 39.20N 123.00E
Changshu China **93** 31.48N 120.52E
Changteh China **93** 29.00N 111.35E
Changting China **93** 25.42N 116.20E
Changtu China **90** 31.11N 97.18E
Channel Is. U.K. **25** 49.28N 2.13W
Chanthaburi Thailand **94** 12.35N 102.05E
Chaochow China **93** 23.40N 116.32E
Chao Hu *l.* China **93** 31.32N 117.30E
Chao Phraya *r.* Thailand **94** 13.34N 100.35E
Chaotung China **87** 27.30N 103.40E
Chaoyang China **92** 41.35N 120.20E
Chapala, Lago de Mexico **126** 20.00N 103.00W
Chapayevsk U.S.S.R. **75** 52.58N 49.44E
Chapel en le Frith England **32** 53.19N 1.54W
Chapel St. Leonards England **33** 53.14N 0.20E
Chapleau Canada **124** 47.50N 83.24W
Chapra India **86** 23.31N 88.40E
Charchan China **90** 38.08N 85.33E
Charchan *r.* China **90** 40.56N 86.27E
Chard England **16** 50.52N 2.59W
Chardzhou U.S.S.R. **85** 39.09N 63.34E
Chari *r.* Chad **103** 13.00N 14.30E
Charing England **17** 51.12N 0.49E
Charkhlik China **90** 39.00N 88.00E
Charleroi Belgium **73** 50.25N 4.27E
Charleston S.C. U.S.A. **121** 32.48N 79.58W
Charleston W. Va. U.S.A. **121** 38.23N 81.20W
Charlestown Rep. of Ire. **56** 53.58N 8.48W
Charlestown of Aberlour Scotland **49** 57.27N 3.14W
Charleville Australia **107** 26.25S 146.13E
Charleville-Mézières France **73** 49.46N 4.43E
Charlotte U.S.A. **121** 35.05N 80.50W
Charlottenburg W. Germany **72** 52.32N 13.18E
Charlottesville U.S.A. **121** 38.02N 78.29W
Charlottetown Canada **123** 46.14N 63.09W
Charlton Australia **108** 36.18S 143.27E
Charolles France **68** 46.26N 4.17E
Chartres France **68** 48.27N 1.30E
Châteaubriant France **68** 47.43N 1.22W
Château du Loir France **68** 47.42N 0.25E
Châteaudun France **68** 48.04N 1.20E
Châteauroux France **68** 46.49N 1.41E
Château Thierry France **68** 49.03N 3.24E
Châtelet Belgium **73** 50.24N 4.32E
Châtellerault France **68** 46.49N 0.33E
Chatham Canada **124** 42.24N 82.11W
Chatham England **12** 51.23N 0.32E
Chatham Is. Pacific Oc. **137** 43.00S 176.00W
Châtillon-s-Seine France **68** 47.52N 4.35E
Chattahoochee *r.* U.S.A. **121** 29.45N 85.00W
Chattanooga U.S.A. **121** 35.01N 85.18W
Chatteris England **17** 52.27N 0.03E
Chauka *r.* India **86** 27.10N 81.28E
Chaumont France **68** 48.07N 5.08E
Chaves Portugal **69** 41.44N 7.28W
Cheadle England **32** 53.24N 2.13W
Cheam England **12** 51.22N 0.13W
Cheb Czech. **72** 50.04N 12.20E
Cheboksary U.S.S.R. **75** 56.08N 47.12E
Cheboygan U.S.A. **124** 45.40N 84.28W
Cheddar England **16** 51.16N 2.47W
Cheduba I. Burma **94** 18.50N 93.35E
Chekiang *d.* China **93** 29.00N 120.00E
Cheleken U.S.S.R. **85** 39.26N 53.11E
Chéliff *r.* Algeria **69** 36.15N 2.05E
Chelkar Tengiz, L. U.S.S.R. **61** 48.00N 62.35E
Chelmer *r.* England **17** 51.43N 0.40E
Chelmsford England **12** 51.44N 0.28E
Cheltenham England **16** 51.53N 2.07W
Chelyabinsk U.S.S.R. **61** 55.12N 61.25E
Chelyuskin, C. U.S.S.R. **77** 77.20N 106.00E
Chemba Moçambique **105** 17.11S 34.53E
Chen, Mt. U.S.S.R. **77** 65.30N 141.20E
Chenab *r.* Asia **86** 29.26N 71.09E
Chengchow China **92** 34.40N 113.38E
Chengte China **92** 41.00N 117.52E
Chengtu China **93** 30.41N 104.05E
Chenning China **93** 26.05N 105.42E
Cheong *r.* China **93** 19.20N 108.38E
Chepstow Wales **25** 51.38N 2.40W
Cher *r.* France **68** 47.12N 2.04E
Cherbourg France **68** 49.38N 1.37W
Cherchel Algeria **69** 36.36N 2.11E
Cheremkhovo U.S.S.R. **77** 53.08N 103.01E
Cherepovets U.S.S.R. **75** 59.05N 37.55E
Cherkassy U.S.S.R. **75** 49.27N 32.04E
Cherkessk U.S.S.R. **75** 44.14N 42.05E
Chernigov U.S.S.R. **75** 51.30N 31.18E
Chernovtsy U.S.S.R. **75** 48.19N 25.52E
Chernyakhovsk U.S.S.R. **74** 54.36N 21.48E
Cherskogo Range *mts.* U.S.S.R. **77** 65.50N 143.00E
Chertsey England **12** 51.23N 0.27W
Chesapeake B. U.S.A. **121** 38.00N 76.00W
Chesham England **12** 51.43N 0.38W
Cheshire *d.* England **32** 53.14N 2.30W
Cheshunt England **12** 51.43N 0.02W
Chesil Beach *f.* England **16** 50.37N 2.33W
Chess *r.* England **12** 51.38N 0.28W
Chessington England **12** 51.21N 0.18W
Chester England **32** 53.12N 2.53W
Chester U.S.A. **125** 39.50N 75.23W
Chesterfield England **33** 53.14N 1.26W
Chesterfield Inlet *town* Canada **123** 63.00N 91.00W
Chester-le-Street England **33** 54.53N 1.34W
Chetumal Mexico **126** 18.30N 88.17W
Chetumal B. Mexico **126** 18.30N 88.00W
Chew *r.* England **16** 51.25N 2.30W
Chew Magna England **16** 51.21N 2.37W
Cheyenne U.S.A. **120** 41.08N 104.50W
Chhindwara India **86** 22.04N 78.58E
Chiai Taiwan **93** 23.30N 120.24E
Chiang Mai Thailand **94** 18.48N 98.59E
Chiangmen China **93** 22.31N 113.08E
Chiang Rai Thailand **94** 19.50N 99.51E
Chiaohsien China **92** 36.16N 120.00E
Chiapas *d.* Mexico **126** 16.30N 93.00W
Chiavari Italy **68** 44.19N 9.19E
Chiba Japan **95** 35.38N 140.07E
Chibemba Angola **106** 15.43S 14.07E
Chibia Angola **104** 15.10S 13.42E
Chibougamau Canada **121** 49.56N 74.24W
Chibuto Moçambique **106** 24.40S 33.33E
Chicago U.S.A. **124** 41.50N 87.45W
Chichagof I. U.S.A. **122** 57.55N 135.45W
Chichester England **16** 50.50N 0.47W
Chiclayo Peru **128** 6.47S 79.47W
Chico U.S.A. **120** 39.46N 121.50W
Chicoa Moçambique **106** 15.34S 32.22E
Chicoutimi-Jonquière Canada **125** 48.26N 71.06W
Chicumo Moçambique **106** 22.38S 33.18E
Chiddingstone Causeway *town* England **12** 51.12N 0.08E
Chidley, C. Canada **123** 60.30N 65.00W
Chiemsee *l.* W. Germany **72** 47.55N 12.30E
Chienping China **92** 41.23N 119.40E
Chieti Italy **70** 42.22N 14.12E
Chigwell England **12** 51.38N 0.05E
Chihfeng China **92** 42.13N 118.56E
Chihli, G. of China **92** 38.40N 119.00E
Chihuahua Mexico **120** 28.40N 106.06W
Chihuahua *d.* Mexico **126** 28.40N 104.58W
Chikwawa Malaŵi **105** 16.00S 34.54E
Chil *r.* Iran **85** 25.12N 61.30E
Chilapa Mexico **126** 17.31N 99.27W
Chile S. America **129** 33.00S 71.00W
Chillicothe U.S.A. **124** 38.20N 83.00W
Chiloé I. Chile **129** 43.00S 73.00W
Chilpancingo Mexico **126** 17.33N 99.30W
Chiltern Hills England **12** 51.40N 0.53W
Chiltern Hundreds *hills* England **12** 51.37N 0.38W
Chilumba Malaŵi **105** 10.25S 34.18E
Chilung Taiwan **93** 25.09N 121.45E
Chilwa, L. Malaŵi **105** 15.15S 35.45E
Chimay Belgium **73** 50.03N 4.20E
Chimborazo *mtn.* Ecuador **128** 1.10S 78.50W
Chimbote Peru **128** 8.58S 78.34W
Chimkent U.S.S.R. **90** 42.16N 69.05E
China Asia **93** 32.00N 114.00E
Chinandega Nicaragua **126** 12.35N 87.10W
Chinati Peak U.S.A. **120** 30.05N 104.30W
Chinchoua Gabon **104** 0.00 9.48E
Chinchow China **92** 41.06N 121.05E
Chindio Moçambique **105** 17.46S 35.23E
Chindwin *r.* Burma **94** 21.30N 95.12E
Chinga Moçambique **105** 15.14S 38.40E
Chingford England **12** 51.37N 0.00
Ching Hai *l.* China **90** 36.40N 100.00E
Chingola Zambia **105** 12.29S 27.53E
Chingpo Hu *l.* China **95** 43.55N 128.58E
Chinhai China **93** 29.58N 121.45E
Chin Hills Burma **94** 22.30N 93.30E
Chinhsi China **92** 40.47N 120.43E
Chinhsien China **94** 22.00N 108.50E
Chinkiang China **92** 32.09N 119.30E
Chin Ling Shan *mts.* China **92** 33.30N 109.00E
Chinsali Zambia **105** 10.33S 32.05E
Chinsi China **92** 40.48N 120.46E
Chintheche Malaŵi **105** 11.50S 34.13E
Chinwangtao China **92** 39.52N 119.42E
Chipata Zambia **105** 13.37S 32.40E
Chipera Moçambique **105** 15.20S 32.35E
Chipinga Rhodesia **106** 20.12S 32.38E
Chippenham England **16** 51.27N 2.07W
Chippewa *r.* U.S.A. **124** 44.23N 92.05W
Chippewa Falls *town* U.S.A. **124** 44.56N 91.25W
Chipping Norton England **16** 51.56N 1.32W
Chipping Ongar England **12** 51.43N 0.15E
Chipping Sodbury England **16** 51.31N 2.23W
Chipstead England **12** 51.18N 0.10W
Chir *r.* U.S.S.R. **75** 48.34N 42.53E
Chiredzi Rhodesia **106** 21.03S 31.39E
Chiredzi *r.* Rhodesia **106** 21.10S 31.50E
Chiriqui *mtn.* Panamá **126** 8.49N 82.38W
Chiriqui Lagoon Panamá **126** 9.00N 82.00W
Chirnside Scotland **41** 55.48N 2.12W
Chiromo Malaŵi **105** 16.28S 35.10E
Chirripo *mtn.* Costa Rica **126** 9.31N 83.30W
Chislehurst England **12** 51.25N 0.05E
Chistopol U.S.S.R. **75** 55.25N 50.38E
Chiswellgreen England **12** 51.43N 0.24W
Chiswick England **12** 51.29N 0.16W
Chita U.S.S.R. **91** 52.03N 113.35E
Chitipa Malaŵi **105** 9.41S 33.19E
Chitral Pakistan **86** 35.52N 71.58E
Chittagong Bangla. **94** 22.20N 91.48E
Chitterne England **16** 51.12N 2.01W
Chittoor India **87** 13.13N 79.06E
Chiumbe *r.* Zaïre **104** 6.37S 21.04E
Chiuta, L. Malaŵi/Moçambique **105** 14.45S 35.50E
Chobe *r.* Botswana **106** 17.45S 25.12E
Chobham England **12** 51.21N 0.37W
Chojnice Poland **75** 53.42N 17.32E
Chokai san *mtn.* Japan **95** 39.08N 140.04E
Cholet France **68** 47.04N 0.53W
Cholon S. Vietnam **94** 10.40N 106.30E
Choluteca Honduras **126** 13.16N 87.11W
Choma Zambia **105** 16.51S 27.04E
Chon Buri Thailand **94** 13.20N 101.02E
Chongjin N. Korea **95** 41.55N 129.50E

Chonju to **Con Son Is.** 172

Chonju S. Korea **91** 35.50N 127.05E
Chorley England **32** 53.39N 2.39W
Chorleywood England **12** 51.40N 0.29W
Chorzów Poland **75** 50.19N 18.56E
Chota Nagpur *f.* India **86** 23.30N 84.00E
Chott Djerid *f.* Tunisia **100** 33.30N 8.30E
Chott ech Chergui *f.* Algeria **100** 34.00N 0.30E
Chott Melrhir *f.* Algeria **100** 34.15N 7.00E
Christchurch England **16** 50.44N 1.47W
Christchurch New Zealand **112** 43.33S 172.40E
Christianshaab Greenland **123** 68.50N 51.00W
Christmas I. Indian Oc. **88** 10.30S 105.40E
Christmas I. Pacific Oc. **136** 2.00N 157.00W
Chu *r.* U.S.S.R. **90** 42.30N 76.10E
Chuanchow China **93** 24.57N 118.32E
Chuchow China **93** 27.49N 113.07E
Chuckchee Pen. U.S.S.R. **77** 66.00N 174.30W
Chudleigh England **25** 50.35N 3.36W
Chudovo U.S.S.R. **75** 59.10N 31.41E
Chugoku *d.* Japan **95** 35.00N 133.00E
Chugoku sanchi *mts.* Japan **95** 35.30N 133.00E
Chuhsien China **93** 28.59N 118.56E
Chuiquimula Guatemala **126** 15.52N 89.50W
Chukai Malaysia **88** 4.16N 103.24E
Chukchi Sea Arctic Oc. **114** 69.30N 172.00W
Chu Kiang *r.* China **93** 30.02N 106.20E
Chukot Range *mts.* U.S.S.R. **114** 67.00N 180.00
Chulmleigh England **25** 50.55N 3.52W
Chumphon Thailand **94** 10.34N 99.15E
Chuna *r.* U.S.S.R. **77** 58.00N 94.00E
Chungking China **93** 29.31N 106.35E
Chungli Taiwan **93** 24.54N 121.09E
Chungtiao Shan *mts.* China **92** 35.10N 112.00E
Chungtien China **87** 28.00N 99.30E
Chunya Tanzania **105** 8.31S 33.28E
Chur Switz. **72** 46.52N 9.32E
Churchill Canada **123** 58.45N 94.00W
Churchill *r.* Canada **123** 58.20N 94.15W
Churchill, C. Canada **123** 58.50N 93.00W
Churchill Falls *f.* Canada **114** 53.30N 64.10W
Churchill L. Canada **122** 56.00N 108.00W
Churchill Peak Canada **122** 58.10N 125.00W
Church Stoke Wales **24** 52.32N 3.04W
Church Stretton England **24** 52.32N 2.49W
Churchtown Rep. of Ire. **59** 52.08N 6.55W
Churn *r.* England **16** 51.38N 1.53W
Chu Shan *i.* China **93** 30.05N 122.15E
Chu Yang Sin *mtn.* S. Vietnam **94** 12.25N 108.25E
Ciego de Avila Cuba **127** 21.51N 78.47W
Ciénaga Colombia **128** 10.30N 74.15W
Cienfuegos Cuba **127** 22.10N 80.27W
Cieza Spain **69** 38.14N 1.25W
Cifuentes Spain **69** 40.47N 2.37W
Cijara L. Spain **69** 39.20N 4.50W
Cilo, Mt. Turkey **85** 37.30N 44.00E
Cimarron *r.* U.S.A. **121** 36.15N 96.55W
Cimone, Monte *mtn.* Italy **70** 44.12N 10.42E
Cinca *r.* Spain **69** 41.22N 0.20W
Cincinnati U.S.A. **124** 39.10N 84.30W
Cinderford England **16** 51.49N 2.30W
Ciney Belgium **73** 50.17N 5.06E
Cinto, Mont *mtn.* France **68** 42.23N 8.57E
Cirencester England **16** 51.43N 1.59W
City of London England **12** 51.32N 0.06W
City of Westminster England **12** 51.30N 0.09W
Ciudad Bolívar Venezuela **127** 8.06N 63.36W
Ciudad Camargo Mexico **120** 27.41N 105.10W
Ciudadela Spain **69** 40.00N 3.50E
Ciudad Guerrero Mexico **120** 28.33N 107.28W
Ciudad Ixtepec Mexico **126** 16.32N 95.10W
Ciudad Juárez Mexico **120** 31.42N 106.29W
Ciudad Madera Mexico **126** 22.19N 95.50W
Ciudad Obregon Mexico **120** 27.28N 109.55W
Ciudad Real Spain **69** 38.59N 3.55W
Ciudad Rodrigo Spain **69** 40.36N 6.33W
Ciudad Victoria Mexico **126** 23.43N 99.10W
Civitavecchia Italy **70** 42.06N 11.48E
Civray France **68** 46.09N 0.18E
Civril Turkey **84** 38.18N 29.43E
Cizre Turkey **84** 37.21N 42.11E
Clackmannan Scotland **41** 56.06N 3.46W
Clacton on Sea England **17** 51.47N 1.10E
Clane Rep. of Ire. **59** 53.18N 6.42W
Clapham England **12** 51.27N 0.08W
Clara Rep. of Ire. **57** 53.20N 7.29W
Clare Australia **108** 33.50S 138.38E
Clare *d.* Rep. of Ire. **58** 52.45N 9.00W
Clare *i.* Rep. of Ire. **56** 53.48N 10.00W
Clare *r.* Rep. of Ire. **56** 53.17N 9.04W
Clare U.S.A. **124** 43.49N 84.47W
Clarecastle Rep. of Ire. **58** 52.49N 8.58W
Claregalway Rep. of Ire. **56** 53.21N 8.58W
Claremont U.S.A. **125** 43.23N 72.21W
Claremorris Rep. of Ire. **56** 53.43N 9.00W
Clarence *r.* New Zealand **112** 42.10S 173.55E
Clarinbridge Rep. of Ire. **58** 53.14N 8.52W
Clarke I. Australia **108** 40.30S 148.10E
Clarksburg U.S.A. **124** 39.16N 80.22W
Clashmore Rep. of Ire. **58** 52.01N 7.49W
Clatteringshaws Loch Scotland **40** 55.30N 4.25W
Claudy N. Ireland **57** 54.05N 7.09W
Clay Cross England **33** 53.11N 1.26W
Clay Head I.o.M. **32** 54.12N 4.23W
Clayton U.S.A. **120** 36.27N 103.12W
Clear, C. Rep. of Ire. **58** 51.25N 9.32W
Clear I. Rep. of Ire. **58** 51.26N 9.30W
Clearwater L. Canada **123** 56.10N 74.30W
Cleator Moor *town* England **32** 54.30N 3.32W
Clee Hills England **16** 52.25N 2.37W
Cleethorpes England **33** 53.33N 0.02W
Cleobury Mortimer England **16** 52.23N 2.28W
Clermont Ferrand France **68** 45.47N 3.05E
Clevedon England **16** 51.26N 2.52W
Cleveland *d.* England **33** 54.37N 1.08W
Cleveland *f.* England **33** 54.30N 0.55W
Cleveland U.S.A. **124** 41.30N 81.41W
Cleveland Hills England **33** 54.25N 1.10W
Cleveleys England **32** 53.52N 3.01W
Clew B. Rep. of Ire. **56** 53.50N 9.47W
Clifden Rep. of Ire. **56** 53.29N 10.02W
Cliffe England **12** 51.28N 0.30E
Cliffoney Rep. of Ire. **56** 54.26N 8.27W
Clinton U.S.A. **124** 41.51N 90.12W
Clipperton I. Pacific Oc. **115** 10.20N 109.13W
Clisham *mtn.* Scotland **48** 57.58N 6.50W
Clitheroe England **32** 53.52N 2.23W
Cloghan Rep. of Ire. **58** 53.13N 7.54W
Clogheen Rep. of Ire. **58** 52.16N 8.00W
Clogher N. Ireland **57** 54.25N 7.11W
Clogher Head Kerry Rep. of Ire. **58** 52.09N 12.28W
Clogher Head Louth Rep. of Ire. **57** 53.47N 6.13W
Clogherhead *town* Rep. of Ire. **57** 53.47N 6.15W
Clogh Mills N. Ireland **57** 55.00N 6.20W
Clonakilty Rep. of Ire. **58** 51.37N 8.54W
Clonakilty B. Rep. of Ire. **58** 51.35N 8.52W
Clondalkin Rep. of Ire. **57** 53.19N 6.24W
Clonee Rep. of Ire. **57** 53.24N 6.27W
Clones Rep. of Ire. **57** 54.11N 7.15W
Clonfert Rep. of Ire. **58** 53.15N 8.06W
Clonmany Rep. of Ire. **57** 55.16N 7.26W
Clonmel Rep. of Ire. **58** 52.21N 7.44W
Clonmellon Rep. of Ire. **57** 53.40N 7.02W
Clonroche Rep. of Ire. **59** 52.27N 6.44W
Cloppenburg W. Germany **73** 52.52N 8.02E
Cloquet U.S.A. **124** 46.40N 92.30W
Cloud Peak *mtn.* U.S.A. **120** 44.23N 107.11W
Cloughton England **33** 54.20N 0.27W
Clovelly England **25** 51.00N 4.25W
Clovis U.S.A. **120** 34.14N 103.13W
Clowne England **33** 53.18N 1.16W
Cloyne Rep. of Ire. **58** 51.52N 8.09W
Cluanie, Loch Scotland **48** 57.08N 5.05W
Cluj Romania **75** 46.47N 23.37E
Clun Forest *f.* England **16** 52.28N 3.10W
Clutha *r.* New Zealand **112** 46.18S 169.05E
Clwyd *d.* Wales **24** 53.07N 3.20W
Clwyd *r.* Wales **24** 53.19N 3.30W
Clwydian Range *mts.* Wales **24** 53.08N 3.15W
Clyde *r.* Scotland **40** 55.58N 4.53W
Clydebank Scotland **40** 55.53N 4.23W
Clydesdale *f.* Scotland **41** 55.41N 3.48W
Coahuila *d.* Mexico **126** 27.00N 103.00W
Coalisland N. Ireland **57** 54.33N 6.43W
Coalville England **16** 52.43N 1.21W
Coast *d.* Kenya **105** 3.00S 39.30E
Coast *d.* Tanzania **105** 7.00S 39.00E
Coast Mts. Canada **122** 55.30N 128.00W
Coast Range *mts.* U.S.A. **120** 40.00N 123.00W
Coatbridge Scotland **41** 55.52N 4.02W
Coats I. Canada **123** 62.30N 83.00W
Coatzacoalcos Mexico **126** 18.10N 94.25W
Cobalt Canada **125** 47.24N 79.41W
Cobán Guatemala **126** 15.28N 90.20W
Cobar Australia **108** 31.32S 145.51E
Cobbin's Brook *r.* England **12** 51.40N 0.01W
Cobh Rep. of Ire. **58** 51.50N 8.18W
Cobham Kent England **12** 51.24N 0.25E
Cobham Surrey England **12** 51.20N 0.25W
Cobija Bolivia **128** 11.01S 68.45W
Cobourg Canada **125** 43.58N 78.11W
Coburg W. Germany **72** 50.15N 10.58E
Cochabamba Bolivia **128** 17.26S 66.10W
Cochin India **86** 9.56N 76.15E
Cochrane Canada **124** 49.04N 81.02W
Cockburn Australia **108** 32.05S 141.00E
Cockburnspath Scotland **41** 55.56N 2.22W
Cockermouth England **32** 54.40N 3.22W
Cockernhoe Green England **12** 51.55N 0.20W
Cockfosters England **12** 51.39N 0.09W
Coco *r.* Honduras **126** 14.58N 83.15W
Cocos Is. Indian Oc. **139** 13.00S 96.00E
Cod, C. U.S.A. **125** 42.08N 70.10W
Cod's Head Rep. of Ire. **58** 51.40N 10.06W
Coesfeld W. Germany **73** 51.55N 7.13E
Coevorden Neth. **73** 52.39N 6.45E
Coff's Harbour Australia **108** 30.19S 153.05E
Cofre de Perote *mtn.* Mexico **126** 19.30N 97.10W
Coggeshall England **17** 51.53N 0.41E
Coghinas *r.* Italy **70** 40.57N 8.50E
Cognac France **68** 45.42N 0.19W
Coiba I. Panamá **126** 8.30N 81.45W
Coigach *f.* Scotland **48** 58.00N 5.10W
Coimbatore India **86** 11.00N 76.57E
Coimbra Portugal **69** 40.12N 8.25W
Coin Spain **69** 36.40N 4.45W
Cojedes *r.* Venezuela **127** 7.35N 66.30W
Colac Australia **108** 38.22S 143.38E
Colchester England **17** 51.54N 0.55E
Coldblow England **12** 51.23N 0.11E
Cold Fell *mtn.* England **41** 54.54N 2.37W
Coldingham Scotland **41** 55.53N 2.10W
Coldstream Scotland **41** 55.39N 2.15W
Coleford England **16** 51.46N 2.38W
Coleman Canada **120** 49.38N 114.28W
Coleraine N. Ireland **57** 55.08N 6.41W
Colesberg R.S.A. **106** 30.44S 25.00E
Colgrave Sd. Scotland **48** 60.30N 0.58W
Colima Mexico **126** 18.00N 103.45W
Colima *d.* Mexico **126** 18.00N 103.45W
Colintraive Scotland **40** 55.56N 5.09W
Coll *i.* Scotland **40** 56.38N 6.34W
Collerina Australia **108** 29.22S 146.32E
Collier Law *mtn.* England **32** 54.45N 1.58W
Collier Row England **12** 51.36N 0.09E
Collier Street *town* England **12** 51.11N 0.27E
Collingwood Canada **124** 44.30N 80.14W
Collingwood New Zealand **112** 40.41S 172.41E
Collinstown Rep. of Ire. **57** 53.39N 7.12W
Collin Top *mtn.* N. Ireland **57** 54.58N 6.08W
Collon Rep. of Ire. **57** 53.47N 6.30W
Collooney Rep. of Ire. **56** 54.10N 8.30W
Colmar France **72** 48.05N 7.21E
Colmenar Viejo Spain **69** 40.39N 3.46W
Coln *r.* England **16** 51.41N 1.42W
Colne England **32** 53.51N 2.11W
Colne *r.* Bucks. England **12** 51.26N 0.32W
Colne *r.* Essex England **17** 51.50N 0.59E
Colnett, C. Mexico **120** 31.00N 116.20W
Colney Heath *town* England **12** 51.43N 0.14W
Cologne W. Germany **73** 50.56N 6.57E
Colombia S. America **127** 7.00N 74.00W
Colombo Sri Lanka **87** 6.55N 79.52E
Colón Panama Canal Zone **127** 9.21N 79.54W
Colonsay *i.* Scotland **40** 56.04N 6.13W
Colorado *r.* Argentina **129** 39.50S 62.02W
Colorado *r.* N. America **120** 32.00N 114.58W
Colorado *d.* U.S.A. **120** 39.00N 106.00W
Colorado *r.* Texas U.S.A. **121** 28.30N 96.00W
Colorado Plateau *f.* U.S.A. **120** 35.45N 112.00W
Colorado Springs *town* U.S.A. **120** 38.50N 104.40W
Colsterworth England **33** 52.48N 0.37W
Coltishall England **17** 52.44N 1.22E
Columbia U.S.A. **121** 34.00N 81.00W
Columbia *r.* U.S.A. **120** 46.10N 123.30W
Columbretes, Islas Spain **69** 39.50N 0.40E
Columbus Ga. U.S.A. **121** 32.28N 84.59W
Columbus Ohio U.S.A. **124** 39.59N 83.03W
Colville *r.* U.S.A. **122** 70.06N 151.30W
Colwyn Bay *town* Wales **24** 53.18N 3.43W
Comayagua Honduras **126** 14.30N 87.39W
Combe Martin England **25** 51.12N 4.02W
Comber N. Ireland **57** 54.33N 5.45W
Comeragh Mts. Rep. of Ire. **59** 52.17N 7.34W
Comilla Bangla. **87** 23.28N 91.10E
Commonwealth Territory *d.* Australia **108** 35.00S 151.00E
Como Italy **68** 45.48N 9.04E
Como, L. Italy **70** 46.05N 9.17E
Comodoro Rivadavia Argentina **129** 45.50S 67.30W
Comorin, C. India **86** 8.04N 77.35E
Comoro Is. Africa **105** 12.15S 44.00E
Comrie Scotland **41** 56.23N 4.00W
Cona *r.* Scotland **48** 56.46N 5.13W
Conakry Guinea **102** 9.30N 13.43W
Concarneau France **68** 47.53N 3.55W
Concepción Chile **129** 36.50S 73.03W
Concepción Paraguay **129** 23.22S 57.26W
Conception, Pt. U.S.A. **120** 34.27N 120.26W
Conchos *r.* Mexico **120** 29.34N 104.30W
Concord U.S.A. **125** 43.13N 71.34W
Concordia Argentina **129** 31.25S 58.00W
Condobolin Australia **108** 33.03S 147.11E
Confolens France **68** 46.01N 0.40E
Congleton England **32** 53.10N 2.12W
Congo Africa **104** 1.00S 16.00E
Congo *r. see* ZaïreZaïre **104**
Congo Basin *f.* Zaïre **96** 1.00N 21.00E
Congresbury England **16** 51.20N 2.49W
Coningsby England **33** 53.07N 0.09W
Conisbrough England **33** 53.29N 1.12W
Coniston England **32** 54.22N 3.06W
Coniston Water *l.* England **32** 54.20N 3.05W
Conn, Lough Rep. of Ire. **56** 54.03N 9.16W
Connah's Quay Wales **24** 53.13N 3.03W
Connecticut *d.* U.S.A. **125** 41.30N 72.50W
Connecticut *r.* U.S.A. **125** 41.20N 72.19W
Connel Scotland **40** 56.27N 5.24W
Connemara *f.* Rep. of Ire. **56** 53.31N 9.56W
Conon *r.* Scotland **49** 57.33N 4.33W
Consett England **32** 54.52N 1.50W
Con Son Is. S. Vietnam **94** 8.45N 106.38E

Constance, L. Europe 72 47.40N 9.30E
Constanţa Romania 71 44.10N 28.31E
Constantina Spain 69 37.54N 5.36W
Constantine Algeria 70 36.22N 6.38E
Constantine Mts. Algeria 70 36.30N 6.35E
Conway Wales 24 53.17N 3.50W
Conway r. Wales 24 53.17N 3.49W
Conway B. Wales 24 53.19N 3.55W
Cooch Behar India 86 26.18N 89.32E
Cook, Mt. New Zealand 112 43.45S 170.12E
Cook Is. Pacific Oc. 136 20.00S 157.00W
Cookstown N. Ireland 57 54.39N 6.46W
Cook Str. New Zealand 112 41.15S 174.30E
Cooktown Australia 107 15.29S 145.15E
Coolah Australia 108 31.48S 149.45E
Coolaney Rep. of Ire. 56 54.11N 8.36W
Coolgreany Rep. of Ire. 59 52.46N 6.15W
Cooma Australia 108 36.15S 149.07E
Coomacarrea mtn. Rep. of Ire. 58 51.58N 10.02W
Coomnadiha mtn. Rep. of Ire. 58 51.46N 9.40W
Coonabarabran Australia 108 31.16S 149.18E
Coonamble Australia 108 30.55S 148.26E
Cooper Creek Australia 108 28.36S 138.00E
Cootamundra Australia 108 34.41S 148.03E
Cootehill Rep. of Ire. 57 54.05N 7.05W
Copán ruins Guatemala 126 14.52N 89.10W
Copeland I. N. Ireland 57 54.40N 5.32W
Copenhagen Denmark 74 55.43N 12.34E
Copiapo Chile 129 27.20S 70.23W
Copinsay i. Scotland 49 58.54N 2.41W
Copper Belt f. Zambia 105 12.40S 28.00E
Coppermine r. Canada 122 67.54N 115.10W
Coppermine town Canada 122 67.49N 115.12W
Coquet r. England 41 55.21N 1.35W
Coquet I. England 41 55.20N 1.30W
Coquimbo Chile 129 30.00S 71.25W
Corabia Romania 71 43.45N 24.29E
Coral Sea Pacific Oc. 107 13.00S 148.00E
Corangamite, L. Australia 108 38.10S 143.25E
Corbeil France 68 48.37N 2.29E
Corbridge England 41 54.58N 2.01W
Corby England 16 52.29N 0.41W
Córdoba Argentina 129 31.25S 64.11W
Cordoba Mexico 126 18.55N 96.55W
Cordoba Spain 69 37.53N 4.46W
Corfu Greece 71 39.37N 19.50E
Corfu i. Greece 71 39.35N 19.50E
Corigliano Italy 71 39.36N 16.31E
Corinna Australia 108 41.38S 145.06E
Corinth Greece 71 37.56N 22.55E
Corinth, G. of Greece 71 38.15N 22.30E
Corinto Nicaragua 126 12.29N 87.14W
Cork Rep. of Ire. 58 51.54N 8.28W
Cork d. Rep. of Ire. 58 52.00N 8.30W
Cork Harbour est. Rep. of Ire. 58 51.50N 8.17W
Cornamona Rep. of Ire. 56 53.31N 9.26W
Corner Brook town Canada 123 48.58N 57.58W
Corn Hill Rep. of Ire. 56 53.48N 7.42W
Corning U.S.A. 125 42.10N 77.04W
Corno, Monte mtn. Italy 70 42.29N 13.33E
Cornwall Canada 125 45.02N 74.45W
Cornwall d. England 25 50.26N 4.40W
Cornwallis I. Canada 123 75.00N 95.00W
Coro Venezuela 127 11.27N 69.41W
Corofin Rep. of Ire. 58 52.57N 9.04W
Coromandel New Zealand 112 36.47S 175.32E
Coromandel Pen. New Zealand 112 36.45S 175.30E
Coronation G. Canada 122 68.00N 112.00W
Corowa Australia 108 36.00S 146.20E
Corozal Belize 126 18.23N 88.23W
Corpus Christi U.S.A. 121 27.47N 97.26W
Corran Scotland 40 56.43N 5.14W
Corraun Pen. Rep. of Ire. 56 53.54N 9.52W
Corrib, Lough Rep. of Ire. 58 53.26N 9.14W
Corrientes Argentina 129 27.30S 58.48W
Corringham England 12 51.31N 0.28E
Corry U.S.A. 125 41.56N 79.39W
Corryhabbie Hill Scotland 49 57.21N 3.12W
Corryong Australia 108 36.11S 147.58E
Corryvreckan, G. of Scotland 40 56.09N 5.42W
Corse, Cap France 70 43.00N 9.21E
Corsham England 16 51.25N 2.11W
Corsica i. France 68 42.00N 9.10E
Corte France 68 42.18N 9.08E
Cortegana Spain 69 37.55N 6.49W
Cortland U.S.A. 125 42.36N 76.10W
Coruche Portugal 69 38.58N 8.31W
Çorum Turkey 84 40.31N 34.57E
Corumbá Brazil 128 19.00S 57.25W
Corve r. England 16 52.22N 2.42W
Corwen Wales 24 52.59N 3.23W
Cosenza Italy 70 39.17N 16.14E
Coshocton U.S.A. 124 40.16N 81.53W
Cosne France 68 47.25N 2.55E
Costa Brava d. Spain 69 41.30N 3.00E
Costa del Sol d. Spain 69 36.30N 4.00W
Costa Rica C. America 126 10.00N 84.00W
Costelloe Rep. of Ire. 58 53.17N 9.33W
Côte d'Azur f. France 68 43.20N 6.45E
Cothi r. Wales 24 51.51N 4.10W

Cotonou Dahomey 103 6.24N 2.31E
Cotopaxi mtn. Ecuador 128 0.40S 38.30W
Cotswold Hills England 16 51.50N 2.00W
Cottbus E. Germany 72 51.43N 14.21E
Cottenham England 17 52.18N 0.08E
Cottingham England 33 53.17N 0.25W
Coucy France 73 49.32N 3.20E
Coulagh B. Rep. of Ire. 58 51.42N 10.00W
Coulonge r. Canada 125 45.55N 76.52W
Coul Pt. Scotland 40 55.47N 6.29W
Coulsdon England 12 51.19N 0.07W
Council Bluffs U.S.A. 121 41.14N 95.54W
Coupar Angus Scotland 41 56.33N 3.17W
Courtmacsherry B. Rep. of Ire. 58 51.37N 8.40W
Courtown Rep. of Ire. 59 52.38N 6.14W
Courtrai Belgium 73 50.49N 3.17E
Coutances France 68 49.03N 1.29W
Couvin Belgium 73 50.03N 4.30E
Coventry England 16 52.25N 1.31W
Cover r. England 32 54.17N 1.47W
Covilhã Portugal 69 40.17N 7.30W
Covington U.S.A. 124 40.06N 84.21W
Cowal f. Scotland 40 56.05N 5.05W
Cowal, L. Australia 108 33.36S 147.22E
Cowan, L. Australia 107 32.00S 122.00E
Cowbridge Wales 25 51.28N 3.28W
Cowdenbeath Scotland 41 56.07N 3.21W
Cowes England 16 50.45N 1.18W
Cowra Australia 108 33.50S 148.45E
Cox's Bazar Bangla. 94 21.25N 91.59E
Cozumel I. Mexico 126 20.30N 87.00W
Craboon Australia 108 32.02S 149.29E
Cracow Poland 75 50.03N 19.55E
Cradle Mtn. Australia 108 41.40S 145.55E
Cradock R.S.A. 106 32.10S 25.37E
Craignish, Loch Scotland 40 56.10N 5.32W
Crail Scotland 41 56.16N 2.38W
Crailsheim W. Germany 72 49.09N 10.06E
Craiova Romania 71 44.18N 23.46E
Cramlington England 41 55.06N 1.33W
Cranbourne England 12 51.27N 0.42W
Cranbrook Canada 120 49.29N 115.48W
Cranbrook England 17 51.06N 0.33E
Cranham England 12 51.33N 0.16E
Cranleigh England 17 51.08N 0.29W
Crati r. Italy 71 39.43N 16.29E
Craughwell Rep. of Ire. 58 53.14N 8.44W
Crawford Scotland 41 55.28N 3.39W
Crawley England 17 51.07N 0.10W
Crays Hill town England 12 51.36N 0.30E
Creach Bheinn mtn. Scotland 40 56.40N 5.29W
Creag Meagaidh mtn. Scotland 49 56.57N 4.38W
Credenhill England 16 52.06N 2.49W
Crediton England 25 50.47N 3.39W
Cree r. Scotland 40 55.03N 4.35W
Creekmouth England 12 51.32N 0.06E
Cree L. Canada 122 57.20N 108.30W
Creeslough Rep. of Ire. 56 55.07N 7.56W
Creetown Scotland 40 54.54N 4.22W
Creggan N. Ireland 57 54.39N 7.03W
Cregganbaun Rep. of Ire. 56 53.42N 9.48W
Creil France 68 49.16N 2.29E
Cremona Italy 70 45.08N 10.03E
Cres i. Yugo. 70 44.50N 14.20E
Crescent City U.S.A. 120 41.46N 124.13W
Crest France 68 44.44N 5.02E
Creston U.S.A. 121 41.04N 94.20W
Creswell England 33 53.16N 1.12W
Crete i. Greece 71 35.15N 25.00E
Crete, Sea of Med. Sea 71 36.00N 25.00E
Creus, Cabo Spain 69 42.20N 3.19E
Creuse r. France 68 47.00N 0.35E
Crewe England 32 53.06N 2.28W
Crewkerne England 16 50.53N 2.48W
Crianlarich Scotland 40 56.23N 4.37W
Criccieth Wales 24 52.55N 4.15W
Crickhowell Wales 24 51.52N 3.08W
Cricklade England 16 51.38N 1.50W
Crieff Scotland 41 56.23N 3.52W
Criffel mtn. Scotland 41 54.57N 3.38W
Crimea pen. U.S.S.R. 75 45.30N 34.00E
Crinan Scotland 40 56.06N 5.34W
Cristóbal Colón mtn. Colombia 127 10.53N 73.48W
Crna r. Yugo. 71 41.33N 21.58E
Croaghnameal mtn. Rep. of Ire. 56 54.40N 7.57W
Croagh Patrick mtn. Rep. of Ire. 56 53.46N 9.41W
Crockham Hill town England 12 51.14N 0.04E
Crocodile r. Transvaal R.S.A. 106 24.11S 26.48E
Crohy Head Rep. of Ire. 56 54.55N 8.28W
Crolly Rep. of Ire. 56 55.02N 8.17W
Cromarty Scotland 49 57.40N 4.02W
Cromarty Firth est. Scotland 49 57.41N 4.10W
Cromer England 33 52.56N 1.18E
Cromwell New Zealand 112 45.03S 169.14E
Crook England 32 54.43N 1.45W
Crooked I. Bahamas 127 22.45N 74.00W
Crookhaven Rep. of Ire. 58 51.29N 9.45W
Crookstown Rep. of Ire. 58 51.50N 8.50W
Croom Rep. of Ire. 58 52.31N 8.43W
Crosby England 32 53.30N 3.02W

Crosby I.o.M. 32 54.11N 4.34W
Cross Fell mtn. England 32 54.43N 2.28W
Cross Gates Wales 24 52.17N 3.20W
Cross Hands Wales 25 51.48N 4.05W
Crossmaglen N. Ireland 57 54.15N 6.37W
Crossmolina Rep. of Ire. 56 54.06N 9.20W
Crotone Italy 71 39.05N 17.06E
Crouch r. England 17 51.37N 0.34E
Crowborough England 17 51.03N 0.09E
Crow Head Rep. of Ire. 58 51.35N 10.10W
Crowland England 17 52.41N 0.10W
Crowle England 33 53.36N 0.49W
Crowlin Is. Scotland 48 57.20N 5.50W
Crowsnest Pass Canada 120 49.40N 114.41W
Croxley Green England 12 51.39N 0.27W
Croyde England 25 51.07N 4.13W
Croydon England 12 51.23N 0.06W
Crozet Is. Indian Oc. 139 46.27S 52.00E
Cruden B. Scotland 49 57.24N 1.51W
Crumlin N. Ireland 57 54.38N 6.13W
Crummock Water r. England 32 54.33N 3.19W
Cruz, Cabo Cuba 127 19.52N 77.44W
Crymmych Arms Wales 24 51.59N 4.40W
Cuando r. Africa 106 18.30S 23.32E
Cuando-Cubango d. Angola 104 16.00S 20.00E
Cuangar Angola 106 17.34S 18.39E
Cuango r. see Kwango Zaire 104
Cuanza r. Angola 104 9.20S 13.09E
Cuanza Norte d. Angola 104 8.45S 15.00E
Cuanza Sul d. Angola 104 11.00S 15.00E
Cuba C. America 127 22.00N 79.00W
Cubango r. see Okavango Angola 104
Cubia r. Angola 104 16.00S 21.46E
Cuchi r. Angola 104 15.23S 17.12E
Cuckfield England 17 51.00N 0.08W
Cuckmere r. England 17 50.45N 0.09E
Cúcuta Colombia 127 7.55N 72.31W
Cuddalore India 87 11.43N 79.46E
Cuenca Ecuador 128 2.54S 79.00W
Cuenca Spain 69 40.04N 2.07W
Cuenca, Serrania de mts. Spain 69 40.25N 2.00W
Cuernavaca Mexico 126 18.57N 99.15W
Cuffley England 12 51.42N 0.06W
Cuiabá Brazil 128 15.32S 56.05W
Cuiabá r. Brazil 128 17.00S 56.35W
Cuilcagh Mtn. Rep. of Ire. 56 54.12N 7.49W
Cuillin Hills Scotland 48 57.12N 6.13W
Cuilo r. see Kwilu Zaire 104
Cuito r. Angola 104 18.01S 20.50E
Culdaff Rep. of Ire. 57 55.17N 7.11W
Culemborg Neth. 73 51.57N 5.14E
Culgoa r. Australia 108 29.54S 145.31E
Culiacán Mexico 115 24.50N 107.23W
Cullen Scotland 49 57.41N 2.50W
Cullera Spain 69 39.10N 0.15W
Cullin, Lough Rep. of Ire. 56 53.58N 9.11W
Cullompton England 16 50.52N 3.23W
Culm r. England 16 50.46N 3.30W
Culross Scotland 41 56.03N 3.35W
Culvain mtn. Scotland 48 56.57N 5.16W
Culzean B. Scotland 57 55.22N 4.48W
Cumaná Venezuela 127 10.29N 64.12W
Cumberland U.S.A. 125 39.40N 78.47W
Cumberland r. U.S.A. 121 37.16N 88.25W
Cumberland, L. U.S.A. 121 37.00N 85.00W
Cumberland Sd. Canada 123 65.00N 65.30W
Cumbernauld Scotland 41 55.57N 4.00W
Cumbraes is. Scotland 40 55.45N 4.57W
Cumbria d. England 32 54.30N 3.00W
Cumbrian Mts. England 32 54.32N 3.05W
Cuminestown Scotland 49 57.32N 2.20W
Cumnock Scotland 40 55.27N 4.15W
Cunene r. Angola 104 17.15S 11.50E
Cúneo Italy 68 44.22N 7.32E
Cunnamulla Australia 108 28.04S 145.40E
Cunninghame f. Scotland 40 55.40N 4.30W
Cupar Scotland 41 56.19N 3.01W
Curaçao i. Neth. Antilles 127 12.15N 69.00W
Curiapo Venezuela 127 8.33N 61.05W
Curicó Chile 129 35.00S 71.15W
Curitiba Brazil 129 25.24S 49.16W
Curlew Mts. Rep. of Ire. 56 53.59N 8.21W
Currane, Lough Rep. of Ire. 58 51.50N 10.07W
Cushendall N. Ireland 57 55.05N 6.04W
Cushendun N. Ireland 57 55.08N 6.03W
Cuttack India 87 20.26N 85.56E
Cuxhaven W. Germany 72 53.52N 8.42E
Cuyuni r. Guyana 127 6.10N 58.50W
Cuzco Peru 128 13.32S 72.10W
Čvrsnica mtn. Yugo. 71 43.35N 17.33E
Cwmbran Wales 25 51.39N 3.01W
Cyclades is. Greece 71 37.00N 25.00E
Cyprus Asia 84 35.00N 33.00E
Cyrenaica f. Libya 101 31.00N 22.10E
Czechoslovakia Europe 72 49.30N 15.00E
Czestochowa Poland 75 50.49N 19.07E

Dabakala to **Djouah** 174

D

Dabakala Ivory Coast **102** 8.19N 4.24W
Dabola Guinea **102** 10.48N 11.02W
Dacca Bangla. **86** 23.42N 90.22E
Daer Resr. Scotland **41** 55.21N 3.37W
Daet Phil. **89** 14.07N 122.58E
Dagana Senegal **102** 16.28N 15.35W
Dagenham England **12** 51.33N 0.08E
Dagupan Phil. **89** 16.02N 120.21E
Dahomey Africa **103** 9.00N 2.30E
Daingean Rep. of Ire. **57** 53.18N 7.18W
Dakar Senegal **102** 14.38N 17.27W
Dakhla Oasis Egypt **84** 25.30N 29.00E
Dal *r.* Sweden **74** 60.38N 17.05E
Dalan Dzadagad Mongolia **92** 43.30N 104.18E
Da Lat S. Vietnam **94** 11.56N 108.25E
Dalbeattie Scotland **41** 54.55N 3.49W
Dalby Australia **108** 27.11S 151.12E
Dalkeith Scotland **41** 55.54N 3.04W
Dalkey Rep. of Ire. **57** 53.16N 6.06W
Dallas U.S.A. **121** 32.47N 96.48W
Dalmally Scotland **40** 56.25N 4.58W
Dalmatia *f.* Yugo. **71** 43.30N 17.00E
Dalmellington Scotland **40** 55.19N 4.24W
Daloa Ivory Coast **102** 6.56N 6.28W
Dalry D. and G. Scotland **40** 55.07N 4.10W
Dalry Strath. Scotland **40** 55.43N 4.43W
Daltonganj India **86** 24.02N 84.07E
Dalton-in-Furness England **32** 54.10N 3.11W
Dalwhinnie Scotland **49** 56.56N 4.15W
Dama, Wadi *r.* Saudi Arabia **84** 27.04N 35.48E
Daman India **86** 20.25N 72.58E
Damanhûr Egypt **84** 31.03N 30.28E
Damar *i.* Indonesia **89** 7.10S 128.30E
Damascus Syria **84** 33.30N 36.19E
Damaturu Nigeria **103** 11.49N 11.50E
Damba Angola **104** 6.44S 15.17E
Damghan Iran **85** 36.09N 54.22E
Damh, Loch Scotland **48** 57.29N 5.33W
Damietta Egypt **84** 31.26N 31.48E
Dammam Saudi Arabia **85** 26.23N 50.08E
Damodar *r.* India **86** 22.55N 88.30E
Dampier Str. Pacific Oc. **89** 0.30S 130.50E
Danakil *f.* Ethiopia **101** 13.00N 41.00E
Da Nang S. Vietnam **94** 16.04N 108.13E
Danbury England **12** 51.44N 0.33E
Danbury U.S.A. **125** 41.24N 73.26W
Dande *r.* Angola **104** 8.30S 13.23E
Dandenong Australia **108** 37.59S 145.14E
Danforth U.S.A. **125** 45.42N 67.52W
Dangrek Range *mts.* Thailand **94** 14.30N 104.00E
Danli Honduras **126** 14.02N 86.30W
Dannevirke New Zealand **112** 40.12S 176.08E
Danube *r.* Europe **71** 45.26N 29.38E
Danube, Mouths of the *f.* Romania **71** 45.05N 29.45E
Danville Ill. U.S.A. **124** 40.09N 87.37W
Danville Va. U.S.A. **121** 36.34N 79.25W
Daran Iran **85** 33.00N 50.27E
Darbhanga India **86** 26.10N 85.54E
Dardanelles *str.* Turkey **84** 40.15N 26.30E
Darent *r.* England **12** 51.29N 0.13E
Dar es Salaam Tanzania **105** 6.51S 39.18E
Darfur *mts.* Sudan **101** 12.30N 24.00E
Dargaville New Zealand **112** 35.57S 173.53E
Darhan Suma Mongolia **90** 49.34N 106.23E
Darien, G. of Colombia **127** 9.20N 77.00W
Darjeeling India **86** 27.02N 88.20E
Darling *r.* Australia **108** 34.05S 141.57E
Darling Downs Australia **108** 28.00S 149.45E
Darlington England **33** 54.33N 1.33W
Darmstadt W. Germany **72** 49.52N 8.30E
Darreh Gaz Iran **85** 37.22N 59.08E
Dart *r.* England **25** 50.24N 3.41W
Dartford England **12** 51.27N 0.14E
Dartmoor Forest *hills* England **25** 50.33N 3.55W
Dartmouth England **25** 50.21N 3.35W
Darton England **33** 53.36N 1.32W
Dartry Mts. Rep. of Ire. **56** 54.22N 8.25W
Darvel Scotland **40** 55.37N 4.17W
Darvel B. Malaysia **88** 4.40N 118.30E
Darwen England **32** 53.42N 2.29W
Darwin Australia **107** 12.23S 130.44E
Dasht *r.* Pakistan **85** 25.07N 61.45E
Dasht-e-Kavir *des.* Iran **85** 34.40N 55.00E
Dasht-e-Lut *des.* Iran **85** 31.30N 58.00E
Dashtiari Iran **85** 25.29N 61.15E
Dasht-i-Margo *des.* Afghan. **85** 30.45N 63.00E
Dasht-i-Zirreh *des.* Afghan. **85** 30.00N 62.00E
Datchet England **12** 51.30N 0.35W
Datia India **86** 25.41N 78.28E
Daugavpils U.S.S.R. **74** 55.52N 26.31E
Daulatabad Iran **85** 28.19N 56.40E
Daun W. Germany **73** 50.11N 6.50E
Dauphin Canada **120** 51.09N 100.05W
Dauphiné, Alpes du *mts.* France **68** 44.35N 5.45E
Davangere India **86** 14.30N 75.52E
Davao Phil. **89** 7.05N 125.38E
Davao G. Phil. **89** 6.30N 126.00E
Davenport U.S.A. **124** 41.32N 90.36W
Daventry England **16** 52.16N 1.10W
David Panamá **126** 8.26N 82.26W
Davis Str. N. America **123** 66.00N 58.00W
Davos Switz. **72** 46.47N 9.50E
Dawa Palma *r.* Ethiopia **105** 4.10N 42.05E
Dawley England **16** 52.40N 2.29W
Dawlish England **16** 50.34N 3.28W
Dawna Range *mts.* Burma **94** 17.00N 98.00E
Dawros Head Rep. of Ire. **56** 54.50N 8.34W
Dawson Canada **122** 64.04N 139.24W
Dawson Creek *town* Canada **122** 55.44N 120.15W
Dax France **68** 43.43N 1.03W
Dayton U.S.A. **124** 39.45N 84.10W
Daytona Beach *town* U.S.A. **121** 29.11N 81.01W
De Aar R.S.A. **106** 30.39S 24.00E
Dead Sea Jordan **84** 31.25N 35.30E
Deal England **17** 51.13N 1.25E
Death Valley *f.* U.S.A. **120** 36.00N 116.45W
Deauville France **68** 49.21N 0.04E
Deben *r.* England **17** 52.06N 1.20E
Debenham England **17** 52.14N 1.10E
Debrecen Hungary **75** 47.30N 21.37E
Decatur Ill. U.S.A. **124** 39.51N 88.57W
Decatur Ind. U.S.A. **124** 40.50N 84.57W
Deccan *f.* India **86** 18.30N 77.30E
Dedza Malaŵi **105** 14.20S 34.24E
Dee *r.* Rep. of Ire. **57** 53.53N 6.21W
Dee *r.* D. and G. Scotland **41** 54.50N 4.05W
Dee *r.* Grampian Scotland **49** 57.07N 2.04W
Dee *r.* Wales **24** 53.13N 3.05W
Deel *r.* Limerick Rep. of Ire. **58** 52.37N 9.00W
Deel *r.* Mayo Rep. of Ire. **56** 54.06N 9.16W
Deepcut England **12** 51.19N 0.40W
Deeping Fen *f.* England **17** 52.45N 0.15W
Defiance U.S.A. **124** 41.17N 84.21W
Deh Bid Iran **85** 30.38N 53.12E
Dehra Dun India **87** 30.19N 78.00E
Deinze Belgium **73** 50.59N 3.32E
Deir-ez-Zor Syria **84** 35.20N 40.08E
Dej Romania **75** 47.08N 23.55E
Dekese Zaïre **104** 3.25S 21.24E
Delano U.S.A. **120** 35.45N 119.16W
Delaware *d.* U.S.A. **125** 39.00N 75.30W
Delaware *r.* U.S.A. **125** 39.15N 75.20W
Delaware B. U.S.A. **125** 39.00N 75.05W
Delft Neth. **73** 52.01N 4.23E
Delfzijl Neth. **73** 53.20N 6.56E
Delgado, C. Moçambique **105** 10.45S 40.38E
Delhi India **86** 28.40N 77.14E
Delicias Mexico **120** 28.10N 105.30W
Dellys Algeria **69** 36.57N 3.55E
Delmenhorst W. Germany **72** 53.03N 8.37E
De Long Str. U.S.S.R. **77** 70.00N 178.00E
Del Rio U.S.A. **120** 29.23N 100.56W
Delta U.S.A. **120** 39.22N 112.35W
Delvin Rep. of Ire. **57** 53.37N 7.05W
Demavend *mtn.* Iran **85** 35.47N 52.04E
Demba Zaïre **104** 5.28S 22.14E
Demer *r.* Belgium **73** 50.59N 4.42E
Demirkazik *mtn.* Turkey **84** 37.50N 35.08E
Denbigh Wales **24** 53.11N 3.25W
Den Burg Neth. **73** 53.03N 4.47E
Denby Dale *town* England **32** 53.35N 1.40W
Dendermonde Belgium **73** 51.01N 4.07E
Dendre *r.* Belgium **73** 51.01N 4.07E
Denham England **12** 51.35N 0.31W
Den Helder Neth. **73** 52.58N 4.46E
Denia Spain **69** 38.51N 0.07E
Deniliquin Australia **108** 35.33S 144.58E
Denizli Turkey **84** 37.46N 29.05E
Denmark Europe **74** 56.00N 10.00E
Denmark Str. Greenland/Iceland **114** 65.00N 30.00W
Denny Scotland **41** 56.02N 3.55W
Den Oever Neth. **73** 52.56N 5.01E
Denpasar Indonesia **88** 8.40S 115.14E
Denver U.S.A. **120** 39.45N 104.58W
Deo *r.* Cameroon **103** 8.33N 12.45E
Deogarh India **87** 21.22N 84.45E
Deptford England **12** 51.29N 0.03W
Dera Ismail Khan Pakistan **86** 31.51N 70.56E
Derbent U.S.S.R. **85** 42.03N 48.18E
Derby Australia **107** 17.19S 123.38E
Derby England **33** 52.55N 1.28W
Derbyshire *d.* England **33** 52.55N 1.28W
Derg *r.* N. Ireland **57** 54.44N 7.27W
Derg, Lough Donegal Rep. of Ire. **56** 54.37N 7.53W
Derg, Lough Tipperary Rep. of Ire. **58** 52.57N 8.18W
Derna Libya **101** 32.45N 22.39E
Derravaragh, Lough Rep. of Ire. **57** 53.39N 7.23W
Derry *r.* Rep. of Ire. **59** 52.41N 6.41W
Derrynasaggart Mts. Rep. of Ire. **58** 51.58N 9.15W
Derryveagh Mts. Rep. of Ire. **56** 55.00N 8.07W
Dersingham England **33** 52.51N 0.30E
Dervaig Scotland **40** 56.35N 6.11W
Derwent *r.* Australia **108** 42.45S 147.15E
Derwent *r.* Cumbria England **32** 54.38N 3.34W
Derwent *r.* Derbys. England **33** 52.52N 1.19W
Derwent *r.* N. Yorks. England **33** 53.44N 0.57W
Derwent *r.* T. and W. England **32** 54.58N 1.40W
Derwent Water *l.* England **32** 54.35N 3.09W
Desborough England **16** 52.27N 0.50W
Deseado Argentina **129** 47.44S 65.56W
Des Moines U.S.A. **121** 41.35N 93.35W
Desna *r.* U.S.S.R. **75** 50.32N 30.37E
Dessau E. Germany **72** 51.51N 12.15E
Desvres France **17** 50.40N 1.50E
Detroit U.S.A. **124** 42.23N 83.05W
Dett Rhodesia **106** 18.38S 26.50E
Deurne Belgium **73** 51.13N 4.26E
Deva Romania **71** 45.54N 22.55E
Deventer Neth. **73** 52.15N 6.10E
Deveron *r.* Scotland **49** 57.40N 2.30W
Devilsbit Mtn. Rep. of Ire. **58** 52.50N 7.55W
Devil's Bridge Wales **24** 52.23N 3.50W
Devils Lake *town* U.S.A. **120** 48.08N 98.50W
Devizes England **16** 51.21N 2.00W
Devon *d.* England **25** 50.50N 3.40W
Devon I. Canada **123** 75.00N 86.00W
Devonport Australia **108** 41.09S 146.16E
Devonport New Zealand **112** 36.49S 174.49E
Devrez *r.* Turkey **84** 41.07N 34.25E
Dewsbury England **32** 53.42N 1.38W
Dhahran Saudi Arabia **85** 26.18N 50.08E
Dhanbad India **86** 23.47N 86.32E
Dhaulagiri *mtn.* Nepal **86** 28.39N 83.28E
Dholpur India **86** 26.43N 77.54E
Dhubri India **86** 26.01N 90.00E
Dhulia India **86** 20.52N 74.50E
Dibaya Zaïre **104** 6.31S 22.57E
Dibbagh, Jebel *mtn.* Saudi Arabia **84** 27.51N 35.43E
Dibrugarh India **87** 27.29N 94.56E
Dickinson U.S.A. **120** 46.54N 102.48W
Didcot England **16** 51.36N 1.14W
Die France **68** 44.45N 5.23E
Diekirch Lux. **73** 49.52N 6.10E
Dien Bien Phu N. Vietnam **94** 21.23N 103.02E
Dieppe France **68** 49.55N 1.05E
Dieren Neth. **73** 52.03N 6.06E
Diest Belgium **73** 50.59N 5.03E
Dieuze France **72** 48.49N 6.43E
Digby Canada **121** 44.37N 65.47W
Digne France **68** 44.05N 6.14E
Digoel *r.* Indonesia **89** 7.10S 139.08E
Dijle *r.* Belgium **73** 51.02N 4.25E
Dijon France **68** 47.20N 5.02E
Dikili Turkey **71** 39.05N 26.52E
Dikwa Nigeria **103** 12.01N 13.55E
Dili Port. Timor **89** 8.35S 125.35E
Dillon U.S.A. **120** 45.14N 112.38W
Dilolo Zaïre **104** 10.39S 22.20E
Dimbelenge Zaïre **104** 5.32S 23.04E
Dimbokro Ivory Coast **102** 6.43N 4.46W
Dîmbovita *r.* Romania **71** 44.13N 26.22E
Dimitrovgrad Bulgaria **71** 42.01N 25.34E
Dimitrovo Bulgaria **71** 42.35N 23.03E
Dinagat *i.* Phil. **89** 10.15N 125.30E
Dinajapur Bangla. **86** 25.38N 88.44E
Dinan France **68** 48.27N 2.02W
Dinant Belgium **73** 50.16N 4.55E
Dinaric Alps *mts.* Yugo. **71** 44.00N 16.30E
Dinas Head Wales **24** 52.03N 4.50W
Dinas Mawddwy Wales **24** 52.44N 3.41W
Dingle Rep. of Ire. **58** 52.09N 10.17W
Dingle B. Rep. of Ire. **58** 52.04N 10.12W
Dingle Harbour Rep. of Ire. **58** 52.08N 10.17W
Dingwall Scotland **49** 57.35N 4.26W
Diourbel Senegal **102** 14.30N 16.10W
Dipolog Phil. **89** 8.34N 123.28E
Dippin Head Scotland **40** 55.27N 5.05W
Diredawa Ethiopia **101** 9.35N 41.50E
Dirranbandi Australia **108** 28.35S 148.10E
Disappointment, L. Australia **107** 23.30S 122.55E
Disaster B. Australia **108** 37.20S 149.58E
Disko I. Greenland **123** 69.45N 53.00W
Disna *r.* U.S.S.R. **74** 55.30N 28.20E
Diss England **17** 52.23N 1.06E
District of Columbia *d.* U.S.A. **125** 38.55N 77.00W
Ditchling Beacon *hill* England **17** 50.55N 0.08W
Diu India **86** 20.41N 71.03E
Divrigi Turkey **84** 39.23N 38.06E
Dixmude Belgium **73** 51.01N 2.52E
Dixon Entrance *str.* Canada **122** 54.10N 133.30W
Diyala *r.* Iraq **85** 33.13N 44.33E
Diyarbakir Turkey **84** 37.55N 40.14E
Dizful Iran **85** 32.24N 48.27E
Dja *r.* Cameroon **104** 1.38N 16.03E
Djado Niger **103** 21.00N 12.20E
Djado Plateau *f.* Niger **103** 22.00N 12.30E
Djailolo Indonesia **89** 1.05N 127.29E
Djajapura Indonesia **89** 2.28S 160.38E
Djajawidjaja Mts. Asia **89** 4.20S 139.10E
Djakarta Indonesia **88** 6.08S 106.45E
Djambala Congo **104** 2.33S 14.38E
Djambi Indonesia **88** 1.36S 103.39E
Djelfa Algeria **100** 34.43N 3.14E
Djenne Mali **102** 13.55N 4.31W
Djibouti F.T.A.I. **101** 11.35N 43.11E
Djolu Zaïre **104** 0.35N 22.28E
Djouah *r.* Gabon **104** 1.16N 13.12E

Djougou to **Earn** 175

Djougou Dahomey **103** 9.40N 1.47E
Djugu Zaïre **105** 1.55N 30.31E
Dneprodzerzhinsk U.S.S.R. **75** 48.30N 34.37E
Dnepropetrovsk U.S.S.R. **75** 48.29N 35.00E
Dnestr *r.* U.S.S.R. **75** 46.21N 30.20E
Dnieper *r.* U.S.S.R. **75** 46.30N 32.25E
Dno U.S.S.R. **75** 57.50N 30.00E
Doagh Rep. of Ire. **58** 52.25N 9.24W
Doboj Yugo. **71** 44.44N 18.02E
Dobruja *f.* Romania **75** 44.30N 28.15E
Docking England **33** 52.55N 0.39E
Dodecanese *is.* Greece **71** 37.00N 27.00E
Dodge City U.S.A. **120** 37.45N 100.02W
Dodman Pt. England **25** 50.13N 4.48W
Dodoma Tanzania **105** 6.10S 35.40E
Dodoma *d.* Tanzania **105** 6.00S 36.00E
Doetinchem Neth. **73** 51.57N 6.17E
Dog L. Canada **124** 48.45N 89.30W
Doha Qatar **85** 25.15N 51.34E
Dokkum Neth. **73** 53.20N 6.00E
Dolbeau Canada **125** 48.52N 72.15W
Dôle France **68** 47.05N 5.30E
Dolgellau Wales **24** 52.44N 3.53W
Dolisie Congo **104** 4.09S 12.40E
Dollar Scotland **41** 56.09N 3.41W
Dollart *b.* W. Germany **73** 53.20N 7.10E
Dolo Ethiopia **105** 4.11N 42.03E
Dolomites *mts.* Italy **72** 46.25N 11.50E
Dolores Argentina **129** 36.23S 57.44W
Dolphin and Union Str. Canada **122** 69.20N 118.00W
Dombås Norway **74** 62.05N 9.07E
Dombe Grande Angola **104** 13.00S 13.06E
Dominica C. America **127** 15.30N 61.30W
Dominican Republic C. America **127** 18.00N 70.00W
Dommel *r.* Neth. **73** 51.44N 5.17E
Don *r.* England **33** 53.41N 0.50W
Don *r.* Scotland **49** 57.10N 2.05W
Don *r.* U.S.S.R. **75** 47.06N 39.16E
Donaghadee N. Ireland **57** 54.39N 5.34W
Donald Australia **108** 36.25S 143.04E
Donauworth W. Germany **72** 48.44N 10.48E
Don Benito Spain **69** 38.57N 5.52W
Doncaster England **33** 53.31N 1.09W
Dondo Angola **104** 9.40S 14.25E
Donegal Rep. of Ire. **56** 54.39N 8.07W
Donegal *d.* Rep. of Ire. **56** 55.00N 8.00W
Donegal B. Rep. of Ire. **56** 54.32N 8.22W
Donegal Pt. Rep. of Ire. **58** 52.43N 9.38W
Doneraile Rep. of Ire. **58** 52.03N 8.35W
Donets *r.* U.S.S.R. **75** 47.35N 40.55E
Donets Basin *f.* U.S.S.R. **75** 48.20N 38.15E
Donetsk U.S.S.R. **75** 48.00N 37.50E
Donga *r.* Nigeria **103** 8.20N 10.00E
Donggala Indonesia **88** 0.48S 119.45E
Dong Hoi N. Vietnam **94** 17.32N 106.35E
Dongkala Indonesia **89** 0.12N 120.07E
Dongola Sudan **101** 19.10N 30.27E
Dongou Congo **104** 2.05N 18.00E
Donington England **33** 52.55N 0.12W
Dooega Head Rep. of Ire. **56** 53.55N 10.03W
Doon *r.* Scotland **40** 55.26N 4.38W
Doon, Loch Scotland **40** 55.15N 4.23W
Doonbeg Rep. of Ire. **58** 52.44N 9.31W
Doonbeg *r.* Rep. of Ire. **58** 52.44N 9.32W
Dora Baltea *r.* Italy **68** 45.08N 8.32E
Dora Riparia *r.* Italy **68** 45.07N 7.45E
Dorchester England **16** 50.52N 2.28W
Dordogne *r.* France **68** 45.03N 0.34W
Dordrecht Neth. **73** 51.48N 4.40E
Dordrecht R.S.A. **106** 31.22S 27.03E
Dore, Mont *mtn.* France **68** 45.32N 2.49E
Dores Scotland **49** 57.23N 4.20W
Dori U. Volta **102** 14.03N 0.02W
Dorking England **12** 51.14N 0.20W
Dormans Land *town* England **12** 51.10N 0.02E
Dornie Scotland **48** 57.16N 5.31W
Dornoch Scotland **49** 57.52N 4.02W
Dornoch Firth *est.* Scotland **49** 57.50N 4.04W
Dornogovĭ *d.* Mongolia **92** 44.00N 110.00E
Dornum W. Germany **73** 53.39N 7.26E
Dörpen W. Germany **73** 52.58N 7.20E
Dorset *d.* England **16** 50.48N 2.25W
Dorsten W. Germany **73** 51.38N 6.58E
Dortmund W. Germany **73** 51.32N 7.27E
Dortmund-Ems Canal W. Germany **73** 52.20N 7.30E
Doshakh *mtn.* Afghan. **85** 34.04N 61.28E
Dosso Niger **103** 13.03N 3.10E
Dothan U.S.A. **121** 31.12N 85.25W
Douai France **73** 50.22N 3.05E
Douala Cameroon **104** 4.05N 9.47E
Douarnenez France **68** 48.05N 4.20W
Doubs *r.* France **68** 46.57N 5.03E
Doubtless B. New Zealand **112** 35.10S 173.30E
Douentza Mali **102** 14.58N 2.48W
Dough Mtn. Rep. of Ire. **56** 54.20N 8.06W
Douglas I.o.M. **32** 54.09N 4.29W
Douglas Scotland **41** 55.33N 3.51W
Doulus Head Rep. of Ire. **58** 51.57N 10.19W
Doumé Cameroon **104** 4.16N 13.30E
Doumé *r.* Cameroon **104** 4.12N 14.35E
Doune Scotland **41** 56.11N 4.04W
Dounreay Scotland **49** 58.35N 3.42W
Douro *r.* Portugal **69** 41.10N 8.40W
Dove *r.* Derbys. England **32** 52.50N 1.35W
Dove *r.* N. Yorks. England **33** 54.11N 0.55W
Dover England **17** 51.07N 1.19E
Dover U.S.A. **125** 39.10N 75.32W
Dover, Str. of U.K./France **17** 51.00N 1.30E
Dovey *r.* Wales **24** 52.33N 3.56W
Dovrefjell *mts.* Norway **74** 62.05N 9.30E
Dowa Malaŵi **105** 13.40S 33.55E
Down *d.* N. Ireland **57** 54.30N 6.00W
Downham Market England **17** 52.36N 0.22E
Downpatrick N. Ireland **57** 54.21N 5.43W
Downpatrick Head Rep. of Ire. **56** 54.20N 9.22W
Downton England **16** 51.00N 1.44W
Dowra Rep. of Ire. **56** 54.12N 8.02W
Dra, Wadi Morocco **100** 28.40N 11.06W
Drachten Neth. **73** 53.05N 6.06E
Dragoman Pass Bulgaria/Yugo. **71** 42.56N 22.52E
Dragon's Mouth *str.* Trinidad **127** 11.20N 61.00W
Draguignan France **68** 43.32N 6.28E
Drakensberge *mts.* R.S.A. **106** 30.00S 29.00E
Dráma Greece **71** 41.09N 24.11E
Drammen Norway **74** 59.45N 10.15E
Drangan Rep. of Ire. **59** 52.30N 7.35W
Draperstown N. Ireland **57** 54.48N 6.46W
Drau *r.* Austria **71** 46.20N 16.45E
Drava *r.* Yugo. **71** 45.34N 18.56E
Drenthe *d.* Neth. **73** 52.52N 6.30E
Dresden E. Germany **72** 51.03N 13.45E
Dreux France **68** 48.44N 1.23E
Drimnin Scotland **40** 56.37N 5.59W
Drimoleague Rep. of Ire. **58** 51.40N 9.16W
Drin *r.* Albania **71** 41.45N 19.34E
Drina *r.* Yugo. **71** 44.53N 19.20E
Drogheda Rep. of Ire. **57** 53.43N 6.23W
Droichead Nua Rep. of Ire. **59** 53.11N 6.48W
Droitwich England **16** 52.16N 2.10W
Dromore Down N. Ireland **57** 54.24N 6.10W
Dromore Tyrone N. Ireland **57** 54.31N 7.28W
Dronfield England **33** 53.18N 1.29W
Dronne *r.* France **68** 44.55N 0.15W
Drumbeg Scotland **48** 58.14N 5.13W
Drumcollogher Rep. of Ire. **58** 52.20N 8.55W
Drumcondra Rep. of Ire. **57** 53.50N 6.39W
Drumheller Canada **120** 51.28N 112.40W
Drum Hills Rep. of Ire. **58** 52.03N 7.42W
Drumkeeran Rep. of Ire. **56** 54.10N 8.08W
Drumlish Rep. of Ire. **56** 53.49N 7.46W
Drummondville Canada **125** 45.52N 72.30W
Drummore Scotland **40** 54.41N 4.54W
Drumnadrochit Scotland **49** 57.20N 4.30W
Drumquin N. Ireland **57** 54.37N 7.31W
Drumshanbo Rep. of Ire. **56** 54.03N 8.03W
Drumsna Rep. of Ire. **56** 53.55N 8.00W
Druz, Jebel ed *mts.* Syria **84** 32.42N 36.42E
Drymen Scotland **40** 56.04N 4.27W
Dschang Cameroon **104** 5.25N 10.02E
Dua *r.* Zaïre **104** 3.12N 20.55E
Duart Pt. Scotland **40** 56.27N 5.39W
Dubai U.A.E. **85** 25.13N 55.17E
Dubawnt *r.* Canada **123** 62.50N 102.00W
Dubawnt L. Canada **123** 62.50N 102.00W
Dubbo Australia **108** 32.16S 148.41E
Dubh Artach *i.* Scotland **40** 56.08N 6.38W
Dubica Yugo. **71** 45.11N 16.50E
Dublin Rep. of Ire. **59** 53.21N 6.18W
Dublin *d.* Rep. of Ire. **59** 53.30N 6.15W
Dublin B. Rep. of Ire. **59** 53.20N 6.09W
Du Bois U.S.A. **125** 41.06N 78.46W
Dubrovnik Yugo. **71** 42.40N 18.07E
Dubuque U.S.A. **124** 42.31N 90.41W
Duddington England **17** 52.36N 0.32W
Dudinka U.S.S.R. **77** 69.27N 86.13E
Dudley England **16** 52.30N 2.05W
Duero *r. see* Douro Spain **69**
Duffield England **33** 52.59N 1.30W
Dufftown Scotland **49** 57.27N 3.09W
Dugi Otok *i.* Yugo. **70** 44.04N 15.00E
Duich, L. Scotland **48** 57.15N 5.30W
Duisburg W. Germany **73** 51.26N 6.45E
Duiveland *i.* Neth. **73** 51.39N 4.00E
Dukhan Qatar **85** 25.24N 50.47E
Dukhtaran *mtn.* Iran **85** 30.39N 60.38E
Dulawan Phil. **89** 7.02N 124.30E
Duleek Rep. of Ire. **57** 53.39N 6.26W
Dülmen W. Germany **73** 51.49N 7.17E
Duluth U.S.A. **124** 46.45N 92.10W
Dulverton England **25** 51.02N 3.33W
Dumbarton Scotland **40** 55.57N 4.35W
Dum-Dum India **86** 22.37N 88.25E
Dumfries Scotland **41** 55.04N 3.37W
Dumfries and Galloway *d.* Scotland **41** 55.05N 3.40W
Dumka India **86** 24.17N 87.15E
Dunany Pt. Rep. of Ire. **57** 53.51N 6.15W
Dunbar Scotland **41** 56.00N 2.31W
Dunbeath Scotland **49** 58.14N 3.26W
Dunbeg Rep. of Ire. **56** 55.04N 8.19W
Dunblane Scotland **41** 56.12N 3.59W
Dunboyne Rep. of Ire. **59** 53.26N 6.30W
Duncannon Rep. of Ire. **59** 52.04N 6.56W
Duncansby Head Scotland **49** 58.39N 3.01W
Dunchurch England **16** 52.21N 1.19W
Dundalk Rep. of Ire. **57** 54.01N 6.24W
Dundalk B. Rep. of Ire. **57** 53.55N 6.17W
Dundee R.S.A. **106** 28.10S 30.15E
Dundee Scotland **41** 56.28N 3.00W
Dundgovĭ *d.* Mongolia **92** 45.00N 106.00E
Dundrum N. Ireland **57** 54.16N 5.51W
Dundrum Rep. of Ire. **57** 58.18N 6.15W
Dundrum B. N. Ireland **57** 54.12N 5.46W
Dunedin New Zealand **112** 45.52S 170.30E
Dunfanaghy Rep. of Ire. **56** 55.11N 7.59W
Dunfermline Scotland **41** 56.04N 3.29W
Dungannon N. Ireland **57** 54.30N 6.47W
Dungarvan Rep. of Ire. **59** 52.06N 7.39W
Dungarvan Harbour *est.* Rep. of Ire. **59** 52.05N 7.36W
Dungeness *c.* England **17** 50.55N 0.58E
Dungiven N. Ireland **57** 54.06N 6.57W
Dungloe Rep. of Ire. **56** 54.57N 8.23W
Dungourney Rep. of Ire. **58** 51.58N 8.06W
Dungu Zaïre **105** 3.40N 28.40E
Dunholme England **33** 53.18N 0.29W
Dunipace Scotland **41** 56.02N 3.45W
Dunkeld Scotland **41** 56.34N 3.36W
Dunkineely Rep. of Ire. **56** 54.38N 8.22W
Dunkirk France **17** 51.02N 2.23E
Dunkirk U.S.A. **125** 42.29N 79.21W
Dunkwa Central Ghana **102** 5.59N 1.45W
Dun Laoghaire Rep. of Ire. **59** 53.17N 6.09W
Dunlavin Rep. of Ire. **59** 53.04N 6.42W
Dunleer Rep. of Ire. **57** 53.49N 6.24W
Dunmanus B. Rep. of Ire. **58** 51.33N 9.45W
Dunmanway Rep. of Ire. **58** 51.43N 9.08W
Dunmore Rep. of Ire. **56** 53.38N 8.44W
Dunmore East Rep. of Ire. **59** 52.09N 7.00W
Dunnet Scotland **49** 58.37N 3.21W
Dunnet B. Scotland **49** 58.38N 3.25W
Dunnet Head Scotland **49** 58.40N 3.23W
Dunoon Scotland **40** 55.57N 4.57W
Dun Rig *mtn.* Scotland **41** 55.34N 3.11W
Duns Scotland **41** 55.47N 2.20W
Dunscore Scotland **41** 55.08N 3.47W
Dunshaughlin Rep. of Ire. **59** 53.30N 6.34W
Dunstable England **17** 51.53N 0.32W
Dunster England **16** 51.11N 3.28W
Dunston Mts. New Zealand **112** 44.45S 169.45E
Dunvegan Scotland **48** 57.26N 6.35W
Dunvegan, Loch Scotland **48** 57.30N 6.40W
Dunvegan Head Scotland **48** 57.31N 6.43W
Duque de Bragança Angola **104** 9.06S 16.11E
Durance *r.* France **68** 43.55N 4.48E
Durango Mexico **126** 24.01N 104.00W
Durango *d.* Mexico **126** 24.01N 104.00W
Durban R.S.A. **106** 29.53S 31.00E
Düren W. Germany **73** 50.48N 6.30E
Durham England **33** 54.47N 1.34W
Durham *d.* England **32** 54.42N 1.45W
Durlston Head *c.* England **16** 50.35N 1.58W
Durmitor *mtn.* Yugo. **71** 43.08N 19.03E
Durness Scotland **49** 58.33N 4.45W
Durrës Albania **71** 41.19N 19.27E
Durrow Rep. of Ire. **59** 52.51N 7.24W
Dursey Head Rep. of Ire. **58** 51.35N 10.15W
Dursey I. Rep. of Ire. **58** 51.36N 10.12W
Dursley England **16** 51.41N 2.21W
D'Urville I. New Zealand **112** 40.45S 173.50E
Dushanbe U.S.S.R. **90** 38.38N 68.51E
Düsseldorf W. Germany **73** 51.13N 6.47E
Dvina *r.* U.S.S.R. **74** 57.03N 24.00E
Dyce Scotland **49** 57.12N 2.11W
Dyer, C. Canada **123** 67.45N 61.45W
Dyérem *r.* Cameroon **103** 6.36N 13.10E
Dyfed *d.* Wales **24** 52.00N 4.17W
Dykh Tau *mtn.* U.S.S.R. **75** 43.04N 43.10E
Dymchurch England **17** 51.02N 1.00E
Dyulty *mtn.* U.S.S.R. **85** 41.55N 46.52E
Dzerzhinsk R.S.F.S.R. U.S.S.R. **75** 56.15N 43.30E
Dzerzhinsk White Russia S.S.R. U.S.S.R. **75** 53.40N 27.01E
Dzhambul U.S.S.R. **90** 42.50N 71.25E
Dzhankoi U.S.S.R. **75** 45.40N 34.30E
Dzhugdzhur Range *mts.* U.S.S.R. **77** 57.30N 138.00E
Dzungaria *f.* Asia **90** 44.20N 86.30E

E

Eabamet L. Canada **121** 51.20N 87.30W
Eagle Pass *town* U.S.A. **120** 28.44N 100.31W
Eagles Hill Rep. of Ire. **58** 51.48N 10.04W
Ealing England **12** 51.31N 0.20W
Earby England **32** 53.55N 2.08W
Earn *r.* Scotland **41** 56.21N 3.18W

Earn, Loch to **Er Roseires** 176

Earn, Loch Scotland **40** 56.23N 4.12W
Easington Durham England **33** 54.47N 1.21W
Easington Humber. England **33** 53.39N 0.08E
Easingwold England **33** 54.08N 1.11W
Easky Rep. of Ire. **56** 54.17N 8.57W
East Anglian Heights *hills* England **17** 52.03N 0.15E
East Barnet England **12** 51.39N 0.09W
Eastbourne England **17** 50.46N 0.18E
Eastbury England **12** 51.36N 0.24W
East C. New Zealand **112** 37.45S 178.30E
East C. U.S.S.R. **78** 68.00N 172.00W
East-Central *d.* Nigeria **103** 6.00N 7.30E
East Chicago U.S.A. **124** 41.40N 87.32W
East China Sea Asia **91** 29.00N 125.00E
Eastcote England **12** 51.35N 0.24W
East Dereham England **17** 52.40N 0.57E
Easter I. Pacific Oc. **136** 29.00S 99.00W
Eastern *d.* Ghana **102** 6.20N 0.45W
Eastern *d.* Kenya **105** 0.00 38.00E
Eastern Desert Egypt **84** 28.15N 31.55E
Eastern Germany Europe **72** 52.15N 12.30E
Eastern Ghats *mts.* India **87** 16.30N 80.30E
Eastern Hajar *mts.* Oman **85** 22.45N 58.45E
Eastern Sayan *mts.* U.S.S.R. **77** 53.30N 98.00E
Easter Ross *f.* Scotland **49** 57.46N 4.25W
East European Plain *f.* Europe **75** 57.30N 35.30E
East Flevoland *f.* Neth. **73** 52.30N 5.40E
East Frisian Is. W. Germany **73** 53.45N 7.00E
East Grinstead England **17** 51.08N 0.01W
East Ham England **12** 51.32N 0.04E
East Horsley England **12** 51.16N 0.26W
East Ilsley England **16** 51.33N 1.15W
Eastington England **16** 51.44N 2.19W
East Kilbride Scotland **40** 55.46N 4.09W
Eastleigh England **16** 50.58N 1.21W
East Linton Scotland **41** 55.59N 2.39W
East Loch Roag Scotland **48** 58.16N 6.48W
East Loch Tarbert Scotland **48** 57.52N 6.43W
East London R.S.A. **106** 33.00S 27.54E
Eastmain Canada **123** 52.10N 78.30W
Eastmain *r.* Canada **123** 52.10N 78.30W
East Malaysia *d.* Malaysia **88** 4.00N 114.00E
East Markham England **33** 53.16N 0.53W
East Moor *hills* England **33** 53.10N 1.35W
Easton U.S.A. **125** 40.41N 75.13W
East Retford England **33** 53.19N 0.55W
East St. Louis U.S.A. **124** 38.34N 90.04W
East Schelde *est.* Neth. **73** 51.35N 3.57E
East Siberian Sea U.S.S.R. **77** 73.00N 160.00E
East Sussex *d.* England **17** 50.56N 0.12E
East Vlieland Neth. **73** 53.18N 5.04E
Eastwood England **33** 53.02N 1.17W
Eau Claire U.S.A. **124** 44.50N 91.30W
Eauripik *is.* Asia **89** 6.42N 143.04E
Ebbw Vale Wales **16** 51.47N 3.12W
Ebi Nor *l.* China **90** 45.00N 83.00E
Ebola *r.* Zaïre **104** 3.12N 21.00E
Ebolowa Cameroon **104** 2.56N 11.11E
Ebro *r.* Spain **69** 42.50N 3.59W
Ecclefechan Scotland **41** 55.03N 3.18W
Eccles England **32** 53.29N 2.20W
Eccleshall England **32** 52.52N 2.14W
Echternach Lux. **73** 49.49N 6.25E
Echuca Australia **108** 36.10S 144.20E
Ecija Spain **69** 37.33N 5.04W
Ecuador S. America **128** 2.00S 78.00W
Edam Neth. **73** 52.30N 5.02E
Eday *i.* Scotland **49** 59.11N 2.47W
Ed Damer Sudan **101** 17.37N 33.59E
Eddleston Scotland **41** 55.43N 3.13W
Eddrachillis B. Scotland **48** 58.17N 5.15W
Eddystone *i.* England **25** 50.12N 4.15W
Eddystone Pt. Australia **108** 40.58S 148.12E
Ede Neth. **73** 52.03N 5.40E
Edea Cameroon **104** 3.47N 10.15E
Eden Australia **108** 37.04S 149.54E
Eden *r.* Cumbria England **41** 54.57N 3.02W
Eden *r.* Kent England **12** 51.12N 0.10E
Eden *r.* Scotland **41** 56.22N 2.52W
Edenbridge England **12** 51.12N 0.04E
Edenderry Rep. of Ire. **59** 53.21N 7.05W
Eden Park England **12** 51.23N 0.01W
Ederny N. Ireland **57** 54.32N 7.39W
Edge Hill England **16** 52.08N 1.30W
Edgeworthstown Rep. of Ire. **57** 53.42N 7.37W
Edgware England **12** 51.37N 0.17W
Edhessa Greece **71** 40.47N 22.03E
Edinburgh Scotland **41** 55.57N 3.13W
Edirne Turkey **71** 41.40N 26.35E
Edmonton Canada **122** 53.34N 113.25W
Edmonton England **12** 51.37N 0.02W
Edmundston Canada **125** 47.22N 68.20W
Edremit Turkey **71** 39.35N 27.02E
Edsin Gol *r.* China **90** 42.15N 101.03E
Edwards Plateau *f.* U.S.A. **120** 30.30N 100.30W
Edzell Scotland **49** 56.49N 2.40W
Eeklo Belgium **73** 51.11N 3.34E
Effingham U.S.A. **124** 39.07N 88.33W
Egersund Norway **74** 58.27N 6.01E
Egham England **12** 51.26N 0.34W
Egilsay *i.* Scotland **49** 59.09N 2.56W
Eglington N. Ireland **57** 55.02N 7.12W
Egmont, Mt. New Zealand **112** 39.20S 174.05E
Egremont England **32** 54.28N 3.33W
Eğridir Turkey **84** 37.52N 30.51E
Eğridir L. Turkey **84** 38.04N 30.55E
Egypt Africa **84** 27.00N 29.00E
Eibar Spain **69** 43.11N 2.28W
Eifel *f.* W. Germany **73** 50.10N 6.45E
Eigg *i.* Scotland **48** 56.53N 6.09W
Eigg, Sd. of Scotland **48** 56.51N 6.11W
Eighty Mile Beach *f.* Australia **107** 19.00S 121.00E
Eil, Loch Scotland **48** 56.51N 5.12W
Eilat Israel **84** 29.33N 34.56E
Eildon Resr. Australia **108** 37.10S 146.00E
Eindhoven Neth. **73** 51.26N 5.30E
Eisenach E. Germany **72** 50.59N 10.19E
Eisenhut *mtn.* Austria **72** 47.00N 13.45E
Eisenhüttenstadt E. Germany **72** 52.09N 14.41E
Eishort, Loch Scotland **48** 57.09N 5.58W
Eitorf W. Germany **73** 50.46N 7.27E
Ekeia *r.* Congo **104** 1.40N 16.05E
Eksjo Sweden **74** 57.40N 15.00E
El Aaiún Span. Sahara **100** 27.10N 13.11W
El Agheila Libya **100** 30.15N 19.12E
El Alamein Egypt **84** 30.50N 28.57E
Elands *r.* Transvaal R.S.A. **106** 24.55S 29.20E
El'Arish Egypt **84** 31.08N 33.48E
El'Arish, Wadi *r.* Egypt **84** 31.09N 33.49E
El Asnam Algeria **69** 36.20N 1.30E
Elâziğ Turkey **84** 38.41N 39.14E
Elba *i.* Italy **70** 42.47N 10.17E
El Banco Colombia **127** 9.04N 73.59W
Elbasan Albania **71** 41.07N 20.04E
Elbe *r.* W. Germany **72** 53.33N 10.00E
Elbert, Mt. U.S.A. **120** 39.05N 106.27W
Elbeuf France **68** 49.17N 1.01E
Elbistan Turkey **84** 38.14N 37.11E
Elbląg Poland **75** 54.10N 19.25E
Elbrus *mtn.* U.S.S.R. **75** 43.21N 42.29E
Elburg Neth. **73** 52.27N 5.50E
Elburz Mts. Iran **85** 36.00N 52.30E
El Cardon Venezuela **127** 11.24N 70.09W
Elche Spain **69** 38.16N 0.41W
Eldoret Kenya **105** 0.31N 35.17E
Electrostal U.S.S.R. **75** 55.46N 38.30E
Elephant Butte Resr. U.S.A. **120** 33.25N 107.10W
Elephant I. Atlantic Oc. **129** 61.00S 55.00W
El Escorial Spain **69** 40.34N 4.08W
Eleuthera I. Bahamas **127** 25.00N 76.00W
El Faiyûm Egypt **84** 29.19N 30.50E
El Fasher Sudan **101** 13.37N 25.22E
El Fekka, Wadi *r.* Tunisia **70** 35.25N 9.40E
El Ferrol Spain **69** 43.29N 8.14W
Elgin Scotland **49** 57.39N 3.20W
Elgin U.S.A. **124** 42.03N 88.19W
El Giza Egypt **84** 30.01N 31.12E
Elgol Scotland **48** 57.09N 6.07W
El Goléa Algeria **100** 30.35N 2.51E
Elgon, Mt. Kenya/Uganda **105** 1.07N 34.35E
El Hamad *des.* Asia **84** 31.45N 39.00E
El Hatob, Wadi *r.* Tunisia **70** 35.25N 9.40E
Elie and Earlsferry Scotland **41** 56.11N 2.50W
Elista U.S.S.R. **75** 46.18N 44.14E
Elizabeth U.S.A. **125** 40.40N 74.13W
El Jauf Libya **101** 24.09N 23.19E
El Khârga Egypt **84** 25.27N 30.32E
Elkhovo Bulgaria **71** 42.10N 26.35E
Elkins U.S.A. **124** 38.56N 79.53W
Elk Lake *town* Canada **124** 47.44N 80.21W
Elko U.S.A. **120** 40.50N 115.46W
Elland England **32** 53.41N 1.49W
Ellen *r.* England **32** 54.42N 3.30W
Ellen, Mt. U.S.A. **120** 38.06N 110.50W
Ellesmere England **32** 52.55N 2.53W
Ellesmere I. Canada **123** 78.00N 82.00W
Ellesmere Port England **32** 53.17N 2.55W
Ellon Scotland **49** 57.22N 2.05W
El Loz, Jebel *mtn.* Saudi Arabia **84** 28.40N 35.20E
Ellsworth U.S.A. **125** 44.34N 68.24W
El Mahalla el Kubra Egypt **84** 30.59N 31.12E
Elmali Turkey **84** 36.43N 29.56E
El Mansûra Egypt **84** 31.03N 31.23E
El Minya Egypt **84** 28.06N 30.45E
Elmira U.S.A. **125** 42.06N 76.50W
El Muglad Sudan **101** 11.01N 27.50E
El Natrûn, Wadi *f.* Egypt **84** 30.25N 30.18E
El Obeid Sudan **101** 13.11N 30.10E
Eloy U.S.A. **120** 32.45N 111.33W
El Paso U.S.A. **120** 31.45N 106.30W
Elphin Rep. of Ire. **56** 53.50N 8.11W
El Qantara Egypt **84** 30.52N 32.20E
El Qasr Egypt **84** 25.43N 28.54E
El Qatrun Libya **100** 24.55N 14.38E
El Real Panamá **127** 8.06N 77.42W
El Salvador C. America **126** 13.30N 89.00W
Elstead England **12** 51.11N 0.43W
Elstree England **12** 51.39N 0.18W
Eltham England **12** 51.27N 0.04E
El Tigre Venezuela **127** 8.44N 64.18W
El Tîh, Plateau of Egypt **84** 28.50N 34.00E
Elvas Portugal **69** 38.53N 7.10W
Elverum Norway **74** 60.54N 11.33E
El Wak Kenya **105** 2.45N 40.52E
Elwy *r.* Wales **24** 53.17N 3.27W
Ely England **17** 52.24N 0.16E
Ely U.S.A. **124** 47.53N 91.52W
Elyria U.S.A. **124** 41.22N 82.06W
Emba *r.* U.S.S.R. **76** 46.40N 53.30E
Embleton England **41** 55.30N 1.37W
Embu Kenya **105** 0.32S 37.28E
Emden W. Germany **73** 53.23N 7.13E
Emerson Canada **121** 49.00N 97.11W
Emi Koussi *mtn.* Chad **103** 19.58N 18.30E
Emlagh Pt. Rep. of Ire. **56** 53.46N 9.55W
Emly Rep. of Ire. **58** 52.28N 8.21W
Emmeloord Neth. **73** 52.43N 5.46E
Emmen Neth. **73** 52.48N 6.55E
Emmerich W. Germany **73** 51.49N 6.16E
Emory Peak U.S.A. **120** 29.15N 103.19W
Empangeni R.S.A. **106** 28.45S 31.54E
Emporia U.S.A. **121** 38.24N 96.10W
Ems *r.* W. Germany **73** 53.14N 7.25E
Ems-Jade Canal W. Germany **73** 53.28N 7.40E
Emyvale Rep. of Ire. **57** 54.20N 6.59W
Enard B. Scotland **48** 58.05N 5.20W
Encarnación Paraguay **129** 27.20S 55.50W
Enchi Ghana **102** 5.53N 2.48W
Ende Indonesia **89** 8.51S 121.40E
Endicott Mts. U.S.A. **122** 68.00N 152.00W
Enfida Tunisia **70** 36.08N 10.22E
Enfield England **12** 51.40N 0.05W
Enfield Rep. of Ire. **57** 53.25N 6.51W
Engaño, C. Phil. **89** 18.30N 122.20E
Engels U.S.S.R. **75** 51.30N 46.07E
Enggano *i.* Indonesia **88** 5.20S 102.15E
Enghien Belgium **73** 50.42N 4.02E
England U.K. **2** 53.00N 2.00W
Englefield Green England **12** 51.26N 0.36W
English Bazar India **86** 25.00N 88.12E
English Channel France/U.K. **68** 50.15N 1.00W
Enkeldoorn Rhodesia **106** 19.01S 30.53E
Enkhuizen Neth. **73** 52.42N 5.17E
Enköping Sweden **74** 59.38N 17.07E
Enna Italy **70** 37.34N 14.15E
En Nahud Sudan **101** 12.41N 28.28E
Ennell, Lough Rep. of Ire. **59** 53.28N 7.25W
Ennerdale Water *l.* England **32** 54.31N 3.21W
Ennis Rep. of Ire. **58** 52.51N 9.00W
Enniscorthy Rep. of Ire. **59** 52.30N 6.35W
Enniskean Rep. of Ire. **58** 51.45N 8.55W
Enniskerry Rep. of Ire. **59** 53.11N 6.12W
Enniskillen N. Ireland **57** 54.20N 7.39W
Ennistymon Rep. of Ire. **58** 52.57N 9.18W
Enns *r.* Austria **72** 48.14N 14.22E
Enrick *r.* Scotland **49** 57.20N 4.28W
Enschede Neth. **73** 52.13N 6.54E
Ensenada Mexico **120** 31.53N 116.35W
Entebbe Uganda **105** 0.08N 32.29E
Enugu Nigeria **103** 6.20N 7.29E
Epe Neth. **73** 52.21N 5.59E
Epernay France **68** 49.02N 3.58E
Epinal France **72** 48.10N 6.28E
Eport, Loch Scotland **48** 57.30N 7.10W
Epping England **12** 51.42N 0.07E
Epping Forest *f.* England **12** 51.39N 0.03E
Epping Green England **12** 51.43N 0.06E
Epsom England **12** 51.20N 0.16W
Epworth England **33** 53.30N 0.50W
Equateur *d.* Zaïre **104** 0.00 21.00E
Equatorial Guinea Africa **104** 2.00N 10.00E
Erbil Iraq **85** 36.12N 44.01E
Erciyaş, Mt. Turkey **84** 38.33N 35.25E
Erdre *r.* France **68** 47.27N 1.34W
Erebus, Mt. Antarctica **134** 77.40S 167.20E
Ereğli Konya Turkey **84** 37.30N 34.02E
Ereğli Zonguldak Turkey **84** 41.17N 31.26E
Erft *r.* W. Germany **73** 51.12N 6.45E
Erfurt E. Germany **72** 50.58N 11.02E
Ergani Turkey **84** 38.17N 39.44E
Ergene *r.* Turkey **71** 41.02N 26.22E
Erh Hai *l.* China **94** 25.45N 100.09E
Erhlien China **92** 43.48N 112.00E
Eriboll, Loch Scotland **49** 58.28N 4.41W
Ericht, Loch Scotland **49** 56.52N 4.20W
Erie U.S.A. **124** 42.07N 80.05W
Erie, L. Canada/U.S.A. **124** 42.15N 81.00W
Erigavo Somali Rep. **101** 10.40N 47.20E
Erimo saki *c.* Japan **95** 41.55N 143.13E
Eriskay *i.* Scotland **48** 57.04N 7.17W
Erisort, Loch Scotland **48** 58.06N 6.30W
Erith England **12** 51.29N 0.11E
Erkelenz W. Germany **73** 51.05N 6.18E
Ermelo Neth. **73** 52.19N 5.38E
Ermelo R.S.A. **106** 26.32S 29.59E
Erne *r.* Rep. of Ire. **56** 54.30N 8.17W
Er Rahad Sudan **101** 12.42N 30.33E
Errigal Mtn. Rep. of Ire. **56** 55.02N 8.07W
Erris Head Rep. of Ire. **56** 54.18N 10.00W
Er Roseires Sudan **101** 11.52N 34.23E

Erzincan Turkey **84** 39.44N 39.30E
Erzurum Turkey **84** 39.57N 41.17E
Esbjerg Denmark **74** 55.28N 8.28E
Escanaba U.S.A. **124** 45.47N 87.04W
Esch Lux. **73** 49.31N 5.59E
Eschweiler W. Germany **73** 50.49N 6.16E
Escondido r. Nicaragua **126** 11.58N 83.45W
Escuintla Guatemala **126** 14.18N 90.47W
Esha Ness c. Scotland **48** 60.29N 1.37W
Esher England **12** 51.23N 0.22W
Eshowe R.S.A. **106** 28.54S 31.28E
Esk r. Cumbria England **32** 54.20N 3.24W
Esk r. Cumbria England **41** 54.58N 3.02W
Esk r. N. Yorks. England **33** 54.29N 0.37W
Eskdale f. Scotland **41** 55.13N 3.08W
Eskilstuna Sweden **74** 59.22N 16.31E
Eskimo Point town Canada **123** 61.10N 94.15W
Eskişehir Turkey **84** 39.46N 30.30E
Esla r. Spain **69** 41.50N 5.48W
Esperance Australia **107** 33.49S 121.52E
Esquel Argentina **129** 42.55S 71.20W
Essen W. Germany **73** 51.27N 6.57E
Essendon England **12** 51.46N 0.09W
Essequibo r. Guyana **128** 6.48N 58.23W
Essex d. England **12** 51.46N 0.30E
Esslingen W. Germany **72** 48.45N 9.19E
Estats, Pic d' mtn. Spain **68** 42.40N 1.23E
Estepona Spain **69** 36.26N 5.09W
Estevan Canada **120** 49.09N 103.00W
Eston England **33** 54.34N 1.07W
Estonia Soviet Socialist Republic d. U.S.S.R. **74** 58.45N 25.30E
Estrêla, Serra da mts. Portugal **69** 40.20N 7.40W
Estremoz Portugal **69** 38.50N 7.35W
Etah India **86** 27.33N 78.39E
Etaples France **68** 50.31N 1.39E
Etawah India **86** 26.40N 79.20E
Ethiopia Africa **101** 10.00N 39.00E
Ethiopian Highlands Ethiopia **101** 10.00N 37.00E
Etive, Loch Scotland **40** 56.27N 5.15W
Etna, Mt. Italy **70** 37.43N 14.59E
Eton England **12** 51.31N 0.37W
Etosha Game Res. S.W. Africa **106** 18.45S 14.55E
Etosha Pan f. S.W. Africa **106** 18.50S 16.30E
Ettelbrück Lux. **73** 49.51N 6.06E
Ettrick r. Scotland **41** 55.36N 2.49W
Ettrick Forest f. Scotland **41** 55.30N 3.00W
Ettrick Pen mtn. Scotland **41** 55.21N 3.16W
Et Tubeiq, Jebel mts. Saudi Arabia **84** 29.30N 37.15E
Euboea i. Greece **71** 38.30N 23.50E
Euclid U.S.A. **124** 41.34N 81.33W
Eufaula Resr. U.S.A. **121** 35.15N 95.35W
Eugene U.S.A. **120** 44.03N 123.07W
Eugenia, Punta c. Mexico **120** 27.50N 115.50W
Eupen Belgium **73** 50.38N 6.04E
Euphrates r. Asia **85** 31.00N 47.27E
Eureka U.S.A. **120** 40.49N 124.10W
Euroa Australia **108** 36.46S 145.35E
Europa, Picos de mts. Spain **69** 43.10N 4.40W
Europe **60**
Europoort Neth. **73** 51.56N 4.08E
Euskirchen W. Germany **73** 50.40N 6.47E
Evale Angola **104** 16.24S 15.50E
Evans, L. Canada **121** 50.55N 77.00W
Evanston U.S.A. **124** 42.02N 87.41W
Evanton Scotland **49** 57.39N 4.21W
Evenlode r. England **16** 51.46N 1.21W
Everard, C. Australia **108** 37.50S 149.16E
Evercreech England **16** 51.08N 2.30W
Everest, Mt. Asia **86** 27.59N 86.56E
Evesham England **16** 52.06N 1.57W
Evje Norway **74** 58.36N 7.51E
Evora Portugal **69** 38.34N 7.54W
Evreux France **68** 49.03N 1.11E
Ewe, Loch Scotland **48** 57.48N 5.38W
Ewell England **12** 51.21N 0.15W
Exe r. England **25** 50.40N 3.28W
Exeter England **25** 50.43N 3.31W
Exmoor Forest hills England **25** 51.08N 3.45W
Exmouth England **16** 50.37N 3.24W
Exuma Is. Bahamas **127** 24.00N 76.00W
Eyasi, L. Tanzania **105** 3.40S 35.00E
Eye England **17** 52.19N 1.09E
Eyemouth Scotland **41** 55.52N 2.05W
Eygurande France **68** 45.40N 2.26E
Eynhallow Sd. Scotland **49** 59.08N 3.05W
Eynort, Loch Scotland **48** 57.13N 7.15W
Eynsford England **12** 51.22N 0.14E
Eyre, L. Australia **107** 28.30S 137.25E
Eyrecourt Rep. of Ire. **58** 53.11N 8.08W

F

Fåborg Denmark **74** 55.06N 10.15E
Fada-N'Gourma U. Volta **102** 12.03N 0.22E
Faenza Italy **70** 44.17N 11.52E
Fagernes Norway **74** 60.59N 9.17E
Fagersta Sweden **74** 59.59N 15.49E
Fairbanks U.S.A. **122** 64.50N 147.50W
Fairbourne Wales **24** 52.42N 4.03W
Fair Head N. Ireland **57** 55.14N 6.10W
Fair Isle Scotland **48** 59.32N 1.38W
Fairlie New Zealand **112** 44.05S 170.50E
Fairmont U.S.A. **124** 39.28N 80.08W
Fairweather, Mt. U.S.A. **122** 59.00N 137.30W
Faizabad Afghan. **90** 36.17N 64.49E
Faizabad India **86** 26.46N 82.08E
Fajr, Wadi r. Saudi Arabia **84** 30.00N 38.25E
Fakenham England **33** 52.50N 0.51E
Fakfak Asia **89** 2.55S 132.17E
Fal r. England **25** 50.14N 4.58W
Falaise France **68** 48.54N 0.11W
Falcarragh Rep. of Ire. **56** 55.08N 8.08W
Falcone, C. Italy **70** 40.57N 8.12E
Falcon Resr. U.S.A. **126** 26.46N 98.55W
Falémé r. Senegal **102** 14.55N 12.00W
Falkenberg Sweden **74** 56.55N 12.30E
Falkirk Scotland **41** 56.00N 3.48W
Falkland Scotland **41** 56.15N 3.13W
Falkland Is. S. America **129** 52.00S 60.00W
Fall River town U.S.A. **125** 41.42N 71.08W
Falmouth England **25** 50.09N 5.05W
Falmouth B. England **25** 50.06N 5.05W
False B. R.S.A. **106** 34.20S 18.30E
Falster i. Denmark **72** 54.30N 12.00E
Falun Sweden **74** 60.37N 15.40E
Famagusta Cyprus **84** 35.07N 33.57E
Fanad Head Rep. of Ire. **57** 55.17N 7.39W
Fangtou Shan mts. China **93** 30.36N 108.45E
Fannich, Loch Scotland **48** 57.38N 5.00W
Fao Iraq **85** 29.57N 48.30E
Faradje Zaïre **105** 3.45N 29.43E
Farafra Oasis Egypt **84** 27.00N 28.20E
Farah Afghan. **85** 32.23N 62.07E
Farah r. Afghan. **85** 31.25N 61.30E
Farallon de Medinilla i. Asia **89** 16.01N 146.04E
Farallon de Pajaros i. Asia **89** 20.33N 144.59E
Faranah Guinea **102** 10.01N 10.47W
Faraulep is. Asia **89** 8.36N 144.33E
Farcet Fen England **17** 52.32N 0.11W
Fareham England **16** 50.52N 1.11W
Farewell, C. Greenland **123** 60.00N 44.20W
Farewell, C. New Zealand **112** 40.30S 172.35E
Farewell Spit f. New Zealand **112** 40.30S 173.00E
Fargo U.S.A. **121** 46.52N 96.59W
Farim Guinea Bissau **102** 12.30N 15.09W
Faringdon England **16** 51.39N 1.34W
Farnborough Hants. England **12** 51.17N 0.46W
Farnborough Kent England **12** 51.22N 0.05E
Farncombe England **12** 51.12N 0.37W
Farndon England **32** 53.06N 2.53W
Farne Is. England **41** 55.38N 1.36W
Farnham Canada **125** 45.17N 72.59W
Farnham England **16** 51.13N 0.49W
Farningham England **12** 51.23N 0.15E
Farnworth England **32** 53.33N 2.33W
Faro Portugal **69** 37.01N 7.56W
Faroe Is. Europe **74** 62.00N 7.00W
Fårösund Sweden **74** 57.51N 19.05E
Farrar r. Scotland **49** 57.25N 4.39W
Farrukhabad India **86** 27.23N 79.35E
Fársala Greece **71** 39.17N 22.22E
Farsi Afghan. **85** 33.47N 63.12E
Farsund Norway **74** 58.05N 6.49E
Fasa Iran **85** 28.55N 53.38E
Fashven mtn. Scotland **49** 58.34N 4.54W
Fastnet Rock i. Rep. of Ire. **58** 51.23N 9.37W
Fastov U.S.S.R. **75** 50.08N 29.59E
Fatehpur India **86** 25.56N 80.55E
Fathpur India **86** 25.29N 79.00E
Fatshan China **93** 23.08N 113.08E
Fauldhouse Scotland **41** 55.49N 3.41W
Fauquembergues France **17** 50.35N 2.06E
Faurei Romania **71** 45.04N 27.15E
Fäuske Norway **67** 67.17N 15.25E
Faversham England **17** 51.18N 0.54E
Favignana i. Italy **70** 37.57N 12.19E
Fawley England **16** 50.49N 1.20W
Faxa Flói b. Iceland **74** 64.30N 22.50W
Faxe r. Sweden **74** 63.15N 17.15E
Fayetteville U.S.A. **121** 35.03N 78.53W
Fdérik Mauritania **100** 22.30N 12.30W
Feale r. Rep. of Ire. **58** 52.28N 9.37W
Fear, C. U.S.A. **121** 33.51N 77.59W
Fearn Hill Rep. of Ire. **57** 54.45N 7.35W
Fécamp France **68** 49.45N 0.23E
Federal District d. Mexico **126** 19.20N 99.10W
Fedorovka U.S.S.R. **75** 47.07N 35.19E
Feeagh, Lough Rep. of Ire. **56** 53.56N 9.35W
Fehmarn i. W. Germany **72** 54.30N 11.05E

Feilding New Zealand **112** 40.10S 175.25E
Feira Brazil **128** 12.17S 38.53W
Feira Zambia **105** 15.30S 30.27E
Felanitx Spain **69** 39.27N 3.08E
Feldkirch Austria **72** 47.15N 9.38E
Felixstowe England **17** 51.58N 1.20E
Felsted England **12** 51.52N 0.25E
Feltham England **12** 51.27N 0.25W
Felton England **41** 55.18N 1.42W
Femunden l. Norway **74** 62.05N 11.55E
Fengfeng China **92** 36.35N 114.28E
Fengkieh China **93** 31.02N 109.31E
Fen Ho r. China **92** 35.30N 110.38E
Fenit Rep. of Ire. **58** 52.17N 9.51W
Fenyang China **92** 37.10N 111.40E
Feodosiya U.S.S.R. **75** 45.03N 35.23E
Fer, Cap de Algeria **70** 37.07N 7.10E
Ferbane Rep. of Ire. **58** 53.16N 7.50W
Ferdaus Iran **85** 34.00N 58.10E
Fergus r. Rep. of Ire. **58** 52.47N 8.58W
Fergus Falls town U.S.A. **121** 46.18N 96.00W
Ferkéssédougou Ivory Coast **102** 9.30N 5.10W
Fermanagh d. N. Ireland **57** 54.15N 7.45W
Fermoselle Spain **69** 41.19N 6.24W
Fermoy Rep. of Ire. **58** 52.08N 8.17W
Ferndown England **16** 50.48N 1.55W
Ferness Scotland **49** 57.28N 3.45W
Ferns Rep. of Ire. **59** 52.35N 6.31W
Ferozepore India **86** 30.55N 74.38E
Ferrara Italy **70** 44.49N 11.38E
Ferret, Cap France **68** 44.42N 1.16W
Feshi Zaire **104** 6.08S 18.12E
Fetcham England **12** 51.17N 0.22W
Fethard Tipperary Rep. of Ire. **58** 52.28N 7.42W
Fethard Wexford Rep. of Ire. **59** 52.12N 6.51W
Fethiye Turkey **84** 36.37N 29.06E
Fetlar i. Scotland **48** 60.37N 0.52W
Fetlar i. U.K. **2** 60.37N 0.52W
Fettercairn Scotland **49** 56.51N 2.35W
Fevzipaşa Turkey **84** 37.07N 36.38E
Fez Morocco **100** 34.05N 5.00W
Ffestiniog Wales **24** 52.58N 3.56W
Ffostrasol Wales **24** 52.06N 4.23W
Fife d. Scotland **41** 56.10N 3.10W
Fife Ness c. Scotland **41** 56.17N 2.36W
Figeac France **68** 44.32N 2.01E
Figueira da Foz Portugal **69** 40.09N 8.51W
Figueras Spain **69** 42.16N 2.57E
Fiji Is. Pacific Oc. **137** 17.00S 178.00E
Filabusi Rhodesia **106** 20.34S 29.20E
Filey England **33** 54.13N 0.18W
Fimi r. Zaïre **109** 3.00S 17.00E
Finchley England **12** 51.37N 0.11W
Findhorn Scotland **49** 57.39N 3.37W
Findhorn r. Scotland **49** 57.38N 3.37W
Findlay U.S.A. **124** 41.02N 83.40W
Finisterre, C. Spain **69** 42.54N 9.16W
Finland Europe **74** 64.30N 27.00E
Finland, G. of Finland/U.S.S.R. **74** 60.00N 26.50E
Finlay r. Canada **122** 56.30N 124.40W
Finn r. Rep. of Ire. **57** 54.50N 7.30W
Finn, Lough Rep. of Ire. **56** 54.51N 8.09W
Finsbury England **12** 51.32N 0.06W
Finschhafen P.N.G. **89** 6.35S 147.51E
Fintona N. Ireland **57** 54.29N 7.19W
Fionn Loch Scotland **48** 57.45N 5.27W
Fionnphort Scotland **40** 56.19N 6.23W
Firozabad India **86** 27.09N 78.24E
Firth of Clyde est. Scotland **40** 55.35N 4.53W
Firth of Forth est. Scotland **41** 56.05N 3.00W
Firth of Lorne est. Scotland **40** 56.20N 5.40W
Firth of Tay est. Scotland **41** 56.24N 3.08W
Firuzabad Iran **85** 28.50N 52.35E
Fisher Str. Canada **123** 63.00N 84.00W
Fishguard Wales **24** 51.59N 4.59W
Fishguard B. Wales **24** 52.06N 4.44W
Fitchburg U.S.A. **125** 42.35N 71.50W
Fitful Head Scotland **48** 59.55N 1.23W
Fittri, L. Chad **103** 12.50N 17.30E
Fizi Zaïre **105** 4.18S 28.56E
Flackwell Heath England **12** 51.36N 0.43W
Flagstaff U.S.A. **120** 35.12N 111.38W
Flåm Norway **74** 60.51N 7.08E
Flamborough England **33** 54.07N 0.07W
Flamborough Head England **33** 54.06N 0.05W
Flaming Gorge Resr. U.S.A. **120** 41.10N 109.30W
Flanders f. Belgium **73** 50.52N 3.00E
Flanders East d. Belgium **73** 51.00N 3.45E
Flanders West d. Belgium **73** 51.00N 3.00E
Flannan Is. U.K. **2** 58.16N 7.40W
Flathead L. U.S.A. **120** 47.50N 114.05W
Flat Holm i. England **16** 51.23N 3.08W
Flattery, C. U.S.A. **120** 48.23N 124.43W
Fleet England **16** 51.16N 0.50W
Fleet r. Scotland **49** 57.57N 4.05W
Fleetwood England **32** 53.55N 3.01W
Flekkefjord town Norway **74** 58.17N 6.40E
Flen Sweden **74** 59.04N 16.39E
Flensburg W. Germany **72** 54.47N 9.27E
Flers France **68** 48.45N 0.34W

Flesk to **Galway B.** 178

Flesk *r.* Rep. of Ire. **58** 52.02N 9.31W
Flimby England **32** 54.42N 3.31W
Flinders *r.* Australia **107** 17.30S 140.45E
Flinders I. Australia **108** 40.00S 148.00E
Flinders Range *mts.* Australia **108** 31.00S 138.30E
Flin Flon Canada **123** 54.47N 101.51W
Flint U.S.A. **124** 43.03N 83.40W
Flint *r.* U.S.A. **121** 30.52N 84.35W
Flint Wales **24** 53.15N 3.07W
Flitwick England **17** 51.59N 0.30W
Flora Norway **74** 61.45N 4.55E
Florence Italy **70** 43.46N 11.15E
Florence U.S.A. **121** 34.12N 79.44W
Florenville Belgium **73** 49.42N 5.19E
Flores *i.* Indonesia **89** 8.40S 121.20E
Flores Sea Indonesia **89** 7.00S 121.00E
Florianópolis Brazil **129** 27.35S 48.31W
Florida *d.* U.S.A. **121** 29.00N 82.00W
Florida, Straits of U.S.A. **127** 24.00N 81.00W
Florida Keys *is.* U.S.A. **126** 24.30N 81.00W
Florina Greece **71** 40.48N 21.25E
Flotta *i.* Scotland **49** 58.49N 3.07W
Flushing Neth. **73** 51.27N 3.35E
Fly *r.* P.N.G. **89** 8.22S 142.23E
Fochabers Scotland **49** 57.37N 3.07W
Foçsani Romania **71** 45.40N 27.12E
Foggia Italy **70** 41.28N 15.33E
Foinaven *mtn.* Scotland **49** 58.24N 4.53W
Foix France **68** 42.57N 1.35E
Folda *est.* Norway **74** 64.45N 11.20E
Foligno Italy **70** 42.56N 12.43E
Folkestone England **17** 51.05N 1.11E
Folkingham England **33** 52.54N 0.24W
Fond du Lac Canada **122** 59.20N 107.09W
Fond du Lac U.S.A. **124** 43.48N 88.27W
Fonseca, G. of Honduras **126** 13.10N 87.30W
Fontainebleau France **68** 48.24N 2.42E
Fontenay France **68** 46.28N 0.48W
Fontstown Rep. of Ire. **59** 53.03N 6.54W
Foochow China **93** 26.09N 119.21E
Forbes Australia **108** 33.24S 148.03E
Forbes, Lough Rep. of Ire. **56** 53.47N 7.53W
Ford Scotland **40** 56.10N 5.26W
Fordingbridge England **16** 50.56N 1.48W
Forécariah Guinea **102** 9.28N 13.06W
Forel, Mt. Greenland **123** 67.00N 37.00W
Foreland *c.* England **16** 50.42N 1.06W
Foreland Pt. England **25** 51.15N 3.47W
Forest of Atholl *f.* Scotland **49** 56.50N 3.58W
Forest of Bowland *hills* England **32** 53.57N 2.30W
Forest of Dean *f.* England **16** 51.48N 2.32W
Forest of Rossendale *f.* England **32** 53.43N 2.15W
Forest Row England **17** 51.06N 0.03E
Forfar Scotland **41** 56.38N 2.54W
Forli Italy **70** 44.13N 12.02E
Forlorn Pt. Rep. of Ire. **59** 52.10N 6.35W
Formartine *f.* Scotland **49** 57.21N 2.12W
Formby England **32** 53.34N 3.04W
Formby Pt. England **32** 53.34N 3.07W
Formentera *i.* Spain **69** 38.41N 1.30E
Formosa *i.* Asia **137** 23.00N 121.00E
Formosa *see* Taiwan Asia **93**
Formosa Str. China/Taiwan **93** 24.30N 119.30E
Forres Scotland **49** 57.37N 3.38W
Forssa Finland **74** 60.49N 23.40E
Forster Australia **108** 32.11S 152.30E
Fort Albany Canada **123** 52.15N 81.35W
Fortaleza Brazil **128** 3.45S 38.45W
Fort Augustus Scotland **49** 57.09N 4.41W
Fort Beaufort R.S.A. **106** 32.47S 26.38E
Fort Chimo Canada **123** 58.10N 68.15W
Fort Chipewyan Canada **122** 58.46N 111.09W
Fort Collins U.S.A. **120** 40.35N 105.05W
Fort Crampel C.A.R. **103** 7.00N 19.10E
Fort-Dauphin Malagasy Rep. **97** 25.01S 47.00E
Fort-de-France Martinique **127** 14.36N 61.05W
Fort de Possel C.A.R. **104** 5.03N 19.14E
Fort Frances Canada **124** 48.37N 93.23W
Fort George Canada **123** 53.50N 79.01W
Fort George *r.* Canada **123** 53.50N 79.00W
Fort Good Hope Canada **122** 66.16N 128.37W
Forth Scotland **41** 55.46N 3.42W
Forth *r.* Scotland **41** 56.06N 3.48W
Fort Hall Kenya **105** 0.43S 37.10E
Fort Lauderdale U.S.A. **121** 26.08N 80.08W
Fort Liard Canada **122** 60.14N 123.28W
Fort Madison U.S.A. **124** 40.38N 91.21W
Fort Maguire Malawi **105** 13.38S 34.59E
Fort McPherson Canada **122** 67.29N 134.50W
Fort Myers U.S.A. **121** 26.39N 81.51W
Fort Nelson Canada **122** 58.48N 122.44W
Fort Norman Canada **122** 64.55N 125.29W
Fort Peck Dam U.S.A. **120** 47.55N 106.15W
Fort Peck Resr. U.S.A. **120** 47.55N 107.00W
Fort Polignac Algeria **100** 26.20N 8.20E
Fort Portal Uganda **105** 0.40N 30.17E
Fort Randall U.S.A. **122** 55.10N 162.47W
Fort Reliance Canada **122** 62.45N 109.08W
Fort Resolution Canada **122** 61.10N 113.39W
Fortrose Scotland **49** 57.34N 4.09W
Fort Rousset Congo **104** 0.30S 15.48E
Fort Rupert Canada **123** 51.30N 79.45W
Fort St. John Canada **122** 56.14N 120.55W
Fort Scott U.S.A. **121** 37.52N 94.43W
Fort Severn Canada **123** 56.00N 87.40W
Fort Shevchenko U.S.S.R. **76** 44.31N 50.15E
Fort Sibut C.A.R. **103** 5.46N 19.06E
Fort Simpson Canada **122** 61.46N 121.15W
Fort Smith Canada **114** 60.09N 112.08W
Fort Smith U.S.A. **121** 35.22N 94.27W
Fortune *i.* Bahamas **127** 22.30N 74.15W
Fortuneswell England **16** 50.33N 2.27W
Fort Vermilion Canada **122** 58.22N 115.59W
Fort Victoria Rhodesia **106** 20.10S 30.49E
Fort Wayne U.S.A. **124** 41.05N 85.08W
Fort William Scotland **48** 56.49N 5.07W
Fort Worth U.S.A. **121** 32.45N 97.20W
Fort Yukon U.S.A. **122** 66.35N 145.20W
Fostoria U.S.A. **124** 41.10N 83.25W
Fougamou Gabon **104** 1.10S 10.31E
Fougères France **68** 48.21N 1.12W
Foula *i.* Scotland **48** 60.08N 2.05W
Foulness I. England **17** 51.35N 0.55E
Foulness Pt. England **17** 51.37N 1.00E
Foulwind, C. New Zealand **112** 41.45S 171.30E
Foumban Cameroon **104** 5.43N 10.50E
Four Elms England **12** 51.14N 0.07E
Foveaux Str. New Zealand **112** 46.40S 168.00E
Fowey England **25** 50.20N 4.39W
Fowey *r.* England **25** 50.22N 4.40W
Fow Kiang *r.* China **93** 30.02N 106.20E
Fowliang China **93** 29.14N 117.14E
Fowling China **93** 29.40N 107.20E
Fowyang China **92** 32.52N 115.52E
Foxe Basin *b.* Canada **123** 67.30N 79.00W
Foxe Channel Canada **123** 65.00N 80.00W
Foxford Rep. of Ire. **56** 53.58N 9.08W
Foxton New Zealand **112** 40.27S 175.18E
Foyle *r.* U.K. **2** 55.00N 7.20W
Foyle, Lough Rep. of Ire./N. Ireland **57** 55.07N 7.06W
Framlingham England **17** 52.14N 1.20E
France Europe **68** 47.00N 2.00E
Franceville Gabon **104** 1.38S 13.31E
Francistown Botswana **106** 21.11S 27.32E
Frankfort R.S.A. **106** 27.16S 28.30E
Frankfort U.S.A. **121** 38.11N 84.53W
Frankfurt E. Germany **72** 52.20N 14.32E
Frankfurt W. Germany **72** 50.06N 8.41E
Franklin *d.* Canada **123** 73.00N 100.00W
Franklin U.S.A. **124** 39.29N 86.02W
Franklin D. Roosevelt L. U.S.A. **120** 47.55N 118.20W
Frank Saale *r.* W. Germany **68** 50.00N 8.21E
Franz Canada **124** 48.28N 84.25W
Franz Josef Land *is.* U.S.S.R. **76** 81.00N 54.00E
Fraser *r.* Canada **120** 49.05N 123.00W
Fraserburg R.S.A. **106** 31.55S 21.31E
Fraserburgh Scotland **49** 57.42N 2.00W
Fredericia Denmark **74** 55.34N 9.47E
Frederick U.S.A. **125** 39.25N 77.25W
Fredericksburg U.S.A. **121** 38.18N 77.30W
Fredericton Canada **125** 45.57N 66.40W
Frederikshaab Greenland **123** 62.05N 49.30W
Fredrikshavn Denmark **74** 57.28N 10.33E
Fredrikstad Norway **74** 59.15N 10.55E
Freemount Rep. of Ire. **58** 52.26N 8.53W
Freeport Bahamas **127** 26.40N 78.30W
Freetown Sierra Leone **102** 8.30N 13.17W
Freiburg W. Germany **72** 48.00N 7.52E
Freilingen W. Germany **73** 50.33N 7.50E
Fréjus France **68** 43.26N 6.44E
Fremantle Australia **107** 32.07S 115.44E
French Cays *is.* Bahamas **127** 21.31N 72.14W
French Guiana S. America **128** 4.00N 53.00W
Frenchman's Cap *mtn.* Australia **108** 42.27S 145.54E
Frenchpark Rep. of Ire. **56** 53.52N 8.25W
French Territory of Afars and Issas Africa **101** 12.00N 42.50E
Frenda Algeria **69** 35.04N 1.03E
Freshford Rep. of Ire. **59** 52.44N 7.23W
Fresno U.S.A. **120** 36.41N 119.57W
Freycinet Pen. Australia **108** 42.10S 148.18E
Fribourg Switz. **72** 46.50N 7.10E
Friedrichshafen W. Germany **72** 47.39N 9.29E
Friern Barnet England **12** 51.37N 0.09W
Friesland *d.* Neth. **73** 53.05N 5.45E
Friesoythe W. Germany **73** 53.02N 7.52E
Frimley England **12** 51.19N 0.44W
Frinton England **17** 51.50N 1.16E
Frio, Cabo *c.* Brazil **129** 22.50S 42.10W
Frisa, Loch Scotland **40** 56.33N 6.05W
Frisian Is. Europe **60** 53.30N 6.00E
Frobisher B. Canada **123** 63.00N 66.45W
Frobisher Bay *town* Canada **123** 63.45N 68.30W
Frodsham England **32** 53.17N 2.45W
Fro Havet *est.* Norway **74** 63.55N 9.05E
Frome England **16** 51.16N 2.17W
Frome *r.* England **16** 50.41N 2.05W
Frome, L. Australia **108** 30.45S 139.45E
Frosinone Italy **70** 41.36N 13.21E
Frower Pt. Rep. of Ire. **58** 51.40N 8.29W
Fröya *i.* Norway **74** 63.45N 8.30E
Frunze U.S.S.R. **90** 42.53N 74.46E
Fuchin China **91** 47.15N 131.59E
Fuchow China **93** 28.01N 116.13E
Fuchun Kiang *r.* China **93** 30.05N 120.00E
Fuday *i.* Scotland **48** 57.03N 7.23W
Fuerte *r.* Mexico **120** 25.42N 109.20W
Fuerteventura *i.* Canary Is. **100** 28.20N 14.10W
Fuhsien China **92** 39.35N 122.07E
Fuhsien Hu China **94** 24.25N 102.55E
Fujiyama *mtn.* Japan **95** 35.23N 138.42E
Fukien *d.* China **93** 26.00N 118.00E
Fukui Japan **95** 36.04N 136.12E
Fukuoka Japan **95** 33.39N 130.21E
Fukushima Japan **95** 37.44N 140.28E
Fulda W. Germany **72** 50.35N 9.41E
Fulham England **12** 51.29N 0.13W
Fumay France **73** 49.59N 4.42E
Fundy, B. of N.America **121** 44.30N 66.30W
Funen *i.* Denmark **74** 55.15N 10.30E
Funiu Shan *mts.* China **92** 33.40N 112.20E
Funzie Scotland **48** 60.35N 0.48W
Furakawa Japan **95** 38.30N 140.50E
Furancungo Moçambique **105** 14.51S 33.38E
Furg Iran **85** 28.19N 55.10E
Furnas Dam Brazil **129** 20.40S 46.22W
Furneaux Group *is.* Australia **108** 40.15S 148.15E
Furnes Belgium **73** 51.04N 2.40E
Fürstenau W. Germany **73** 52.32N 7.41E
Fushun China **92** 41.50N 123.55E
Fusin China **92** 42.08N 121.45E
Fussen W. Germany **72** 47.35N 10.43E
Futa Jalon *f.* Guinea **102** 11.30N 12.30W
Fuyu China **91** 45.12N 124.49E
Fyfield England **12** 51.45N 0.16E
Fyne, Loch Scotland **40** 55.55N 5.23W
Fyvie Scotland **49** 57.26N 2.24W

G

Gabela Angola **104** 10.52S 14.24E
Gabes Tunisia **100** 33.52N 10.06E
Gabes, G. of Tunisia **100** 34.00N 11.00E
Gabon Africa **104** 0.00 12.00E
Gabon *r.* Gabon **104** 0.15N 10.00E
Gaborone Botswana **106** 24.45S 25.55E
Gabriel, Mt. Rep. of Ire. **58** 51.34N 9.34W
Gach Saran Iran **85** 30.13N 50.49E
Gadsden U.S.A. **121** 34.00N 86.00W
Gadzema Rhodesia **106** 18.02S 30.16E
Gaeta Italy **70** 41.13N 13.35E
Gaeta, G. of Med. Sea **70** 41.05N 13.30E
Gaferut *i.* Asia **89** 9.14N 145.23E
Gagnoa Ivory Coast **102** 6.04N 5.55W
Gagnon Canada **123** 51.56N 68.16W
Gago Coutinho Angola **104** 14.02S 21.35E
Gaillac France **68** 43.54N 1.53E
Gainesville U.S.A. **121** 29.37N 82.31W
Gainford England **32** 54.34N 1.44W
Gainsborough England **33** 53.23N 0.46W
Gairdner, L. Australia **107** 31.30S 136.00E
Gairloch Scotland **48** 57.43N 5.40W
Gairloch, Loch Scotland **48** 57.43N 5.43W
Gairsay *i.* Scotland **49** 59.05N 2.58W
Galala Plateau Egypt **84** 29.00N 32.10E
Galana *r.* Kenya **105** 3.12S 40.09E
Galangue Angola **104** 13.40S 16.00E
Galapagos Is. Ecuador **115** 0.20S 91.00W
Galashiels Scotland **41** 55.37N 2.49W
Galati Romania **71** 45.27N 27.59E
Galena U.S.A. **122** 64.43N 157.00W
Galesburg U.S.A. **124** 40.58N 90.22W
Galey *r.* Rep. of Ire. **58** 52.26N 9.37W
Galita *i.* Tunisia **70** 37.31N 8.55E
Gallan Head Scotland **48** 58.14N 7.01W
Galle Sri Lanka **87** 6.01N 80.13E
Gállego *r.* Spain **69** 41.40N 0.55W
Galley Head Rep. of Ire. **58** 51.32N 8.57W
Gallinas, C. Colombia **128** 12.27N 71.44W
Gallípoli Italy **71** 40.02N 18.01E
Gallipoli Turkey **71** 40.25N 26.31E
Gällivare Sweden **74** 67.10N 20.40E
Galloway *f.* Scotland **40** 55.00N 4.28W
Gallup U.S.A. **120** 35.32N 108.46W
Galong Australia **108** 34.37S 148.34E
Galston Scotland **40** 55.36N 4.23W
Galtby Finland **74** 60.08N 21.33E
Galtymore *mtn.* Rep. of Ire. **58** 52.22N 8.13W
Galty Mts. Rep. of Ire. **58** 52.20N 8.10W
Galveston U.S.A. **121** 29.17N 94.48W
Galveston B. U.S.A. **121** 29.40N 94.40W
Galway Rep. of Ire. **56** 53.17N 9.03W
Galway *d.* Rep. of Ire. **58** 53.30N 9.00W
Galway B. Rep. of Ire. **58** 53.12N 9.07W

Gambia Africa **102** 13.10N 16.00W
Gambia *r.* Gambia **102** 13.28N 15.55W
Gamboma Congo **104** 1.50S 15.58E
Ganale Dorya *r.* Ethiopia **105** 4.13N 42.04E
Gandajika Zaïre **104** 6.46S 23.58E
Gandak *r.* India **86** 25.35N 85.20E
Gander Canada **123** 48.58N 54.34W
Gandia Spain **69** 38.59N 0.11W
Ganga *r. see* Ganges India **86**
Ganges *r.* India **86** 23.30N 90.25E
Ganges, Mouths of the India/Bangla. **86** 22.00N 89.35E
Gangtok Sikkim **86** 27.20N 88.39E
Gannat France **68** 46.06N 3.11E
Gannett Peak *mtn.* U.S.A. **120** 43.10N 109.38W
Gao Mali **102** 16.19N 0.09W
Gaoual Guinea **102** 11.44N 13.14W
Gap France **68** 44.33N 6.05E
Gara, Lough Rep. of Ire. **56** 53.57N 8.27W
Gard *r.* France **68** 43.52N 4.40E
Garda, L. Italy **70** 45.40N 10.40E
Gar Dzong China **87** 32.10N 79.59E
Garelochhead Scotland **40** 56.05N 4.49W
Garforth England **33** 53.48N 1.22W
Garies R.S.A. **106** 30.30S 18.00E
Garioch *f.* Scotland **49** 57.18N 2.30W
Garissa Kenya **105** 0.27S 39.49E
Garlieston Scotland **40** 54.46N 4.22W
Garmisch Partenkirchen W. Germany **72** 47.30N 11.05E
Garmouth Scotland **49** 57.40N 3.07W
Garmsar Iran **85** 35.15N 52.21E
Garo Hills India **86** 25.30N 90.30E
Garonne *r.* France **68** 45.00N 0.37W
Garoua Cameroon **103** 9.17N 13.22E
Garrison Resr. U.S.A. **120** 47.30N 102.20W
Garroch Head Scotland **40** 55.43N 5.02W
Garron Pt. N. Ireland **57** 55.03N 5.58W
Garry, Loch Scotland **49** 57.05N 4.55W
Garry L. Canada **123** 66.00N 100.00W
Garstang England **32** 53.53N 2.47W
Garth Wales **24** 52.08N 3.32W
Garthorpe England **33** 53.40N 0.42W
Gartok China **90** 32.00N 80.20E
Garvagh N. Ireland **57** 54.59N 6.42W
Garvão Portugal **69** 37.42N 8.21W
Garve Scotland **49** 57.37N 4.41W
Garvellachs *i.* Scotland **40** 56.15N 5.45W
Garvie Mts. New Zealand **112** 45.15S 169.00E
Garwah India **86** 24.11N 83.47E
Gary U.S.A. **124** 41.34N 87.20W
Gascony, G. of France **68** 44.00N 2.40W
Gascoyne *r.* Australia **107** 25.00S 113.40E
Gaspé Canada **123** 48.50N 64.30W
Gaspé Pen. Canada **125** 48.30N 66.45W
Gata, C. Cyprus **84** 34.33N 33.03E
Gata, Cabo de Spain **69** 36.45N 2.11W
Gata, Sierra de *mts.* Spain **69** 40.20N 6.30W
Gatehouse of Fleet Scotland **40** 54.53N 4.12W
Gateshead England **32** 54.57N 1.35W
Gatooma Rhodesia **106** 18.16S 29.55E
Gatun L. Canal Zone **127** 9.20N 80.00W
Gauhati India **94** 26.10N 91.45E
Gauja *r.* U.S.S.R. **74** 57.10N 24.17E
Gavá Spain **69** 41.18N 2.00E
Gävle Sweden **74** 60.41N 17.10E
Gawler Australia **108** 34.38S 138.44E
Gaya India **86** 24.48N 85.00E
Gaya Niger **103** 11.53N 3.31E
Gaydon England **16** 52.11N 1.27W
Gaza Egypt **84** 31.30N 34.28E
Gaziantep Turkey **84** 37.04N 37.21E
Gdańsk Poland **74** 54.22N 18.38E
Gdańsk, G. of Poland **75** 54.45N 19.15E
Gdov U.S.S.R. **74** 58.48N 27.52E
Gdynia Poland **74** 54.31N 18.30E
Geal Chàrn *mtn.* Scotland **49** 57.06N 3.30W
Gebze Turkey **84** 40.48N 29.26E
Gediz *r.* Turkey **71** 38.37N 26.47E
Gedser Denmark **72** 54.35N 11.57E
Geel Belgium **73** 51.10N 5.00E
Geelong Australia **108** 38.10S 144.26E
Geh Iran **85** 26.14N 60.15E
Geidam Nigeria **103** 12.55N 11.55E
Geilenkirchen W. Germany **73** 50.58N 6.08E
Gelderland *d.* Neth. **73** 52.05N 6.00E
Geldern W. Germany **73** 51.31N 6.19E
Geleen Neth. **73** 50.58N 5.51E
Gelligaer Wales **25** 51.40N 3.18W
Gelsenkirchen W. Germany **73** 51.30N 7.05E
Gemas Malaysia **88** 2.35N 102.35E
Gembloux Belgium **73** 50.34N 4.42E
Gemena Zaïre **104** 3.14N 19.48E
Gemlik Turkey **84** 40.26N 29.10E
Geneina Sudan **101** 13.27N 22.30E
Geneva Switz. **72** 46.13N 6.09E
Geneva, L. Switz. **72** 46.30N 6.30E
Genichesk U.S.S.R. **75** 46.10N 34.49E
Genil *r.* Spain **69** 37.42N 5.20W
Genoa Italy **68** 44.24N 8.54E
Genoa, G. of Italy **68** 44.12N 8.55E
Gent Belgium **73** 51.02N 3.42E
George *r.* Canada **123** 58.30N 66.00W
George R.S.A. **106** 33.57S 22.28E
George, L. Australia **108** 35.07S 149.22E
George, L. Uganda **105** 0.00 30.10E
George, L. U.S.A. **125** 43.30N 73.30W
George Town Australia **108** 41.04S 146.48E
Georgetown Cayman Is. **126** 19.20N 81.23W
Georgetown Guyana **128** 6.46N 58.10W
George Town Malaysia **94** 5.26N 100.16E
Georgia *d.* U.S.A. **121** 33.00N 83.00W
Georgia, Str. of Canada **120** 49.15N 123.45W
Georgian B. Canada **124** 45.15N 80.45W
Georgia Soviet Socialist Republic *d.* U.S.S.R. **84** 42.00N 43.30E
Gera E. Germany **72** 50.51N 12.11E
Geraardsbergen Belgium **73** 50.47N 3.53E
Geraldton Australia **107** 28.49S 114.36E
Gerlachovka *mtn.* Czech. **60** 49.10N 20.05E
Germiston R.S.A. **106** 26.15S 28.10E
Gerona Spain **69** 41.59N 2.49E
Gerrards Cross England **12** 51.35N 0.34W
Getafe Spain **69** 40.18N 3.44W
Gete *r.* Belgium **73** 50.58N 5.07E
Geyve Turkey **84** 40.32N 30.18E
Gezira *f.* Sudan **101** 14.30N 33.00E
Ghadames Libya **100** 30.10N 9.30E
Ghaghara *r.* India **86** 25.45N 84.50E
Ghana Africa **102** 8.00N 1.00W
Ghanzi Botswana **106** 21.34S 21.42E
Ghardaïa Algeria **100** 32.20N 3.40E
Ghat Libya **100** 24.59N 10.11E
Ghazaouet Algeria **69** 35.10N 1.50W
Ghaziabad India **86** 28.37N 77.30E
Ghazipur India **86** 25.36N 83.36E
Ghurian Afghan. **85** 34.20N 61.25E
Gialo Libya **101** 29.00N 21.30E
Giant's Causeway *f.* N. Ireland **57** 55.14N 6.31W
Gibraltar Europe **69** 36.07N 5.22W
Gibraltar, Str. of Africa/Europe **69** 36.00N 5.25W
Gibraltar Pt. England **33** 53.05N 0.20E
Giessen W. Germany **72** 50.35N 8.42E
Gieten Neth. **73** 53.01N 6.45E
Gifford Scotland **41** 55.55N 2.45W
Gifu Japan **95** 35.27N 136.50E
Gigha *i.* Scotland **40** 55.41N 5.44W
Gigha, Sd. of Scotland **40** 55.40N 5.41W
Giglio *i.* Italy **70** 42.21N 10.53E
Gijón Spain **69** 43.32N 5.40W
Gila *r.* U.S.A. **120** 32.45N 114.30W
Gilbert Is. Pacific Oc. **137** 2.00S 175.00E
Gilé Moçambique **105** 16.10S 38.17E
Gilehdar Iran **85** 27.36N 52.42E
Gilford N. Ireland **57** 54.22N 6.21W
Gilgandra Australia **108** 31.42S 148.40E
Gilgil Kenya **105** 0.29S 36.19E
Gilgit Jammu and Kashmir **86** 35.54N 74.20E
Gilgunnia Australia **108** 32.25S 146.04E
Gill, Lough Rep. of Ire. **56** 54.15N 8.24W
Gillingham Dorset England **16** 51.02N 2.17W
Gillingham Kent England **12** 51.24N 0.33E
Gilsland England **41** 54.59N 2.34W
Gimbala, Jebel *mtn.* Sudan **101** 13.00N 24.20E
Ginz *r.* W. Germany **72** 48.28N 10.18E
Gippsland *f.* Australia **108** 37.40S 147.00E
Giresun Turkey **84** 40.55N 38.25E
Giri *r.* Zaïre **104** 0.30N 17.58E
Gironde *r.* France **68** 45.35N 1.00W
Girvan Scotland **40** 55.15N 4.51W
Gisborne New Zealand **112** 38.41S 178.02E
Giurgiu Romania **71** 43.52N 25.58E
Givet France **73** 50.08N 4.49E
Gizhiga U.S.S.R. **77** 62.00N 160.34E
Gizhiga G. U.S.S.R. **77** 61.00N 158.00E
Gjövik Norway **74** 60.47N 10.41E
Glacier Peak *mtn.* U.S.A. **120** 48.07N 121.06W
Glamis Scotland **41** 56.37N 3.01W
Glan *r.* W. Germany **73** 49.46N 7.43E
Glanamman Wales **25** 51.49N 3.54W
Glanaruddery Mts. Rep. of Ire. **58** 52.19N 9.27W
Glandorf W. Germany **73** 52.05N 8.00E
Glanton England **41** 55.25N 1.53W
Glasgow Scotland **40** 55.52N 4.15W
Glasgow U.S.A. **120** 48.12N 106.37W
Glas Maol *mtn.* Scotland **49** 56.52N 3.22W
Glass, Loch Scotland **49** 57.43N 4.30W
Glasson England **32** 54.00N 2.49W
Glasson Rep. of Ire. **58** 53.28N 7.52W
Glastonbury England **16** 51.09N 2.42W
Glazov U.S.S.R. **75** 58.09N 52.42E
Glen *r.* England **17** 52.50N 0.06W
Glen Affric *f.* Scotland **48** 57.15N 5.03W
Glen Almond *f.* Scotland **41** 56.28N 3.48W
Glenamaddy Rep. of Ire. **56** 53.36N 8.33W
Glenanane Rep. of Ire. **56** 53.37N 9.40W
Glénans, Îles de France **68** 47.43N 3.57W
Glenarm N. Ireland **57** 54.58N 5.58W
Glenbeigh Rep. of Ire. **58** 52.03N 9.58W
Glen Cannich *f.* Scotland **48** 57.19N 5.03W
Glen Clova *f.* Scotland **49** 56.48N 3.01W
Glen Coe *f.* Scotland **40** 56.40N 5.03W
Glendive U.S.A. **120** 47.08N 104.42W
Glen Dochart *f.* Scotland **40** 56.25N 4.30W
Glen Dye *f.* Scotland **49** 56.58N 2.34W
Glenelg Scotland **48** 57.13N 5.37W
Glenelly *r.* N. Ireland **40** 54.45N 7.19W
Glen Esk *f.* Scotland **49** 56.53N 2.46W
Glen Etive *f.* Scotland **40** 56.37N 5.01W
Glenfinnan Scotland **48** 56.53N 5.27W
Glengarriff Rep. of Ire. **58** 51.45N 9.33W
Glen Garry *f.* Highland Scotland **48** 57.03N 5.04W
Glen Garry *f.* Tayside Scotland **49** 56.47N 4.02W
Glengormley N. Ireland **57** 54.41N 5.59W
Glen Head Rep. of Ire. **56** 54.44N 8.45W
Glen Innes Australia **108** 29.42S 151.45E
Glen Kinglass *f.* Scotland **40** 56.29N 5.03W
Glenluce Scotland **57** 54.52N 4.49W
Glen Lyon *f.* Scotland **40** 56.36N 4.15W
Glen Mòr *f.* Scotland **49** 57.15N 4.30W
Glenmore Rep. of Ire. **59** 52.21N 7.00W
Glen More *f.* Scotland **40** 56.25N 5.48W
Glennagalliagh *mtn.* Rep. of Ire. **58** 52.49N 8.32W
Glen Orchy *f.* Scotland **40** 56.28N 4.50W
Glen Orrin *f.* Scotland **49** 57.30N 4.45W
Glen Prosen *f.* Scotland **49** 56.45N 3.05W
Glenrothes Scotland **41** 56.12N 3.10W
Glen Roy *f.* Scotland **49** 56.58N 4.47W
Glens Falls *town* U.S.A. **125** 43.17N 73.41W
Glenshee *f.* Scotland **49** 56.45N 3.25W
Glen Spean *f.* Scotland **49** 56.53N 4.40W
Glenties Rep. of Ire. **56** 54.47N 8.18W
Glen Tilt *f.* Scotland **49** 56.50N 3.45W
Glenwhappen Rig *mtn.* Scotland **41** 55.33N 3.30W
Glin Rep. of Ire. **58** 52.34N 9.17W
Glittertind *mtn.* Norway **74** 61.30N 8.20E
Głogów Poland **72** 51.40N 16.06E
Glomma *r.* Norway **74** 59.15N 10.55E
Glossop England **32** 53.27N 1.56W
Gloucester England **16** 51.52N 2.15W
Gloucestershire *d.* England **16** 51.45N 2.00W
Glyncorrwg Wales **25** 51.40N 3.39W
Glyn Neath Wales **25** 51.45N 3.37W
Gmünd Austria **72** 48.47N 14.59E
Gmunden Austria **72** 47.56N 13.48E
Gniezno Poland **75** 52.32N 17.32E
Goa *d.* India **86** 15.30N 74.00E
Goalpara India **86** 26.10N 90.38E
Goat Fell *mtn.* Scotland **40** 55.37N 5.12W
Gobabis S.W. Africa **106** 22.30S 18.58E
Gobi *des.* Asia **92** 45.00N 108.00E
Godalming England **12** 51.11N 0.37W
Godavari *r.* India **87** 16.40N 82.15E
Goderich Canada **124** 43.43N 81.43W
Godhavn Greenland **123** 69.20N 53.30W
Godhra India **86** 22.49N 73.40E
Godmanchester England **17** 52.19N 0.11W
Godrevy Pt. England **25** 50.15N 5.25W
Godstone England **12** 51.15N 0.04W
Godthaab Greenland **123** 64.10N 51.40W
Gogra *r. see* Ghaghara India **86**
Goiânia Brazil **128** 16.43S 49.18W
Göksun Turkey **84** 38.03N 36.30E
Gol Norway **74** 60.43N 8.55E
Gola I. Rep. of Ire. **56** 55.06N 8.23W
Golden Canada **120** 51.19N 116.58W
Golden Rep. of Ire. **58** 52.30N 7.59W
Golden B. New Zealand **112** 40.45S 172.50E
Golden Vale *f.* Rep. of Ire. **58** 52.30N 8.07W
Golders Green England **12** 51.35N 0.12W
Golfito Costa Rica **126** 8.42N 83.10W
Golspie Scotland **49** 57.58N 3.58W
Golyshi U.S.S.R. **75** 58.26N 45.28E
Goma Zaïre **105** 1.37S 29.10E
Gombe Nigeria **103** 10.17N 11.20E
Gombe *r.* Tanzania **105** 4.43S 31.30E
Gomel U.S.S.R. **75** 52.25N 31.00E
Gómez Palacio Mexico **126** 25.39N 103.30W
Gomshall England **12** 51.13N 0.25W
Gonaives Haiti **127** 19.29N 72.42W
Gonâve, G. of Haiti **127** 19.20N 73.00W
Gonâve I. Haiti **127** 18.50N 73.00W
Gonbad-e-Kavus Iran **85** 37.15N 55.11E
Gonda India **86** 27.08N 81.58E
Gondar Ethiopia **101** 12.39N 37.29E
Gongola *r.* Nigeria **103** 9.30N 12.06E
Good Hope, C. of R.S.A. **106** 34.20S 18.25E
Goodooga Australia **108** 29.08S 147.30E
Goodwin Sands *f.* England **17** 51.16N 1.31E
Goole England **33** 53.42N 0.52W
Goondiwindi Australia **108** 28.30S 150.17E
Goose Bay *town* Canada **114** 53.15N 60.20W
Goose L. U.S.A. **120** 41.55N 120.25W
Göppingen W. Germany **72** 48.43N 9.39E
Gorakhpur India **86** 26.45N 83.23E
Gordon Scotland **41** 55.41N 2.34W
Gore New Zealand **112** 46.06S 168.58E
Gorebridge Scotland **41** 55.51N 3.02W
Gorey Rep. of Ire. **59** 52.40N 6.19W
Gorgan Iran **85** 36.50N 54.29E
Gorgan *r.* Iran **85** 37.00N 54.00E
Gori U.S.S.R. **85** 41.59N 44.05E

Gorinchem to **Gutcher** 180

Gorinchem Neth. **73** 51.50N 4.59E
Goring England **16** 51.32N 1.08W
Gorizia Italy **70** 45.58N 13.37E
Gorki U.S.S.R. **75** 56.20N 44.00E
Gorki Resr. U.S.S.R. **61** 57.15N 43.02E
Görlitz E. Germany **72** 51.09N 15.00E
Gorlovka U.S.S.R. **75** 48.17N 38.05E
Gorm, Loch Scotland **40** 55.48N 6.25W
Gorongosa *r.* Moçambique **106** 20.29S 34.36E
Gorontalo Indonesia **89** 0.33N 123.05E
Gorseinon Wales **25** 51.40N 4.03W
Gort Rep. of Ire. **58** 53.04N 8.49W
Gortin N. Ireland **57** 54.43N 7.15W
Gorzów Wielkopolski Poland **72** 52.42N 15.12E
Gosford Australia **108** 33.25S 151.18E
Gosforth England **41** 55.02N 1.35W
Gospić Yugo. **70** 4.34N 15.23E
Gosport England **16** 50.48N 1.08W
Göta Canal Sweden **74** 57.50N 11.50E
Göteborg Sweden **74** 57.45N 12.00E
Gotha E. Germany **72** 50.57N 10.43E
Gotland *i.* Sweden **74** 57.30N 18.30E
Gottingen W. Germany **72** 51.32N 9.57E
Gouda Neth. **73** 52.01N 4.43E
Gough I. Atlantic Oc. **138** 41.00S 10.00W
Gouin Resr. Canada **125** 48.40N 74.45W
Goulburn Australia **108** 34.47S 149.43E
Goundam Mali **102** 17.27N 3.39W
Gourdon France **68** 44.45N 1.22E
Gouré Niger **103** 13.59N 10.15E
Gourma-Rarous Mali **102** 16.58N 1.50W
Gournay France **68** 49.29N 1.44E
Gourock Scotland **40** 55.58N 4.49W
Gourock Range *mts.* Australia **108** 35.45S 149.25E
Governador Valadares Brazil **129** 18.51S 42.00W
Gower *pen.* Wales **25** 51.37N 4.10W
Gowna, Lough Rep. of Ire. **57** 53.50N 7.34W
Gowran Rep. of Ire. **59** 52.38N 7.04W
Gozo *i.* Malta **70** 36.03N 14.16E
Gracias á Dios, Cabo *c.* Honduras/Nicaragua **126** 15.00N 83.10W
Grafton Australia **108** 29.40S 152.56E
Grafton U.S.A. **121** 48.28N 97.25W
Grahamstown R.S.A. **106** 33.19S 26.32E
Graiguenamanagh Rep. of Ire. **59** 52.33N 6.57W
Grain England **17** 51.28N 0.43E
Grampian *d.* Scotland **49** 57.22N 2.35W
Grampian Highlands Scotland **49** 56.55N 4.00W
Grampound England **25** 50.18N 4.54W
Granada Nicaragua **126** 11.58N 85.59W
Granada Spain **69** 37.10N 3.35W
Granard Rep. of Ire. **57** 53.47N 7.30W
Granby Canada **125** 45.23N 72.44W
Gran Canaria *i.* Canary Is. **100** 28.00N 15.30W
Gran Chaco *f.* S. America **129** 23.30S 60.00W
Grand *r.* Canada **124** 42.53N 79.35W
Grand Bahama I. Bahamas **127** 26.35N 78.00W
Grand Bassam Ivory Coast **102** 5.14N 3.45W
Grand Canal China **92** 34.00N 118.25E
Grand Canal Rep. of Ire. **59** 53.21N 6.14W
Grand Canyon *f.* U.S.A. **120** 36.15N 113.00W
Grand Canyon *town* U.S.A. **120** 36.04N 112.07W
Grand Cayman *i.* Cayman Is. **126** 19.20N 81.30W
Grande Comore *i.* Comoro Is. **105** 11.35S 43.20E
Grande Prairie *town* Canada **122** 55.10N 118.52W
Grand Falls *town* New Brunswick Canada **125** 47.02N 67.46W
Grand Falls *town* Newfoundland Canada **123** 48.57N 55.40W
Grand Forks U.S.A. **121** 47.57N 97.05W
Grand Fort Philippe France **17** 51.00N 2.06E
Grand Island *town* U.S.A. **120** 40.56N 98.21W
Grand Junction U.S.A. **120** 39.04N 108.33W
Grand Manan I. Canada **125** 44.45N 66.45W
Grand Marais U.S.A. **124** 47.45N 90.20W
Grândola Portugal **69** 38.10N 8.34W
Grand Rapids *town* Mich. U.S.A. **124** 42.57N 85.40W
Grand Rapids *town* Minn. U.S.A. **124** 47.13N 93.31W
Grand Teton *mtn.* U.S.A. **120** 43.45N 110.50W
Grand Union Canal England **12** 52.37N 0.30W
Graney, Lough Rep. of Ire. **58** 52.59N 8.40W
Grangemouth Scotland **41** 56.01N 3.44W
Grange-over-Sands England **32** 54.12N 2.55W
Granite Peak *mtn.* U.S.A. **120** 45.10N 109.50W
Grankulla Finland **74** 60.12N 24.45E
Granóllers Spain **69** 41.37N 2.18E
Gran Paradiso *mtn.* Italy **70** 45.31N 7.15E
Grantham England **33** 52.55N 0.39W
Grantown-on-Spey Scotland **49** 57.20N 3.38W
Grants Pass *town* U.S.A. **120** 42.26N 123.20W
Granville France **68** 48.50N 1.35W
Grasse France **68** 43.40N 6.56E
Grave Neth. **73** 51.45N 5.45E
Grave, Pointe de France **68** 45.35N 1.04W
Gravelines France **17** 50.59N 2.08E
Gravesend England **12** 51.27N 0.24E
Gravir Scotland **48** 58.03N 6.26W
Gray France **68** 47.27N 5.35E
Grayling U.S.A. **124** 44.40N 84.43W
Grays England **12** 51.29N 0.20E
Graz Austria **72** 47.05N 15.22E
Great Abaco I. Bahamas **127** 26.30N 77.00W
Great Artesian Basin *f.* Australia **107** 26.30S 143.02E
Great Australian Bight Australia **107** 33.20S 130.00E
Great Baddow England **12** 51.43N 0.29E
Great Bardfield England **17** 51.57N 0.26E
Great Barrier I. New Zealand **112** 36.15S 175.30E
Great Barrier Reef *f.* Australia **107** 16.30S 146.30E
Great Basin *f.* U.S.A. **120** 39.00N 115.30W
Great Bear L. Canada **122** 66.00N 120.00W
Great Bend *town* U.S.A. **120** 38.22N 98.47W
Great Bernera *i.* Scotland **48** 58.13N 6.50W
Great Blasket I. Rep. of Ire. **58** 52.05N 10.32W
Great Bookham England **12** 51.16N 0.20W
Great Chesterford England **17** 52.04N 0.11E
Great Coates England **33** 53.34N 0.05W
Great Coco *i.* Burma **94** 14.06N 93.21E
Great Dividing Range *mts.* Australia **108** 33.00S 151.00E
Great Driffield England **33** 54.01N 0.26W
Great Dunmow England **12** 51.53N 0.22E
Great Eccleston England **32** 53.51N 2.52W
Greater Antilles *is.* C. America **127** 17.00N 70.00W
Greater London *d.* England **12** 51.31N 0.06W
Greater Manchester *d.* England **32** 53.30N 2.18W
Great Exuma I. Bahamas **127** 23.00N 76.00W
Great Falls *town* U.S.A. **120** 47.30N 111.16W
Great Fish *r.* S.W. Africa **106** 28.07S 17.10E
Great Harwood England **32** 53.48N 2.24W
Great I. Rep. of Ire. **58** 51.52N 8.16W
Great Inagua I. Bahamas **127** 21.00N 73.20W
Great Irgiz *r.* U.S.S.R. **75** 52.00N 47.20E
Great Karas Mts. S.W. Africa **106** 27.30S 18.45E
Great Karroo *f.* R.S.A. **106** 32.50S 22.30E
Great Khingan Shan *mts.* China **91** 50.00N 122.10E
Great L. Australia **108** 41.50S 146.43E
Great Lakes N. America **136** 47.00N 83.00W
Great Malvern England **16** 52.07N 2.19W
Great Missenden England **12** 51.43N 0.43W
Great Nama Land *f.* S.W. Africa **106** 25.30S 17.30E
Great Nicobar *i.* India **94** 7.00N 93.45E
Great Ormes Head Wales **24** 53.20N 3.52W
Great Ouse *r.* England **33** 52.47N 0.23E
Great Plains *f.* N. America **136** 45.00N 107.00W
Great Rift Valley *f.* Africa **96** 8.00S 31.30E
Great Ruaha *r.* Tanzania **105** 7.55S 37.52E
Great St. Bernard Pass Italy/Switz. **68** 45.52N 7.11E
Great Salt L. U.S.A. **120** 41.10N 112.40W
Great Sandy Desert Australia **137** 22.00S 125.00E
Great Sandy Desert Saudi Arabia **84** 28.40N 41.30E
Great Shelford England **17** 52.09N 0.08E
Great Shunner Fell *mtn.* England **32** 54.22N 2.12W
Great Skellig *i.* Rep. of Ire. **58** 51.46N 10.33W
Great Slave L. Canada **122** 61.30N 114.20W
Great Stour *r.* England **17** 51.19N 1.15E
Great Torrington England **25** 50.57N 4.09W
Great Whale *r.* Canada **123** 55.28N 77.45W
Great Whernside *mtn.* England **32** 54.09N 1.59W
Great Yarmouth England **17** 52.40N 1.45E
Great Zab *r.* Iraq **85** 35.37N 43.20E
Gredos, Sierra de *mts.* Spain **69** 40.18N 5.20W
Greece Europe **71** 39.00N 22.00E
Greeley U.S.A. **120** 40.26N 104.43W
Green *r.* U.S.A. **120** 38.20N 109.53W
Green B. U.S.A. **124** 45.00N 87.30W
Green Bay *town* U.S.A. **124** 44.32N 88.00W
Greencastle Rep. of Ire. **57** 55.12N 7.00W
Greenhithe England **12** 51.28N 0.17E
Greenisland N. Ireland **57** 54.42N 5.53W
Greenland N. America **123** 68.00N 45.00W
Greenlaw Scotland **41** 55.43N 2.28W
Green Lowther *mtn.* Scotland **41** 55.23N 3.45W
Green Mts. U.S.A. **125** 43.30N 73.00W
Greenock Scotland **40** 55.57N 4.45W
Greenore Rep. of Ire. **57** 54.01N 6.08W
Greenore Pt. Rep. of Ire. **59** 52.15N 6.19W
Greensboro U.S.A. **121** 36.03N 79.50W
Greenstone Pt. Scotland **48** 57.55N 5.37W
Greenville Liberia **102** 5.01N 9.03W
Greenville Maine U.S.A. **125** 45.28N 69.36W
Greenville Miss. U.S.A. **121** 33.23N 91.03W
Greenville S.C. U.S.A. **121** 34.52N 82.25W
Greenwich *d.* England **12** 51.28N 0.00
Gregory, L. Australia **108** 28.55S 139.00E
Greifswald E. Germany **72** 54.06N 13.24E
Grenå Denmark **74** 56.25N 10.53E
Grenada C. America **127** 12.15N 61.45W
Grenade France **68** 43.47N 1.10E
Grenoble France **68** 45.11N 5.43E
Greta *r.* England **32** 54.09N 2.37W
Gretna Scotland **41** 55.00N 3.04W
Grey *r.* New Zealand **112** 42.28S 171.13E
Greyabbey N. Ireland **40** 54.32N 5.35W
Greymouth New Zealand **112** 42.28S 171.12E
Grey Range *mts.* Australia **108** 28.30S 142.15E
Greystones Rep. of Ire. **59** 53.09N 6.04W
Gribbin Head England **25** 50.19N 4.41W
Griffith Australia **108** 34.18S 146.04E
Grim, C. Australia **108** 40.45S 144.45E
Griminish Pt. Scotland **48** 57.40N 7.29W
Grimsay *i.* Scotland **48** 57.29N 7.14W
Grimsby England **33** 53.35N 0.05W
Grimsvötn *mtn.* Iceland **74** 64.30N 17.10W
Griqualand East *f.* R.S.A. **106** 30.30S 29.00E
Griqualand West *f.* R.S.A. **106** 28.55S 22.50E
Gris Nez, Cap France **17** 50.52N 1.35E
Grodno U.S.S.R. **75** 53.40N 23.50E
Groenlo Neth. **73** 52.02N 6.36E
Groix, Île de France **68** 47.38N 3.26N
Gröningen Neth. **73** 53.13N 6.35E
Gröningen *d.* Neth. **73** 53.15N 6.45E
Groomsport N. Ireland **57** 54.40N 5.37W
Groot *r.* Cape Province R.S.A. **106** 33.57S 25.00E
Groote Eylandt *i.* Australia **107** 14.00S 136.30E
Grootfontein S.W. Africa **106** 19.32S 18.05E
Grootlaagte *r.* Botswana **106** 20.50S 22.05E
Grosnez Pt. Channel Is. **25** 49.15N 2.15W
Grossenbrode W. Germany **72** 54.23N 11.07E
Grosseto Italy **70** 42.46N 11.08E
Gross Glockner *mtn.* Austria **72** 47.05N 12.50E
Grote Nete *r.* Belgium **73** 51.07N 4.20E
Groundhog *r.* Canada **124** 48.45N 82.00W
Grove Park England **12** 51.24N 0.03E
Groznyy U.S.S.R. **75** 43.21N 45.42E
Grumeti *r.* Tanzania **105** 2.05S 33.45E
Gruting Voe *b.* Scotland **48** 60.12N 1.32W
Guadalajara Mexico **126** 20.30N 103.20W
Guadalajara Spain **69** 40.37N 3.10W
Guadalete *r.* Spain **69** 36.37N 6.15W
Guadalmena *r.* Spain **69** 38.00N 3.50W
Guadalquivir *r.* Spain **69** 36.50N 6.20W
Guadalupe Mexico **126** 25.41N 100.15W
Guadalupe, Sierra de *mts.* Spain **69** 39.30N 5.25W
Guadalupe I. Mexico **120** 29.00N 118.25W
Guadarrama *r.* Spain **69** 39.55N 4.10W
Guadarrama, Sierra de *mts.* Spain **69** 41.00N 3.50W
Guadeloupe C. America **127** 16.20N 61.40W
Guadiana *r.* Spain **69** 37.10N 8.36W
Guadix Spain **69** 37.19N 3.08W
Guajará Mirim Brazil **128** 10.50S 65.21W
Guajira Pen. Colombia **127** 12.00N 72.00W
Guam *i.* Pacific Oc. **89** 13.30N 144.40E
Guanajuato Mexico **126** 21.00N 101.16W
Guanajuato *d.* Mexico **126** 21.01N 101.00W
Guanare *r.* Venezuela **127** 8.20N 67.50W
Guane Cuba **126** 22.13N 84.07W
Guantánamo Cuba **127** 20.09N 75.14W
Guaporé *r.* Brazil **128** 12.00S 65.15W
Guarda Portugal **69** 40.32N 7.17W
Guardafui, C. Somali Rep. **101** 12.00N 51.30E
Guardo Spain **69** 42.47N 4.50W
Guatemala C. America **126** 15.40N 90.00W
Guatemala City Guatemala **126** 14.38N 90.22W
Guaviare *r.* Venezuela **128** 4.30N 77.40W
Guayaquil Ecuador **128** 2.13S 79.54W
Guayaquil, G. of Ecuador **128** 2.30S 80.00W
Guaymas Mexico **120** 27.59N 110.54W
Gubin Poland **72** 51.59N 14.42E
Gudermes U.S.S.R. **75** 43.22N 46.06E
Guebwiller France **72** 47.55N 7.13E
Guecho Spain **69** 43.21N 3.01W
Guelph Canada **124** 43.34N 80.16W
Guéret France **68** 46.10N 1.52E
Guernsey *i.* Channel Is. **25** 49.27N 2.35W
Guerrero *d.* Mexico **126** 18.00N 100.00W
Guguan *i.* Asia **89** 17.20N 145.51E
Guiana Highlands S. America **128** 4.00N 60.00W
Guildford England **12** 51.14N 0.35W
Guildtown Scotland **41** 56.28N 3.25W
Guilherne Capelo Ihe Angola **104** 5.11S 12.10E
Guinea Africa **102** 10.30N 11.30W
Guinea, G. of Africa **103** 3.00N 3.00E
Guinea Bissau Africa **102** 11.30N 15.00W
Güines Cuba **126** 22.50N 82.02W
Guînes France **17** 50.51N 1.52E
Guingamp France **68** 48.34N 3.09W
Güiria Venezuela **128** 10.37N 62.21W
Guisborough England **33** 54.32N 1.02W
Guise France **73** 49.54N 3.39E
Guiseley England **32** 53.53N 1.42W
Gujarat *d.* India **86** 22.45N 71.30E
Gujranwala Pakistan **86** 32.06N 74.11E
Gulbarga India **86** 17.22N 76.47E
Gulbin Ka *r.* Nigeria **103** 11.35N 4.10E
Gulgong Australia **108** 32.20S 149.49E
Gullane Scotland **41** 56.02N 2.49W
Gulpaigan Iran **85** 33.23N 50.18E
Gulu Uganda **105** 2.46N 32.21E
Guma China **90** 37.30N 78.20E
Gümüşane Turkey **84** 40.26N 39.26E
Guna India **86** 24.39N 77.18E
Gundagai Australia **108** 35.07S 148.05E
Gungu Zaïre **104** 5.43S 19.20E
Gunnedah Australia **108** 30.59S 150.15E
Guntersville L. U.S.A. **121** 34.35N 86.00W
Guntur India **87** 16.20N 80.27E
Gunung Balu *mtn.* Indonesia **88** 3.00N 116.00E
Gurnard's Head *c.* England **25** 50.12N 5.35W
Gürün Turkey **84** 38.44N 37.15E
Guryev U.S.S.R. **61** 47.08N 51.59E
Gusau Nigeria **103** 12.12N 6.40E
Güstrow E. Germany **72** 53.48N 12.11E
Gutcher Scotland **48** 60.40N 1.00W

Gütersloh to **Hellifield** 181

Gütersloh W. Germany **72** 51.54N 8.22E
Guyana S. America **127** 6.00N 60.00W
Guyhirn England **17** 52.37N 0.05E
Gwabegar Australia **108** 30.34S 149.00E
Gwadar Pakistan **85** 25.09N 62.21E
Gwai Rhodesia **106** 19.15S 27.42E
Gwai *r.* Rhodesia **106** 18.00S 26.47E
Gwalior India **86** 26.12N 78.09E
Gwanda Rhodesia **106** 20.59S 29.00E
Gwatar Iran **85** 25.10N 61.31E
Gweebarra B. Rep. of Ire. **56** 54.52N 8.26W
Gweedore Rep. of Ire. **56** 55.03N 8.14W
Gwelo Rhodesia **106** 19.25S 29.50E
Gwent *d.* Wales **25** 51.44N 3.00W
Gwynedd *d.* Wales **24** 53.00N 4.00W
Gyangtse China **86** 29.00N 89.40E
Gydanskiy Pen. U.S.S.R. **76** 70.00N 78.30E
Györ Hungary **75** 47.41N 17.40E

H

Haapajärvi Finland **74** 63.45N 25.20E
Haapamäki Finland **74** 62.15N 24.25E
Haapsalu U.S.S.R. **74** 58.58N 23.32E
Haarlem Neth. **73** 52.22N 4.38E
Habbaniya Iraq **84** 33.22N 43.35E
Hachinohe Japan **95** 40.30N 141.30E
Hacketstown Rep. of Ire. **59** 52.52N 6.35W
Hackney *d.* England **12** 51.33N 0.03W
Haddington Scotland **41** 55.57N 2.47W
Hadejia Nigeria **103** 12.30N 10.03E
Hadejia *r.* Nigeria **103** 12.47N 10.44E
Haderslev Denmark **74** 55.15N 9.30E
Hadfield England **32** 53.28N 1.59W
Hadhramaut *d.* S. Yemen **101** 16.30N 49.30E
Hadleigh England **17** 52.03N 0.58E
Hafar Saudi Arabia **85** 28.28N 46.00E
Hafnarfjördhur Iceland **74** 64.04N 21.58W
Haft Kel Iran **85** 31.28N 49.35E
Hagen W. Germany **73** 51.22N 7.27E
Hagerstown U.S.A. **125** 33.39N 77.44W
Hagi Japan **95** 34.25N 131.22E
Ha Giang N. Vietnam **93** 22.50N 105.00E
Hags Head Rep. of Ire. **58** 52.56N 9.28W
Haicheng China **92** 40.52N 122.48E
Hai Duong N. Vietnam **94** 20.56N 106.21E
Haifa Israel **84** 32.49N 34.59E
Haikang China **94** 20.50N 110.07E
Haikow China **93** 20.03N 110.27E
Hail Saudi Arabia **84** 27.31N 41.45E
Hailar China **91** 49.15N 119.41E
Hailsham England **17** 50.52N 0.17E
Hailun China **91** 47.29N 126.58E
Hailuoto *i.* Finland **74** 65.00N 24.50E
Hainan *i.* China **93** 19.00N 109.30E
Hainan Str. China **93** 20.09N 110.20E
Hainaut *d.* Belgium **73** 50.30N 3.45E
Haines U.S.A. **122** 59.11N 135.23W
Haiphong N. Vietnam **93** 20.48N 106.40E
Haitan Tao *i.* China **93** 25.36N 119.48E
Haiti C. America **127** 19.00N 73.00W
Hajiki saki *c.* Japan **95** 38.25N 138.32E
Hakari Turkey **85** 37.36N 43.45E
Hakodate Japan **95** 41.46N 140.44E
Halden Norway **74** 59.08N 11.13E
Halesowen England **16** 52.27N 2.02W
Halesworth England **17** 52.21N 1.30E
Haliburton Highlands Canada **125** 45.10N 78.30W
Halifax Canada **123** 44.38N 63.35W
Halifax England **32** 53.43N 1.51W
Halil *r.* Iran **86** 27.35N 58.44E
Halkett, C. U.S.A. **122** 71.00N 152.00W
Halkirk Scotland **49** 58.30N 3.30W
Halladale *r.* Scotland **49** 58.34N 3.54W
Halle Belgium **73** 50.45N 4.14E
Halle E. Germany **72** 51.28N 11.58E
Hallow England **16** 52.14N 2.15W
Hallsberg Sweden **74** 59.05N 15.07E
Hall's Creek *town* Australia **107** 18.17S 127.44E
Hallstavik Sweden **74** 60.06N 18.42E
Halmahera *i.* Indonesia **89** 0.45N 128.00E
Halmstad Sweden **74** 56.41N 12.55E
Hälsingborg Sweden **74** 56.05N 12.45E
Halstead England **17** 51.57N 0.39E
Haltern W. Germany **73** 51.45N 7.10E
Haltia Tunturi *mtn.* Norway **74** 69.20N 21.10E
Haltwhistle England **41** 54.58N 2.27W
Ham Scotland **48** 6.08N 2.04W
Hama Syria **84** 35.09N 36.44E
Hamadān Iran **85** 34.47N 48.33E
Hamamatsu Japan **95** 34.42N 137.42E
Hamar Norway **74** 60.47N 10.55E
Hamata, Gebel *mtn.* Egypt **84** 24.11N 35.01E
Hamble England **16** 50.52N 1.19W
Hambleton England **33** 53.46N 1.11W
Hambleton Hills England **33** 54.15N 1.11W
Hamborn W. Germany **73** 51.29N 6.46E
Hamburg W. Germany **72** 53.33N 10.00E
Hamdh, Wadi *r.* Saudi Arabia **84** 25.49N 36.37E
Hämeenlinna Finland **74** 61.00N 24.25E
Hameln W. Germany **72** 52.06N 9.21E
Hamersley Range *mts.* Australia **107** 22.00S 118.00E
Hami China **90** 42.40N 93.30E
Hamilton Australia **108** 37.45S 142.04E
Hamilton Bermuda **127** 32.18N 64.48W
Hamilton Canada **124** 43.15N 79.50W
Hamilton *r.* Canada **123** 53.20N 60.00W
Hamilton New Zealand **112** 37.46S 175.18E
Hamilton Scotland **41** 55.46N 4.10W
Hamilton U.S.A. **124** 39.23N 84.33W
Hamina Finland **74** 60.33N 27.15E
Hamirpur India **86** 25.57N 80.08E
Hamm W. Germany **73** 51.40N 7.49E
Hammerfest Norway **74** 70.40N 23.44E
Hammersmith *d.* England **12** 51.30N 0.14W
Hammond U.S.A. **124** 39.48N 88.37W
Hamoir Belgium **73** 50.25N 5.32E
Hampshire *d.* England **16** 51.03N 1.20W
Hampshire Downs *hills* England **16** 51.18N 1.25W
Hampstead England **12** 51.33N 0.11W
Hampton England **12** 51.25N 0.22W
Hamrin, Jabal *mts.* Iraq **85** 34.40N 44.10E
Hamstreet England **17** 51.03N 0.52E
Hamun-i-Sabari *l.* Iran **85** 31.24N 61.16E
Hanakiya Saudi Arabia **84** 24.53N 40.30E
Hanang *mtn.* Tanzania **105** 4.30S 35.21E
Hanchung China **92** 33.08N 107.04E
Hancock U.S.A. **124** 47.08N 88.34W
Handa *i.* Scotland **48** 58.23N 5.12W
Handeni Tanzania **105** 5.25S 38.04E
Hangchow China **93** 30.14N 120.08E
Hangchow Wan *b.* China **93** 30.30N 121.30E
Hangö Finland **74** 59.50N 23.00E
Han Kiang *r.* China **93** 30.32N 114.20E
Hanku China **92** 39.11N 117.45E
Hanmer Springs *town* New Zealand **112** 42.34S 172.46E
Hannibal U.S.A. **124** 39.41N 91.20W
Hanningfield Water England **12** 51.38N 0.28E
Hannover W. Germany **72** 52.23N 9.44E
Hannut Belgium **73** 50.40N 5.05E
Hanoi N. Vietnam **93** 21.01N 105.53E
Hanover R.S.A. **106** 31.05S 24.27E
Hantan China **92** 36.37N 114.26E
Hanworth England **12** 51.26N 0.23W
Haparanda Sweden **74** 65.50N 24.10E
Haradh Saudi Arabia **85** 24.12N 49.08E
Hara Narin Ula *mts.* China **92** 41.30N 107.10E
Harar Ethiopia **101** 9.20N 42.10E
Harbin China **91** 45.45N 126.41E
Harburg W. Germany **72** 53.27N 9.58E
Hardanger Fjord *est.* Norway **74** 60.15N 6.25E
Hardanger Vidda *f.* Norway **74** 60.20N 8.00E
Harderwijk Neth. **73** 52.21N 5.37E
Hardoi India **86** 27.23N 80.06E
Harefield England **12** 51.36N 0.28W
Haren W. Germany **73** 52.48N 7.15E
Hargeisa Somali Rep. **101** 9.31N 44.02E
Hari *r.* Afghan. **85** 35.42N 61.12E
Hari *r.* Indonesia **88** 1.00S 104.15E
Harima nada *str.* Japan **95** 34.30N 134.30E
Haringey *d.* England **12** 51.36N 0.06W
Harlech Wales **24** 52.52N 4.08W
Harleston England **17** 52.25N 1.18E
Harlingen Neth. **73** 53.10N 5.25E
Harlington England **12** 51.29N 0.25W
Harlow England **12** 51.47N 0.08E
Harmerhill England **32** 52.48N 2.45W
Harney Basin *f.* U.S.A. **120** 43.20N 119.00W
Härnösand Sweden **74** 62.37N 17.55E
Harold Hill England **12** 51.36N 0.12E
Haroldswick Scotland **48** 60.47N 0.50W
Harold Wood England **12** 51.35N 0.12E
Harpenden England **12** 51.49N 0.22W
Harricanaw *r.* Canada **121** 51.05N 79.45W
Harris *i.* Scotland **48** 57.50N 6.55W
Harris, Sd. of Scotland **48** 57.43N 7.05W
Harrisburg U.S.A. **125** 40.17N 76.54W
Harrismith R.S.A. **106** 28.16S 29.08E
Harrison, C. Canada **123** 55.00N 58.00W
Harrogate England **33** 53.59N 1.32W
Harrow England **12** 51.35N 0.21W
Harrow on the Hill England **12** 51.34N 0.21W
Harstad Norway **74** 68.48N 16.30E
Hartford U.S.A. **125** 41.45N 72.42W
Hartington England **32** 53.08N 1.49W
Hartland England **25** 50.59N 4.29W
Hartland Pt. England **25** 51.01N 4.32W
Hartlepool England **33** 54.42N 1.11W
Hartley England **12** 51.23N 0.18E
Harud *r.* Afghan. **85** 31.36N 61.12E
Harvey U.S.A. **124** 41.38N 87.40W
Harwich England **17** 51.56N 1.18E
Haryana *d.* India **86** 29.15N 76.00E
Harz Mts. E. Germany/W. Germany **72** 51.40N 10.55E
Hasa Oasis Saudi Arabia **85** 25.37N 49.40E
Hase *r.* W. Germany **73** 52.42N 7.17E
Hashtrud Iran **85** 37.29N 47.05E
Haslemere England **16** 51.05N 0.41W
Haslingden England **32** 53.43N 2.20W
Hasselt Belgium **73** 50.56N 5.20E
Hassi Messaoud Algeria **100** 31.53N 5.43E
Hässleholm Sweden **74** 56.09N 13.45E
Hastings England **17** 50.51N 0.36E
Hastings New Zealand **112** 39.39S 176.52E
Hastings U.S.A. **124** 44.43N 92.50W
Hatfield Australia **108** 33.53S 143.47E
Hatfield England **12** 51.46N 0.13W
Hatherleigh England **25** 50.49N 4.04W
Hathersage England **32** 53.20N 1.39W
Hathras India **86** 27.36N 78.02E
Hatteras, C. U.S.A. **121** 35.14N 75.31W
Hattiesburg U.S.A. **121** 31.25N 89.19W
Hatton England **32** 52.52N 1.40W
Haugesund Norway **74** 59.25N 5.16E
Hauki Vesi *l.* Finland **74** 62.10N 28.30E
Hauraki G. New Zealand **112** 36.30S 175.00E
Hauran, Wadi *r.* Iraq **84** 33.57N 42.35E
Haut Zaïre *d.* Zaïre **105** 2.00N 27.00E
Havana Cuba **126** 23.07N 82.25W
Havana *d.* Cuba **126** 23.07N 82.25W
Havant England **16** 50.51N 0.59W
Havel *r.* E. Germany **72** 52.51N 11.57E
Haverfordwest Wales **25** 51.48N 4.59W
Haverhill England **17** 52.06N 0.27E
Havering England **12** 51.34N 0.14E
Havlickuv Brod Czech. **72** 49.38N 15.35E
Havre U.S.A. **120** 48.34N 109.45W
Havre de Grace U.S.A. **125** 39.33N 76.06W
Hawaii *d.* U.S.A. **120** 21.00N 156.00W
Hawaii *i.* Hawaii U.S.A. **120** 19.30N 155.30W
Hawaiian Is. U.S.A. **120** 21.00N 157.00W
Hawea, L. New Zealand **112** 44.30S 169.15E
Hawera New Zealand **112** 39.35S 174.19E
Hawes England **32** 54.18N 2.12W
Hawes Water *l.* England **32** 54.30N 2.45W
Hawick Scotland **41** 55.25N 2.47W
Hawke, C. Australia **108** 32.12S 152.33E
Hawke B. New Zealand **112** 39.18S 177.15E
Hawkhurst England **17** 51.02N 0.31E
Hawthorne U.S.A. **120** 38.13N 118.37W
Hay Australia **108** 34.31S 144.31E
Haydon Bridge England **41** 54.58N 2.14W
Hayes *r.* Canada **123** 57.00N 92.30W
Hayes England **12** 51.31N 0.25W
Hayle England **25** 50.12N 5.25W
Hay-on-Wye Wales **24** 52.04N 3.09W
Hay River *town* Canada **122** 60.51N 115.42W
Haywards Heath *f.* England **17** 51.00N 0.05W
Hazaribagh India **86** 24.00N 85.23E
Hazelton Canada **122** 55.16N 127.18W
Hazlemere England **12** 51.39N 0.42W
Hazleton U.S.A. **125** 40.58N 75.59W
Heacham England **33** 52.55N 0.30E
Headcorn England **12** 51.11N 0.37E
Headford Rep. of Ire. **58** 53.28N 9.08W
Heads of Ayr *c.* Scotland **40** 55.26N 4.42W
Heanor England **33** 53.01N 1.20W
Heard I. Indian Oc. **139** 53.07S 73.20E
Hearst Canada **124** 49.42N 83.40W
Heath End England **16** 51.21N 1.08W
Heathfield England **17** 50.58N 0.18E
Hebden Bridge *town* England **32** 53.45N 2.00W
Hebel Australia **108** 28.55S 147.49E
Hebrides *is.* U.K. **60** 57.45N 7.00W
Hebron Jordan **84** 31.32N 35.06E
Hecate Str. Canada **122** 53.00N 131.00W
Hechtel Belgium **73** 51.07N 5.22E
Heckington England **33** 52.59N 0.18W
Hedon England **33** 53.44N 0.11W
Heemstede Neth. **73** 52.21N 4.38E
Heerde Neth. **73** 52.23N 6.02E
Heerenveen Neth. **73** 52.57N 5.55E
Heerlen Neth. **73** 50.53N 5.59E
Heidelberg W. Germany **72** 49.25N 8.42E
Heilbron R.S.A. **106** 27.17S 27.58E
Heilbronn W. Germany **72** 49.08N 9.14E
Heilungkiang *d.* China **91** 47.00N 109.00E
Heinola Finland **74** 61.13N 26.05E
Heinsberg W. Germany **73** 51.04N 6.06E
Heishui China **92** 42.03N 119.21E
Hejaz *f.* Saudi Arabia **84** 26.00N 37.30E
Hekla, Mt. Iceland **74** 64.00N 19.45W
Hekura jima *i.* Japan **95** 37.52N 136.56E
Helena U.S.A. **120** 46.35N 112.00W
Helen Reef *i.* Asia **89** 2.43N 131.46E
Helensburgh Scotland **40** 56.01N 4.44W
Helensville New Zealand **112** 36.40S 174.28E
Heligoland *i.* W. Germany **72** 54.10N 7.51E
Heligoland B. W. Germany **72** 54.00N 8.15E
Heliopolis Egypt **84** 30.06N 31.20E
Hellendoorn Neth. **73** 52.24N 6.29E
Hellevoetsluis Neth. **73** 51.49N 4.08E
Hellifield England **32** 54.00N 2.13W

Hellín to **Huntly** 182

Hellín Spain **69** 38.31N 1.43W
Helmand *r.* Asia **86** 31.10N 61.20E
Helmond Neth. **73** 51.28N 5.40E
Helmsdale Scotland **49** 58.07N 3.40W
Helmsley England **33** 54.15N 1.20W
Helsingör Denmark **74** 56.03N 12.38E
Helsinki Finland **74** 60.08N 25.00E
Helston England **25** 50.07N 5.17W
Helvellyn *mtn.* England **32** 54.31N 3.00W
Helvick Head Rep. of Ire. **59** 52.03N 7.32W
Helwân Egypt **84** 29.51N 31.20E
Hemel Hempstead England **12** 51.46N 0.28W
Hempstead U.S.A. **125** 40.42N 73.37W
Hemsworth England **33** 53.37N 1.21W
Henares *r.* Spain **69** 40.26N 3.35W
Hendaye France **68** 43.22N 1.46W
Hendon England **12** 51.35N 0.14W
Hendrik Verwoerd Dam R.S.A. **106** 31.00S 26.00E
Henfield England **17** 50.56N 0.17W
Hengelo Neth. **73** 52.16N 6.46E
Henghsien China **94** 22.38N 109.22E
Hengshui China **92** 37.40N 115.48E
Hengyang China **93** 26.52N 112.35E
Henley-on-Thames England **16** 51.32N 0.53W
Henrietta Maria, C. Canada **123** 55.00N 82.15W
Henrique de Carvalho Angola **104** 9.38S 20.20E
Henty Australia **108** 35.30S 147.03E
Henzada Burma **94** 17.36N 95.26E
Herat Afghan. **85** 34.21N 62.10E
Herauabad Iran **85** 37.36N 48.36E
Hérault *r.* France **68** 43.17N 3.28E
Herbertstown Rep. of Ire. **58** 52.31N 8.28W
Hereford England **16** 52.04N 2.43W
Hereford and Worcester *d.* England **16** 52.08N 2.30W
Herma Ness *c.* Scotland **48** 60.50N 0.54W
Hermidale Australia **108** 31.33S 146.44E
Hermon, Mt. Lebanon **84** 33.24N 35.52E
Hermosillo Mexico **120** 29.15N 110.59W
Herne W. Germany **73** 51.32N 7.12E
Herne Bay *town* England **17** 51.23N 1.10E
Herning Denmark **74** 56.08N 9.00E
Heron Bay *town* Canada **124** 48.41N 86.26W
Herrick Australia **108** 41.04S 147.53E
Herstal Belgium **73** 50.14N 5.38E
Hertford England **12** 51.48N 0.05W
Hertfordshire *d.* England **17** 51.51N 0.05W
Hesbaye *f.* Belgium **73** 50.32N 5.07E
Hessle England **33** 53.44N 0.28W
Heston England **12** 51.29N 0.23W
Heswall England **24** 53.20N 3.06W
Hetton-le-Hole England **33** 54.19N 1.26W
Hexham England **41** 54.58N 2.06W
Hextable England **12** 51.25N 0.12E
Heysham England **32** 54.03N 2.53W
Heywood England **32** 53.36N 2.13W
Hidaka Sammyaku *mts.* Japan **95** 42.50N 143.00E
Hidalgo *d.* Mexico **126** 20.50N 98.30W
Hidalgo Sabinas Mexico **126** 26.33N 100.10W
Hieradhsvotn *r.* Iceland **74** 65.45N 18.50W
Higham England **12** 51.25N 0.29E
Higham Ferrers England **16** 52.18N 0.36W
High Atlas *mts.* Morocco **60** 32.30N 4.30W
High Bentham England **32** 54.08N 2.31W
Highland *d.* Scotland **48** 57.42N 5.00W
High Peak *mtn.* England **32** 53.22N 1.48W
High Willhays *mtn.* England **25** 50.41N 4.00W
Highworth England **16** 51.38N 1.42W
High Wycombe England **12** 51.38N 0.46W
Hiiumaa *i.* U.S.S.R. **74** 58.50N 22.30E
Hikurangi *mtn.* New Zealand **112** 37.50S 178.10E
Hilla Iraq **85** 32.28N 44.29E
Hillingdon England **12** 51.32N 0.27W
Hill of Fare Scotland **49** 57.06N 2.33W
Hill of Fearn *town* Scotland **49** 57.47N 3.57W
Hillston Australia **108** 33.30S 145.33E
Hillswick Scotland **48** 60.28N 1.30W
Hilo Hawaii U.S.A. **120** 19.42N 155.04W
Hilpsford Pt. England **32** 54.02N 3.10W
Hilversum Neth. **73** 52.14N 5.12E
Himachal Pradesh *d.* India **86** 31.45N 77.30E
Himalaya *mts.* Asia **86** 29.00N 84.00E
Himeji Japan **95** 34.50N 134.40E
Hinckley England **16** 52.33N 1.21W
Hindhead England **16** 51.06N 0.42W
Hindmarsh, L. Australia **108** 36.03S 141.53E
Hindu Kush *mts.* Asia **86** 36.40N 70.00E
Hingan China **93** 25.35N 110.32E
Hinghwa China **92** 32.51N 119.50E
Hingol *r.* Pakistan **86** 25.25N 65.32E
Hinnoy *i.* Norway **74** 68.30N 16.00E
Hirakud Resr. India **87** 21.32N 83.55E
Hirgis Nur *l.* Mongolia **90** 49.20N 93.40E
Hirosaki Japan **95** 40.34N 140.28E
Hiroshima Japan **95** 34.30N 132.27E
Hirson France **73** 49.56N 4.05E
Hirwaun Wales **25** 51.43N 3.30W
Hispaniola *i.* C. America **127** 19.00N 71.00W
Histon England **17** 52.15N 0.05E
Hit Iraq **84** 33.38N 42.50E
Hitachi Japan **95** 36.35N 140.40E
Hitchin England **17** 51.57N 0.16W
Hitra *i.* Norway **74** 63.30N 8.50E
Hjälmaren *l.* Sweden **74** 59.10N 15.45E
Hjörring Denmark **74** 57.28N 9.59E
Ho Ghana **102** 6.38N 0.38E
Hoarusib *r.* S.W. Africa **106** 19.05S 12.36E
Hobart Australia **108** 42.54S 147.18E
Hobro Denmark **74** 56.39N 9.49E
Hochwan China **87** 30.00N 106.15E
Hockley Heath England **16** 52.21N 1.46W
Hodder *r.* England **32** 53.50N 2.26W
Hoddesdon England **12** 51.46N 0.01W
Hodeida Yemen **101** 14.50N 42.58E
Hódmezövásárhely Hungary **71** 46.26N 20.21E
Hodnet England **32** 52.51N 2.35W
Hoehuetenango Guatemala **126** 15.19N 91.26W
Hofei China **93** 31.50N 117.16E
Hofn Iceland **74** 64.16N 15.10W
Hofors Sweden **74** 60.34N 16.17E
Hofsjökull *mtn.* Iceland **74** 64.50N 19.00W
Hofuf Saudi Arabia **85** 25.20N 49.34E
Hog's Back *hill* England **12** 51.14N 0.39W
Hog's Head Rep. of Ire. **58** 51.47N 10.13W
Hoima Uganda **105** 1.25N 31.22E
Hokitika New Zealand **112** 42.42S 170.59E
Hokkaido *d.* Japan **95** 43.00N 143.00E
Hokkaido *i.* Japan **95** 43.00N 144.00E
Hokow China **94** 22.36N 103.58E
Hokuriko *d.* Japan **95** 37.00N 138.00E
Holan Shan *mts.* China **92** 38.40N 106.00E
Holbeach England **33** 52.48N 0.01E
Holbrook Australia **108** 35.46S 147.20E
Holbrook U.S.A. **120** 34.58N 110.00W
Holderness *f.* England **33** 53.45N 0.05W
Holguín Cuba **127** 20.54N 76.15W
Holkham B. England **33** 53.00N 0.45E
Holland Fen *f.* England **33** 53.02N 0.12W
Hollesley B. England **17** 52.02N 1.33E
Hollymount Rep. of Ire. **56** 53.40N 9.07W
Holmes Chapel England **32** 53.13N 2.21W
Holme upon Spalding Moor England **33** 53.50N 0.47W
Holmfirth England **32** 53.34N 1.48W
Holstebro Denmark **74** 56.22N 8.38E
Holsworthy England **25** 50.48N 4.21W
Holt England **33** 52.55N 1.04E
Holten Neth. **73** 52.18N 6.26E
Holwerd Neth. **73** 53.22N 5.54E
Holyhead Wales **24** 53.18N 4.38W
Holyhead B. Wales **24** 53.22N 4.40W
Holy I. England **41** 55.41N 1.47W
Holy I. Scotland **40** 55.32N 5.04W
Holy I. Wales **24** 53.15N 4.38W
Holyoke U.S.A. **125** 42.12N 72.37W
Holywell Wales **24** 53.17N 3.13W
Holywood N. Ireland **57** 54.38N 5.50W
Home B. Canada **123** 69.00N 66.00W
Homer U.S.A. **122** 59.40N 151.37W
Homer Tunnel New Zealand **112** 44.40S 168.15E
Homoine Moçambique **106** 23.45S 35.09E
Homs Syria **84** 34.44N 36.43E
Honan *d.* China **92** 34.00N 114.00E
Hondo *r.* Mexico **126** 18.33N 88.22W
Honduras C. America **126** 14.30N 87.00W
Honduras, G. of Carib. Sea **126** 16.20N 87.30W
Hönefoss Norway **74** 60.10N 10.16E
Honfleur France **68** 49.25N 0.14E
Hong Kong Asia **93** 22.15N 114.15E
Honiton England **16** 50.48N 3.13W
Honolulu Hawaii U.S.A. **120** 21.19N 157.50W
Honshu *i.* Japan **95** 36.00N 138.00E
Hoogeveen Neth. **73** 52.44N 6.29E
Hoogezand Neth. **73** 53.10N 6.47E
Hoogstade Belgium **73** 50.59N 2.42E
Hook England **16** 51.17N 0.55W
Hook Head Rep. of Ire. **59** 52.07N 6.56W
Hook of Holland Neth. **73** 51.59N 4.08E
Hoopstad R.S.A. **106** 27.50S 25.55E
Hoorn Neth. **73** 52.38N 5.03E
Hoover Dam U.S.A. **120** 36.01N 114.45W
Hope, Loch Scotland **49** 58.27N 4.38W
Hope, Pt. U.S.A. **114** 68.20N 166.49W
Hopedale Canada **123** 55.30N 60.10W
Hopeh *d.* China **91** 39.20N 117.15E
Hopeh *d.* China **92** 39.00N 116.00E
Hopetoun Australia **108** 35.43S 142.20E
Hopetown R.S.A. **106** 29.37S 24.05E
Hopi China **92** 35.57N 114.05E
Hopu China **94** 21.37N 109.15E
Hor Al Hammar *l.* Iraq **85** 30.50N 47.00E
Hor Auda *l.* Iraq **85** 31.36N 46.53E
Horbury England **33** 53.41N 1.33W
Horde W. Germany **73** 51.29N 7.30E
Horley England **12** 51.11N 0.11W
Hormuz, Str. of Asia **85** 26.35N 56.20E
Horn, C. S. America **129** 55.47S 67.00W
Hornavan *l.* Sweden **74** 66.15N 17.40E
Horncastle England **33** 53.13N 0.08W
Hornchurch England **12** 51.34N 0.13E
Horn Head Rep. of Ire. **56** 55.14N 8.00W
Hornsea England **33** 53.55N 0.10W
Hornsey England **12** 51.35N 0.08W
Hor Sanniya *l.* Iraq **85** 31.52N 46.50E
Horsell England **12** 51.20N 0.35W
Horsens Denmark **74** 55.53N 9.53E
Horsforth England **33** 53.50N 1.39W
Horsham Australia **108** 36.45S 142.15E
Horsham England **17** 51.04N 0.20W
Horten Norway **74** 59.25N 10.30E
Horton *r.* Canada **122** 70.00N 127.00W
Horton Bucks. England **12** 51.53N 0.40W
Horton Surrey England **12** 51.21N 0.18W
Horwich England **32** 53.37N 2.33W
Hose Range *mts.* Malaysia **88** 1.30N 114.10E
Hoshangabad India **86** 22.44N 77.45E
Hoshiarpur India **86** 31.30N 75.59E
Hospital *town* Rep. of Ire. **58** 52.29N 8.26W
Hospitalet Spain **69** 41.20N 2.06E
Hoting Sweden **74** 64.08N 16.15E
Hou *r.* Laos **94** 20.03N 100.19E
Houghton-le-Spring England **33** 54.51N 1.28W
Houlton U.S.A. **125** 46.09N 67.50W
Houndé U. Volta **102** 11.34N 3.31W
Hounslow England **12** 51.29N 0.22W
Hourn, Loch Scotland **48** 57.06N 5.33W
Houston U.S.A. **121** 29.45N 95.25W
Hovd Mongolia **90** 46.40N 90.45E
Hove England **17** 50.50N 0.10W
Hoveton England **17** 52.45N 1.23E
Hovingham England **33** 54.10N 0.59W
Howden England **33** 53.45N 0.52W
Howe, C. Australia **108** 37.30S 149.59E
Howitt, Mt. Australia **108** 37.15S 146.40E
Howmore Scotland **48** 57.18N 7.23W
Howrah India **86** 22.35N 88.20E
Howth Rep. of Ire. **57** 53.23N 6.05W
Hoy *i.* Scotland **49** 58.51N 3.17W
Hoyerswerda E. Germany **72** 51.28N 14.17E
Hoylake England **32** 53.24N 3.11W
Hoy Sd. Scotland **49** 58.55N 3.20W
Hsiapachen China **92** 40.50N 107.06E
Hsin An Chiang Resr. China **93** 29.32N 119.00E
Hsinchu Taiwan **93** 24.50N 120.58E
Hsipaw Burma **94** 22.42N 97.21E
Hsuanwei China **94** 26.12N 104.01E
Hsuchang China **92** 34.02N 113.50E
Huab *r.* S.W. Africa **106** 20.45S 13.27E
Huajuápam Mexico **126** 17.50N 97.48W
Hualien Taiwan **93** 24.00N 121.39E
Huambo *d.* Angola **104** 12.30S 15.45E
Huancayo Peru **128** 12.15S 75.12W
Huánuco Peru **128** 10.00S 76.11W
Huascaran *mtn.* Peru **128** 9.20S 77.36W
Hubli India **86** 15.20N 75.14E
Huchow China **93** 30.59N 120.04E
Hucknall England **33** 53.03N 1.12W
Hucqueliers France **17** 50.34N 1.55E
Huddersfield England **32** 53.38N 1.49W
Hudiksvall Sweden **74** 61.45N 17.10E
Hudson *r.* U.S.A. **125** 40.45N 74.00W
Hudson B. Canada **123** 58.00N 86.00W
Hudson Str. Canada **123** 62.00N 70.00W
Hué S. Vietnam **94** 16.28N 107.40E
Huelva Spain **69** 37.15N 6.56W
Huelva *r.* Spain **69** 37.25N 6.00W
Huércal Overa Spain **69** 37.23N 1.56W
Huesca Spain **69** 42.02N 0.25W
Hughenden Australia **107** 20.50S 144.10E
Hugh Town England **25** 49.55N 6.19W
Huhehot China **92** 40.42N 111.38E
Huiarau Range *mts.* New Zealand **112** 38.20S 177.15E
Huila *d.* Angola **104** 15.30S 15.30E
Huixtla Mexico **126** 15.09N 92.30W
Hull Canada **125** 45.26N 75.45W
Hull *r.* England **33** 53.44N 0.23W
Hullbridge England **12** 51.37N 0.36E
Hultsfred Sweden **74** 57.30N 15.50E
Hulun Chih *l.* China **91** 49.00N 117.20E
Humansdorp R.S.A. **106** 34.01S 24.45E
Humbe Angola **104** 16.41S 15.03E
Humber *r.* England **33** 53.40N 0.12W
Humberside *d.* England **33** 53.48N 0.35W
Hume, L. Australia **108** 36.05S 147.10E
Humphreys Peak *mtn.* U.S.A. **120** 35.21N 111.41W
Hun Libya **100** 29.06N 15.57E
Húna Flói *b.* Iceland **74** 65.45N 20.50W
Hunan *d.* China **93** 27.30N 111.30E
Hunchun Ho *r.* China **95** 42.19N 130.24E
Hungary Europe **75** 47.30N 19.00E
Hungerford Australia **108** 29.00S 144.26E
Hungerford England **16** 51.25N 1.30W
Hung Hu *l.* China **93** 29.50N 113.15E
Hungnam N. Korea **91** 39.49N 127.40E
Hungshui Ho *r.* China **93** 23.20N 110.04E
Hungtze Hu *l.* China **92** 33.15N 118.40E
Hunse *r.* Neth. **73** 53.20N 6.18E
Hunsrück *mts.* W. Germany **73** 49.44N 7.05E
Hunstanton England **33** 52.57N 0.30E
Huntingdon England **17** 52.20N 0.11W
Huntly New Zealand **112** 37.35S 175.10E

Huntly to **Isle of Purbeck** 183

Huntly Scotland **49** 57.27N 2.47W
Huntsville Canada **125** 45.20N 79.14W
Huntsville U.S.A. **121** 30.43N 95.34W
Hunyani *r.* Moçambique **106** 15.35S 30.30E
Huon Pen. P.N.G. **89** 6.00S 147.00E
Hupeh *d.* China **93** 31.00N 112.00E
Hurd, C. Canada **124** 45.14N 81.44W
Hurghada Egypt **84** 27.17N 33.47E
Hurliness Scotland **49** 58.47N 3.13W
Huron U.S.A. **120** 44.22N 98.12W
Huron, L. Canada/U.S.A. **124** 45.00N 82.30W
Hursley England **16** 51.01N 1.23W
Hurst Green England **12** 51.14N 0.00
Husavik Iceland **74** 66.03N 17.17W
Husbands Bosworth England **16** 52.27N 1.03W
Huskvarna Sweden **74** 57.47N 14.15E
Husum W. Germany **72** 54.29N 9.04E
Hutchinson U.S.A. **120** 38.03N 97.56W
Huto Ho *r.* China **92** 39.10N 117.12E
Hutt New Zealand **112** 41.12S 174.54E
Hutton Cranswick England **33** 53.57N 0.27W
Huy Belgium **73** 50.31N 5.14E
Hvar *i.* Yugo. **71** 43.10N 16.45E
Hvita *r.* Iceland **74** 64.33N 21.45W
Hwaian Kiangsu China **91** 33.30N 119.20E
Hwaian Hopeh China **92** 40.40N 114.18E
Hwaian China **92** 33.29N 119.15E
Hwai Ho *r.* China **92** 32.58N 118.18E
Hwainan China **92** 32.39N 117.01E
Hwang Ho *r.* China **92** 38.00N 118.40E
Hwangkang China **93** 30.33N 114.59E
Hwangshih China **93** 30.10N 115.04E
Hweimin China **92** 37.30N 117.29E
Hwo Shan *mts.* China **92** 36.40N 112.00E
Hyde England **32** 53.26N 2.06W
Hyde Park *f.* England **12** 51.31N 0.12W
Hyderabad India **87** 17.22N 78.26E
Hyderabad Pakistan **86** 25.23N 68.24E
Hyères France **68** 43.07N 6.08E
Hyères, Îles d' France **68** 43.01N 6.25E
Hyndman Peak U.S.A. **120** 43.46N 113.55W
Hynish Scotland **40** 56.26N 6.55W
Hynish B. Scotland **40** 56.28N 6.52W
Hythe Hants. England **16** 50.51N 1.24W
Hythe Kent England **17** 51.04N 1.05E
Hyvinkää Finland **74** 60.37N 24.50E

I

Ialomita *r.* Romania **71** 44.41N 27.52E
Iaşi Romania **75** 47.09N 27.38E
Ibadan Nigeria **103** 7.23N 3.56E
Ibague Colombia **128** 4.35N 75.30W
Ibar *r.* Yugo. **71** 43.44N 20.44E
Ibarra Ecuador **128** 0.23N 77.50W
Ibbenbüren W. Germany **73** 52.17N 7.44E
Ibi Nigeria **103** 8.11N 9.44E
Ibina *r.* Zaïre **105** 1.00N 28.40E
Ibiza Spain **69** 38.55N 1.30E
Ibiza *i. see* Iviza Spain **69**
Ibstock England **16** 52.42N 1.23W
Iceland Europe **74** 64.45N 18.00W
Ichang China **93** 30.21N 111.21E
Ickenham England **12** 51.34N 0.26W
Idah Nigeria **103** 7.05N 6.45E
Idaho *d.* U.S.A. **120** 45.00N 115.00W
Idaho Falls *town* U.S.A. **120** 43.30N 112.01W
Idar W. Germany **73** 49.43N 7.19E
Idfu Egypt **84** 24.58N 32.50E
Ídhi *mtn.* Greece **71** 35.13N 24.45E
Idi Amin Dada, L. Uganda/Zaïre **105** 0.30S 29.30E
Idiofa Zaïre **104** 4.58S 19.38E
Idrigill Pt. Scotland **48** 57.20N 6.35W
Iesi Italy **70** 43.32N 13.15E
Ifalik *is.* Asia **89** 7.15N 144.27E
Ife Western Nigeria **103** 7.33N 4.34E
Ighil Izane Algeria **69** 35.45N 0.30E
Iglésias Italy **70** 39.18N 8.32E
Iğneada, C. Turkey **71** 41.50N 28.05E
Igoumenitsa Greece **71** 39.32N 20.14E
Iguala Mexico **126** 18.21N 99.31W
Igualada Spain **69** 41.35N 1.37E
Ihsien China **92** 41.30N 121.14E
Ii *r.* Finland **74** 65.17N 25.15E
Iide yama *mtn.* Japan **95** 37.50N 139.42E
Iisalmi Finland **74** 63.34N 27.08E
Ijebu Ode Nigeria **103** 6.47N 3.54E
IJmuiden Neth. **73** 52.28N 4.37E
IJssel *r.* Overijssel Neth. **73** 52.34N 5.50E
IJssel *r.* South Holland Neth. **73** 51.54N 4.32E
IJsselmeer *l.* Neth. **73** 52.45N 5.20E
Ijzer *r.* Belgium **73** 51.09N 2.44E
Ikaría *i.* Greece **71** 37.35N 26.10E
Ikela Zaïre **104** 1.06S 23.04E
Ikelemba Congo **104** 1.15N 16.38E
Ikelemba *r.* Zaïre **104** 0.08N 18.19E
Iki shima *i.* Japan **95** 33.47N 129.43E
Ikomba Tanzania **105** 9.09S 32.20E
Ikopa *r.* Malagasy Rep. **105** 16.00S 46.22E
Ilagan Phil. **89** 17.07N 121.53E
Ilam Iran **85** 33.27N 46.27E
Ilan China **91** 46.22N 129.31E
Ilaro Nigeria **103** 6.53N 3.03E
Ilchester England **16** 51.00N 2.41W
Ilebo Zaïre **104** 4.20S 20.35E
Ilen *r.* Rep. of Ire. **58** 51.53N 9.20W
Ilesha Western Nigeria **103** 7.39N 4.38E
Ilford England **12** 51.33N 0.06E
Ilfracombe England **25** 51.13N 4.08W
Ili *r.* U.S.S.R. **90** 45.00N 74.20E
Iligan Phil. **89** 8.12N 124.13E
Ilkeston England **33** 52.59N 1.19W
Ilkley England **32** 53.56N 1.49W
Iller *r.* W. Germany **68** 48.29N 10.03E
Illinois *d.* U.S.A. **124** 40.15N 89.15W
Illinois *r.* U.S.A. **124** 38.56N 90.27W
Ilminster England **16** 50.55N 2.56W
Iloilo Phil. **89** 10.45N 122.33E
Ilorin Nigeria **103** 8.32N 4.34E
Imala Moçambique **105** 14.39S 39.34E
Iman U.S.S.R. **91** 45.55N 133.45E
Imandra, L. U.S.S.R. **74** 67.30N 32.45E
Imatra Finland **74** 61.14N 28.50E
Immingham England **33** 53.37N 0.12W
Imperia Italy **68** 43.53N 8.00E
Imperial Dam U.S.A. **120** 33.01N 114.25W
Impfondo Congo **104** 1.36N 17.58E
Imphal India **94** 24.47N 93.55E
Imroz *i.* Turkey **71** 40.10N 25.51E
Inari *l.* Finland **74** 69.00N 28.00E
Inca Spain **69** 39.43N 2.54E
Incesu Turkey **84** 38.39N 35.12E
Inch Rep. of Ire. **58** 52.41N 8.07W
Inchard, Loch Scotland **48** 58.27N 5.05W
Inchcape *i.* Scotland **41** 56.27N 2.24W
Inchfree B. Rep. of Ire. **56** 55.03N 8.24W
Inchkeith *i.* Scotland **41** 56.02N 3.08W
Inchnadamph Scotland **48** 58.08N 4.58W
Inchon S. Korea **91** 37.30N 126.38E
Indaal, Loch Scotland **40** 55.45N 6.20W
Indals *r.* Sweden **74** 62.30N 17.20E
Inderagiri *r.* Indonesia **88** 0.30S 103.08E
India Asia **87** 23.00N 78.30E
Indiana *d.* U.S.A. **124** 40.00N 86.05W
Indianapolis U.S.A. **124** 39.45N 86.10W
Indian Harbour Canada **123** 54.25N 57.20W
Indian Ocean 137
Indigirka *r.* U.S.S.R. **77** 71.00N 148.45E
Indonesia Asia **88** 6.00S 118.00E
Indore India **86** 22.42N 75.54E
Indravati *r.* India **87** 18.45N 80.16E
Indre *r.* France **68** 47.16N 0.06W
Indus *r.* Pakistan **86** 24.00N 67.33E
Inebolu Turkey **84** 41.57N 33.45E
Infiesto Spain **69** 43.21N 5.21W
Ingatestone England **12** 51.41N 0.22E
Ingende Zaïre **104** 0.17S 18.58E
Ingham Australia **107** 18.35S 146.12E
Ingleborough *mtn.* England **32** 54.10N 2.23W
Ingleton England **32** 54.09N 2.29W
Ingolstadt W. Germany **72** 48.46N 11.27E
Inhambane Moçambique **106** 23.51S 35.29E
Inharrime Moçambique **106** 24.29S 35.01E
Inishannon Rep. of Ire. **58** 51.46N 8.39W
Inishbofin *i.* Donegal Rep. of Ire. **56** 55.11N 8.12W
Inishbofin *i.* Galway Rep. of Ire. **56** 53.38N 10.14W
Inishcrone Rep. of Ire. **56** 54.13N 9.05W
Inisheer *i.* Rep. of Ire. **58** 53.04N 9.32W
Inishkea North *i.* Rep. of Ire. **56** 54.09N 10.12W
Inishkea South *i.* Rep. of Ire. **56** 54.07N 10.14W
Inishmaan *i.* Rep. of Ire. **58** 53.06N 9.36W
Inishmore *i.* Rep. of Ire. **58** 53.08N 9.43W
Inishmurray *i.* Rep. of Ire. **56** 54.26N 8.41W
Inishowen Head Rep. of Ire. **57** 55.13N 6.56W
Inishowen Pen. Rep. of Ire. **57** 55.13N 7.17W
Inishshark *i.* Rep. of Ire. **56** 53.37N 10.18W
Inishturk *i.* Rep. of Ire. **56** 53.43N 10.08W
Inishvickillane *i.* Rep. of Ire. **58** 52.02N 10.36W
Inistioge Rep. of Ire. **59** 52.29N 7.04W
Inn *r.* Europe **72** 48.33N 13.26E
Innellan Scotland **40** 55.54N 4.58W
Inner Hebrides *is.* Scotland **48** 56.50N 6.45W
Innerleithen Scotland **41** 55.37N 3.04W
Inner Mongolia *d.* China **92** 42.00N 112.00E
Inner Sd. Scotland **48** 57.30N 5.55W
Innsbruck Austria **72** 46.17N 11.25E
Inny *r.* England **25** 50.35N 4.17W
Inny *r.* Rep. of Ire. **58** 51.51N 10.10W
Inongo Zaïre **104** 1.55S 18.20E
Inowrocław Poland **75** 52.49N 18.12E
Insch Scotland **49** 57.21N 2.36W
Insein Burma **94** 16.54N 96.08E
Interlaken Switz. **72** 46.42N 7.52E
International Falls *town* U.S.A. **124** 48.38N 93.26W
Inubo saki *c.* Japan **95** 35.41N 140.52E
Inuvik Canada **122** 68.16N 133.40W
Inveraray Scotland **40** 56.24N 5.05W
Inver B. Rep. of Ire. **56** 54.37N 8.19W
Inverbervie Scotland **49** 56.51N 2.17W
Invercargill New Zealand **112** 46.26S 168.21E
Inverell Australia **108** 29.46S 151.10E
Invergordon Scotland **49** 57.42N 4.10W
Inverie Scotland **48** 57.03N 5.41W
Inverkeithing Scotland **41** 56.02N 3.25W
Invermoriston Scotland **49** 57.13N 4.38W
Inverness Scotland **49** 57.27N 4.15W
Inverurie Scotland **49** 57.17N 2.23W
Inyangani *mtn.* Rhodesia **106** 18.18S 32.54E
Inyonga Tanzania **105** 6.43S 32.02E
Inzia *r.* Zaïre **104** 3.47S 17.57E
Ioánnina Greece **71** 39.39N 20.49E
Iona *i.* Scotland **40** 56.20N 6.25W
Iona, Sd. of Scotland **40** 56.19N 6.24W
Ionian Is. Greece **71** 38.45N 20.00E
Ionian Sea Med. Sea **71** 38.30N 18.45E
Ios *i.* Greece **71** 36.42N 25.20E
Iowa *d.* U.S.A. **121** 42.00N 93.00W
Iowa City U.S.A. **124** 41.39N 91.31W
Iping China **93** 28.42N 104.34E
Ipoh Malaysia **88** 4.36N 101.02E
Ipswich Australia **108** 27.38S 152.40E
Ipswich England **17** 52.04N 1.09E
Iquique Chile **129** 20.15S 70.08W
Iquitos Peru **128** 3.51S 73.13W
Iráklion Greece **71** 35.20N 25.08E
Iran Asia **85** 32.00N 54.30E
Iranian Plateau *f.* Asia **137** 33.00N 55.00E
Iran Range *mts.* Malaysia **88** 3.20N 115.00E
Iranshar Iran **85** 27.14N 60.42E
Irapuato Mexico **126** 20.40N 101.40W
Iraq Asia **84** 33.00N 44.00E
Irazu *mtn.* Costa Rica **126** 9.59N 83.52W
Ireland's Eye *i.* Rep. of Ire. **59** 53.25N 6.05W
Irgiz U.S.S.R. **61** 48.36N 61.14E
Irgiz *r.* U.S.S.R. **61** 48.00N 62.30E
Iringa Tanzania **105** 7.49S 35.39E
Iringa *d.* Tanzania **105** 8.30S 35.00E
Iriomote *i.* Japan **91** 24.30N 124.00E
Irish Sea England/Rep. of Ire. **57** 53.45N 5.00W
Irkutsk U.S.S.R. **90** 52.18N 104.15E
Iron-Bridge England **16** 52.38N 2.30W
Iron Gate *f.* Romania/Yugo. **71** 44.40N 22.30E
Iron Mountain *town* U.S.A. **124** 45.51N 88.05W
Iron Mts. Rep. of Ire. **56** 54.09N 7.53W
Iron River *town* U.S.A. **124** 46.05N 88.38W
Ironwood U.S.A. **124** 46.25N 90.08W
Iroquois Falls *town* Canada **124** 48.47N 80.41W
Irrawaddy *r.* Burma **94** 15.50N 95.00E
Irrawaddy Delta Burma **94** 16.45N 95.00E
Irthing *r.* England **41** 54.55N 2.50W
Irthlingborough England **16** 52.20N 0.37W
Irtysh *r.* U.S.S.R. **61** 61.00N 69.00E
Irumu Zaïre **105** 1.29N 29.48E
Irun Spain **69** 43.20N 1.48W
Irvine Scotland **40** 55.37N 4.40W
Irvine *r.* Scotland **40** 55.37N 4.41W
Irvine B. Scotland **40** 55.36N 4.42W
Irvinestown N. Ireland **57** 54.28N 7.39W
Isabelia, Cordillera *mts.* Nicaragua **126** 13.30N 85.00W
Isafjördhur Iceland **74** 66.05N 23.06W
Isangi Zaïre **104** 0.48N 24.03E
Isar *r.* W. Germany **72** 48.48N 12.57E
Ischia *i.* Italy **70** 40.43N 13.54E
Iscia Baidoa Somali Rep. **105** 3.08N 43.34E
Ise Japan **95** 34.29N 136.41E
Isère *r.* France **68** 45.02N 4.54E
Iserlohn W. Germany **73** 51.23N 7.42E
Isfahan Iran **85** 32.42N 51.40E
Isfandaqeh Iran **85** 28.39N 57.13E
Ishan China **93** 24.37N 108.32E
Ishikari *r.* Japan **95** 43.15N 141.21E
Ishikari wan *b.* Japan **95** 43.15N 141.20E
Ishim *r.* U.S.S.R. **61** 57.50N 71.00E
Ishqanan Iran **85** 27.10N 53.38E
Isiolo Kenya **105** 0.20N 37.36E
Isiro Zaïre **105** 2.50N 27.40E
Iskenderun Turkey **84** 36.37N 36.08E
Iskenderun, G. of Turkey **84** 36.40N 35.50E
Iskilip Turkey **84** 40.45N 34.28E
Iskŭr *r.* Bulgaria **71** 43.42N 24.27E
Isla *r.* Scotland **49** 56.32N 3.22W
Islamabad Pakistan **86** 33.40N 73.08E
Island Magee *pen.* N. Ireland **57** 54.49N 5.44W
Islands, B. of New Zealand **112** 35.15S 174.15E
Islay *i.* Scotland **40** 55.45N 6.20W
Islay, Sd. of Scotland **40** 55.50N 6.06W
Isle *r.* France **68** 45.02N 0.08W
Isle of Axholme *f.* England **33** 53.32N 0.50W
Isle of Ely *f.* England **17** 52.25N 0.11E
Isle of Man U.K. **32** 54.15N 4.30W
Isle of Oxney *f.* England **17** 51.02N 0.44E
Isle of Portland *f.* England **16** 50.32N 2.25W
Isle of Purbeck *f.* England **16** 50.40N 2.05W

Isle of Thanet f. England **17** 51.22N 1.20E
Isle of Whithorn town Scotland **40** 54.43N 4.22W
Isle of Wight d. England **16** 50.40N 1.17W
Isleworth England **12** 51.28N 0.20W
Islington d. England **12** 51.33N 0.06W
Ismâ'ilîa Egypt **84** 30.36N 32.15E
Isna Egypt **84** 25.16N 32.30E
Isoka Zambia **105** 10.06S 32.39E
Isparta Turkey **84** 37.46N 30.32E
Israel Asia **84** 32.00N 34.50E
Isser r. Algeria **69** 36.20N 3.28E
Issoire France **68** 45.33N 3.15E
Is-sur-Tille France **68** 47.30N 5.10E
Issyk Kul l. U.S.S.R. **90** 43.30N 77.20E
Istanbul Turkey **71** 41.02N 28.58E
Istehbanat Iran **85** 29.05N 54.03E
Isthmus of Kra Thailand **94** 10.20N 99.10E
Istra pen. Yugo. **70** 45.12N 13.55E
Itabuna Brazil **128** 14.48S 39.18W
Italy Europe **70** 43.00N 12.00E
Itchen r. England **16** 50.55N 1.23W
Iterup i. U.S.S.R. **91** 44.00N 147.30E
Ithaca U.S.A. **125** 42.26N 76.30W
Ithon r. Wales **24** 52.12N 3.26W
Itimbiri r. Zaïre **104** 2.02N 22.47E
Ituri r. Zaïre **105** 1.45N 27.06E
Ivalo Finland **74** 68.41N 27.30E
Ivalo r. Finland **74** 68.45N 27.36E
Ivanhoe Australia **108** 32.56S 144.22E
Ivano-Frankovsk U.S.S.R. **75** 48.55N 24.42E
Ivanovo U.S.S.R. **75** 57.00N 41.00E
Iver England **12** 51.31N 0.30W
Ivigtut Greenland **123** 61.10N 48.00W
Ivindo Gabon **104** 0.02S 12.13E
Ivinghoe England **12** 51.51N 0.39W
Iviza i. Spain **69** 39.00N 1.23E
Ivory Coast Africa **102** 8.00N 5.30W
Ivrea Italy **68** 45.28N 7.52E
Ivybridge England **25** 50.24N 3.56W
Iwaki Japan **95** 36.58N 140.58E
Iwaki r. Japan **95** 41.20N 140.00E
Iwakuni Japan **95** 34.10N 132.09E
Iwo Nigeria **103** 7.38N 4.11E
Ixworth England **17** 52.18N 0.50E
Iyo nada str. Japan **95** 33.40N 132.20E
Izabal, L. Guatemala **126** 15.30N 89.00W
Izhevsk U.S.S.R. **61** 56.49N 53.11E
Izmail U.S.S.R. **71** 45.20N 28.50E
Izmir Turkey **71** 38.24N 27.09E
Izmir, G. of Med. Sea **71** 38.30N 26.45E
Izmit Turkey **84** 40.48N 29.55E
Izumo Japan **95** 35.33N 132.50E

J

Jabalón r. Spain **69** 38.55N 4.07W
Jabalpur India **86** 23.10N 79.59E
Jabrin Oasis Saudi Arabia **85** 23.15N 49.15E
Jaca Spain **69** 42.34N 0.33W
Jackson Mich. U.S.A. **124** 42.15N 84.24W
Jackson Miss. U.S.A. **121** 32.20N 90.11W
Jacksonville Fla. U.S.A. **121** 30.20N 81.40W
Jacksonville Ill. U.S.A. **124** 39.44N 90.14W
Jacobabad Pakistan **86** 28.16N 68.30E
Jade B. W. Germany **73** 53.30N 8.12E
Jaén Spain **69** 37.46N 3.48W
Jaffa, C. Australia **108** 36.58S 139.39E
Jaffna Sri Lanka **87** 9.38N 80.02E
Jafura des. Saudi Arabia **85** 24.40N 50.20E
Jagdalpur India **87** 19.04N 82.05E
Jaghbub Libya **84** 29.42N 24.38E
Jahara Kuwait **85** 29.20N 47.41E
Jahrom Iran **85** 28.30N 53.30E
Jaipur India **86** 26.53N 75.50E
Jakobstad Finland **74** 63.41N 22.40E
Jalapa Mexico **126** 19.45N 96.48W
Jalgaon India **86** 21.01N 75.39E
Jalisco d. Mexico **126** 21.00N 103.00W
Jalna India **86** 19.50N 75.58E
Jalón r. Spain **69** 41.47N 1.02W
Jalpaiguri India **86** 26.30N 88.50E
Jamaica C. America **127** 18.00N 77.00W
Jamalpur Bangla. **86** 24.54N 89.57E
Jamalpur India **86** 25.19N 86.30E
Jamdena i. Asia **89** 7.30S 131.00E
James r. U.S.A. **121** 42.50N 97.15W
James B. Canada **121** 52.00N 80.00W
Jamestown Australia **108** 33.12S 138.38E
Jamestown N. Dak. U.S.A. **120** 46.54N 98.42W
Jamestown N.Y. U.S.A. **125** 42.05N 79.15W
Jammu and Kashmir d. Pakistan **86** 36.00N 75.00W
Jammu and Kashmir d. India **86** 33.30N 76.00W
Jamnagar India **86** 22.28N 70.06E

Jämsänkoski Finland **74** 61.54N 25.10E
Jamshedpur India **86** 22.47N 86.12E
Janda, Lago de Spain **69** 36.15N 5.50W
Jandula r. Spain **69** 38.08N 4.08W
Janesville U.S.A. **124** 42.42N 89.02W
Jan Mayen i. Arctic Oc. **114** 68.00N 8.00W
Januária Brazil **128** 15.28S 44.23W
Japan Asia **95** 36.00N 138.00E
Japan, Sea of Asia **95** 40.00N 135.00E
Japan Trench Pacific Oc. **137** 30.00N 142.00E
Japen i. Indonesia **89** 1.45S 136.10E
Japurá r. Brazil **128** 3.00S 64.30W
Jarama r. Spain **69** 40.27N 3.32W
Jardines de la Reina is. Cuba **127** 20.30N 79.00W
Jarrahi r. Iran **85** 30.40N 48.23E
Jarrow England **33** 54.59N 1.28W
Järvenpää Finland **74** 60.29N 25.06E
Jashpurnagar India **86** 22.52N 84.14E
Jask Iran **85** 25.40N 57.45E
Jasper Canada **122** 52.55N 118.05W
Játiva Spain **69** 39.00N 0.32W
Jaunpur India **86** 25.44N 82.41E
Java i. Indonesia **88** 7.30S 110.00E
Javari r. Peru **128** 4.30S 70.00W
Java Sea Indonesia **88** 5.00S 111.00E
Jebba Nigeria **103** 9.11N 4.49E
Jedburgh Scotland **41** 55.29N 2.33W
Jefferson, Mt. U.S.A. **120** 38.47N 116.58W
Jefferson City U.S.A. **124** 38.33N 92.10W
Jelenia Góra Poland **72** 50.55N 15.45E
Jelgava U.S.S.R. **74** 56.39N 23.40E
Jena E. Germany **72** 50.56N 11.35E
Jérémie Haiti **127** 18.40N 74.09W
Jerez de la Frontera Spain **69** 36.41N 6.08W
Jericho Jordan **84** 31.51N 35.27E
Jerilderie Australia **108** 35.23S 145.41E
Jersey i. Channel Is. **25** 49.13N 2.08W
Jersey City U.S.A. **125** 40.44N 74.04W
Jerusalem Israel/Jordan **84** 31.47N 35.13E
Jessore Bangla. **86** 23.10N 89.12E
Jever W. Germany **73** 53.34N 7.54E
Jeypore India **87** 18.51N 82.41E
Jhansi India **86** 25.27N 73.34E
Jhelum r. Pakistan **86** 31.04N 72.10E
Jihlava Czech. **72** 49.24N 15.35E
Jimma Ethiopia **101** 7.39N 36.47E
Jinja Uganda **105** 0.27N 33.10E
Jinotepe Nicaragua **126** 11.50N 86.10W
Jiu r. Romania **71** 43.44N 23.52E
Jizl, Wadi r. Saudi Arabia **84** 25.37N 38.20E
João Pessoa Brazil **128** 7.06S 34.53W
Jódar Spain **69** 37.50N 3.21W
Jodhpur India **86** 26.18N 73.08E
Joensuu Finland **74** 62.35N 29.46E
Jogjakarta Indonesia **88** 7.48S 110.24E
Johannesburg R.S.A. **106** 26.10S 28.02E
John O'Groats Scotland **49** 58.39N 3.02W
Johnstone Scotland **40** 55.50N 4.30W
Johnston's Pt. Scotland **40** 55.22N 5.31W
Johnstown U.S.A. **125** 40.20N 78.56W
Johore Bahru Malaysia **88** 1.29N 103.40E
Jokkmokk Sweden **74** 66.37N 19.50E
Jökulsá á Brú r. Iceland **74** 65.33N 14.23W
Jökulsá á Fjöllum r. Iceland **74** 66.05N 16.32W
Joliet U.S.A. **124** 41.32N 88.05W
Joliette Canada **125** 46.02N 73.27W
Jolo i. Phil. **89** 5.55N 121.20E
Joma mtn. China **87** 33.45N 93.08E
Jombo r. Angola **104** 10.20S 16.37E
Jönköping Sweden **74** 57.45N 14.10E
Joplin U.S.A. **121** 37.04N 94.31W
Jordan Asia **84** 31.00N 36.00E
Jordan r. Asia **84** 31.47N 35.31E
Jos Nigeria **103** 9.54N 8.53E
Joseph Bonaparte G. Australia **107** 14.00S 128.30E
Jos Plateau f. Nigeria **103** 10.00N 9.00E
Jotunheimen mts. Norway **74** 61.30N 9.00E
Juan Fernandez Is. Chile **129** 34.20S 80.00W
Juba r. Somali Rep. **105** 0.20S 42.40E
Juba Sudan **105** 4.50N 31.35E
Jubail Saudi Arabia **85** 27.59N 49.40E
Júcar r. Spain **69** 39.10N 0.15W
Juchitán Mexico **126** 20.04N 104.06W
Juddah Saudi Arabia **101** 21.30N 39.10E
Juist i. W. Germany **73** 53.43N 7.00E
Juiz de Fora Brazil **129** 21.47S 43.23W
Jukao China **92** 32.25N 120.40E
Julfa Iran **85** 32.40N 51.39E
Juliana Canal Neth. **73** 51.00N 5.48E
Julianehaab Greenland **123** 60.45N 46.00W
Jülich W. Germany **73** 50.55N 6.21E
Jullundur India **86** 31.18N 75.40E
Jumet Belgium **73** 50.27N 4.27E
Jumla Nepal **87** 29.17N 82.10E
Jumna r. see Yamuna India **86**
Junagadh India **86** 21.32N 70.32E
Junction City U.S.A. **121** 39.02N 96.51W
Jundiaí Brazil **129** 22.59S 47.00W

Juneau U.S.A. **122** 58.20N 134.20W
Junee Australia **108** 34.51S 147.40E
Jungfrau mtn. Switz. **72** 46.30N 8.00E
Jura i. Scotland **40** 55.58N 5.55W
Jura, Sd. of Scotland **40** 56.00N 5.45W
Jura Mts. Europe **72** 46.55N 6.45E
Jurby Head I.o.M. **57** 54.21N 4.33W
Juruá r. Brazil **128** 2.30S 65.40W
Juticalpa Honduras **126** 14.45N 86.12W
Juwain Afghan. **85** 31.43N 61.39E
Jyväskylä Finland **74** 62.16N 25.50E

K

K2 mtn. Asia **90** 35.53N 76.32E
Kabaena i. Indonesia **89** 5.25S 122.00E
Kabala Sierra Leone **102** 9.40N 11.36W
Kabale Uganda **105** 1.13S 30.00E
Kabalega Falls f. Uganda **105** 2.17N 31.46E
Kabalega Falls Nat. Park Uganda **105** 2.15N 31.45E
Kabalo Zaïre **105** 6.02S 27.00E
Kabambare Zaïre **105** 4.40S 27.41E
Kabba Nigeria **103** 7.50N 6.07E
Kabia i. Indonesia **89** 6.07S 120.28E
Kabinda Zaïre **104** 6.10S 24.29E
Kabir Kuh mts. Iran **85** 33.00N 47.00E
Kabompo r. Zambia **104** 14.17S 23.15E
Kabongo Zaïre **104** 7.22S 25.34E
Kabul Afghan. **86** 34.30N 69.10E
Kabunda Zaïre **105** 12.27S 29.15E
Kabwe Zambia **105** 14.27S 28.25E
Kacha Kuh mts. Iran **85** 29.30N 61.20E
Kachin State d. Burma **87** 25.30N 96.30E
Kade Ghana **102** 6.08N 0.51W
Kadei r. C.A.R. **103** 3.28N 16.05E
Kadiyevka U.S.S.R. **75** 48.34N 38.40E
Kaduna Nigeria **103** 10.28N 7.25E
Kaduna r. Nigeria **103** 8.45N 5.45E
Kadusam mtn. China **87** 28.30N 96.45E
Kaedi Mauritania **102** 16.12N 13.32W
Kafanchan Nigeria **103** 9.38N 8.20E
Kafirévs, C. Greece **71** 38.11N 24.30E
Kafo r. Uganda **105** 1.40N 32.07E
Kafue Zambia **105** 15.40S 28.13E
Kafue r. Zambia **105** 15.53S 28.55E
Kafue Nat. Park Zambia **104** 15.30S 25.35E
Kağizman Turkey **84** 40.08N 43.07E
Kagoshima Japan **95** 31.37N 130.32E
Kagoshima wan b. Japan **95** 31.00N 131.00E
Kahama Tanzania **105** 3.48S 32.38E
Kahemba Zaïre **104** 7.20S 19.00E
Kaiama Nigeria **103** 9.37N 4.03E
Kaifeng China **92** 34.46N 114.22E
Kai Is. Indonesia **89** 5.45S 132.55E
Kaikohe New Zealand **112** 35.25S 173.49E
Kaikoura New Zealand **112** 42.24S 173.41E
Kaikoura Range mts. New Zealand **112** 42.00S 173.40E
Kaimana Asia **89** 3.39S 133.44E
Kaimanawa Range mts. New Zealand **112** 37.10S 176.15E
Kaipara Harbour New Zealand **112** 36.30S 174.00E
Kairouan Tunisia **70** 35.40N 10.04E
Kaiserslautern W. Germany **73** 49.27N 7.47E
Kaitaia New Zealand **112** 35.08S 173.18E
Kaitum r. Sweden **74** 67.30N 21.00E
Kajaani Finland **74** 64.14N 27.37E
Kajan r. Indonesia **88** 2.47N 117.46E
Kajo Kaji Sudan **105** 3.56N 31.40E
Kakamas R.S.A. **106** 28.45S 20.33E
Kakamega Kenya **105** 0.21N 34.47E
Kakhovskoye Resr. U.S.S.R. **75** 47.30N 34.00E
Kakinada India **87** 16.59N 82.20E
Kaladan r. Burma **94** 20.09N 92.55E
Kalahari Desert Botswana **106** 23.30S 22.00E
Kalahari Gemsbok Nat. Park R.S.A. **106** 25.30S 20.30E
Kala-i-Fath Afghan. **85** 30.32N 61.52E
Kalámai Greece **71** 37.02N 22.05E
Kalamazoo U.S.A. **124** 42.17N 85.36W
Kala Nao Afghan. **85** 34.58N 63.04E
Kalat Iran **85** 37.02N 59.46E
Kalat Pakistan **86** 29.01N 66.38E
Kalecik Turkey **84** 40.06N 33.22E
Kalehe Zaïre **105** 2.05S 28.53E
Kalemie Zaïre **105** 5.57S 29.10E
Kalgoorlie Australia **107** 30.49S 121.29E
Kaliakra, C. Bulgaria **71** 43.23N 28.29E
Kalima Zaïre **105** 2.35S 26.34E
Kalimantan d. Indonesia **88** 1.00S 113.00E
Kalinin U.S.S.R. **75** 56.47N 35.57E
Kaliningrad U.S.S.R. **74** 54.40N 20.30E
Kalispell U.S.A. **120** 48.12N 114.19W
Kalisz Poland **75** 51.46N 18.02E
Kaliua Tanzania **105** 5.08S 31.50E
Kalix r. Sweden **74** 65.50N 23.10E

Kalkfontein to **Ketapang** 185

Kalkfontein Botswana **106** 22.08S 20.53E
Kalla Vesi *l.* Finland **74** 62.45N 28.00E
Kallsjön *l.* Sweden **74** 63.30N 13.00E
Kalmar Sweden **74** 56.39N 16.20E
Kaloli Zambia **105** 14.08S 31.50E
Kalomo Zambia **105** 16.55S 26.29E
Kaluga U.S.S.R. **75** 54.31N 36.16E
Kalundborg Denmark **74** 55.42N 11.06E
Kama *r.* U.S.S.R. **61** 55.30N 52.00E
Kamchatka Pen. U.S.S.R. **77** 56.00N 160.00E
Kamen *mtn.* U.S.S.R. **77** 68.40N 94.20E
Kamenskoye U.S.S.R. **77** 62.31N 165.15E
Kamensk-Shakhtinskiy U.S.S.R. **75** 48.20N 40.16E
Kames Scotland **40** 55.54N 5.15W
Kamet *mtn.* China **87** 31.03N 79.25E
Kamina Zaïre **104** 8.46S 24.58E
Kamloops Canada **120** 50.39N 120.24W
Kampala Uganda **105** 0.19N 32.35E
Kampar *r.* Indonesia **88** 0.20N 102.55E
Kampen Neth. **73** 52.33N 5.55E
Kampot Cambodia **94** 10.37N 104.11E
Kamskoye Resr. U.S.S.R. **61** 59.08N 56.30E
Kamyshin U.S.S.R. **75** 50.05N 45.24E
Kana *r.* Rhodesia **106** 18.28S 27.03E
Kananga Zaïre **104** 5.53S 22.26E
Kanazawa Japan **95** 36.35N 136.40E
Kanchanaburi Thailand **94** 14.02N 99.28E
Kanchenjunga *mtn.* Asia **86** 27.44N 88.11E
Kanchow China **93** 25.49N 114.50E
Kandahar Afghan. **86** 31.36N 65.47E
Kandalaksha U.S.S.R. **74** 67.09N 32.31E
Kandalakskaya G. U.S.S.R. **74** 66.30N 34.00E
Kandangan Indonesia **88** 2.50S 115.15E
Kandi Dahomey **103** 11.05N 2.59E
Kandira Turkey **84** 41.05N 30.08E
Kandos Australia **108** 32.53S 149.59E
Kandreho Malagasy Rep. **105** 17.33S 46.00E
Kandy Sri Lanka **87** 7.18N 80.43E
Kane U.S.A. **125** 41.40N 78.48W
Kangan Iran **85** 27.50N 52.07E
Kangar Malaysia **94** 6.28N 100.10E
Kangaroo I. Australia **108** 35.45S 137.30E
Kangean Is. Indonesia **88** 7.00S 115.45E
Kango Gabon **104** 0.15N 10.14E
Kangting China **87** 30.05N 102.04E
Kaniama Zaïre **104** 7.32S 24.11E
Kanin, C. U.S.S.R. **76** 68.50N 43.30E
Kanin Pen. U.S.S.R. **61** 68.00N 45.00E
Kankakee U.S.A. **124** 41.08N 87.52W
Kankan Guinea **102** 10.22N 9.11W
Kanker India **87** 20.17N 81.30E
Kan Kiang *r.* China **93** 29.10N 116.00E
Kano Nigeria **103** 12.00N 8.31E
Kano *d.* Nigeria **103** 12.00N 9.00E
Kanoya Japan **95** 31.22N 130.50E
Kanpur India **86** 26.27N 80.14E
Kansas *d.* U.S.A. **120** 38.00N 99.00W
Kansas City U.S.A. **121** 39.02N 94.33W
Kansk U.S.S.R. **77** 56.11N 95.20E
Kansu *d.* China **92** 36.00N 104.00E
Kanto *d.* Japan **95** 37.00N 140.00E
Kanturk Rep. of Ire. **58** 52.10N 8.54W
Kanye Botswana **106** 24.59S 25.19E
Kaohsiung Taiwan **93** 22.40N 120.18E
Kaoko Veld *f.* S.W. Africa **106** 18.30S 13.30E
Kaolack Senegal **102** 14.09N 16.08W
Kaoma Zambia **104** 14.55S 24.58E
Kaoyab China **93** 23.02N 112.29E
Kaoyu Hu *l.* China **92** 32.50N 119.25E
Kapanga Zaïre **104** 8.22S 22.37E
Kapiji *mtn.* Rhodesia **106** 16.30S 31.50E
Kapiri Mposhi Zambia **105** 13.59S 28.40E
Kapiti I. New Zealand **112** 40.50S 174.50E
Kapoeta Sudan **105** 4.50N 33.35E
Kaposvár Hungary **71** 46.22N 17.47E
Kapsabet Kenya **105** 0.12N 35.05E
Kapuas *r.* Indonesia **88** 0.05N 111.25E
Kapuskasing Canada **124** 49.25N 82.26W
Kara U.S.S.R. **76** 69.12N 65.00E
Kara Bogaz Gol B. U.S.S.R. **85** 41.20N 53.40E
Karabuk Turkey **84** 41.12N 32.36E
Karachi Pakistan **86** 24.51N 67.02E
Karaganda U.S.S.R. **61** 49.53N 73.07E
Kara Irtysh *r.* U.S.S.R. **90** 48.00N 84.20E
Karak Jordan **84** 31.11N 35.42E
Karakelong *i.* Indonesia **89** 4.20N 126.50E
Karakoram Pass Asia **87** 35.53N 77.51E
Karakoram Range *mts.* Jammu and Kashmir **86** 35.30N 76.30E
Kara Kum *des.* U.S.S.R. **85** 37.45N 60.00E
Kara-Kum Canal U.S.S.R. **85** 37.30N 65.48E
Karaman Turkey **84** 37.11N 33.13E
Karamea Bight *b.* New Zealand **112** 41.15S 171.30E
Karamürsel Turkey **84** 40.42N 29.37E
Karand Iran **85** 34.16N 46.15E
Kara Nor *l.* China **90** 38.20N 97.40E
Kara Nur *l.* Mongolia **90** 48.10N 93.30E
Karasburg S.W. Africa **106** 28.00S 18.43E
Kara Sea U.S.S.R. **76** 73.00N 65.00E
Kara-Shahr China **90** 42.00N 86.30E
Karasjok Norway **74** 69.27N 25.30E
Kara-Su *r.* Iran **85** 35.58N 56.25E
Karauli India **86** 26.30N 77.00E
Kara Usa Nor *l.* Mongolia **90** 48.10N 92.10E
Karawa Zaïre **104** 3.12N 20.20E
Karawanken *mts.* Austria **72** 46.20N 14.50E
Karbala Iraq **85** 32.37N 44.03E
Kardhítsa Greece **71** 39.22N 21.59E
Karema Tanzania **105** 6.50S 30.25E
Karhula Finland **74** 60.31N 26.50E
Kariba Rhodesia **106** 16.32S 28.50E
Kariba, L. Rhodesia/Zambia **106** 16.50S 28.00E
Kariba Gorge *f.* Rhodesia/Zambia **105** 16.15S 28.55E
Karibib S.W. Africa **106** 21.59S 15.51E
Karikal India **87** 10.58N 79.50E
Karima Sudan **101** 18.32N 31.48E
Karis Finland **74** 60.05N 23.40E
Karisimbi, Mt. Zaïre/Rwanda **105** 1.31S 29.25E
Karkaralinsk U.S.S.R. **61** 49.21N 75.27E
Karkheh *r.* Iran **85** 31.45N 47.52E
Karkinitskiy, G. of U.S.S.R. **75** 45.50N 32.45E
Karkkila Finland **74** 60.32N 24.10E
Kar Kuh *mtn.* Iran **85** 31.37N 53.47E
Karl Marx Stadt E. Germany **72** 50.50N 12.55E
Karlovac Yugo. **70** 45.30N 15.34E
Karlovy Vary Czech. **72** 50.14N 12.53E
Karlsborg Sweden **74** 58.32N 14.32E
Karlshamn Sweden **74** 56.10N 14.50E
Karlskoga Sweden **74** 59.19N 14.33E
Karlskrona Sweden **74** 56.10N 15.35E
Karlsruhe W. Germany **72** 49.00N 8.24E
Karlstad Sweden **74** 59.24N 13.32E
Karmöy *i.* Norway **74** 59.15N 5.05E
Karnafuli Resr. Bangla. **94** 23.00N 92.15E
Karnobat Bulgaria **71** 42.40N 27.00E
Karonga Malaŵi **105** 9.54S 33.55E
Karpáthos *i.* Greece **71** 35.35N 27.08E
Kars Turkey **84** 40.35N 43.05E
Karsakpay U.S.S.R. **76** 47.47N 66.43E
Karun *r.* Iran **85** 30.25N 48.12E
Kasai *r.* Zaïre **104** 3.10S 16.13E
Kasai Occidental *d.* Zaïre **104** 5.00S 21.30E
Kasai Oriental *d.* Zaïre **104** 5.00S 24.00E
Kasama Zambia **105** 10.10S 31.11E
Kasane Botswana **106** 17.50S 25.05E
Kasanga Tanzania **105** 8.27S 31.10E
Kasempa Zambia **104** 13.28S 25.48E
Kasese Uganda **105** 0.07N 30.06E
Kashan Iran **85** 33.59N 51.31E
Kashgar China **90** 39.29N 76.02E
Kashing China **93** 30.52N 120.45E
Kashmar Iran **85** 35.12N 58.26E
Kaskaskia U.S.A. **124** 38.30N 89.15W
Kasongo Zaïre **105** 4.32S 26.33E
Kasongo-Lunda Zaïre **104** 6.30S 16.47E
Kásos *i.* Greece **84** 35.22N 26.57E
Kassala Sudan **101** 15.24N 36.30E
Kassel W. Germany **72** 51.18N 9.30E
Kasserine Tunisia **70** 35.15N 8.44E
Kastamonu Turkey **84** 41.22N 33.47E
Kastellorizon *i.* Greece **84** 36.08N 29.32E
Kastoria Greece **71** 40.32N 21.15E
Kasungu Malaŵi **105** 13.04S 33.29E
Kataba Zambia **104** 16.12S 25.05E
Katahdin, Mt. U.S.A. **125** 45.55N 68.57W
Katako Kombe Zaïre **104** 3.27S 24.21E
Katha Burma **94** 24.11N 95.20E
Katherina, Gebel *mtn.* Egypt **84** 28.30N 33.57E
Katherine Australia **107** 14.29S 132.20E
Kati Mali **102** 12.41N 8.04W
Katihar India **86** 25.33N 87.34E
Katima Rapids *f.* Zambia **104** 17.15S 24.20E
Katmandu Nepal **86** 27.42N 85.19E
Katonga *r.* Uganda **105** 0.03N 30.15E
Katoomba Australia **108** 33.42S 150.23E
Katowice Poland **75** 50.15N 18.59E
Katrine, Loch Scotland **40** 56.15N 4.30W
Katrineholm Sweden **74** 58.59N 16.15E
Katsina Nigeria **103** 13.00N 7.32E
Katsina Ala Nigeria **103** 7.10N 9.30E
Katsina Ala *r.* Nigeria **103** 7.50N 8.58E
Kattegat *str.* Denmark/Sweden **74** 57.00N 11.20E
Katwijk aan Zee Neth. **73** 52.13N 4.27E
Kauai *i.* Hawaii U.S.A. **120** 22.05N 159.30W
Kauhajoki Finland **74** 62.26N 21.10E
Kauhava Finland **74** 63.06N 23.05E
Kaunas U.S.S.R. **74** 54.52N 23.55E
Kaura Namoda Nigeria **103** 12.39N 6.38E
Kavali India **87** 14.55N 80.01E
Kavála Greece **71** 40.56N 24.24E
Kavirondo G. Kenya **105** 0.15S 34.30E
Kawagoe Japan **95** 35.58N 139.30E
Kawaguchi Japan **95** 35.55N 139.50E
Kawambwa Zambia **105** 9.47S 29.10E
Kawasaki Japan **95** 35.30N 139.45E
Kawimbe Zambia **105** 8.50S 31.31E
Kawthaung Burma **94** 10.09N 98.33E
Kawthoolei *d.* Burma **87** 19.00N 96.30E
Kayah Burma **90** 18.20N 97.00E
Kayes Mali **102** 14.26N 11.28W
Kayseri Turkey **84** 38.42N 35.28E
Kazachye U.S.S.R. **77** 70.46N 136.15E
Kazakhstan Soviet Socialist Republic *d.* U.S.S.R. **75** 48.00N 48.00E
Kazan U.S.S.R. **75** 55.45N 49.10E
Kazanlŭk Bulgaria **71** 42.38N 25.26E
Kazarun Iran **85** 29.35N 51.39E
Kazbek *mtn.* U.S.S.R. **75** 42.42N 44.30E
Kazumba Zaïre **104** 6.30S 22.02E
Kéa *i.* Greece **71** 37.36N 24.20E
Keady N. Ireland **57** 54.15N 6.43W
Keal, Loch na Scotland **40** 56.28N 6.04W
Kearney U.S.A. **120** 40.42N 99.04W
Kebbi *r.* Nigeria **100** 11.22N 4.10E
Kebnekaise *mtn.* Sweden **74** 67.55N 18.30E
Kebock Head Scotland **48** 58.02N 6.22W
Kecskemet Hungary **75** 46.56N 19.43E
Kediri Indonesia **88** 7.55S 112.01E
Kédougou Senegal **102** 12.35N 12.09W
Keel Rep. of Ire. **56** 53.59N 10.05W
Keele Peak *mtn.* Canada **122** 63.15N 129.50W
Keen, Mt. Scotland **49** 56.58N 2.56W
Keene U.S.A. **125** 42.55N 72.17W
Keeper Hill Rep. of Ire. **58** 52.45N 8.17W
Keetmanshoop S.W. Africa **106** 26.36S 18.08E
Keewatin Canada **121** 49.46N 94.30W
Keewatin *d.* Canada **123** 67.00N 90.00W
Kefallinía *i.* Greece **71** 38.15N 20.33E
Keflavik Iceland **74** 64.01N 22.35W
Kei *r.* R.S.A. **106** 32.40S 28.22E
Keighley England **32** 53.52N 1.54W
Keitele *l.* Finland **74** 62.59N 26.00E
Keith Scotland **49** 57.32N 2.57W
Kelberg W. Germany **73** 50.17N 6.56E
Kelkit *r.* Turkey **84** 40.46N 36.32E
Kelloselkä Finland **74** 66.55N 28.50E
Kells Kilkenny Rep. of Ire. **59** 52.32N 7.18W
Kells Meath Rep. of Ire. **57** 53.44N 6.53W
Kelowna Canada **120** 49.50N 119.29W
Kelsall England **32** 53.14N 2.44W
Kelso Scotland **41** 55.36N 2.26W
Kelvedon England **17** 51.50N 0.43E
Kelvedon Hatch England **12** 51.40N 0.16E
Kemaliye Turkey **84** 39.16N 38.29E
Kemerovo U.S.S.R. **76** 55.25N 86.10E
Kemi Finland **74** 65.45N 24.12E
Kemi *r.* Finland **74** 55.47N 24.28E
Kemijärvi Finland **74** 66.40N 27.21E
Kempsey Australia **108** 31.05S 152.50E
Kempston England **17** 52.07N 0.30W
Kempt, L. Canada **125** 47.30N 74.15W
Kemsing England **12** 51.18N 0.14E
Ken, Loch Scotland **41** 55.02N 4.04W
Kenai Pen. U.S.A. **114** 64.40N 150.18W
Kendal Australia **108** 31.28S 152.40E
Kendal England **32** 54.19N 2.44W
Kendari Indonesia **89** 3.57S 122.36E
Kenema Sierra Leone **102** 7.57N 11.11W
Kenge Zaïre **104** 4.56S 17.04E
Kengtung Burma **94** 21.16N 99.39E
Kenhardt R.S.A. **106** 29.19S 21.08E
Kenilworth England **16** 52.22N 1.35W
Kenmare Rep. of Ire. **58** 51.53N 9.36W
Kenmare *r.* Rep. of Ire. **58** 51.47N 9.52W
Kenmore Scotland **41** 56.35N 4.00W
Kennedy, C. U.S.A. **121** 28.28N 80.28W
Kennet *r.* England **16** 51.28N 0.57W
Kennington England **17** 51.10N 0.54E
Keno Hill *town* Canada **122** 63.58N 135.22W
Kenora Canada **121** 49.47N 94.26W
Kenosha U.S.A. **124** 42.34N 87.50W
Kensington and Chelsea *d.* England **12** 51.29N 0.12W
Kent *d.* England **17** 51.12N 0.40E
Kentford England **17** 52.16N 0.30E
Kentucky *d.* U.S.A. **121** 38.00N 85.00W
Kentucky L. U.S.A. **121** 36.15N 88.00W
Kenya Africa **105** 1.00N 38.00E
Kenya, Mt. Kenya **105** 0.10S 37.19E
Kerala *d.* India **86** 10.30N 76.30E
Kerang Australia **108** 35.42S 143.59E
Kerch U.S.S.R. **75** 45.22N 36.27E
Kerch Str. U.S.S.R. **75** 45.15N 36.35E
Kerguelen *i.* Indian Oc. **139** 49.30S 69.30E
Kericho Kenya **105** 0.22S 35.19E
Kerintji *mtn.* Indonesia **88** 1.45S 101.20E
Kerkrade Neth. **73** 50.52N 6.02E
Kerloch *mtn.* Scotland **49** 56.59N 2.30W
Kermadec Trench Pacific Oc. **137** 33.00S 176.00W
Kermān Iran **85** 30.18N 57.05E
Kermānshāh Iran **85** 34.19N 47.04E
Kerme, G. of Turkey **71** 36.52N 27.53E
Kerpen W. Germany **73** 50.52N 6.42E
Kerrera *i.* Scotland **40** 56.24N 5.33W
Kerry *d.* Rep. of Ire. **58** 52.15N 9.45W
Kerry Head Rep. of Ire. **58** 52.24N 9.56W
Kerulen *r.* Mongolia **91** 48.45N 117.00E
Keşan Turkey **71** 40.50N 26.39E
Kesh N. Ireland **56** 54.31N 7.44W
Kessingland England **17** 52.25N 1.41E
Keswick England **32** 54.35N 3.09W
Ketapang Indonesia **88** 1.50S 110.02E

Ketchikan U.S.A. 122 55.25N 131.40W
Kete Krachi Ghana 102 7.50N 0.03W
Kettering England 16 52.24N 0.44W
Kew England 12 51.29N 0.18W
Keweenaw B. U.S.A. 124 47.00N 88.15W
Keweenaw Pt. U.S.A. 124 47.23N 87.42W
Key, Lough Rep. of Ire. 56 54.00N 8.15W
Keyingham England 33 53.42N 0.07W
Keynsham England 16 51.25N 2.30W
Key West U.S.A. 126 24.34N 81.48W
Keyworth England 33 52.52N 1.08W
Khabarovsk U.S.S.R. 91 48.32N 135.08E
Khabur r. Syria 84 35.07N 40.30E
Khaburah Oman 85 23.58N 57.10E
Khairpur Pakistan 86 27.30N 68.50E
Khalkidhiki pen. Greece 84 40.30N 23.25E
Khalkis Greece 71 38.27N 23.36E
Khanaqin Iraq 85 34.22N 45.22E
Khandwa India 86 21.49N 76.23E
Khangai Mts. Mongolia 78 48.50N 96.00E
Khanka, L. U.S.S.R. 95 45.00N 132.30E
Khanty-Mansiysk U.S.S.R. 76 61.00N 69.00E
Khanu Iran 85 27.55N 57.45E
Kharagpur India 86 22.23N 87.22E
Kharan r. Iran 85 27.37N 58.48E
Kharga Oasis Egypt 84 25.00N 30.40E
Kharkov U.S.S.R. 75 50.00N 36.15E
Kharovsk U.S.S.R. 75 59.67N 40.07E
Khartoum Sudan 101 15.33N 32.35E
Khash r. Afghan. 85 31.12N 62.00E
Khasi Hills India 78 25.30N 91.30E
Khaskovo Bulgaria 71 41.57N 25.33E
Khatanga U.S.S.R. 77 71.50N 102.31E
Khatangskiy G. U.S.S.R. 77 75.00N 112.10E
Khemmarat Thailand 94 16.00N 105.10E
Khenifra Morocco 100 33.00N 5.40W
Kherson U.S.S.R. 75 46.39N 32.38E
Khíos Greece 84 38.23N 26.07E
Khíos i. Greece 71 38.23N 26.04E
Khirsan r. Iran 85 31.29N 48.53E
Khiva U.S.S.R. 85 41.25N 60.49E
Khmelnitskiy U.S.S.R. 75 49.25N 26.49E
Khöbsögöl Dalai l. Mongolia 90 51.00N 100.30E
Khoi Iran 85 38.32N 45.02E
Khomas Highlands S.W. Africa 106 22.45S 16.20E
Khoper r. U.S.S.R. 75 49.35N 42.17E
Khor Qatar 85 25.39N 51.32E
Khorramabad Iran 85 33.29N 48.21E
Khorramshahr Iran 85 30.26N 48.09E
Khotan China 90 37.07N 79.57E
Khotin U.S.S.R. 75 48.30N 26.31E
Khulna Bangla. 86 22.49N 89.34E
Khunsar Iran 85 33.12N 50.20E
Khur Iran 85 33.47N 55.06E
Khurmuj Iran 85 28.40N 51.20E
Khwash Iran 85 28.14N 61.15E
Khyber Pass Asia 86 34.06N 71.05E
Kialing Kiang r. China 93 29.30N 106.35E
Kian China 93 27.03N 115.00E
Kiangling China 93 30.20N 112.14E
Kiangsi d. China 93 27.00N 115.30E
Kiangsu d. China 92 33.00N 119.30E
Kibali r. Zaïre 105 3.37N 28.38E
Kibombo Zaïre 104 3.58S 25.57E
Kibondo Tanzania 105 3.35S 30.41E
Kibungu Rwanda 105 2.10S 30.31E
Kibwezi Kenya 105 2.28S 37.57E
Kicking Horse Pass Canada 120 51.28N 116.23W
Kidal Mali 103 18.27N 1.25E
Kidan des. Saudi Arabia 85 22.20N 54.20E
Kidderminster England 16 52.24N 2.13W
Kidsgrove England 32 53.06N 2.15W
Kidwelly Wales 25 51.44N 4.20W
Kiel W. Germany 72 54.20N 10.08E
Kiel B. W. Germany 72 54.30N 10.30E
Kiel Canal W. Germany 72 53.54N 9.12E
Kielder Forest hills England 41 55.15N 2.30W
Kienkiang China 93 29.28N 108.43E
Kienshui China 94 23.40N 102.50E
Kienyang Fukien China 93 27.19N 118.01E
Kienyang Szechwan China 93 30.25N 104.32E
Kiev U.S.S.R. 75 50.28N 30.29E
Kiffa Mauritania 102 16.38N 11.28W
Kigali Rwanda 105 1.59S 30.05E
Kigoma Tanzania 105 4.52S 29.36E
Kigoma d. Tanzania 105 4.45S 30.00E
Kigosi r. Tanzania 105 4.37S 31.29E
Kihsien China 92 34.30N 114.50E
Kii sanchi mts. Japan 95 34.00N 135.20E
Kii suido str. Japan 95 34.00N 135.00E
Kikiang China 93 29.00N 106.40E
Kikinda Yugo. 71 45.51N 20.30E
Kikori P.N.G. 89 7.25S 144.13E
Kikwit Zaïre 104 5.02S 18.51E
Kil Sweden 74 59.30N 13.20E
Kilami Japan 95 43.57N 143.58E
Kilbaha Rep. of Ire. 58 52.35N 9.52W
Kilbeggan Rep. of Ire. 59 53.22N 7.31W
Kilberry Head Scotland 40 55.47N 5.38W
Kilbirnie Scotland 40 55.45N 4.41W

Kilbrannan Sd. Scotland 40 55.37N 5.25W
Kilcar Rep. of Ire. 56 54.38N 8.35W
Kilchrenan Scotland 40 56.21N 5.11W
Kilchu N. Korea 95 40.58N 129.21E
Kilcock Rep. of Ire. 59 53.25N 6.43W
Kilconnell Rep. of Ire. 58 53.20N 8.24W
Kilcredaun Pt. Rep. of Ire. 58 52.35N 9.42W
Kilcreggan Scotland 40 55.59N 4.50W
Kilcrohane Rep. of Ire. 58 51.35N 9.42W
Kilcullen Rep. of Ire. 59 53.08N 6.46W
Kildare Rep. of Ire. 59 53.10N 6.55W
Kildare d. Rep. of Ire. 59 53.15N 6.45W
Kildonan Rhodesia 106 17.15S 30.44E
Kildorrery Rep. of Ire. 58 52.14N 8.26W
Kildysart Rep. of Ire. 58 52.40N 9.07W
Kilfenora Rep. of Ire. 58 52.59N 9.14W
Kilfinan Scotland 40 55.58N 5.18W
Kilfinane Rep. of Ire. 58 52.21N 8.28W
Kilgarvan Rep. of Ire. 58 51.54N 9.28W
Kilifi Kenya 105 3.30S 39.50E
Kilimanjaro d. Tanzania 105 3.45S 37.40E
Kilimanjaro mtn. Tanzania 105 3.02S 37.20E
Kilindini Kenya 105 4.10S 39.37E
Kilis Turkey 84 36.43N 37.07E
Kilkee Rep. of Ire. 58 52.41N 9.40W
Kilkeel N. Ireland 57 54.04N 6.00W
Kilkelly Rep. of Ire. 56 53.52N 8.51W
Kilkenny Rep. of Ire. 59 52.39N 7.16W
Kilkenny d. Rep. of Ire. 59 52.30N 7.15W
Kilkhampton England 25 50.53N 4.29W
Kilkieran B. Rep. of Ire. 58 53.20N 9.42W
Kilkis Greece 71 40.59N 22.51E
Killala Rep. of Ire. 56 54.13N 9.13W
Killala B. Rep. of Ire. 56 54.15N 9.08W
Killaloe Rep. of Ire. 58 52.47N 8.28W
Killamarsh England 33 53.19N 1.19W
Killard Pt. N. Ireland 57 54.19N 5.31W
Killarney Rep. of Ire. 58 52.04N 9.32W
Killary Harbour est. Rep. of Ire. 56 53.38N 9.54W
Killchianaig Scotland 40 56.01N 5.47W
Killeagh Rep. of Ire. 58 51.56N 8.00W
Killeigh Rep. of Ire. 59 53.13N 7.29W
Killeshandra Rep. of Ire. 57 54.01N 7.33W
Killin Scotland 40 56.29N 4.19W
Killiney Rep. of Ire. 59 53.15N 6.08W
Killingworth England 41 55.02N 1.32W
Killíni mtn. Greece 71 37.56N 22.22E
Killorglin Rep. of Ire. 58 52.07N 9.45W
Killucan Rep. of Ire. 59 53.30N 7.09W
Killybegs Rep. of Ire. 56 54.38N 8.27W
Killyleagh N. Ireland 57 54.24N 5.39W
Kilmacolm Scotland 40 55.55N 4.38W
Kilmacthomas Rep. of Ire. 59 52.12N 7.26W
Kilmaganny Rep. of Ire. 59 52.27N 7.20W
Kilmaine Rep. of Ire. 56 53.35N 9.09W
Kilmallock Rep. of Ire. 58 52.24N 8.35W
Kilmaluag Scotland 48 57.41N 6.19W
Kilmarnock Scotland 40 55.37N 4.30W
Kilmartin Scotland 40 56.18N 5.28W
Kilmar Tor hill England 25 50.34N 4.29W
Kilmichael Pt. Rep. of Ire. 59 52.44N 6.09W
Kilmihil Rep. of Ire. 58 52.43N 9.19W
Kilmore Australia 108 37.18S 144.58E
Kilmore Quay Rep. of Ire. 59 52.11N 6.34W
Kilnaleck Rep. of Ire. 57 53.52N 7.20W
Kilninver Scotland 40 56.21N 5.30W
Kilombero r. Tanzania 105 8.30S 37.28E
Kilosa Tanzania 105 6.49S 37.00E
Kilrane Rep. of Ire. 59 52.15N 6.21W
Kilrea N. Ireland 57 54.57N 6.34W
Kilronan Rep. of Ire. 58 53.08N 9.41W
Kilrush Rep. of Ire. 58 52.39N 9.30W
Kilsyth Scotland 41 55.59N 4.04W
Kiltealy Rep. of Ire. 59 52.34N 6.45W
Kiltimagh Rep. of Ire. 56 53.51N 9.00W
Kilwa Kivinje Tanzania 105 8.45S 39.21E
Kilwa Masoko Tanzania 105 8.55S 39.31E
Kilwinning Scotland 40 55.40N 4.41W
Kilworth Mts. Rep. of Ire. 58 52.14N 8.12W
Kimberley R.S.A. 106 28.45S 24.46E
Kimbolton England 17 52.17N 0.23W
Kimito i. Finland 74 60.05N 22.30E
Kimpton England 12 51.52N 0.18W
Kinabalu mtn. Malaysia 88 6.10N 116.40E
Kinbrace Scotland 49 58.15N 3.56W
Kincardine Scotland 41 56.04N 3.44W
Kinder Scout hill England 32 53.23N 1.53W
Kindia Guinea 102 10.03N 12.49W
Kindu Zaïre 104 3.00S 25.56E
Kineshma U.S.S.R. 75 57.28N 42.08E
Kingairloch f. Scotland 40 56.36N 5.35W
Kingarth Scotland 40 55.46N 5.03W
King Christian Ninth Land f. Greenland 123 68.20N 37.00W
King Christian Tenth Land f. Greenland 114 73.00N 26.00W
King Frederik Eighth Land f. Greenland 114 77.30N 25.00W
King Frederik Sixth Coast f. Greenland 123 63.00N 44.00W
King Ho r. China 92 34.26N 109.00E
Kinghorn Scotland 41 56.04N 3.11W
King I. Australia 108 39.50S 144.00E

Kingisepp U.S.S.R. 74 58.12N 22.30E
Kingkiang Resr. China 93 30.00N 112.12E
Kingku China 94 23.30N 100.49E
King Leopold Ranges mts. Australia 107 17.00S 125.30E
Kings r. Rep. of Ire. 59 52.33N 7.12W
Kingsbridge England 25 50.17N 3.46W
Kingsbury England 12 51.35N 0.16W
Kingsclere England 16 51.20N 1.14W
Kingscourt Rep. of Ire. 57 53.54N 6.49W
Kingsdown England 17 51.21N 0.17E
Kings Langley England 12 51.43N 0.28W
Kingsley Dam U.S.A. 120 41.15N 101.30W
King's Lynn England 17 52.45N 0.25E
King's Thorn England 16 51.59N 2.43W
Kingston Australia 108 36.50S 139.50E
Kingston Canada 125 44.14N 76.30W
Kingston Jamaica 127 17.58N 76.48W
Kingston New Zealand 112 45.21S 168.44E
Kingston N.Y. U.S.A. 125 41.55N 74.00W
Kingston Penn. U.S.A. 125 41.15N 75.52W
Kingston upon Hull England 33 53.45N 0.20W
Kingston-upon-Thames England 12 51.25N 0.17W
Kingstown St. Vincent 127 13.12N 61.14W
Kingswood Avon England 16 51.27N 2.29W
Kingswood Surrey England 12 51.17N 0.12W
Kings Worthy England 16 51.06N 1.18W
Kington England 16 52.12N 3.02W
Kingussie Scotland 49 57.05N 4.04W
King William's Town R.S.A. 106 32.53S 27.24E
Kingyang China 92 36.03N 107.52E
Kinhsien China 92 39.06N 121.49E
Kinhwa China 93 29.05N 119.40E
Kinka zan c. Japan 95 38.20N 141.32E
Kinki d. Japan 95 35.10N 135.00E
Kinloch Scotland 48 57.00N 6.17W
Kinlochewe Scotland 48 57.36N 5.18W
Kinlochleven Scotland 40 56.43N 4.58W
Kinloch Rannoch Scotland 40 56.42N 4.11W
Kinnairds Head Scotland 49 57.42N 2.00W
Kinnegad Rep. of Ire. 59 53.28N 7.08W
Kinnitty Rep. of Ire. 58 53.06N 7.45W
Kinross Scotland 41 56.13N 3.27W
Kinsale Rep. of Ire. 58 51.42N 8.32W
Kinsale Harbour Rep. of Ire. 58 51.41N 8.30W
Kinshasa Zaïre 104 4.18S 15.18E
Kinsiang China 92 35.08N 116.20E
Kintore Scotland 49 57.14N 2.21W
Kintyre pen. Scotland 40 55.35N 5.35W
Kinvara Rep. of Ire. 58 53.08N 8.56W
Kinyeti mtn. Sudan 105 3.56N 32.52E
Kiparissía Greece 71 37.15N 21.40E
Kipawa L. Canada 125 46.55N 79.00W
Kipengere Range mts. Tanzania 105 9.15S 34.15E
Kipili Tanzania 105 7.30S 30.39E
Kipini Kenya 105 2.31S 40.32E
Kippen Scotland 40 56.08N 4.11W
Kippure mtn. Rep. of Ire. 59 53.11N 6.20W
Kipushi Zaïre 105 11.46S 27.15E
Kircubbin N. Ireland 57 54.29N 5.32W
Kirensk U.S.S.R. 77 57.45N 108.00E
Kirgizstan Soviet Socialist Republic d. U.S.S.R. 90 41.30N 75.00E
Kirgiz Steppe f. U.S.S.R. 61 49.28N 57.07E
Kiri Zaïre 104 1.23S 19.00E
Kirikkale Turkey 84 39.51N 33.32E
Kirin China 91 43.53N 126.35E
Kirin d. China 91 43.00N 127.30E
Kirkbean Scotland 41 54.55N 3.36W
Kirkbride England 41 54.54N 3.12W
Kirkburton England 32 53.36N 1.42W
Kirkby England 32 53.29N 2.54W
Kirkby in Ashfield England 33 53.06N 1.15W
Kirkby Lonsdale England 32 54.13N 2.36W
Kirkbymoorside town England 33 54.16N 0.56W
Kirkby Stephen England 32 54.27N 2.23W
Kirkcaldy Scotland 41 56.07N 3.10W
Kirkcolm Scotland 40 54.58N 5.05W
Kirkconnel Scotland 41 55.23N 4.01W
Kirkcowan Scotland 40 54.55N 4.36W
Kirkcudbright Scotland 41 54.50N 4.03W
Kirkcudbright B. Scotland 41 54.47N 4.05W
Kirkenes Norway 74 69.44N 30.05E
Kirkham England 32 53.47N 2.52W
Kirkintilloch Scotland 40 55.57N 4.10W
Kirkland Lake town Canada 124 48.10N 80.02W
Kirklareli Turkey 71 41.44N 27.12E
Kirk Michael I.o.M. 57 54.16N 4.36W
Kirkmichael Scotland 41 56.44N 3.31W
Kirkmuirhill Scotland 41 55.40N 3.55W
Kirkoswald England 32 54.46N 2.41W
Kirkuk Iraq 85 35.28N 44.26E
Kirkwall Scotland 49 58.59N 2.58W
Kirn W. Germany 73 49.47N 7.28E
Kirov R.S.F.S.R. U.S.S.R. 75 58.38N 49.38E
Kirov R.S.F.S.R. U.S.S.R. 75 53.59N 34.20E
Kirovabad U.S.S.R. 85 40.39N 46.20E
Kirovakan U.S.S.R. 85 40.49N 44.30E
Kirovograd U.S.S.R. 75 48.31N 32.15E
Kirovsk U.S.S.R. 74 67.37N 33.39E
Kirriemuir Scotland 41 56.41N 3.01W

Kirşehir Turkey 84 39.09N 34.08E
Kirton England 33 52.56N 0.03W
Kiruna Sweden 74 67.53N 20.15E
Kisangani Zaïre 104 0.33N 25.14E
Kishinev U.S.S.R. 75 47.00N 28.50E
Kishorn, Loch Scotland 48 57.21N 5.40W
Kisii Kenya 105 0.40S 34.44E
Kislovodsk U.S.S.R. 75 43.56N 42.44E
Kismayu Somali Rep. 105 0.25S 42.31E
Kiso Sammyaku mts. Japan 95 35.30N 137.30E
Kissidougou Guinea 102 9.48N 10.08W
Kistna r. see Krishna India 86
Kisumu Kenya 105 0.07S 34.47E
Kita Mali 102 13.04N 9.29W
Kitakyushu Japan 95 33.50N 130.50E
Kitale Kenya 105 1.01N 35.01E
Kitchener Canada 124 43.27N 80.30W
Kitega Burundi 105 3.25S 29.58E
Kitgum Uganda 105 3.17N 32.54E
Kíthira i. Greece 71 36.15N 23.00E
Kithnos i. Greece 71 37.25N 24.25E
Kitimat Canada 122 54.05N 128.38W
Kitinen r. Finland 74 67.16N 27.30E
Kittanning U.S.A. 125 40.49N 79.31W
Kitui Kenya 105 1.22S 38.01E
Kitunda Tanzania 105 6.48S 33.17E
Kitwe Zambia 105 12.50S 28.04E
Kityang China 93 23.29N 116.19E
Kiukiang China 93 29.39N 116.02E
Kiulin Shan China 93 24.40N 115.00E
Kiulung Kiang r. China 93 24.30N 117.47E
Kivu d. Zaïre 105 3.00S 27.00E
Kivu, L. Rwanda/Zaïre 105 2.00S 29.10E
Kizil r. Turkey 84 41.45N 35.57E
Kizil Arvat U.S.S.R. 85 39.00N 56.23E
Kizil Irmak r. Turkey 61 41.45N 35.57E
Kizlyar U.S.S.R. 75 43.51N 46.43E
Klagenfurt Austria 72 46.38N 14.20E
Klaipeda U.S.S.R. 74 55.43N 21.07E
Klamath Falls town U.S.A. 120 42.14N 121.47W
Klar r. Sweden 74 59.25N 13.25E
Kleve W. Germany 73 51.47N 6.11E
Klin U.S.S.R. 75 56.20N 36.45E
Klintehamn Sweden 74 57.24N 18.14E
Klintsy U.S.S.R. 75 52.45N 32.15E
Klipplaat R.S.A. 106 33.02S 24.20E
Klöfta Norway 74 60.04N 11.06E
Knap, Pt. of Scotland 40 55.53N 5.41W
Knapdale f. Scotland 40 55.53N 5.32W
Knaphill town England 12 51.19N 0.37W
Knaresborough England 33 54.01N 1.29W
Knebworth England 12 51.52N 0.12W
Knighton Wales 24 52.21N 3.02W
Knin Yugo. 70 44.02N 16.10E
Knockadoon Head Rep. of Ire. 58 51.52N 7.52W
Knockalongy mtn. Rep. of Ire. 56 54.12N 8.45W
Knockboy mtn. Rep. of Ire. 58 51.48N 9.27W
Knockbridge Rep. of Ire. 57 53.58N 6.30W
Knockcroghery Rep. of Ire. 56 53.36N 8.07W
Knock Hill Scotland 49 57.35N 2.47W
Knocklayd mtn. N. Ireland 57 55.10N 6.15W
Knockmealdown mtn. Rep. of Ire. 58 52.13N 7.53W
Knockmealdown Mts. Rep. of Ire. 58 52.15N 7.55W
Knottingley England 33 53.42N 1.15W
Knoxville U.S.A. 121 36.00N 83.57W
Knoydart f. Scotland 48 57.03N 5.38W
Knutsford England 32 53.18N 2.22W
Knysna R.S.A. 106 34.03S 23.03E
Kobe Japan 95 34.42N 135.15E
Koblenz W. Germany 73 50.21N 7.36E
Kobroör i. Indonesia 89 6.10S 134.30E
Kočani Yugo. 71 41.55N 22.24E
Kochi Japan 95 33.33N 133.52E
Kodiak U.S.A. 122 57.49N 152.30W
Kodiak I. U.S.A. 122 57.00N 153.50W
Koffiefontein R.S.A. 106 29.22S 24.58E
Koforidua Ghana 102 6.01N 0.12W
Kofu Japan 95 35.44N 138.34E
Köge Denmark 74 55.28N 12.12E
Kohat Pakistan 86 33.37N 71.30E
Kohima India 87 25.40N 84.08E
Kohtla-Järve U.S.S.R. 75 59.28N 27.20E
Kokand U.S.S.R. 90 40.33N 70.55E
Kokchetav U.S.S.R. 61 53.18N 69.25E
Kokenau Asia 89 4.42S 136.25E
Kokkola Finland 74 63.50N 23.10E
Kokomo U.S.A. 124 40.30N 86.09W
Kokon Selka Finland 74 61.30N 29.30E
Kokpekty U.S.S.R. 90 48.45N 82.25E
Koksoak r. Canada 123 58.30N 68.15W
Kokstad India 106 30.32S 29.25E
Kola U.S.S.R. 74 68.53N 33.01E
Kolaka Indonesia 89 4.04S 121.38E
Kola Pen. U.S.S.R. 61 67.00N 38.00E
Kolar India 87 13.10N 78.10E
Kolari Finland 74 67.22N 23.50E
Kolarovgrad Bulgaria 71 43.15N 26.55E
Kolding Denmark 74 55.29N 9.30E
Kole Zaïre 104 3.28S 22.29E
Kolea Algeria 69 36.42N 2.46E

Kolepom i. Indonesia 89 8.00S 138.30E
Kolguyev i. U.S.S.R. 76 69.00N 49.00E
Kolhapur India 86 16.43N 74.15E
Köln see Cologne W. Germany 73
Koło Poland 75 52.12N 18.37E
Kołobrzeg Poland 72 54.10N 15.35E
Kolomna U.S.S.R. 75 55.05N 38.45E
Kolomyia U.S.S.R. 75 48.31N 25.00E
Kolwezi Zaïre 104 10.44S 25.28E
Kolyma r. U.S.S.R. 77 68.50N 161.00E
Kolyma Range mts. U.S.S.R. 77 63.00N 160.00E
Kom r. Cameroon 104 2.20N 10.38E
Komadugu Gana r. Nigeria 103 13.06N 12.23E
Komadugu Yobe r. Niger/Nigeria 103 13.43N 13.19E
Komatipoort R.S.A. 106 25.25S 31.55E
Komba Zaïre 104 2.52N 24.03E
Kommunarsk U.S.S.R. 75 48.30N 38.47E
Kommunizma, Peak mtn. U.S.S.R. 90 38.39N 72.01E
Komotini Greece 71 41.07N 25.26E
Kompong Cham Cambodia 94 11.59N 105.26E
Kompong Chhnang Cambodia 94 12.14N 104.39E
Kompong Thom Cambodia 94 12.42N 104.52E
Komsomolets i. U.S.S.R. 77 80.20N 96.00E
Komsomolsk-na-Amur U.S.S.R. 77 50.32N 136.59E
Kondoa Tanzania 105 4.54S 35.49E
Kongolo Zaïre 105 5.20S 27.00E
Kongsberg Norway 74 59.42N 9.39E
Kongsvinger Norway 74 60.13N 11.59E
Kongwa Tanzania 105 6.13S 36.28E
Konkouré r. Guinea 102 9.55N 13.45W
Konotop U.S.S.R. 75 51.15N 33.14E
Konstanz W. Germany 72 47.40N 9.10E
Kontagora Nigeria 103 10.24N 5.22E
Kontcha Cameroon 103 7.59N 12.15E
Kontum S. Vietnam 94 14.23N 108.00E
Konya Turkey 84 37.51N 32.30E
Konza Kenya 105 1.45S 37.07E
Kopet Range mts. Asia 85 38.00N 58.00E
Ko Phangan i. Thailand 88 9.50N 100.00E
Köping Sweden 74 59.31N 16.01E
Korbach W. Germany 72 51.16N 8.53E
Korçë Albania 71 40.37N 20.45E
Korčula i. Yugo. 71 42.56N 16.53E
Korea B. Asia 91 39.00N 124.00E
Korea Str. Asia 91 35.00N 129.20E
Korhogo Ivory Coast 102 9.22N 5.31W
Köriyama Japan 95 37.23N 140.22E
Kornat i. Yugo. 70 43.48N 15.20E
Korogwe Tanzania 105 5.10S 38.35E
Koror i. Asia 89 7.30N 134.30E
Korosten U.S.S.R. 75 51.00N 28.30E
Korsor Denmark 74 55.19N 11.09E
Koryak Range mts. U.S.S.R. 77 62.20N 171.00E
Kos i. Greece 71 36.48N 27.10E
Ko Samui i. Thailand 94 9.30N 100.00E
Kosciusko, Mt. Australia 108 36.28S 148.17E
Košice Czech. 75 48.44N 21.15E
Kosong S. Korea 95 37.46N 129.15E
Kosovska-Mitrovica Yugo. 71 42.54N 20.51E
Kossovo U.S.S.R. 75 52.40N 25.18E
Koster R.S.A. 106 25.52S 26.54E
Kosti Sudan 101 13.11N 32.38E
Kostroma U.S.S.R. 75 57.46N 40.59E
Kostrzyn Poland 72 52.24N 17.11E
Koszalin Poland 72 54.10N 16.10E
Kota India 86 25.11N 75.58E
Kota Bharu Malaysia 94 6.07N 102.10E
Kota Kinabalu Malaysia 88 5.59N 116.04E
Kotelnich U.S.S.R. 75 58.20N 48.10E
Kotelnikovo U.S.S.R. 75 47.39N 43.08E
Kotelnyy i. U.S.S.R. 77 75.30N 141.00E
Kotka Finland 74 60.26N 26.55E
Kotlas U.S.S.R. 61 61.15N 46.35E
Kotor Yugo. 71 42.28N 18.47E
Kottagudem India 87 17.32N 80.39E
Kotuy r. U.S.S.R. 77 71.40N 103.00E
Kotzebue U.S.A. 122 66.51N 162.40W
Kouango C.A.R. 104 5.00N 20.04E
Koulikoro Mali 102 12.55N 7.31W
Kouroussa Guinea 102 10.40N 9.50W
Koutiala Mali 102 12.20N 5.23W
Kouvola Finland 74 60.54N 26.45E
Kouyou r. Congo 104 0.40S 16.37E
Kovel U.S.S.R. 75 51.12N 24.48E
Kovrov U.S.S.R. 75 56.23N 41.21E
Kowloon Hong Kong 93 22.19N 114.12E
Koyukuk r. U.S.A. 122 64.50N 157.30W
Kozan Turkey 84 37.27N 35.47E
Kozáni Greece 71 40.18N 21.48E
Kozhikode India 86 11.15N 75.45E
Krabi Thailand 94 8.08N 98.52E
Kragero Norway 74 58.54N 9.25E
Kragujevac Yugo. 71 44.01N 20.55E
Kraljevo Yugo. 71 43.44N 20.41E
Kramatorsk U.S.S.R. 75 48.43N 37.33E
Kramfors Sweden 74 62.55N 17.50E
Krasnodar U.S.S.R. 75 45.02N 39.00E
Krasnograd U.S.S.R. 75 49.22N 35.28E
Krasnokamsk U.S.S.R. 61 58.05N 55.49E
Krasnovodsk U.S.S.R. 85 40.01N 53.00E

Krasnovodsk G. U.S.S.R. 85 39.50N 53.15E
Krasnoyarsk U.S.S.R. 77 56.05N 92.46E
Kratie Cambodia 94 12.28N 106.07E
Krefeld W. Germany 73 51.20N 6.32E
Kremenchug U.S.S.R. 75 49.00N 33.25E
Kremenchug Resr. U.S.S.R. 61 49.20N 32.45E
Krems Austria 72 48.25N 15.36E
Kribi Cameroon 103 2.56N 9.56E
Krishna r. India 87 16.00N 81.00E
Krishnanagar India 86 23.22N 88.32E
Kristiansand Norway 74 58.08N 7.59E
Kristianstad Sweden 74 56.02N 14.10E
Kristiansund Norway 74 63.15N 7.55E
Kristinehamn Sweden 74 59.17N 14.09E
Kristinestad Finland 74 62.16N 21.20E
Krivoy Rog U.S.S.R. 75 47.55N 33.24E
Krk i. Yugo. 70 45.04N 14.36E
Kronshtadt U.S.S.R. 74 60.00N 29.40E
Kroonstad R.S.A. 106 27.40S 27.15E
Kruger Nat. Park R.S.A. 106 24.10S 31.36E
Krugersdorp R.S.A. 106 26.06S 27.46E
Kruševac Yugo. 71 43.34N 21.20E
Kuala Lipis Malaysia 88 4.11N 102.00E
Kuala Lumpur Malaysia 88 3.08N 101.42E
Kuala Trengganu Malaysia 88 5.10N 103.10E
Kuandang Indonesia 89 0.53N 122.58E
Kuantan Malaysia 88 3.50N 103.19E
Kuba U.S.S.R. 85 41.23N 48.33E
Kuban r. U.S.S.R. 75 45.20N 37.17E
Kucha China 90 41.43N 82.58E
Kuching Malaysia 88 1.32N 110.20E
Kuchino erabu i. Japan 95 30.30N 130.20E
Kuchino shima i. Japan 95 30.00N 129.55E
Kuchow Kiang r. China 93 21.25N 109.58E
Kudat Malaysia 88 6.45N 116.47E
Kufstein Austria 72 47.36N 12.11E
Kuh Bul mtn. Iran 85 30.48N 52.45E
Kuh-i-Aladand mtn. Iran 85 34.09N 50.48E
Kuh-i-Aleh mts. Iran 85 37.15N 57.30E
Kuh-i-Alijuq mtn. Iran 85 31.27N 51.43E
Kuh-i-Barm mtn. Iran 85 30.21N 52.00E
Kuh-i-Binalud mts. Iran 85 36.15N 59.00E
Kuh-i-Darband mtn. Iran 85 31.33N 57.08E
Kuh-i-Dinar mtn. Iran 85 30.45N 51.39E
Kuh-i-Hazar mtn. Iran 85 29.30N 57.18E
Kuh-i-Istin mtn. Iran 85 31.18N 60.03E
Kuh-i-Karbush mtn. Iran 85 32.36N 50.02E
Kuh-i-Kargiz mts. Iran 85 33.25N 51.40E
Kuh-i-Khurunag mtn. Iran 85 32.10N 54.30E
Kuh-i-Lalehzar mtn. Iran 85 29.26N 56.48E
Kuh-i-Malik Siah mtn. Iran 85 29.52N 60.55E
Kuh-i-Masahim mtn. Iran 85 30.26N 55.08E
Kuh-i-Naibandan mtn. Iran 85 32.25N 57.30E
Kuh-i-Ran mtn. Iran 85 26.46N 58.15E
Kuh-i-Sahand mtn. Iran 85 37.37N 46.27E
Kuh-i-Savalan mtn. Iran 85 38.15N 47.50E
Kuh-i-Shah mtn. Iran 85 31.38N 59.16E
Kuh-i-Shah mts. Iran 85 37.00N 58.00E
Kuh-i-Sultan mtn. Pakistan 85 29.10N 62.48E
Kuh-i-Taftan mtn. Iran 85 28.38N 61.08E
Kuh-i-Ushtaran mtn. Iran 85 33.18N 49.15E
Kuhpayeh Iran 85 32.42N 52.25E
Kuh Tasak mtn. Iran 85 29.51N 51.52E
Kula Turkey 84 38.33N 28.38E
Kula Kangri mtn. China 87 28.15N 90.34E
Kuma r. U.S.S.R. 75 44.50N 46.55E
Kumagaya Japan 95 36.09N 139.22E
Kumai Indonesia 88 2.45S 111.44E
Kumamoto Japan 95 32.50N 130.42E
Kumanovo Yugo. 71 42.08N 21.40E
Kumasi Ghana 102 6.45N 1.35W
Kumba Cameroon 103 4.39N 9.26E
Kum Dag U.S.S.R. 85 39.14N 54.33E
Kunashir i. U.S.S.R. 95 44.00N 146.00E
Kundelungu Mts. Zaïre 105 9.30S 27.50E
Kungchuling China 92 43.25N 124.50E
Kungur mtn. China 90 38.40N 75.30E
Kungur U.S.S.R. 76 57.27N 56.50E
Kungwe Mt. Tanzania 105 6.15S 29.54E
Kunlun Shan mts. China 90 36.40N 88.00E
Kunming China 94 25.06N 102.41E
Kunshan China 93 31.24N 121.08E
Kuopio Finland 74 62.51N 27.30E
Kupa r. Yugo. 70 45.30N 16.20E
Kupang Indonesia 89 10.13S 123.38E
Kupyansk U.S.S.R. 75 49.41N 37.37E
Kur r. Iran 85 29.40N 53.17E
Kura r. U.S.S.R. 85 39.18N 49.22E
Kurdistan f. Asia 85 37.00N 43.30E
Kure Japan 95 34.20N 132.40E
Kurgan U.S.S.R. 61 55.30N 65.20E
Kuria Muria Is. Oman 86 17.30N 56.00E
Kuril Is. U.S.S.R. 91 46.00N 150.30E
Kuril Trench Pacific Oc. 137 46.00N 150.00E
Kuri san mtn. Japan 95 33.08N 131.10E
Kurlovski U.S.S.R. 75 55.26N 40.40E
Kurnool India 87 15.51N 78.01E
Kursk U.S.S.R. 75 51.45N 36.14E
Kurskiy G. U.S.S.R. 74 55.00N 21.00E
Kuršumlija Yugo. 71 43.09N 21.16E

Kuruman R.S.A. **106** 27.28S 23.27E
Kuruman r. R.S.A. **106** 27.00S 20.40E
Kushiro Japan **95** 42.58N 144.24E
Kushk Afghan. **85** 34.52N 62.29E
Kushka U.S.S.R. **85** 35.14N 62.15E
Kushtia Bangla. **86** 23.45N 89.07E
Kuskokwim Mts. U.S.A. **122** 62.50N 156.00W
Kustanay U.S.S.R. **76** 53.15N 63.40E
Küsten Canal W. Germany **73** 53.05N 7.46E
Kütahya Turkey **84** 39.25N 29.56E
Kutaisi U.S.S.R. **75** 42.15N 42.44E
Kutch, G. of India **86** 22.30N 69.30E
Kutcharo ko l. Japan **95** 43.40N 144.20E
Kutsing China **94** 25.26N 103.47E
Kutu Zaïre **104** 2.42S 18.09E
Kuusamo Finland **74** 65.57N 29.15E
Kuwait Asia **85** 29.20N 47.40E
Kuwait town Kuwait **85** 29.20N 48.00E
Kuybyshev U.S.S.R. **75** 53.10N 50.15E
Kuybyshev Resr. U.S.S.R. **75** 55.00N 49.00E
Kuyto, L. U.S.S.R. **74** 65.10N 31.00E
Kuznetsk U.S.S.R. **75** 53.08N 46.36E
Kwamouth Zaïre **104** 3.11S 16.16E
Kwangchow China **93** 23.08N 113.20E
Kwanghua China **92** 32.26N 111.41E
Kwangju S. Korea **91** 35.07N 126.52E
Kwango r. Zaïre **104** 3.20S 17.23E
Kwangsi-Chuang d. China **93** 23.30N 109.00E
Kwangtseh China **93** 27.27N 117.23E
Kwangtung China **91** 23.30N 114.30E
Kwangtung China **93** 23.30N 114.00E
Kwangyuan China **92** 32.29N 105.55E
Kwanhsien China **87** 30.59N 103.40E
Kwara d. Nigeria **103** 8.20N 5.35E
Kweichow d. China **93** 27.00N 107.00E
Kweiki China **93** 28.12N 117.10E
Kwei Kiang r. China **93** 23.25N 111.20E
Kweilin China **93** 25.20N 110.10E
Kweiping China **93** 23.20N 110.02E
Kweiyang China **93** 26.31N 106.39E
Kwenge r. Zaïre **104** 4.53S 18.47E
Kwilu r. Zaïre **104** 3.18S 17.22E
Kwoka mtn. Indonesia **89** 1.30S 132.30E
Kyaikto Burma **94** 17.16N 97.01E
Kyaka Tanzania **105** 1.16S 31.27E
Kyakhta U.S.S.R. **90** 50.22N 106.30E
Kyaukpadaung Burma **94** 20.50N 95.08E
Kyaukpyu Burma **94** 19.20N 93.33E
Kyle f. Scotland **40** 55.33N 4.28W
Kyleakin Scotland **48** 57.16N 5.44W
Kyle of Durness est. Scotland **49** 58.32N 4.50W
Kyle of Lochalsh town Scotland **48** 57.17N 5.43W
Kyle of Tongue est. Scotland **49** 58.27N 4.26W
Kyles of Bute str. Scotland **40** 55.55N 5.12W
Kyll r. W. Germany **73** 49.48N 6.42E
Kyluchevskaya mtn. U.S.S.R. **77** 56.00N 160.30E
Kyminjoki r. Finland **74** 60.30N 27.00E
Kyoga, L. Uganda **105** 1.30N 33.00E
Kyogle Australia **108** 28.36S 152.59E
Kyoto Japan **95** 35.04N 135.50E
Kyrenia Cyprus **84** 35.20N 33.20E
Kyshtym U.S.S.R. **61** 55.43N 60.32E
Kyushu d. Japan **95** 32.00N 130.00E
Kyushu i. Japan **95** 32.00N 130.00E
Kyushu sanchi mts. Japan **95** 32.20N 131.20E
Kyustendil Bulgaria **71** 42.18N 22.39E
Kyyjärvi Finland **74** 63.02N 24.34E
Kyzyl U.S.S.R. **90** 51.42N 94.28E
Kyzyl Kum des. U.S.S.R. **61** 42.00N 64.30E
Kzyl Orda U.S.S.R. **61** 44.52N 65.28E

L

La Bañeza Spain **69** 42.17N 5.55W
La Barca Mexico **126** 20.20N 102.33W
La Bassée France **73** 50.32N 2.49E
Labe r. see Elbe Czech. **72**
Labé Guinea **102** 11.17N 12.11W
La Blanquilla i. Venezuela **127** 11.53N 64.38W
Labouheyre France **68** 44.13N 0.55W
Labrador f. Canada **123** 54.00N 61.30W
Labrador City Canada **123** 52.54N 66.50W
Labuan i. Malaysia **88** 5.20N 115.15E
La Calle Algeria **70** 36.54N 8.25E
La Carolina Spain **69** 38.16N 3.36W
Lacaune France **68** 43.42N 2.41E
Laccadive Is. Indian Oc. **86** 11.00N 72.00E
La Ceiba Honduras **126** 15.45N 86.45W
La Charité France **68** 47.11N 3.01E
La Chaux de Fonds Switz. **72** 47.07N 6.51E
Lachlan r. Australia **108** 34.21S 143.58E
Lackan Resr. Rep. of Ire. **59** 53.09N 6.31W
Lackawanna U.S.A. **125** 42.49N 78.49W

La Coruña Spain **69** 43.22N 8.24W
La Crosse U.S.A. **124** 43.48N 91.04W
La Demanda, Sierra de mts. Spain **69** 42.10N 3.20W
Ladis Iran **85** 28.57N 61.18E
Ladismith R.S.A. **106** 33.30S 21.15E
Ladoga, L. U.S.S.R. **74** 61.00N 32.00E
Ladybrand R.S.A. **106** 29.12S 27.27E
Ladysmith R.S.A. **106** 28.34S 29.47E
Ladysmith U.S.A. **124** 45.27N 91.07W
Lae P.N.G. **89** 6.45S 146.30E
La Estrada Spain **69** 42.40N 8.30W
Lafayette Ind. U.S.A. **124** 40.25N 86.54W
Lafayette La. U.S.A. **121** 30.12N 92.18W
La Fère France **73** 49.40N 3.22E
Lafiagi Nigeria **103** 8.50N 5.23E
La Fuente de San Esteban Spain **69** 40.48N 6.15W
Lagan r. N. Ireland **57** 54.37N 5.54W
Lagan r. Sweden **74** 56.35N 12.55E
Lågen r. Norway **74** 60.10N 11.28E
Lagg Scotland **40** 55.57N 5.50W
Laggan, Loch Scotland **49** 56.57N 4.30W
Laggan B. Scotland **40** 55.41N 6.18W
Laghouat Algeria **60** 33.49N 2.55E
Laghtnafrankee mtn. Rep. of Ire. **59** 52.19N 7.39W
Lago Dilolo town Angola **104** 11.27S 22.03E
Lagos Mexico **126** 21.21N 101.55W
Lagos Nigeria **103** 6.27N 3.28E
Lagos d. Nigeria **103** 6.32N 3.30E
Lagos Portugal **69** 37.05N 8.40W
La Guaira Venezuela **127** 10.38N 66.55W
Laguna Dam U.S.A. **120** 32.55N 114.25W
Lahad Datu Malaysia **88** 5.05N 118.20E
La Hague, Cap de France **68** 49.44N 1.56W
Lahat Indonesia **88** 3.46S 103.32E
Lahijan Iran **85** 37.12N 50.00E
Lahn r. W. Germany **73** 50.18N 7.36E
Lahnstein W. Germany **73** 50.17N 7.38E
Lahore Pakistan **86** 31.34N 74.22E
Lahti Finland **74** 61.00N 25.40E
Lai Chad **103** 9.22N 16.14E
Lai Chau N. Vietnam **94** 22.04N 103.12E
Laichow Wan b. China **92** 37.30N 119.30E
Laidon England **12** 51.34N 0.26E
Laidon, Loch Scotland **40** 56.39N 4.38W
Lainio r. Sweden **74** 67.26N 22.37E
Laipo China **93** 24.28N 110.12E
Lairg Scotland **49** 58.01N 4.25W
La Junta U.S.A. **120** 37.59N 103.34W
Lak Bor r. Somali Rep. **105** 0.32S 42.05E
Lak Dera r. Somali Rep. **105** 0.01S 42.45E
Lake Cargelligo town Australia **108** 33.19S 146.23E
Lake Charles town U.S.A. **121** 30.13N 93.13W
Lake City U.S.A. **121** 30.05N 82.40W
Lake District f. England **32** 54.30N 3.10W
Lakeland town U.S.A. **121** 28.02N 81.59W
Lakeview U.S.A. **120** 42.13N 120.21W
Lakewood U.S.A. **124** 41.29N 81.50W
Lakhnadon India **86** 22.34N 79.38E
Lakonia, G. of Med. Sea **71** 36.35N 22.42E
Lakse Fjord est. Norway **74** 70.40N 26.50E
Lakselv Norway **74** 70.03N 25.06E
Lalaua Moçambique **105** 14.20S 38.30E
La Libertad El Salvador **126** 13.28N 89.20W
La Línea Spain **69** 36.10N 5.21W
Lalitpur India **86** 24.42N 78.24E
La Louvière Belgium **73** 50.29N 4.11E
La Malbaie Canada **125** 47.39N 70.11W
Lamar U.S.A. **120** 38.04N 102.37W
Lambaréné Gabon **104** 0.40S 10.15E
Lambay I. Rep. of Ire. **59** 53.29N 6.01W
Lambeth d. England **12** 51.27N 0.07W
Lambourn England **16** 51.31N 1.31W
Lamb's Head Rep. of Ire. **58** 51.44N 10.08W
Lamego Portugal **69** 41.05N 7.49W
Lameroo Australia **108** 35.20S 140.33E
Lamía Greece **71** 38.53N 22.25E
Lamlash Scotland **40** 55.32N 5.08W
Lammermuir f. Scotland **41** 55.50N 2.25W
Lammermuir Hills Scotland **41** 55.51N 2.40W
Lamotrek i. Asia **89** 7.28N 146.23E
Lampedusa i. Italy **70** 35.30N 12.35E
Lampeter Wales **24** 52.06N 4.06W
Lampione i. Italy **70** 35.33N 12.18E
Lamu Kenya **105** 2.20S 40.54E
La Nao, Cabo de Spain **69** 38.42N 0.15E
Lanark Scotland **41** 55.41N 3.47W
Lancashire d. England **32** 53.53N 2.30W
Lancaster England **32** 54.03N 2.48W
Lancaster U.S.A. **125** 40.01N 76.19W
Lancaster Sd. Canada **123** 74.00N 85.00W
Lanchow China **92** 36.01N 103.46E
Landeck Austria **72** 47.09N 10.35E
Lands End c. Canada **114** 76.10N 123.00W
Land's End c. England **25** 50.03N 5.45W
Landshut W. Germany **72** 48.31N 12.10E
Landskrona Sweden **74** 55.53N 12.50E
Lanesborough Rep. of Ire. **56** 53.40N 7.59W
Langanes c. Iceland **74** 66.30N 14.30W
Langavat, Loch Scotland **48** 58.04N 6.45W

Langeland i. Denmark **72** 54.50N 10.50E
Langeoog i. W. Germany **73** 53.46N 7.30E
Langholm Scotland **41** 55.09N 3.00W
Langkawi i. Malaysia **94** 6.25N 99.50E
Langness c. I.o.M. **57** 54.03N 4.38W
Langon France **68** 44.33N 0.14W
Langøy i. Norway **74** 68.50N 15.00E
Langport England **16** 51.02N 2.51W
Langres France **68** 47.53N 5.20E
Langsa Indonesia **88** 4.28N 97.59E
Långseleån r. Sweden **74** 63.30N 16.53E
Lang Son N. Vietnam **93** 21.49N 106.45E
Langstrothdale Chase hills England **32** 54.13N 2.15W
Lannion France **68** 48.44N 3.27W
Lansing U.S.A. **124** 42.44N 84.34W
Lanzarote i. Canary Is. **100** 29.00N 13.55W
Laoag Phil. **93** 18.18N 120.39E
Laoha Ho r. China **92** 43.30N 120.42E
Laois d. Rep. of Ire. **59** 53.00N 7.15W
Laokay N. Vietnam **94** 22.30N 104.00E
Laon France **73** 49.34N 3.37E
La Oroya Peru **128** 11.36S 75.54W
Laos Asia **94** 18.30N 104.00E
La Palma i. Canary Is. **100** 28.50N 18.00W
La Palma Spain **69** 37.23N 6.33W
La Paz Bolivia **128** 16.30S 68.10W
La Peña, Sierra de mts. Spain **69** 42.30N 0.50W
La Perouse Str. U.S.S.R. **77** 45.50N 142.30E
Lapford England **25** 50.52N 3.49W
Lapland f. Sweden/Finland **74** 68.10N 24.00E
La Plata Argentina **129** 34.52S 57.55W
La Plata, Rio de est. S. America **129** 35.15S 56.45W
Lappa Järvi l. Finland **74** 63.05N 23.30E
Lappeenranta Finland **74** 61.04N 28.05E
Laptev Sea U.S.S.R. **77** 74.30N 125.00E
L'Aquila Italy **70** 42.22N 13.25E
Lar Iran **85** 27.37N 54.16E
Larache Morocco **69** 35.12N 6.10W
Laragh Rep. of Ire. **59** 53.01N 6.18W
Laramie U.S.A. **120** 41.20N 105.38W
Laramie Range mts. U.S.A. **114** 42.00N 105.30W
Larbert Scotland **41** 56.02N 3.51W
Larch r. Canada **123** 57.40N 69.30W
Laredo U.S.A. **120** 27.32N 99.22W
Largo Ward Scotland **41** 56.15N 2.52W
Largs Scotland **40** 55.48N 4.52W
La Rioja Argentina **129** 29.26S 66.50W
Lárisa Greece **71** 39.36N 22.24E
Lark r. England **17** 52.26N 0.20E
Larkhall Scotland **41** 55.45N 3.59W
Lar Koh mtn. Afghan. **85** 32.25N 62.36E
Larnaca Cyprus **84** 34.54N 33.39E
Larne N. Ireland **57** 54.51N 5.50W
Larne Lough N. Ireland **57** 54.50N 5.47W
La Roche Belgium **73** 50.11N 5.35E
La Rochelle France **68** 46.10N 1.10W
La Roche-sur-Yon France **68** 46.40N 1.25W
La Rocque Pt. Channel Is. **27** 49.09N 2.05W
La Roda Spain **69** 39.13N 2.10W
La Romana Dom. Rep. **127** 18.27N 68.57W
La Ronge Canada **122** 55.07N 105.18W
Larvik Norway **74** 59.04N 10.02E
La Sagra mtn. Spain **69** 37.58N 2.35W
La Salle U.S.A. **124** 41.20N 89.06W
Las Cruces U.S.A. **120** 32.18N 106.47W
La Seine, Baie de France **68** 49.40N 0.30W
Lashio Burma **94** 22.58N 96.51E
Las Palmas Canary Is. **100** 28.08N 15.27W
Las Perlas, Archipelago de Panamá **127** 8.45N 79.30W
La Spezia Italy **68** 44.07N 9.49E
Lastoursville Gabon **104** 0.50S 12.47E
Lastovo i. Yugo. **71** 42.45N 16.52E
Las Vegas U.S.A. **120** 36.10N 115.10W
Las Villas d. Cuba **127** 22.00N 80.00W
Latakia Syria **84** 35.31N 35.47E
La Tuque Canada **125** 47.26N 72.47W
Latvia Soviet Socialist Republic d. U.S.S.R. **74** 57.00N 25.00E
Lauder Scotland **41** 55.43N 2.45W
Lauderdale f. Scotland **41** 55.43N 2.42W
Laugharne Wales **25** 51.45N 4.28W
Launceston Australia **108** 41.25S 147.07E
Launceston England **25** 50.38N 4.21W
Laune r. Rep. of Ire. **58** 52.07N 9.47W
Lauragh Rep. of Ire. **58** 51.46N 9.46W
Laurel U.S.A. **125** 38.22N 75.34W
Laurencekirk Scotland **49** 56.50N 2.29W
Laurencetown Rep. of Ire. **58** 53.15N 8.12W
Laurentides Mts. Canada **123** 47.40N 71.40W
Lauritsala Finland **74** 61.05N 28.20E
Lausanne Switz. **72** 46.32N 6.39E
Laut i. Indonesia **88** 3.45S 116.20E
Lauterecken W. Germany **73** 49.39N 7.36E
Lavagh More mtn. Rep. of Ire. **56** 54.45N 8.06W
Laval France **68** 48.04N 0.45W
La Vega Dom. Rep. **127** 19.15N 70.33W
Lavernock Pt. Wales **25** 51.25N 3.10W
Lawers Scotland **40** 56.32N 4.10W
Lawra Ghana **102** 10.40N 2.49W
Lawrence U.S.A. **125** 42.41N 71.12W
Lawrenceville U.S.A. **124** 38.44N 87.42W

Laxey I.o.M. 32 54.14N 4.24W
Laxford, Loch Scotland 48 58.25N 5.06W
Lea r. England 12 51.30N 0.00
Leach r. England 16 51.41N 1.39W
Leadburn Scotland 41 55.47N 3.14W
Leader r. Scotland 41 55.37N 2.40W
Leadhills Scotland 41 55.25N 3.46W
Leaf r. Canada 123 58.47N 70.06W
Leamington Canada 124 42.03N 82.35W
Leane, Lough Rep. of Ire. 58 52.03N 9.35W
Leatherhead England 12 51.18N 0.20W
Lebanon Asia 84 34.00N 36.00E
Lebanon N.H. U.S.A. 125 43.39N 72.17W
Lebanon Penn. U.S.A. 125 40.21N 76.25W
Lebork Poland 74 54.32N 17.43E
Lebrija Spain 69 36.55N 6.10W
Le Cateau France 73 50.07N 3.33E
Lecce Italy 71 40.21N 18.11E
Lech r. W. Germany 72 48.45N 10.51E
Le Chesne France 73 49.31N 4.46E
Lechlade England 16 51.42N 1.40W
Le Creusot France 68 46.48N 4.27E
Lectoure France 68 43.56N 0.38E
Ledbury England 16 52.03N 2.25W
Ledesma Spain 69 41.05N 6.00W
Lee r. Rep. of Ire. 58 51.43N 8.25W
Leech L. U.S.A. 121 47.10N 94.30W
Leeds England 33 53.48N 1.34W
Leek England 32 53.07N 2.02W
Leer W. Germany 73 53.14N 7.27E
Leeton Australia 108 34.33S 146.24E
Leeuwarden Neth. 73 53.12N 5.48E
Leeuwin, C. Australia 107 34.00S 115.00E
Leeward Is. C. America 127 18.00N 61.00W
Legaspi Phil. 89 13.10N 123.45E
Legges Tor mtn. Australia 108 41.32S 147.41E
Leghorn Italy 70 43.33N 10.18E
Leipzig E. Germany 76 51.20N 12.20E
Legnica Poland 72 51.12N 16.10E
Leh Jammu and Kashmir 86 34.09N 77.35E
Le Havre France 68 49.30N 0.06E
Leicester England 16 52.39N 1.09W
Leicestershire d. England 16 52.29N 1.10W
Leiden Neth. 73 52.10N 4.30E
Leie r. Belgium 73 51.03N 3.44E
Leigh G.M. England 32 53.30N 2.33W
Leigh Kent England 12 51.12N 0.13E
Leigh Creek town Australia 108 30.31S 138.25E
Leighlinbridge Rep. of Ire. 59 52.44N 6.59W
Leighton Buzzard England 16 51.55N 0.39W
Leinan China 94 20.20N 110.12E
Leinster, Mt. Rep. of Ire. 59 52.38N 6.47W
Leipzig E. Germany 72 51.20N 12.20E
Lei Shui r. China 93 26.57N 112.23E
Leiston England 17 52.13N 1.35E
Leith Scotland 41 55.59N 2.09W
Leith Hill England 12 51.11N 0.21W
Leitrim d. Rep. of Ire. 56 54.15N 8.00W
Leixlip Rep. of Ire. 59 53.22N 6.31W
Lek r. Neth. 73 51.55N 4.29E
Le Kef Algeria 70 36.10N 8.40E
Lelystad Neth. 73 52.32N 5.29E
Le Mans France 68 48.01N 0.10E
Lemmer Neth. 73 52.50N 5.43E
Lemmon U.S.A. 120 45.56N 102.00W
Len r. England 12 51.16N 0.31E
Lena r. U.S.S.R. 77 72.00N 127.10E
Lenadoon Pt. Rep. of Ire. 56 54.18N 9.04W
Lene, Lough Rep. of Ire. 57 53.40N 7.14W
Lengerich W. Germany 73 52.12N 7.52E
Lengoue r. Congo 104 1.15S 16.42E
Lenina, Peak mtn. U.S.S.R. 90 40.14N 69.40E
Leninabad U.S.S.R. 90 40.14N 69.40E
Leninakan U.S.S.R. 85 40.47N 43.49E
Leningrad U.S.S.R. 75 59.55N 30.25E
Leninogorsk U.S.S.R. 76 50.23N 83.32E
Leninsk Kuznetskiy U.S.S.R. 76 54.44N 86.13E
Lenkoran U.S.S.R. 85 38.45N 48.50E
Lenne r. W. Germany 73 51.24N 7.30E
Lennoxtown Scotland 40 55.59N 4.12W
Lens France 73 50.26N 2.50E
Leoben Austria 72 47.23N 15.06E
Leominster England 16 52.15N 2.43W
León Mexico 126 21.10N 101.42W
León Nicaragua 126 12.24N 86.52W
León Spain 69 42.35N 5.34W
Le Puy France 68 45.03N 3.54E
Le Quesnoy France 73 50.15N 3.39E
Leribe Lesotho 106 28.52S 28.03E
Lérida Spain 69 41.37N 0.38E
Lerma Spain 69 42.02N 3.46E
Lerwick Scotland 48 60.09N 1.09W
Les Cayes Haiti 127 18.15N 73.46W
Les Écréhou is. Channel Is. 25 49.17N 1.56W
Les Ecrins mtn. France 68 44.50N 6.20E
Leskovac Yugo. 71 43.00N 21.56E
Leslie Scotland 41 56.13N 3.13W
Lesmahagow Scotland 41 55.38N 3.54W
Lesotho Africa 106 29.00S 28.00E
Lesozavodsk U.S.S.R. 95 45.30N 133.29E

Les Sables d'Olonne France 68 46.30N 1.47W
Lesser Antilles is. C. America 127 13.00N 65.00W
Lesser Slave L. Canada 122 55.30N 115.00W
Lesser Sunda Is. Indonesia 88 8.30S 118.00E
Lessines Belgium 73 50.43N 3.50E
Lésvos i. Greece 71 39.10N 26.16E
Leszno Poland 72 51.51N 16.35E
Letchworth England 17 51.58N 0.13W
Lethbridge Canada 120 49.43N 112.48W
Leticia Colombia 128 4.09S 69.57W
Leti Is. Indonesia 89 8.20S 128.00E
Le Tréport France 68 50.04N 1.22E
Letterkenny Rep. of Ire. 56 54.57N 7.46W
Leuser mtn. Indonesia 88 3.50N 97.10E
Leuze Belgium 73 50.36N 3.37E
Leven England 33 53.54N 0.18W
Leven Scotland 41 56.12N 3.00W
Leven, Loch Scotland 41 56.13N 3.23W
Lévêque, C. Australia 107 16.25S 123.00E
Leverburgh Scotland 48 57.46N 7.00W
Le Verdon France 68 45.33N 1.04W
Leverkusen W. Germany 73 51.02N 6.59E
Levin New Zealand 112 40.37S 175.18E
Levis Canada 125 46.47N 71.12W
Levkás i. Greece 71 38.44N 20.37E
Lew r. England 25 50.50N 4.05W
Lewes England 17 50.53N 0.02E
Lewis i. Scotland 48 58.10N 6.40W
Lewisham d. England 12 51.27N 0.01W
Lewis Pass f. New Zealand 112 42.30S 172.15E
Lewistown Maine U.S.A. 125 44.05N 70.15W
Lewistown Penn. U.S.A. 125 40.37N 77.36W
Lexington U.S.A. 121 38.02N 84.30W
Leyburn England 32 54.19N 1.50W
Leydsdorp R.S.A. 106 23.59S 30.30E
Leyland England 32 53.41N 2.42W
Leysdown-on-Sea England 17 51.23N 0.57E
Leyte i. Phil. 89 10.40N 124.50E
Leyton England 12 51.34N 0.01W
Lezignan France 68 43.12N 2.46E
Lhasa China 87 29.41N 91.10E
Lhokseumawe Indonesia 94 5.09N 97.09E
Liane r. France 17 50.43N 1.35E
Liangtang China 92 33.59N 106.23E
Liangyang China 93 21.50N 111.54E
Liaocheng China 92 36.25N 115.58E
Liao Ho r. China 92 40.40N 122.20E
Liaoning d. China 92 42.00N 122.00E
Liaotung B. China 92 40.00N 121.00E
Liaotung Pen. China 92 40.00N 122.20E
Liaoyang China 92 41.17N 123.13E
Liaoyuan China 92 42.50N 125.08E
Liard r. Canada 122 61.56N 120.35W
Libenge Zaire 104 3.39N 18.39E
Liberal U.S.A. 120 37.03N 100.56W
Liberec Czech. 72 50.48N 15.05E
Liberia Africa 102 6.30N 9.30W
Liberia Costa Rica 126 10.39N 85.28W
Libourne France 68 44.55N 0.14W
Libreville Gabon 104 0.25N 9.30E
Libya Africa 100 26.30N 17.00E
Libyan Desert Africa 101 25.00N 26.10E
Libyan Plateau Africa 84 30.45N 26.00E
Licata Italy 70 37.07N 13.58E
Lichfield England 16 52.40N 1.50W
Lichtenburg R.S.A. 106 26.09S 26.11E
Liddel Water r. England 41 54.58N 3.00W
Liddesdale f. Scotland 41 55.10N 2.50W
Lidköping Sweden 74 58.30N 13.10E
Liechtenstein Europe 72 47.08N 9.35E
Liège Belgium 73 50.38N 5.35E
Liège d. Belgium 73 50.32N 5.35E
Lieksa Finland 74 63.13N 30.01E
Lienhua Shan mts. China 93 23.00N 115.30E
Lienkiang China 93 26.10N 119.33E
Lienyunkang China 92 34.40N 119.26E
Lienz Austria 72 46.51N 12.50E
Liepája U.S.S.R. 74 56.30N 21.00E
Lier Belgium 73 51.08N 4.35E
Liévin France 73 50.27N 2.49E
Liffey r. Rep. of Ire. 57 53.21N 6.13W
Lifford Rep. of Ire. 57 54.50N 7.30W
Lightning Ridge town Australia 108 29.25S 147.59E
Lightwater England 12 51.21N 0.37W
Ligurian Sea Med. Sea 70 43.30N 9.00E
Lihue Hawaii U.S.A. 120 21.59N 159.23W
Likasi Zaire 105 10.58S 26.50E
Likiang China 87 26.50N 100.15E
Likona r. Congo 104 0.11N 16.25E
Likouala r. Congo 104 0.51S 17.07E
Lille France 73 50.39N 3.05E
Lillehammer Norway 74 61.06N 10.27E
Lillers France 73 50.34N 2.29E
Lillestrøm Norway 74 59.58N 11.05E
Lilongwe Malaŵi 105 13.58S 33.49E
Lim r. Yugo. 71 43.45N 19.13E
Lima Peru 128 12.40S 76.40W
Lima r. Portugal 69 41.40N 8.50W
Lima U.S.A. 124 40.43N 84.06W
Limassol Cyprus 84 34.40N 33.03E

Limavady N. Ireland 57 55.03N 6.57W
Limbourg Belgium 73 50.36N 5.57E
Limbourg d. Belgium 73 51.00N 5.30E
Limburg d. Neth. 73 51.15N 5.45E
Limerick Rep. of Ire. 58 52.40N 8.37W
Limerick d. Rep. of Ire. 58 52.30N 8.45W
Lim Fjord est. Denmark 74 56.55N 9.10E
Limkong China 93 21.33N 110.19E
Límnos i. Greece 71 39.55N 25.14E
Limoges France 68 45.50N 1.15E
Limón Costa Rica 126 10.00N 83.01W
Limpopo r. Moçambique 106 25.14S 33.33E
Limpsfield England 12 51.16N 0.02E
Lina Saudi Arabia 85 28.48N 43.45E
Linares Mexico 126 24.54N 99.38W
Linares Spain 69 38.05N 3.38W
Lincoln England 33 53.14N 0.32W
Lincoln Maine U.S.A. 125 45.23N 68.30W
Lincoln Nebr. U.S.A. 121 40.49N 96.41W
Lincoln Edge hills England 33 53.13N 0.31W
Lincolnshire d. England 33 53.14N 0.32W
Lincoln Wolds hills England 33 53.22N 0.08W
Lindenborg Denmark 74 55.56N 10.03E
Lindesnes c. Norway 74 58.00N 7.05E
Lindi Tanzania 105 10.00S 39.41E
Lindi r. Zaire 104 0.30N 25.06E
Lindos Greece 71 36.05N 28.02E
Lingen W. Germany 73 52.32N 7.19E
Lingfield England 12 51.11N 0.01W
Lingga i. Indonesia 88 0.20S 104.30E
Linguère Senegal 102 15.22N 15.11W
Linhai China 93 28.49N 121.08E
Lini China 92 35.08N 118.20E
Linköping Sweden 74 58.25N 15.35E
Linlithgow Scotland 41 55.58N 3.36W
Linney Head Wales 59 51.37N 5.04W
Linnhe, Loch Scotland 40 56.35N 5.25W
Linosa i. Italy 70 35.52N 12.50E
Linsia China 92 35.30N 103.10E
Linslade England 16 51.55N 0.40W
Lintan China 92 34.33N 103.40E
Linton England 17 52.06N 0.19E
Linxe France 68 43.56N 1.10W
Linz Austria 72 48.19N 14.18E
Lions, G. of France 68 43.12N 4.15E
Liouesso Congo 104 1.12N 15.47E
Lipari Is. Italy 70 38.35N 14.45E
Lipetsk U.S.S.R. 75 52.37N 39.36E
Liphook England 16 51.05N 0.49W
Liping China 94 26.15N 108.59E
Lippe r. W. Germany 73 51.38N 6.37E
Lira Uganda 105 2.15N 32.55E
Lisala Zaire 104 2.13N 21.37E
Lisboa see Lisbon Portugal 69
Lisbon Portugal 69 38.44N 9.08W
Lisburn N. Ireland 57 54.31N 6.03W
Lisburne, C. U.S.A. 122 69.00N 165.50W
Liscannor B. Rep. of Ire. 58 52.55N 9.24W
Lisdoonvarna Rep. of Ire. 58 53.02N 9.18W
Lishui China 93 28.28N 119.59E
Liskeard England 25 50.27N 4.29W
Liski U.S.S.R. 75 51.00N 39.30E
Lismore Australia 108 28.48S 153.17E
Lismore Rep. of Ire. 58 52.08N 7.57W
Lismore i. Scotland 40 56.31N 5.30W
Lisnaskea N. Ireland 57 54.15N 7.28W
Liss England 16 51.03N 0.53W
Listowel Rep. of Ire. 58 52.27N 9.30W
Litang China 93 23.09N 109.09E
Litang r. China 87 28.09N 101.30E
Lithgow Australia 108 33.30S 150.09E
Lithuania Soviet Socialist Republic d. U.S.S.R. 74 55.00N 23.50E
Little Andaman i. India 94 10.40N 92.24E
Little Cayman i. Cayman Is. 127 19.40N 80.00W
Little Chalfont England 12 51.39N 0.33W
Little Coco i. Burma 94 13.50N 93.12E
Little Current town Canada 124 45.57N 81.56W
Little Fen f. England 17 52.18N 0.30E
Little Grand Rapids town Canada 121 52.00N 95.01W
Littlehampton England 17 50.48N 0.32W
Little Inagua i. Bahamas 127 21.30N 73.00W
Little Karroo f. R.S.A. 106 33.40S 21.30E
Little Khingan Shan mts. China 91 48.40N 128.30E
Little Loch Broom l. Scotland 48 57.53N 5.20W
Little Nicobar i. Asia 88 8.00N 93.30E
Little Ouse r. England 17 52.34N 0.20E
Littleport England 17 52.27N 0.18E
Little Rock town U.S.A. 121 34.42N 92.17W
Little St. Bernard Pass France/Italy 70 45.40N 6.53E
Little Thurrock England 12 51.28N 0.20E
Littleton Rep. of Ire. 58 52.39N 7.44W
Little Zab r. Iraq 85 35.15N 43.27E
Liuan China 93 31.47N 116.30E
Liuchow China 93 24.19N 109.12E
Liuchung Ho r. China 93 26.50N 106.04E
Livermore, Mt. U.S.A. 120 30.39N 104.11W
Liverpool Canada 123 44.03N 64.43W
Liverpool England 32 53.25N 3.00W
Liverpool, C. Canada 114 73.35N 77.40W

Liverpool B. England 32 53.30N 3.10W
Liverpool Plains f. Australia 108 31.20S 150.00E
Liverpool Range mts. Australia 108 31.45S 150.45E
Livingston Scotland 41 55.54N 3.31W
Livingstone Zambia 104 17.40S 25.50E
Livingstonia Malaŵi 105 10.35S 34.10E
Liwale Tanzania 105 9.47S 38.00E
Lizard England 25 49.58N 5.12W
Lizard Pt. England 25 49.57N 5.15W
Ljubljana Yugo. 72 46.04N 14.28E
Ljungan r. Sweden 74 62.20N 17.19E
Ljungby Sweden 74 56.49N 13.55E
Ljusdal Sweden 74 61.49N 16.09E
Ljusnan r. Sweden 74 61.15N 17.08E
Ljusnarsberg Sweden 74 59.48N 14.57E
Llanbedr Wales 24 52.40N 4.07W
Llanberis Wales 24 53.07N 4.07W
Llanbister Wales 24 52.22N 3.19W
Llandeilo Wales 24 51.54N 4.00W
Llandovery Wales 24 51.59N 3.49W
Llandrillo Wales 24 52.55N 3.25W
Llandrindod Wells Wales 24 52.15N 3.23W
Llandudno Wales 24 53.19N 3.49W
Llandyssul Wales 24 52.03N 4.20W
Llanelli Wales 25 51.41N 4.11W
Llanerchymedd Wales 24 53.20N 4.22W
Llanes Spain 69 43.25N 4.45W
Llanfair-ar-y-bryn Wales 24 52.04N 3.43W
Llanfair Caereinion Wales 24 52.39N 3.20W
Llanfairfechan Wales 24 53.15N 3.58W
Llanfihangel-Ystrad Wales 24 52.11N 4.11W
Llanfyllin Wales 24 52.47N 3.17W
Llangadfan Wales 24 52.41N 3.28W
Llangadog Wales 24 51.56N 3.53W
Llangefni Wales 24 53.15N 4.20W
Llangollen Wales 24 52.58N 3.10W
Llangynog Wales 24 52.50N 3.24W
Llanidloes Wales 24 52.28N 3.31W
Llanos f. Venezuela 127 8.30N 67.00W
Llanrhystyd Wales 24 52.19N 4.09W
Llanrwst Wales 24 53.08N 3.48W
Llantrisant Wales 25 51.33N 3.23W
Llantwit Major Wales 25 51.24N 3.29W
Llanuwchllyn Wales 24 52.52N 3.41W
Llanwrtyd Wells Wales 24 52.06N 3.39W
Llanybyther Wales 24 52.04N 4.10W
Llerena Spain 69 38.14N 6.00W
Lleyn Pen. Wales 24 52.50N 4.35W
Lloydminster Canada 122 53.18N 110.00W
Loange r. Zaïre 104 4.18S 20.05E
Loanhead Scotland 41 55.53N 3.09W
Lobatse Botswana 106 25.11S 25.40E
Lobaye r. C.A.R. 103 3.40N 18.35E
Lobito Angola 104 12.20S 13.34E
Locarno Switz. 72 46.10N 8.48E
Lochaber f. Scotland 49 56.55N 4.55W
Lochailort Scotland 48 56.50N 5.40W
Lochaline Scotland 40 56.32N 5.47W
Lochboisdale town Scotland 48 57.09N 7.19W
Lochbuie Scotland 40 56.22N 5.52W
Lochcarron Scotland 48 57.25N 5.36W
Lochdonhead Scotland 40 56.26N 5.41W
Lochearnhead Scotland 40 56.23N 4.17W
Lochem Neth. 73 52.10N 6.25E
Loches France 68 47.08N 1.00E
Lochgelly Scotland 41 56.08N 3.19W
Lochgilphead Scotland 40 56.02N 5.26W
Lochgoilhead Scotland 40 56.10N 4.54W
Lochinver Scotland 48 58.09N 5.15W
Lochmaben Scotland 41 55.08N 3.27W
Lochmaddy town Scotland 48 57.36N 7.10W
Lochnagar mtn. Scotland 49 56.57N 3.15W
Lochranza Scotland 40 55.42N 5.18W
Lochwinnoch Scotland 40 55.48N 4.38W
Lochy r. Scotland 48 56.50N 5.05W
Lochy, Loch Scotland 49 56.58N 4.55W
Lockerbie Scotland 41 55.07N 3.21W
Loc Ninh S. Vietnam 94 11.51N 106.35E
Loddon England 16 51.30N 0.53E
Lodja Zaïre 104 3.29S 23.33E
Lodwar Kenya 105 3.06N 35.38E
Łódź Poland 75 51.49N 19.28E
Lofoten is. Norway 74 68.15N 13.50E
Loftus England 33 54.33N 0.52W
Logan, Mt. Canada 122 60.45N 140.00W
Logansport U.S.A. 124 40.45N 86.25W
Logone r. Cameroun/Chad 103 12.10N 15.00E
Logroño Spain 69 42.28N 2.26W
Loho China 92 33.30N 114.04E
Lo Ho r. China 92 34.40N 110.15E
Loimaa Finland 74 60.50N 23.05E
Loir r. France 68 47.29N 0.32E
Loire r. France 68 47.18N 2.00W
Loja Ecuador 125 3.59S 79.16W
Loja Spain 69 37.10N 4.09W
Loje r. Angola 104 7.52S 13.08E
Loka Sudan 105 4.18N 31.00E
Lokeren Belgium 73 51.06N 3.59E
Lokitaung Kenya 105 4.15N 35.45E
Lokoja Nigeria 103 7.49N 6.44E
Lokolo r. Zaïre 104 0.45S 19.36E
Lokoro r. Zaïre 104 1.40S 18.29E
Lolland i. Denmark 72 54.50N 11.30E
Lom Bulgaria 71 43.49N 23.13E
Lomami r. Zaïre 104 0.45N 24.10E
Lombok i. Indonesia 88 8.30S 116.20E
Lomé Togo 103 6.10N 1.21E
Lomela Zaïre 104 2.15S 23.15E
Lomela r. Zaïre 104 0.14S 20.45E
Lomié Cameroun 103 3.09N 13.35E
Lomond, Loch Scotland 40 56.07N 4.36W
Łomża Poland 75 53.11N 22.04E
London Canada 124 42.58N 81.15W
London England 12 51.32N 0.06W
London Colney England 12 51.44N 0.18W
Londonderry N. Ireland 57 55.00N 7.20W
Londonderry d. N. Ireland 57 55.00N 7.00W
Londonderry, C. Australia 107 13.58S 126.55E
Londrina Brazil 129 23.30S 51.13W
Long, Loch Scotland 40 56.05N 4.52W
Longa r. Angola 104 16.15S 19.07E
Longa i. Scotland 48 57.44N 5.48W
Long Beach town U.S.A. 120 33.57N 118.15W
Long Bennington England 33 52.59N 0.45W
Longbenton England 41 55.02N 1.33W
Long Branch U.S.A. 125 40.17N 73.59W
Long Ditton England 12 51.23N 0.20W
Long Eaton England 33 52.54N 1.16W
Longford Australia 108 41.25S 147.02E
Longford Rep. of Ire. 56 53.44N 7.48W
Longford d. Rep. of Ire. 56 53.45N 7.45W
Longhorsley England 41 55.15N 1.46W
Longhoughton England 41 55.26N 1.36W
Long I. Bahamas 127 23.00N 75.00W
Long I. U.S.A. 125 40.50N 73.20W
Long L. Canada 124 49.40N 86.45W
Longlac town Canada 121 49.47N 86.34W
Long Mtn. England 16 52.40N 3.05W
Longniddry Scotland 41 55.58N 2.53W
Long Pt. Canada 124 42.33N 80.04W
Long Pt. New Zealand 112 46.35S 169.35E
Longridge England 32 53.50N 2.37W
Longs Peak U.S.A. 120 40.16N 105.37W
Long Sutton England 33 52.47N 0.09E
Longtown England 41 55.01N 2.58W
Longwy France 73 49.32N 5.46E
Long Xuyen S. Vietnam 94 10.23N 105.23E
Löningen W. Germany 73 52.44N 7.46E
Looe England 25 50.51N 4.26W
Lookout, C. U.S.A. 121 34.34N 76.34W
Loolmalasin mtn. Tanzania 105 3.00S 35.45E
Loop Head Rep. of Ire. 58 52.33N 9.56W
Lopari r. Zaïre 104 1.20N 20.22E
Lopez, C. Gabon 104 0.36S 8.40E
Lopi Congo 104 2.57N 2.47E
Loping China 93 28.58N 117.08E
Lop Nor l. China 90 40.30N 90.30E
Lopp Havet est. Norway 74 70.30N 21.00E
Lorain U.S.A. 124 41.28N 82.11W
Loralai Pakistan 86 30.20N 68.41E
Lorca Spain 69 37.40N 1.41W
Lordsburg U.S.A. 120 32.22N 108.43W
Lorient France 68 47.45N 3.21W
Los Angeles U.S.A. 120 34.00N 118.17W
Los Blancos Spain 69 37.37N 0.48W
Loshan China 93 29.30N 103.45E
Lošinj i. Yugo. 70 44.36N 14.20E
Los Roques i. Venezuela 127 12.00N 67.00W
Lossie r. Scotland 49 57.43N 3.18W
Lossiemouth Scotland 49 57.43N 3.18W
Lostwithiel England 25 50.24N 4.41W
Lot r. France 68 44.17N 0.22E
Lothian d. Scotland 41 55.50N 3.00W
Lotoi r. Zaïre 104 1.30S 18.30E
Lotsani r. Botswana 106 22.41S 28.06E
Lotschberg Tunnel Switz. 72 46.25N 7.53E
Lotta r. U.S.S.R. 74 68.36N 31.06E
Lotuke mtn. Sudan 105 4.10N 33.46E
Loudéac France 68 48.11N 2.45W
Loudima Congo 104 4.06S 13.05E
Louga Senegal 102 15.37N 16.13W
Loughborough England 33 52.47N 1.11W
Lough Macnean Lower N. Ireland 56 54.17N 7.50W
Lough Macnean Upper Rep. of Ire./N. Ireland 56 54.18N 7.57W
Loughor r. Wales 25 51.41N 4.04W
Loughrea Rep. of Ire. 58 53.12N 8.35W
Loughros More B. Rep. of Ire. 56 54.48N 8.32W
Loughton England 12 51.39N 0.03E
Louisburgh Rep. of Ire. 56 53.46N 9.49W
Louisiana d. U.S.A. 121 31.00N 92.30W
Louis Trichardt R.S.A. 106 23.01S 29.43E
Louisville U.S.A. 121 38.13N 85.45W
Lourdes France 68 43.06N 0.02W
Lourenço Marques Moçambique 106 25.58S 32.35E
Louth Australia 108 30.34S 145.09E
Louth England 33 53.23N 0.00
Louth d. Rep. of Ire. 57 53.45N 6.30W
Louvain Belgium 73 50.53N 4.45E
Lovat r. U.S.S.R. 75 58.06N 31.37E
Lovech Bulgaria 71 43.08N 24.44E
Lovoi r. Zaïre 105 8.14S 26.40E
Lovua r. Zaïre 104 6.08S 20.35E
Lowa r. Kivu Zaïre 104 1.25S 25.55E
Lowell U.S.A. 125 42.38N 71.19W
Lower California pen. Mexico 120 30.00N 115.00W
Lower Egypt f. Egypt 84 30.30N 31.00E
Lower Lough Erne N. Ireland 56 54.27N 7.47W
Lower Nazeing England 12 51.43N 0.03E
Lower Tunguska r. U.S.S.R. 77 65.50N 88.00E
Lowestoft England 17 52.29N 1.44E
Lowick England 41 55.39N 1.58W
Lowicz Poland 75 52.06N 19.55E
Lowther Hills Scotland 41 55.20N 3.40W
Loxton Australia 108 34.38S 140.38E
Loyal, Loch Scotland 49 58.23N 4.21W
Loyang China 92 34.48N 112.25E
Loyung China 93 24.29N 109.29E
Lua r. Zaïre 104 2.45N 18.28E
Lualaba r. Zaïre 104 0.18N 25.32E
Luama r. Zaïre 105 4.45S 26.55E
Luanchimo r. Zaïre 104 6.32S 20.57E
Luanda Angola 104 8.50S 13.20E
Luanda d. Angola 104 9.00S 13.30E
Luando Game Res. Angola 104 11.00S 17.45E
Luang Prabang Laos 94 19.53N 102.15E
Luangwa r. Central Zambia 105 15.32S 30.28E
Luanshya Zambia 105 13.09S 28.24E
Luapula r. Zambia 105 9.25S 28.36E
Luarca Spain 69 43.33N 6.31W
Lubbock U.S.A. 120 33.35N 101.53W
Lübeck W. Germany 72 53.52N 10.40E
Lübeck B. W. Germany 72 54.05N 11.00E
Lubefu r. Zaïre 104 4.05S 23.00E
Lubero Zaïre 105 0.12S 29.15E
Lubilash r. Zaïre 104 4.59S 23.25E
Lublin Poland 75 51.18N 22.31E
Lubny U.S.S.R. 75 50.01N 33.00E
Lubudi Zaïre 104 9.57S 25.59E
Lubudi r. Kasai Occidental Zaïre 104 4.00S 21.23E
Lubudi r. Shaba Zaïre 104 9.13S 25.40E
Lubumbashi Zaïre 105 11.44S 27.29E
Lubutu Zaïre 105 0.48S 26.19E
Lucan Rep. of Ire. 59 53.21N 6.27W
Luce, Water of r. Scotland 40 54.52N 4.49W
Luce B. Scotland 40 54.45N 4.47W
Lucena Spain 69 37.25N 4.29W
Lučenec Czech. 75 48.20N 19.40E
Lucero Mexico 120 30.50N 106.30W
Luchow China 93 28.48N 105.23E
Lucknow India 86 26.50N 80.54E
Lüdenscheid W. Germany 73 51.13N 7.36E
Lüderitz S.W. Africa 106 26.38S 15.10E
Ludgate Canada 124 45.54N 80.32W
Ludgershall England 16 51.15N 1.38W
Ludhiana India 86 30.56N 75.52E
Lüdinghausen W. Germany 73 51.46N 7.27E
Ludington U.S.A. 124 43.58N 86.27W
Ludlow England 16 52.23N 2.42W
Ludvika Sweden 74 60.08N 15.14E
Ludwigshafen W. Germany 72 49.29N 8.27E
Luebo Zaïre 104 5.16S 21.27E
Luena r. Angola 104 12.30S 22.37E
Luena Zambia 105 10.40S 30.21E
Luena r. Western Zambia 104 14.47S 23.05E
Luengue r. Angola 106 16.58S 21.15E
Luete r. Zambia 106 16.16S 23.15E
Lufira r. Zaïre 105 8.15S 26.30E
Lufkin U.S.A. 121 31.21N 94.47W
Luga U.S.S.R. 75 58.42N 29.49E
Luga r. U.S.S.R. 74 59.40N 28.15E
Lugano Switz. 68 46.01N 8.57E
Lugenda r. Moçambique 105 11.23S 38.30E
Lugg r. England 16 52.01N 2.38W
Lugh Ganana Somali Rep. 105 3.49N 42.34E
Lugnaquilla Mtn. Rep. of Ire. 59 52.58N 6.28W
Lugo Spain 69 43.00N 7.33W
Lugoj Romania 71 45.42N 21.56E
Luiana Angola 104 17.08S 22.59E
Luiana r. Angola 106 17.28S 23.02E
Luichart, Loch Scotland 49 57.36N 4.45W
Luichow Pen. China 93 21.00N 110.00E
Luilaka r. Zaïre 104 0.15S 19.00E
Luilu r. Zaïre 104 6.22S 23.53E
Luing i. Scotland 40 56.14N 5.38W
Luiro r. Finland 74 67.22N 27.30E
Luisa Zaïre 104 7.15S 22.27E
Lukala Zaïre 104 5.23S 13.02E
Lukanga Swamp f. Zambia 105 14.15S 27.30E
Lukenie r. Zaïre 104 2.43S 18.12E
Lukuga r. Zaïre 105 5.37S 26.58E
Lukula r. Zaïre 104 4.15S 17.59E
Luleå Sweden 74 65.35N 22.10E
Luleburgaz Turkey 71 41.25N 27.23E
Luliang Shan mts. China 92 37.00N 111.20E
Lulonga r. Zaïre 104 0.42N 18.26E
Lulua r. Zaïre 104 5.03S 21.07E
Lumsden New Zealand 112 45.45S 168.27E
Lumsden Scotland 49 57.17N 2.53W
Lunan B. Scotland 41 56.38N 2.30W
Lund Sweden 74 55.42N 13.10E

Lunda to **Mandal Gobi** 191

Lunda *d.* Angola **104** 9.30S 20.00E
Lundazi Zambia **105** 12.19S 33.11E
Lundi *r.* Rhodesia **106** 21.16S 32.20E
Lundy *i.* England **25** 51.10N 4.41W
Lune *r.* England **32** 54.03N 2.49W
Lüneburg W. Germany **72** 53.15N 10.24E
Lunga *r.* Zambia **105** 14.28S 26.27E
Lungchang China **93** 29.18N 105.20E
Lung Kiang *r.* China **93** 24.12N 109.30E
Lungsi China **92** 34.59N 104.45E
Lungwebungu *r.* Zambia **104** 14.20S 23.15E
Luninets U.S.S.R. **75** 52.18N 26.50E
Lunna Ness *c.* Scotland **48** 60.27N 1.03W
Lure France **72** 47.42N 6.30E
Lurgan N. Ireland **57** 54.28N 6.20W
Lurio Moçambique **105** 13.30S 40.30E
Lurio *r.* Moçambique **105** 13.32S 40.31E
Lusaka Zambia **105** 15.20S 28.14E
Lusambo Zaïre **104** 4.59S 23.26E
Lushan China **93** 26.37N 107.41E
Lushoto Tanzania **105** 4.48S 38.20E
Lushun China **92** 38.42N 121.15E
Lusiti *r.* Moçambique **106** 20.00S 33.51E
Lusk Rep. of Ire. **59** 53.32N 6.12W
Lusk U.S.A. **120** 42.47N 104.26W
Luss Scotland **40** 56.06N 4.38W
Lüta China **92** 38.49N 121.48E
Lutfabad U.S.S.R. **85** 37.32N 59.17E
Luton England **12** 51.53N 0.25W
Lutterworth England **16** 52.28N 1.12W
Luvua *r.* Zaïre **105** 6.45S 27.00E
Luwegu *r.* Tanzania **105** 8.30S 37.28E
Luwingu Zambia **105** 10.13S 30.05E
Luxembourg *d.* Belgium **73** 49.58N 5.30E
Luxembourg Europe **73** 49.50N 6.15E
Luxembourg *town* Lux. **73** 49.37N 6.08E
Luxor Egypt **84** 24.41N 32.24E
Luzern Switz. **72** 47.03N 8.17E
Luzon *i.* Phil. **89** 17.50N 121.00E
Luzon Str. Pacific Oc. **89** 20.20N 122.00E
Lvov U.S.S.R. **75** 49.50N 24.00E
Lwan Ho *r.* China **92** 39.25N 119.10E
Lyallpur Pakistan **86** 31.25N 73.09E
Lybster Scotland **49** 58.18N 3.18W
Lycksele Sweden **74** 64.34N 18.40E
Lyd *r.* England **25** 50.38N 4.18W
Lydd England **17** 50.57N 0.56E
Lydda Israel **84** 31.57N 34.54E
Lydenburg R.S.A. **106** 25.10S 30.29E
Lydney England **16** 51.43N 2.32W
Lyell, Mt. U.S.A. **120** 37.45N 119.18W
Lyme B. England **16** 50.40N 2.55W
Lyme Regis England **16** 50.44N 2.57W
Lyminge England **17** 51.07N 1.06E
Lymington England **16** 50.46N 1.32W
Lympstone England **16** 50.39N 3.25W
Lyndhurst England **16** 50.53N 1.33W
Lynher *r.* England **25** 50.23N 4.18W
Lynn U.S.A. **125** 42.29N 70.57W
Lynn Lake *town* Canada **123** 56.51N 101.01W
Lynton England **25** 51.14N 3.50W
Lyon France **68** 45.46N 4.50E
Lyon *r.* Scotland **41** 56.37N 3.59W
Lysekil Sweden **74** 58.16N 11.26E
Lys'va U.S.S.R. **61** 58.07N 57.48E
Lytham St. Anne's England **32** 53.45N 3.01W
Lyubertsy U.S.S.R. **75** 55.38N 37.58E

M

Maamakeogh *mtn.* Rep. of Ire. **56** 54.17N 9.28W
Maamtrasna *mtn.* Rep. of Ire. **56** 53.37N 9.34W
Maamturk Mts. Rep. of Ire. **58** 53.32N 9.42W
Ma'an Jordan **84** 30.11N 35.43E
Maanshan China **93** 31.47N 118.33E
Maas *r.* Neth. **73** 51.44N 4.42E
Maaseik Belgium **73** 51.08N 5.48E
Maastricht Neth. **73** 50.51N 5.42E
Mabico *r.* Botswana **106** 24.15S 26.48E
Mablethorpe England **33** 53.21N 0.14E
Maboze Moçambique **106** 23.49S 32.09E
Macao Asia **93** 22.11N 113.33E
Macapá Brazil **128** 0.01N 51.01W
Macclesfield England **32** 53.16N 2.09W
Macdonnell Ranges *mts.* Australia **107** 23.30S 132.00E
Macduff Scotland **49** 57.40N 2.29W
Mace Head Rep. of Ire. **58** 53.20N 9.54W
Maceió Brazil **128** 9.34S 35.47W
Macenta Guinea **102** 8.31N 9.32W
Macerata Italy **70** 43.18N 13.30E
Macgillycuddy's Reeks *mts.* Rep. of Ire. **58** 52.00N 9.43W
Macheke Rhodesia **106** 18.05S 31.51E
Machrihanish Scotland **40** 55.25N 5.44W
Machynlleth Wales **24** 52.35N 3.51W
Mackay Australia **107** 21.10S 149.10E
Mackay, L. Australia **107** 22.30S 128.58E
Mackenzie *d.* Canada **122** 65.00N 115.00W
Mackenzie *r.* Canada **122** 69.20N 134.00W
Mackenzie King I. Canada **122** 77.30N 112.00W
Mackenzie Mts. Canada **122** 64.00N 130.00W
Mackinaw City U.S.A. **124** 45.47N 84.43W
Mackinnon Road *town* Kenya **105** 3.50S 39.03E
Maclean Australia **108** 29.27S 153.14E
Maclear R.S.A. **106** 31.05S 28.22E
Macleod's Tables *mtn.* Scotland **48** 57.25N 6.45W
Macloutsie *r.* Botswana **106** 22.15S 29.00E
Macomer Italy **70** 40.16N 8.45E
Mâcon France **68** 46.18N 4.50E
Macon U.S.A. **121** 32.47N 83.37W
Macpherson Range *mts.* Australia **108** 28.15S 153.00E
Macquarie *r.* Australia **108** 41.08S 146.52E
Macroom Rep. of Ire. **58** 51.54N 8.58W
Madagascar *i.* Africa **137** 20.00S 45.00E
Madang P.N.G. **89** 5.14S 145.45E
Madawaska *r.* Canada **125** 45.35N 76.25W
Madeira *i.* Atlantic Oc. **100** 32.45N 17.00W
Madeira *r.* Brazil **128** 3.50S 58.30W
Madhya Pradesh *d.* India **87** 23.00N 79.30E
Madison Fla. U.S.A. **121** 30.29N 83.39W
Madison Wisc. U.S.A. **124** 43.04N 89.22W
Madiun Indonesia **88** 7.37S 111.33E
Madjene Indonesia **88** 3.33S 118.59E
Mado Gashi Kenya **105** 0.40N 39.11E
Madras India **87** 13.05N 80.18E
Madre, Sierra *mts.* Mexico **126** 16.00N 93.00W
Madre de Dios *r.* Bolivia **128** 11.00S 66.30W
Madre del Sur, Sierra *mts.* Mexico **126** 17.00N 100.00W
Madre Lagoon Mexico **126** 25.00N 97.30W
Madre Occidental, Sierra *mts.* Mexico **126** 24.00N 103.00W
Madre Oriental, Sierra *mts.* Mexico **126** 24.00N 99.00W
Madrid Spain **69** 40.25N 3.43W
Madukani Tanzania **105** 3.57S 35.49E
Madura *i.* Indonesia **88** 7.00S 113.30E
Madurai India **87** 9.55N 78.07E
Maebashi Japan **95** 36.30N 139.04E
Maesteg Wales **25** 51.36N 3.40W
Maestra, Sierra *mts.* Cuba **127** 20.10N 76.30W
Mafeking R.S.A. **106** 25.53S 25.39E
Mafeteng Lesotho **106** 29.49S 27.14E
Mafia I. Tanzania **105** 7.50S 39.50E
Mafraq Jordan **84** 32.20N 36.12E
Magadan U.S.S.R. **77** 59.38N 150.50E
Magadi Kenya **105** 1.53S 36.18E
Magangue Colombia **127** 9.14N 74.46W
Magas Iran **85** 27.08N 61.36E
Magburaka Sierra Leone **102** 8.44N 11.57W
Magdalena *r.* Colombia **127** 10.56N 74.58W
Magdalena Mexico **120** 30.38N 110.59W
Magdeburg E. Germany **72** 52.08N 11.36E
Magellan's Str. Chile **129** 53.00S 71.00W
Mageröya *i.* Norway **74** 71.00N 25.50E
Maggiore, L. Italy **68** 45.57N 8.37E
Maghera N. Ireland **57** 54.51N 6.42W
Magherafelt N. Ireland **57** 54.45N 6.38W
Maghull England **32** 53.31N 2.56W
Magnitogorsk U.S.S.R. **61** 53.28N 59.06E
Magude Moçambique **106** 25.02S 32.40E
Magué Moçambique **105** 15.46S 31.42E
Magwe Burma **94** 20.08N 95.00E
Mahabad Iran **85** 36.44N 45.44E
Mahaddei Wen Somali Rep. **105** 2.58N 45.32E
Mahagi Zaïre **105** 2.16N 30.59E
Mahalapye Botswana **106** 23.05S 26.51E
Mahallat Iran **85** 33.54N 50.28E
Mahanadi *r.* India **87** 20.17N 86.43E
Maharashtra *d.* India **86** 20.00N 77.00E
Maha Sarakham Thailand **94** 15.50N 103.47E
Mahdia Tunisia **70** 35.28N 11.01E
Mahenge Tanzania **105** 8.46S 36.38E
Mahia Pen. New Zealand **112** 37.10S 178.30E
Mahón Spain **69** 39.55N 4.18E
Mahua Moçambique **105** 13.43S 37.10E
Maidenhead England **12** 51.32N 0.44W
Maiden Newton England **16** 50.46N 2.35W
Maidens Scotland **40** 55.20N 4.49W
Maidstone England **12** 51.17N 0.32E
Maiduguri Nigeria **103** 11.53N 13.16E
Maigue *r.* Rep. of Ire. **58** 52.39N 8.47W
Maihar India **86** 24.14N 80.50E
Maiko *r.* Zaïre **104** 0.15N 25.35E
Main *r.* N. Ireland **57** 54.43N 6.19W
Main *r.* W. Germany **72** 50.00N 8.19E
Main Barrier Range *mts.* Australia **108** 31.25S 141.25E
Mai Ndombe *l.* Zaïre **104** 2.00S 18.20E
Maine *r.* Rep. of Ire. **58** 52.09N 9.44W
Maine *d.* U.S.A. **125** 45.00N 69.00W
Mainland *i.* Orkney Is. Scotland **49** 59.00N 3.10W
Mainland *i.* Shetland Is. Scotland **49** 60.15N 1.22W
Mainpuri India **86** 27.14N 79.01E
Mainz W. Germany **72** 50.00N 8.16E
Maitland Australia **108** 32.33S 151.33E
Maizuru Japan **95** 35.30N 135.20E
Maja *i.* Indonesia **88** 1.05S 109.25E
Majma'a Saudi Arabia **85** 25.52N 45.25E
Majorca *i.* Spain **69** 39.35N 3.00E
Majuba Hill R.S.A. **106** 27.30S 29.50E
Majunga Malagasy Rep. **105** 15.50S 46.20E
Makarikari Salt Pan *f.* Botswana **106** 20.50S 25.45E
Makassar Indonesia **88** 5.09S 119.30E
Makassar Str. Indonesia **88** 3.00S 118.00E
Makeni Sierra Leone **102** 8.57N 12.02W
Makeyevka U.S.S.R. **75** 48.01N 38.00E
Makhachkala U.S.S.R. **61** 42.59N 47.30E
Makó Hungary **71** 46.13N 20.30E
Makokou Gabon **104** 0.38N 12.47E
Makoua Congo **104** 0.01S 15.40E
Makran *f.* Asia **85** 26.30N 61.20E
Makurdi Nigeria **103** 7.44N 8.35E
Malabo Equat. Guinea **103** 3.45N 8.48E
Malacca Malaysia **88** 2.14N 102.14E
Malacca, Straits of Indian Oc. **88** 3.00N 100.30E
Málaga Colombia **127** 6.44N 72.45W
Málaga Spain **69** 36.43N 4.25W
Malagasy Republic Africa **105** 17.00S 46.00E
Malahide Rep. of Ire. **59** 53.27N 6.10W
Malakal Sudan **101** 9.31N 31.40E
Malakand Pakistan **86** 34.34N 71.57E
Malang Indonesia **88** 7.59S 112.45E
Malanje Angola **104** 9.36S 16.21E
Malanje *d.* Angola **104** 9.00S 17.00E
Mälaren *l.* Sweden **74** 59.30N 17.00E
Malatya Turkey **84** 38.22N 38.18E
Malaŵi Africa **105** 12.00S 34.00E
Malaŵi, L. Africa **105** 12.00S 34.30E
Malayer Iran **85** 34.19N 48.51E
Malaysia Asia **88** 5.00N 110.00E
Malbork Poland **75** 54.02N 19.01E
Malden England **12** 51.23N 0.15W
Maldive Is. Indian Oc. **86** 6.20N 73.00E
Maldon England **17** 51.43N 0.41E
Maléa, C. Greece **71** 36.27N 23.11E
Malebo Pool *f.* Zaïre **104** 4.15S 15.25E
Malegaon India **86** 20.32N 74.38E
Malema Moçambique **105** 14.55S 37.09E
Mali Africa **102** 17.30N 2.30E
Malili Indonesia **89** 2.38S 121.06E
Malin Rep. of Ire. **57** 55.18N 7.17W
Malindi Kenya **105** 3.14S 40.08E
Malines Belgium **73** 51.01N 4.28E
Malin Head Rep. of Ire. **57** 55.22N 7.24W
Malin More Rep. of Ire. **56** 54.42N 8.47W
Malipo China **93** 23.11N 104.41E
Mallacoota Australia **108** 37.34S 149.43E
Mallaig Scotland **48** 57.00N 5.50W
Mallawi Egypt **84** 27.44N 30.50E
Mallorca *i. see* MajorcaSpain **69**
Mallow Rep. of Ire. **58** 52.08N 8.39W
Malmédy Belgium **73** 50.25N 6.02E
Malmesbury England **16** 51.35N 2.05W
Malmesbury R.S.A. **106** 33.28S 18.43E
Malmö Sweden **74** 55.35N 13.00E
Malone U.S.A. **125** 44.52N 74.19W
Malonga Zaïre **104** 10.26S 23.10E
Målöy Norway **74** 61.57N 5.06E
Malta Europe **70** 35.55N 14.25E
Malta *i.* Malta **70** 35.55N 14.25E
Malta Channel Med. Sea **70** 36.20N 14.45E
Maltby England **33** 53.25N 1.12W
Malton England **33** 54.09N 0.48W
Maluku *d.* Indonesia **89** 4.00S 129.00E
Malvern Hills England **16** 52.05N 2.16W
Malvernia Moçambique **106** 22.06S 31.42E
Mambasa Zaïre **105** 1.20N 29.05E
Mamberamo *r.* Asia **89** 1.45S 137.25E
Mambéré *r.* C.A.R. **103** 3.30N 16.08E
Mambilima Falls *town* Zambia **105** 10.32S 28.45E
Mamfe Cameroon **103** 5.46N 9.18E
Mamore *r.* Bolivia **128** 12.00S 65.15W
Mamou Guinea **102** 10.24N 12.05W
Mamudju Indonesia **88** 2.41S 118.55E
Man Ivory Coast **102** 7.31N 7.37W
Man, Isle of U.K. **57** 54.13N 4.30W
Manacle Pt. England **25** 50.04N 5.05W
Manacor Spain **69** 39.32N 3.12E
Manado Indonesia **89** 1.30N 124.58E
Managua Nicaragua **126** 12.06N 86.18W
Managua, L. Nicaragua **126** 12.10N 86.30W
Manama Bahrain **85** 26.12N 50.36E
Manapouri New Zealand **112** 45.35S 167.38E
Manapouri, L. New Zealand **112** 45.30S 167.00E
Manastir Turkey **84** 37.33N 31.37E
Manaus Brazil **128** 3.06S 60.00W
Manchester England **32** 53.30N 2.15W
Manchester Conn. U.S.A. **125** 41.47N 72.31W
Manchester N.H. U.S.A. **125** 42.59N 71.28W
Manchuria *f.* China **92** 42.30N 123.00E
Manchurian Plain *f.* China **78** 44.00N 126.00E
Mand *r.* Iran **85** 28.09N 51.16E
Manda Iringa Tanzania **105** 10.30S 34.37E
Mandal Norway **74** 58.02N 7.30E
Mandala Peak Asia **89** 4.45S 140.15E
Mandalay Burma **94** 21.58N 96.04E
Mandal Gobi Mongolia **92** 45.40N 106.10E

Mandara Mts. to **McSwyne's B.** 192

Mandara Mts. Nigeria/Cameroon **103** 10.30N 13.30E
Mandla India **86** 22.35N 80.28E
Manfredonia Italy **70** 41.38N 15.54E
Mangalia Romania **71** 43.48N 28.30E
Mangalore India **86** 12.54N 74.51E
Mangerton Mtn. Rep. of Ire. **58** 51.58N 9.30W
Mangochi Malaŵi **105** 14.29S 35.15E
Mangotsfield England **16** 51.29N 2.29W
Mangyai China **90** 37.52N 91.26E
Mangyshlak Pen. U.S.S.R. **61** 43.30N 52.30E
Manhiça Moçambique **106** 25.23S 32.49E
Maniamba Moçambique **105** 12.30S 35.05E
Manica e Sofala *d.* Moçambique **105** 17.30S 34.00E
Manicouagan *r.* Canada **123** 49.00N 68.13W
Manila Phil. **89** 14.36N 120.59E
Maninga *r.* Zambia **104** 13.28S 24.25E
Manipur *d.* India **87** 25.00N 93.40E
Manisa Turkey **71** 38.37N 27.28E
Manistee *r.* U.S.A. **124** 44.17N 85.45W
Manistique U.S.A. **124** 45.58N 86.17W
Manitoba *d.* Canada **123** 54.00N 96.00W
Manitoba, L. Canada **120** 51.35N 99.00W
Manitou Is. U.S.A. **124** 45.05N 86.05W
Manitoulin I. Canada **124** 45.50N 82.15W
Manitowoc U.S.A. **124** 44.04N 87.40W
Maniwaki Canada **125** 46.22N 75.58W
Manizales Colombia **128** 5.03N 75.32W
Manjil Iran **85** 36.44N 49.29E
Mankono Ivory Coast **102** 8.01N 6.09W
Manly Australia **108** 33.47S 151.17E
Mannar, G. of India/Sri Lanka **87** 8.20N 79.00E
Mannheim W. Germany **72** 49.30N 8.28E
Mannin B. Rep. of Ire. **58** 53.28N 10.06W
Manningtree England **17** 51.56N 1.03E
Mannu *r.* Italy **70** 39.16N 9.00E
Manokwari Asia **89** 0.53S 134.05E
Manono Zaïre **105** 7.18S 27.24E
Manorcunningham Rep. of Ire. **57** 54.57N 7.38W
Manorhamilton Rep. of Ire. **56** 54.18N 8.11W
Manosque France **68** 43.50N 5.47E
Manresa Spain **69** 41.43N 1.50E
Mansa Zambia **105** 11.10S 28.52E
Mansel I. Canada **123** 62.00N 80.00W
Mansfield Australia **108** 37.04S 146.04E
Mansfield England **33** 53.08N 1.12W
Mansfield U.S.A. **124** 40.46N 82.31W
Mänttä Finland **74** 62.00N 24.40E
Mantua Italy **70** 45.09N 10.47E
Manukau Harbour New Zealand **112** 37.10S 174.00E
Manus *i.* Pacific Oc. **89** 2.00S 147.00E
Manyara, L. Tanzania **105** 3.40S 35.50E
Manych *r.* U.S.S.R. **75** 47.14N 40.20E
Manych Gudilo, L. U.S.S.R. **75** 46.20N 42.45E
Manyoni Tanzania **105** 5.46S 34.50E
Manzala, L. Egypt **84** 31.20N 32.00E
Manzanares Spain **69** 39.00N 3.23W
Manzanillo Cuba **127** 20.21N 77.21W
Manzanillo Mexico **115** 19.00N 104.20W
Manzini Swaziland **106** 26.30S 31.22E
Maoke Range *mts.* Indonesia **89** 4.00S 137.30E
Maopi Tsu *c.* Taiwan **93** 22.00N 120.45E
Mapai Moçambique **106** 22.51S 32.00E
Mapia Is. Asia **89** 1.00N 134.15E
Ma'qala Saudi Arabia **85** 26.29N 47.20E
Maquela do Zombo Angola **104** 6.06S 15.12E
Mar *f.* Scotland **49** 57.07N 3.03W
Mara *d.* Tanzania **105** 1.45S 34.30E
Mara *r.* Tanzania **105** 1.30S 33.52E
Maracaibo Venezuela **127** 10.44N 71.37W
Maracaibo, L. Venezuela **127** 10.00N 71.30W
Maracay Venezuela **127** 10.20N 67.28W
Maradi Niger **103** 13.29N 7.10E
Maragheh Iran **85** 37.25N 46.13E
Marajó I. Brazil **128** 1.00S 49.30W
Maralal Kenya **105** 1.15N 36.48E
Marand Iran **85** 38.25N 45.50E
Marandellas Rhodesia **106** 18.05S 31.42E
Marañon *r.* Peru **128** 4.00S 73.30W
Marapi *mtn.* Indonesia **88** 0.20S 100.45E
Maraş Turkey **84** 37.34N 36.54E
Marathon Greece **71** 38.10N 23.59E
Marazion England **25** 50.08N 5.29W
Marbella Spain **69** 36.31N 4.53W
Marble Bar Australia **107** 21.16S 119.45E
Marburg W. Germany **72** 50.49N 8.36E
March England **17** 52.33N 0.05E
Marche Belgium **73** 50.13N 5.21E
Marchena Spain **69** 37.20N 5.24W
Marcy, Mt. U.S.A. **125** 44.07N 73.56W
Mar del Plata Argentina **129** 38.00S 57.32W
Marden England **12** 51.11N 0.30E
Mardin Turkey **84** 37.19N 40.43E
Maree, Loch Scotland **48** 57.41N 5.28W
Marettimo *i.* Italy **70** 37.58N 12.05E
Margarita I. Venezuela **127** 11.00N 64.00W
Margate England **17** 51.23N 1.24E
Mariana Is. Asia **89** 15.00N 145.00E
Marianao Cuba **126** 23.03N 82.29W
Marianas Trench Pacific Oc. **137** 19.00N 146.00E
Maribor Yugo. **72** 46.35N 15.40E
Maridi Sudan **105** 4.55N 29.30E
Marie Galante *i.* Guadeloupe **127** 16.00N 61.15W
Mariehamn Finland **74** 60.05N 19.55E
Mariental S.W. Africa **106** 24.36S 17.59E
Mariestad Sweden **74** 58.44N 13.50E
Mariga *r.* Nigeria **103** 9.37N 5.55E
Marília Brazil **129** 22.13S 50.20W
Marinette U.S.A. **124** 45.06N 87.38W
Maringá Brazil **129** 23.36S 52.02W
Maringa *r.* Zaïre **104** 1.13N 19.50E
Maringue Moçambique **106** 17.55S 34.24E
Marinha Grande Portugal **69** 39.45N 8.55W
Marion Ind. U.S.A. **124** 40.33N 85.40W
Marion Ohio U.S.A. **124** 40.35N 83.08W
Maritsa *r.* Turkey **71** 41.00N 26.15E
Markaryd Sweden **74** 56.26N 13.35E
Markerwaard *f.* Neth. **73** 52.30N 5.15E
Market Deeping England **17** 52.40N 0.20W
Market Drayton England **32** 52.55N 2.30W
Market Harborough England **16** 52.29N 0.55W
Markethill N. Ireland **57** 54.17N 6.31W
Market Rasen England **33** 53.24N 0.20W
Market Weighton England **33** 53.52N 0.04W
Markha *r.* U.S.S.R. **77** 63.37N 119.00E
Markinch Scotland **41** 56.12N 3.09W
Markyate England **12** 51.51N 0.28W
Marlborough England **16** 51.26N 1.44W
Marlborough Downs *hills* England **16** 51.28N 1.48W
Marle France **73** 49.44N 3.47E
Marlow England **12** 51.35N 0.48W
Marlpit Hill *town* England **12** 51.13N 0.04E
Marmagao India **86** 15.26N 73.50E
Marmara *i.* Turkey **71** 40.38N 27.37E
Marmara, Sea of Turkey **71** 40.45N 28.15E
Marmaris Turkey **71** 36.50N 28.17E
Marne *r.* France **68** 48.50N 2.25E
Maroua Cameroon **103** 10.35N 14.20E
Marovoay Malagasy Rep. **105** 16.05S 46.35E
Marple England **32** 53.23N 2.05W
Marquesas Is. Pacific Oc. **136** 9.00S 139.00W
Marquette U.S.A. **124** 46.33N 87.23W
Marquise France **17** 50.48N 1.42E
Marrakesh Morocco **100** 31.49N 8.00W
Marrawah Australia **108** 40.57S 144.44E
Marrupa Moçambique **105** 13.10S 37.30E
Marsabit Kenya **105** 2.20N 37.59E
Marsala Italy **70** 37.48N 12.27E
Marsden England **32** 53.36N 1.55W
Marseille France **68** 43.18N 5.22E
Marshall Is. Pacific Oc. **137** 8.00N 172.00E
Marshfield England **16** 51.28N 2.19W
Marshfield U.S.A. **124** 44.40N 90.11W
Marshland Fen *f.* England **17** 52.40N 0.18E
Marske-by-the-Sea England **33** 54.35N 1.00W
Martaban Burma **94** 16.32N 97.35E
Martaban, G. of Burma **87** 15.10N 96.30E
Martelange Belgium **73** 49.50N 5.44E
Martés, Sierra *mts.* Spain **69** 39.10N 1.00W
Martha's Vineyard *i.* U.S.A. **125** 41.25N 70.35W
Martigny Switz. **72** 46.07N 7.05E
Martinique C. America **127** 14.40N 61.00W
Martin Pt. U.S.A. **122** 70.10N 143.50W
Martinsburg U.S.A. **125** 39.28N 77.59W
Marton New Zealand **112** 40.04S 175.25E
Maruchak Afghan. **85** 35.50N 63.08E
Marum Neth. **73** 53.06N 6.16E
Marvejols France **68** 44.33N 3.18E
Mary U.S.S.R. **101** 37.42N 61.54E
Maryborough Australia **108** 37.05S 143.47E
Maryland *d.* U.S.A. **121** 39.00N 76.30W
Maryport England **32** 54.43N 3.30W
Masai Steppe *f.* Tanzania **105** 4.30S 37.00E
Masaka Uganda **105** 0.20S 31.46E
Masan S. Korea **91** 35.10N 128.35E
Masasi Tanzania **105** 10.43S 38.48E
Masbate *i.* Phil. **89** 12.00N 123.30E
Mascara Algeria **69** 35.20N 0.09E
Maseru Lesotho **106** 29.19S 27.29E
Mashabad Iran **61** 36.17N 59.30E
Masham England **32** 54.15N 1.40W
Mashhad Iran **85** 36.16N 59.34E
Mashonaland *f.* Rhodesia **106** 18.20S 32.00E
Masi-Manimba Zaïre **104** 4.47S 17.54E
Masindi Uganda **105** 1.41N 31.45E
Masira I. Oman **86** 20.30N 58.50E
Masjid-i-Sulaiman Iran **85** 31.59N 49.18E
Mask, Lough Rep. of Ire. **56** 53.37N 9.22W
Mason City U.S.A. **121** 43.10N 93.10W
Massa Italy **70** 44.02N 10.09E
Massachusetts *d.* U.S.A. **125** 43.00N 72.25W
Massangena Moçambique **106** 21.31S 33.03E
Massawa Ethiopia **101** 15.36N 39.29E
Massif Central *mts.* France **68** 45.00N 3.30E
Massif de l'Ouarsenis *mts.* Algeria **69** 35.55N 1.40E
Massinga Moçambique **106** 23.20S 35.25E
Masterton New Zealand **112** 40.57S 175.39E
Masurian Lakes Poland **75** 54.00N 21.45E
Matabeleland *f.* Rhodesia **106** 19.30S 28.15E
Matadi Zaïre **104** 5.50S 13.36E
Matagorda B. U.S.A. **121** 28.30N 96.20W
Matakana I. New Zealand **112** 37.35S 176.15E
Matam Senegal **102** 15.40N 13.18W
Matamoros Mexico **126** 25.33N 103.15W
Matandu *r.* Tanzania **105** 8.44S 39.22E
Matane Canada **125** 48.50N 67.13W
Matanzas Cuba **126** 23.04N 81.35W
Matanzas *d.* Cuba **126** 23.04N 81.35W
Matapan, C. Greece **71** 36.22N 22.28E
Mataró Spain **69** 41.32N 2.72E
Matatiele R.S.A. **106** 30.20S 28.49E
Mataura *r.* New Zealand **112** 46.34S 168.45E
Matawin *r.* Canada **125** 46.56N 72.55W
Matehuala Mexico **126** 23.40N 100.40W
Matera Italy **71** 40.41N 16.36E
Mateur Tunisia **70** 37.02N 9.39E
Mathews Peak *mtn.* Kenya **105** 1.18N 37.20E
Mathura India **86** 27.30N 77.42E
Matlock England **33** 53.08N 1.32W
Mato Grosso Brazil **128** 15.05S 59.57W
Mato Grosso *f.* Brazil **128** 15.00S 55.00W
Matope Malaŵi **105** 15.20S 34.57E
Matopo Hills Rhodesia **106** 20.45S 28.30E
Matrah Oman **85** 23.37N 58.33E
Matruh Egypt **84** 31.21N 27.15E
Matsue Japan **95** 35.29N 133.00E
Matsu Is. Taiwan **93** 26.12N 120.00E
Matsumoto Japan **95** 36.18N 137.58E
Matsuyama Japan **95** 33.50N 132.47E
Mattawa Canada **125** 46.19N 58.42W
Matterhorn *mtn.* Switz. **68** 45.58N 7.38E
Maturín Venezuela **127** 9.45N 61.16W
Maubeuge France **73** 50.17N 3.58E
Mauchline Scotland **40** 55.31N 4.23W
Maude Australia **108** 34.27S 144.21E
Mauganj India **86** 24.40N 81.53E
Maughold Head I.o.M. **32** 54.18N 4.19W
Maui *i.* Hawaii U.S.A. **120** 20.45N 156.15W
Maumee *r.* U.S.A. **124** 41.34N 83.41W
Maumere Indonesia **89** 8.35S 122.13E
Maun Botswana **106** 19.52S 23.40E
Mauritania Africa **102** 20.00N 10.00E
Mauritius Indian Oc. **139** 20.10S 58.00E
Mavinga Angola **104** 15.47S 20.21E
Mavuradonha Mts. Rhodesia **106** 16.30S 31.30E
Mawlaik Burma **94** 23.50N 94.30E
May, C. U.S.A. **125** 38.55N 74.55W
May, Isle of Scotland **41** 56.12N 2.32W
Maya Spain **69** 43.12N 1.29W
Mayaguana I. Bahamas **127** 22.30N 73.00W
Mayaguez Puerto Rico **127** 18.13N 67.09W
Mayamey Iran **85** 36.27N 55.40E
Maya Mts. Belize **126** 16.30N 89.00W
Maybole Scotland **40** 55.21N 4.41W
Maydena Australia **108** 42.48S 146.30E
Mayen W. Germany **73** 50.19N 7.14E
Mayenne France **68** 48.18N 0.37W
Mayenne *r.* France **68** 48.18N 0.37W
Mayfield England **17** 51.01N 0.17E
Maykop U.S.S.R. **75** 44.37N 40.48E
Maymyo Burma **94** 22.05N 96.28E
Maynooth Rep. of Ire. **59** 53.23N 6.37W
Mayo Rep. of Ire. **56** 53.45N 9.07W
Mayo *d.* Rep. of Ire. **56** 53.45N 9.15W
Mayo Daga Nigeria **103** 6.59N 11.25E
Mayo Landing Canada **122** 63.45N 135.45W
Mayor I. New Zealand **112** 37.15S 176.15E
Mayotte, Île *i.* Comoro Is. **105** 12.50S 45.10E
Mayoumba Gabon **104** 3.23S 10.38E
Mazabuka Zambia **105** 15.50S 27.47E
Mazatenango Guatemala **126** 14.31N 91.30W
Mazatlán Mexico **115** 23.11N 106.25W
Mažeikiai U.S.S.R. **74** 56.06N 23.06E
Mazoe *r.* Moçambique **105** 16.22S 33.38E
Mazoe Rhodesia **106** 17.30S 31.03E
Mbabane Swaziland **106** 26.20S 31.08E
M'Baere *r.* C.A.R. **104** 3.45N 17.35E
M'Baiki C.A.R. **103** 3.53N 18.01E
Mbala Zambia **105** 8.50S 31.24E
Mbale Uganda **105** 1.04N 34.12E
Mbamba Bay *town* Tanzania **105** 11.18S 34.50E
Mbandaka Zaïre **104** 0.03N 18.21E
M'Bangé Cameroon **104** 4.32N 9.31E
Mbarara Uganda **105** 0.36S 30.40E
Mbeya Tanzania **105** 8.54S 33.29E
Mbeya *d.* Tanzania **105** 8.00S 32.30E
Mbinda Congo **104** 2.11S 12.55E
M'bridge *r.* Angola **104** 7.12S 12.55E
Mbuji Mayi Zaïre **104** 6.08S 23.39E
Mbulamuti Uganda **105** 0.50N 33.05E
McClintock Channel Canada **123** 71.20N 102.00W
McClure Str. Canada **122** 74.30N 116.00W
McConaughy, L. U.S.A. **120** 41.20N 102.00W
McCook U.S.A **120** 40.15N 100.45W
McGrath U.S.A. **122** 62.58N 155.40W
Mchinja Tanzania **105** 9.44S 39.45E
Mchinji Malaŵi **105** 13.48S 32.55E
McKeesport U.S.A. **124** 40.21N 79.52W
McKinley, Mt. U.S.A. **122** 63.00N 151.00W
McMurray Canada **122** 56.45N 111.27W
McSwyne's B. Rep. of Ire. **56** 54.36N 8.27W

Mead, L. to **Moçambique Channel** 193

Mead, L. U.S.A. **120** 36.10N 114.25W
Mealasta *i.* Scotland **48** 58.05N 7.07W
Meath *d.* Rep. of Ire. **59** 53.30N 6.30W
Meaux France **68** 48.58N 2.54E
Mecca Saudi Arabia **101** 21.26N 39.49E
Meconta Moçambique **105** 15.00S 39.50E
Medan Indonesia **88** 3.35N 98.39E
Médéa Algeria **69** 36.15N 2.48E
Mededsiz *mtn.* Turkey **84** 37.33N 34.38E
Medellín Colombia **127** 6.15N 75.36W
Medenine Tunisia **100** 33.24N 10.25E
Méderdra Mauritania **102** 17.02N 15.41W
Medicine Hat Canada **120** 50.03N 110.41W
Medina Saudi Arabia **84** 24.30N 39.35E
Medina del Campo Spain **69** 41.20N 4.55W
Medina de Rioseco Spain **69** 41.53N 5.03W
Mediterranean Sea **100** 37.00N 15.00E
Medjerda, Wadi *r.* Algeria **70** 37.07N 10.12E
Medjerda Mts. Algeria **70** 36.35N 8.20E
Medveditsa *r.* U.S.S.R. **75** 49.35N 42.45E
Medway *r.* England **12** 51.24N 0.31E
Meekatharra Australia **107** 26.35S 118.30E
Meerut India **86** 29.00N 77.42E
Mega Ethiopia **101** 4.02N 38.19E
Megantic Canada **125** 45.34N 70.53W
Mégara Greece **71** 38.00N 23.21E
Meihsien China **93** 24.20N 116.15E
Meiktila Burma **94** 20.53N 95.50E
Meissala Chad **103** 8.20N 17.40E
Meissen E. Germany **72** 51.10N 13.28E
Meknès Morocco **100** 33.53N 5.37W
Mekong *r.* Asia **94** 10.00N 106.40E
Mekong Delta S. Vietnam **94** 10.00N 105.40E
Mekongga *mtn.* Indonesia **89** 3.39S 121.15E
Mékrou *r.* Niger/Dahomey **103** 12.20N 2.47E
Melbourn England **17** 52.05N 0.01E
Melbourne Australia **108** 37.45S 144.58E
Melbourne England **33** 52.50N 1.25W
Melfi Chad **103** 11.04N 18.03E
Melfi Italy **70** 40.59N 15.39E
Melilla Spain **69** 35.17N 2.57W
Melitopol U.S.S.R. **75** 46.51N 35.22E
Melksham England **16** 51.22N 2.09W
Mellerud Sweden **74** 58.42N 12.27E
Melmore Pt. Rep. of Ire. **56** 55.15N 7.49W
Melrose Scotland **41** 55.36N 2.43W
Melsetter Rhodesia **106** 19.48S 32.50E
Meltham England **32** 53.36N 1.52W
Melton Mowbray England **16** 52.46N 0.53W
Melun France **68** 48.32N 2.40E
Melvaig Scotland **48** 57.48N 5.49W
Melville Canada **120** 50.57N 102.49W
Melville, C. Australia **107** 14.02S 144.30E
Melville I. Australia **107** 11.30S 131.00E
Melville I. Canada **122** 75.30N 110.00W
Melville Pen. Canada **123** 68.00N 84.00W
Melvin, Lough Rep. of Ire./N. Ireland **56** 54.26N 8.10W
Memba Moçambique **105** 14.16S 40.30E
Memel *see* Klaipeda U.S.S.R. **75**
Memmingen W. Germany **72** 47.59N 10.11E
Memphis U.S.A. **121** 35.05N 90.00W
Memphis ruins Egypt **84** 29.52N 31.12E
Menai Bridge *town* Wales **24** 53.14N 4.11W
Menai Str. Wales **24** 53.17N 4.20W
Mendawai *r.* Indonesia **88** 3.17S 113.20E
Mende France **68** 44.32N 3.30E
Menderes *r.* Turkey **71** 37.30N 27.05E
Mendip Hills England **16** 51.15N 2.40W
Mendocino, C. U.S.A. **120** 40.26N 124.24W
Mendoza Argentina **129** 33.00S 68.52W
Mengtsz China **94** 23.20N 103.21E
Menin Belgium **73** 50.48N 3.07E
Menindee Australia **108** 32.23S 142.30E
Menjapa *mtn.* Indonesia **88** 1.00N 116.20E
Menorca *i. see* MinorcaSpain **69**
Mentawai Is. Indonesia **88** 2.50S 99.00E
Menteith, L. of Scotland **40** 56.10N 4.18W
Menton France **68** 43.47N 7.30E
Meon *r.* England **16** 50.49N 1.15W
Meopham Station England **12** 51.23N 0.22E
Meppel Neth. **73** 52.42N 6.12E
Meppen W. Germany **73** 52.42N 7.17E
Merano Italy **72** 46.41N 11.10E
Merauke Indonesia **89** 8.30S 140.22E
Merca Somali Rep. **105** 1.42N 44.47E
Merced U.S.A. **120** 37.17N 120.29W
Mercedes San Luis Argentina **129** 34.00S 65.00W
Mere England **16** 51.05N 2.16W
Mergui Burma **94** 12.26N 98.38E
Mergui Archipelago Burma **94** 11.15N 98.00E
Meribah Australia **108** 34.42S 140.53E
Mérida Mexico **126** 20.59N 89.39W
Mérida Spain **69** 38.55N 6.20W
Mérida Venezuela **127** 8.24N 71.08W
Mérida, Cordillera de *mts.* Venezuela **127** 8.00N 71.30W
Meridian U.S.A. **121** 32.21N 88.42W
Merir *i.* Asia **89** 4.19N 132.18E
Merksem Belgium **73** 51.14N 4.25E
Merowe Sudan **101** 18.30N 31.49E
Merrick *mtn.* Scotland **40** 55.08N 4.29W
Merrygoen Australia **108** 31.51S 149.16E
Merse *f.* Scotland **41** 55.45N 2.15W
Mersea I. England **17** 51.47N 0.58E
Mersey *r.* England **32** 53.22N 2.37W
Merseyside *d.* England **32** 53.28N 3.00W
Mersin Turkey **84** 36.47N 34.37E
Mersing Malaysia **88** 2.25N 103.50E
Merstham England **12** 51.16N 0.09W
Merthyr Tydfil Wales **25** 51.45N 3.23W
Mértola Portugal **69** 37.38N 7.40W
Merton *d.* England **12** 51.25N 0.12W
Meru *mtn.* Tanzania **105** 3.15S 36.44E
Merzifon Turkey **84** 40.52N 35.28E
Merzig W. Germany **73** 49.26N 6.39E
Mesolóngion Greece **71** 38.23N 21.23E
Mesopotamia *f.* Iraq **85** 33.30N 44.30E
Messina Italy **70** 38.13N 15.34E
Messina R.S.A. **106** 22.23S 30.00E
Messina, G. of Med. Sea **71** 36.50N 22.05E
Messina, Str. of Med. Sea **70** 38.10N 15.35E
Mesta *r.* Greece **71** 40.51N 24.48E
Meta *r.* Venezuela **127** 6.10N 67.30W
Metheringham England **33** 53.09N 0.22W
Methven Scotland **41** 56.25N 3.37W
Methwold England **17** 52.30N 0.33E
Metković Yugo. **71** 43.03N 17.38E
Metz France **68** 49.07N 6.11E
Meulaboh Indonesia **88** 4.10N 96.09E
Meuse *r. see* Maas Belgium **73**
Mevagissey England **25** 50.16N 4.48W
Mevatanana Malagasy Rep. **105** 17.06S 46.45E
Mexborough England **33** 53.29N 1.18W
Mexicali Mexico **120** 32.26N 115.30W
Mexico C. America **115** 22.00N 102.00W
Mexico *d.* Mexico **126** 19.45N 99.30W
Mexico U.S.A. **124** 39.10N 91.53W
Mexico, G. of N. America **126** 25.00N 90.00W
Mexico City Mexico **126** 19.25N 99.10W
Meyadin Syria **84** 35.01N 40.28E
Mezen U.S.S.R. **76** 65.50N 44.20E
Mezenc, Mt. France **68** 44.54N 4.11E
Mganaung Burma **94** 18.16N 95.24E
Miami U.S.A. **121** 25.45N 80.10W
Miami *r.* U.S.A. **124** 39.07N 84.43W
Mianduab Iran **85** 36.57N 46.06E
Mianeh Iran **85** 37.23N 47.45E
Mianwali Pakistan **86** 32.32N 71.33E
Michigan *d.* U.S.A. **124** 44.50N 85.20W
Michigan, L. U.S.A. **124** 44.00N 87.00W
Michigan City U.S.A. **124** 41.43N 86.54W
Michipicoten Harbour *town* Canada **124** 47.57N 84.55W
Michipicoten I. Canada **124** 47.45N 85.45W
Michoacan *d.* Mexico **126** 19.20N 101.00W
Michurinsk U.S.S.R. **75** 52.54N 40.30E
Middelburg Neth. **73** 51.30N 3.36E
Middelburg Cape Province R.S.A. **106** 31.30S 25.00E
Middelburg Transvaal R.S.A. **106** 25.47S 29.28E
Middlesbrough England **33** 54.34N 1.13W
Middleton England **32** 53.33N 2.12W
Middleton in Teesdale England **32** 54.38N 2.05W
Middleton on the Wolds England **33** 53.56N 0.35W
Middlewich England **32** 53.12N 2.28W
Mid Glamorgan *d.* Wales **25** 51.38N 3.25W
Midhurst England **16** 50.59N 0.44W
Midi, Canal du France **69** 43.18N 2.00W
Midland Canada **124** 44.45N 79.53W
Midleton Rep. of Ire. **58** 51.55N 8.10W
Midsomer Norton England **16** 51.17N 2.29W
Mid-Western *d.* Nigeria **103** 5.45N 6.00E
Midye Turkey **71** 41.37N 28.07E
Mid Yell Scotland **48** 60.31N 1.03W
Mienning China **94** 24.00N 100.10E
Mienyang China **93** 31.26N 104.45E
Mieres Spain **69** 43.15N 5.46W
Mijares *r.* Spain **69** 39.58N 0.01W
Mikhaylovka U.S.S.R. **75** 50.05N 43.15E
Mikindani Tanzania **105** 10.16S 40.05E
Mikkeli Finland **74** 61.44N 27.15E
Mikumi Tanzania **105** 7.22S 37.00E
Mikuni sammyaku *mts.* Japan **95** 37.00N 139.20E
Milan Italy **68** 45.28N 9.10E
Milange Moçambique **105** 16.09S 35.44E
Milâs Turkey **71** 37.18N 27.48E
Milborne Port England **16** 50.58N 2.28W
Mildenhall England **17** 52.20N 0.30E
Mildura Australia **108** 34.14S 142.13E
Miles City U.S.A. **120** 46.24N 105.48W
Milford England **12** 51.10N 0.40W
Milford Haven *b.* Wales **25** 51.42N 5.05W
Milford Haven *town* Wales **25** 51.43N 5.02W
Milford on Sea England **16** 50.44N 1.36W
Milford Sound *town* New Zealand **112** 44.41S 167.56E
Miliana Algeria **69** 36.20N 2.15E
Milk *r.* U.S.A. **120** 47.55N 106.15W
Millau France **68** 44.06N 3.05E
Mille Lacs, Lac des Canada **124** 48.50N 90.30W
Mille Lacs L. U.S.A. **121** 46.15N 93.40W
Millerovo U.S.S.R. **75** 48.55N 40.25E
Milleur Pt. Scotland **40** 55.01N 5.07W
Mill Hill *town* England **12** 51.37N 0.14W
Millicent Australia **108** 37.36S 140.22E
Millom England **32** 54.13N 3.16W
Millport Scotland **40** 55.45N 4.56W
Millstreet Rep. of Ire. **58** 52.04N 9.04W
Milnathort Scotland **41** 56.14N 3.26W
Milngavie Scotland **40** 55.57N 4.19W
Milnthorpe England **32** 54.14N 2.47W
Milo *r.* Guinea **102** 11.05N 9.05W
Milos *i.* Greece **71** 36.40N 24.26E
Milparinka Australia **108** 29.45S 141.55E
Milton New Zealand **112** 46.08S 169.59E
Milton Abbot England **25** 50.35N 4.16W
Milton Keynes England **16** 52.03N 0.42W
Miltown Malbay Rep. of Ire. **58** 52.51N 9.25W
Milverton England **16** 51.02N 3.15W
Milwaukee U.S.A. **124** 43.03N 87.56W
Minab Iran **85** 27.07N 57.05E
Mina Saud Kuwait **85** 28.48N 48.24E
Minatitlán Mexico **126** 17.59N 94.32W
Mindanao *i.* Phil. **89** 7.30N 125.00E
Minden W. Germany **72** 52.18N 8.54E
Mindoro *i.* Phil. **89** 13.00N 121.00E
Mindoro Str. Pacific Oc. **89** 12.30N 120.10E
Mindra, Mt. Romania **71** 45.20N 23.32E
Minehead England **16** 51.12N 3.29W
Mine Head Rep. of Ire. **59** 51.59N 7.35W
Minginish *f.* Scotland **48** 57.15N 6.20W
Mingin Range *mts.* Burma **94** 24.00N 95.45E
Mingulay *i.* Scotland **48** 56.48N 7.37W
Minho China **92** 36.12N 102.59E
Min Kiang *r.* China **93** 26.06N 119.15E
Minna Nigeria **103** 9.39N 6.32E
Minneapolis U.S.A. **124** 45.00N 93.15W
Minnesota *d.* U.S.A. **121** 46.00N 95.00W
Miño *r.* Spain **69** 42.50N 8.52W
Minorca *i.* Spain **69** 40.00N 4.00E
Minot U.S.A. **120** 48.16N 101.19W
Minsk U.S.S.R. **74** 53.51N 27.30E
Minster England **17** 51.25N 0.50E
Minsterley England **16** 52.38N 2.56W
Mintlaw Scotland **49** 57.31N 2.00W
Minya Konka *mtn.* China **87** 29.30N 101.30E
Miraj India **86** 16.51N 74.42E
Miranda de Ebro Spain **69** 42.41N 2.57W
Miranda do Douro Portugal **69** 41.30N 6.16W
Mirande France **68** 43.31N 0.25E
Mirandela Portugal **69** 41.28N 7.10W
Mirecourt France **72** 48.18N 6.08E
Miri Malaysia **88** 4.28N 114.00E
Mirim, L. Brazil **129** 33.10S 53.30W
Mirpur Khas Pakistan **86** 25.33N 69.05E
Mirzapur India **86** 25.09N 82.34E
Mi saki *c.* Japan **95** 40.09N 141.52E
Misbourne *r.* England **12** 51.33N 0.29W
Miskolc Hungary **75** 48.07N 20.47E
Misoöl *i.* Indonesia **89** 1.50S 130.10E
Missinaibi *r.* Canada **121** 50.50N 81.12W
Mississippi *d.* U.S.A. **121** 33.00N 90.00W
Mississippi *r.* U.S.A. **124** 28.55N 89.05W
Mississippi Delta U.S.A. **121** 29.00N 89.10W
Missoula U.S.A. **120** 46.52N 114.00W
Missouri *d.* U.S.A. **124** 39.45N 91.30W
Missouri *r.* U.S.A. **124** 38.40N 90.20W
Mistassini, L. Canada **121** 50.45N 73.40W
Misurata Libya **100** 32.24N 15.04E
Mitcham England **12** 51.24N 0.09W
Mitchell *r.* Australia **107** 15.12S 141.40E
Mitchell U.S.A. **120** 43.40N 98.01W
Mitchell, Mt. U.S.A. **121** 35.57N 82.16W
Mitchelstown Rep. of Ire. **58** 52.16N 8.17W
Mitilíni Greece **71** 39.06N 26.34E
Mito Japan **95** 36.30N 140.29E
Mitsang Shan *mts.* China **92** 32.40N 107.28E
Mittelland Canal W. Germany **73** 52.24N 7.52E
Mitumba Mts. Zaïre **105** 3.00S 28.30E
Mitwaba Zaïre **105** 8.32S 27.20E
Mitzic Gabon **104** 0.48N 11.30E
Miyako Japan **95** 39.40N 141.59E
Miyako *i.* Japan **91** 24.45N 125.25E
Miyakonojo Japan **95** 31.43N 131.02E
Miyazaki Japan **95** 31.58N 131.50E
Mizen Head Rep. of Ire. **58** 51.27N 9.50W
Mjölby Sweden **74** 58.19N 15.10E
Mjösa *l.* Norway **74** 60.50N 10.50E
Mkushi Zambia **105** 13.40S 29.26E
Mljet *i.* Yugo. **71** 42.45N 17.30E
Moamba Moçambique **106** 25.35S 32.13E
Moanda Gabon **104** 1.25S 13.18E
Moate Rep. of Ire. **58** 53.24N 7.45W
Moatize Moçambique **105** 16.04S 33.40E
Moba Zaïre **105** 7.03S 29.42E
Mobaye C.A.R. **104** 4.21N 21.10E
Mobile U.S.A. **121** 30.40N 88.05W
Mobile B. U.S.A. **121** 30.30N 87.50W
Mobridge U.S.A. **120** 45.31N 100.25W
Mobutu, L. Uganda/Zaïre **105** 1.45N 31.00E
Moçambique Africa **106** 21.00S 34.00E
Moçambique *d.* Moçambique **105** 15.00S 39.00E
Moçambique *town* Moçambique **105** 15.00S 40.47E
Moçambique Channel Indian Oc. **105** 16.00S 42.30E

Moçâmedes Angola 104 15.10S 12.10E
Moçâmedes d. Angola 104 15.00S 12.30E
Mocimboa da Praia Moçambique 105 11.19S 40.19E
Modane France 68 45.12N 6.40E
Modbury England 25 50.21N 3.53W
Modder r. R.S.A. 106 29.03S 23.56E
Modena Italy 70 44.39N 10.55E
Módica Italy 70 36.51N 14.51E
Moffat Scotland 41 55.20N 3.27W
Mogadishu Somali Rep. 105 2.02N 45.21E
Mogaung Burma 94 25.15N 96.54E
Moghan Steppe f. U.S.S.R. 85 39.40N 48.30E
Mogilev U.S.S.R. 75 53.54N 30.20E
Mogincual Moçambique 105 15.33S 40.29E
Mogok Burma 94 23.00N 96.30E
Mogomo Moçambique 105 15.25S 36.45E
Mohaka r. New Zealand 112 39.07S 177.10E
Mohammadia Algeria 69 35.35N 0.05E
Mohawk r. U.S.A. 125 42.50N 73.40W
Mohéli i. Comoro Is. 105 12.22S 43.45E
Mohill Rep. of Ire. 56 53.55N 7.53W
Mohoro Tanzania 105 8.09S 39.07E
Moidart f. Scotland 48 56.48N 5.40W
Mo-i-Rana Norway 74 66.20N 14.12E
Moisie r. Canada 123 50.15N 66.00W
Moissac France 68 44.07N 1.05E
Mokpo S. Korea 91 34.50N 126.25E
Mold Wales 24 53.10N 3.08W
Moldavia Soviet Socialist Republic d. U.S.S.R. 75 47.30N 28.30E
Molde Norway 74 62.44N 7.08E
Mole r. Devon England 25 50.59N 3.53W
Mole r. Surrey England 12 51.24N 0.20W
Molepolole Botswana 106 24.25S 25.30E
Molfetta Italy 71 41.12N 16.36E
Molina de Aragón Spain 69 40.50N 1.54W
Moliro Zaïre 105 8.11S 30.29E
Mollendo Peru 128 17.20S 72.10W
Mölndal Sweden 75 57.40N 12.00E
Molodechno U.S.S.R. 74 54.16N 26.50E
Molokai i. Hawaii U.S.A. 120 21.20N 157.00W
Molong Australia 108 33.08S 148.53E
Molopo r. R.S.A. 106 28.30S 20.07E
Molteno R.S.A. 106 31.24S 26.22E
Moluccas is. Indonesia 89 4.00S 128.00E
Molucca Sea Pacific Oc. 89 2.00N 126.30E
Moma Moçambique 105 16.40S 39.10E
Mombasa Kenya 105 4.04S 39.40E
Mön i. Denmark 72 54.58N 12.20E
Mona i. Puerto Rico 127 18.06N 67.54W
Monach, Sd. of str. Scotland 48 57.34N 7.35W
Monach Is. Scotland 48 57.32N 7.38W
Monaco Europe 68 43.40N 7.25E
Monadhliath Mts. Scotland 49 57.09N 4.08W
Monaghan Rep. of Ire. 57 54.15N 6.58W
Monaghan d. Rep. of Ire. 57 54.15N 7.00W
Monamolin Rep. of Ire. 59 52.33N 6.22W
Monar, Loch Scotland 48 57.25N 5.05W
Monasterevan Rep. of Ire. 59 53.09N 7.05W
Monastir Tunisia 70 35.35N 10.50E
Monavullagh Mts. Rep. of Ire. 59 52.14N 7.34W
Mon Cai N. Vietnam 93 21.36N 107.55E
Monchegorsk U.S.S.R. 74 67.55N 33.01E
Mönchen-Gladbach W. Germany 73 51.12N 6.25E
Monclova Mexico 120 26.55N 101.20W
Moncton Canada 121 46.10N 64.50W
Mondovi Italy 68 44.24N 7.48E
Moneygall Rep. of Ire. 58 52.53N 7.58W
Moneymore N. Ireland 57 54.42N 6.41W
Monforte Spain 69 42.32N 7.30W
Monga Zaïre 104 4.10N 23.00E
Mongala r. Zaïre 104 1.58N 19.55E
Mongalla Sudan 105 5.12N 31.42E
Monghyr India 86 25.24N 86.29E
Mongolia Asia 90 46.30N 104.00E
Mongu Zambia 104 15.10S 23.09E
Moniaive Scotland 41 55.12N 3.55W
Monifieth Scotland 41 56.29N 2.50W
Monkoto Zaïre 104 1.39S 20.41E
Monmouth Wales 25 51.48N 2.43W
Monnow r. England 16 51.49N 2.42W
Monongahela r. U.S.A. 124 40.26N 80.00W
Monopoli Italy 71 40.56N 17.19E
Monroe Mich. U.S.A. 124 41.56N 83.21W
Monroe La. U.S.A. 121 32.31N 92.06W
Monrovia Liberia 102 6.20N 10.46W
Mons Belgium 73 50.27N 3.57E
Montalbán Spain 69 40.50N 0.48W
Montana d. U.S.A. 120 47.00N 110.00W
Montargis France 68 48.00N 2.44E
Montauban France 68 44.01N 1.20E
Montauk Pt. U.S.A. 125 41.04N 71.51W
Mont-aux-Sources mtn. Lesotho 106 28.50S 20.50E
Montbrison France 68 45.37N 4.04E
Montcalm, L. China 87 34.30N 89.00E
Mont Cenis Pass France 68 45.15N 6.55E
Montcornet France 73 49.41N 4.01E
Mont de Marsan town France 68 43.54N 0.30W
Monte Carlo Monaco 68 43.44N 7.25E
Montecristo i. Italy 70 42.20N 10.19E

Montego Bay town Jamaica 127 18.27N 77.56W
Montélimar France 68 44.33N 4.45E
Monterey U.S.A. 120 36.35N 121.55W
Monterey B. U.S.A. 120 36.45N 122.00W
Montería Colombia 127 8.45N 75.54W
Monterrey Mexico 126 25.40N 100.20W
Monte Santu, C. Italy 70 40.05N 9.44E
Montes Claros Brazil 128 16.45S 43.52W
Monte Verde Angola 104 8.45S 16.50E
Montevideo Uruguay 129 34.55S 56.10W
Montfort-sur-Meu France 68 48.08N 1.57W
Montgomery U.S.A. 121 32.22N 86.20W
Montgomery Wales 24 52.34N 3.09W
Montijo Portugal 69 38.42N 8.59W
Montijo Dam Spain 69 38.52N 6.20W
Mont Joli Canada 125 48.34N 68.05W
Mont Laurier town Canada 125 46.33N 75.31W
Montluçon France 68 46.20N 2.36E
Montmagny Canada 125 46.58N 70.34W
Montmédy France 73 49.31N 5.21E
Montmorillon France 68 46.26N 0.52E
Montoro Spain 69 38.02N 4.23W
Montpelier U.S.A. 125 44.16N 72.34W
Montpellier France 68 43.36N 3.53E
Montreal Canada 125 45.30N 73.36W
Montrejeau France 68 43.05N 0.33E
Montreuil France 68 50.28N 1.46E
Montreux Switz. 72 46.27N 6.55E
Montrose Scotland 41 56.43N 2.29W
Montrose U.S.A. 120 38.29N 107.53W
Montsant, Sierra de mts. Spain 69 41.20N 1.00E
Montserrat i. C. America 127 16.45N 62.14W
Monywa Burma 94 22.05N 95.15E
Monza Italy 68 45.35N 9.16E
Monze Zambia 105 16.16S 27.28E
Monzón Spain 69 41.52N 0.10E
Mooncoin Rep. of Ire. 59 52.18N 7.17W
Moore, L. Australia 107 29.30S 117.30E
Moorfoot Hills Scotland 41 55.43N 3.03W
Moorhead U.S.A. 121 46.51N 96.44W
Moosehead L. U.S.A. 125 45.45N 69.45W
Moose Jaw Canada 120 50.23N 105.35W
Moosonee Canada 121 51.18N 80.40W
Mopti Mali 102 14.29N 4.10W
Mora Sweden 74 61.00N 14.30E
Moradabad India 86 28.50N 78.45E
Morar, Loch Scotland 48 56.56N 5.40W
Morava r. Yugo. 71 44.43N 21.02E
Moravian Heights mts. Czech. 72 49.30N 15.45E
Moray Firth est. Scotland 49 57.35N 4.00W
Morcenx France 68 44.02N 0.55W
Morden Canada 123 49.15N 98.10W
Morden England 12 51.23N 0.12W
More, Loch Scotland 49 58.23N 4.51W
Morecambe England 32 54.03N 2.52W
Morecambe B. England 32 54.05N 3.00W
Moree Australia 108 29.29S 149.53E
Morelia Mexico 126 19.40N 101.11W
Morella Spain 69 40.37N 0.06W
Morelos d. Mexico 126 18.40N 99.00W
Morena, Sierra mts. Spain 69 38.10N 5.00W
Moretonhampstead England 25 50.39N 3.45W
Morez France 68 46.31N 6.02E
Morgan Australia 108 34.02S 139.40E
Morgan City U.S.A. 121 29.41N 91.13W
Morie, Loch Scotland 49 57.44N 4.27W
Morioka Japan 95 39.43N 141.10E
Morkalla Australia 108 34.22S 141.10E
Morlaix France 68 48.35N 3.50W
Morley England 33 53.45N 1.36W
Morocco Africa 100 31.00N 5.00W
Moro G. Phil. 89 6.30N 123.20E
Morogoro Tanzania 105 6.47S 37.40E
Morogoro d. Tanzania 105 8.30S 37.00E
Morón Cuba 127 22.08N 78.39W
Mörön Mongolia 90 49.36N 100.08E
Moroni Comoro Is. 105 11.40S 43.19E
Morotai i. Indonesia 89 2.10N 128.30E
Moroto Uganda 105 2.32N 34.41E
Morpeth England 41 55.10N 1.40W
Morsbach W. Germany 73 50.52N 7.44E
Mortagne France 68 48.32N 0.33E
Morte Pt. England 25 51.12N 4.13W
Mortimer Common England 16 51.22N 1.05W
Moruya Australia 108 35.56S 150.06E
Morven mtn. Scotland 49 58.13N 3.42W
Morvern f. Scotland 48 56.37N 5.45W
Morwell Australia 108 38.14S 146.25E
Moscow U.S.S.R. 75 55.45N 37.42E
Mosel r. W. Germany 73 50.23N 7.37E
Moselle r. see Mosel France/Lux. 73
Moshi Tanzania 105 3.20S 37.21E
Mosjöen Norway 74 65.50N 13.10E
Moskog Norway 74 61.30N 5.59E
Moskva r. U.S.S.R. 75 55.08N 38.50E
Mosquitia Plain Honduras 126 15.00N 89.00W
Mosquito Coast f. Nicaragua 126 13.00N 84.00W
Mosquitos, G. of Panamá 126 9.00N 81.00W
Moss Norway 74 59.26N 10.41E
Mossbank Scotland 48 60.27N 1.10W

Mossel Bay town R.S.A. 106 34.12S 22.08E
Mossgiel Australia 108 33.18S 144.05E
Mossoro Brazil 128 5.10S 37.20W
Mossuma r. Zambia 104 15.11S 23.05E
Moss Vale town Australia 108 34.33S 150.20E
Mostaganem Algeria 69 35.54N 0.05E
Mostar Yugo. 71 43.20N 17.50E
Mosul Iraq 84 36.21N 43.08E
Motagua r. Guatemala 126 15.56N 87.45W
Motala Sweden 74 58.34N 15.05E
Motherwell Scotland 41 55.48N 4.00W
Motien Ling mts. China 92 32.40N 104.40E
Motu r. New Zealand 112 37.52S 177.37E
Motueka New Zealand 112 41.08S 173.01E
Mouila Gabon 104 1.50S 11.02E
Moulamein Australia 108 35.03S 144.05E
Moulins France 68 46.34N 3.20E
Moulmein Burma 94 16.55N 97.49E
Mountain Ash Wales 25 51.42N 3.22W
Mount Bellew town Rep. of Ire. 58 53.28N 8.30W
Mount Darwin town Rhodesia 106 16.45S 31.39E
Mount Fletcher town R.S.A. 106 30.41S 28.30E
Mount Gambier town Australia 108 37.51S 140.50E
Mount Hagen town P.N.G. 89 5.54S 144.13E
Mount Isa town Australia 107 20.50S 139.29E
Mountmellick Rep. of Ire. 59 53.08N 7.21W
Mountnessing England 12 51.40N 0.21E
Mountrath Rep. of Ire. 59 53.00N 7.30W
Mount's B. England 25 50.05N 5.25W
Mourne r. N. Ireland 57 54.50N 7.29W
Mourne Mts. N. Ireland 57 54.10N 6.02W
Moussoro Chad 103 13.41N 16.31E
Moville Rep. of Ire. 57 55.11N 7.03W
Mowming China 93 21.50N 110.58E
Moxico Angola 104 11.50S 20.05E
Moxico d. Angola 104 13.00S 21.00E
Moy N. Ireland 57 54.27N 6.43W
Moy r. Rep. of Ire. 56 54.09N 9.09W
Moyale Kenya 105 3.31N 39.04E
Moyowosi r. Tanzania 105 4.59S 30.58E
Mozdok U.S.S.R. 75 43.45N 44.43E
Mozyr U.S.S.R. 75 52.02N 29.10E
M'Pama r. Congo 104 0.59S 15.40E
Mpanda Tanzania 105 6.21S 31.01E
Mpika Zambia 105 11.52S 31.30E
Mporokoso Zambia 105 9.22S 30.06E
M'Pouya Congo 104 2.38S 16.08E
Mpwapwa Tanzania 105 6.23S 36.38E
Mrewa Rhodesia 106 17.35S 31.45E
Msaken Tunisia 70 35.42N 10.33E
Msolu r. Moçambique 105 11.40S 40.28E
Msta r. U.S.S.R. 75 58.28N 31.20E
Mtakuja Tanzania 105 7.21S 30.37E
Mtsensk U.S.S.R. 75 53.18N 36.35E
Mtwara Tanzania 105 10.17S 40.11E
Mtwara d. Tanzania 105 10.00S 38.30E
Muang Khon Kaen Thailand 94 16.25N 102.52E
Muang Lampang Thailand 94 18.16N 99.30E
Muang Nan Thailand 94 18.47N 100.50E
Muang Phitsanulok Thailand 94 16.45N 100.18E
Muang Phrae Thailand 94 18.07N 100.09E
Muara Indonesia 88 0.32S 101.20E
Mubende Uganda 105 0.30N 31.24E
Mubi Nigeria 103 10.16N 13.17E
Much Hadham England 12 51.52N 0.04E
Muchinga Mts. Zambia 105 12.15S 31.00E
Much Wenlock England 16 52.36N 2.34W
Muck i. Scotland 48 56.50N 6.14W
Muckamore N. Ireland 57 54.42N 6.11W
Muckish Mtn. Rep. of Ire. 56 55.06N 8.00W
Muckle Roe i. Scotland 48 60.22N 1.26W
Muckle Skerry i. Scotland 49 58.41N 2.53W
Muckno Lough Rep. of Ire. 57 54.07N 6.42W
Mucojo Moçambique 105 12.05S 40.26E
Mudgee Australia 108 32.37S 149.36E
Mudhnib Saudi Arabia 85 25.52N 44.15E
Muduli Zambia 106 16.45S 25.15E
Muff Rep. of Ire. 57 55.04N 7.17W
Mufulira Zambia 105 12.30S 28.12E
Mufu Shan mts. China 93 29.30N 114.45E
Mugia Spain 69 43.06N 9.14W
Muğla Turkey 71 37.12N 28.22E
Muharraq Bahrain 85 26.16N 50.38E
Muhinga Burundi 105 2.48S 30.21E
Mui Bai Bung c. S. Vietnam 94 8.37N 104.44E
Muine Bheag town Rep. of Ire. 59 52.42N 6.58W
Muirkirk Scotland 41 55.31N 4.04W
Muir of Ord f. Scotland 49 57.31N 4.28W
Mukachevo U.S.S.R. 75 48.26N 22.45E
Mukah Malaysia 88 2.56N 112.02E
Mukalla S. Yemen 101 14.34N 49.09E
Mukawa r. Japan 95 42.30N 142.20E
Mulanje Mts. Malaŵi 105 15.57S 35.33E
Mulgrave Is. Australia 89 10.05S 142.00E
Mulhacén mtn. Spain 69 37.04N 3.22W
Mülheim Nordrhein-Westfalen W. Germany 73 51.25N 6.50E
Mülheim Nordrhein-Westfalen W. Germany 73 50.58N 7.00E
Mulhouse France 72 47.45N 7.21E
Mulkear r. Rep. of Ire. 58 52.40N 8.33W
Mull i. Scotland 40 56.28N 5.56W

Mull, Sd. of to **Negro** 195

Mull, Sd. of *str.* Scotland **40** 56.32N 5.55W
Mullagh Rep. of Ire. **57** 53.49N 6.57W
Mullaghanattin *mtn.* Rep. of Ire. **58** 51.56N 9.51W
Mullaghareirk Mts. Rep. of Ire. **58** 52.19N 9.06W
Mullaghcarn *mtn.* N. Ireland **57** 54.40N 7.14W
Mullaghcleevaun *mtn.* Rep. of Ire. **59** 53.06N 6.25W
Mullaghmore *mtn.* N. Ireland **40** 54.51N 6.51W
Mullaley Australia **108** 31.06S 149.55E
Mullardoch, Loch Scotland **48** 57.19N 5.04W
Mullet Pen. Rep. of Ire. **56** 54.12N 10.04W
Mull Head Orkney Is. Scotland **49** 59.23N 2.53W
Mull Head Orkney Is. Scotland **49** 58.58N 2.42W
Mullinavat Rep. of Ire. **59** 52.22N 7.11W
Mullingar Rep. of Ire. **59** 53.31N 7.21W
Mullion England **25** 50.01N 5.15W
Mull of Galloway *c.* Scotland **40** 54.39N 4.52W
Mull of Kintyre *c.* Scotland **40** 55.17N 5.45W
Mull of Oa *c.* Scotland **40** 55.36N 6.20W
Mulobezi Zambia **104** 16.45S 25.11E
Mulrany Rep. of Ire. **56** 53.55N 9.47W
Mulroy B. Rep. of Ire. **56** 55.15N 7.47W
Multan Pakistan **86** 30.10N 71.36E
Multyfarnham Rep. of Ire. **57** 53.37N 7.24W
Mumbles Head Wales **25** 51.35N 3.58W
Mumbwa Zambia **105** 14.57S 27.01E
Muna *i.* Indonesia **89** 5.00S 122.30E
Munan Pass China **94** 21.55N 107.00E
München *see* Munich W. Germany **72**
Mundesley England **33** 52.53N 1.24E
Mundo *r.* Spain **69** 38.20N 1.50W
Mungari Moçambique **105** 17.12S 33.35E
Mungbere Zaïre **105** 2.40N 28.25E
Mungindi Australia **108** 28.58S 148.56E
Mungret Rep. of Ire. **58** 52.38N 8.42W
Munich W. Germany **72** 48.08N 11.35E
Munising U.S.A. **124** 46.24N 86.40W
Munku Sardyk *mtn.* Mongolia **77** 51.45N 100.30E
Münster W. Germany **73** 51.58N 7.37E
Muntok Indonesia **88** 2.04S 105.12E
Muonio Finland **74** 67.52N 23.45E
Muonio *r.* Sweden/Finland **74** 67.13N 23.30E
Mur *r.* Austria **72** 46.40N 16.03E
Murallón *mtn.* Argentina **129** 49.48S 73.26W
Murchison *r.* Australia **107** 27.30S 114.10E
Murchison Range *mts.* R.S.A. **106** 23.50S 30.30E
Murcia Spain **69** 37.59N 1.08W
Mures *r.* Romania **71** 46.16N 20.10E
Muret France **68** 43.28N 1.19E
Murghab *r.* Afghan. **86** 36.50N 63.00E
Müritz, L. E. Germany **72** 52.25N 12.45E
Murjo *mtn.* Indonesia **88** 6.30S 110.55E
Murle Ethiopia **105** 5.11N 36.09E
Murmansk U.S.S.R. **74** 68.59N 33.08E
Muroran Japan **95** 42.21N 140.59E
Murray *r.* Australia **108** 35.23S 139.20E
Murray Bridge *town* Australia **108** 35.10S 139.17E
Murrumbidgee *r.* Australia **108** 34.38S 143.10E
Murrurundi Australia **108** 31.47S 150.51E
Murtoa Australia **108** 36.40S 142.31E
Murud, Mt. Malaysia **88** 3.45N 115.30E
Murwara India **86** 23.49N 80.28E
Murwillumbah Australia **108** 28.20S 153.24E
Murzuq Libya **100** 25.56N 13.57E
Muş Turkey **84** 38.45N 41.30E
Musala *mtn.* Bulgaria **71** 42.11N 23.35E
Muscat Oman **85** 23.36N 58.37E
Musgrave Ranges *mts.* Australia **107** 26.30S 131.10E
Musheramore *mtn.* Rep. of Ire. **58** 52.01N 8.58W
Mushie Zaïre **104** 2.59S 16.55E
Musi *r.* Indonesia **88** 2.20S 104.57E
Muskegon U.S.A. **124** 43.13N 86.15W
Muskegon *r.* U.S.A. **124** 43.13N 86.20W
Muskingum *r.* U.S.A. **124** 39.25N 81.25W
Muskogee U.S.A. **121** 35.45N 95.21W
Musoma Tanzania **105** 1.31S 33.48E
Musselburgh Scotland **41** 55.57N 3.04W
Mussende Angola **104** 10.33S 16.02E
Mustang Nepal **87** 29.10N 83.55E
Mustjala U.S.S.R. **74** 58.30N 22.10E
Muswellbrook Australia **108** 32.17S 150.55E
Mut Turkey **84** 36.38N 33.27E
Mutankiang China **91** 44.36N 129.42E
Mutsu wan *b.* Japan **95** 41.10N 141.05E
Muwai Hakran Saudi Arabia **84** 22.41N 41.37E
Muxima Angola **104** 9.33S 13.58E
Muzaffarnagar India **86** 29.28N 77.42E
Muzaffarpur India **86** 26.07N 85.23E
Mwanza Tanzania **105** 2.30S 32.54E
Mwanza *d.* Tanzania **105** 3.00S 32.30E
Mwanza Zaïre **105** 7.51S 26.43E
Mwaya Mbeya Tanzania **105** 9.33S 33.56E
Mweelrea Mts. Rep. of Ire. **56** 53.39N 9.50W
Mweka Zaïre **104** 4.51S 21.34E
Mwene Ditu Zaïre **104** 7.04S 23.27E
Mweru, L. Zaïre/Zambia **105** 9.00S 28.40E
Mwinilunga Zambia **104** 11.44S 24.24E
Myanaung Burma **87** 18.25N 95.10E
Myingyan Burma **94** 21.22N 95.28E
Myitkyina Burma **94** 25.24N 97.25E
Mynydd Bach *mts.* Wales **24** 52.18N 4.03W
Mynydd Eppynt *mts.* Wales **24** 52.06N 3.30W
Mynydd Prescelly *mts.* Wales **24** 51.58N 4.47W
Myrdal Norway **74** 60.44N 7.08E
Mysen Norway **74** 59.33N 11.20E
Mysore India **86** 12.18N 76.37E
Mysore *d.* India **86** 14.45N 76.00E
My Tho S. Vietnam **94** 10.27N 106.20E
Mytishchi U.S.S.R. **75** 55.54N 37.47E
Mzimba Malaŵi **105** 12.00S 33.39E

N

Naas Rep. of Ire. **59** 53.13N 6.41W
Nabeul Tunisia **70** 36.28N 10.44E
Nacala Moçambique **105** 14.30S 40.37E
Nachingwea Tanzania **105** 10.21S 38.46E
Nadder *r.* England **16** 51.05N 1.52W
Naestved Denmark **74** 55.14N 11.47E
Naft Safid Iran **85** 31.38N 49.20E
Naga Phil. **89** 13.36N 123.12E
Naga Hills India **94** 26.30N 94.40E
Nagaland *d.* India **87** 26.10N 94.30E
Nagano Japan **95** 36.39N 138.10E
Nagaoka Japan **95** 37.30N 138.50E
Nagappattinam India **87** 10.45N 79.50E
Nagasaki Japan **95** 32.45N 129.52E
Nagercoil India **86** 8.11N 77.30E
Nag' Hammadi Egypt **84** 26.04N 32.13E
Nagishot Sudan **105** 4.18N 33.32E
Nagles Mts. Rep. of Ire. **58** 52.06N 8.26W
Nagoya Japan **95** 35.08N 136.53E
Nagpur India **87** 21.10N 79.12E
Nagykanizsa Hungary **71** 46.27N 17.01E
Naha Japan **91** 26.10N 127.40E
Nahavand Iran **85** 34.13N 48.23E
Nahe *r.* W. Germany **73** 49.58N 7.54E
Nahr Ouassel *r.* Algeria **69** 35.30N 2.03E
Nailsworth England **16** 51.41N 2.12W
Nain Canada **123** 56.30N 61.45W
Nain Iran **85** 32.52N 53.05E
Nairn Scotland **49** 57.35N 3.52W
Nairn *r.* Scotland **49** 57.35N 3.51W
Nairobi Kenya **105** 1.17S 36.50E
Naivasha Kenya **105** 0.44S 36.26E
Najin N. Korea **95** 42.10N 130.20E
Nakano shima *i.* Japan **95** 29.55N 129.55E
Nakatsu Japan **95** 33.37N 131.11E
Nakhichevan U.S.S.R. **85** 39.12N 45.24E
Nakhodka U.S.S.R. **95** 42.53N 132.54E
Nakhon Phanom Thailand **94** 17.22N 104.45E
Nakhon Ratchasima Thailand **94** 14.58N 102.06E
Nakhon Sawan Thailand **94** 15.42N 100.04E
Nakhon Si Thammarat Thailand **94** 8.24N 99.58E
Naknek U.S.A. **122** 58.45N 157.00W
Nakskov Denmark **72** 54.50N 11.10E
Nakuru Kenya **105** 0.16S 36.04E
Nalchik U.S.S.R. **75** 43.31N 43.38E
Nalon *r.* Spain **69** 43.35N 6.06W
Nalut Libya **100** 31.53N 10.59E
Namaki *r.* Iran **85** 31.02N 55.20E
Namanga Kenya **105** 2.33S 36.48E
Namangan U.S.S.R. **90** 40.59N 71.41E
Namapa Moçambique **105** 13.48S 39.44E
Namaponda Moçambique **105** 15.51S 39.52E
Namcha Barwa *mtn.* China **87** 29.30N 95.10E
Nam Dinh N. Vietnam **93** 20.21N 106.09E
Nametil Moçambique **105** 15.41S 39.30E
Namib Desert S.W. Africa **106** 23.30S 15.00E
Namlea Indonesia **89** 3.15S 127.07E
Nam Mun *r.* Thailand **94** 15.15N 104.50E
Nampo N. Korea **91** 38.40N 125.30E
Nampula Moçambique **105** 15.09S 39.14E
Namsos Norway **74** 64.28N 11.30E
Nam Tso *l.* China **87** 30.40N 90.30E
Namtu Burma **94** 23.04N 97.26E
Namur Belgium **73** 50.28N 4.52E
Namur *d.* Belgium **73** 50.20N 4.45E
Namurro Moçambique **105** 16.57S 39.06E
Namutoni S.W. Africa **106** 18.49S 16.55E
Namwala Zambia **105** 15.44S 26.25E
Nana Candundo Angola **104** 11.28S 23.01E
Nanaimo Canada **120** 49.08N 123.58W
Nanchang China **93** 28.37N 115.57E
Nanchung China **93** 30.53N 106.05E
Nancy France **72** 48.42N 6.12E
Nanda Devi *mtn.* India **87** 30.21N 79.50E
Nander India **86** 19.11N 77.21E
Nandewar Range *mts.* Australia **108** 30.20S 150.45E
Nanga Parbat *mtn.* Kashmir **86** 35.10N 74.35E
Nanking China **93** 32.02N 118.52E
Nan Ling *mts.* China **93** 25.10N 110.00E
Nanning China **93** 22.48N 108.18E
Nanpan Kiang *r.* China **94** 24.55N 106.05E
Nanping China **93** 26.38N 118.10E
Nanpu Chi *r.* China **93** 26.38N 118.10E
Nan Shan *mts.* China **90** 38.30N 99.20E
Nanshan Is. Asia **88** 10.30N 116.00E
Nantaise *r.* France **68** 47.12N 1.35W
Nantes France **68** 47.14N 1.35W
Nantucket I. U.S.A. **125** 41.16N 70.00W
Nantucket Sd. U.S.A. **125** 41.30N 70.15W
Nantu Ho *r.* China **93** 20.04N 110.20E
Nantung China **92** 32.02N 120.55E
Nantwich England **32** 53.05N 2.31W
Nanwan Resr. China **93** 32.05N 113.55E
Nanyang China **92** 33.07N 112.30E
Nanyuki Kenya **105** 0.01N 37.03E
Nan Yun Ho *r.* China **92** 39.10N 117.12E
Nape Laos **94** 18.18N 105.07E
Napier New Zealand **112** 39.29S 176.58E
Naples Italy **70** 40.50N 14.14E
Naples, G. of Med. Sea **70** 40.42N 14.15E
Nar *r.* England **17** 52.45N 0.24E
Nara Mali **102** 15.13N 7.20W
Naracoorte Australia **108** 36.58S 140.46E
Narayanganj Bangla. **86** 23.36N 90.28E
Narbada *r. see* NarmadaIndia **86**
Narberth Wales **25** 51.48N 4.45W
Narbonne France **68** 43.11N 3.00E
Nare Head England **25** 50.12N 4.55W
Nares Str. Canada **123** 78.30N 75.00W
Narmada *r.* India **86** 21.40N 73.00E
Narodnaya *mtn.* U.S.S.R. **61** 65.05N 60.05E
Narok Kenya **105** 1.04S 35.54E
Narooma Australia **108** 36.15S 150.06E
Narrabri Australia **108** 30.20S 149.49E
Narrandera Australia **108** 34.36S 146.34E
Narran L. Australia **108** 29.40S 147.25E
Narromine Australia **108** 32.17S 148.20E
Narsimhapur India **86** 22.58N 79.15E
Narva U.S.S.R. **74** 59.22N 28.17E
Narva *r.* U.S.S.R. **74** 59.30N 28.00E
Narvik Norway **74** 68.26N 17.25E
Naryan Mar U.S.S.R. **61** 67.37N 53.02E
Nasarawa Nigeria **103** 8.35N 7.44E
Nash Pt. Wales **25** 51.25N 3.35W
Nashville U.S.A. **121** 36.10N 86.50W
Nasik India **86** 20.00N 73.52E
Nasirabad Bangla. **86** 24.45N 90.23E
Nasratabad Iran **85** 29.54N 59.58E
Nassau Bahamas **127** 25.03N 77.20W
Nasser, L. Egypt **84** 22.40N 32.00E
Nässjö Sweden **74** 57.39N 14.40E
Natal Brazil **128** 5.46S 35.15W
Natal Indonesia **88** 0.35N 99.07E
Natal *d.* R.S.A. **106** 28.30S 31.00E
Natanz Iran **85** 33.30N 51.57E
Natchez U.S.A. **121** 31.22N 91.24W
Natitingou Dahomey **103** 10.17N 1.19E
Natron, L. Tanzania **105** 2.18S 36.05E
Natuna Besar *i.* Indonesia **88** 4.00N 108.20E
Natuna Selatan *i.* Indonesia **88** 3.00N 108.50E
Nava *r.* Zaïre **105** 1.45N 27.06E
Navalmoral de la Mata Spain **69** 39.54N 5.33W
Navan Rep. of Ire. **57** 53.39N 6.42W
Nave *i.* Scotland **40** 55.55N 6.20W
Navenby England **33** 53.07N 0.32W
Naver *r.* Scotland **49** 58.32N 4.14W
Naver, Loch Scotland **49** 58.17N 4.20W
Návpaktos Greece **71** 38.24N 21.49E
Návplion Greece **71** 37.33N 22.47E
Navrongo Ghana **102** 10.51N 1.03W
Náxos *i.* Greece **71** 37.03N 25.30E
Nayarit *d.* Mexico **126** 21.30N 104.00W
Nayland England **17** 51.59N 0.52E
Nazareth Israel **84** 32.41N 35.16E
Nazas *r.* Mexico **126** 25.34N 103.25W
Nazilli Turkey **84** 37.55N 28.20E
N'Dendé Gabon **104** 2.20S 11.23E
N'Djamene Chad **103** 12.10N 14.59E
Ndjolé Gabon **104** 0.07S 10.45E
Ndola Zambia **105** 13.00S 28.35E
Neagh, Lough N. Ireland **57** 54.36N 6.26W
Neale Rep. of Ire. **56** 53.34N 9.14W
Neath Wales **25** 51.39N 3.49W
Neath *r.* Wales **25** 51.39N 3.50W
Nebit Dag U.S.S.R. **85** 39.31N 54.24E
Nebraska *d.* U.S.A. **120** 41.30N 100.00W
Nebrodi Mts. Italy **70** 37.53N 14.32E
Neches *r.* U.S.A. **121** 29.55N 93.50W
Neckar *r.* W. Germany **72** 49.32N 8.26E
Necuto Angola **104** 4.55S 12.38E
Needham Market England **17** 52.09N 1.02E
Needles U.S.A. **120** 34.51N 114.36W
Neerpelt Belgium **73** 51.13N 5.28E
Nefyn Wales **24** 52.55N 4.31W
Negaunee U.S.A. **124** 46.31N 87.37W
Negev *des.* Israel **84** 30.42N 34.55E
Negoiu *mtn.* Romania **71** 45.36N 24.32E
Negotin Yugo. **71** 44.14N 22.33E
Negra, C. Peru **128** 6.06S 81.09W
Negrais, C. Burma **94** 16.00N 94.12E
Negro *r.* Argentina **129** 41.00S 62.48W

Negro to **Northaw** 196

Negro *r.* Brazil **128** 3.30S 60.00W
Negros *i.* Phil. **89** 10.00N 123.00E
Neikiang China **93** 29.29N 105.03E
Neisse *r.* Poland/E. Germany **72** 52.05N 14.42E
Neiva Colombia **128** 2.58N 75.15W
Nejd *d.* Saudi Arabia **84** 25.00N 45.00E
Neksö Denmark **74** 55.04N 15.09E
Nellore India **87** 14.29N 80.00E
Nelson Canada **120** 49.29N 117.17W
Nelson England **32** 53.50N 2.14W
Nelson *r.* Canada **123** 57.00N 93.20W
Nelson New Zealand **112** 41.18S 173.17E
Nelson U.S.A. **120** 35.30N 113.16W
Nelson, C. Australia **108** 38.27S 141.35E
Nelspruit R.S.A. **106** 25.30S 30.58E
Néma Mauritania **102** 16.32N 7.12W
Neman *r.* U.S.S.R. **74** 55.23N 21.15E
Nemours France **68** 48.16N 2.41E
Nemuro Japan **95** 43.22N 145.36E
Nemuro kaikyo *str.* Japan **95** 44.00N 145.50E
Nenagh Rep. of Ire. **58** 52.52N 8.13W
Nenana U.S.A. **122** 64.35N 149.20W
Nene *r.* England **33** 52.49N 0.12E
Nepal Asia **86** 28.00N 84.30E
Nephin *mtn.* Rep. of Ire. **56** 54.01N 9.22W
Nephin Beg *mtn.* Rep. of Ire. **56** 54.02N 9.38W
Nephin Beg Range *mts.* Rep. of Ire. **56** 54.00N 9.37W
Nera *r.* Italy **70** 42.33N 12.43E
Neretva *r.* Yugo. **71** 43.02N 17.28E
Nero Deep Pacific Oc. **89** 12.40N 145.50E
Nes Neth. **73** 53.27N 5.46E
Ness *f.* Scotland **48** 58.26N 6.15W
Ness, Loch Scotland **49** 57.16N 4.30W
Neston England **24** 53.17N 3.03W
Netherlands Europe **73** 52.00N 5.30E
Nether Stowey England **16** 51.10N 3.10W
Neto *r.* Italy **71** 39.12N 17.08E
Neubrandenburg E. Germany **72** 53.33N 13.16E
Neuchâtel Switz. **72** 47.00N 6.56E
Neuchâtel, Lac de Switz. **72** 46.55N 6.55E
Neuenhaus W. Germany **73** 52.30N 6.58E
Neufchâteau Belgium **73** 49.51N 5.26E
Neufchâtel France **68** 49.44N 1.26E
Neuquén Argentina **129** 38.55S 68.55W
Neuse *r.* U.S.A. **121** 35.04N 77.04W
Neusiedler, L. Austria **72** 47.52N 16.45E
Neuss W. Germany **73** 51.12N 6.42E
Neustrelitz E. Germany **72** 53.22N 13.05E
Neutral Territory Asia **85** 29.05N 45.40E
Neuwied W. Germany **73** 50.26N 7.28E
Nevada *d.* U.S.A. **120** 39.00N 117.00W
Nevada, Sierra *mts.* Spain **69** 37.04N 3.20W
Nevada, Sierra *mts.* U.S.A. **120** 37.30N 119.00W
Nevada de Cocuy, Sierra *mts.* Colombia **127** 6.15N 72.00W
Nevada de Santa Marta, Sierra *mts.* Colombia **127** 11.00N 73.30W
Nevel U.S.S.R. **75** 56.00N 29.59E
Nevers France **68** 47.00N 3.09E
Nevertire Australia **108** 31.52S 147.47E
Nevis *i.* C. America **127** 17.11N 62.35W
Nevis, Loch Scotland **48** 56.59N 5.40W
Nevşehir Turkey **84** 38.38N 34.43E
New Addington England **12** 51.21N 0.00
New Alresford England **16** 51.06N 1.10W
New Amsterdam Guyana **128** 6.18N 57.00W
Newark U.S.A. **125** 40.44N 74.11W
Newark-on-Trent England **33** 53.06N 0.48W
New Bedford U.S.A. **125** 41.38N 70.55W
New Bern U.S.A. **121** 35.05N 77.04W
Newberry U.S.A. **124** 46.22N 85.30W
Newbiggin-by-the-Sea England **41** 55.11N 1.30W
Newbridge on Wye Wales **24** 52.13N 3.27W
New Britain *i.* P.N.G. **107** 6.00S 150.00E
New Brunswick *d.* Canada **123** 47.00N 66.00W
New Brunswick U.S.A. **125** 40.29N 74.27W
Newburgh Fife Scotland **41** 56.21N 3.15W
Newburgh Grampian Scotland **49** 57.19N 2.01W
Newburgh U.S.A. **125** 41.30N 74.00W
Newbury England **16** 51.24N 1.19W
New Caledonia *i.* Pacific Oc. **137** 22.00S 165.00E
Newcastle Australia **108** 32.55S 151.46E
Newcastle N. Ireland **57** 54.13N 5.54W
Newcastle Rep. of Ire. **58** 52.16N 7.49W
Newcastle U.S.A. **120** 43.52N 104.14W
Newcastle Emlyn Wales **24** 52.02N 4.29W
Newcastleton Scotland **41** 55.21N 2.49W
Newcastle-under-Lyme England **32** 53.02N 2.15W
Newcastle upon Tyne England **41** 54.58N 1.36W
Newcastle West Rep. of Ire. **58** 52.26N 9.04W
New Cumnock Scotland **40** 55.24N 4.11W
New Deer Scotland **49** 57.31N 2.11W
New Delhi India **86** 28.37N 77.13E
New England Range *mts.* Australia **108** 30.00S 152.00E
Newent England **16** 51.56N 2.24W
New Forest *f.* England **16** 50.50N 1.35W
Newfoundland *d.* Canada **123** 55.00N 60.00W
Newfoundland *i.* Canada **123** 48.30N 56.00W
New Galloway Scotland **40** 55.05N 4.09W
New Guinea *i.* Austa. **89** 5.00S 140.00E
Newham *d.* England **12** 51.32N 0.03E
New Hampshire *d.* U.S.A. **125** 43.50N 71.45W
New Hanover *i.* Pacific Oc. **107** 2.00S 150.00E
Newhaven England **17** 50.47N 0.04E
New Haven U.S.A. **125** 41.18N 72.55W
New Hebrides *is.* Pacific Oc. **137** 16.00S 167.00E
New Holland England **33** 53.42N 0.22W
New Hythe England **12** 51.18N 0.27E
New Ireland *i.* P.N.G. **107** 2.30S 151.30E
New Jersey *d.* U.S.A. **125** 39.50N 74.45W
New London U.S.A. **125** 41.21N 72.06W
Newmarket England **17** 52.15N 0.23E
Newmarket Rep. of Ire. **58** 52.13N 9.00W
Newmarket-on-Fergus Rep. of Ire. **58** 52.46N 8.55W
New Mexico *d.* U.S.A **120** 34.00N 106.00W
New Mills England **32** 53.23N 2.00W
Newmilns Scotland **40** 55.37N 4.20W
Newnham England **16** 51.48N 2.27W
New Norfolk Australia **108** 42.46S 147.02E
New Orleans U.S.A. **121** 30.00N 90.03W
New Pitsligo Scotland **49** 57.35N 2.12W
New Plymouth New Zealand **112** 39.03S 174.04E
Newport Essex England **17** 51.58N 0.13E
Newport Hants. England **16** 50.43N 1.18W
Newport Salop England **24** 52.47N 2.22W
Newport Mayo Rep. of Ire. **56** 53.53N 9.33W
Newport Tipperary Rep. of Ire. **58** 52.42N 8.25W
Newport Ky. U.S.A. **124** 39.05N 84.27W
Newport R.I. U.S.A. **125** 41.30N 71.19W
Newport Dyfed Wales **24** 52.01N 4.51W
Newport Gwent Wales **25** 51.34N 2.59W
Newport News U.S.A. **121** 36.59N 76.26W
Newport-on-Tay Scotland **41** 56.27N 2.56W
Newport Pagnell England **16** 52.05N 0.42W
New Providence *i.* Bahamas **127** 25.03N 77.25W
Newquay England **25** 50.24N 5.06W
New Quay Wales **24** 52.13N 4.22W
New Radnor Wales **24** 52.15N 3.10W
New Romney England **17** 50.59N 0.58E
New Ross Rep. of Ire. **59** 52.24N 6.57W
Newry N. Ireland **57** 54.11N 6.20W
New Scone Scotland **41** 56.25N 3.25W
New Siberian Is. U.S.S.R. **77** 76.00N 144.00E
New South Wales *d.* Australia **108** 33.45S 147.00E
Newton Abbot England **25** 50.32N 3.37W
Newton-le-Willows England **32** 53.28N 2.38W
Newton Mearns Scotland **40** 55.46N 4.18W
Newtonmore Scotland **49** 57.04N 4.08W
Newton Stewart Scotland **57** 54.47N 4.30W
Newtown Rep. of Ire. **58** 52.20N 8.48W
Newtown Wales **24** 52.31N 3.19W
Newtownabbey N. Ireland **57** 54.40N 5.57W
Newtownards N. Ireland **57** 54.35N 5.42W
Newtown Butler N. Ireland **57** 54.11N 7.22W
Newtown Cunningham Rep. of Ire. **57** 55.00N 7.32W
Newtown Forbes Rep. of Ire. **56** 53.46N 7.50W
Newtown Hamilton N. Ireland **57** 54.11N 6.35W
Newtown Mount Kennedy Rep. of Ire. **59** 53.06N 6.07W
Newtownstewart N. Ireland **57** 54.43N 7.25W
New York U.S.A. **125** 40.40N 73.50W
New York *d.* U.S.A. **125** 42.50N 75.50W
New Zealand Austa. **112** 41.00S 175.00E
Neyland Wales **25** 51.43N 4.58W
Nezhin U.S.S.R. **75** 51.03N 31.54E
Ngambwe Rapids *f.* Zambia **104** 17.08S 24.10E
Ngami, L. Botswana **106** 20.25S 23.00E
Ngamiland *f.* Botswana **106** 20.00S 22.30E
N'Gao Congo **104** 2.28S 15.40E
Ngaoundéré Cameroon **103** 7.20N 13.35E
Ngaruroro *r.* New Zealand **112** 39.34S 176.54E
Ngauruhoe *mtn.* New Zealand **112** 37.10S 175.35E
Ngok Linh *mtn.* S. Vietnam **94** 15.04N 107.59E
Ngong Kenya **105** 1.22S 36.40E
Ngonye Falls *f.* Zambia **104** 16.35S 23.39E
Ngorongoro Crater *f.* Tanzania **105** 3.13S 35.32E
Ngozi Burundi **105** 2.52S 29.50E
Nguigmi Niger **103** 14.00N 13.11E
Nguru North-Eastern Nigeria **103** 12.53N 10.30E
Nhamacurra Moçambique **105** 17.35S 37.00E
Nhamarroi Moçambique **105** 15.58S 36.55E
Nha Trang S. Vietnam **94** 12.15N 109.10E
Nhill Australia **108** 36.20S 141.40E
Niagara Falls *town* U.S.A. **125** 43.06N 79.04W
Niamey Niger **103** 13.32N 2.05E
Niangara Zaïre **105** 3.47N 27.54E
Niapa *mtn.* Indonesia **88** 2.45N 117.30E
Nias *i.* Indonesia **88** 1.05N 97.30E
Niassa *d.* Moçambique **105** 13.00S 36.30E
Nicaragua C. America **126** 13.00N 85.00W
Nicaragua, L. Nicaragua **126** 11.30N 85.30W
Nicastro Italy **70** 38.58N 16.16E
Nice France **68** 43.42N 7.16E
Nicobar Is. India **94** 8.00N 93.30E
Nicosia Cyprus **84** 35.11N 33.23E
Nicoya, G. of Costa Rica **126** 9.30N 85.00W
Nicoya Pen. Costa Rica **126** 10.30N 85.30W
Nidd *r.* England **33** 54.01N 1.12W
Nidderdale *f.* England **32** 54.07N 1.50W
Nidelva *r.* Norway **74** 58.26N 8.44E
Niers *r.* Neth. **73** 51.43N 5.56E
Nieuwpoort Belgium **73** 51.08N 2.45E
Nieuwveld Range *mts.* R.S.A. **106** 32.00S 21.50E
Niğde Turkey **84** 37.58N 34.42E
Niger Africa **100** 17.00N 9.30E
Niger *r.* Nigeria **103** 4.15N 6.05E
Niger Delta Nigeria **103** 4.00N 6.10E
Nigeria Africa **103** 9.00N 9.00E
Niigata Japan **95** 37.58N 139.02E
Nijmegen Neth. **73** 51.50N 5.52E
Nikel U.S.S.R. **74** 69.20N 29.44E
Nikiniki Indonesia **89** 9.49S 124.29E
Nikki Dahomey **103** 9.55N 3.18E
Nikolayev U.S.S.R. **75** 46.57N 32.00E
Nikolayevsk-na-Amur U.S.S.R. **77** 53.20N 140.44E
Niksar Turkey **84** 40.35N 36.59E
Nikšić Yugo. **71** 42.48N 18.56E
Nila *i.* Indonesia **89** 6.45S 129.30E
Nile *r.* Egypt **84** 31.30N 30.25E
Nile Delta Egypt **84** 31.00N 31.00E
Nilgiri Hills India **86** 11.30N 77.30E
Nimai *r.* Burma **94** 25.44N 97.30E
Nimba, Mt. Guinea **102** 7.35N 8.28W
Nîmes France **70** 43.50N 4.21E
Nimmitabel Australia **108** 36.32S 149.19E
Nimule Sudan **105** 3.35N 32.04E
Ninety Mile Beach *f.* Australia **108** 38.07S 147.30E
Ninety Mile Beach *f.* New Zealand **112** 34.45S 173.00E
Nineveh *ruins* Iraq **84** 36.24N 43.08E
Ningpo China **93** 29.56N 121.32E
Ningsia Hui *d.* China **92** 39.00N 105.00E
Ningwu China **92** 38.59N 112.12E
Ninh Binh N. Vietnam **93** 20.11N 105.58E
Ninove Belgium **73** 50.50N 4.02E
Niobrara *r.* U.S.A. **120** 42.45N 98.10W
Nioro Mali **102** 15.12N 9.35W
Niort France **68** 46.19N 0.27W
Nipigon Canada **124** 49.02N 88.26W
Nipigon, L. Canada **124** 48.40N 88.30W
Nipissing, L. Canada **124** 46.15N 79.45W
Niriz Iran **85** 29.12N 54.17E
Niš Yugo. **71** 43.20N 21.54E
Nishapur Iran **85** 36.13N 58.49E
Niterói Brazil **129** 22.45S 43.06W
Nith *r.* Scotland **41** 55.00N 3.35W
Nithsdale *f.* Scotland **41** 55.15N 3.48W
Niut *mtn.* Indonesia **88** 1.00N 110.00E
Nivelles Belgium **73** 50.36N 4.20E
Nizamabad India **87** 18.40N 78.05E
Nizhneudinsk U.S.S.R. **77** 54.55N 99.00E
Nizhniy Tagil U.S.S.R. **61** 58.00N 59.58E
Njombe Tanzania **105** 9.20S 34.47E
Njombe *r.* Tanzania **105** 7.02S 35.55E
Njoro Tanzania **105** 5.16S 36.30E
Nkhata Bay *town* Malaŵi **105** 11.37S 34.20E
Nkhotakota Malaŵi **105** 12.55S 34.19E
Nkongsamba Cameroon **103** 4.59N 9.53E
Nobber Rep. of Ire. **57** 53.49N 6.45W
Nobeoka Japan **95** 32.36N 131.40E
Nogales Mexico **120** 31.20N 111.00W
Nogent le Rotrou France **68** 48.19N 0.50E
Noguera Ribagorzana *r.* Spain **69** 41.27N 0.25E
Noirmoutier, Île de *i.* France **68** 47.00N 2.15W
Nokia Finland **74** 61.29N 23.31E
Nola C.A.R. **103** 3.28N 16.08E
Nomab *r.* Botswana **106** 19.20S 22.05E
Nome U.S.A. **122** 64.30N 165.30W
Nong Khai Thailand **94** 17.50N 102.46E
Nongoma R.S.A. **106** 27.54S 31.40E
Noord Brabant *d.* Neth. **73** 51.37N 5.00E
Noorvik U.S.A. **122** 66.50N 161.14W
Noranda Canada **125** 48.16N 79.03W
Nord *d.* France **17** 50.49N 2.21E
Norddeich W. Germany **73** 53.35N 7.10E
Norden W. Germany **73** 53.34N 7.13E
Norderney *i.* W. Germany **73** 53.45N 7.15E
Nord Fjord *est.* Norway **74** 61.50N 6.00E
Nordhausen E. Germany **72** 51.31N 10.48E
Nordhorn W. Germany **73** 52.27N 7.05E
Nordvik U.S.S.R. **77** 73.40N 110.50E
Nore *r.* Rep. of Ire. **59** 52.25N 6.58W
Norfolk *d.* England **17** 52.39N 1.00E
Norfolk U.S.A. **121** 36.54N 76.18W
Norfolk Broads *f.* England **17** 52.43N 1.35E
Norham England **41** 55.43N 2.10W
Norilsk U.S.S.R. **77** 69.21N 88.02E
Normandie, Collines de *hills* France **68** 48.50N 0.40W
Normandy England **12** 51.15N 0.38W
Normanton Australia **107** 17.40S 141.05E
Normanton England **33** 53.41N 1.26W
Norman Wells Canada **122** 65.19N 126.46W
Nörresundby Denmark **74** 57.05N 9.52E
Norris L. U.S.A. **121** 36.20N 83.55W
Norristown U.S.A. **125** 40.07N 75.20W
Norrköping Sweden **74** 58.35N 16.10E
Norrtälje Sweden **74** 59.46N 18.43E
Northallerton England **33** 54.20N 1.26W
Northam England **25** 51.02N 4.13W
North America **114**
Northampton England **16** 52.14N 0.54W
Northamptonshire *d.* England **16** 52.18N 0.55W
Northaw England **12** 51.43N 0.09W

North Ballachulish Scotland 48 56.42N 5.11W
North Battleford Canada 122 52.47N 108.19W
North Bay town Canada 125 46.20N 79.28W
North Bend U.S.A. 120 43.26N 124.14W
North Berwick Scotland 41 56.04N 2.43W
North Beveland f. Neth. 73 51.35N 3.45E
North C. New Zealand 112 34.28S 173.00E
North C. Norway 74 71.10N 25.45E
North Canadian r. U.S.A. 121 35.30N 95.45W
North Carolina d. U.S.A. 121 35.30N 79.00W
North-Central d. Nigeria 103 10.50N 7.30E
North Channel Canada 124 46.05N 83.00W
North Channel U.K. 40 55.15N 5.52W
North China Plain f. China 92 35.00N 115.30E
North Dakota d. U.S.A. 120 47.00N 100.00W
North Donets r. U.S.S.R. 75 49.08N 37.28E
North Dorset Downs hills England 16 50.46N 2.25W
North Downs hills England 17 51.18N 0.40E
North Dvina r. U.S.S.R. 61 64.30N 40.50E
North Eastern d. Kenya 105 1.00N 40.00E
North-Eastern d. Nigeria 103 10.30N 11.35E
North East Polder f. Neth. 73 52.45N 5.45E
Northern d. Ghana 102 9.00N 1.30W
Northern Ireland U.K. 40 54.40N 6.45W
Northern Territory d. Australia 107 20.00S 133.00E
North Esk r. Scotland 49 56.45N 2.25W
North European Plain f. Europe 137 56.00N 27.00E
Northfleet England 12 51.27N 0.20E
North Foreland c. England 17 51.23N 1.26E
North Frisian Is. W. Germany 72 54.30N 8.00E
North Harris f. Scotland 48 57.58N 6.52W
North Holland d. Neth. 73 52.37N 4.50E
North Horr Kenya 105 3.19N 37.00E
North I. New Zealand 112 39.00S 175.00E
Northiam England 17 50.59N 0.39E
North Korea Asia 91 40.00N 128.00E
North Kyme England 33 53.04N 0.17W
Northleach England 16 51.49N 1.50W
North Platte U.S.A. 120 41.09N 100.45W
North Platte r. U.S.A. 120 41.09N 100.55W
North Pt. U.S.A. 124 45.02N 83.17W
North Ronaldsay i. Scotland 49 59.23N 2.26W
North Ronaldsay Firth est. Scotland 49 59.20N 2.25W
North Sd. Rep. of Ire. 58 53.11N 9.30W
North Sea Europe 60 55.00N 4.00E
North Somercotes England 33 53.28N 0.08E
North Sporades is. Greece 71 39.00N 24.00E
North Taranaki Bight b. New Zealand 112 38.45S 174.15E
North Tawton England 25 50.48N 3.55W
North Tidworth England 16 51.14N 1.40W
North Tolsta Scotland 48 58.20N 6.13W
North Truchas Peak mtn. U.S.A. 120 35.58N 105.48W
North Tyne r. England 41 54.59N 2.08W
North Uist i. Scotland 48 57.35N 7.20W
Northumberland d. England 41 55.12N 2.00W
North Vietnam Asia 94 20.00N 105.30E
North Walsham England 17 52.49N 1.22E
Northway U.S.A. 122 62.58N 142.00W
North Weald Bassett England 12 51.42N 0.12E
North-Western d. Nigeria 103 11.00N 5.30E
North West Highlands Scotland 48 57.30N 5.15W
North West River town Canada 123 53.30N 60.10W
Northwest Territories d. Canada 123 66.00N 95.00W
Northwich England 32 53.16N 2.30W
Northwood England 12 51.36N 0.25W
North York Moors hills England 33 54.21N 0.50W
North Yorkshire d. England 33 54.14N 1.14W
Norton England 33 54.08N 0.47W
Norton de Matos Angola 104 12.20S 14.45E
Norton Sound b. U.S.A. 122 63.50N 164.00W
Norwalk U.S.A. 125 41.07N 73.25W
Norway Europe 74 65.00N 13.00E
Norway House town Canada 123 53.59N 97.50W
Norwegian Sea Atlantic Oc. 78 66.00N 1.00E
Norwich England 17 52.38N 1.17E
Norwich U.S.A. 125 41.32N 72.05W
Noss, I. of Scotland 48 60.08N 1.01W
Noss Head Scotland 49 58.28N 3.03W
Nossob r. R.S.A./Botswana 106 26.54S 20.39E
Notec r. Poland 75 52.35N 14.35E
Nottingham England 33 52.57N 1.10W
Nottinghamshire d. England 33 53.10N 1.00W
Notwani r. Botswana 106 23.14S 27.30E
Nouadhibou Mauritania 102 20.54N 17.01W
Nouakchott Mauritania 100 18.09N 15.58W
Noup Head Scotland 49 59.20N 3.04W
Nouvelle Anvers Zaïre 104 1.38N 19.10E
Nova Freixo Moçambique 105 14.48S 36.32E
Nova Gaia Angola 104 10.09S 17.35E
Nova Lisboa Angola 104 12.47S 15.44E
Novara Italy 68 45.27N 8.37E
Nova Scotia d. Canada 123 45.00N 64.00W
Nova Sofala Moçambique 106 20.09S 34.42E
Novaya Ladoga U.S.S.R. 75 60.09N 32.15E
Novaya Siberia i. U.S.S.R. 77 75.20N 148.00E
Novaya Zemlya i. U.S.S.R. 76 74.00N 56.00E
Novelda Spain 69 38.24N 0.45W
Novgorod U.S.S.R. 75 58.30N 31.20E
Novi-Ligure Italy 68 44.46N 8.47E
Novi Pazar Yugo. 71 43.08N 20.28E

Novi Sad Yugo. 71 45.16N 19.52E
Novocherkassk U.S.S.R. 75 47.25N 40.05E
Novograd Volynskiy U.S.S.R. 75 50.34N 27.32E
Novogrudok U.S.S.R. 75 53.35N 25.50E
Novokazalinsk U.S.S.R. 76 45.48N 62.06E
Novokuznetsk U.S.S.R. 61 53.45N 87.12E
Novomoskovsk U.S.S.R. 75 54.06N 38.15E
Novo Redondo Angola 104 11.11S 13.52E
Novorossiysk U.S.S.R. 75 44.44N 37.46E
Novoshakhtinsk U.S.S.R. 75 47.46N 39.55E
Novosibirsk U.S.S.R. 61 55.04N 83.05E
Novy Port U.S.S.R. 78 67.38N 72.33E
Nowa Ruda Poland 72 50.34N 16.30E
Nowa Sól Poland 75 51.49N 15.41E
Nowen Hill mtn. Rep. of Ire. 58 51.42N 9.20W
Nowgong India 94 26.20N 92.41E
Nowra Australia 108 34.54S 150.36E
Nowy Sącz Poland 75 49.39N 20.40E
Noyon France 73 49.35N 3.00E
N'riquinha Angola 104 15.50S 21.40E
Nsanje Malawi 105 16.55S 35.12E
Nsukka Nigeria 103 6.51N 7.29E
Ntcheu Malawi 105 14.50S 34.45E
Nuanetsi r. Moçambique 106 22.42S 31.45E
Nuanetsi Rhodesia 106 21.22S 30.45E
Nubian Desert Sudan 101 21.00N 34.00E
Nudushan Iran 85 32.03N 53.33E
Nueces r. U.S.A. 121 27.55N 97.30W
Nueva Gerona Cuba 126 21.53N 82.49W
Nuevitas Cuba 127 21.34N 77.18W
Nuevo Laredo Mexico 120 27.30N 99.30W
Nuevo Leon d. Mexico 126 26.00N 99.00W
Nukha U.S.S.R. 85 41.12N 47.10E
Nullarbor Plain f. Australia 107 31.30S 128.00E
Numazu Japan 95 35.08N 138.50E
Nuneaton England 16 52.32N 1.29W
Nungo Moçambique 105 13.25S 37.45E
Nunivak I. U.S.A. 122 60.00N 166.30W
Nunkiang China 91 49.10N 125.15E
Nuqra Saudi Arabia 84 25.35N 41.28E
Nure r. Italy 68 45.06N 9.50E
Nurmes Finland 74 63.32N 29.10E
Nürnberg W. Germany 72 49.27N 11.05E
Nusaybin Turkey 84 37.05N 41.11E
Nu Shan mts. China 94 26.00N 99.05E
Nyakanazi Tanzania 105 3.05S 31.16E
Nyala Sudan 101 12.01N 24.50E
Nyamandhlovu Rhodesia 106 19.50S 28.15E
Nyandqe r. Moçambique 106 19.45S 34.40E
Nyanga r. Gabon 104 3.00S 10.17E
Nyanza d. Kenya 105 0.30S 34.30E
Nyanza Rwanda 105 2.20S 29.42E
Nyasa, L. see Malawi, L. Africa 105
Nybro Sweden 74 56.44N 15.55E
Nyeri Kenya 105 0.22S 36.56E
Nyika Plateau f. Malawi 105 10.25S 33.50E
Nyiru, Mt. Kenya 105 2.06N 36.44E
Nyköbing Falster Denmark 72 54.47N 11.53E
Nyköbing Thystad Denmark 74 56.49N 8.50E
Nyköping Sweden 74 58.45N 17.03E
Nylstroom R.S.A. 106 24.42S 28.20E
Nymagee Australia 108 32.05S 146.20E
Nynäshamn Sweden 74 58.54N 17.55E
Nyngan Australia 108 31.34S 147.14E
Nyong r. Cameroon 103 3.15N 9.55E
Nyons France 68 44.22N 5.08E
Nyunzu Zaïre 105 5.55S 28.00E
Nzega Tanzania 105 4.13S 33.09E
N'zérékoré Guinea 102 7.49N 8.48W

O

Oadby England 16 52.37N 1.07W
Oahe Resr. U.S.A. 120 45.45N 100.20W
Oahu i. Hawaii U.S.A. 120 21.30N 158.00W
Oakengates England 16 52.42N 2.29W
Oakham England 16 52.40N 0.43W
Oakland U.S.A. 120 37.50N 122.15W
Oakville Canada 125 43.27N 79.41W
Oamaru New Zealand 112 45.07S 170.58E
Oasis Algeria 103 22.00N 6.00E
Oaxaca Mexico 126 17.05N 96.41W
Oaxaca d. Mexico 126 17.30N 97.00W
Ob r. U.S.S.R. 76 66.50N 69.00E
Ob, G. of U.S.S.R. 76 68.30N 74.00E
Oba Canada 124 49.04N 84.07W
Oban Scotland 40 56.26N 5.28W
Obbia Somali Rep. 101 5.20N 48.30E
Oberhausen W. Germany 73 51.28N 6.51E
Obi i. Indonesia 89 1.45S 127.30E
Obihoro Japan 95 42.55N 143.00E
Obo C.A.R. 105 5.18N 26.28E
O'Briensbridge town Rep. of Ire. 58 52.45N 8.30W

Obuasi Ghana 102 6.15N 1.36W
Ocaña Spain 69 39.57N 3.30W
Occidental, Cordillera mts. Colombia 128 6.00N 76.15W
Ochil Hills Scotland 41 56.16N 3.25W
Ock r. England 16 51.40N 1.18W
Ocotlán Mexico 126 20.21N 102.42W
October Revolution i. U.S.S.R. 77 79.30N 96.00E
Ocua Moçambique 105 13.37S 39.42E
Ocussi Ambeno d. Port. Timor 89 9.15S 124.15E
Oda Ghana 102 5.55N 0.56W
Odádhahraun mts. Iceland 74 65.00N 17.30W
Odawara Japan 95 35.20N 139.08E
Odda Norway 74 60.03N 6.45E
Oddur Somali Rep. 105 4.11N 43.52E
Ödemis Turkey 71 38.12N 28.00E
Odense Denmark 74 55.24N 10.25E
Odenwald mts. W. Germany 72 49.40N 9.20E
Oder r. Europe 72 53.30N 14.36E
Odessa U.S.A. 120 31.50N 102.23W
Odessa U.S.S.R. 75 46.30N 30.46E
Odienné Ivory Coast 102 9.36N 7.32W
Odorhei Romania 71 46.18N 25.18E
Odzi r. Rhodesia 106 19.49S 32.15E
Ofanto r. Italy 70 41.22N 16.12E
Offaly d. Rep. of Ire. 59 53.15N 7.30W
Offenbach W. Germany 72 50.06N 8.46E
Offenburg W. Germany 72 48.29N 7.57E
Ogab r. S.W. Africa 106 21.10S 13.40E
Ogaki Japan 95 35.25N 136.36E
Ogbomosho Nigeria 103 8.05N 4.11E
Ogden U.S.A. 120 41.14N 111.59W
Ogdensburg U.S.A. 125 44.42N 75.31W
Ogeechee r. U.S.A. 121 32.54N 81.05W
Ogilvie Mts. Canada 114 64.43N 138.36W
Ognon r. France 68 47.20N 5.37E
Ogoja Nigeria 103 6.40N 8.45E
Ogoki r. Canada 121 51.00N 84.30W
Ogosta r. Bulgaria 71 43.44N 23.51E
Ogowe r. Gabon 104 1.00S 9.05E
Ogulin Yugo. 70 45.17N 15.14E
Ohakune New Zealand 112 39.24S 175.25E
Ohio d. U.S.A. 124 40.10N 82.20W
Ohio r. U.S.A. 124 37.07N 89.10W
Ohře r. Czech. 72 50.32N 14.08E
Ohrid Yugo. 71 41.06N 20.48E
Ohridsko, L. Albania/Yugo. 71 41.00N 20.43E
Oich r. Scotland 49 57.04N 4.46W
Oich, Loch Scotland 49 57.04N 4.46W
Oil City U.S.A. 125 41.26N 79.44W
Oilgate Rep. of Ire. 59 52.25N 6.32W
Oise r. France 68 49.00N 2.10E
Oita Japan 95 33.15N 131.40E
Ojocaliente Mexico 126 22.35N 102.18W
Oka r. U.S.S.R. 75 56.09N 43.00E
Okahandja S.W. Africa 106 21.59S 16.58E
Okaihau New Zealand 112 35.18S 173.47E
Okanogan r. U.S.A. 120 47.45N 120.05W
Okavango r. Botswana 106 18.30S 22.04E
Okavango Basin f. Botswana 106 19.30S 23.00E
Okayama Japan 95 34.40N 133.54E
Okazaki Japan 95 34.58N 137.10E
Okeechobee, L. U.S.A. 121 27.00N 80.45W
Okeefenoke Swamp f. U.S.A. 121 30.40N 82.40W
Okehampton England 25 50.44N 4.01W
Okement r. England 25 50.50N 4.04W
Okere r. Uganda 105 1.37N 33.53E
Okha India 86 22.29N 69.09E
Okha U.S.S.R. 77 53.35N 142.50E
Okhotsk U.S.S.R. 77 59.20N 143.15E
Okhotsk, Sea of U.S.S.R. 77 55.00N 150.00E
Oki gunto is. Japan 95 36.10N 133.10E
Okinawa i. Japan 91 26.30N 128.00E
Okipoko r. S.W. Africa 106 18.40S 16.03E
Okitipupa Nigeria 103 6.31N 4.50E
Oklahoma d. U.S.A. 121 35.00N 97.00W
Oklahoma City U.S.A. 121 35.28N 97.33W
Okushiri shima i. Japan 95 42.00N 139.50E
Öland i. Sweden 74 56.50N 16.50E
Olary Australia 108 32.18S 140.19E
Olbia Italy 70 40.55N 9.29E
Oldcastle Rep. of Ire. 57 53.46N 7.10W
Old Crow Canada 122 67.34N 139.43W
Oldenburg Niedersachsen West W. Germany 73 53.08N 8.13E
Oldenburg Schleswig Holstein W. Germany 72 54.17N 10.52E
Oldenzaal Neth. 73 52.19N 6.55E
Old Fletton England 17 52.34N 0.14W
Oldham England 32 53.33N 2.08W
Old Head town Rep. of Ire. 58 51.38N 8.34W
Old Head of Kinsale c. Rep. of Ire. 58 51.37N 8.33W
Old Leighlin Rep. of Ire. 59 52.44N 7.02W
Oldmeldrum Scotland 49 57.20N 2.20W
Old Rhine r. Neth. 73 52.14N 4.26E
Old Windsor England 12 51.28N 0.35W
Olean U.S.A. 125 42.05N 78.26W
Olekma r. U.S.S.R. 77 60.20N 120.30E
Olekminsk U.S.S.R. 77 60.25N 120.00E
Olenek r. U.S.S.R. 77 68.38N 112.15E
Olenek r. U.S.S.R. 77 73.00N 120.00E
Olenekskiy G. U.S.S.R. 77 74.00N 120.00E
Oléron, Île d' i. France 68 45.55N 1.16W

Olga U.S.S.R. 95 43.48N 135.17E
Olhão Portugal 69 37.01N 7.50W
Olifants r. Cape Province R.S.A. 106 31.43S 18.10E
Olifants r. Transvaal R.S.A. 106 24.08S 32.40E
Olifants r. S.W. Africa 106 25.28S 19.23E
Olivares Spain 69 39.45N 2.21W
Olney England 16 52.09N 0.42W
Ölögey Mongolia 90 48.54N 90.00E
Olomouc Czech. 75 49.38N 17.15E
Oloron France 68 43.12N 0.35W
Olot Spain 69 42.11N 2.30E
Olpe W. Germany 73 51.02N 7.52E
Olsztyn Poland 75 53.48N 20.29E
Olteniţa Romania 71 44.05N 26.31E
Oltet r. Romania 71 44.13N 24.28E
Olympus, Mt. Cyprus 84 34.55N 32.52E
Olympus, Mt. Greece 71 40.04N 22.20E
Omagh N. Ireland 57 54.35N 7.20W
Omaha U.S.A. 121 41.15N 96.00W
Oman Asia 86 22.30N 57.30E
Oman, G. of Asia 85 25.00N 58.00E
Omarama New Zealand 112 44.29S 169.59E
Omaruru S.W. Africa 106 21.28S 15.56E
Ombrone r. Italy 70 42.40N 11.00E
Omdurman Sudan 101 15.37N 32.59E
Ommen Neth. 73 52.32N 6.25E
Ömnögovǐ d. Mongolia 92 43.00N 105.00E
Omolon r. U.S.S.R. 77 68.50N 158.30E
Omono r. Japan 95 39.44N 140.05E
Omsk U.S.S.R. 61 55.00N 73.22E
Omulonga r. S.W. Africa 106 18.30S 16.15E
Omuramba Omatako r. S.W. Africa 106 17.59S 20.32E
Omuta Japan 95 33.02N 130.26E
Oña Spain 69 42.44N 3.25W
Onda Spain 69 39.58N 0.16W
Onega U.S.S.R. 61 63.57N 38.11E
Onega, L. U.S.S.R. 61 62.00N 35.30E
Oneida L. U.S.A. 125 43.13N 75.55W
Oneonta U.S.A. 125 42.28N 75.04W
Onitsha Nigeria 103 6.10N 6.47E
Onslow Village England 12 51.14N 0.36W
Onstwedde Neth. 73 53.04N 7.02E
Ontaki san mtn. Japan 95 35.55N 137.29E
Ontario d. Canada 124 47.00N 80.40W
Ontario, L. N. America 125 43.40N 78.00W
Ontonagon U.S.A. 124 46.52N 89.18W
Oosterhout Neth. 73 51.38N 4.50E
Oosthuizen Neth. 73 52.33N 5.00E
Oostmalle Belgium 73 51.18N 4.45E
Opala Zaire 104 0.42S 24.15E
Opole Poland 75 50.40N 17.56E
Oporto Portugal 69 41.09N 8.37W
Opotiki New Zealand 112 38.00S 177.18E
Opunake New Zealand 112 39.27S 173.52E
Oradea Romania 75 47.03N 21.55E
Orai India 86 26.00N 79.26E
Oran Algeria 69 35.45N 0.38W
Orange Australia 108 33.19S 149.10E
Orange France 68 44.08N 4.48E
Orange r. R.S.A. 106 28.43S 16.30E
Orange, Cabo c. Brazil 128 4.25N 51.32W
Orangeburg U.S.A. 121 33.28N 80.53W
Orange Free State d. R.S.A. 106 29.00S 26.30E
Oranjemond S.W. Africa 106 28.38S 16.24E
Oranmore Rep. of Ire. 58 53.17N 8.52W
Orbost Australia 108 37.42S 148.30E
Orchies France 73 50.28N 3.15E
Orchila i. Venezuela 127 11.52N 66.10W
Orchy r. Scotland 40 56.25N 5.02W
Ord r. Australia 107 15.30S 128.30E
Ordos des. China 92 40.00N 109.00E
Ordu Turkey 84 41.00N 37.52E
Orduna Spain 69 43.00N 3.00W
Ordzhonikidze U.S.S.R. 75 43.02N 44.43E
Örebro Sweden 74 59.17N 15.13E
Oregon d. U.S.A. 120 44.00N 120.00W
Öregrund Sweden 74 60.20N 18.30E
Orekhovo Zuyevo U.S.S.R. 75 55.47N 39.00E
Orel U.S.S.R. 75 52.58N 36.04E
Ore Mts. E. Germany 72 50.30N 12.50E
Orenburg U.S.S.R. 61 51.50N 55.00E
Orense Spain 69 42.20N 7.52W
Ore Sund str. Denmark 74 56.00N 12.30E
Oreti r. New Zealand 112 46.27S 168.14E
Orford England 17 52.06N 1.31E
Orford Ness c. England 17 52.05N 1.36E
Oriel, Mt. Rep. of Ire. 57 53.47N 6.31W
Oriental, Cordillera mts. Colombia 128 6.00N 74.00W
Oriente d. Cuba 127 20.30N 75.30W
Orihuela Spain 69 38.05N 0.56W
Orinoco r. Venezuela 127 9.00N 61.30W
Orinoco Delta f. Venezuela 127 9.00N 61.30W
Orissa d. India 87 20.15N 84.00E
Oristano Italy 70 39.53N 8.36E
Oristano, G. of Med. Sea 70 39.50N 8.30E
Ori Vesi l. Finland 74 62.20N 29.30E
Orizaba Mexico 126 18.51N 97.08W
Orkney Is. d. Scotland 49 59.00N 3.00W
Orlando U.S.A. 121 28.33N 81.21W
Orléans France 68 47.54N 1.54E

Ormiston Scotland 41 55.55N 2.56W
Ormskirk England 32 53.35N 2.53W
Orne r. France 68 49.17N 0.10W
Ornsay i. Scotland 48 57.08N 5.49W
Örnsköldsvik Sweden 74 63.19N 18.45E
Oromocto Canada 125 45.50N 66.28W
Oronsay i. Scotland 40 56.01N 6.14W
Orosei Italy 70 40.23N 9.40E
Orosei, G. of Med. Sea 70 40.15N 9.45E
Oroville U.S.A. 120 48.57N 119.27W
Orpington England 12 51.23N 0.06E
Orrin r. Scotland 49 57.33N 4.29W
Orsett England 12 51.31N 0.23E
Orsha U.S.S.R. 75 54.30N 30.23E
Orsk U.S.S.R. 61 51.13N 58.35E
Orşova Romania 71 44.42N 22.22E
Orthez France 68 43.29N 0.46W
Ortles mtn. Italy 72 46.30N 10.30E
Oruro Bolivia 128 18.05S 67.00W
Oryakhovo Bulgaria 71 43.42N 23.58E
Osaka Japan 95 34.40N 135.30E
Osa Pen. Costa Rica 126 8.20N 83.30W
Oshawa Canada 125 43.53N 78.51W
O shima i. Tosan Japan 95 34.40N 139.28E
O shima i. Hokkaido Japan 95 41.40N 139.40E
Oshogbo Nigeria 103 7.50N 4.35E
Oshwe Zaire 104 3.27S 19.32E
Osijek Yugo. 71 45.35N 18.43E
Oskarshamn Sweden 74 57.16N 16.25E
Oskol r. U.S.S.R. 75 49.08N 37.10E
Oslo Norway 74 59.56N 10.45E
Oslo Fjord est. Norway 74 59.30N 10.30E
Osmancik Turkey 84 40.58N 34.50E
Osmaniye Turkey 84 37.04N 36.15E
Osnabrück W. Germany 73 52.17N 8.03E
Osorno Spain 69 42.24N 4.22W
Oss Neth. 73 51.46N 5.31E
Ossa mtn. Greece 71 39.47N 22.41E
Ossa, Mt. Australia 108 41.52S 146.04E
Osse r. Nigeria 103 5.55N 5.15E
Ossett England 33 53.40N 1.35W
Ostashkov U.S.S.R. 75 57.09N 33.10E
Ostend Belgium 73 51.13N 2.55E
Österdal r. Sweden 74 61.03N 14.30E
Österö i. Faroe Is. 74 62.10N 7.00W
Östersund Sweden 74 63.10N 14.40E
Östhammar Sweden 74 60.15N 18.25E
Ostrava Czech. 75 49.50N 18.15E
Ostrov U.S.S.R. 74 57.22N 28.22E
Ostrów Mazowiecka Poland 75 52.50N 21.51E
Osǔm r. Bulgaria 71 43.41N 24.51E
Osumi gunto is. Japan 95 30.30N 131.00E
Osumi kaikyo str. Japan 95 31.30N 131.00E
Osuna Spain 69 37.14N 5.06W
Oswego U.S.A. 125 43.27N 76.31W
Oswestry England 24 52.52N 3.03W
Otago Pen. New Zealand 112 45.48S 170.45E
Otaru Japan 95 43.14N 140.59E
Otavi S.W. Africa 106 19.39S 17.20E
Otford England 12 51.19N 0.12E
Oti r. Ghana 102 8.43N 0.10E
Otjiwarongo S.W. Africa 106 20.29S 16.36E
Otley England 32 53.54N 1.41W
Otra r. Norway 74 58.10N 8.00E
Otranto Italy 71 40.09N 18.30E
Otranto, Str. of Med. Sea 71 40.10N 19.00E
Otta Norway 74 61.46N 9.33E
Ottawa Canada 125 45.25N 75.43W
Ottawa r. Canada 125 45.23N 73.55W
Ottawa Is. Canada 123 59.50N 80.00W
Otter r. England 25 50.38N 3.19W
Otterburn England 41 55.14N 2.10W
Ottery St. Mary England 25 50.45N 3.16W
Otway, C. Australia 108 38.51S 143.34E
Ouachita r. U.S.A. 121 33.10N 92.10W
Ouachita Mts. U.S.A. 121 34.40N 94.30W
Ouagadougou U. Volta 102 12.20N 1.40W
Ouahigouya U. Volta 102 13.31N 2.21W
Ouargla Algeria 100 32.00N 5.16E
Oudenarde Belgium 73 50.50N 3.37E
Oudtshoorn R.S.A. 106 33.35S 22.12E
Ouerk r. Algeria 69 35.15N 2.15E
Ouessant, Île d' i. France 68 48.28N 5.05W
Ouesso Congo 104 1.38N 16.03E
Ouezzane Morocco 69 34.52N 5.35W
Oughter, Lough Rep. of Ire. 57 54.01N 7.28W
Oughterard Rep. of Ire. 56 53.26N 9.21W
Ouham r. Chad 103 9.15N 18.13E
Oujda Morocco 100 34.41N 1.45W
Oulu Finland 74 65.02N 25.27E
Oulu r. Finland 74 65.04N 25.23E
Oulu Järvi l. Finland 74 64.30N 27.00E
Ounas r. Finland 74 66.33N 25.37E
Oundle England 17 52.28N 0.28W
Our r. Lux. 73 49.53N 6.16E
Ourthe r. Belgium 73 50.38N 5.36E
Ouse r. E. Sussex England 17 50.46N 0.03E
Ouse r. Humber. England 33 53.41N 0.42W
Outer Hebrides is. Scotland 48 57.40N 7.35W
Outjo S.W. Africa 106 20.08S 16.08E

Out Skerries is. Scotland 48 60.20N 0.45W
Outwell England 17 52.36N 0.15E
Ouyen Australia 108 35.06S 142.22E
Ovamboland f. S.W. Africa 106 17.45S 16.00E
Overath W. Germany 73 50.56N 7.18E
Overflakkee i. Neth. 73 51.45N 4.08E
Overijssel d. Neth. 73 52.25N 6.30E
Overton England 16 51.15N 1.15W
Overton Wales 24 52.58N 2.56W
Overuman l. Sweden 74 66.06N 14.40E
Oviedo Spain 69 43.21N 5.50W
Övörhangay d. Mongolia 92 45.00N 103.00E
Owel, Lough Rep. of Ire. 57 53.34N 7.24W
Owen Falls Dam Uganda 105 0.30N 33.07E
Oweniny r. Rep. of Ire. 56 54.08N 9.50W
Owenkillew r. N. Ireland 57 54.43N 7.22W
Owen Sound town Canada 124 44.34N 80.56W
Owen Stanley Range mts. P.N.G. 107 9.30S 148.00E
Owerri Nigeria 103 5.29N 7.02E
Owo Nigeria 103 7.10N 5.39E
Owosso U.S.A. 124 43.00N 84.11W
Oxelösund Sweden 74 58.40N 17.10E
Oxford England 16 51.45N 1.15W
Oxfordshire d. England 16 51.46N 1.10W
Oxley Australia 108 34.11S 144.10E
Oxley's Peak mtn. Australia 108 31.48S 150.17E
Oxshott England 12 51.19N 0.20W
Oxted England 12 51.16N 0.01E
Oykel r. Scotland 49 57.53N 4.21W
Oykel Bridge town Scotland 49 57.57N 4.44W
Oymyakon U.S.S.R. 77 63.30N 142.44E
Oyo Nigeria 103 7.50N 3.55E
Oyster B. Australia 108 42.10S 148.10E
Ozamiz Phil. 89 8.09N 123.59E
Ozark Plateau U.S.A. 121 36.00N 93.35W

P

Paan China 87 30.02N 99.01E
Paarl R.S.A. 106 33.45S 18.58E
Pabbay i. W. Isles Scotland 48 57.46N 7.14W
Pabbay i. W. Isles Scotland 48 56.51N 7.35W
Pabna Bangla. 86 24.00N 89.15E
Pachuca Mexico 126 20.10N 98.44W
Pacific Ocean 136
Padang Indonesia 88 0.55S 100.21E
Paddington England 12 51.31N 0.12W
Paddock Wood England 17 51.11N 0.23E
Padre I. U.S.A. 121 27.00N 97.20W
Padstow England 25 50.33N 4.57W
Padua Italy 70 45.27N 11.52E
Pag i. Yugo. 70 44.28N 15.00E
Pagai Selatan i. Indonesia 88 3.00S 100.30E
Pagai Utara i. Indonesia 88 2.40S 100.10E
Pagan i. Asia 89 18.08N 145.46E
Pagan Burma 94 21.07N 94.53E
Pager r. Uganda 105 3.05N 32.28E
Pahala Hawaii U.S.A. 120 19.12N 155.28W
Paible Scotland 48 57.35N 7.27W
Paicheng China 92 45.40N 122.52E
Paijänne l. Finland 74 61.30N 25.30E
Paimboeuf France 68 47.14N 2.01W
Painesville U.S.A. 124 41.43N 81.15W
Painswick England 16 51.47N 2.11W
Paisley Scotland 40 55.50N 4.26W
Pai Tu Hu l. China 93 30.50N 117.06E
Pakanbaru Indonesia 88 0.33N 101.20E
Pakhoi China 93 21.29N 109.09E
Pakistan Asia 86 30.00N 70.00E
Pak Lay Laos 88 18.10N 101.24E
Pakse Laos 94 15.07N 105.47E
Pakokku Burma 94 21.20N 95.10E
Pakwach Uganda 105 2.27N 31.18E
Palana U.S.S.R. 77 59.05N 159.59E
Palapye Botswana 106 22.37S 27.06E
Palau Is. Asia 89 7.00N 134.25E
Palawan i. Phil. 88 9.30N 118.30E
Paldiski U.S.S.R. 75 59.22N 24.08E
Palembang Indonesia 88 2.59S 104.50E
Palencia Spain 69 42.01N 4.34W
Palenque Mexico 126 17.32N 91.59W
Palermo Italy 70 38.09N 13.22E
Palit, C. Albania 71 41.24N 19.23E
Palk Str. India/Sri Lanka 87 10.00N 79.40E
Pallasgreen Rep. of Ire. 58 52.34N 8.20W
Pallaskenry Rep. of Ire. 58 52.39N 8.52W
Palliser, C. New Zealand 112 41.35S 175.15E
Palma Moçambique 105 10.48S 40.25E
Palma Spain 69 39.36N 2.39E
Palma, B. of Spain 69 39.30N 2.40E
Palma del Rio Spain 69 37.43N 5.17W
Palmas, C. Liberia 102 4.30N 7.55W
Palmas, G. of Med. Sea 70 39.00N 8.30E

Palmeirinhas, Punta das Angola 104 9.09S 12.58E
Palmerston New Zealand 112 45.30S 170.42E
Palmerston North New Zealand 112 40.20S 175.39E
Palmi Italy 70 38.22N 15.50E
Palmira Colombia 128 3.33N 76.17W
Palm Springs town U.S.A. 120 33.49N 116.34W
Palmyra Syria 84 34.36N 38.15E
Palmyras Pt. India 87 20.40N 87.00E
Paloh Indonesia 88 1.46N 109.17E
Palopo Indonesia 88 3.01S 120.12E
Pamekasan Indonesia 88 7.11S 113.50E
Pamiers France 68 43.07N 1.36E
Pamirs mts. U.S.S.R. 90 37.50N 73.30E
Pampa U.S.A. 120 35.32N 100.58W
Pampas f. Argentina 129 35.00S 63.00W
Pamplona Colombia 127 7.24N 72.38W
Pamplona Spain 69 42.49N 1.39W
Panama C. America 127 9.00N 80.00W
Panamá, G. of Panama 127 8.30N 79.00W
Panama Canal Zone C. America 127 9.10N 79.55W
Panamá City Panama 127 8.57N 79.30W
Panama City U.S.A. 121 30.10N 85.41W
Panay i. Phil. 89 11.10N 122.30E
Panevežys U.S.S.R. 74 55.44N 24.24E
Pangani Tanga Tanzania 105 5.21S 39.00E
Pangi Zaïre 105 3.10S 26.38E
Pangkalpinang Indonesia 88 2.05S 106.09E
Pangnirtung Canada 123 66.05N 65.45W
Pantano del Esla l. Spain 69 41.40N 5.50W
Pantelleria i. Italy 70 36.48N 12.00E
Paoki China 92 34.20N 107.17E
Páola Italy 70 39.21N 16.03E
Paoshan China 87 25.07N 99.08E
Paoting China 92 38.50N 115.26E
Paotow China 92 40.35N 109.59E
Papa Stour i. Scotland 48 60.20N 1.42W
Papa Westray i. Scotland 49 59.22N 2.54W
Papenburg W. Germany 73 53.05N 7.25E
Paphos Cyprus 84 34.45N 32.25E
Paps of Jura mts. Scotland 40 55.55N 6.00W
Papua, G. of P.N.G. 89 8.50S 145.00E
Papua New Guinea Austa. 89 6.00S 143.00E
Paracel Is. Asia 88 16.20N 112.00E
Paragua r. Venezuela 127 6.45N 63.00W
Paraguaná Pen. Venezuela 127 12.00N 70.00W
Paraguay r. Argentina 129 27.30S 58.50W
Paraguay S. America 129 23.00S 58.00W
Parakou Dahomey 103 9.23N 2.40E
Paramaribo Surinam 128 5.50N 55.14W
Paraná Argentina 129 31.45S 60.30W
Paraná r. Argentina 129 34.00S 58.30W
Parece Vela i. Asia 89 20.24N 136.02E
Parepare Indonesia 88 4.03S 119.40E
Paria, G. of Venezuela 127 10.30N 62.00W
Pariaman Indonesia 88 0.36S 100.09E
Paria Pen. Venezuela 127 10.45N 62.30W
Paris France 68 48.52N 2.20E
Park f. Scotland 48 58.05N 6.32W
Parkano Finland 74 62.03N 23.00E
Parker Dam U.S.A. 120 34.25N 114.05W
Parkersburg U.S.A. 124 39.17N 81.33W
Parkes Australia 108 33.10S 148.13E
Park Falls town U.S.A. 124 45.57N 90.28W
Parma Italy 70 44.48N 10.18E
Parnaíba r. Brazil 128 3.00S 42.00W
Parnassos mtn. Greece 71 38.33N 22.35E
Pärnu U.S.S.R. 74 58.28N 24.30E
Pärnu r. U.S.S.R. 74 58.23N 24.32E
Paroo r. Australia 108 31.30S 143.34E
Paropamisus Mts. Afghan. 85 34.30N 63.30E
Páros i. Greece 71 37.04N 25.11E
Parral Mexico 120 26.58N 105.40W
Parramatta Australia 108 33.50S 150.57E
Parrett r. England 16 51.10N 3.00W
Parry, C. Greenland 123 76.50N 71.00W
Parry Is. Canada 123 76.00N 102.00W
Parry Sound town Canada 124 45.21N 80.03W
Partabpur India 86 23.28N 83.15E
Parthenay France 68 46.39N 0.14W
Partry Rep. of Ire. 56 53.42N 9.17W
Partry Mts. Rep. of Ire. 56 53.39N 9.30W
Parys R.S.A. 106 26.55S 27.28E
Pasadena U.S.A. 120 34.10N 118.09W
Pas de Calais d. France 17 50.30N 2.30E
Paso de Bermejo f. Argentina 129 32.50S 70.00W
Paso Socompa f. Chile 129 24.27S 68.18W
Passage East town Rep. of Ire. 59 52.14N 7.00W
Passage West Rep. of Ire. 58 51.52N 8.20W
Passau W. Germany 72 48.35N 13.28E
Passero, C. Italy 70 36.40N 15.08E
Pass of Thermopylae Greece 71 38.47N 22.34E
Pasto Colombia 128 1.12N 77.17W
Pasvik r. Norway 74 69.45N 30.00E
Patagonia f. Argentina 129 45.00S 68.00W
Pate I. Kenya 105 2.08S 41.02E
Pateley Bridge town England 32 54.05N 1.45W
Paterson U.S.A. 125 40.55N 74.10W
Pathari India 86 23.56N 78.12E
Pathfinder Resr. U.S.A. 120 42.25N 106.55W
Patiala India 86 30.21N 76.27E

Patkai Hills Burma 94 26.30N 95.30E
Patna India 86 25.37N 85.12E
Patna Scotland 40 55.22N 4.30W
Patos, L. Brazil 129 31.00S 51.10W
Patras Greece 71 38.15N 21.45E
Patras, G. of Med. Sea 71 38.15N 21.35E
Patrickswell Rep. of Ire. 58 52.36N 8.43W
Patrington England 33 53.41N 0.02W
Patuca r. Honduras 126 30.48N 84.25W
Pau France 68 43.18N 0.22W
Pauillac France 68 45.12N 0.44W
Pavia Italy 68 45.12N 9.09E
Pavlodar U.S.S.R. 61 52.21N 76.59E
Pavlograd U.S.S.R. 75 48.34N 35.50E
Pawtucket U.S.A. 125 41.53N 71.23W
Payne r. Canada 123 60.00N 69.45W
Peace r. Canada 122 59.00N 111.26W
Peace River town Canada 122 56.15N 117.18W
Peace River Resr. Canada 122 55.00N 126.00W
Peak Hill town Australia 108 32.47S 148.13E
Peale, Mt. U.S.A. 120 38.26N 109.14W
Pearl r. U.S.A. 125 30.15N 89.25W
Peary Land f. Greenland 114 83.00N 35.00W
Pebane Moçambique 105 17.14S 38.10E
Pec Yugo. 71 42.40N 20.17E
Pechenga U.S.S.R. 74 69.28N 31.04E
Pechora r. U.S.S.R. 61 68.10N 54.00E
Pechora G. U.S.S.R. 76 69.00N 56.00E
Pecos U.S.A. 126 31.25N 103.30W
Pecos r. U.S.A. 120 29.45N 101.25W
Pécs Hungary 71 46.05N 18.14E
Peebinga Australia 108 34.55S 140.57E
Peebles Scotland 41 55.39N 3.12W
Peel r. Canada 68.13N 135.00W
Peel I.o.M. 32 54.14N 4.42W
Peel f. Neth. 73 51.30N 5.50E
Peel Fell mtn. England/Scotland 41 55.17N 2.35W
Peene r. E. Germany 72 53.53N 13.49E
Pegasus B. New Zealand 112 43.15S 173.00E
Pegu Burma 94 17.20N 96.36E
Pegu Yoma mts. Burma 94 18.30N 96.00E
Pegwell B. England 17 51.18N 1.25E
Pehan China 91 48.17N 126.33E
Peh Kiang r. China 93 23.19N 112.51E
Pei Kiangsu Canal China 92 33.40N 119.40E
Peipus, L. U.S.S.R. 74 58.30N 27.30E
Pekalongan Indonesia 88 6.54S 109.37E
Peking China 92 39.52N 116.20E
Pelat, Mont mtn. France 68 44.17N 6.41E
Pelee, Pt. Canada 124 41.45N 82.09W
Peleng i. Indonesia 89 1.30S 123.10E
Pelly r. Canada 122 62.50N 137.35W
Pelotas Brazil 129 31.45S 52.20W
Pematangsiantar Indonesia 88 2.59N 99.01E
Pemba I. Tanzania 105 5.10S 39.45E
Pembridge England 16 52.13N 2.54W
Pembroke Canada 125 45.49N 77.08W
Pembroke Wales 25 51.41N 4.57W
Penang I. Malaysia 94 5.26N 100.15E
Peñaranda de Bracamonte Spain 69 40.54N 5.13W
Penarth Wales 25 51.26N 3.11W
Peñas, Cabo de Spain 69 43.42N 5.52W
Pende r. Chad 103 7.30N 16.20E
Pendembu Eastern Sierra Leone 102 8.09N 10.42W
Pendine Wales 25 51.44N 4.33W
Pendle Hill England 32 53.52N 2.18W
Penganga r. India 87 18.52N 79.56E
Penge England 12 51.25N 0.04W
Penghu Liehtao is. Taiwan 93 23.35N 119.32E
Pengpu China 92 32.53N 117.26E
Penicuik Scotland 41 55.49N 3.13W
Penistone England 32 53.31N 1.38W
Penki China 92 41.21N 123.47E
Penmaenmawr Wales 24 53.16N 3.54W
Pennsylvania d. U.S.A. 125 41.00N 75.45W
Penny Highland Canada 123 67.10N 66.50W
Penola Australia 108 37.23S 140.21E
Penonomé Panamá 127 8.30N 80.20W
Penrhyndeudraeth Wales 24 52.56N 4.04W
Penrith Australia 108 33.47S 150.44E
Penrith England 32 54.40N 2.45W
Penryn England 25 50.10N 5.07W
Pensacola U.S.A. 121 30.30N 87.12W
Penticton Canada 120 49.29N 119.38W
Pentire Pt. England 25 50.35N 4.55W
Pentland Firth str. Scotland 49 58.40N 3.00W
Pentland Hills Scotland 41 55.50N 3.20W
Pen-y-ghent mtn. England 32 54.10N 2.14W
Pen-y-groes Wales 24 53.03N 4.18W
Penza U.S.S.R. 75 53.11N 45.00E
Penzance England 25 50.07N 5.32W
Penzhina, G. of U.S.S.R. 77 61.00N 163.00E
Peoria U.S.A. 124 40.43N 89.38W
Pereira Colombia 128 4.47N 75.46W
Perekop U.S.S.R. 75 46.10N 33.42E
Peribonca r. Canada 121 48.50N 72.00W
Périgueux France 68 45.12N 0.44E
Perija, Sierra de mts. Venezuela 127 9.00N 73.00W
Perim i. Asia 101 12.40N 43.24E
Perito Moreno Argentina 129 46.35S 71.00W

Perm U.S.S.R. 61 58.01N 56.10E
Pernik see Dimitrovo Bulgaria 71
Péronne France 73 49.56N 2.57E
Perpignan France 68 42.42N 2.54E
Perranporth England 25 50.21N 5.09W
Persepolis ruins Iran 85 29.55N 53.00E
Pershore England 16 52.07N 2.04W
Persian G. Asia 85 27.00N 50.00E
Perth Australia 107 31.58S 115.49E
Perth Scotland 41 56.24N 3.28W
Perth Amboy U.S.A. 125 40.32N 74.17W
Peru S. America 128 10.00S 75.00W
Peru U.S.A. 124 40.45N 86.04W
Peru-Chile Trench Pacific Oc. 129 23.00S 71.30W
Perugia Italy 70 43.06N 12.24E
Péruwelz Belgium 73 50.32N 3.36E
Pésaro Italy 70 43.54N 12.54E
Pescara Italy 70 42.27N 14.13E
Pescara r. Italy 70 42.28N 14.13E
Peshawar Pakistan 86 34.01N 71.40E
Petatlán Mexico 126 17.31N 101.16W
Petauke Zambia 105 14.16S 31.21E
Peterborough Australia 108 33.00S 138.51E
Peterborough Canada 125 44.19N 78.20W
Peterborough England 33 52.35N 0.14W
Peterhead Scotland 49 57.30N 1.46W
Peterlee England 41 54.45N 1.18W
Petersfield England 16 51.00N 0.56W
Petra ruins Jordan 84 30.19N 35.26E
Petrich Bulgaria 71 41.25N 23.13E
Petropavlovsk U.S.S.R. 61 54.53N 69.13E
Petropavlovsk Kamchatskiy U.S.S.R. 77 53.03N 158.43E
Petrópolis Brazil 129 22.30S 43.02W
Petrovsk Zabaykal'skiy U.S.S.R. 77 51.20N 108.55E
Petrozavodsk U.S.S.R. 61 61.46N 34.19E
Pettigo Rep. of Ire. 56 54.33N 7.52W
Petworth England 16 50.59N 0.37W
Pewsey England 16 51.20N 1.46W
Pézenas France 68 43.28N 3.25E
Pforzheim W. Germany 72 48.53N 8.41E
Phan Rang S. Vietnam 94 11.34N 109.00E
Phan Thuot S. Vietnam 94 11.00N 108.06E
Phet Buri Thailand 94 13.00N 99.58E
Philadelphia U.S.A. 125 40.00N 75.10W
Philippeville Belgium 73 50.12N 4.32E
Philippine Is. Asia 137 10.00N 124.00E
Philippines Asia 89 13.00N 123.00E
Philippine Trench Pacific Oc. 89 8.45N 127.20E
Philip Smith Mts. U.S.A. 114 68.30N 147.00W
Philipstown R.S.A. 106 30.26S 24.28E
Phnom Penh Cambodia 94 11.35N 104.50E
Phoenix U.S.A. 120 33.30N 111.55W
Phong Saly Laos 94 21.40N 102.11E
Phou Atwät mtn. Laos 94 16.00N 107.20E
Phou Bia mtn. Laos 94 18.58N 103.20E
Phou Loi mtn. Laos 94 20.16N 103.18E
Phou Miang mtn. Thailand 94 16.55N 101.00E
Phu Dien N. Vietnam 93 19.00N 105.35E
Phukao Miang mtn. Thailand 87 16.50N 101.00E
Phuket Thailand 94 7.55N 98.23E
Phuket i. Thailand 88 8.10N 98.20E
Phu Ly N. Vietnam 93 20.30N 105.58E
Phu Quoc i. Cambodia 94 10.20N 104.00E
Piacenza Italy 70 45.03N 9.42E
Piangil Australia 108 35.04S 143.20E
Pianosa i. Italy 70 42.35N 10.05E
Piave r. Italy 70 45.33N 12.45E
Pic r. Canada 124 48.35N 86.17W
Picardy f. France 68 49.47N 2.45E
Pickering England 33 54.15N 0.46W
Pickwick L. U.S.A. 121 35.00N 88.10W
Picton Canada 125 44.01N 77.09W
Picton New Zealand 112 41.17S 174.02E
Picton, Mt. Australia 108 43.10S 146.30E
Piedras Negras Mexico 120 28.45N 100.32W
Pieksämäki Finland 74 62.18N 27.10E
Pielinen l. Finland 74 63.20N 29.50E
Piepan Kiang r. China 94 25.10N 107.00E
Pierowall Scotland 49 59.19N 3.00W
Pierre U.S.A. 120 44.23N 100.20W
Pietermaritzburg R.S.A. 106 29.36S 30.24E
Pietersburg R.S.A. 106 23.54S 29.23E
Piet Retief R.S.A. 106 27.00S 30.49E
Pigailoe i. Asia 89 8.08N 146.40E
Pikes Peak U.S.A. 120 38.50N 105.03W
Piketberg R.S.A. 106 32.55S 18.45E
Pifa Poland 72 53.09N 16.44E
Pilcomayo r. Argentina/Paraguay 129 25.15S 57.43W
Pilgrim's Hatch England 12 51.37N 0.15E
Pilgrims Rest R.S.A. 106 24.55S 30.44E
Pilibhit India 86 28.37N 79.48E
Pílos Greece 71 36.55N 21.40E
Pinarbaşi Turkey 84 38.43N 36.23E
Pinar del Rio Cuba 126 22.24N 83.42W
Pinar del Rio d. Cuba 126 22.30N 83.30W
Pindus Mts. Albania/Greece 71 39.40N 21.00E
Pine Bluff U.S.A. 121 34.13N 92.00W
Pines, I. of Cuba 126 21.40N 82.40W
Ping r. Thailand 94 15.47N 100.05E
Pingliang China 92 35.21N 107.12E

Pingsiang China 93 27.36N 113.48E
Pingsiang China 93 22.07N 106.42E
Pingtingshan China 92 41.28N 124.45E
Pingtung Taiwan 93 22.44N 120.30E
Pini i. Indonesia 88 0.10N 98.30E
Pinnaroo Australia 108 35.18S 140.54E
Pinner England 12 51.36N 0.23W
Pinsk U.S.S.R. 75 52.08N 26.01E
Piombino Italy 70 42.56N 10.30E
Piqua U.S.A. 124 40.08N 84.14W
Piracicaba Brazil 129 22.20S 47.40W
Piraeus Greece 71 37.56N 23.38E
Pirbright England 12 51.18N 0.39W
Pírgos Greece 71 37.42N 21.27E
Pirna E. Germany 72 50.58N 13.58E
Pirot Yugo. 71 43.10N 22.32E
Pisa Italy 70 43.43N 10.24E
Pisciotta Italy 70 40.08N 15.12E
Pisuerga r. Spain 69 41.35N 5.40W
Pita Guinea 102 11.05N 12.15W
Pitea Sweden 74 65.19N 21.30E
Pitești Romania 71 44.52N 24.51E
Pitlochry Scotland 49 56.43N 3.45W
Pittenweem Scotland 41 56.13N 2.44W
Pittsburgh U.S.A. 124 40.26N 80.00W
Plain of Bornu f. Nigeria 103 12.30N 13.00E
Plasencia Spain 69 40.02N 6.05W
Platani r. Italy 70 37.24N 13.15E
Platí, C. Greece 71 40.26N 23.59E
Platinum U.S.A. 122 59.00N 161.50W
Platte r. U.S.A. 121 41.05N 96.50W
Plattsburgh U.S.A. 125 44.42N 73.29W
Plauen E. Germany 72 50.29N 12.08E
Pleiku S. Vietnam 94 13.57N 108.01E
Plenty, B. of New Zealand 112 37.40S 176.50E
Pleven Bulgaria 71 43.25N 24.39E
Pljevlja Yugo. 71 43.22N 19.22E
Ploești Romania 71 44.57N 26.02E
Plomb du Cantal mtn. France 68 45.04N 2.45E
Plombières France 72 47.58N 6.28E
Ploudalmézeau France 68 48.33N 4.39W
Plovdiv Bulgaria 71 42.09N 24.45E
Plumtree Rhodesia 106 20.30S 27.50E
Plym r. England 25 50.21N 4.06W
Plymouth England 25 50.23N 4.09W
Plymouth Ind. U.S.A. 124 41.20N 86.19W
Plymouth Mass. U.S.A. 125 41.58N 70.40W
Plympton England 25 50.24N 4.02W
Plzeň Czech. 72 49.45N 13.22E
Po r. Italy 70 44.51N 12.30E
Pô U. Volta 102 11.11N 1.10W
Pobé Dahomey 103 7.00N 2.56E
Pobeda, Mt. U.S.S.R. 77 65.20N 145.50E
Pobedy mtn. China 90 42.09N 80.12E
Pobla de Segur Spain 69 42.15N 0.58E
Pocatello U.S.A. 120 42.53N 112.26W
Pocklington England 33 53.56N 0.48W
Podolsk U.S.S.R. 75 55.23N 37.32E
Podor Senegal 102 16.35N 15.02W
Pods Brook r. England 12 51.52N 0.33E
Pofadder R.S.A. 106 29.09S 19.25E
Poh Indonesia 89 1.00S 122.50E
Po Hai Wan b. China 92 38.30N 117.55E
Pohang S. Korea 95 36.10N 129.26E
Pohsien China 92 33.50N 115.46E
Pointe-à-Pitre Guadeloupe 127 16.14N 61.32W
Pointe Noire town Congo 104 4.46S 11.53E
Poipet Cambodia 94 13.41N 102.42E
Poitiers France 68 46.35N 0.20E
Pokhara Nepal 86 28.14N 83.58E
Poko Zaire 105 3.08N 26.51E
Pokotu China 91 48.45N 121.58E
Poland Europe 75 52.30N 19.00E
Polatli Turkey 84 39.34N 32.08E
Polden Hills England 16 51.07N 2.50W
Polegate England 17 50.49N 0.15E
Policastro, G. of Med. Sea 70 40.00N 15.35E
Poligny France 68 46.50N 4.42E
Pollina mtn. Italy 70 39.53N 16.11E
Pollnalaght mtn. N. Ireland 57 54.34N 7.26W
Polperro England 25 50.19N 4.31W
Poltava U.S.S.R. 75 49.35N 34.35E
Pombal Portugal 69 39.55N 8.38W
Ponce Puerto Rico 127 18.00N 66.40W
Pondicherry India 87 11.59N 79.50E
Pond Inlet str. Canada 123 72.30N 75.00W
Ponferrada Spain 69 42.32N 6.31W
Pongola r. Moçambique 106 26.13S 32.38E
Ponnyadaung Range mts. Burma 94 22.30N 94.20E
Ponta Grossa Brazil 129 25.07S 50.00W
Pont-à-Mousson France 72 48.55N 6.03E
Pontardawe Wales 25 51.44N 3.51W
Pontardulais Wales 25 51.42N 4.03W
Pontchartrain, L. U.S.A. 126 30.50N 90.00W
Pontefract England 33 53.42N 1.19W
Ponteland England 41 55.03N 1.43W
Ponterwyd Wales 24 52.25N 3.50W
Pontevedra Spain 69 42.25N 8.39W
Pontiac U.S.A. 124 42.39N 83.18W

Pontianak Indonesia 88 0.05S 109.16E
Pontine Is. Italy 70 40.56N 12.58E
Pontine Mts. Turkey 84 40.32N 38.00E
Pontoise France 68 49.03N 2.05E
Pontrilas England 16 51.56N 2.53W
Pontypool Wales 25 51.42N 3.01W
Pontypridd Wales 16 51.36N 3.21W
Poole England 16 50.42N 2.02W
Poole B. England 16 50.40N 1.55W
Poolewe Scotland 48 57.45N 5.37W
Pooley Bridge town England 32 54.37N 2.49W
Poona India 86 18.34N 73.58E
Poopó, L. Bolivia 129 19.00S 67.00W
Poperinge Belgium 73 50.51N 2.44E
Poplar England 12 51.31N 0.01E
Poplar Bluff U.S.A. 121 36.40N 90.25W
Popocatépetl mtn. Mexico 126 19.02N 98.38W
Popokabaka Zaïre 104 5.41S 16.40E
Porahat India 86 22.35N 85.27E
Porbandar India 86 21.40N 69.40E
Porcupine r. U.S.A. 122 66.25N 145.20W
Pori Finland 61 61.28N 21.45E
Porkkala Finland 74 60.00N 24.25E
Porlamar Venezuela 127 11.01N 63.54W
Porlock England 25 51.14N 3.36W
Pornic France 68 47.07N 2.05W
Pornivir Colombia 128 4.45N 71.24W
Poronaysk U.S.S.R. 77 49.13N 142.55E
Porsanger est. Norway 74 70.30N 25.45E
Porsgrunn Norway 74 59.10N 9.40E
Porsuk r. Turkey 84 39.41N 31.56E
Port Adelaide Australia 108 34.52S 138.30E
Portadown N. Ireland 57 54.25N 6.27W
Portaferry N. Ireland 57 54.23N 5.33W
Portage U.S.A. 124 43.33N 89.29W
Portage la Prairie town Canada 120 50.01N 98.20W
Portalegre Portugal 69 39.17N 7.25W
Port Alfred R.S.A. 106 33.36S 26.54E
Port Angeles U.S.A. 120 48.06N 123.26W
Port Antonio Jamaica 127 18.10N 76.27W
Portarlington Rep. of Ire. 59 53.10N 7.12W
Port Arthur Australia 108 43.08S 147.50E
Port Arthur U.S.A. 121 29.55N 93.56W
Port Askaig Scotland 40 55.51N 6.07W
Port Augusta Australia 107 32.30S 137.46E
Port-au-Prince Haiti 127 18.33N 72.20W
Port Austin U.S.A. 124 44.04N 82.59W
Port aux Basques Canada 123 47.35N 59.10W
Port Bannatyne Scotland 40 55.52N 5.04W
Port Blair India 94 11.40N 92.40E
Port Bou Spain 69 42.25N 3.09E
Port Bouet Ivory Coast 102 5.14N 3.58W
Port Burwell Canada 124 42.39N 80.47W
Port Cartier Canada 123 50.03N 66.46W
Port Charlotte Scotland 40 55.45N 6.23W
Port Dinorwic Wales 24 53.11N 4.12W
Port Elizabeth R.S.A. 106 33.58S 25.36E
Port Ellen Scotland 40 55.38N 6.12W
Port Erin I.o.M. 57 54.05N 4.46W
Port-Eynon Wales 25 51.33N 4.13W
Port Gentil Gabon 104 0.40S 8.46E
Port Glasgow Scotland 40 55.56N 4.40W
Portglenone N. Ireland 40 54.52N 6.30W
Port Harcourt Nigeria 103 4.43N 7.05E
Port Harrison Canada 123 58.25N 78.18W
Porthcawl Wales 25 51.28N 3.42W
Port Hedland Australia 107 20.24S 118.36E
Port Huron U.S.A. 124 42.59N 82.28W
Portimão Portugal 69 37.08N 8.32W
Port Isaac B. England 25 50.36N 4.50W
Portishead England 16 51.29N 2.46W
Portiței Mouth f. Romania 71 44.40N 29.00E
Port Kelang Malaysia 88 2.57N 101.24E
Port Kembla Australia 108 34.30S 150.54E
Portknockie Scotland 49 57.42N 2.52W
Portland Australia 108 38.21S 141.38E
Portland Ind. U.S.A. 124 40.25N 84.58W
Portland Maine U.S.A. 125 43.41N 70.18W
Portland Oreg. U.S.A. 120 45.32N 122.40W
Portland, C. Australia 108 40.43S 148.08E
Portland, I. of England 25 50.32N 2.25W
Port Laoise Rep. of Ire. 59 53.02N 7.19W
Port Logan Scotland 40 54.43N 4.57W
Port Loko Sierra Leone 102 8.50N 12.50W
Port Macquarie Australia 108 31.28S 152.25E
Portmadoc Wales 24 52.55N 4.08W
Portmagee Rep. of Ire. 58 51.53N 10.22W
Portmahomack Scotland 49 57.49N 3.50W
Portmarnock Rep. of Ire. 59 53.25N 6.09W
Port Moresby P.N.G. 89 9.30S 147.07E
Portnacroish Scotland 48 56.25N 5.22W
Portnaguiran Scotland 48 58.15N 6.10W
Portnahaven Scotland 55 55.41N 6.31W
Port Nelson Canada 123 57.10N 92.35W
Port Nolloth R.S.A. 106 29.17S 16.51E
Port-Nouveau Québec Canada 123 58.35N 65.59W
Pôrto see Oporto Portugal 69
Pôrto Alegre Brazil 129 30.03S 51.10W
Porto Alexandre Angola 104 15.55S 11.51E
Porto Alexandre Nat. Park Angola 104 16.40S 12.00E

Porto Amboim Angola 104 10.45S 13.43E
Porto Amelia Moçambique 105 13.02S 40.30E
Port of Ness Scotland 48 58.30N 6.13W
Port of Spain Trinidad 127 10.38N 61.31W
Pörtom Finland 74 62.44N 21.35E
Porton England 16 51.08N 1.44W
Porto-Novo Dahomey 103 6.30N 2.47E
Porto Torres Italy 70 40.49N 8.24E
Porto Vecchio France 68 41.35N 9.16E
Pôrto Velho Brazil 128 8.45S 63.54W
Portpatrick Scotland 40 54.51N 5.07W
Port Phillip B. Australia 108 38.05S 144.50E
Port Pirie Australia 108 33.11S 138.01E
Portreath England 25 50.15N 5.17W
Portree Scotland 48 57.24N 6.12W
Portrush N. Ireland 57 55.12N 6.40W
Port Safâga Egypt 84 26.45N 33.55E
Port Said Egypt 84 31.17N 32.18E
Port St. Johns R.S.A. 106 31.37S 29.32E
Port St. Louis France 68 43.25N 4.40E
Portsalon Rep. of Ire. 57 55.12N 7.38W
Port Shepstone R.S.A. 106 30.44S 30.28E
Portskerra Scotland 49 58.33N 3.55W
Portsmouth England 16 50.48N 1.06W
Portsmouth N.H. U.S.A. 125 43.03N 70.47W
Portsmouth Ohio U.S.A. 124 38.45N 82.59W
Portsoy Scotland 49 57.41N 2.41W
Portstewart N. Ireland 57 55.10N 6.43W
Port Sudan Sudan 101 19.39N 37.01E
Port Talbot Wales 25 51.35N 3.48W
Portugal Europe 69 39.30N 8.05W
Portugalia Angola 104 7.25S 20.43E
Portuguese Timor Austa. 89 9.00S 126.00E
Portumna Rep. of Ire. 58 53.06N 8.14W
Port Vendres France 68 42.31N 3.06E
Port Victoria Kenya 105 0.07N 34.00E
Port William Scotland 40 54.46N 4.35W
Porz W. Germany 73 50.53N 7.05E
Posadas Argentina 129 27.25S 55.48W
Poso Indonesia 89 1.23S 120.45E
Postmasburg R.S.A. 106 28.20S 23.05E
Potchefstroom R.S.A. 106 26.42S 27.06E
Potenza Italy 70 40.40N 15.47E
Potgietersrus R.S.A. 106 24.15S 28.55E
Poti U.S.S.R. 75 42.11N 41.41E
Potiskum Nigeria 103 11.40N 11.03E
Potomac r. U.S.A. 125 38.35N 77.00W
Potosí Bolivia 129 19.34S 65.45W
Potsdam E. Germany 72 52.24N 13.04E
Potters Bar England 12 51.42N 0.11W
Potter Street England 12 51.46N 0.08E
Poughkeepsie U.S.A. 125 41.43N 73.56W
Póvoa de Varzim Portugal 69 41.22N 8.46W
Povorino U.S.S.R. 75 51.12N 42.15E
Powder r. U.S.A. 120 46.40N 105.15W
Powell, L. U.S.A. 120 37.30N 110.45W
Power Head Rep. of Ire. 58 51.47N 8.15W
Powys d. Wales 24 52.26N 3.26W
Poyang Hu l. China 93 29.10N 116.20E
Poyntzpass N. Ireland 57 54.16N 6.24W
Požarevac Yugo. 71 44.38N 21.12E
Poza Rica Mexico 126 20.34N 97.26W
Poznań Poland 72 52.25N 16.53E
Pozoblanco Spain 69 38.23N 4.51W
Prachuap Khiri Khan Thailand 94 11.50N 99.49E
Prades France 68 42.38N 2.25E
Prague Czech. 72 50.05N 14.25E
Praha see Prague Czech. 72
Prato Italy 70 43.52N 10.50E
Pratt's Bottom England 12 51.21N 0.06E
Prawle Pt. England 25 50.12N 3.43W
Preesall England 32 53.55N 2.58W
Preparis i. Burma 94 14.51N 93.38E
Prescot England 32 53.27N 2.49W
Prescott U.S.A. 120 34.34N 112.28W
Prespa, L. Albania/Greece/Yugo. 71 40.53N 21.02E
Presque Isle town U.S.A. 125 46.42N 68.01W
Prestatyn Wales 24 53.20N 3.24W
Prestea Ghana 102 5.26N 2.07W
Presteigne Wales 24 52.17N 3.00W
Preston England 32 53.46N 2.42W
Prestonpans Scotland 41 55.57N 3.00W
Prestwick Scotland 40 55.30N 4.36W
Prestwood England 12 51.42N 0.43W
Pretoria R.S.A. 106 25.45S 28.12E
Préveza Greece 71 38.58N 20.43E
Prieska R.S.A. 106 29.40S 22.45E
Prikumsk U.S.S.R. 75 44.46N 44.10E
Prilep Yugo. 71 41.20N 21.32E
Priluki U.S.S.R. 75 50.35N 32.24E
Primorsk U.S.S.R. 74 60.18N 28.35E
Prince Albert Canada 122 53.13N 105.45W
Prince Albert R.S.A. 106 33.15S 22.03E
Prince Alfred C. Canada 122 74.30N 125.00W
Prince Charles I. Canada 123 67.50N 76.00W
Prince Edward I. Canada 121 46.15N 64.00W
Prince Edward Is. Indian Oc. 137 47.00S 37.00E
Prince Edward Island d. Canada 123 46.15N 63.10W
Prince George Canada 122 53.55N 122.49W
Prince of Wales, C. U.S.A. 122 66.00N 168.30W

Prince of Wales I. to Rathvilly

Prince of Wales I. Australia **89** 10.55S 142.05E
Prince of Wales I. Canada **123** 73.00N 99.00W
Prince of Wales I. U.S.A. **122** 55.00N 132.30W
Prince Patrick I. Canada **122** 77.00N 120.00W
Prince Rupert Canada **122** 54.09N 130.20W
Princes Risborough England **16** 51.43N 0.50W
Princeton U.S.A. **124** 38.21N 87.33W
Princetown England **25** 50.33N 4.00W
Principe i. Africa **103** 1.37N 7.27E
Prinzapolca Nicaragua **126** 13.19N 83.35W
Pripet r. U.S.S.R. **75** 51.08N 30.30E
Pripet Marshes f. U.S.S.R. **75** 52.15N 28.00E
Priština Yugo. **71** 42.39N 21.10E
Prizren Yugo. **71** 42.13N 20.42E
Progreso Mexico **126** 21.20N 89.40W
Prokopyevsk U.S.S.R. **76** 53.55N 86.45E
Prome Burma **94** 18.50N 95.14E
Providence U.S.A. **125** 41.50N 71.25W
Provideniya U.S.S.R. **122** 64.30N 173.11W
Provins France **68** 48.34N 3.18E
Provo U.S.A. **120** 40.15N 111.40W
Prudhoe England **41** 54.58N 1.51W
Prüm W. Germany **73** 50.12N 6.25E
Prüm r. W. Germany **73** 49.50N 6.29E
Prut r. Romania/U.S.S.R. **71** 45.29N 28.14E
Przemyśl Poland **75** 49.48N 22.48E
Przhevalsk U.S.S.R. **90** 42.31N 78.22E
Psará i. Greece **71** 38.34N 25.35E
Psel r. U.S.S.R. **75** 49.03N 33.26E
Pskov U.S.S.R. **74** 57.48N 28.00E
Pskov, L. U.S.S.R. **75** 58.00N 28.00E
Puddletown England **16** 50.45N 2.21W
Pudsey England **32** 53.47N 1.40W
Puebla Mexico **126** 19.03N 98.10W
Puebla d. Mexico **126** 18.30N 98.00W
Pueblo U.S.A. **120** 38.17N 104.38W
Puente Genil Spain **69** 37.24N 4.46W
Puerto Armuelles Panamá **126** 8.19N 82.15W
Puerto Barrios Guatemala **126** 15.41N 88.32W
Puerto Cabello Venezuela **127** 10.29N 68.02W
Puerto Cabezas Nicaragua **126** 14.02N 83.24W
Puerto Carreño Colombia **127** 6.00N 67.35W
Puerto Cortes Honduras **126** 15.50N 87.55W
Puerto de Santa Maria Spain **69** 36.36N 6.14W
Puerto Juárez Mexico **126** 21.26N 86.51W
Puerto la Cruz Venezuela **127** 10.14N 64.40W
Puertollano Spain **69** 38.41N 4.07W
Puerto Montt Chile **129** 41.28S 73.00W
Puerto Natales Chile **129** 51.41S 72.15W
Puerto Penasco Mexico **120** 31.20N 113.35W
Puerto Plata Dom. Rep. **127** 19.48N 70.41W
Puerto Princesa Phil. **88** 9.46N 118.45E
Puerto Quepos Costa Rica **126** 9.28N 84.10W
Puerto Rico C. America **127** 18.20N 66.30W
Puerto Rico Trench Atlantic Oc. **127** 19.50N 66.00W
Puffin I. Rep. of Ire. **58** 51.50N 10.25W
Puffin I. Wales **24** 53.18N 4.04W
Pujehun Sierra Leone **102** 7.23N 11.44W
Pukaki, L. New Zealand **112** 44.00S 170.10E
Pukekohe New Zealand **112** 37.12S 174.56E
Pula Yugo. **70** 44.52N 13.53E
Pulantien China **92** 39.27N 121.48E
Pulaski U.S.A. **125** 43.34N 76.06W
Pulborough England **17** 50.58N 0.30W
Pulog, Mt. Phil. **89** 16.50N 120.50E
Pultusk Poland **75** 52.42N 21.02E
Pulvar r. Iran **85** 29.50N 52.47E
Pumlumon Fawr mtn. Wales **24** 52.28N 3.47W
Pumpsaint Wales **24** 52.03N 3.58W
Punjab d. India **86** 30.30N 75.15E
Puno Peru **128** 15.53S 70.03W
Punta Arenas town Chile **129** 53.10S 70.56W
Punta Gorda town Belize **126** 16.10N 88.45W
Puntarenas Costa Rica **126** 10.00N 84.50W
Pur r. U.S.S.R. **76** 67.30N 75.30E
Purfleet England **12** 51.29N 0.15E
Puri India **87** 19.49N 85.54E
Purley England **12** 51.21N 0.07W
Purnea India **86** 25.47N 87.28E
Pursat Cambodia **94** 12.30N 104.00E
Purulia India **86** 23.20N 86.24E
Purus r. Brazil **128** 3.15S 61.30W
Puru Vesi l. Finland **74** 62.00N 29.50E
Pusan S. Korea **91** 35.05N 129.02E
Pushkin U.S.S.R. **75** 59.43N 30.22E
Pustoshka U.S.S.R. **75** 56.20N 29.20E
Putao Burma **87** 27.22N 97.27E
Putien China **93** 25.29N 119.04E
Putjak Djaja mtn. Indonesia **89** 4.00S 137.15E
Putney England **12** 51.28N 0.14W
Putoran Mts. U.S.S.R. **77** 68.30N 96.00E
Puttalam Sri Lanka **87** 8.02N 79.50E
Putumayo r. Brazil **128** 3.00S 67.30W
Puula Vesi l. Finland **74** 63.45N 25.25E
Puy de Dôme mtn. France **68** 45.46N 2.56E
Puysegur Pt. New Zealand **112** 46.10S 166.35E
Pweto Zaire **105** 8.27S 28.52E
Pwllheli Wales **24** 52.53N 4.25W
Pya, L. U.S.S.R. **74** 66.00N 31.00E
Pyasina r. U.S.S.R. **77** 73.10N 84.55E

Pyatigorsk U.S.S.R. **75** 44.04N 43.06E
Pyha r. Finland **74** 64.30N 24.20E
Pyhä-järvi l. Finland **74** 61.00N 22.10E
Pyhajoki Finland **74** 64.28N 24.15E
Pyinmana Burma **94** 19.45N 96.12E
Pyongyang N. Korea **91** 39.00N 125.47E
Pyramid L. U.S.A. **120** 40.00N 119.35W
Pyrénées mts. France/Spain **68** 42.40N 0.30E
Pytalovo U.S.S.R. **74** 57.30N 27.57E

Q

Qara Egypt **84** 29.38N 26.30E
Qasr Farafra Egypt **84** 27.05N 28.00E
Qasrqand Iran **85** 26.13N 60.37E
Qatar Asia **85** 25.20N 51.10E
Qatif Saudi Arabia **85** 26.31N 5.00E
Qattara Depression f. Egypt **84** 29.40N 27.30E
Qayen Iran **85** 33.44N 59.07E
Qazvin Iran **85** 36.16N 50.00E
Qena Egypt **84** 26.08N 32.42E
Qena, Wadi r. Egypt **84** 26.07N 32.42E
Qishm Iran **85** 26.58N 57.17E
Qishm i. Iran **85** 26.48N 55.48E
Qishn S. Yemen **86** 15.25N 51.40E
Qizil Uzun r. Iran **85** 36.44N 49.27E
Qom Iran **85** 34.40N 50.57E
Quang Ngai S. Vietnam **94** 15.09N 108.50E
Quang Tri S. Vietnam **94** 16.44N 107.10E
Quan Long S. Vietnam **94** 9.11N 105.09E
Quantock Hills England **16** 51.06N 3.12W
Qu'Appelle r. Canada **120** 49.40N 99.40W
Quchan Iran **85** 37.04N 58.29E
Queanbeyan Australia **108** 35.24S 149.17E
Quebec Canada **125** 46.50N 71.15W
Quebec d. Canada **123** 51.00N 70.00W
Quebrabasa Gorge f. Moçambique **105** 15.34S 33.00E
Queenborough England **17** 51.24N 0.46E
Queen Charlotte Is. Canada **122** 53.00N 132.30W
Queen Charlotte Sd. Canada **114** 51.30N 130.00W
Queen Charlotte Str. Canada **122** 51.00N 129.00W
Queen Elizabeth Is. Canada **123** 78.30N 99.00W
Queen Maud G. Canada **123** 68.30N 99.00W
Queen Maud Land Antarctica **134** 74.00S 10.00E
Queensberry mtn. Scotland **41** 55.16N 3.36W
Queensferry Scotland **41** 56.01N 3.24W
Queensland d. Australia **107** 23.30S 144.00E
Queenstown Australia **108** 42.07S 145.33E
Queenstown New Zealand **112** 45.03S 168.41E
Queenstown R.S.A. **106** 31.54S 26.53E
Quela Angola **104** 9.18S 17.05E
Quelimane Moçambique **105** 17.53S 36.57E
Quelpart i. S. Korea **91** 33.20N 126.30E
Que Que Rhodesia **106** 18.55S 29.51E
Querétaro Mexico **126** 20.38N 100.23W
Querétaro d. Mexico **126** 21.03N 100.00W
Quesnel Canada **122** 53.03N 122.31W
Quetta Pakistan **86** 30.15N 67.00E
Quezaltenango Guatemala **126** 14.50N 91.30W
Quezon City Phil. **89** 14.59N 121.01E
Qufa des. U.A.E. **85** 23.30N 53.30E
Quibala Angola **104** 10.48S 14.56E
Quibaxi Angola **104** 8.34S 14.37E
Quiberon France **68** 47.29N 3.07W
Quicama Nat. Park Angola **104** 9.40S 13.30E
Quilengues Angola **104** 14.09S 14.04E
Quill Lakes Canada **120** 51.50N 104.10W
Quimbele Angola **104** 6.29S 16.25E
Quimper France **68** 48.00N 4.06W
Quimperlé France **68** 47.52N 3.33W
Quincy Ill. U.S.A. **124** 39.55N 91.22W
Quincy Mass. U.S.A. **125** 42.14N 71.00W
Quintana Roo d. Mexico **126** 19.00N 88.00W
Quinto Spain **69** 41.25N 0.30W
Quirigua ruins Guatemala **126** 15.20N 89.25W
Quirindi Australia **108** 31.32S 150.44E
Quissanga Moçambique **105** 12.24S 40.33E
Quissico Moçambique **106** 24.42S 34.44E
Quito Ecuador **128** 0.14S 78.30W
Quoich, Loch Scotland **48** 57.04N 5.15W
Quoile r. N. Ireland **57** 54.20N 5.42W
Quorn Australia **108** 32.20S 138.02E
Quoyness Scotland **49** 58.54N 3.17W
Quseir Egypt **84** 26.04N 34.15E
Qutur Iran **85** 38.28N 44.25E

R

Raalte Neth. **73** 52.22N 6.17E
Raasay i. Scotland **48** 57.25N 6.05W
Raasay, Sd. of Scotland **48** 57.25N 6.05W
Raba Indonesia **88** 8.27S 118.45E
Rabat Morocco **100** 34.02N 6.51W
Racine U.S.A. **124** 42.42N 87.50W
Radcliffe England **32** 53.35N 2.19W
Radhwa, Jebel mtn. Saudi Arabia **84** 24.36N 38.18E
Radlett England **12** 51.42N 0.20W
Radom Poland **75** 51.26N 21.10E
Radomir Bulgaria **71** 42.32N 22.56E
Radstock England **16** 51.17N 2.25W
Rae Bareli India **86** 26.14N 81.14E
Rafai C.A.R. **104** 4.56N 23.55E
Rafsanjan Iran **85** 30.24N 56.00E
Raglan Wales **25** 51.46N 2.51W
Ragusa Italy **70** 36.56N 14.44E
Rahbur Iran **85** 29.18N 56.56E
Raichur India **86** 16.15N 77.20E
Raiganj India **86** 25.38N 88.11E
Raigarh India **86** 21.53N 83.28E
Rainford England **32** 53.30N 2.48W
Rainham G.L. England **12** 51.31N 0.12E
Rainham Kent England **17** 51.23N 0.36E
Rainier, Mt. U.S.A. **120** 46.52N 121.45W
Rainy L. Canada **124** 48.40N 93.15W
Raipur India **87** 21.16N 81.42E
Raja mtn. Indonesia **88** 0.45S 112.45E
Rajahmundry India **87** 17.01N 81.52E
Rajang r. Malaysia **88** 2.10N 112.45E
Rajapalaiyam India **86** 9.26N 77.36E
Rajasthan d. India **86** 27.00N 74.00E
Rajgarh India **86** 24.01N 76.42E
Rajkot India **86** 22.18N 70.53E
Rajshahi Bangla. **86** 24.24N 88.40E
Rakaia r. New Zealand **112** 43.52S 172.13E
Rakvere U.S.S.R. **74** 59.22N 26.28E
Raleigh U.S.A. **121** 35.46N 78.39W
Rama Nicaragua **126** 12.09N 84.15W
Ramah Saudi Arabia **85** 25.33N 47.08E
Rame Head England **25** 50.18N 4.13W
Ramelton Rep. of Ire. **57** 55.02N 7.40W
Ramhormoz Iran **85** 31.14N 49.37E
Ramillies Belgium **73** 50.39N 4.56E
Ramishk Iran **85** 26.52N 58.46E
Râmnicu Sarat Romania **71** 45.24N 27.06E
Ramor, Lough Rep. of Ire. **57** 53.49N 7.05W
Rampur India **86** 28.48N 79.03E
Ramree I. Burma **87** 19.10N 93.40E
Ramsar Iran **85** 36.54N 50.41E
Ramsbottom England **32** 53.38N 2.20W
Ramsey England **17** 52.27N 0.06W
Ramsey I.o.M. **32** 54.19N 4.23W
Ramsey i. Wales **24** 51.53N 5.21W
Ramsey B. I.o.M. **32** 54.20N 4.20W
Ramsgate England **17** 51.20N 1.25E
Ranchi India **86** 23.22N 85.20E
Randalstown N. Ireland **57** 54.45N 6.20W
Randers Denmark **74** 56.28N 10.03E
Ranfurly New Zealand **112** 45.08S 170.08E
Rangiora New Zealand **112** 43.18S 172.38E
Rangitaiki r. New Zealand **112** 37.55S 176.50E
Rangoon Burma **94** 16.47N 96.10E
Rangpur Bangla. **86** 25.45N 89.21E
Rannoch, Loch Scotland **49** 56.41N 4.20W
Rannoch Moor f. Scotland **49** 56.38N 4.40W
Rann of Kutch f. India **86** 23.50N 69.50E
Ranobe r. Malagasy Rep. **105** 17.20S 44.05E
Rantauparapat Indonesia **88** 2.05N 99.46E
Rantekombola mtn. Indonesia **88** 3.30S 119.58E
Rao Co mtn. Laos **94** 18.10N 105.25E
Rapallo Italy **68** 44.20N 9.14E
Rapid City U.S.A. **120** 44.06N 103.14W
Raqqa Syria **84** 35.57N 39.03E
Ras al Hadd c. Oman **85** 22.32N 59.49E
Ras Banas c. Egypt **84** 23.54N 35.48E
Ras Dashan mtn. Ethiopia **101** 13.20N 38.10E
Rasht Iran **85** 37.18N 49.38E
Ras Madraka c. Oman **86** 19.00N 57.55E
Ras Muhammad c. Egypt **84** 27.42N 34.13E
Rass Saudi Arabia **84** 25.54N 43.30E
Ras Tanura c. Saudi Arabia **85** 26.40N 50.10E
Rathangan Rep. of Ire. **59** 53.13N 7.00W
Rathcoole Rep. of Ire. **59** 53.17N 6.30W
Rathcormack Rep. of Ire. **58** 52.05N 8.18W
Rathdowney Rep. of Ire. **59** 52.51N 7.35W
Rathdrum Rep. of Ire. **59** 52.56N 6.15W
Rathfriland N. Ireland **57** 54.14N 6.10W
Rathkeale Rep. of Ire. **58** 52.30N 8.57W
Rathlin I. N. Ireland **57** 55.18N 6.12W
Rathlin O'Byrne Is. Rep. of Ire. **56** 54.40N 8.51W
Rathlin Sd. N. Ireland **57** 55.15N 6.15W
Rath Luirc Rep. of Ire. **58** 52.21N 8.41W
Rathmore Rep. of Ire. **58** 52.05N 9.12W
Rathmullen Rep. of Ire. **57** 55.06N 7.34W
Rathnew Rep. of Ire. **59** 53.01N 6.06W
Rathvilly Rep. of Ire. **59** 52.52N 6.43W

Ratlam India 86 23.18N 75.06E
Raton U.S.A. 120 36.54N 104.27W
Rattray Head Scotland 49 57.37N 1.50W
Rättvik Sweden 74 60.56N 15.10E
Raukumara Range mts. New Zealand 112 38.00S 177.45E
Rauma Finland 74 61.09N 21.30E
Raunds England 17 52.21N 0.33W
Ravar Iran 85 31.14N 56.51E
Ravenna Italy 70 44.25N 12.12E
Ravi r. Pakistan 86 30.30N 72.13E
Rawalpindi Pakistan 86 33.40N 73.08E
Rawlinna Australia 107 31.00S 125.21E
Rawlins U.S.A. 120 41.46N 107.16W
Rawmarsh England 33 53.27N 1.20W
Rawtenstall England 32 53.42N 2.18W
Rayen Iran 85 29.34N 57.26E
Rayleigh England 12 51.36N 0.36E
Razan Iran 85 35.22N 49.02E
Razgrad Bulgaria 71 43.32N 26.30E
Ré, Ile de i. France 68 46.10N 1.26W
Reading England 16 51.27N 0.57W
Reading U.S.A. 125 40.20N 75.55W
Reay Forest f. Scotland 49 58.17N 4.48W
Rebun jima i. Japan 95 45.25N 141.04E
Recess Rep. of Ire. 58 53.28N 9.44W
Recife Brazil 128 8.06S 34.53W
Recklinghausen W. Germany 73 51.36N 7.11E
Red r. Canada 121 50.30N 96.50W
Red r. N. Vietnam 94 20.15N 106.25E
Red r. U.S.A. 121 31.10N 92.00W
Red B. N. Ireland 57 55.05N 6.02W
Red Basin f. China 93 31.00N 106.00E
Red Bluff U.S.A. 120 40.11N 122.16W
Redbourn England 12 51.48N 0.24W
Redbridge England 12 51.35N 0.06E
Redcar England 33 54.37N 1.04W
Redcross Rep. of Ire. 59 52.53N 6.09W
Red Deer Canada 122 52.15N 113.48W
Red Deer r. Canada 120 50.55N 110.00W
Redding U.S.A. 120 40.35N 122.24W
Redditch England 16 52.18N 1.57W
Rede r. England 41 55.08N 2.13W
Redhill England 12 51.14N 0.11W
Red L. U.S.A. 121 48.00N 95.00W
Red Lake town Canada 121 50.59N 93.40W
Redpoint Scotland 48 57.39N 5.49W
Red River Delta N. Vietnam 94 20.30N 106.40E
Redruth England 25 50.14N 5.14W
Red Sea Africa/Asia 101 20.00N 39.00E
Red Tower Pass Romania 71 45.37N 24.17E
Red Volta r. Ghana 102 10.32N 0.31W
Red Wharf B. Wales 24 53.20N 4.10W
Ree, Lough Rep. of Ire. 58 53.31N 7.58W
Reedham England 17 52.34N 1.33E
Reefton New Zealand 112 42.05S 171.51E
Regen r. W. Germany 72 49.02N 12.03E
Regensburg W. Germany 72 49.01N 12.07E
Reggan Algeria 100 26.30N 0.30E
Reggio Calabria Italy 70 38.07N 15.38E
Reggio Emilia-Romagnaltaly 70 44.40N 10.37E
Regina Canada 120 50.30N 104.38W
Rehoboth S.W. Africa 106 23.18S 17.03E
Reigate England 12 51.14N 0.13W
Reims France 68 49.15N 4.02E
Reindeer L. Canada 122 57.00N 102.20W
Reinosa Mexico 126 26.09N 97.10W
Reinosa Spain 69 43.01N 4.09W
Reiss Scotland 49 58.28N 3.09W
Rembang Indonesia 88 6.45S 111.22E
Remich Lux. 73 49.34N 6.23E
Remscheid W. Germany 73 51.10N 7.11E
Renaix Belgium 73 50.45N 3.36E
Renfrew Canada 125 45.28N 76.44W
Renfrew Scotland 40 55.52N 4.23W
Rengat Indonesia 88 0.26S 102.35E
Reni U.S.S.R. 71 45.28N 28.17E
Renish Pt. Scotland 48 57.43N 6.58W
Renkum Neth. 73 51.59N 5.46E
Renmark Australia 108 34.10S 140.45E
Rennes France 68 48.06N 1.40W
Reno r. Italy 70 44.36N 12.17E
Reno U.S.A. 120 39.32N 119.49W
Renvyle Pt. Rep. of Ire. 56 53.37N 10.04W
Republican r. U.S.A. 121 39.05N 94.50W
Republic of Ireland Europe 58 53.00N 8.00W
Republic of South Africa Africa 106 28.30S 24.50E
Requena Spain 69 39.29N 1.08W
Resistencia Argentina 129 27.28S 59.00W
Resolute Canada 123 74.40N 95.00W
Resolution I. New Zealand 112 45.40S 166.30E
Resort, Loch Scotland 48 58.03N 6.56W
Rethel France 73 49.31N 4.22E
Réthimnon Greece 71 35.22N 24.29E
Réunion i. Indian Oc. 137 22.00S 55.00E
Reus Spain 69 41.10N 1.06E
Reutlingen W. Germany 72 48.30N 9.13E
Revelstoke Canada 120 51.00N 118.12W
Revilla Gigedo Is. Mexico 115 19.00N 111.00W
Revue r. Moçambique 106 19.58S 34.40E
Rewa India 86 24.32N 81.18E

Reykjavik Iceland 74 64.09N 21.58W
Rezaiyeh Iran 85 37.32N 45.02E
Rēzekne U.S.S.R. 74 56.30N 27.22E
Rhayader Wales 24 52.19N 3.30W
Rheden Neth. 73 52.01N 6.02E
Rheine W. Germany 73 52.17N 7.26E
Rhenen Neth. 73 51.58N 5.34E
Rheydt W. Germany 73 51.10N 6.25E
Rhine r. Europe 73 51.53N 6.03E
Rhinelander U.S.A. 124 45.39N 89.23W
Rhinns of Kells hills Scotland 40 55.08N 4.21W
Rhinns Pt. Scotland 40 55.40N 6.29W
Rhino Camp town Uganda 105 2.58N 31.20E
Rhode Island d. U.S.A. 125 43.30N 71.35W
Rhodes Greece 71 36.24N 28.15E
Rhodes i. Greece 71 36.12N 28.00E
Rhodesia Africa 106 18.55S 30.00E
Rhodope Mts. Bulgaria 71 41.35N 24.35E
Rhondda Wales 25 51.39N 3.30W
Rhondda Valley f. Wales 25 51.38N 3.29W
Rhône r. France 68 43.25N 4.45E
Rhosllanerchrugog Wales 24 53.03N 3.04W
Rhosneigr Wales 24 53.14N 4.31W
Rhum i. Scotland 48 57.00N 6.20W
Rhum, Sd. of str. Scotland 48 56.57N 6.15W
Rhyddhywel mtn. Wales 24 52.25N 3.27W
Rhyl Wales 24 53.19N 3.29W
Riau Is. Indonesia 88 0.50N 104.00E
Rib r. England 12 51.48N 0.04W
Ribadeo Spain 69 43.32N 7.04W
Ribauè Moçambique 105 14.57S 38.27E
Ribble r. England 32 53.45N 2.44W
Ribblesdale f. England 32 54.03N 2.17W
Ribeirão Prêto Brazil 129 21.09S 47.48W
Riberac France 68 45.14N 0.22E
Riccall England 33 53.50N 1.04W
Richelieu r. Canada 125 46.02N 73.03W
Richland U.S.A. 120 46.20N 119.17W
Richmond England 32 54.24N 1.43W
Richmond Cape Province R.S.A. 106 31.25S 23.57E
Richmond Ind. U.S.A. 124 39.50N 84.51W
Richmond Va. U.S.A. 121 37.34N 77.27W
Richmond Park f. England 12 51.26N 0.13W
Richmond-upon-Thames England 12 51.26N 0.17W
Rickmansworth England 12 51.39N 0.29W
Ridderkirk Neth. 73 51.53N 4.39E
Rieti Italy 70 42.24N 12.53E
Rift Valley d. Kenya 105 1.00N 36.00E
Riga U.S.S.R. 74 56.53N 24.08E
Riga, G. of U.S.S.R. 74 57.30N 23.50E
Rigan Iran 85 28.40N 58.58E
Rigmati Iran 85 27.40N 58.11E
Rihand Dam India 86 24.09N 83.02E
Riihimaki Finland 74 60.45N 24.45E
Rijeka Yugo. 70 45.20N 14.25E
Rijswijk Neth. 73 52.03N 4.22E
Rima, Wadi r. Saudi Arabia 84 26.10N 44.00E
Rimini Italy 70 44.01N 12.34E
Rimouski Canada 125 48.27N 68.32W
Ringköbing Denmark 74 56.06N 8.15E
Ringvassöy i. Norway 74 70.00N 19.00E
Ringwood England 16 50.50N 1.48W
Rinrawros Pt. Rep. of Ire. 56 55.01N 8.34W
Riobamba Ecuador 128 1.44S 78.40W
Rio Branco town Brazil 128 10.00S 67.49W
Rio de Janeiro town Brazil 129 22.50S 43.17W
Rio Gallegos town Argentina 129 51.35S 69.15W
Rio Grande town Brazil 129 32.03S 52.18W
Rio Grande r. Mexico/U.S.A. 126 25.55N 97.08W
Río Grande r. Nicaragua 126 12.48N 83.30W
Riohacha Colombia 127 11.34N 72.58W
Riosucio Colombia 127 7.25N 77.05W
Ripley Derbys. England 33 53.03N 1.24W
Ripley Surrey England 12 51.18N 0.29W
Ripon England 33 54.08N 1.31W
Risca Wales 25 51.36N 3.06W
Risha, Wadi r. Saudi Arabia 85 25.40N 44.08E
Rishiri jima i. Japan 95 45.11N 141.15E
Risor Norway 74 58.44N 9.15E
Ristikent U.S.S.R. 74 68.40N 31.47E
Rivas Nicaragua 126 11.26N 85.50W
Riverhead England 12 51.17N 0.11E
Riverina f. Australia 108 35.00S 146.00E
Rivers d. Nigeria 103 4.45N 6.35E
Riversdale R.S.A. 106 34.05S 21.14E
Rivière-du-Loup town Canada 125 47.49N 69.32W
Riyadh Saudi Arabia 85 24.39N 46.44E
Rize Turkey 84 41.03N 40.31E
Rizzuto, C. Italy 71 38.53N 17.06E
Rjukan Norway 74 59.54N 8.33E
Roadford Rep. of Ire. 58 53.01N 9.23W
Roanne France 68 46.02N 4.05E
Roanoke r. U.S.A. 121 36.00N 76.35W
Roaringwater B. Rep. of Ire. 58 51.32N 9.26W
Robertson R.S.A. 106 33.48S 19.53E
Roberval Canada 125 48.31N 72.16W
Robin Hood's Bay town England 33 54.26N 0.31W
Robinvale Australia 108 34.37S 142.50E
Robson, Mt. Canada 122 53.00N 121.00W
Roca, Cabo de Portugal 69 38.40N 9.31W

Roccella Italy 71 38.19N 16.24E
Rocha Uruguay 129 34.30S 54.22W
Rochdale England 32 53.36N 2.10W
Rochechouart France 68 45.49N 0.50E
Rochefort Belgium 73 50.10N 5.13E
Rochefort France 68 45.57N 0.58W
Rochester Kent England 12 51.22N 0.30E
Rochester Northum. England 41 55.16N 2.16W
Rochester U.S.A. 125 43.12N 77.37W
Rochfort Bridge Rep. of Ire. 59 53.25N 7.19W
Rock r. U.S.A. 124 41.30N 90.35W
Rockford U.S.A. 124 42.16N 89.06W
Rockhampton Australia 107 23.22S 150.32E
Rockingham Forest f. England 16 52.30N 0.35W
Rock Island town U.S.A. 124 41.30N 90.34W
Rockland U.S.A. 125 44.06N 69.08W
Rocklands Resr. Australia 108 37.13S 141.52E
Rock Springs town U.S.A. 120 41.35N 109.13W
Rocky Mts. N. America 114 45.00N 110.00W
Rocroi France 73 49.56N 4.31E
Rodel Scotland 48 57.44N 6.58W
Roden r. England 32 52.42N 2.36W
Rodez France 68 44.21N 2.34E
Roding r. England 12 51.31N 0.05E
Rodonit, C. Albania 71 41.34N 19.25E
Roe r. N. Ireland 57 55.06N 7.00W
Roermond Neth. 73 51.12N 6.00E
Rogan's Seat mtn. England 32 54.25N 2.05W
Rogers City U.S.A. 124 45.24N 83.50W
Rokan r. Indonesia 88 2.00N 101.00E
Rokel r. Sierra Leone 102 8.36N 12.55W
Rolla U.S.A. 121 37.56N 91.55W
Roma i. Indonesia 89 7.45S 127.20E
Romain, C. U.S.A. 121 33.01N 71.23W
Romaine r. Canada 123 50.20N 63.45W
Romania Europe 75 46.30N 24.00E
Romano, C. U.S.A. 121 25.50N 81.42W
Romans France 68 45.03N 5.03E
Rome Italy 70 41.54N 12.29E
Rome U.S.A. 125 43.13N 75.28W
Romford England 12 51.35N 0.11E
Romilly France 68 48.31N 3.44E
Romney Marsh f. England 17 51.03N 0.55E
Romorantin France 68 47.22N 1.44E
Romsey England 16 51.00N 1.29W
Rona i. Scotland 48 57.33N 5.58W
Ronas Hill Scotland 48 60.32N 1.26W
Ronas Voe b. Scotland 48 60.31N 1.29W
Ronay i. Scotland 48 57.29N 7.10W
Ronda Spain 69 36.45N 5.10W
Rönne Denmark 74 55.07N 14.43E
Roof Butte mtn. U.S.A. 120 36.29N 109.05W
Roosendaal Neth. 73 51.32N 4.28E
Roosevelt r. Brazil 128 5.00S 60.30W
Roper r. Australia 107 14.40S 135.30E
Rora Head Scotland 49 58.52N 3.26W
Roraima mtn. Venezuela 128 5.45N 61.00W
Röros Norway 74 62.35N 11.23E
Rosario Argentina 129 33.00S 60.40W
Roscommon Rep. of Ire. 56 53.38N 8.12W
Roscommon d. Rep. of Ire. 56 53.30N 8.15W
Roscrea Rep. of Ire. 58 52.57N 7.49W
Roseau Dominica 127 15.18N 61.23W
Roseburg U.S.A. 120 43.13N 123.21W
Rosehearty Scotland 49 57.42N 2.07W
Rosenheim W. Germany 72 47.51N 12.09E
Rosetown Canada 122 51.34N 107.59W
Rosetta Egypt 84 31.25N 30.25E
Rosières France 73 49.49N 2.43E
Roskeeragh Pt. Rep. of Ire. 56 54.21N 8.41W
Roskilde Denmark 74 55.39N 12.07E
Roslags-Näsby Sweden 74 59.01N 18.02E
Roslavl U.S.S.R. 75 53.55N 32.53E
Ross New Zealand 112 42.54S 170.48E
Rossall Pt. England 32 53.55N 3.03W
Rosscarbery Rep. of Ire. 58 51.34N 9.01W
Ross Dependency Antarctica 134 75.00S 170.00W
Rosses B. Rep. of Ire. 56 55.01N 8.29W
Rosslare Rep. of Ire. 59 52.17N 6.24W
Rosslare Pt. Rep. of Ire. 59 52.19N 6.23W
Rosslea N. Ireland 57 54.15N 7.11W
Ross of Mull pen. Scotland 40 56.19N 6.10W
Ross-on-Wye England 16 51.55N 2.36W
Ross Sea Antarctica 137 73.00S 179.00E
Rostock E. Germany 72 54.06N 12.09E
Rostov R.S.F.S.R. U.S.S.R. 75 47.15N 39.45E
Rostov R.S.F.S.R. U.S.S.R. 75 57.11N 39.23E
Rösvatn l. Norway 74 65.50N 14.00E
Rosyth Scotland 41 56.03N 3.26W
Rota i. Asia 89 14.10N 145.15E
Rothbury England 41 55.19N 1.54W
Rothbury Forest f. England 41 55.18N 1.52W
Rother r. E. Sussex England 17 50.56N 0.46E
Rother r. W. Sussex England 17 50.57N 0.32W
Rotherham England 33 53.26N 1.21W
Rothes Scotland 49 57.31N 3.13W
Rothesay Scotland 40 55.50N 5.03W
Rothwell Northants. England 16 52.25N 0.48W
Rothwell W. Yorks. England 33 53.46N 1.29W

Roti to **St. Petersburg** 203

Roti *i.* Indonesia **89** 10.30S 123.10E
Roto Australia **108** 33.04S 145.27E
Rotorua New Zealand **112** 38.07S 176.17E
Rotorua, L. New Zealand **112** 38.00S 176.00E
Rotterdam Neth. **73** 51.55N 4.29E
Roubaix France **73** 50.42N 3.10E
Rouen France **68** 49.26N 1.05E
Rough Pt. Rep. of Ire. **58** 52.19N 10.00W
Roulers Belgium **73** 50.57N 3.06E
Round Mt. Australia **108** 30.26S 152.15E
Roundstone Rep. of Ire. **58** 53.24N 9.56W
Roundup U.S.A. **120** 46.27N 108.34W
Rousay *i.* Scotland **49** 59.10N 3.02W
Rouyn Canada **125** 48.15N 79.00W
Rovaniemi Finland **74** 66.29N 25.40E
Rovinj Yugo. **70** 45.06N 13.39E
Roxburgh New Zealand **112** 45.34S 169.21E
Roxburgh Scotland **41** 55.34N 2.23W
Royale, I. U.S.A. **124** 48.00N 88.45W
Royal Leamington Spa England **16** 52.18N 1.32W
Royal Tunbridge Wells England **17** 51.07N 0.16E
Roydon England **12** 51.46N 0.03E
Roye France **73** 49.42N 2.48E
Royston Herts. England **17** 52.03N 0.01W
Royston S. Yorks. England **33** 53.37N 1.27W
Rozel Channel Is. **25** 49.19N 2.03W
Rtishchevo U.S.S.R. **75** 52.16N 43.45E
Ruabon Wales **24** 53.00N 3.03W
Ruahine Range *mts.* New Zealand **112** 40.00S 176.00E
Ruapehu *mtn.* New Zealand **112** 39.20S 175.30E
Ruapuke I. New Zealand **112** 46.45S 168.30E
Rub al Khali *des.* Saudi Arabia **86** 20.20N 52.30E
Rubha A'Mhàil *c.* Scotland **40** 55.57N 6.08W
Rubha Ardvule *c.* Scotland **48** 57.15N 7.28W
Rubha Coigeach *c.* Scotland **48** 58.06N 5.25W
Rubha Hunish *c.* Scotland **48** 57.42N 6.21W
Rubh'an Dunain *c.* Scotland **48** 57.09N 6.19W
Rubha R[illegible]dh *c.* Scotland **48** 57.51N 5.49W
Rubi *r.* Zaïre **104** 2.50N 24.06E
Rudan *r.* Iran **85** 27.02N 56.53E
Rudbar Afghan. **85** 30.10N 62.38E
Rud-i-Pusht *r.* Iran **85** 29.09N 58.09E
Rud-i-Shur *r.* Kermān Iran **85** 31.14N 55.29E
Rud-i-Shur *r.* Khorāsān Iran **85** 34.05N 60.22E
Rudok China **90** 33.30N 79.40E
Rudolf, L. Kenya **105** 4.00N 36.00E
Ruenya *r.* Moçambique **106** 16.29S 33.40E
Ruffec France **68** 46.02N 0.12E
Rufford England **32** 53.38N 2.50W
Rufiji *r.* Tanzania **105** 8.02S 39.19E
Rufisque Senegal **102** 14.43N 17.16W
Rugby England **16** 52.23N 1.16W
Rugby U.S.A. **120** 48.24N 99.59W
Rugeley England **32** 52.47N 1.56W
Rügen *i.* E. Germany **72** 54.30N 13.30E
Ruhr *f.* W. Germany **73** 51.22N 7.26E
Ruhr *r.* W. Germany **73** 51.27N 6.41E
Ruislip England **12** 51.35N 0.25W
Rukwa, L. Tanzania **105** 8.00S 32.20E
Ruma Yugo. **71** 44.59N 19.51E
Rum Cay *i.* Bahamas **127** 23.41N 74.53W
Rumney Wales **25** 51.32N 3.07W
Runabay Head N. Ireland **57** 55.09N 6.02W
Runcorn England **32** 53.20N 2.44W
Rungwa Singida Tanzania **105** 6.57S 33.35E
Rungwa *r.* Tanzania **105** 7.38S 31.55E
Rungwe Mt. Tanzania **105** 9.10S 33.40E
Rupert *r.* Canada **121** 51.25N 78.45W
Rur *r.* Neth. **73** 51.12N 5.58E
Rusape Rhodesia **106** 18.35S 32.08E
Ruse Bulgaria **71** 43.50N 25.59E
Rush Rep. of Ire. **59** 53.32N 6.06W
Rushden England **16** 52.17N 0.37W
Ruskey Rep. of Ire. **56** 53.50N 7.55W
Russian Soviet Federal Socialist Republic *d.* U.S.S.R. **76** 62.00N 80.00E
Rustenburg R.S.A. **106** 25.40S 27.15E
Rutana Burundi **105** 3.58S 30.00E
Rütenbrock W. Germany **73** 52.51N 7.06E
Ruteng Indonesia **89** 8.35S 120.28E
Rutherglen Scotland **40** 55.49N 4.12W
Ruthin Wales **24** 53.07N 3.18W
Rutland U.S.A. **125** 43.37N 72.59W
Rutshuru Zaïre **105** 1.10S 29.26E
Ruvu Coast Tanzania **105** 6.50S 38.42E
Ruvuma *r.* Moçambique/Tanzania **105** 10.30S 40.30E
Ruvuma *d.* Tanzania **105** 10.45S 36.15E
Ruwandiz Iraq **85** 36.38N 44.32E
Ruwenzori Range *mts.* Uganda/Zaïre **105** 0.30N 30.00E
Ruyigi Burundi **105** 3.26S 30.14E
Ruzayevka U.S.S.R. **75** 54.04N 44.55E
Rwanda Africa **105** 2.00S 30.00E
Ryan, Loch Scotland **40** 54.56N 5.02W
Ryazan U.S.S.R. **75** 54.37N 39.43E
Ryazhsk U.S.S.R. **75** 53.40N 40.07E
Rybachi Pen. U.S.S.R. **74** 69.45N 32.30E
Rybinsk U.S.S.R. **75** 58.01N 38.52E
Rybinsk Resr. U.S.S.R. **75** 58.30N 38.25E
Ryde England **16** 50.44N 1.09W
Ryder's Hill England **25** 50.31N 3.53W
Rye England **17** 50.57N 0.46E
Rye *r.* England **33** 54.10N 0.44W
Rye B. England **17** 50.53N 0.48E
Ryton England **41** 54.59N 1.47W
Ryukyu Is. Japan **91** 26.30N 125.00E
Rzeszów Poland **75** 50.04N 22.00E
Rzhev U.S.S.R. **75** 56.15N 34.18E

S

Saale *r.* E. Germany **72** 51.58N 11.53E
Saar *r.* W. Germany **73** 49.43N 6.34E
Saarbrücken W. Germany **72** 49.15N 6.58E
Saarburg W. Germany **73** 49.36N 6.33E
Saaremaa *i.* U.S.S.R. **74** 58.30N 22.30E
Saarijärvi Finland **74** 62.44N 25.15E
Saba *i.* Neth. Antilles **126** 17.42N 63.26W
Šabac Yugo. **71** 44.45N 19.41E
Sabadell Spain **69** 41.33N 2.07E
Sabana, Archipelago de Cuba **127** 23.30N 80.00W
Sabi *r.* Rhodesia **106** 21.16S 32.20E
Sabinas Mexico **120** 26.33N 101.10W
Sabinas *r.* Mexico **126** 27.31N 100.40W
Sabine *r.* U.S.A. **121** 29.40N 93.50W
Sable, C. Canada **123** 43.30N 65.50W
Sable, C. U.S.A. **126** 25.05N 81.10W
Sable I. Canada **123** 44.00N 60.00W
Sabzawar Afghan. **85** 33.18N 62.05E
Sabzawar Iran **85** 36.13N 57.38E
Sacedón Spain **69** 40.29N 2.44W
Sacquoy Head Scotland **49** 59.12N 3.05W
Sacramento U.S.A. **120** 38.32N 121.30W
Sacramento *r.* U.S.A. **120** 38.05N 122.00W
Sacramento Mts. U.S.A. **115** 38.32N 121.30W
Sádaba Spain **69** 42.19N 1.10W
Sá da Bandeira Angola **104** 14.52S 13.30E
Sadani Tanzania **105** 6.00S 38.40E
Saddle Head Rep. of Ire. **56** 54.01N 10.12W
Saddleworth Moor *hills* England **32** 53.32N 1.55W
Sadiya India **87** 27.49N 95.38E
Sado *i.* Japan **95** 38.00N 138.20E
Safaha *des.* Saudi Arabia **84** 26.30N 39.30E
Safaniya Saudi Arabia **85** 28.00N 48.48E
Safed Koh *mtn.* Afghan. **85** 34.15N 63.30E
Säffle Sweden **74** 59.08N 12.55E
Saffron Walden England **17** 52.02N 0.15E
Safi Morocco **100** 32.20N 9.17W
Safonovo U.S.S.R. **75** 55.08N 33.16E
Saga Japan **95** 33.08N 130.30E
Sagaing Burma **94** 22.00N 96.00E
Sagar India **86** 23.50N 78.44E
Saginaw U.S.A. **124** 43.25N 83.54W
Saginaw B. U.S.A. **124** 44.00N 83.30W
Saglouc Canada **114** 62.10N 75.40W
Sagua la Grande Cuba **127** 22.55N 80.05W
Saguenay *r.* Canada **125** 48.10N 69.43W
Sagunto Spain **69** 39.40N 0.17W
Sahagún Spain **69** 42.23N 5.02W
Sahara *des.* Africa **100** 18.00N 12.00E
Saharan Atlas *mts.* Algeria **100** 34.20N 2.00E
Saharanpur India **86** 29.58N 77.33E
Sahba, Wadi *r.* Saudi Arabia **85** 23.48N 49.50E
Saida Algeria **69** 34.50N 0.10E
Saidabad Iran **85** 29.28N 55.43E
Saidpur Bangla. **86** 25.48N 89.00E
Saigon S. Vietnam **94** 10.46N 106.43E
Saimaa *l.* Finland **74** 61.20N 28.00E
Saimbeyli Turkey **84** 38.07N 36.08E
Saindak Pakistan **85** 29.16N 61.36E
St. Abb's Head Scotland **41** 55.54N 2.07W
St. Agnes England **25** 50.18N 5.13W
St. Agnes *i.* England **25** 49.53N 6.20W
St. Albans England **12** 51.46N 0.21W
St. Alban's Head England **16** 50.35N 2.04W
St. Aldhelm's Head England **16** 50.35N 2.04W
St. Amand France **73** 50.27N 3.26E
St. Amand-Mt. Rond *town* France **68** 46.43N 2.29E
St. André, Cap Malagasy Rep. **105** 16.10S 44.27E
St. Andrews Canada **125** 45.05N 67.04W
St. Andrews Scotland **41** 56.20N 2.48W
St. Andrews B. Scotland **41** 56.23N 2.43W
St. Ann's Bay *town* Jamaica **127** 18.26N 77.12W
St. Ann's Head Wales **25** 51.41N 5.11W
St. Anthony Canada **123** 51.24N 55.37W
St. Arnaud Australia **108** 36.40S 143.20E
St. Aubin Channel Is. **25** 49.12N 2.10W
St. Augustine U.S.A. **121** 29.54N 81.19W
St. Austell England **25** 50.20N 4.48W
St. Austell B. England **25** 50.16N 4.43W
St. Barthélemy C. America **127** 17.55N 62.50W
St. Bees England **32** 54.29N 3.36W
St. Bees Head England **32** 54.31N 3.39W
St. Blazey England **25** 50.22N 4.48W
St. Boniface Canada **121** 49.58N 97.07W
St. Boswells Scotland **41** 55.35N 2.40W
St. Brides B. Wales **24** 51.48N 5.03W
St. Brieuc France **68** 48.31N 2.45W
St. Catherines Canada **125** 43.10N 79.15W
St. Catherine's Pt. England **16** 50.34N 1.18W
St. Céré France **68** 44.52N 1.53E
St. Christophe *i.* Malagasy Rep. **105** 17.06S 42.53E
St. Clair, L. Canada **124** 42.25N 82.35W
St. Clears Wales **24** 51.48N 4.30W
St. Cloud U.S.A. **121** 45.34N 94.10W
St. Columb Major England **25** 50.26N 4.56W
St. Croix *r.* U.S.A. **124** 44.43N 92.47W
St. Croix *i.* Virgin Is. **127** 17.45N 64.35W
St. David's Wales **24** 51.54N 5.16W
St. David's Head Wales **24** 51.55N 5.19W
St. Denis France **68** 48.56N 2.21E
St. Dié France **72** 48.17N 6.57E
St. Dizier France **68** 48.38N 4.58E
St. Elias, Mt. U.S.A. **122** 60.20N 139.00W
Saintes France **68** 45.44N 0.38W
St. Etienne France **68** 45.26N 4.26E
Saintfield N. Ireland **57** 54.28N 5.50W
St. Fillans Scotland **40** 56.24N 4.07W
St. Finan's B. Rep. of Ire. **58** 51.49N 10.21W
St. Flour France **68** 45.02N 3.05E
St. Gallen Switz. **72** 47.25N 9.23E
St. Gaudens France **68** 43.07N 0.44E
St. George Australia **108** 28.03S 148.30E
St. George's Grenada **127** 12.04N 61.44W
St. George's Channel Wales/Rep. of Ire. **59** 52.15N 5.30W
St. Germain France **68** 48.53N 2.04E
St. Gheorghe's Mouth *est.* Romania **71** 44.51N 29.37E
St. Gilles-sur-Vie France **68** 46.42N 1.56W
St. Girons France **68** 42.59N 1.08E
St. Gotthard Pass Switz. **72** 46.30N 8.55E
St. Govan's Head Wales **25** 51.36N 4.55W
St. Helena *i.* Atlantic Oc. **138** 16.00S 6.00W
St. Helena B. R.S.A. **106** 32.35S 18.00E
St. Helens England **24** 53.28N 2.43W
St. Helier Channel Is. **25** 49.12N 2.07W
St. Hubert Belgium **73** 50.02N 5.22E
St. Hyacinthe Canada **125** 45.38N 72.57W
St. Ives Cambs. England **17** 52.20N 0.05W
St. Ives Cornwall England **25** 50.13N 5.29W
St. Ives B. England **25** 50.14N 5.26W
St. Jean Pied de Port France **68** 43.10N 1.14W
St. Jérôme Canada **125** 45.47N 74.01W
St. John Canada **121** 45.16N 66.03W
St. John *r.* Canada **123** 45.30N 66.05W
St. John, L. Canada **125** 48.40N 72.00W
St. John's Antigua **127** 17.07N 61.51W
St. John's Canada **123** 47.34N 52.41W
St. John's Pt. N. Ireland **57** 54.13N 5.39W
St. John's Pt. Rep. of Ire. **56** 54.34N 8.28W
St. Joseph U.S.A. **121** 39.45N 94.51W
St. Joseph, L. Canada **121** 51.00N 91.05W
St. Just England **25** 50.07N 5.41W
St. Keverne England **25** 50.03N 5.05W
St. Kilda *i.* U.K. **2** 57.49N 8.34W
St. Kitts *i.* C. America **127** 17.25N 62.45W
St. Lawrence *r.* Canada **125** 48.45N 68.30W
St. Lawrence, G. of Canada **123** 48.00N 52.00W
St. Lawrence I. U.S.A. **122** 63.00N 170.00W
St. Leonard Canada **125** 47.10N 67.55W
St. Lô France **68** 49.07N 1.05W
St. Louis Senegal **102** 16.01N 16.30W
St. Louis U.S.A. **124** 38.40N 90.15W
St. Lucia C. America **127** 14.05N 61.00W
St. Magnus B. Scotland **48** 60.25N 1.35W
St. Maixent France **68** 46.25N 0.12W
St. Malo France **68** 48.39N 2.00W
St. Malo, Golfe de France **68** 49.20N 2.00W
St. Marc Haiti **127** 19.08N 72.41W
St. Margaret's at Cliffe England **17** 51.10N 1.23E
St. Margaret's Hope Scotland **49** 58.49N 2.57W
St. Martin Channel Is. **25** 49.27N 2.34W
St. Martin C. America **127** 18.05N 63.05W
St. Martin's *i.* England **25** 49.57N 6.16W
St. Mary Channel Is. **25** 49.14N 2.10W
St. Marys Australia **108** 41.33S 148.12E
St. Mary's *i.* England **25** 49.55N 6.16W
St. Mary's Scotland **49** 58.54N 2.55W
St. Mary's Loch Scotland **41** 55.29N 3.12W
St. Matthew I. Pacific Oc. **114** 60.30N 172.30W
St. Maurice *r.* Canada **125** 46.20N 72.30W
St. Mawes England **25** 50.10N 5.01W
St. Moritz Switz. **72** 46.30N 9.51E
St. Nazaire France **68** 47.17N 2.12W
St. Neots England **17** 52.14N 0.16W
St. Nicolas Belgium **73** 51.10N 4.09E
St. Ninian's I. Scotland **48** 59.58N 1.21W
St. Omer France **17** 50.45N 2.15E
St. Pancras England **12** 51.32N 0.08W
St. Paul France **68** 42.49N 2.29E
St. Paul *i.* Indian Oc. **139** 38.44S 77.30E
St. Paul U.S.A. **124** 45.00N 93.10W
St. Paul's Cray England **12** 51.24N 0.06E
St. Peter Port Channel Is. **25** 49.27N 2.32W
St. Petersburg U.S.A. **121** 27.45N 82.40W

St. Pierre-Miquelon to **Saumur**

204

St. Pierre-Miquelon *i.* N. America **123** 47.00N 56.15W
St. Pölten Austria **72** 48.13N 15.37E
St. Quentin France **73** 49.51N 3.17E
St. Sampson Channel Is. **25** 49.29N 2.31W
St. Stephen Canada **125** 45.12N 67.18W
St. Thomas Canada **124** 42.46N 81.12W
St. Thomas *i.* Virgin Is. **127** 18.22N 64.57W
St. Trond Belgium **73** 50.49N 5.11E
St. Tropez France **68** 43.16N 6.39E
St. Vallier France **68** 45.11N 4.49E
St. Vincent C. America **127** 13.10N 61.15W
St. Vincent, C. Portugal **69** 37.01N 8.59W
St. Vith Belgium **73** 50.15N 6.08E
St. Wendel W. Germany **73** 49.27N 7.10E
St. Yrieix France **68** 45.31N 1.12E
Saipan *i.* Asia **89** 15.12N 145.43E
Sakai Japan **95** 34.37N 135.28E
Sakaka Saudi Arabia **84** 29.59N 40.12E
Sakania Zaïre **105** 12.44S 28.34E
Sakarya *r.* Turkey **84** 41.08N 30.36E
Sakata Japan **95** 38.55N 139.51E
Sakété Dahomey **103** 6.45N 2.45E
Sakhalin *i.* U.S.S.R. **91** 50.00N 143.00E
Sakrivier R.S.A. **106** 30.50S 20.26E
Sakti India **86** 22.02N 82.56E
Sal *r.* U.S.S.R. **75** 47.33N 40.40E
Sala Sweden **74** 59.55N 16.38E
Salado *r.* La Pampa Argentina **129** 36.15S 66.45W
Salado *r.* Santa Fé Argentina **129** 32.30S 61.00W
Salado *r.* Mexico **126** 26.46N 98.55W
Salala Oman **86** 17.00N 54.04E
Salamanca Spain **69** 40.58N 5.40W
Salar de Uyuni *l.* Bolivia **129** 20.30S 67.45W
Salbris France **68** 47.26N 2.03E
Salcombe England **25** 50.14N 3.47W
Saldanha B. R.S.A. **106** 33.00S 17.56E
Sale Australia **108** 38.06S 147.06E
Sale England **32** 53.26N 2.19W
Salekhard U.S.S.R. **76** 66.33N 66.35E
Salem India **87** 11.38N 78.08E
Salem U.S.A. **124** 38.37N 88.58W
Salen Highland Scotland **40** 56.43N 5.46W
Salen Strath. Scotland **40** 56.31N 5.56W
Salerno Italy **70** 40.41N 14.45E
Salerno, G. of Med. Sea **70** 40.30N 14.45E
Salford England **32** 53.30N 2.17W
Salfords England **12** 51.12N 0.12W
Salima Malaŵi **105** 13.45S 34.29E
Salina Cruz Mexico **126** 16.11N 95.12W
Salins France **68** 46.56N 4.53E
Salisbury Rhodesia **106** 17.43S 31.05E
Salisbury England **16** 51.04N 1.48W
Salisbury U.S.A. **121** 38.22N 75.37W
Salisbury, L. Uganda **105** 1.35N 34.08E
Salisbury Plain *f.* England **16** 51.15N 1.55W
Salmon *r.* U.S.A. **120** 45.50N 116.50W
Salmon River Mts. U.S.A. **120** 44.30N 114.30W
Salo Finland **74** 60.23N 23.10E
Salobreña Spain **69** 36.45N 3.35W
Salon France **68** 43.38N 5.06E
Salonga *r.* Zaïre **104** 0.09S 19.52E
Salop *d.* England **16** 52.35N 2.40W
Salsk U.S.S.R. **75** 46.30N 41.33E
Salso *r.* Italy **70** 37.07N 13.57E
Salt Jordan **84** 32.03N 35.44E
Salta Argentina **129** 24.46S 65.28W
Saltash England **25** 50.25N 4.13W
Saltburn-by-the-Sea England **33** 54.35N 0.58W
Saltcoats Scotland **40** 55.37N 4.47W
Saltee Is. Rep. of Ire. **59** 52.08N 6.36W
Saltfleet England **33** 53.25N 0.11E
Saltillo Mexico **126** 25.30N 101.00W
Salt Lake City U.S.A. **120** 40.45N 111.55W
Salton Sea *l.* U.S.A. **120** 33.25N 115.45W
Salûm Egypt **84** 31.31N 25.09E
Salvador Brazil **128** 12.58S 38.20W
Salwa Qatar **85** 24.44N 50.50E
Salween *r.* Burma/China **94** 16.32N 97.35E
Salyany U.S.S.R. **85** 39.36N 48.59E
Salzach *r.* Austria **72** 48.35N 13.30E
Salzburg Austria **72** 47.54N 13.03E
Salzgitter W. Germany **72** 52.02N 10.22E
Samana Dom. Rep. **127** 19.14N 69.20W
Samana Cay *i.* Bahamas **127** 23.05N 73.45W
Samar *i.* Phil. **89** 11.45N 125.15E
Samarinda Indonesia **88** 0.30S 117.09E
Samarkand U.S.S.R. **61** 39.40N 66.57E
Samarra Iraq **85** 34.13N 43.52E
Samawa Iraq **85** 31.18N 45.18E
Sambalpur India **87** 21.28N 84.04E
Sambre *r.* Belgium **73** 50.29N 4.52E
Same Tanzania **105** 4.10S 37.43E
Samer France **17** 50.38N 1.45E
Samirum Iran **85** 31.31N 52.10E
Sam Neua Laos **94** 20.25N 104.10E
Samoa Is. Pacific Oc. **137** 13.00S 171.00W
Sámos *i.* Greece **71** 37.44N 26.45E
Samothráki *i.* Greece **71** 40.26N 25.35E
Sampit Indonesia **88** 2.34S 112.59E
Samsun Turkey **84** 41.17N 36.22E
San Mali **102** 13.21N 4.57W
Sana Yemen **101** 16.02N 49.44E
Sana *r.* Yugo. **70** 45.03N 16.22E
Sanaga *r.* Cameroon **103** 3.35N 9.40E
San Ambrosio *i.* Pacific Oc. **129** 26.28S 79.53W
Sanandaj Iran **85** 35.18N 47.01E
San Antonio U.S.A. **120** 29.25N 98.30W
San Antonio, C. Cuba **126** 21.50N 84.57W
San Antonio, Punta *c.* Mexico **120** 29.45N 115.41W
San Antonio Oeste Argentina **129** 40.45S 64.58W
San Bernardino U.S.A. **120** 34.07N 117.18W
San Blas, C. U.S.A. **121** 29.40N 85.25W
San Carlos Argentina **129** 41.11S 71.23W
San Carlos Phil. **89** 15.59N 120.22E
Sancha Ho *r.* China **93** 26.50N 106.04E
San Cristóbal Dom. Rep. **127** 18.27N 70.07W
San Cristóbal Venezuela **127** 7.46N 72.15W
Sancti Spíritus Cuba **127** 21.55N 79.28W
Sanda *i.* Scotland **40** 55.17N 5.34W
Sandakan Malaysia **88** 5.52N 118.04E
Sanday *i.* Scotland **49** 59.15N 2.33W
Sanday Sd. Scotland **49** 59.11N 2.35W
Sandbach England **32** 53.09N 2.23W
Sandbank Scotland **40** 55.59N 4.58W
Sanderstead England **12** 51.21N 0.05W
Sandgate Australia **108** 27.18S 153.00E
Sandgate England **17** 51.05N 1.09E
San Diego U.S.A. **120** 32.45N 117.10W
Sandling England **12** 51.18N 0.33E
Sandnes Norway **74** 58.51N 5.45E
Sandness Scotland **48** 60.18N 1.38W
Sandö *i.* Faroe Is. **74** 61.50N 6.45W
Sandoa Zaïre **104** 9.41S 22.56E
Sandoway Burma **94** 18.28N 94.20E
Sandown England **16** 50.39N 1.09W
Sandpoint U.S.A. **120** 48.17N 116.34W
Sandray *i.* Scotland **48** 56.53N 7.31W
Sandringham England **33** 52.50N 0.30E
Sandusky U.S.A. **124** 41.27N 82.42W
Sandviken Sweden **74** 60.38N 16.50E
Sandwich England **17** 51.16N 1.21E
Sandwick Scotland **48** 60.00N 1.14W
Sandy England **17** 52.08N 0.18W
Sandy L. Canada **121** 53.00N 93.00W
San Felipe Mexico **120** 31.03N 114.52W
San Felipe Venezuela **127** 10.25N 68.40W
San Felíu de Guixols Spain **69** 41.47N 3.02E
San Felix *i.* Pacific Oc. **129** 26.23S 80.05W
San Félix Venezuela **127** 8.22N 62.37W
San Fernando Phil. **89** 16.39N 120.19E
San Fernando Spain **69** 36.28N 6.12W
San Fernando Trinidad **127** 10.16N 61.28W
San Fernando Venezuela **127** 7.53N 67.15W
San Francisco U.S.A. **120** 37.45N 122.27W
San Francisco, C. Ecuador **128** 0.38N 80.08W
San Francisco de Macorís Dom. Rep. **127** 19.19N 70.15W
Sangha *r.* Congo **104** 1.10S 16.47E
Sangi *i.* Indonesia **89** 3.30N 125.30E
Sangihe Is. Indonesia **89** 2.45N 125.20E
Sangkan Ho *r.* China **92** 40.23N 115.18E
Sangonera *r.* Spain **69** 37.58N 1.04W
Sangre de Cristo Mts. U.S.A. **115** 37.00N 105.00W
San Jorge *r.* Colombia **127** 9.10N 74.40W
San Jorge, G. of Argentina **129** 46.00S 66.00W
San Jorge, G. of Spain **69** 40.50N 1.10E
San José Costa Rica **126** 9.59N 84.04W
San José Guatemala **126** 13.58N 90.50W
San Jose U.S.A. **120** 37.20N 121.55W
San Juan Argentina **129** 31.33S 68.31W
San Juan *r.* Costa Rica **126** 10.50N 83.40W
San Juan Puerto Rico **127** 18.29N 66.08W
San Juan *r.* U.S.A. **120** 37.20N 110.05W
San Juan del Norte Nicaragua **126** 10.58N 83.40W
San Juan de los Morros Venezuela **127** 9.53N 67.23W
San Juan Mts. U.S.A. **120** 37.30N 107.00W
Sankuru *r.* Zaïre **104** 4.20S 20.27E
San Leonardo Spain **69** 41.49N 3.04W
Sanlúcar de Barrameda Spain **69** 36.46N 6.21W
San Lucas, C. Mexico **115** 22.50N 110.00W
San Luis Cuba **127** 20.13N 75.50W
San Luis Obispo U.S.A. **120** 35.16N 120.40W
San Luis Potosí Mexico **126** 22.10N 101.00W
San Luis Potosí *d.* Mexico **126** 23.00N 100.00W
San Marino Europe **70** 43.55N 12.27E
San Marino *town* San Marino **70** 43.55N 12.27E
San Matías, G. of Argentina **129** 41.30S 64.00W
Sanmen Gorge Dam China **92** 34.38N 111.05E
Sanmenhsia China **92** 35.45N 111.22E
San Miguel El Salvador **126** 13.28N 88.10W
San Miguel de Tucumán Argentina **129** 26.47S 65.15W
San Pablo Phil. **89** 13.58N 121.10E
San Pedro Dom. Rep. **127** 18.30N 69.18W
San Pedro Mexico **126** 24.50N 102.59W
San Pedro, Punta *c.* Costa Rica **126** 8.30N 83.30W
San Pedro, Sierra de *mts.* Spain **69** 39.20N 6.20W
San Pedro Sula Honduras **126** 15.26N 88.01W
San Pietro *i.* Italy **70** 39.09N 8.16E
Sanquhar Scotland **41** 55.22N 3.56W
San Remo Italy **68** 43.48N 7.46E
San Salvador *i.* Bahamas **127** 24.00N 74.32W
San Salvador El Salvador **126** 13.40N 89.10W
Sansanné-Mango Togo **102** 10.23N 0.30E
San Sebastián Spain **69** 43.19N 1.59W
San Severo Italy **70** 41.40N 15.24E
Santa Ana El Salvador **126** 14.00N 79.31W
Santa Barbara U.S.A. **120** 34.25N 119.41W
Santa Clara Cuba **127** 22.25N 79.58W
Santa Cruz Bolivia **128** 17.58S 63.14W
Santa Elena, C. Costa Rica **126** 10.54N 85.56W
Santa Fé Argentina **129** 31.38S 60.43W
Santa Fe U.S.A. **120** 35.41N 105.57W
Santa María Brazil **129** 29.40S 53.47W
Santa Maria U.S.A. **120** 34.56N 120.25W
Santa Maria di Leuca, C. Italy **71** 39.47N 18.24E
Santa Marta Colombia **127** 11.18N 74.10W
Santander Spain **69** 43.28N 3.48W
Santañy Spain **69** 39.20N 3.07E
Santarém Brazil **128** 2.26S 54.41W
Santarém Portugal **69** 39.14N 8.40W
Santa Rosa Argentina **129** 36.00S 64.40W
Santa Rosa Honduras **126** 14.47N 88.46W
Santa Rosalía Mexico **120** 27.20N 112.20W
Santiago Chile **129** 33.30S 70.40W
Santiago Dom. Rep. **127** 19.30N 70.42W
Santiago Panamá **126** 8.08N 80.59W
Santiago de Compostela Spain **69** 42.52N 8.33W
Santiago de Cuba Cuba **127** 20.00N 75.49W
Santiago del Estero Argentina **129** 27.48S 64.15W
Santo Antonio do Zaire Angola **104** 6.12S 12.25E
Santo Domingo Dom. Rep. **127** 18.30N 69.57W
Santoña Spain **69** 43.27N 3.26W
Santos Brazil **129** 23.56S 46.22W
San Valentín, Cerro *mtn.* Chile **129** 46.33S 73.20W
San Vicente El Salvador **126** 13.38N 88.42W
Sanza Pombo Angola **104** 7.20S 16.12E
São Francisco *r.* Brazil **128** 10.10S 36.40W
São Francisco do Sul Brazil **129** 26.17S 48.39W
São Luís Brazil **128** 2.34S 44.16W
Saona *i.* Dom. Rep. **127** 18.09N 68.42W
Saône *r.* France **68** 45.46N 4.52E
São Paulo Brazil **129** 23.33S 46.39W
São Paulo de Olivença Brazil **128** 3.34S 68.55W
São Roque, C. Brazil **128** 5.00S 35.00W
São Salvador do Congo Angola **104** 6.18S 14.16E
São Tomé *i.* Africa **104** 0.20N 6.30E
Saoura *d.* Algeria **102** 22.50N 0.10W
Sapporo Japan **95** 43.05N 141.21E
Sapri Italy **70** 40.04N 15.38E
Saqqiz Iran **85** 36.14N 46.15E
Sarab Iran **85** 37.56N 47.35E
Sara Buri Thailand **94** 14.30N 100.59E
Sarajevo Yugo. **71** 43.52N 18.26E
Sarangarh India **87** 21.38N 83.09E
Saransk U.S.S.R. **75** 54.12N 45.10E
Sarapul U.S.S.R. **61** 56.30N 53.49E
Saratov U.S.S.R. **75** 51.30N 45.55E
Saratov Resr. U.S.S.R. **75** 51.00N 46.00E
Sarbaz Iran **85** 26.39N 61.20E
Sardinia *i.* Italy **70** 40.00N 9.00E
Sarek *mtn.* Sweden **74** 67.10N 17.45E
Sarh Chad **103** 9.08N 18.22E
Sari Iran **85** 36.33N 53.06E
Sarigan *i.* Asia **89** 16.43N 145.47E
Sark *i.* Channel Is. **25** 49.26N 2.22W
Sarmi Asia **89** 1.51S 138.45E
Sarmiento Argentina **129** 45.38S 69.08W
Särna Sweden **74** 61.40N 13.10E
Sarnia Canada **124** 42.57N 82.24W
Sarny U.S.S.R. **75** 51.21N 26.31E
Saros, G. of Turkey **71** 40.32N 26.25E
Sarpsborg Norway **74** 59.17N 11.06E
Sarre *r. see* Saar France **72**
Sarrebourg France **72** 48.43N 7.03E
Sarria Spain **69** 42.47N 7.25W
Sartène France **70** 41.38N 8.48E
Sarthe *r.* France **68** 47.29N 0.30W
Sarur Oman **85** 23.25N 58.10E
Sasaram India **86** 24.58N 84.01E
Sasebo Japan **95** 33.10N 129.42E
Saskatchewan *d.* Canada **122** 55.00N 105.00W
Saskatchewan *r.* Canada **123** 53.25N 100.15W
Saskatoon Canada **120** 52.10N 106.40W
Sasovo U.S.S.R. **75** 54.21N 41.58E
Sassandra Ivory Coast **102** 4.58N 6.08W
Sassandra *r.* Ivory Coast **102** 5.00N 6.04W
Sássari Italy **70** 40.43N 8.33E
Sassnitz E. Germany **72** 54.32N 13.40E
Sasyk, L. U.S.S.R. **71** 45.38N 29.38E
Satadougou Mali **102** 12.30N 11.30W
Satara India **86** 17.43N 74.05E
Satna India **86** 24.33N 80.50E
Satpura Range *mts.* India **86** 21.50N 76.00E
Satu Mare Romania **75** 47.48N 22.52E
Satun Thailand **94** 6.38N 100.05E
Sauda Norway **74** 59.38N 6.23E
Saudi Arabia Asia **84** 26.00N 44.00E
Saulieu France **68** 47.17N 4.14E
Sault Sainte Marie Canada **124** 46.32N 84.20W
Sault Sainte Marie U.S.A. **124** 46.29N 84.22W
Saumur France **68** 47.16N 0.05W

Saundersfoot Wales 25 51.43N 4.42W
Sava r. Yugo. 71 44.50N 20.26E
Savannah U.S.A. 121 32.09N 81.01W
Savannah r. U.S.A. 121 32.10N 81.00W
Savannakhet Laos 94 16.34N 104.48E
Savé Dahomey 103 8.04N 2.37E
Save r. France 69 43.30N 0.55E
Save r. Moçambique 106 21.00S 35.01E
Saveh Iran 85 35.00N 50.25E
Savona Italy 68 44.18N 8.28E
Savonlinna Finland 74 61.52N 28.51E
Savu Sea Pacific Oc. 89 9.30S 122.30E
Sawbridgeworth England 12 51.50N 0.09E
Sawston England 17 52.07N 0.11E
Sawu i. Indonesia 89 10.30S 121.50E
Saxmundham England 17 52.13N 1.29E
Saxthorpe England 17 52.50N 1.09E
Sayan Mts. U.S.S.R. 90 51.30N 102.00E
Sayn Shand Mongolia 92 44.58N 110.12E
Sayula Mexico 126 19.52N 103.36W
Sázava r. Czech. 72 49.53N 14.21E
Sbeitla Tunisia 70 35.16N 9.10E
Scafell Pike mtn. England 32 54.27N 3.12W
Scalasaig Scotland 40 56.04N 6.12W
Scalby England 33 54.18N 0.26W
Scalloway Scotland 48 60.08N 1.17W
Scalpay i. Highland Scotland 48 57.18N 5.58W
Scalpay i. W. Isles Scotland 48 57.52N 6.40W
Scammon Bay town U.S.A. 122 61.50N 165.35W
Scandinavia f. Europe 137 65.00N 18.00E
Scapa Flow str. Scotland 49 58.53N 3.05W
Scarba i. Scotland 40 56.11N 5.42W
Scarborough England 33 54.17N 0.24W
Scariff I. Rep. of Ire. 58 51.43N 10.16W
Scarinish Scotland 40 56.30N 6.48W
Scarp i. Scotland 48 58.02N 7.07W
Scavaig, Loch Scotland 48 57.10N 6.08W
Schaffhausen Switz. 72 47.42N 8.38E
Schagen Neth. 73 52.47N 4.47E
Schefferville Canada 123 54.50N 67.00W
Schelde r. Belgium 73 51.13N 4.25E
Schenectady U.S.A. 125 42.28N 73.57W
Scheveningen Neth. 73 52.07N 4.16E
Schiedam Neth. 73 51.55N 4.25E
Schiehallion mtn. Scotland 41 56.40N 4.08W
Schiermonnikoog i. Neth. 73 53.28N 6.15E
Schleiden W. Germany 73 50.32N 6.29E
Schleswig W. Germany 72 54.32N 9.34E
Schouten Is. Indonesia 89 0.45S 135.50E
Schouwen i. Neth. 73 51.42N 3.45E
Schwandorf W. Germany 72 49.20N 12.07E
Schwaner Mts. Indonesia 88 0.45S 113.20E
Schwecht E. Germany 72 53.04N 14.17E
Schweinfurt W. Germany 72 50.03N 10.16E
Schwelm W. Germany 73 51.17N 7.18E
Schwerin E. Germany 72 53.38N 11.25E
Sciacca Italy 70 37.31N 13.05E
Scilly, Isles of England 25 49.55N 6.20W
Scioto r. U.S.A. 124 38.43N 83.00W
Scone Australia 108 32.01S 150.53E
Scotland U.K. 2 56.30N 4.00W
Scottsbluff U.S.A. 120 41.52N 103.40W
Scottsdale Australia 108 41.09S 147.31E
Scourie Scotland 48 58.20N 5.08W
Scranton U.S.A. 125 41.25N 75.40W
Scridain, Loch Scotland 40 56.22N 6.06W
Scunthorpe England 33 53.35N 0.38W
Seaford England 17 50.46N 0.08E
Seaham England 33 54.52N 1.21W
Seahouses England 41 55.35N 1.38W
Seal r. Canada 123 59.00N 95.00W
Sea Lake town Australia 108 35.31S 142.54E
Seamill Scotland 40 55.41N 4.52W
Seascale England 32 54.24N 3.29W
Seaton Cumbria England 32 54.41N 3.31W
Seaton Devon England 16 50.43N 3.05W
Seaton Delaval England 41 55.05N 1.31W
Seattle U.S.A. 120 47.35N 122.20W
Sebago L. U.S.A. 125 43.37N 71.20W
Sebastian Vizcaino B. Mexico 120 28.20N 114.45W
Sebha Libya 100 27.04N 14.25E
Sebinkarahisar Turkey 84 40.19N 38.25E
Séda r. Portugal 69 38.55N 7.30W
Sedan France 72 49.42N 4.57E
Sedbergh England 32 54.20N 2.31W
Sedgefield England 33 54.40N 1.27W
Sédhiou Senegal 102 12.44N 15.30W
Sefadu Sierra Leone 102 8.41N 10.55W
Ségou Mali 102 13.28N 6.18W
Segovia Spain 69 40.57N 4.07W
Segre r. Spain 69 41.25N 0.21E
Séguéla Ivory Coast 102 7.58N 6.44W
Segura r. Spain 69 38.07N 0.14W
Segura, Sierra de mts. Spain 69 38.00N 2.50W
Sehkuheh Iran 85 30.45N 61.29E
Seil i. Scotland 40 56.18N 5.33W
Seiland Norway 74 70.30N 23.00E
Seinäjoki Finland 74 62.45N 22.55E
Seine r. France 68 49.28N 0.25E
Seistan f. Iran 85 31.00N 61.15E

Sekondi-Takoradi Ghana 102 4.57N 1.44W
Selaru i. Asia 89 8.15S 131.00E
Selby England 33 53.47N 1.05W
Sele r. Italy 70 40.30N 14.50E
Selenga r. U.S.S.R. 90 52.20N 106.20E
Sélestat France 72 48.16N 7.28E
Selkirk Scotland 41 55.33N 2.51W
Selkirk Mts. Canada/U.S.A. 120 50.00N 116.30W
Selsdon England 12 51.21N 0.03W
Selsey England 16 50.44N 0.47W
Selsey Bill c. England 16 50.44N 0.47W
Selukwe Rhodesia 106 19.40S 30.00E
Selvas f. Brazil 128 9.00S 68.00W
Selwyn Mts. Canada 122 63.00N 130.00W
Seman r. Albania 71 40.53N 19.25E
Semarang Indonesia 88 6.58S 110.29E
Seminoe Resr. U.S.A. 120 42.05N 106.50W
Semipalatinsk U.S.S.R. 61 50.26N 80.16E
Semliki r. Zaïre 105 1.12N 30.27E
Semmering Pass Austria 72 47.40N 16.00E
Semnan Iran 85 35.31N 53.24E
Semois r. France 73 49.53N 4.45E
Semu r. Tanzania 105 3.57S 34.20E
Senanga Zambia 104 15.52S 23.19E
Send England 12 51.17N 0.33W
Sendai Japan 95 38.20N 140.50E
Seneca L. U.S.A. 125 42.35N 77.07W
Senegal Africa 102 14.30N 14.30W
Sénégal r. Senegal/Mauritania 102 16.00N 16.28W
Senekal R.S.A. 106 28.19S 27.38E
Seng r. Laos 94 19.59N 102.20E
Senigallia Italy 70 43.42N 13.14E
Senja i. Norway 74 69.20N 17.30E
Senlis France 68 49.12N 2.35E
Sennar Sudan 101 13.31N 33.38E
Sennen England 25 50.04N 5.42W
Senneterre Canada 125 48.24N 77.16W
Sennybridge Wales 24 51.57N 3.35W
Sens France 68 48.12N 3.18E
Sentery Zaïre 104 5.19S 25.43E
Seoul S. Korea 91 37.30N 127.00E
Sepik r. P.N.G. 89 3.54S 144.30E
Sept Îles town Canada 123 50.13N 66.22W
Seraing Belgium 73 50.37N 5.33E
Serengeti Nat. Park Tanzania 105 2.30S 35.00E
Serengeti Plain f. Tanzania 105 3.00S 35.00E
Serenje Zambia 105 13.12S 30.50E
Sérevac France 70 44.20N 3.05E
Sergach U.S.S.R. 75 55.32N 45.27E
Sermate i. Indonesia 89 8.30S 129.00E
Serov U.S.S.R. 61 59.42N 60.32E
Serowe Botswana 106 22.25S 26.44E
Serpa Portugal 69 37.56N 7.36W
Serpent's Mouth str. Venezuela 127 9.50N 61.00W
Serpukhov U.S.S.R. 75 54.53N 37.25E
Sérrai Greece 71 41.04N 23.32E
Serrat, C. Tunisia 70 37.15N 9.12E
Serre r. France 73 49.40N 3.22E
Sese Is. Uganda 105 0.20S 32.30E
Sesheke Zambia 104 17.14S 24.22E
Sesimbra Portugal 69 38.26N 9.06W
Sète France 68 43.25N 3.43E
Sétif Algeria 100 36.10N 5.26E
Setté Cama Gabon 104 2.32S 9.46E
Settle England 32 54.05N 2.18W
Setúbal Portugal 69 38.31N 8.54W
Setúbal, B. of Portugal 69 38.20N 9.00W
Seul, Lac l. Canada 121 50.25N 92.15W
Sevan, L. U.S.S.R. 85 40.22N 45.20E
Sevastopol' U.S.S.R. 75 44.36N 33.31E
Seven Heads c. Rep. of Ire. 58 51.34N 8.43W
Seven Kings England 12 51.34N 0.06E
Sevenoaks England 12 51.16N 0.12E
Séverac France 68 44.20N 3.05E
Severn r. Canada 123 56.00N 87.40W
Severn r. England 16 51.50N 2.21W
Severnaya Zemlya is. U.S.S.R. 77 80.00N 96.00E
Seville Spain 69 37.24N 5.59W
Sèvre Niortaise r. France 68 46.35N 1.05W
Sewa r. Sierra Leone 102 7.15N 12.08W
Seward U.S.A. 122 60.05N 149.34W
Seward Pen. U.S.A. 122 65.00N 164.10W
Seychelles is. Indian Oc. 79 5.00S 55.00E
Seydhisfjördhur Iceland 74 65.16N 14.02W
Seymour U.S.A. 124 38.57N 85.55W
Sézanne France 68 48.44N 3.44E
Sfântu Gheorghe Romania 71 45.52N 25.50E
Sfax Tunisia 100 34.45N 10.43E
'sGravenhage see The Hague Neth. 73
Sgurr Mòr mtn. Scotland 48 57.41N 5.01W
Sgurr na Lapaich mtn. Scotland 48 57.22N 5.04W
Shaba d. Zaïre 105 8.00S 27.00E
Shabani Rhodesia 106 20.20S 30.05E
Shabunda Zaïre 105 2.42S 27.20E
Shaftesbury England 16 51.00N 2.12W
Shahabad Iran 85 34.08N 46.35E
Shah Dad Iran 85 30.27N 57.44E
Shahdol India 86 23.10N 81.26E
Shahjahanpur India 86 27.53N 79.55E
Shahpur Iran 85 38.13N 44.50E

Shahreza Iran 85 32.00N 51.52E
Shahr-i-Babak Iran 85 30.08N 55.04E
Shahr Kord Iran 85 32.40N 50.52E
Shahrud Iran 85 36.25N 55.00E
Shahsavar Iran 85 36.49N 50.54E
Shahsien China 93 26.27N 117.42E
Shaib al Qur r. Saudi Arabia 84 31.02N 42.00E
Shakhty U.S.S.R. 75 47.43N 40.16E
Sha Kiang r. China 93 26.38N 118.10E
Shakotan misaki c. Japan 95 43.30N 140.15E
Shalford England 12 51.13N 0.35W
Sham, Jebel mtn. Oman 85 23.14N 57.17E
Shamiya Desert Iraq 85 30.30N 45.30E
Shamley Green England 12 51.11N 0.30W
Shamva Rhodesia 106 17.20S 31.38E
Shangchwan Shan i. China 93 21.40N 112.47E
Shanghai China 93 31.18N 121.50E
Shangjao China 93 28.24N 117.56E
Shangkiu China 92 34.21N 115.40E
Shangshui China 92 33.31N 114.39E
Shanhaikwan China 92 39.58N 119.45E
Shanklin England 16 50.39N 1.09W
Shannon r. Rep. of Ire. 58 52.39N 8.43W
Shannon, Mouth of the est. Rep. of Ire. 58 52.29N 9.57W
Shannon Airport town Rep. of Ire. 58 52.41N 8.55W
Shansi d. China 92 37.00N 112.00E
Shan State d. Burma 87 21.30N 98.00E
Shantar Is. U.S.S.R. 77 55.00N 138.00E
Shantung d. China 92 36.00N 119.00E
Shantung Pen. China 92 37.00N 121.30E
Shanyin China 92 39.30N 112.50E
Shaohing China 93 30.01N 120.40E
Shaoyang China 93 27.10N 111.14E
Shap England 32 54.32N 2.40W
Shapinsay i. Scotland 49 59.03N 2.51W
Shapinsay Sd. Scotland 49 59.01N 2.55W
Shapur ruins Iran 85 29.42N 51.30E
Shaqra Saudi Arabia 85 25.17N 45.14E
Sharavogue Rep. of Ire. 58 53.02N 7.54W
Sharjah U.A.E. 85 25.20N 55.26E
Sharon U.S.A. 124 41.16N 80.30W
Shashi r. Botswana 106 22.10S 29.15E
Shasi China 93 30.18N 112.20E
Shasta, Mt. U.S.A. 120 41.35N 122.12W
Shatt al Arab r. Iraq 85 30.00N 48.30E
Shawano U.S.A. 124 44.46N 88.38W
Shawinigan Canada 125 46.33N 72.45W
Shebelle r. Somali Rep. 105 0.30N 43.10E
Sheboygan U.S.A. 124 43.46N 87.44W
Shebshi Mts. Nigeria 103 8.30N 11.45E
Sheelin, Lough Rep. of Ire. 57 53.48N 7.20W
Sheep Haven b. Rep. of Ire. 56 55.12N 7.53W
Sheep's Head Rep. of Ire. 58 51.33N 9.52W
Sheerness England 17 51.26N 0.47E
Sheffield England 33 53.23N 1.28W
Shefford England 17 52.02N 0.20W
Sheffry Hills Rep. of Ire. 56 53.40N 9.43W
Shehy Mts. Rep. of Ire. 58 51.47N 9.15W
Sheklung China 93 23.02N 113.50E
Shelag r. Afghan. 85 30.18N 61.02E
Shelby U.S.A. 120 48.30N 111.52W
Shelikof Str. U.S.A. 122 58.00N 153.45W
Shellharbour Australia 108 34.35S 150.52E
Shëngjin Albania 71 41.49N 19.33E
Shengze China 93 30.53N 120.40E
Shenley England 12 51.43N 0.17W
Shensi d. China 92 35.00N 108.30E
Shenyang China 92 41.48N 123.27E
Shepparton Australia 108 36.25S 145.26E
Shepperton England 12 51.23N 0.28W
Sheppey, Isle of England 17 51.24N 0.50E
Shepshed England 33 52.46N 1.17W
Shepton Mallet England 16 51.11N 2.31W
Shepway England 12 51.15N 0.33E
Sherborne England 16 50.56N 2.31W
Sherbro I. Sierra Leone 102 7.30N 12.50W
Sherbrooke Canada 125 45.24N 71.54W
Shercock Rep. of Ire. 57 54.00N 6.54W
Shere England 12 51.13N 0.28W
Sheridan U.S.A. 120 44.48N 107.05W
Sheringham England 33 52.56N 1.11E
Sherkin I. Rep. of Ire. 58 51.28N 9.25W
Sherman U.S.A. 121 33.39N 96.35W
Sherridon Canada 123 57.07N 101.05W
'sHertogenbosch Neth. 73 51.42N 5.19E
Sherwood Forest f. England 33 53.10N 1.05W
Shetland Is. d. Scotland 48 60.20N 1.15W
Shevchenko U.S.S.R. 76 43.40N 51.20E
Shiant Is. Scotland 48 57.54N 6.20W
Shiel, Loch Scotland 48 56.48N 5.33W
Shiel Bridge town Scotland 48 57.12N 5.26W
Shieldaig Scotland 48 57.31N 5.40W
Shifnal England 16 52.40N 2.23W
Shigatse China 87 29.18N 88.50E
Shihchi China 93 22.22N 113.21E
Shihkiachwang China 92 38.03N 114.26E
Shihpai Hu l. China 93 31.20N 118.48E
Shihpao Shan mts. China 93 30.00N 112.00E
Shihtsien China 93 27.20N 108.10E
Shihtsuishan China 92 39.14N 106.47E

Shihwan Ta Shan to Snodland 206

Shihwan Ta Shan mts. China 93 21.48N 107.50E
Shikarpur Pakistan 86 27.58N 68.42E
Shikoku d. Japan 95 33.30N 133.00E
Shikoku i. Japan 95 33.30N 133.00E
Shikoku sanchi mts. Japan 95 34.00N 134.00E
Shikotsu ko l. Japan 95 43.50N 141.26E
Shilbottle England 41 55.22N 1.43W
Shildon England 32 54.37N 1.39W
Shilka U.S.S.R. 91 51.55N 116.01E
Shilka r. U.S.S.R. 91 53.20N 121.10E
Shillong India 94 25.34N 91.53E
Shimizu Japan 95 35.08N 138.38E
Shimoga India 86 13.56N 75.31E
Shimo jima i. Japan 95 32.10N 130.30E
Shimo Koshiki jima i. Japan 95 31.50N 130.00E
Shimonoseki Japan 95 34.02N 130.58E
Shin, Loch Scotland 49 58.06N 4.32W
Shinano r. Japan 95 37.58N 139.02E
Shinyanga Tanzania 105 3.40S 33.20E
Shinyanga d. Tanzania 105 3.30S 33.00E
Shiono misaki c. Japan 95 33.28N 135.47E
Shipka Pass Bulgaria 71 42.45N 25.25E
Shipley England 32 53.50N 1.47W
Shipston on Stour England 16 52.04N 1.38W
Shipton England 33 54.01N 1.09W
Shirakawa Japan 95 37.10N 140.15E
Shirak Steppe f. U.S.S.R. 85 41.40N 46.20E
Shirane san mtn. Japan 95 35.42N 138.12E
Shiraz Iran 85 29.36N 52.33E
Shire r. Moçambique 105 17.46S 35.20E
Shiriya saki c. Japan 95 41.24N 141.30E
Shir Kuh mtn. Iran 85 31.38N 54.07E
Shirwa, L. see Chilwa, L.Malawi 105
Shiukwan China 93 24.53N 113.31E
Shivpuri India 86 25.26N 77.39E
Shizuoka Japan 95 35.02N 138.28E
Shkodër Albania 71 42.03N 19.30E
Shkoder, L. Albania/Yugo. 71 42.10N 19.18E
Shoeburyness England 17 51.31N 0.49E
Sholapur India 86 17.43N 75.56E
Shoreditch England 12 51.32N 0.05W
Shoreham-by-Sea England 17 50.50N 0.17W
Shostka U.S.S.R. 75 51.53N 33.30E
Shotts Scotland 41 55.49N 3.48W
Shreveport U.S.A. 121 32.30N 93.46W
Shrewsbury England 16 52.42N 2.45W
Shrewton England 16 51.11N 1.55W
Shrule Rep. of Ire. 58 53.32N 9.07W
Shu'aiba Iraq 85 30.30N 47.40E
Shumagin Is. U.S.A. 122 55.00N 160.00W
Shunte China 93 22.40N 113.20E
Shur r. Iran 85 28.00N 55.45E
Shurab r. Iran 85 31.30N 55.18E
Shushtar Iran 85 32.04N 48.53E
Shwangtiao China 92 43.28N 123.27E
Shwebo Burma 94 22.35N 95.42E
Sialkot Pakistan 86 32.29N 74.35E
Siam, G. of Asia 87 10.30N 101.00E
Sian China 92 34.11N 108.55E
Siangfan China 93 32.04N 112.05E
Siang Kiang r. Hunan China 93 28.49N 112.30E
Siang Kiang r. Kwangsi-Chuang China 93 23.28N 111.18E
Siangtan China 93 27.50N 112.49E
Siangyang China 93 32.02N 112.05E
Siargao i. Phil. 89 9.55N 126.05E
Šiauliai U.S.S.R. 74 55.51N 23.20E
Šibenik Yugo. 70 43.45N 15.55E
Siberia d. Asia 137 62.00N 104.00E
Siberut i. Indonesia 88 1.30S 99.00E
Sibi Pakistan 86 29.31N 67.54E
Sibiti Congo 104 3.40S 13.24E
Sibiti r. Tanzania 105 3.47S 34.45E
Sibiu Romania 71 45.47N 24.09E
Sibolga Indonesia 88 1.42N 98.48E
Sibu Malaysia 88 2.18N 111.49E
Sichang China 87 28.00N 102.10E
Sicily i. Italy 70 37.30N 14.00E
Sidcup England 12 51.26N 0.07E
Sidi Barrani Egypt 84 31.38N 25.58E
Sidi-bel-Abbès Algeria 69 35.15N 0.39W
Sidlaw Hills Scotland 41 56.31N 3.10W
Sidmouth England 16 50.40N 3.13W
Sidon Lebanon 84 33.32N 35.22E
Siedlce Poland 75 52.10N 22.18E
Sieg r. W. Germany 73 50.49N 7.11E
Siegburg W. Germany 73 50.48N 7.13E
Siegen W. Germany 73 50.52N 8.02E
Siem Reap Cambodia 94 13.21N 103.50E
Siena Italy 70 43.19N 11.20E
Sienyang China 92 34.20N 108.40E
Sierra Blanca mtn. U.S.A. 120 33.23N 105.49W
Sierra Leone Africa 102 9.00N 12.00W
Sighişoara Romania 71 46.13N 24.49E
Sighty Crag mtn. England 41 55.07N 2.38W
Siglufjördhur Iceland 74 66.09N 18.55W
Signy France 73 49.42N 4.25E
Sigüenza Spain 69 41.04N 2.38W
Siguiri Guinea 102 11.28N 9.07W
Sihanoukville Cambodia 94 10.40N 103.37E
Siirt Turkey 84 37.56N 41.56E
Sikar India 86 27.33N 75.12E
Sikasso Mali 102 11.18N 5.38W
Sikhote-Alin Range mts. U.S.S.R. 95 44.00N 135.00E
Si Kiang r. China 93 22.23N 113.20E
Sikkim India 86 27.30N 88.30E
Sil r. Spain 69 42.24N 7.15W
Silamulun Ho r. China 92 43.30N 120.42E
Silao Ho r. China 92 43.48N 123.00E
Silchar India 87 24.49N 92.47E
Sileby England 16 52.44N 1.06W
Silesian Plateau f. Poland 75 50.30N 20.00E
Silgarhi Nepal 87 29.14N 80.58E
Siliao Ho r. China 92 43.48N 123.00E
Silifke Turkey 84 36.22N 33.57E
Siliguri India 86 26.42N 88.30E
Silistra Bulgaria 71 44.07N 27.17E
Siljan l. Sweden 74 60.50N 14.40E
Silkeborg Denmark 74 56.10N 9.39E
Silloth England 41 54.53N 3.25W
Silsden England 32 53.55N 1.55W
Silver City U.S.A. 120 32.47N 108.16W
Silver End England 12 51.51N 0.38E
Silvermines Rep. of Ire. 58 52.48N 8.15W
Silvermines Mts. Rep. of Ire. 58 52.46N 8.17W
Silverstone England 16 52.05N 1.03W
Silverton England 16 50.49N 3.29W
Simanggang Malaysia 88 1.10N 111.32E
Simard, L. Canada 125 47.37N 78.40W
Simav r. Turkey 71 40.24N 28.31E
Simcoe, L. Canada 125 44.25N 79.20W
Simeulue i. Indonesia 88 2.30N 96.00E
Simferopol' U.S.S.R. 75 44.57N 34.05E
Simiyu r. Tanzania 105 2.32S 33.25E
Simla India 86 31.07N 77.09E
Simmern W. Germany 73 49.59N 7.32E
Simo r. Finland 74 65.38N 24.57E
Simonsbath England 25 51.07N 3.45W
Simonstown R.S.A. 106 34.12S 18.26E
Simplon Pass Switz. 68 46.15N 8.03E
Simplon Tunnel Italy/Switz. 72 46.20N 8.05E
Simrishamn Sweden 74 55.35N 14.20E
Sinai pen. Egypt 84 29.00N 34.00E
Sinclair's B. Scotland 49 58.30N 3.07W
Sines Portugal 69 37.58N 8.52W
Singapore Asia 88 1.20N 103.45E
Singapore town Singapore 88 1.20N 103.45E
Singaradja Indonesia 88 8.06S 115.07E
Singida Tanzania 105 4.45S 34.42E
Singida d. Tanzania 105 6.00S 34.30E
Singitikos G. Med. Sea 71 40.12N 24.00E
Singkep i. Indonesia 88 0.30S 104.20E
Singtai China 92 37.04N 114.26E
Sinhailien China 92 34.36N 119.10E
Sining China 90 36.35N 101.55E
Sinj Yugo. 71 43.42N 16.38E
Sinkiang-Uighur d. China 90 41.15N 87.00E
Sinmin China 92 42.01N 122.48E
Sinoia Rhodesia 106 17.21S 30.13E
Sinop Turkey 84 42.02N 35.09E
Sinsiang China 92 35.12N 113.57E
Sint Eustatius i. Neth. Antilles 127 17.33N 63.00W
Sinu r. Colombia 127 9.25N 76.00W
Sinyang China 93 32.08N 114.10E
Sinyi China 92 34.20N 118.30E
Sion Mills N. Ireland 57 54.47N 7.30W
Sioux City U.S.A. 121 42.30N 96.28W
Sioux Falls town U.S.A. 121 43.34N 96.42W
Sioux Lookout town Canada 121 50.07N 91.54W
Sipolilo Rhodesia 106 16.43S 30.43E
Sipora i. Indonesia 88 2.10S 99.40E
Sira r. Norway 74 58.13N 6.13E
Siracusa Italy 70 37.05N 15.17E
Siret r. Romania 71 45.28N 27.56E
Sirhan, Wadi f. Saudi Arabia 84 31.00N 37.30E
Sirra, Wadi r. Saudi Arabia 85 23.10N 44.22E
Sirte Libya 100 31.10N 16.39E
Sirte, G. of Libya 100 31.45N 17.50E
Sisak Yugo. 70 45.30N 16.21E
Sishen R.S.A. 106 27.47S 23.00E
Sisophon Cambodia 94 13.35N 103.03E
Sisteron France 68 44.16N 5.56E
Sitapur India 86 27.33N 80.40E
Si Tien l. China 92 38.55N 116.00E
Sitka U.S.A. 122 57.05N 135.20W
Sittang r. Burma 94 17.25N 96.50E
Sittard Neth. 73 51.00N 5.52E
Sittingbourne England 17 51.20N 0.43E
Siuning China 93 29.48N 118.20E
Sivas Turkey 84 39.44N 37.01E
Sivrihisar Turkey 84 39.29N 31.32E
Siwa Egypt 84 29.11N 25.31E
Siwa Oasis Egypt 84 29.10N 25.45E
Sixmilebridge town Rep. of Ire. 58 52.45N 8.47W
Sixmilecross N. Ireland 57 54.33N 7.08W
Skagen Denmark 74 57.44N 10.37E
Skagerrak str. Denmark/Norway 74 57.45N 8.55E
Skagway U.S.A. 122 59.23N 135.20W
Skaill Scotland 49 58.56N 2.43W
Skalintyy mtn. U.S.S.R. 77 56.00N 130.40E
Skara Sweden 74 58.23N 13.25E
Skaw Taing c. Scotland 48 60.23N 0.56W
Skeena r. Canada 122 54.10N 129.08W
Skegness England 33 53.09N 0.20E
Skellefte r. Sweden 74 64.44N 21.07E
Skellefteå Sweden 74 64.45N 21.00E
Skelmersdale England 32 53.34N 2.49W
Skelmorlie Scotland 40 55.51N 4.52W
Skene Sweden 74 57.30N 12.35E
Skerries Rep. of Ire. 57 53.34N 6.07W
Skerryvore i. Scotland 40 56.20N 7.05W
Skhiza i. Greece 71 36.42N 21.45E
Ski Norway 74 59.43N 10.52E
Skibbereen Rep. of Ire. 58 51.34N 9.16W
Skiddaw mtn. England 32 54.40N 3.09W
Skien Norway 74 59.14N 9.37E
Skikda Algeria 70 36.53N 6.54E
Skipness Scotland 40 56.45N 5.22W
Skipton England 32 53.57N 2.01W
Skíros i. Greece 71 38.50N 24.33E
Skjálfanda Fljót r. Iceland 74 65.55N 17.30W
Skokholm i. Wales 25 51.42N 5.17W
Skomer i. Wales 25 51.45N 5.18W
Skopje Yugo. 71 41.58N 21.27E
Skövde Sweden 74 58.24N 13.52E
Skovorodino U.S.S.R. 77 54.00N 123.53E
Skreia Norway 74 60.38N 10.57E
Skull Rep. of Ire. 58 51.32N 9.33W
Skye i. Scotland 48 57.20N 6.15W
Slagelse Denmark 74 55.24N 11.23E
Slaidburn England 32 53.57N 2.28W
Slamat mtn. Indonesia 88 7.10S 109.10E
Slane Rep. of Ire. 57 53.43N 6.33W
Slaney r. Rep. of Ire. 59 52.21N 6.30W
Slantsy U.S.S.R. 74 59.09N 28.09E
Slapin, Loch Scotland 48 57.10N 6.01W
Slatina Romania 71 44.26N 24.23E
Slave r. Canada 122 51.10N 113.30W
Slavgorod R.S.F.S.R. U.S.S.R. 61 53.01N 78.37E
Slavgorod W.R.S.S.R. U.S.S.R. 75 53.25N 31.00E
Slavyansk U.S.S.R. 75 48.51N 37.36E
Sleaford England 33 53.00N 0.22W
Slea Head Rep. of Ire. 58 52.05N 10.27W
Sleat, Pt. of Scotland 48 57.01N 6.01W
Sleat, Sd. of str. Scotland 48 57.05N 5.48W
Sledmere England 33 54.04N 0.35W
Sleetmute U.S.A. 122 61.40N 157.11W
Sleights England 33 54.26N 0.40W
Sliabh Gaoil mtn. Scotland 40 55.54N 5.30W
Sliedrecht Neth. 73 51.48N 4.46E
Slieve Anierin mtn. Rep. of Ire. 56 54.05N 7.58W
Slieveardagh Hills Rep. of Ire. 59 52.25N 7.33W
Slieve Aughty mtn. Rep. of Ire. 58 53.05N 8.37W
Slieve Aughty Mts. Rep. of Ire. 58 53.05N 8.31W
Slieve Bernagh mts. Rep. of Ire. 58 52.48N 8.35W
Slieve Bloom Mts. Rep. of Ire. 59 53.03N 7.35W
Slieve Callan mtn. Rep. of Ire. 58 52.51N 9.18W
Slieve Donard mtn. N. Ireland 57 54.11N 5.56W
Slieve Felim Mts. Rep. of Ire. 58 52.40N 8.16W
Slieve Fyagh mtn. Rep. of Ire. 56 54.12N 9.40W
Slieve Gamph mts. Rep. of Ire. 56 54.06N 8.50W
Slieve Mish mts. Rep. of Ire. 58 52.48N 9.48W
Slieve Miskish mts. Rep. of Ire. 58 51.41N 9.56W
Slievemore mtn. Rep. of Ire. 56 54.01N 10.04W
Slieve Na Calliagh mtn. Rep. of Ire. 57 53.45N 7.05W
Slievenamon mtn. Rep. of Ire. 59 52.25N 7.33W
Slieve Snaght mtn. Donegal Rep. of Ire. 56 54.59N 8.08W
Slieve Snaght mtn. Donegal Rep. of Ire. 57 55.12N 7.20W
Sligachan Scotland 48 57.17N 6.10W
Sligo Rep. of Ire. 56 54.16N 8.29W
Sligo d. Rep. of Ire. 56 54.15N 8.30W
Sligo B. Rep. of Ire. 56 54.18N 8.40W
Slioch mtn. Scotland 48 57.40N 5.20W
Sliven Bulgaria 71 42.41N 26.19E
Slobodskoy U.S.S.R. 75 58.42N 50.10E
Slough England 12 51.30N 0.35W
Sluch r. U.S.S.R. 75 52.05N 27.52E
Sluis Neth. 73 51.18N 3.23E
Słupsk Poland 72 54.28N 17.00E
Slyne Head Rep. of Ire. 58 53.25N 10.12W
Slyne Head Rep. of Ire. 2 53.25N 10.12W
Slyudyanka U.S.S.R. 90 51.40N 103.40E
Smithborough Rep. of Ire. 57 54.14N 7.06W
Smithfield R.S.A. 106 30.13S 26.32E
Smith's Falls town Canada 125 44.54N 76.01W
Smöla i. Norway 74 63.20N 8.00E
Smolensk U.S.S.R. 75 54.49N 32.04E
Smólikas mtn. Greece 71 40.06N 20.55E
Smolyan Bulgaria 71 41.34N 24.45E
Smorgon U.S.S.R. 75 54.28N 27.20E
Snaefell mtn. I.o.M. 32 54.16N 4.28W
Snaith England 33 53.42N 1.01W
Snake r. Idaho U.S.A. 120 43.50N 117.05W
Snake r. Wash. U.S.A. 120 46.15N 119.00W
Snåsa Norway 74 64.15N 12.23E
Snåsavatn l. Norway 74 64.10N 12.00E
Sneek Neth. 73 53.03N 5.40E
Sneem Rep. of Ire. 58 51.50N 9.54W
Sneeuwberg mtn. R.S.A. 106 32.20S 19.10E
Snizort, Loch Scotland 48 57.35N 6.30W
Snodland England 12 51.20N 0.27E

Snohetta to **Stöpsley** 207

Snöhetta *mtn.* Norway **74** 62.15N 9.05E
Snook Pt. England **41** 55.31N 1.35W
Snowdon *mtn.* Wales **24** 53.05N 4.05W
Snowy *r.* Australia **108** 37.49S 148.30E
Snowy Mts. Australia **108** 36.25S 145.15E
Soalala Malagasy Rep. **105** 16.08S 45.21E
Soar *r.* England **33** 52.52N 1.17W
Soay *i.* Scotland **48** 57.09N 6.13W
Soay Sd. *str.* Scotland **48** 57.09N 6.16W
Sobat *r.* Sudan/Ethiopia **101** 9.30N 31.30E
Sobernheim W. Germany **73** 49.47N 7.40E
Sobral Brazil **128** 3.45S 40.20W
Sochi U.S.S.R. **75** 43.35N 39.46E
Society Is. Pacific Oc. **136** 17.00S 150.00W
Socorro I. Pacific Oc. **115** 18.47N 110.58W
Socotra *i.* Indian Oc. **101** 12.30N 54.00E
Sodankylä Finland **74** 67.21N 26.31E
Söderhamn Sweden **74** 61.19N 17.10E
Södertälje Sweden **74** 59.11N 17.39E
Soest W. Germany **73** 51.34N 8.06E
Sofia Bulgaria **71** 42.41N 23.19E
Sogne Fjord *est.* Norway **74** 61.10N 5.50E
Sögüt Turkey **84** 40.02N 30.10E
Sohag Egypt **84** 26.33N 31.42E
Soham England **17** 52.20N 0.20E
Sohar Oman **85** 24.23N 56.43E
Soignies Belgium **73** 50.35N 4.04E
Soissons France **68** 49.23N 3.20E
Söke Turkey **71** 37.46N 27.26E
Sokodé Togo **103** 8.59N 1.11E
Sokol U.S.S.R. **75** 59.28N 40.04E
Sokolo Mali **102** 14.53N 6.11W
Sokoto Nigeria **103** 13.02N 5.15E
Sokoto *r.* Nigeria **103** 13.05N 5.13E
Soledad Colombia **127** 10.54N 74.58W
Solihull England **16** 52.26N 1.47W
Solingen W. Germany **73** 51.10N 7.05E
Sollas Scotland **48** 57.39N 7.22W
Sollefteå Sweden **74** 63.09N 17.15E
Soller Spain **69** 39.47N 2.41E
Solling *mtn.* W. Germany **72** 51.45N 9.30E
Solomon Is. Austa. **139** 10.00S 160.00E
Solomon Sea Austa. **107** 7.00S 150.00E
Solta *i.* Yugo. **70** 43.23N 16.17E
Solway Firth *est.* England/Scotland **32** 54.50N 3.30W
Solwezi Zambia **105** 12.11S 26.23E
Soma Turkey **71** 39.11N 27.36E
Somabula Rhodesia **106** 19.40S 29.38E
Somali Republic Africa **101** 5.30N 47.00E
Sombor Yugo. **71** 45.48N 19.08E
Somerset *d.* England **16** 51.09N 3.00W
Somerset East R.S.A. **106** 32.44S 25.35E
Somerset I. Canada **123** 73.00N 93.30W
Somerton England **16** 51.03N 2.44W
Somes *r.* Hungary **75** 48.40N 22.30E
Somme *r.* France **68** 50.01N 1.40E
Son *r.* India **86** 25.55N 84.55E
Sönderborg Denmark **72** 54.55N 9.48E
Sondrio Italy **72** 46.11N 9.52E
Song Ca *r.* N. Vietnam **93** 18.47N 105.40E
Songea Tanzania **105** 10.42S 35.39E
Song Gam *r.* N. Vietnam **93** 21.12N 105.23E
Songkhla Thailand **94** 7.12N 100.35E
Song Ma *r.* N. Vietnam **93** 19.48N 105.55E
Songololo Zaïre **104** 5.40S 14.05E
Sonora *r.* Mexico **120** 28.45N 111.55W
Sonsorol *i.* Asia **89** 5.20N 132.13E
Soochow China **93** 31.22N 120.45E
Sorel Canada **125** 46.03N 73.06W
Soria Spain **69** 41.46N 2.28W
Sorisdale Scotland **40** 56.40N 6.28W
Sor Kvalöy *i.* Norway **74** 69.45N 18.20E
Sorocaba Brazil **129** 23.30S 47.32W
Sorol *i.* Asia **89** 8.09N 140.25E
Sorong Asia **89** 0.50S 131.17E
Soroti Uganda **105** 1.40N 33.37E
Söröya *i.* Norway **74** 70.30N 22.30E
Sorraia *r.* Portugal **69** 39.00N 8.51W
Sorsele Sweden **74** 65.32N 17.34E
Sortavala U.S.S.R. **74** 61.40N 30.40E
Sotik Kenya **105** 0.40S 35.08E
Sotra *i.* Norway **74** 60.20N 5.00E
Souk Ahras Algeria **70** 36.14N 7.59E
Soure Portugal **69** 40.04N 8.38W
Souris *r.* U.S.A. **120** 49.38N 99.35W
Sousse Tunisia **70** 35.48N 10.38E
Soustons France **68** 43.45N 1.19W
Southall England **12** 51.31N 0.23W
Southam England **16** 52.16N 1.24W
South America **128**
Southampton England **16** 50.54N 1.23W
Southampton I. Canada **123** 64.30N 84.00W
Southampton Water *est.* England **16** 50.52N 1.21W
South Atlantic Ocean **129**
South Australia *d.* Australia **107** 29.00S 135.00E
South Barrule *mtn.* I.o.M. **57** 54.09N 4.40W
South Bend U.S.A. **124** 41.40N 86.15W
South Benfleet England **12** 51.33N 0.34E
South Beveland *f.* Neth. **73** 51.30N 3.50E
Southborough England **17** 51.10N 0.15E
South Brent England **25** 50.26N 3.50W
South Carolina *d.* U.S.A. **121** 34.00N 81.00W
South Cave England **33** 53.46N 0.37W
South Cerney England **16** 51.40N 1.55W
South China Sea Asia **88** 12.30N 115.00E
South Dakota *d.* U.S.A. **120** 44.30N 100.00W
South Dorset Downs *hills* England **16** 50.40N 2.25W
South Downs *hills* England **16** 50.04N 0.34W
South East C. Australia **108** 43.38S 146.48E
South-Eastern *d.* Nigeria **103** 5.45N 8.25E
Southend Scotland **40** 55.19N 5.38W
Southend-on-Sea England **17** 51.32N 0.43E
Southern Alps *mts.* New Zealand **112** 43.20S 170.45E
Southern Uplands *hills* Scotland **41** 55.30N 3.30W
Southern Yemen Asia **101** 16.00N 49.30E
South Esk *r.* Scotland **41** 56.43N 2.32W
South Flevoland *f.* Neth. **73** 52.22N 5.22E
South Foreland *c.* England **17** 51.08N 1.24E
Southgate England **12** 51.38N 0.07W
South Georgia *i.* Atlantic Oc. **129** 54.00S 37.00W
South Glamorgan *d.* Wales **25** 51.27N 3.22W
South-haa Scotland **48** 60.34N 1.17W
South Harris *f.* Scotland **48** 57.49N 6.55W
South Haven U.S.A. **124** 42.25N 86.16W
South Hayling England **16** 50.47N 0.56W
South Holland *d.* Neth. **73** 52.00N 4.30E
South Hornchurch England **12** 51.32N 0.13E
South Horr Kenya **105** 2.10N 36.45E
South I. New Zealand **112** 43.00S 171.00E
South Kirby England **33** 53.35N 1.25W
South Korea Asia **91** 36.00N 128.00E
Southland *f.* New Zealand **112** 45.40S 167.15E
Southminster England **17** 51.40N 0.51E
South Molton England **25** 51.01N 3.50W
South Nahanni *r.* Canada **122** 61.00N 123.20W
South Norwood England **12** 51.24N 0.04W
South Nutfield England **12** 51.14N 0.06W
South Ockendon England **12** 51.32N 0.18E
South Orkney Is. Atlantic Oc. **129** 63.00S 45.00W
South Oxhey England **12** 51.38N 0.24W
Southport Australia **108** 27.58S 153.20E
Southport England **32** 53.38N 3.01W
South Ronaldsay *i.* Scotland **49** 58.47N 2.56W
South Sandwich Is. Atlantic Oc. **129** 58.00S 27.00W
South Sandwich Trench Atlantic Oc. **129** 57.00S 25.00W
South Saskatchewan *r.* Canada **120** 50.45N 108.30W
South Sd. Rep. of Ire. **58** 53.03N 9.28W
South Shetland Is. Antarctica **136** 62.00S 60.00W
South Shields England **33** 55.00N 1.24W
South Tyne *r.* England **41** 54.59N 2.08W
South Uist *i.* Scotland **48** 57.15N 7.20W
South Vietnam Asia **94** 13.00N 108.30E
South Walls *i.* Scotland **49** 58.45N 3.07W
Southwark *d.* England **12** 51.30N 0.06W
Southwell England **33** 53.05N 0.58W
South West Africa Africa **106** 22.30S 17.00E
South West C. Australia **108** 43.32S 145.59E
Southwest C. New Zealand **112** 47.15S 167.30E
Southwick England **17** 50.50N 0.14W
Southwold England **17** 52.19N 1.41E
South Woodham Ferrers England **12** 51.39N 0.36E
South Yorkshire *d.* England **33** 53.28N 1.25W
Sovetsk U.S.S.R. **74** 55.02N 21.50E
Sovetskaya Gavan U.S.S.R. **77** 48.57N 140.16E
Spa Belgium **73** 50.29N 5.52E
Spain Europe **69** 40.00N 4.00W
Spalding Australia **108** 33.29S 138.40E
Spalding England **33** 52.47N 0.09W
Spandau W. Germany **72** 52.32N 13.13E
Spanish Pt. Rep. of Ire. **58** 52.51N 9.27W
Spanish Sahara Africa **100** 25.00N 13.30W
Sparta U.S.A. **124** 43.57N 90.50W
Spárti Greece **71** 37.04N 22.28E
Spartivento, C. Calabria Italy **70** 37.55N 16.04E
Spartivento, C. Sardinia Italy **70** 38.53N 8.51E
Spassk Dal'niy U.S.S.R. **95** 44.37N 132.37E
Spátha, C. Greece **71** 35.42N 23.43E
Spean Bridge *town* Scotland **49** 56.53N 4.54W
Speke G. Tanzania **105** 2.20S 33.30E
Spence Bay *town* Canada **123** 69.30N 93.20W
Spencer G. Australia **107** 34.30S 136.10E
Spennymoor *town* England **33** 54.43N 1.35W
Spenser Mts. New Zealand **112** 42.15S 172.45E
Sperrin Mts. N. Ireland **57** 54.48N 7.06W
Spey *r.* Scotland **49** 57.40N 3.06W
Spey B. Scotland **49** 57.42N 3.04W
Speyer W. Germany **72** 49.18N 8.26E
Spiddal Rep. of Ire. **58** 53.15N 9.18W
Spiekeroog *i.* W. Germany **73** 53.48N 7.45E
Spilsby England **33** 53.10N 0.06E
Spithead *str.* England **16** 50.45N 1.05W
Spitsbergen *is.* Arctic Oc. **78** 80.00N 20.00E
Spittal Austria **72** 46.48N 13.30E
Split Yugo. **71** 43.32N 16.27E
Spokane U.S.A. **120** 47.40N 117.25W
Spooner U.S.A. **124** 45.50N 91.53W
Spratly I. Asia **88** 8.45N 111.54E
Spree *r.* W. Germany **72** 52.32N 13.15E
Springbok R.S.A. **106** 29.43S 17.55E
Springfield Ill. U.S.A. **124** 39.49N 89.39W
Springfield Mass. U.S.A. **125** 42.07N 72.35W
Springfield Miss. U.S.A. **121** 37.11N 93.19W
Springfield Ohio U.S.A. **124** 39.55N 83.48W
Springfontein R.S.A. **106** 30.16S 25.42E
Springs *town* R.S.A. **106** 26.15S 28.26E
Spungabera Moçambique **106** 20.28S 32.47E
Spurn Head England **33** 53.35N 0.08E
Sredne Kolymskaya U.S.S.R. **77** 67.27N 153.35E
Sri Lanka Asia **87** 7.30N 80.50E
Srinagar Jammu and Kashmir **86** 34.08N 74.50E
Stack's Mts. Rep. of Ire. **58** 52.18N 9.36W
Stadskanaal Neth. **73** 53.02N 6.55E
Stadtkyll W. Germany **73** 50.21N 6.32E
Staffa *i.* Scotland **40** 56.26N 6.21W
Staffin Scotland **48** 57.38N 6.13W
Stafford England **32** 52.49N 2.09W
Staffordshire *d.* England **16** 52.40N 1.57W
Staines England **12** 51.26N 0.31W
Stainforth England **33** 53.37N 1.01W
Stalbridge England **16** 50.57N 2.22W
Stalham England **17** 52.46N 1.31E
Stamford England **17** 52.39N 0.29W
Stamford U.S.A. **125** 41.03N 73.32W
Stamford Bridge *town* England **33** 53.59N 0.53W
Standerton R.S.A. **106** 26.57S 29.14E
Standon England **12** 51.53N 0.02E
Stanford le Hope England **12** 51.31N 0.26E
Stanger R.S.A. **106** 29.20S 31.18E
Stanhope England **32** 54.45N 2.00W
Stanley Australia **108** 40.46S 145.20E
Stanley England **32** 54.53N 1.42W
Stanley Falkland Is. **129** 51.45S 57.56W
Stanley Scotland **41** 56.29N 3.28W
Stanmore England **12** 51.38N 0.19W
Stanovoy Range *mts.* U.S.S.R. **77** 56.00N 125.40E
Stanstead Abbots England **12** 51.47N 0.01E
Stansted Mountfitchet England **12** 51.55N 0.12E
Stanthorpe Australia **108** 28.37S 151.52E
Stapleford England **33** 52.56N 1.16W
Staraya Russa U.S.S.R. **75** 58.00N 31.22E
Stara Zagora Bulgaria **71** 42.26N 25.37E
Stargard Poland **72** 53.21N 15.01E
Start B. England **25** 50.17N 3.35W
Start Pt. England **25** 50.13N 3.38W
Start Pt. Scotland **49** 59.17N 2.24W
Staunton England **16** 51.58N 2.19W
Stavanger Norway **74** 58.58N 5.45E
Staveley England **33** 53.16N 1.20W
Stavelot Belgium **73** 50.23N 5.54E
Staveren Neth. **73** 52.53N 5.21E
Stavropol' U.S.S.R. **75** 45.03N 41.59E
Stavropol Highlands U.S.S.R. **75** 45.00N 42.30E
Stawell Australia **108** 37.06S 142.52E
Staxton England **33** 54.11N 0.26W
Steelpoort R.S.A. **106** 24.48S 30.11E
Steenbergen Neth. **73** 51.36N 4.19E
Steenvorde France **73** 50.49N 2.35E
Steenwijk Neth. **73** 52.47N 6.07E
Steep Holm *i.* England **16** 51.20N 3.06W
Steeping *r.* England **33** 53.06N 0.19E
Steinkjer Norway **74** 64.00N 11.30E
Stellenbosch R.S.A. **106** 33.56S 18.51E
Stenay France **73** 49.29N 5.12E
Stepanakert U.S.S.R. **85** 39.48N 46.45E
Stepney England **12** 51.31N 0.04W
Sterling U.S.A. **120** 40.37N 103.13W
Steubenville U.S.A. **124** 40.22N 80.39W
Stevenage England **17** 51.54N 0.11W
Stevenston Scotland **40** 55.39N 4.45W
Stewart Canada **122** 55.56N 130.01W
Stewart I. New Zealand **112** 47.00S 168.00E
Stewarton Scotland **40** 55.41N 4.31W
Stewartstown N. Ireland **57** 54.34N 6.42W
Steyning England **17** 50.54N 0.19W
Steyr Austria **72** 48.04N 14.25E
Stikine *r.* Canada **122** 56.45N 132.30W
Stikine Mts. Canada **122** 59.00N 129.00W
Stilton England **17** 52.29N 0.17W
Stinchar *r.* Scotland **40** 55.06N 5.00W
Stirling Scotland **41** 56.07N 3.57W
Stjördalshalsen Norway **74** 63.30N 10.59E
Stock England **12** 51.40N 0.26E
Stockbridge England **16** 51.07N 1.30W
Stockholm Sweden **74** 59.20N 18.05E
Stockport England **32** 53.25N 2.11W
Stocksbridge England **33** 53.30N 1.36W
Stockton U.S.A. **120** 37.59N 121.20W
Stockton-on-Tees England **33** 54.34N 1.20W
Stoer Scotland **48** 58.12N 5.20W
Stoer, Pt. of Scotland **48** 58.16N 5.23W
Stoke D'Abernon England **12** 51.19N 0.22W
Stoke Newington England **12** 51.34N 0.04W
Stoke-on-Trent England **32** 53.01N 2.11W
Stokesley England **33** 54.27N 1.12W
Stone Kent England **12** 51.27N 0.17E
Stone Staffs. England **32** 52.55N 2.10W
Stonehaven Scotland **49** 56.58N 2.13W
Stony Stratford England **16** 52.04N 0.51W
Stony Tunguska *r.* U.S.S.R. **77** 61.40N 90.00E
Stopsley England **12** 51.54N 0.24W

Stora Lule to **Tainan**
208

Stora Lule *r.* Sweden **74** 65.40N 21.48E
Stora Lulevatten *l.* Sweden **74** 67.00N 19.30E
Storavan *l.* Sweden **74** 65.45N 18.10E
Storby Finland **74** 60.14N 19.36E
Stord *i.* Norway **74** 59.50N 5.25E
Store Baelt *str.* Denmark **74** 55.30N 11.00E
Stören Norway **74** 63.03N 10.16E
Stornoway Scotland **48** 58.12N 6.23W
Storsjön *l.* Sweden **74** 63.10N 14.20E
Storuman Sweden **74** 65.05N 17.10E
Storuman *l.* Sweden **74** 65.14N 16.50E
Stotfold England **17** 52.02N 0.13W
Stoughton England **12** 51.15N 0.36W
Stour *r.* Dorset England **16** 50.43N 1.47W
Stour *r.* Kent England **17** 51.19N 1.22E
Stour *r.* Suffolk England **17** 51.56N 1.03E
Stourbridge England **16** 52.28N 2.08W
Stourport-on-Severn England **16** 52.21N 2.16W
Stow Scotland **41** 55.42N 2.52W
Stowmarket England **17** 52.11N 1.00E
Stow on the Wold England **16** 51.55N 1.42W
Strabane N. Ireland **57** 54.50N 7.29W
Strachur Scotland **40** 56.10N 5.04W
Stradbally Laois Rep. of Ire. **59** 53.01N 7.09W
Stradbally Waterford Rep. of Ire. **59** 52.08N 7.28W
Strahan Australia **108** 42.08S 145.21E
Stralsund E. Germany **72** 54.18N 13.06E
Strangford Lough N. Ireland **57** 54.28N 5.35W
Stranorlar Rep. of Ire. **56** 54.48N 7.48W
Stranraer Scotland **40** 54.54N 5.02W
Strasbourg France **72** 48.35N 7.45E
Stratford Canada **124** 43.22N 81.00W
Stratford New Zealand **112** 39.20S 174.18E
Stratford Rep. of Ire. **59** 52.59N 6.41W
Stratford-upon-Avon England **16** 52.12N 1.42W
Strathallan *f.* Scotland **41** 56.14N 3.52W
Strathardle *f.* Scotland **41** 56.42N 3.28W
Strathaven *town* Scotland **41** 55.41N 4.05W
Strath Avon *f.* Scotland **49** 57.21N 3.21W
Strathbogie *f.* Scotland **49** 57.25N 2.55W
Strathclyde *d.* Scotland **40** 55.45N 4.45W
Strathdearn *f.* Scotland **49** 57.17N 4.00W
Strathearn *f.* Scotland **41** 56.20N 3.45W
Strathglass *f.* Scotland **49** 57.25N 4.38W
Strath Halladale *f.* Scotland **49** 58.27N 3.53W
Strathmore *f.* Tayside Scotland **49** 56.44N 2.45W
Strath More *f.* Highland Scotland **49** 58.25N 4.38W
Strathnairn *f.* Scotland **49** 57.23N 4.10W
Strathnaver *f.* Scotland **49** 58.24N 4.12W
Strath of Kildonan *f.* Scotland **49** 58.09N 3.50W
Strathpeffer *town* Scotland **49** 57.34N 4.33W
Strathspey *f.* Scotland **49** 57.25N 3.25W
Strath Tay *f.* Scotland **41** 56.38N 3.41W
Strathy Pt. Scotland **49** 58.35N 4.01W
Stratton England **25** 50.49N 4.31W
Straumnes *c.* Iceland **74** 66.30N 23.05W
Streatham England **12** 51.26N 0.07W
Streek Head Rep. of Ire. **58** 51.29N 9.43W
Street England **16** 51.07N 2.43W
Strichen Scotland **49** 57.35N 2.05W
Striven, Loch Scotland **40** 55.57N 5.05W
Strokestown Rep. of Ire. **56** 53.47N 8.07W
Stroma *i.* Scotland **49** 58.41N 3.09W
Stromboli *i.* Italy **70** 38.48N 15.14E
Stromeferry Scotland **48** 57.21N 5.34W
Stromness Scotland **49** 58.57N 3.18W
Strömö *i.* Faroe Is. **74** 62.08N 7.00W
Strömstad Sweden **74** 58.56N 11.11E
Ströms Vattudal *l.* Sweden **74** 63.55N 15.30E
Stronsay *i.* Scotland **49** 59.07N 2.36W
Stronsay Firth *est.* Scotland **49** 59.05N 2.45W
Strontian Scotland **40** 56.42N 5.33W
Strood England **12** 51.24N 0.28E
Stroud England **16** 51.44N 2.12W
Struma *r.* Greece **71** 40.45N 23.51E
Strumble Head Wales **24** 52.03N 5.05W
Strumica Yugo. **71** 41.26N 22.39E
Stryn Norway **74** 61.55N 6.47E
Stryy U.S.S.R. **75** 49.16N 23.51E
Stung Treng Cambodia **94** 13.31N 105.59E
Stura *r.* Italy **68** 44.53N 8.38E
Sturgeon Falls *town* Canada **124** 46.22N 79.57W
Sturminster Newton England **16** 50.56N 2.18W
Sturt Desert Australia **108** 28.30S 141.12E
Stuttgart W. Germany **72** 48.47N 9.12E
Styr *r.* U.S.S.R. **75** 52.07N 26.35E
Suakin Sudan **101** 19.04N 37.22E
Suanhwa China **92** 40.30N 115.00E
Subotica Yugo. **71** 46.04N 19.41E
Suchan *r.* U.S.S.R. **95** 42.53N 132.54E
Suchow China **92** 34.14N 117.20E
Suck *r.* Rep. of Ire. **58** 53.16N 8.03W
Sucre Bolivia **129** 19.05S 65.15W
Sudan Africa **101** 14.00N 30.00E
Sudbury Canada **124** 46.30N 81.01W
Sudbury England **17** 52.03N 0.45E
Sudd *f.* Sudan **101** 7.50N 30.00E
Sudeten Mts. Czech./Poland **72** 50.30N 16.30E
Sudirman Mts. Asia **89** 3.50S 136.30E
Suehfeng Shan *mts.* China **93** 27.30N 111.00E
Suehpao Hsiang *mtn.* China **92** 33.00N 103.56E
Suez Egypt **84** 29.59N 32.33E
Suez, G. of Egypt **84** 28.48N 33.00E
Suez Canal Egypt **84** 30.40N 32.20E
Suffolk *d.* England **17** 52.16N 1.00E
Sugar Hill Rep. of Ire. **58** 52.26N 9.11W
Sugluk Canada **123** 62.10N 75.40W
Sühbaatar *d.* Mongolia **92** 45.30N 114.00E
Suining China **93** 30.31N 105.32E
Suir *r.* Rep. of Ire. **59** 52.15N 7.02W
Sukabumi Indonesia **88** 6.55S 106.50E
Sukadana Indonesia **88** 1.15S 110.00E
Sukaradja Indonesia **88** 2.23S 110.35E
Sukhinichi U.S.S.R. **75** 54.07N 35.21E
Sukhona *r.* U.S.S.R. **61** 61.30N 46.28E
Sukhumi U.S.S.R. **75** 43.01N 41.01E
Sukkertoppen Greenland **123** 65.40N 53.00W
Sukkur Pakistan **86** 27.42N 68.54E
Sulaimaniya Iraq **85** 35.32N 45.27E
Sulaiman Range *mts.* Pakistan **86** 30.50N 70.20E
Sulaimiya Saudi Arabia **85** 24.10N 47.20E
Sula Is. Indonesia **89** 1.50S 125.10E
Sulawesi *d.* Indonesia **89** 2.00S 120.30E
Sulina Romania **71** 45.08N 29.40E
Sullana Peru **128** 4.52S 80.39W
Sullane *r.* Rep. of Ire. **58** 51.53N 8.56W
Sullom Voe *b.* Scotland **48** 60.29N 1.16W
Sulmona Italy **70** 42.04N 13.57E
Sultanabad Iran **85** 36.25N 58.02E
Sulu Archipelago Phil. **89** 5.30N 121.00E
Sulu Sea Pacific Oc. **89** 8.00N 120.00E
Sumatra *i.* Indonesia **88** 2.00S 102.00E
Sumba *i.* Indonesia **88** 9.30S 119.55E
Sumbar *r.* U.S.S.R. **85** 38.00N 55.20E
Sumbawa *i.* Indonesia **88** 8.45S 117.50E
Sumbawanga Tanzania **105** 7.58S 31.36E
Sumburgh Head Scotland **48** 59.51N 1.16W
Sumgait U.S.S.R. **85** 40.35N 49.38E
Summan *f.* Saudi Arabia **85** 27.00N 47.00E
Summer Cove *town* Rep. of Ire. **58** 51.42N 8.30W
Summer Is. Scotland **48** 58.01N 5.26W
Sumy U.S.S.R. **75** 50.55N 34.49E
Sunagawa Japan **95** 43.30N 141.55E
Sunart *f.* Scotland **48** 56.44N 5.35W
Sunart, Loch Scotland **48** 56.43N 5.45W
Sunbury England **12** 51.24N 0.25W
Sunbury U.S.A. **125** 40.52N 76.47W
Sundarbans *f.* India/Bangla. **86** 22.00N 89.00E
Sundargarh India **86** 22.04N 84.08E
Sunda Str. Indonesia **88** 6.00S 105.50E
Sundays *r.* R.S.A. **106** 33.49S 25.46E
Sunderland England **41** 54.55N 1.22W
Sundsvall Sweden **74** 62.22N 17.20E
Sungari *r.* China **91** 47.46N 132.30E
Sungkiang China **93** 31.01N 121.20E
Sungurlu Turkey **84** 40.10N 34.23E
Sunninghill *town* England **12** 51.24N 0.39W
Sunyani Ghana **102** 7.22N 2.18W
Suomussalmi Finland **74** 64.52N 29.10E
Suo nada *str.* Japan **95** 33.45N 131.30E
Suonenjoki Finland **74** 62.40N 27.06E
Supaul India **86** 26.57N 86.15E
Superior U.S.A. **124** 46.42N 92.05W
Superior, L. N. America **124** 48.00N 88.00W
Suphan Buri *r.* Thailand **94** 13.34N 100.15E
Süphan Dağlari *mtn.* Turkey **84** 38.55N 42.55E
Sur Oman **85** 22.23N 59.32E
Sura U.S.S.R. **75** 53.52N 45.45E
Sura *r.* U.S.S.R. **75** 56.13N 46.00E
Surabaya Indonesia **88** 7.14S 112.45E
Surakarta Indonesia **88** 7.32S 110.50E
Surat Australia **108** 27.10S 149.05E
Surat India **86** 21.10N 72.54E
Surat Thani Thailand **94** 9.09N 99.23E
Surbiton England **12** 51.24N 0.19W
Sûre *r.* Lux. **73** 49.43N 6.31E
Surgut U.S.S.R. **61** 61.13N 73.20E
Surigao Phil. **89** 9.47N 125.29E
Surin Thailand **94** 14.58N 103.33E
Surinam S. America **128** 4.30N 56.00W
Surrey *d.* England **17** 51.16N 0.30W
Surrey Hill England **12** 51.23N 0.43W
Surtsey *i.* Iceland **74** 63.18N 20.37W
Susquehanna *r.* U.S.A. **125** 39.33N 76.05W
Sutherland R.S.A. **106** 32.24S 20.40E
Sutlej *r.* Pakistan **86** 29.26N 71.09E
Sutsien China **92** 33.59N 118.25E
Sutton G.L. England **12** 51.22N 0.12W
Sutton Surrey England **12** 51.12N 0.26W
Sutton Bridge England **33** 52.46N 0.12E
Sutton Coldfield England **16** 52.33N 1.50W
Sutton in Ashfield England **33** 53.08N 1.16W
Sutton on Sea England **33** 53.18N 0.18E
Suwanee *r.* U.S.A. **126** 29.15N 82.50W
Suzu misaki *c.* Japan **95** 37.30N 137.21E
Svartisen *mtn.* Norway **74** 66.30N 14.00E
Sveg Sweden **74** 62.02N 14.20E
Svendborg Denmark **74** 55.04N 10.38E
Sverdlovsk U.S.S.R. **61** 56.52N 60.35E
Svetogorsk U.S.S.R. **74** 61.07N 28.50E
Svishtov Bulgaria **71** 43.36N 25.23E
Svobodnyy U.S.S.R. **91** 51.24N 128.05E
Svolvaer Norway **74** 68.15N 14.40E
Swabian Jura *mts.* W. Germany **72** 48.20N 9.20E
Swadlincote England **33** 52.47N 1.34W
Swaffham England **17** 52.38N 0.42E
Swakop *r.* S.W. Africa **106** 22.38S 14.30E
Swakopmund S.W. Africa **106** 22.40S 14.34E
Swale *r.* England **33** 54.05N 1.20W
Swanage England **16** 50.36N 1.59W
Swan Hill *town* Australia **108** 35.23S 143.37E
Swanley England **12** 51.24N 0.12E
Swanlinbar Rep. of Ire. **56** 54.12N 7.43W
Swan River *town* Canada **120** 52.06N 101.17W
Swanscombe England **12** 51.26N 0.19E
Swansea Wales **25** 51.37N 3.57W
Swansea B. Wales **25** 51.33N 3.50W
Swarbacks Minn *str.* Scotland **48** 60.22N 1.21W
Swatow China **93** 23.22N 116.39E
Swaziland Africa **106** 26.30S 32.00E
Sweden Europe **74** 63.00N 16.00E
Sweetwater U.S.A. **120** 32.37N 100.25W
Swidnica Poland **72** 50.51N 16.29E
Swift Current *town* Canada **120** 50.17N 107.49W
Swilly *r.* Rep. of Ire. **56** 54.57N 7.41W
Swilly, Lough Rep. of Ire. **57** 55.10N 7.32W
Swindon England **16** 51.33N 1.47W
Swinford Rep. of Ire. **56** 53.57N 8.57W
Swinoujscie Poland **72** 53.55N 14.18E
Switzerland Europe **72** 47.00N 8.15E
Swords Rep. of Ire. **59** 53.27N 6.15W
Syderö *i.* Faroe Is. **74** 61.30N 6.50W
Sydney Australia **108** 33.55S 151.10E
Sydney Canada **123** 46.10N 60.10W
Syktyvkar U.S.S.R. **61** 61.42N 50.45E
Sylhet Bangla. **94** 24.48N 91.28E
Sylt *i.* W. Germany **72** 54.50N 8.20E
Syracuse U.S.A. **125** 43.03N 76.10W
Syr Darya *r.* U.S.S.R. **61** 46.00N 61.21E
Syria Asia **84** 35.00N 38.00E
Syrian Desert Asia **84** 32.00N 39.00E
Syzran U.S.S.R. **75** 53.10N 48.29E
Szczecin Poland **72** 53.25N 14.32E
Szczecinek Poland **72** 53.42N 16.41E
Szechwan *d.* China **90** 30.30N 103.00E
Szeged Hungary **71** 46.16N 20.08E
Szekszárd Hungary **71** 46.22N 18.44E
Szemao China **94** 22.28N 101.14E
Szenan China **93** 27.51N 108.24E
Szeping China **92** 43.10N 124.24E
Szombathely Hungary **75** 47.12N 16.38E

T

Tabarka Tunisia **70** 36.56N 8.43E
Tabas Khorāsān Iran **85** 32.48N 60.14E
Tabas Khorāsān Iran **85** 33.36N 56.55E
Tabasco *d.* Mexico **126** 18.30N 93.00W
Table B. R.S.A. **106** 33.30S 18.05E
Tabór Czech. **72** 49.25N 14.41E
Tabora Tanzania **105** 5.02S 32.50E
Tabora *d.* Tanzania **105** 5.30S 32.00E
Tabou Ivory Coast **102** 4.28N 7.20W
Tabriz Iran **85** 38.05N 46.18E
Taching China **93** 28.25N 121.10E
Tachu China **93** 30.50N 107.12E
Tacloban Phil. **89** 11.15N 124.59E
Tacoma U.S.A. **120** 47.16N 122.30W
Taconic Mts. U.S.A. **125** 42.00N 73.45W
Tacuarembó Uruguay **129** 31.42S 56.00W
Tacumshin B. Rep. of Ire. **59** 52.11N 6.29W
Tadcaster England **33** 53.53N 1.16W
Tademait Plateau Algeria **100** 28.45N 2.10E
Tadoussac Canada **125** 48.09N 69.43W
Tadzhikistan Soviet Socialist Republic *d.* U.S.S.R. **90** 39.00N 70.30E
Taegu S. Korea **91** 35.52N 128.36E
Taejon S. Korea **91** 36.20N 127.26E
Tafersit Morocco **69** 35.01N 3.33W
Taganrog U.S.S.R. **75** 47.14N 38.55E
Taganrog, G. of U.S.S.R. **75** 47.00N 38.30E
Taghmon Rep. of Ire. **59** 52.20N 6.40W
Tagus *r.* Portugal **69** 39.00N 8.57W
Tahat, Mt. Algeria **103** 23.30N 5.40E
Taian China **92** 36.16N 117.13E
Taichow China **92** 32.22N 119.58E
Taichung Taiwan **93** 24.11N 120.40E
Taihang Shan China **92** 36.00N 113.30E
Taihape New Zealand **112** 39.40S 175.48E
Tai Hu *l.* China **93** 31.15N 120.10E
Taima Saudi Arabia **84** 27.37N 38.30E
Tain Scotland **49** 57.48N 4.04W
Tainan Taiwan **93** 23.01N 120.12E

Taipei to **Thayetmyo** 209

Taipei Taiwan **93** 25.05N 121.30E
Taiping Malaysia **88** 4.54N 100.42E
Taitung Taiwan **93** 22.49N 121.10E
Taitze Ho *r.* China **92** 41.07N 122.43E
Taivalkoski Finland **74** 65.35N 28.20E
Taiwan Asia **93** 24.00N 121.00E
Taiyuan China **92** 37.48N 112.33E
Taizz Yemen **101** 13.35N 44.02E
Tajan Indonesia **88** 0.02S 110.05E
Tajrish Iran **85** 35.48N 51.20E
Tajuna *r.* Spain **69** 40.10N 3.35W
Tak Thailand **94** 16.51N 99.08E
Takamatsu Japan **95** 34.28N 134.05E
Takaoka Japan **95** 36.47N 137.00E
Takeley England **12** 51.52N 0.15E
Takestan Iran **85** 36.02N 49.40E
Takht-i-Suleiman *mtn.* Iran **85** 36.23N 50.59E
Takla Makan *des.* China **90** 38.10N 82.00E
Talasskiy Ala Tau *mts.* U.S.S.R. **90** 42.20N 73.20E
Talaud Is. Indonesia **89** 4.20N 126.50E
Talavera de la Reina Spain **69** 39.58N 4.50W
Talca Chile **129** 35.28S 71.40W
Talcahuano Chile **129** 36.40S 73.10W
Taldom U.S.S.R. **75** 56.49N 37.30E
Talgarth Wales **24** 51.59N 3.15W
Taliabu *i.* Indonesia **89** 1.50S 124.55E
Talkeetna U.S.A. **122** 62.20N 150.09W
Tallahassee U.S.A. **121** 30.28N 84.19W
Tallinn U.S.S.R. **74** 59.22N 24.48E
Tallow Rep. of Ire. **58** 52.06N 8.01W
Talou Shan *mts.* China **93** 28.25N 107.15E
Talsi U.S.S.R. **75** 57.18N 22.39E
Tamale Ghana **102** 9.26N 0.49W
Tamanrasset Algeria **103** 22.50N 5.31E
Tamar *r.* England **25** 50.28N 4.13W
Tamatave Malagasy Rep. **97** 18.10S 49.23E
Tamaulipas *d.* Mexico **126** 24.00N 98.20W
Tambacounda Senegal **102** 13.45N 13.40W
Tambohorano Malagasy Rep. **105** 17.40S 43.59E
Tambov U.S.S.R. **75** 52.44N 41.28E
Tambre *r.* Spain **69** 42.50N 8.55W
Tamega *r.* Portugal **69** 41.04N 8.17W
Tamil Nadu *d.* India **87** 11.15N 79.00E
Taming Shan *mts.* China **94** 23.45N 108.25E
Tampa U.S.A. **121** 27.58N 82.38W
Tampa B. U.S.A. **126** 27.48N 82.15W
Tampere Finland **74** 61.32N 23.45E
Tampico Mexico **126** 22.18N 97.52W
Tamsag Bulag Mongolia **91** 47.10N 117.21E
Tamworth Australia **108** 31.07S 150.57E
Tamworth England **16** 52.38N 1.42W
Tana *r.* Kenya **105** 2.32S 40.32E
Tana Norway **74** 70.26N 28.14E
Tana *r.* Norway **74** 69.45N 28.15E
Tana, L. Ethiopia **101** 12.00N 37.20E
Tanacross U.S.A. **122** 63.12N 143.30W
Tanana U.S.A. **122** 65.11N 152.10W
Tananarive Malagasy Rep. **97** 18.52S 47.30E
Tanaro *r.* Italy **70** 45.01N 8.46E
Tanat *r.* Wales **24** 52.46N 3.07W
Tanderagee N. Ireland **57** 54.21N 6.26W
Tandjungpandan Indonesia **88** 2.44S 107.36E
Tandjungredeb Indonesia **88** 2.09N 117.29E
Tanega shima *i.* Japan **95** 30.32N 131.00E
Tanga Tanzania **105** 5.07S 39.05E
Tanga *d.* Tanzania **105** 5.20S 38.30E
Tanganyika, L. Africa **105** 6.00S 29.30E
Tanger *see* Tangier Morocco **69**
Tangier Morocco **69** 35.48N 5.45W
Tangku China **92** 39.01N 117.43E
Tanglha Range *mts.* China **90** 32.40N 92.30E
Tangra Yum *l.* China **87** 31.00N 86.30E
Tangshan China **92** 39.32N 118.08E
Tanhsien China **94** 19.40N 109.20E
Tanimbar Is. Indonesia **89** 7.50S 131.30E
Tanjung Datu *c.* Malaysia **88** 2.00N 109.30E
Tanjung Puting *c.* Indonesia **88** 3.35S 111.52E
Tanjung Selatan *c.* Indonesia **88** 4.20S 114.45E
Tannu Ola Range *mts.* U.S.S.R. **77** 51.00N 93.30E
Tano *r.* Ghana **102** 5.07N 2.54W
Tanout Niger **103** 14.55N 8.49E
Tanta Egypt **84** 30.48N 31.00E
Tanzania Africa **105** 5.00S 35.00E
Taonan China **92** 45.20N 122.48E
Taoudenni Mali **102** 22.45N 4.00W
Tapachula Mexico **126** 14.54N 92.15W
Tapai Shan *mtn.* China **92** 33.55N 107.45E
Tapajós *r.* Brazil **128** 2.40S 55.30W
Tapa Shan *mts.* China **93** 32.00N 109.00E
Tapieh Shan *mts.* China **93** 31.15N 115.20E
Tapti *r.* India **86** 21.05N 72.45E
Tara U.S.S.R. **61** 56.55N 74.24E
Tara *r.* U.S.S.R. **76** 56.30N 74.40E
Tara *r.* Yugo. **71** 43.23N 18.47E
Tarakan Indonesia **88** 3.20N 117.38E
Tarancón Spain **69** 40.01N 3.01W
Taransay *i.* Scotland **48** 57.53N 7.03W
Taranto Italy **71** 40.28N 17.14E
Taranto, G. of Italy **71** 40.00N 17.20E
Tararua Range *mts.* New Zealand **112** 40.45S 175.30E
Tarbagatay Range *mts.* U.S.S.R. **90** 47.00N 83.00E
Tarbat Ness *c.* Scotland **49** 57.52N 3.46W
Tarbert Rep. of Ire. **58** 52.34N 9.24W
Tarbert Strath. Scotland **40** 55.51N 5.25W
Tarbert W. Isles Scotland **48** 57.54N 6.49W
Tarbert, Loch Scotland **40** 55.48N 5.31W
Tarbes France **68** 43.14N 0.05E
Tarbolton Scotland **40** 55.31N 4.29W
Tardoire *r.* France **68** 45.57N 1.00W
Taree Australia **108** 31.54S 152.26E
Tarfa, Wadi *r.* Egypt **84** 28.36N 30.50E
Tarifa Spain **69** 36.01N 5.36W
Tarija Bolivia **129** 21.33S 64.45W
Tarim *r.* China **90** 41.00N 83.30E
Tarim Basin *f.* China **78** 39.52N 82.34E
Tari Nūr *l.* China **92** 43.27N 116.25E
Tarkwa Ghana **102** 5.16N 1.59W
Tarlac Phil. **89** 15.29N 120.35E
Tarland Scotland **49** 57.08N 2.52W
Tarleton England **32** 53.41N 2.50W
Tarn *r.* France **68** 44.15N 1.15E
Tarnow Poland **75** 50.01N 20.59E
Tarporley England **32** 53.10N 2.42W
Tarragona Spain **69** 41.07N 1.15E
Tarrasa Spain **69** 41.34N 2.00E
Tarsus Turkey **84** 36.52N 34.52E
Tartary, G. of U.S.S.R. **77** 47.40N 141.00E
Tartu U.S.S.R. **74** 58.20N 26.44E
Tashauz U.S.S.R. **61** 41.49N 59.58E
Tashkent U.S.S.R. **61** 41.16N 69.13E
Tasman B. New Zealand **112** 41.00S 173.15E
Tasmania *d.* Australia **108** 42.00S 147.00E
Tasman Mts. New Zealand **112** 41.00S 172.40E
Tasman Pen. Australia **108** 43.08S 147.51E
Tasman Sea Pacific Oc. **137** 38.00S 163.00E
Tatarsk U.S.S.R. **76** 55.14N 76.00E
Tatnam, C. Canada **123** 57.00N 91.00W
Tatsaitan China **90** 37.44N 95.08E
Tatsfield England **12** 51.18N 0.02E
Tatu *r.* China **87** 28.47N 104.40E
Tatung China **92** 40.10N 113.15E
Tatvan Turkey **84** 38.31N 42.15E
Taumarunui New Zealand **112** 38.53S 175.16E
Taung R.S.A. **106** 27.32S 24.48E
Taungdwingyi Burma **94** 20.00N 95.30E
Taung-gyi Burma **94** 20.49N 97.01E
Taunton England **25** 51.01N 3.07W
Taunus *mts.* W. Germany **72** 50.07N 7.48E
Taupo New Zealand **112** 38.42S 176.06E
Taupo, L. New Zealand **112** 38.45S 175.30E
Tauranga New Zealand **112** 37.42S 176.11E
Taurus Mts. Turkey **84** 37.15N 34.15E
Taveta Kenya **105** 3.23S 37.42E
Tavira Portugal **69** 37.07N 7.39W
Tavistock England **25** 50.33N 4.09W
Tavoy Burma **94** 14.02N 98.12E
Tavy *r.* England **25** 50.27N 4.10W
Taw *r.* England **25** 51.05N 4.05W
Tawau Malaysia **88** 4.16N 117.54E
Tawe *r.* Wales **25** 51.38N 3.56W
Tay *r.* Scotland **41** 56.21N 3.18W
Tay, Loch Scotland **40** 56.32N 4.08W
Taylor, Mt. U.S.A. **120** 35.14N 107.36W
Taymyr, L. U.S.S.R. **77** 74.20N 101.00E
Taymyr Pen. U.S.S.R. **77** 75.30N 99.00E
Taynuilt Scotland **40** 56.26N 5.14W
Tayport Scotland **41** 56.27N 2.53W
Tayshet U.S.S.R. **77** 55.56N 98.01E
Tayside *d.* Scotland **41** 56.35N 3.28W
Taytay Phil. **88** 10.47N 119.32E
Taz *r.* U.S.S.R. **76** 67.30N 78.50E
Tbilisi U.S.S.R. **85** 41.43N 44.48E
Tchibanga Gabon **104** 2.52S 11.07E
Te Anau, L. New Zealand **112** 45.10S 167.15E
Te Araroa New Zealand **112** 37.38S 178.25E
Te Awamutu New Zealand **112** 38.00S 175.20E
Tebessa Algeria **70** 35.22N 8.08E
Tebuk Saudi Arabia **84** 28.25N 36.35E
Tecuci Romania **71** 45.49N 27.27E
Teddington England **12** 51.25N 0.20W
Tees *r.* England **33** 54.35N 1.11W
Tees B. England **33** 54.40N 1.07W
Teesdale *f.* England **32** 54.38N 2.08W
Tegucigalpa Honduras **126** 14.05N 87.14W
Tehchow China **92** 37.23N 116.16E
Tehran Iran **85** 35.40N 51.26E
Tehtsin China **87** 28.45N 98.58E
Tehuacán Mexico **126** 18.30N 97.26W
Tehuantepec Mexico **126** 16.21N 95.13W
Tehuantepec, G. of Mexico **126** 16.00N 95.00W
Tehuantepec, Isthmus of Mexico **126** 17.00N 94.00W
Teifi *r.* Wales **24** 52.05N 4.41W
Teign *r.* England **25** 50.32N 3.46W
Teignmouth England **25** 50.33N 3.30W
Teith *r.* Scotland **41** 56.09N 4.00W
Teixeira de Sousa Angola **104** 10.41S 22.09E
Tekapo, L. New Zealand **112** 43.35S 170.30E
Tekirdağ Turkey **71** 40.59N 27.30E
Te Kuiti New Zealand **112** 38.20S 175.10E
Tela Honduras **126** 15.56N 87.25W
Telavi U.S.S.R. **85** 41.56N 45.30E
Tel Aviv-Jaffa Israel **84** 32.05N 34.46E
Tele *r.* Zaïre **104** 2.48N 24.00E
Telford England **16** 52.42N 2.30W
Telgte W. Germany **73** 51.59N 7.46E
Telimélé Guinea **102** 10.54N 13.02W
Tel Kotchek Syria **84** 36.48N 42.04E
Tell Atlas *mts.* Algeria **100** 36.10N 4.00E
Telok Anson Malaysia **88** 4.00N 101.00E
Tel'oos-Iz *mtn.* U.S.S.R. **61** 63.56N 59.02E
Teluk Berau *b.* Asia **89** 2.20S 133.00E
Telukbetung Indonesia **88** 5.28S 105.16E
Teluk Irian *b.* Asia **89** 2.30S 135.20E
Tema Ghana **102** 5.41N 0.01W
Tembo Aluma Angola **104** 7.42S 17.15E
Teme *r.* England **16** 52.10N 2.13W
Temora Australia **108** 34.27S 147.35E
Témpio Italy **70** 40.54N 9.06E
Temple U.S.A. **121** 31.06N 97.22W
Temple Ewell England **17** 51.09N 1.16E
Templemore Rep. of Ire. **58** 52.48N 7.51W
Temuco Chile **129** 38.45S 72.40W
Tenasserim Burma **94** 12.05N 99.00E
Tenasserim *d.* Burma **87** 13.00N 99.00E
Tenbury Wells England **16** 52.18N 2.35W
Tenby Wales **25** 51.40N 4.42W
Ten Degree Channel Indian Oc. **88** 10.00N 92.30E
Tenerife *i.* Africa **100** 28.10N 16.30W
Tengchung China **94** 25.12N 98.20E
Tenghsien China **92** 35.08N 117.20E
Tengiz, L. U.S.S.R. **61** 50.30N 69.00E
Tenke Zaïre **104** 10.34S 26.07E
Tennant Creek *town* Australia **107** 19.31S 134.15E
Tennessee *d.* U.S.A. **121** 36.00N 86.00W
Tennessee *r.* U.S.A. **121** 37.10N 88.25W
Tenterden England **17** 51.04N 0.42E
Tenterfield Australia **108** 29.01S 152.04E
Teófilio Otoni Brazil **129** 17.52S 41.31W
Ter *r.* England **12** 51.45N 0.36E
Ter *r.* Spain **69** 42.02N 3.10E
Tera *r.* Portugal **69** 38.55N 8.01W
Téramo Italy **70** 42.40N 13.43E
Teresina Brazil **128** 4.50S 42.50W
Termez U.S.S.R. **76** 37.15N 67.15E
Termini Italy **70** 37.59N 13.42E
Terminos Lagoon Mexico **126** 18.30N 91.30W
Termoli Italy **70** 41.58N 14.59E
Termonfeckin Rep. of Ire. **57** 53.45N 6.17W
Ternate Indonesia **89** 0.48N 127.23E
Terneuzen Neth. **73** 51.20N 3.50E
Terni Italy **70** 42.34N 12.44E
Ternopol U.S.S.R. **75** 49.35N 25.39E
Terre Haute U.S.A. **124** 39.27N 87.24W
Terschelling *i.* Neth. **73** 53.25N 5.25E
Teruel Spain **69** 40.21N 1.06W
Teslin *r.* Canada **122** 62.00N 135.00W
Tessaoua Niger **103** 13.46N 7.55E
Test *r.* England **16** 50.55N 1.29W
Tet *r.* France **68** 42.43N 3.00E
Tetbury England **16** 51.37N 2.09W
Tete Moçambique **105** 16.10S 33.30E
Tete *d.* Moçambique **105** 15.30S 33.00E
Teterev *r.* U.S.S.R. **75** 51.03N 30.30E
Tetney England **33** 53.30N 0.01W
Tetuan Morocco **69** 35.34N 5.22W
Tetyukhe Pristan U.S.S.R. **95** 44.17N 135.52E
Teviot *r.* Scotland **41** 55.36N 2.27W
Teviotdale *f.* Scotland **41** 55.26N 2.46W
Teviothead Scotland **41** 55.20N 2.56W
Tewkesbury England **16** 51.59N 2.09W
Texarkana U.S.A. **121** 33.28N 94.02W
Texas *d.* U.S.A. **120** 32.00N 100.00W
Texel *i.* Neth. **73** 53.05N 4.47E
Texoma, L. U.S.A. **121** 34.00N 96.40W
Tezpur India **87** 26.38N 92.49E
Thabana Ntlenyana *mtn.* Lesotho **106** 29.30S 29.10E
Thabazimbi R.S.A. **106** 24.41S 27.21E
Thailand Asia **94** 17.00N 101.30E
Thakhek Laos **94** 17.22N 104.50E
Thala Tunisia **70** 35.35N 8.38E
Thale Luang *l.* Thailand **94** 7.40N 100.20E
Thallon Australia **108** 28.39S 148.49E
Thame England **16** 51.44N 0.58W
Thame *r.* England **16** 51.38N 1.10W
Thames *r.* Canada **124** 42.20N 82.25W
Thames *r.* England **12** 51.30N 0.05E
Thames New Zealand **112** 37.08S 175.35E
Thames Haven England **12** 51.31N 0.31E
Thana India **86** 19.14N 73.02E
Thanh Hoa N. Vietnam **93** 19.47N 105.49E
Thar Desert India **86** 28.00N 72.00E
Thargomindah Australia **108** 27.59S 143.45E
Tharrawaddy Burma **90** 17.37N 95.48E
Tharthar, Wadi *r.* Iraq **84** 34.18N 43.07E
Tharthar Basin *f.* Iraq **84** 33.56N 43.16E
Thásos *i.* Greece **71** 40.40N 24.39E
Thaton Burma **94** 16.50N 97.21E
Thaungdut Burma **94** 24.26N 94.45E
Thaxted England **17** 51.57N 0.21E
Thayetmyo Burma **94** 19.20N 95.10E

The Aird f. Scotland 49 57.26N 4.23W
Thebes ruins Egypt 84 25.41N 32.40E
The Buck mtn. Scotland 49 57.18N 2.59W
The Cherokees, L. O' U.S.A. 121 36.45N 94.50W
The Cheviot mtn. England 41 55.29N 2.10W
The Cheviot Hills England/Scotland 41 55.22N 2.24W
The Coorong Australia 108 36.00S 139.30E
The Curragh f. Rep. of Ire. 59 53.10N 6.52W
The Everglades f. U.S.A. 121 26.00N 80.30W
The Fens f. England 17 52.32N 0.13E
The Glenkens f. Scotland 40 55.10N 4.13W
The Grenadines is. St. Vincent 127 13.00N 61.20W
The Hague Neth. 73 52.05N 4.16E
The Hebrides, Sea of Scotland 48 57.05N 7.05W
The Little Minch str. Scotland 48 57.40N 6.45W
Thelon r. Canada 123 64.23N 96.15W
The Long Mynd hill England 16 52.33N 2.50W
The Machers f. Scotland 40 54.45N 4.28W
The Marsh f. England 33 52.50N 0.10E
The Minch str. Scotland 48 58.10N 5.50W
The Mumbles Wales 25 51.34N 4.00W
The Naze c. England 17 51.53N 1.17E
The Needles c. England 16 50.39N 1.35W
The North Sd. Scotland 49 59.18N 2.45W
Theodore Roosevelt L. U.S.A. 120 33.30N 111.10W
The Ox Mts. Rep. of Ire. 56 54.06N 8.25W
The Paps mts. Rep. of Ire. 58 52.01N 9.14W
The Pas Canada 123 53.50N 101.15W
The Pennines hills England 32 55.40N 2.20W
The Potteries f. England 32 53.00N 2.10W
The Raven Pt. Rep. of Ire. 59 52.21N 6.21W
The Rhinns f. Scotland 40 54.50N 5.02W
The Six Towns town N. Ireland 57 54.46N 6.53W
The Skerries is. Wales 24 53.27N 4.35W
The Solent str. England 16 50.45N 1.20W
Thessaloniki Greece 71 40.38N 22.56E
Thessaloniki, G. of Med. Sea 71 40.10N 23.00E
The Storr mtn. Scotland 48 57.30N 6.11W
The Swale str. England 17 51.22N 0.58E
Thetford England 17 52.25N 0.44E
Thetford Mines town Canada 125 46.06N 71.18W
The Trossachs f. Scotland 40 56.15N 4.25W
The Twelve Pins mts. Rep. of Ire. 58 53.30N 9.49W
The Wash b. England 33 52.55N 0.15E
The Weald f. England 17 51.05N 0.20E
The Woods, L. of N. America 121 49.46N 94.30W
The Wrekin hill England 16 52.40N 2.33W
Theydon Bois England 12 51.40N 0.05E
Thiers France 68 45.51N 3.33E
Thiés Senegal 102 14.50N 16.55W
Thimphu Bhutan 86 27.29N 89.40E
Thionville France 72 49.22N 6.11E
Thíra i. Greece 71 36.24N 25.27E
Thirsk England 33 54.15N 1.20W
Thisted Denmark 74 56.58N 8.42E
Thitu Is. Asia 88 10.50N 114.20E
Thjórsá r. Iceland 74 63.53N 20.38W
Thok-Jalung China 87 32.26N 81.37E
Tholen i. Neth. 73 51.34N 4.07E
Thomastown Rep. of Ire. 59 52.32N 6.08W
Thomasville U.S.A. 121 30.50N 83.59W
Thomson's Falls town Kenya 105 0.04N 36.22E
Thornaby-on-Tees England 33 54.34N 1.18W
Thornbury England 16 51.36N 2.31W
Thorne England 33 53.36N 0.56W
Thorney England 17 52.37N 0.08W
Thornhill Scotland 41 55.15N 3.46W
Thornton England 32 53.53N 3.00W
Thornwood Common town England 12 51.43N 0.08E
Thorpe England 12 51.25N 0.31W
Thorpe-le-Soken England 17 51.50N 1.11E
Thorshavn Faroe Is. 74 62.02N 6.47W
Thouars France 68 46.59N 0.13W
Thrapston England 17 52.24N 0.32W
Thrushel r. England 25 50.38N 4.19W
Thuin Belgium 73 50.21N 4.20E
Thule Greenland 123 77.40N 69.00W
Thun Switz. 72 46.46N 7.38E
Thunder Bay town Canada 124 48.25N 89.14W
Thuringian Forest f. E. Germany 72 50.40N 10.50E
Thurles Rep. of Ire. 58 52.41N 7.50W
Thurnscoe England 33 53.31N 1.19W
Thursby England 41 54.40N 3.03W
Thursday I. Australia 89 10.45S 142.00E
Thurso Scotland 49 58.35N 3.32W
Thurso r. Scotland 49 58.35N 3.32W
Tiaret Algeria 69 35.20N 1.20E
Tibati Cameroon 103 6.25N 12.33E
Tiber r. Italy 70 41.45N 12.16E
Tiberias, L. Israel 84 32.49N 35.36E
Tibesti Mts. Chad 103 21.00N 17.30E
Tibet d. China 87 32.20N 86.00E
Tibetan Plateau f. China 87 34.00N 84.30E
Tibooburra Australia 108 29.28S 142.04E
Tiburon I. Mexico 120 29.00N 112.25W
Ticehurst England 17 51.02N 0.23E
Ticino r. Italy 68 45.09N 9.12E
Tickhill England 33 53.25N 1.08W
Tidjikja Mauritania 102 18.29N 11.31W
Tiehling China 92 42.13N 123.48E

Tiel Neth. 73 51.53N 5.26E
Tielt Belgium 73 51.00N 3.20E
Tien Chih l. China 94 24.45N 102.45E
Tien Shan mts. Asia 90 42.00N 80.30E
Tienshui China 92 34.25N 105.58E
Tientsin China 92 39.07N 117.08E
Tierra Blanca Mexico 126 18.28N 96.12W
Tierra del Fuego i. S. America 129 54.00S 68.30W
Tiétar r. Spain 69 39.50N 6.00W
Tighnabruaich Scotland 40 55.56N 5.14W
Tigris r. Asia 85 31.00N 47.27E
Tihama f. Saudi Arabia 101 20.30N 40.30E
Tihwa China 90 43.43N 87.38E
Tijuana Mexico 120 32.29N 117.10W
Tikhoretsk U.S.S.R. 75 45.52N 40.07E
Tikhvin U.S.S.R. 75 59.35N 33.29E
Tiko Cameroon 104 4.09N 9.19E
Tiksi U.S.S.R. 77 71.40N 128.45E
Tilburg Neth. 73 51.34N 5.05E
Tilbury England 12 51.28N 0.23E
Till r. England 41 55.41N 2.12W
Tillabéri Niger 103 14.28N 1.27E
Tillicoultry Scotland 41 56.09N 3.45W
Tilt r. Scotland 49 56.46N 3.50W
Timagami L. Canada 124 46.55N 80.03W
Timaru New Zealand 112 44.23S 171.41E
Timbuktu Mali 102 16.49N 2.59W
Timişoara Romania 71 45.47N 21.15E
Timişul r. Yugo. 71 44.49N 20.28E
Timmins Canada 124 48.30N 81.20W
Timok r. Yugo. 71 44.13N 22.40E
Timoleague Rep. of Ire. 58 51.38N 8.46W
Timolin Rep. of Ire. 59 52.59N 6.49W
Timor i. Austa. 89 9.30S 125.00E
Timor Sea Austa. 107 13.00S 122.00E
Tinahely Rep. of Ire. 59 52.48N 6.28W
Tinglev Denmark 72 54.57N 9.15E
Tingsryd Sweden 74 56.31N 15.00E
Tinian i. Asia 89 14.58N 145.38E
Tinkisso r. Guinea 102 11.25N 9.05W
Tinne r. Norway 74 59.05N 9.43E
Tintagel Head England 25 50.40N 4.45W
Tinto Hills Scotland 41 55.36N 3.40W
Tioman i. Malaysia 88 2.45N 104.10E
Tipperary Rep. of Ire. 58 52.29N 8.10W
Tipperary d. Rep. of Ire. 58 52.30N 8.00W
Tiptree England 17 51.48N 0.46E
Tiranë Albania 71 41.20N 19.48E
Tirano Italy 70 46.12N 10.10E
Tiraspol U.S.S.R. 75 46.50N 29.38E
Tirebolu Turkey 84 41.02N 38.49E
Tiree i. Scotland 40 56.30N 6.50W
Tirga Mor mtn. Scotland 48 58.00N 6.59W
Tirgu-Jiu Romania 71 45.03N 23.17E
Tîrgu Mures Romania 75 46.33N 24.34E
Tirlemont Belgium 73 50.49N 4.56E
Tirso r. Italy 70 39.52N 8.33E
Tiruchirapalli India 87 10.50N 78.43E
Tiruppur India 86 11.05N 77.20E
Tisza r. Yugo. 71 45.09N 20.16E
Titicaca, L. Bolivia/Peru 128 16.00S 69.00W
Titograd Yugo. 71 42.30N 19.16E
Titovo Užice Yugo. 71 43.52N 19.51E
Titov Veles Yugo. 71 41.43N 21.49E
Tiumpan Head Scotland 48 58.15N 6.10W
Tiverton England 25 50.54N 3.30W
Tizimín Mexico 126 21.10N 88.09W
Tizi Ouzou Algeria 69 36.44N 4.05E
Tjirebon Indonesia 88 6.46S 108.33E
Tlaxcala d. Mexico 126 19.45N 98.20W
Tlemcen Algeria 69 34.53N 1.21W
Tletat ed Douair Algeria 69 36.15N 3.40E
Toba, L. Indonesia 88 2.45N 98.50E
Tobago S. America 127 11.15N 60.40W
Tobelo Indonesia 89 1.45N 127.59E
Tobermory Scotland 40 56.37N 6.04W
Tobi i. Asia 89 3.01N 131.10E
Tobi shima i. Japan 95 39.12N 139.32E
Toboali Indonesia 88 3.00S 106.30E
Tobol r. U.S.S.R. 61 58.15N 68.12E
Tobolsk U.S.S.R. 61 58.15N 68.12E
Tobruk Libya 101 32.06N 23.58E
Tocantins r. Brazil 128 2.40S 49.20W
Tocorpuri mtn. Bolivia 129 22.26S 67.53W
Tocumwal Australia 108 35.51S 145.34E
Todmorden England 32 53.43N 2.07W
Toe Head Rep. of Ire. 58 51.29N 9.15W
Toe Head Scotland 48 57.50N 7.07W
Tofuku d. Japan 95 39.00N 139.50E
Togian Is. Indonesia 89 0.20S 122.00E
Togo Africa 102 8.00N 1.00E
Tohin China 92 42.09N 116.21E
Tokai d. Japan 95 35.00N 137.00E
Tokat Turkey 84 40.20N 36.35E
Tokoroa New Zealand 112 38.13S 175.53E
Tokuno i. Japan 91 27.40N 129.00E
Tokushima Japan 95 34.03N 134.34E
Tokyo Japan 95 35.40N 139.45E
Tolbukhin Bulgaria 71 43.34N 27.52E

Toledo Spain 69 39.52N 4.02W
Toledo U.S.A. 124 41.40N 83.35W
Toledo, Montes de mts. Spain 69 39.35N 4.30W
Tolo, G. of Indonesia 89 2.00S 122.30E
Tolob Scotland 48 59.53N 1.16W
Tolosa Spain 69 43.09N 2.04W
Tolsta Head Scotland 48 58.20N 6.10W
Toluca Mexico 126 19.20N 99.40W
Toluca mtn. Mexico 126 19.10N 99.40W
Tomatin Scotland 49 57.20N 3.59W
Tombigbee r. U.S.A. 121 31.05N 87.55W
Tomelloso Spain 69 39.09N 3.01W
Tomini Indonesia 89 0.31N 120.30E
Tomini G. Indonesia 89 0.30S 120.45E
Tomintoul Scotland 49 57.15N 3.24W
Tomsk U.S.S.R. 76 56.30N 85.05E
Tona, G. of U.S.S.R. 77 72.00N 136.10E
Tonalá Mexico 126 16.08N 93.41W
Tonbridge England 12 51.12N 0.16E
Tønder Denmark 72 54.57N 8.53E
Tone r. England 25 50.59N 3.15W
Tonga Is. Pacific Oc. 137 21.00S 175.00W
Tonga Trench Pacific Oc. 137 20.00S 172.00W
Tongking, G. of China/N.Vietnam 94 20.00N 108.00E
Tongland Scotland 41 54.52N 4.02W
Tongres Belgium 73 50.47N 5.28E
Tongue Scotland 49 58.28N 4.25W
Tonk India 86 26.10N 75.50E
Tonle Sap l. Cambodia 94 12.50N 104.15E
Tonnerre France 68 47.51N 3.59E
Tönsberg Norway 74 59.16N 10.25E
Toomevara Rep. of Ire. 58 52.51N 8.03W
Toowoomba Australia 108 27.35S 151.54E
Top, L. U.S.S.R. 74 65.45N 32.00E
Topeka U.S.A. 121 39.03N 95.41W
Topko, Mt. U.S.S.R. 77 57.20N 138.10E
Topsham England 25 50.40N 3.27W
Tor Egypt 84 28.14N 33.37E
Tor B. England 25 50.25N 3.30W
Torbat-i-Shaikh Jam Iran 85 35.15N 60.37E
Torbay town England 25 50.27N 3.31W
Tordesillas Spain 69 41.30N 5.00W
Töre Sweden 74 65.55N 22.40E
Torhout Belgium 73 51.04N 3.06E
Torit Sudan 105 4.27N 32.31E
Torksey England 33 53.18N 0.45W
Tormes r. Spain 69 41.18N 6.29W
Torne r. Sweden 74 67.13N 23.30E
Torne Träsk l. Sweden 74 68.15N 19.20E
Tornio Finland 74 65.52N 24.10E
Tornio r. Finland 74 65.53N 24.07E
Toro Spain 69 41.31N 5.24W
Toronaíos, G. of Med. Sea 71 40.05N 23.38E
Toronto Australia 108 33.01S 151.33E
Toronto Canada 125 43.42N 79.25W
Tororo Uganda 105 0.42N 34.13E
Torpoint England 25 50.23N 4.12W
Torran Rocks is. Scotland 40 56.15N 6.20W
Tôrre de Moncorvo Portugal 69 41.10N 7.03W
Torrelavega Spain 69 43.21N 4.00W
Torrens, L. Australia 107 31.00S 137.50E
Torreón Mexico 126 25.34N 103.25W
Torres Str. Pacific Oc. 89 10.30S 142.20E
Tôrres Vedras Portugal 69 39.05N 9.15W
Torrevieja Spain 69 37.59N 0.40W
Torridge r. England 25 51.01N 4.12W
Torridon Scotland 48 57.23N 5.31W
Torridon, Loch Scotland 48 57.35N 5.45W
Tortola i. Virgin Is. 127 18.28N 64.40W
Tortosa Spain 69 40.49N 0.31E
Tortue i. Haiti 127 20.05N 72.57W
Tortuga i. Venezuela 127 11.00N 65.20W
Toruń Poland 75 53.01N 18.35E
Tory I. Rep. of Ire. 56 55.16N 8.14W
Tory Sd. Rep. of Ire. 56 55.14N 8.14W
Torzhok U.S.S.R. 75 57.02N 34.51E
Tosan d. Japan 95 36.00N 138.00E
Tosa wan b. Japan 95 33.10N 133.40E
Tosno U.S.S.R. 75 59.38N 30.46E
Tosson Hill England 41 55.16N 2.00W
Totana Spain 69 37.46N 1.30W
Totland England 16 50.40N 1.32W
Totley England 33 53.19N 1.32W
Totma U.S.S.R. 75 59.59N 42.44E
Totnes England 25 50.26N 3.41W
Tottenham Australia 108 32.14S 147.24E
Tottenham England 12 51.35N 0.05W
Totton England 16 50.55N 1.29W
Tottori Japan 95 35.32N 134.12E
Touba Ivory Coast 102 8.22N 7.42W
Toubkal mtn. Morocco 100 31.03N 7.57W
Touggourt Algeria 100 33.08N 6.04E
Toul France 72 48.41N 5.54E
Toulon France 68 43.07N 5.53E
Toulouse France 68 43.33N 1.24E
Toungoo Burma 94 18.57N 96.26E
Tourcoing France 73 50.44N 3.09E
Tournai Belgium 73 50.36N 3.23E
Tournus France 68 46.33N 4.55E
Tours France 68 47.23N 0.42E

Tovada r. U.S.S.R. **76** 57.40N 67.00E
Tovil England **12** 51.18N 0.31E
Towcester England **16** 52.07N 0.56W
Tower Hamlets d. England **12** 51.32N 0.03W
Tow Law town England **41** 54.45N 1.49W
Townsend, Mt. Australia **108** 36.24S 148.15E
Townsville Australia **107** 19.13S 146.48E
Towyn Wales **24** 52.37N 4.08W
Toyama Japan **95** 36.42N 137.14E
Toyohashi Japan **95** 34.46N 137.22E
Trabzon Turkey **84** 41.00N 39.43E
Trafalgar, C. Spain **69** 36.10N 6.02W
Trail Canada **120** 49.04N 117.29W
Trajan's Gate f. Bulgaria **71** 42.13N 23.58E
Tralee Rep. of Ire. **58** 52.16N 9.42W
Tralee B. Rep. of Ire. **58** 52.18N 9.55W
Tramore Rep. of Ire. **59** 52.10N 7.09W
Tramore B. Rep. of Ire. **59** 52.09N 7.07W
Tranås Sweden **74** 58.03N 15.00E
Tranent Scotland **41** 55.57N 2.57W
Trang Thailand **88** 7.35N 99.35E
Trangan i. Asia **89** 6.30S 134.15E
Trangie Australia **108** 32.03S 148.01E
Transkei f. R.S.A. **106** 32.00S 28.00E
Transvaal d. R.S.A. **106** 24.30S 29.00E
Transylvanian Alps mts. Romania **71** 45.35N 24.40E
Trápani Italy **70** 38.02N 12.30E
Traralgon Australia **108** 38.12S 146.32E
Trasimeno, Lago l. Italy **70** 43.09N 12.07E
Travers, Mt. New Zealand **112** 42.05S 172.45E
Traverse City U.S.A. **124** 44.46N 85.38W
Travnik Yugo. **71** 44.14N 17.40E
Třeboň Czech. **72** 49.01N 14.50E
Tredegar Wales **16** 51.47N 3.16W
Tregaron Wales **24** 52.14N 3.56W
Tregony England **25** 50.16N 4.55W
Treig, Loch Scotland **49** 56.48N 4.49W
Trelew Argentina **129** 43.13S 65.15W
Trelleborg Sweden **74** 55.10N 13.15E
Tremadoc B. Wales **24** 52.52N 4.14W
Trenque Lauquén Argentina **129** 35.56S 62.43W
Trent r. England **33** 53.41N 0.41W
Trentham England **32** 52.59N 2.12W
Trento Italy **72** 46.04N 11.08E
Trenton U.S.A. **125** 40.15N 74.43W
Tres Forcas, Cap Morocco **69** 35.26N 2.57W
Treshnish Is. Scotland **40** 56.29N 6.26W
Treshnish Pt. Scotland **40** 56.32N 6.21W
Três Marias Dam Brazil **129** 18.15S 45.15W
Treuchtlingen W. Germany **72** 48.57N 10.55E
Treviso Italy **70** 45.40N 12.14E
Trevose Head c. England **25** 50.33N 5.05W
Trier W. Germany **73** 49.45N 6.39E
Trieste Italy **70** 45.40N 13.47E
Triglav mtn. Yugo. **70** 46.21N 13.50E
Tríkkala Greece **71** 39.34N 21.46E
Trim Rep. of Ire. **59** 53.33N 6.50W
Trincomalee Sri Lanka **87** 8.34N 81.13E
Tring England **12** 51.48N 0.40W
Trinidad Bolivia **128** 15.00S 64.50W
Trinidad Cuba **127** 21.48N 80.00W
Trinidad S. America **127** 10.30N 61.20W
Trinidad U.S.A. **120** 37.11N 104.31W
Trinity r. U.S.A. **121** 29.55N 94.45W
Tripoli Lebanon **84** 34.27N 35.50E
Tripoli Libya **100** 32.58N 13.12E
Tripolitania f. Libya **100** 29.45N 14.30E
Tripura d. India **87** 23.45N 91.45E
Tristan da Cunha i. Atlantic Oc. **138** 38.00S 12.00W
Trivandrum India **86** 8.41N 76.57E
Troisdorf W. Germany **73** 50.50N 7.07E
Trois-Rivières town Canada **125** 46.21N 72.34W
Troitsk U.S.S.R. **61** 54.08N 61.33E
Troitsko Pechorsk U.S.S.R. **76** 62.40N 56.08E
Trollhättan Sweden **74** 58.17N 12.20E
Tromsö Norway **74** 69.42N 19.00E
Trondheim Norway **74** 63.36N 10.23E
Trondheim Fjord est. Norway **74** 63.40N 10.30E
Troon Scotland **40** 55.33N 4.40W
Trostan mtn. N. Ireland **57** 55.03N 6.10W
Trotternish f. Scotland **48** 57.33N 6.15W
Troup Head Scotland **49** 57.41N 2.18W
Trout L. Canada **121** 51.10N 93.20W
Trowbridge England **16** 51.18N 2.12W
Troy U.S.A. **125** 42.43N 73.43W
Troyes France **68** 48.18N 4.05E
Trujillo Peru **128** 8.06S 79.00W
Trujillo Spain **69** 39.28N 5.53W
Trujillo Venezuela **127** 9.20N 70.38W
Truro Canada **121** 45.54N 64.00W
Truro England **25** 50.17N 5.02W
Trysry r. Norway **74** 61.03N 12.30E
Tsanghsien China **92** 38.15N 116.58E
Tsangpo r. see Brahmaputra China **87**
Tsaochuang China **92** 34.48N 117.50E
Tsavo Nat. Park Kenya **105** 2.45S 38.45E
Tselinograd U.S.S.R. **61** 51.10N 71.28E
Tsetang China **87** 29.05N 91.50E
Tshane Botswana **106** 24.05S 21.54E
Tshela Zaire **104** 4.57S 12.57E

Tshikapa Zaire **104** 6.28S 20.48E
Tshofa Zaire **104** 5.13S 25.20E
Tshopo r. Zaire **104** 0.30N 25.07E
Tshuapa r. Zaire **104** 0.14S 20.45E
Tsiaotso China **92** 35.11N 113.27E
Tsimlyansk Resr. U.S.S.R. **61** 48.00N 43.00E
Tsinan China **92** 36.40N 117.01E
Tsinghai d. China **90** 36.15N 96.00E
Tsingkiang China **92** 33.31N 119.10E
Tsingshih China **93** 29.35N 111.56E
Tsing Shui Ho r. China **93** 28.08N 110.06E
Tsingtao China **92** 36.02N 120.25E
Tsining Shantung China **92** 35.22N 116.45E
Tsining Inner Mongolia China **92** 40.56N 113.00E
Tsinling Shan mts. China **78** 34.00N 107.30E
Tsitsihar China **91** 47.23N 124.00E
Tskhinvali U.S.S.R. **75** 42.14N 43.58E
Tsna r. U.S.S.R. **75** 54.45N 41.54E
Tsu Japan **95** 34.43N 136.35E
Tsugaru kaikyo str. Japan **95** 41.30N 140.50E
Tsumeb S.W. Africa **106** 19.13S 17.42E
Tsunyi China **93** 27.39N 106.48E
Tsuruga Japan **95** 35.40N 136.05E
Tsushima i. Japan **95** 34.30N 129.20E
Tsuyama Japan **95** 35.04N 134.01E
Tsuyung China **94** 25.03N 101.33E
Tuam Rep. of Ire. **58** 53.32N 8.52W
Tuamgrenay Rep. of Ire. **58** 52.54N 8.32W
Tuamotu Archipelago is. Pacific Oc. **136** 16.00S 145.00W
Tuapse U.S.S.R. **75** 44.06N 39.05E
Tuatapere New Zealand **112** 46.09S 167.42E
Tuath, Loch Scotland **40** 56.30N 6.13W
Tubbercurry Rep. of Ire. **56** 54.03N 8.45W
Tübingen W. Germany **72** 48.32N 9.04E
Tubja, Wadi r. Saudi Arabia **84** 25.35N 38.22E
Tucacas Venezuela **127** 10.46N 68.20W
Tucson U.S.A. **120** 32.15N 110.57W
Tucumcari U.S.A. **120** 35.11N 103.44W
Tudela Spain **69** 42.04N 1.37W
Tudweiliog Wales **24** 52.54N 4.37W
Tuguegarao Phil. **89** 17.36N 121.44E
Tukangbesi Is. Indonesia **89** 5.30S 124.00E
Tukums U.S.S.R. **74** 56.58N 23.10E
Tukuyu Tanzania **105** 9.20S 33.37E
Tula r. Mongolia **90** 48.53N 104.35E
Tula U.S.S.R. **75** 54.11N 37.38E
Tulcea Romania **71** 45.10N 28.50E
Tuléar Malagasy Rep. **97** 23.20S 43.41E
Tuli Indonesia **89** 1.25S 122.23E
Tuli Rhodesia **106** 21.50S 29.15E
Tuli r. Rhodesia **106** 21.49S 29.00E
Tulkarm Jordan **84** 32.19N 35.02E
Tulla Rep. of Ire. **58** 52.52N 8.48W
Tullamore Australia **108** 32.39S 147.39E
Tullamore Rep. of Ire. **59** 53.17N 7.31W
Tulle France **68** 45.16N 1.46E
Tullins France **68** 45.18N 5.29E
Tullow Rep. of Ire. **59** 52.49N 6.45W
Tuloma r. U.S.S.R. **74** 68.56N 33.00E
Tulsa U.S.A. **121** 36.07N 95.58W
Tulun U.S.S.R. **77** 54.32N 100.35E
Tumaco Colombia **128** 1.51N 78.46W
Tumba, L. Zaïre **104** 0.45S 18.00E
Tumen r. China **95** 43.00N 130.00E
Tummel r. Scotland **49** 56.39N 3.40W
Tummel, Loch Scotland **49** 56.43N 3.55W
Tummo Libya **100** 22.45N 14.08E
Tump Pakistan **86** 26.06N 62.24E
Tumpat Malaysia **94** 6.15N 102.15E
Tunceli Turkey **84** 39.07N 39.34E
Tunchwang China **90** 40.00N 94.40E
Tunduru Tanzania **105** 11.08S 37.21E
Tundzha r. Bulgaria **71** 41.40N 26.34E
Tungabhadra r. India **86** 16.00N 78.15E
Tungchow China **92** 39.52N 116.45E
Tungchuan China **92** 35.05N 109.10E
Tung Kiang r. China **93** 23.00N 113.33E
Tungkwan China **92** 34.32N 110.26E
Tungkwanshan China **93** 30.55N 117.42E
Tung Shan mtn. Taiwan **93** 23.20N 121.03E
Tungsiang China **93** 28.13N 116.34E
Tung Ting Hu l. China **93** 29.10N 113.00E
Tunis Tunisia **70** 36.47N 10.10E
Tunis, G. of Med. Sea **70** 37.00N 10.30E
Tunisia Africa **100** 34.00N 9.00E
Tunja Colombia **128** 5.33N 73.23W
Tunki China **93** 29.41N 118.22E
Tupelo U.S.A. **121** 34.15N 88.43W
Tura Tanzania **105** 5.30S 33.50E
Tura U.S.S.R. **77** 64.05N 100.00E
Turbo Colombia **127** 8.06N 76.44W
Turfan China **90** 42.55N 89.06E
Turfan Depression f. China **90** 43.40N 89.00E
Turgay U.S.S.R. **61** 49.38N 63.25E
Turgutlu Turkey **71** 38.30N 27.43E
Turi U.S.S.R. **74** 58.48N 25.28E
Turia r. Spain **69** 39.27N 0.19W
Turin Italy **68** 45.04N 7.40E
Turkestan f. Asia **85** 40.00N 79.30E
Turkestan U.S.S.R. **76** 43.17N 68.16E

Turkey Asia **84** 39.00N 35.00E
Turkey r. U.S.A. **124** 42.58N 91.03W
Turkmenistan Soviet Socialist Republic d. U.S.S.R. **61** 39.00N 59.00E
Turks I. C. America **127** 21.30N 71.10W
Turku Finland **74** 60.27N 22.15E
Turneffe I. Belize **126** 17.30N 87.45W
Turnhout Belgium **73** 51.19N 4.57E
Tŭrnovo Bulgaria **71** 43.04N 25.39E
Turnu Măgurele Romania **71** 43.43N 24.53E
Turnu Severin Romania **71** 44.37N 22.39E
Turquino mtn. Cuba **127** 20.05N 76.50W
Turriff Scotland **49** 57.32N 2.28W
Turtkul U.S.S.R. **85** 41.30N 61.00E
Tuscaloosa U.S.A. **121** 33.12N 87.33W
Tuscola U.S.A. **124** 39.49N 88.18W
Tuskar Rock i. Rep. of Ire. **59** 52.12N 6.13W
Tuticorin India **87** 8.48N 78.10E
Tuttlingen W. Germany **72** 47.59N 8.49E
Tutubu Tanzania **105** 5.28S 32.43E
Tuxpan Mexico **126** 21.00N 97.23W
Tuxtla Gutiérrez Mexico **126** 16.45N 93.09W
Tuyun China **93** 26.12N 107.29E
Tuz, L. Turkey **84** 38.45N 33.24E
Tuzla Yugo. **71** 44.33N 18.41E
Tweed r. Scotland **41** 55.46N 2.00W
Twickenham England **12** 51.27N 0.20W
Twin Falls town U.S.A. **120** 42.34N 114.30W
Two Harbors town U.S.A. **124** 47.02N 91.40W
Twyford Berks. England **16** 51.29N 0.51W
Twyford Hants. England **16** 51.01N 1.19W
Tyler U.S.A. **121** 32.22N 95.18W
Tyndrum Scotland **40** 56.27N 4.43W
Tyne r. England **41** 55.00N 1.25W
Tyne r. Scotland **41** 56.00N 2.36W
Tyne and Wear d. England **41** 54.57N 1.35W
Tynemouth England **41** 55.01N 1.24W
Tyre Lebanon **84** 33.16N 35.12E
Tyrone d. N. Ireland **57** 54.30N 7.15W
Tyrrell, L. Australia **108** 35.22S 142.50E
Tyrrellspass Rep. of Ire. **59** 53.23N 7.24W
Tyrrhenian Sea Med. Sea **70** 40.00N 12.00E
Tyumen U.S.S.R. **61** 57.11N 65.29E
Tywi r. Wales **25** 51.46N 4.22W
Tywyn Wales **24** 52.14N 3.49W
Tzaneen R.S.A. **106** 23.50S 30.09E
Tzekung China **93** 29.18N 104.45E
Tzepo China **92** 36.29N 117.50E
Tzeya Ho r. China **92** 38.10N 116.08E
Tzeyang China **92** 35.35N 116.52E
Tzu Shui r. China **93** 28.38N 112.30E

U

Ubaiyidh, Wadi r. Iraq **84** 32.04N 42.17E
Ubangi r. Congo/Zaïre **104** 0.25S 17.40E
Ube Japan **95** 34.00N 131.16E
Ubeda Spain **69** 38.01N 3.22W
Uberaba Brazil **129** 19.47S 47.57W
Ubombo R.S.A. **106** 27.35S 32.05E
Ubon Ratchathani Thailand **94** 15.15N 104.50E
Ubsa Nur l. Mongolia **90** 50.30N 92.30E
Ubundu Zaïre **104** 0.24S 25.28E
Ucayali r. Peru **128** 4.00S 73.30W
Uchiura wan b. Japan **95** 42.20N 140.40E
Uckfield England **17** 50.58N 0.06E
Udaipur India **86** 24.36N 73.47E
Uddevalla Sweden **74** 58.20N 11.56E
Uddjaur l. Sweden **74** 65.55N 17.50E
Udine Italy **70** 46.03N 13.15E
Udon Thani Thailand **94** 17.25N 102.45E
Uele r. Zaïre **104** 4.08N 22.25E
Uelen U.S.S.R. **122** 66.13N 169.48W
Uelzen W. Germany **72** 52.58N 10.34E
Uere r. Zaïre **104** 3.30N 25.15E
Ufa U.S.S.R. **61** 54.45N 55.58E
Uffculme England **16** 50.45N 3.19W
Ugalla r. Tanzania **105** 5.15S 29.45E
Uganda Africa **105** 2.00N 33.00E
Ughelli Nigeria **103** 5.33N 6.00E
Ugie r. Scotland **49** 57.31N 1.48W
Uglegorsk U.S.S.R. **77** 49.01N 142.04E
Ugra r. U.S.S.R. **75** 54.30N 36.10E
Uig Scotland **48** 57.35N 6.22W
Uige Angola **104** 7.40S 15.09E
Uíge d. Angola **104** 7.00S 15.30E
Uinta Mts. U.S.A. **120** 40.45N 110.30W
Uitenhage R.S.A. **106** 33.46S 25.25E
Uithuizen Neth. **73** 53.24N 6.41E
Ujiji Tanzania **105** 4.55S 29.39E
Ujjain India **86** 23.11N 75.50E
Ujpest Hungary **75** 47.33N 19.05E
Uka U.S.S.R. **77** 57.50N 162.02E

Ukerewe I. Tanzania 105 2.00S 33.00E
Ukiah U.S.A. 120 39.09N 123.12W
Ukraine Soviet Socialist Republic d. U.S.S.R. 75 49.30N 32.04E
Ulan Bator Mongolia 90 47.54N 106.52E
Ulan Göm Mongolia 90 49.59N 92.00E
Ulan-Ude U.S.S.R. 90 51.55N 107.40E
Uliastaj Mongolia 90 47.42N 96.52E
Ulindi r. Zaïre 104 1.38S 25.55E
Ulla r. Spain 69 42.38N 8.45W
Ulladulla Australia 108 35.21S 150.25E
Ullapool Scotland 48 57.54N 5.10W
Ullswater l. England 32 54.34N 2.52W
Ullung do i. S. Korea 95 37.40N 130.55E
Ulm W. Germany 72 48.24N 10.00E
Ulsberg Norway 74 62.45N 10.00E
Ulsta Scotland 48 60.30N 1.08W
Ulua r. Honduras 126 15.50N 87.38W
Uluguru Mts. Tanzania 105 7.05S 37.40E
Ulva i. Scotland 40 56.29N 6.12W
Ulverston England 32 54.13N 3.07W
Ul'yanovsk U.S.S.R. 75 54.19N 48.22E
Uman U.S.S.R. 75 48.45N 30.10E
Ume r. Sweden 74 63.43N 20.20E
Umeå Sweden 60 63.50N 20.15E
Umfuli r. Rhodesia 106 17.32S 29.14E
Umiat U.S.A. 122 69.25N 152.20W
Umm-al-Gawein U.A.E. 85 25.32N 55.34E
Umm-al-Hamir Saudi Arabia 85 29.07N 46.35E
Umm Lajj Saudi Arabia 84 25.03N 37.17E
Umm Sa'id Qatar 85 24.47N 51.36E
Umniati r. Rhodesia 106 17.28S 29.20E
Umtali Rhodesia 106 18.58S 32.38E
Umtata R.S.A. 106 31.35S 28.47E
Umuahia Nigeria 103 5.31N 7.26E
Umvukwe Range mts. Rhodesia 106 16.30S 30.50E
Umvuma Rhodesia 106 19.16S 30.30E
Una r. Yugo. 70 45.03N 16.22E
Unapool Scotland 48 58.14N 5.01W
Uncompahgre Peak U.S.A. 120 38.04N 107.28W
Underberg R.S.A. 106 29.47S 29.30E
Undur Khan Mongolia 77 47.20N 110.40E
Ungarie Australia 108 33.38S 147.00E
Ungava B. Canada 123 59.00N 67.30W
Unggi N. Korea 95 42.19N 130.24E
Uniondale R.S.A. 106 33.40S 23.07E
Union of Arab Emirates Asia 85 24.00N 54.00E
Union of Soviet Socialist Republics Europe/Asia 76 60.00N 80.00E
United Kingdom Europe 2 54.00N 3.00W
United States of America N. America 120 39.00N 100.00W
Unna W. Germany 73 51.32N 7.41E
Unnao India 86 26.32N 80.30E
Unshin r. Rep. of Ire. 56 54.13N 8.31W
Unst i. Scotland 48 60.45N 0.55W
Unye Turkey 84 41.09N 37.15E
Upavon England 16 51.17N 1.49W
Upemba, L. Zaïre 105 8.35S 26.28E
Upemba Nat. Park Zaïre 105 9.00S 26.30E
Upernavik Greenland 123 72.50N 56.00W
Upington R.S.A. 106 28.28S 21.14E
Upminster England 12 51.34N 0.15E
Upper d. Ghana 102 10.30N 1.40W
Upper Egypt f. Egypt 84 26.00N 32.00E
Upper Lough Erne N. Ireland 57 54.13N 7.32W
Upper Taymyr r. U.S.S.R. 77 74.10N 99.50E
Upper Tean England 32 52.57N 1.59W
Upper Tooting England 12 51.26N 0.10W
Upper Volta Africa 102 12.30N 2.00W
Uppingham England 16 52.36N 0.43W
Uppsala Sweden 74 59.55N 17.38E
Upton upon Severn England 16 52.04N 2.12W
Ur ruins Iraq 85 30.55N 46.07E
Uraba, G. of Colombia 127 8.30N 77.00W
Ural r. U.S.S.R. 61 47.00N 52.00E
Uralla Australia 108 30.40S 151.31E
Ural Mts. U.S.S.R. 76 55.00N 59.00E
Ural'sk U.S.S.R. 61 51.19N 51.20E
Urana Australia 108 35.21S 146.19E
Uranium City Canada 122 59.32N 108.43W
Urbana U.S.A. 124 40.07N 88.12W
Urbino Italy 70 43.43N 12.38E
Ure r. England 33 54.05N 1.20W
Uren U.S.S.R. 75 57.30N 45.50E
Urfa Turkey 84 37.08N 38.45E
Ürgüp Turkey 84 38.39N 34.55E
Urlingford Rep. of Ire. 59 52.44N 7.35W
Urmia, L. Iran 85 37.40N 45.28E
Urmston England 32 53.28N 2.22W
Urr Water r. Scotland 41 54.54N 3.50W
Uruapan Mexico 126 19.26N 102.04W
Uruguaiana Brazil 129 29.45S 57.05W
Uruguay S. America 129 33.00S 55.00W
Uruguay r. Uruguay 129 34.00S 58.30W
Urunga Australia 108 30.30S 152.28E
Uryu Ko l. Japan 95 44.22N 142.15E
Uşak Turkey 84 38.42N 29.25E
Usambara Mts. Tanzania 105 4.45S 38.25E
Ushant i. see Ouessant, Île d' France 68
Ushnuiyeh Iran 85 37.03N 45.05E

Usk Wales 25 51.42N 2.53W
Usk r. Wales 25 51.34N 2.59W
Üsküdar Turkey 71 41.00N 29.03E
Ussuriysk U.S.S.R. 95 43.50N 132.00E
Ustica i. Italy 70 38.42N 13.11E
Usti nad Labem Czech. 72 50.41N 14.00E
Ust'kamchatsk U.S.S.R. 77 56.14N 162.28E
Ust Kut U.S.S.R. 77 56.40N 105.50E
Ust'Maya U.S.S.R. 77 60.25N 134.28E
Ust Olenek U.S.S.R. 77 72.59N 120.00E
Ust'Tsilma U.S.S.R. 76 65.28N 53.09E
Ust Urt Plateau f. U.S.S.R. 61 43.30N 55.20E
Usumacinta r. Mexico 126 18.48N 92.40W
Utah d. U.S.A. 120 39.00N 112.00W
Utembo r. Angola 106 17.03S 22.00E
Utete Tanzania 105 8.00S 38.49E
Utica U.S.A. 125 43.06N 75.15W
Utiel Spain 69 39.33N 1.13W
Utrecht Neth. 73 52.04N 5.07E
Utrecht d. Neth. 73 52.04N 5.10E
Utrecht R.S.A. 106 27.40S 30.20E
Utrera Spain 69 37.10N 5.47W
Utsunomiya Japan 95 36.40N 139.52E
Uttaradit Thailand 94 17.38N 100.05E
Uttar Pradesh d. India 87 27.40N 80.00E
Uttoxeter England 32 52.53N 1.50W
Uusikaupunki Finland 74 60.48N 21.30E
Uvinza Tanzania 105 5.08S 30.23E
Uvira Zaïre 105 3.22S 29.06E
'Uwaina Saudi Arabia 85 26.46N 48.13E
Uwajima Japan 95 33.13N 132.32E
Uxbridge England 12 51.33N 0.30W
Uyo Nigeria 103 5.01N 7.56E
'Uyun Saudi Arabia 85 26.32N 43.41E
Uyuni Bolivia 129 20.28S 66.47W
Uzbekistan Soviet Socialist Republic d. U.S.S.R. 76 42.00N 63.00E
Uzhgorod U.S.S.R. 75 48.38N 22.15E

V

Vaago i. Faroe Is. 74 62.03N 7.14W
Vaal r. R.S.A. 106 29.03S 23.42E
Vaalbank Dam R.S.A. 106 27.00S 28.15E
Vaasa Finland 74 63.06N 21.36E
Vaduz Liech. 72 47.08N 9.32E
Vaggeryd Sweden 74 57.30N 14.10E
Váh r. Czech. 75 47.40N 17.50E
Vaila i. Scotland 48 60.12N 1.34W
Valdai Hills U.S.S.R. 75 57.10N 33.00E
Valday U.S.S.R. 75 57.59N 33.10E
Valdemarsvik Sweden 74 58.13N 16.35E
Valdepeñas Spain 69 38.46N 3.24W
Valdez U.S.A. 122 61.07N 146.17W
Valdivia Chile 129 39.46S 73.15W
Val-d'Or town Canada 125 48.07N 77.47W
Valença Portugal 69 42.02N 8.38W
Valence France 68 44.56N 4.54E
Valencia Spain 69 39.29N 0.24W
Valencia Venezuela 127 10.14N 67.59W
Valencia, G. of Spain 69 39.38N 0.20W
Valencia, L. Venezuela 127 10.09N 67.30W
Valencia de Alcántara Spain 69 39.25N 7.14
Valenciennes France 73 50.22N 3.32E
Valentia I. Rep. of Ire. 58 51.54N 10.21W
Vale of Berkeley f. England 16 51.42N 2.25W
Vale of Evesham f. England 16 52.05N 1.55W
Vale of Gloucester f. England 16 51.54N 2.15W
Vale of Kent f. England 17 51.08N 0.38E
Vale of Pewsey f. England 16 51.21N 1.45W
Vale of Pickering f. England 33 54.11N 0.45W
Vale of White Horse f. England 16 51.38N 1.32W
Vale of York f. England 33 54.12N 1.25W
Valga U.S.S.R. 74 57.44N 26.00E
Valinco, G. of Med. Sea 68 41.40N 8.50E
Valjevo Yugo. 71 44.16N 19.56E
Valkeakoski Finland 74 61.17N 24.05E
Valkenswaard Neth. 73 51.21N 5.27E
Valladolid Spain 69 41.39N 4.45W
Valle Venezuela 127 9.15N 66.00W
Valledupar Colombia 128 10.10N 73.16W
Valletta Malta 70 35.53N 14.31E
Valley City U.S.A. 120 46.57N 97.58W
Valleyfield Canada 125 45.15N 74.08W
Valmiera U.S.S.R. 74 57.32N 25.29E
Valnera mtn. Spain 69 43.10N 3.40W
Valognes France 68 49.31N 1.28W
Valparaíso Chile 129 33.05S 71.40W
Vals, C. Indonesia 89 8.30S 137.30E
Valverde Dom. Rep. 127 19.37N 71.04W
Valverde del Camino Spain 69 37.35N 6.45W
Van Turkey 84 38.28N 43.20E
Van, L. Turkey 84 38.35N 42.52E

Vancouver Canada 120 49.13N 123.06W
Vancouver I. Canada 122 50.00N 126.00W
Vänern l. Sweden 74 59.00N 13.15E
Vänersborg Sweden 74 58.23N 12.19E
Vanga Kenya 105 4.37S 39.13E
Vanka Järvi l. Finland 74 61.30N 23.50E
Vännäs Sweden 74 63.56N 19.50E
Vannes France 68 47.40N 2.44W
Vanrhynsdorp R.S.A. 106 31.36S 18.45E
Var r. France 68 43.39N 7.11E
Varanasi India 86 25.20N 83.00E
Varangerenfjord est. Norway 74 70.00N 29.30E
Varaždin Yugo. 70 46.18N 16.20E
Varberg Sweden 74 57.06N 12.15E
Vardar r. Greece 71 40.31N 22.43E
Varel W. Germany 73 53.24N 8.08E
Varennes France 68 46.19N 3.24E
Varkaus Finland 74 62.15N 27.45E
Varna Bulgaria 71 43.13N 27.57E
Värnamo Sweden 74 57.11N 14.03E
Vasilkov U.S.S.R. 75 50.12N 30.15E
Västerås Sweden 74 59.36N 16.32E
Västerdal r. Sweden 74 60.32N 15.02E
Västervik Sweden 74 57.45N 16.40E
Vaternish Pt. Scotland 48 57.37N 6.39W
Vatersay i. Scotland 48 56.56N 7.32W
Vatnajökull mts. Iceland 74 64.20N 17.00W
Vättern l. Sweden 74 58.30N 14.30E
Vaughn U.S.A. 120 34.35N 105.14W
Vavuniya Sri Lanka 87 8.45N 80.30E
Växjö Sweden 74 56.52N 14.50E
Vaygach I. U.S.S.R. 76 70.00N 59.00E
Vecht r. Neth. 73 52.39N 6.01E
Vega i. Norway 74 65.40N 11.55E
Vejle Denmark 74 55.43N 9.33E
Vélez Málaga Spain 69 36.48N 4.05W
Velikaya r. U.S.S.R. 75 57.54N 28.06E
Velikiye-Luki U.S.S.R. 75 56.19N 30.31E
Velletri Italy 70 41.41N 12.47E
Vellore India 87 12.56N 79.09E
Velsen Neth. 73 52.28N 4.39E
Veluwe f. Neth. 73 52.17N 5.45E
Venachar, Loch Scotland 40 56.13N 4.19W
Vendas Novas Portugal 69 38.41N 8.27W
Vendôme France 68 47.48N 1.04E
Venezuela S. America 128 7.00N 66.00W
Venezuela, G. of Venezuela 127 11.30N 71.00W
Veniaminof Mtn. U.S.A. 122 56.05N 159.20W
Venice Italy 70 45.26N 12.20E
Venice, G. of Med. Sea 70 45.20N 13.00E
Venlo Neth. 73 51.22N 6.10E
Venraij Neth. 73 51.32N 5.58E
Venta r. U.S.S.R. 74 57.22N 21.31E
Ventnor England 16 50.35N 1.12W
Ventspils U.S.S.R. 74 57.22N 21.31E
Ver r. England 12 51.42N 0.20W
Vera Argentina 129 29.31S 60.30W
Vera Spain 69 37.15N 1.51W
Veracruz Mexico 126 19.11N 96.10W
Veracruz d. Mexico 126 18.00N 95.00W
Veraval India 86 20.53N 70.28E
Vercelli Italy 68 45.19N 8.26E
Verde, C. Senegal 102 14.45N 17.25W
Verdon r. France 68 43.42N 5.39E
Verdun France 68 49.10N 5.24E
Vereeniging R.S.A. 106 26.41S 27.56E
Verin Spain 69 41.55N 7.26W
Verkhoyansk U.S.S.R. 77 67.25N 133.25E
Verkhoyansk Range mts. U.S.S.R. 77 66.00N 130.00E
Vermont d. U.S.A. 125 43.50N 72.50W
Verona Italy 70 45.27N 10.59E
Versailles France 68 48.48N 2.08E
Verviers Belgium 73 50.36N 5.52E
Vervins France 73 49.50N 3.55E
Verwood England 16 50.53N 1.53W
Vesoul France 72 47.38N 6.09E
Vesterålen is. Norway 74 68.55N 15.00E
Vest Fjorden est. Norway 74 68.10N 15.00E
Vestmanna Is. Iceland 74 63.30N 20.20W
Vesuvius mtn. Italy 70 40.48N 14.25E
Vetlanda Sweden 74 57.26N 15.05E
Vetluga r. U.S.S.R. 75 56.18N 46.19E
Vettore, Monte mtn. Italy 70 42.50N 13.18E
Vézere r. France 68 44.53N 0.55E
Viana do Castelo Portugal 69 41.41N 8.50W
Viborg Denmark 74 56.28N 9.25E
Vicenza Italy 70 45.33N 11.32E
Vich Spain 69 41.56N 2.16E
Vichuga U.S.S.R. 75 57.12N 41.50E
Vichy France 68 46.07N 3.25E
Victor Harbor Australia 108 35.36S 138.35E
Victoria d. Australia 108 37.20S 144.10E
Victoria Cameroon 103 4.01N 9.12E
Victoria Canada 120 48.26N 123.20W
Victoria Hong Kong 93 22.17N 114.11E
Victoria U.S.A. 126 28.49N 97.01W
Victoria, L. Africa 105 1.00S 33.00E
Victoria, Mt. Burma 94 21.12N 93.55E
Victoria, Mt. P.N.G. 107 8.10S 147.20E
Victoria de las Tunas Cuba 127 20.58N 76.59W

Victoria Falls to Wassy

Victoria Falls f. Rhodesia/Zambia **106** 17.58S 25.45E
Victoria I. Canada **122** 71.00N 110.00W
Victoria Nile r. Uganda **105** 2.14N 31.20E
Victoria West R.S.A. **106** 31.25S 23.08E
Vidin Bulgaria **71** 43.58N 22.51E
Viedma Argentina **129** 40.45S 63.00W
Vienna Austria **72** 48.13N 16.22E
Vienne France **68** 45.32N 4.54E
Vienne r. France **68** 47.13N 0.05W
Vientiane Laos **94** 17.59N 102.45E
Vieques i. Puerto Rico **127** 18.08N 65.30W
Vierwaldstätter See l. Switz. **68** 47.00N 8.35E
Vierzon France **68** 47.14N 2.03E
Vignemale, Pic de mtn. France **68** 42.46N 0.08W
Vigo Spain **69** 42.15N 8.44W
Vijayawada India **87** 16.34N 80.40E
Vijose r. Albania **71** 40.39N 19.20E
Vikna i. Norway **74** 64.59N 11.00E
Vila Cabral Moçambique **105** 13.09S 35.17E
Vila Coutinho Moçambique **105** 14.34S 34.21E
Vila da Ponte Angola **104** 14.28S 16.25E
Vila de João Belo Moçambique **106** 25.05S 33.38E
Vila de Manica Moçambique **106** 19.00S 33.00E
Vila de Mocuba Moçambique **105** 16.52S 37.02E
Vila de Sena Moçambique **105** 17.36S 35.00E
Vila Franca Portugal **69** 38.57N 8.59W
Vila General Machado Angola **104** 12.01S 17.22E
Vilaine r. France **68** 47.30N 2.25W
Vila Luso Angola **104** 11.46S 19.55E
Vila Maganja Moçambique **105** 17.25S 37.32E
Vila Mariano Machado Angola **104** 12.58S 14.39E
Vilanculos Moçambique **106** 22.01S 35.19E
Vila Nova do Seles Angola **104** 11.24S 14.15E
Vila Pereira de Eça Angola **106** 17.03S 15.41E
Vila Pery Moçambique **106** 19.04S 33.29E
Vila Real Portugal **69** 41.17N 7.45W
Vila Real de Santo Antonio Portugal **69** 37.12N 7.25W
Vila Salazar Angola **104** 9.12S 14.54E
Vila Serpa Pinto Angola **104** 14.40S 17.41E
Vila Silva Porto Angola **104** 12.25S 16.58E
Vila Teixeira da Silva Angola **104** 12.13S 15.46E
Vila Vasco da Gama Moçambique **105** 14.55S 32.12E
Vila Verissimo Sarmento Angola **104** 8.08S 20.38E
Vilhelmina Sweden **74** 64.38N 16.40E
Viljandi U.S.S.R. **74** 58.22N 25.30E
Villablino Spain **69** 42.57N 6.19W
Villacañas Spain **69** 39.38N 3.20W
Villach Austria **72** 46.37N 13.51E
Villa Cisneros Span. Sahara **100** 23.43N 15.57W
Villagarcia Spain **69** 42.35N 8.45W
Villahermosa Mexico **126** 18.00N 92.53W
Villajoyosa Spain **69** 38.31N 0.14W
Villa María Argentina **129** 32.25S 63.15W
Villanueva de la Serena Spain **69** 38.58N 5.48W
Villanueva-y-Geltru Spain **69** 41.13N 1.43E
Villaputzu Italy **70** 39.28N 9.35E
Villarrica Paraguay **129** 25.45S 56.28W
Villarrobledo Spain **69** 39.16N 2.36W
Villa Sanjurjo Morocco **69** 35.14N 3.56W
Villefranche France **68** 46.00N 4.43E
Villena Spain **69** 38.39N 0.52W
Villeneuve France **68** 44.25N 0.43E
Villeurbanne France **68** 45.46N 4.54E
Villierstown Rep. of Ire. **58** 52.05N 7.51W
Vilnius U.S.S.R. **74** 54.40N 25.19E
Vilvoorde Belgium **73** 50.56N 4.25E
Vilyuy r. U.S.S.R. **77** 64.20N 126.55E
Vilyuysk U.S.S.R. **77** 63.46N 121.35E
Vimmerby Sweden **74** 57.40N 15.50E
Vina r. Cameroon **103** 7.43N 15.30E
Viña del Mar Chile **129** 33.02S 71.35W
Vincennes U.S.A. **124** 38.42N 87.30W
Vindel r. Sweden **74** 63.56N 19.54E
Vindhya Range mts. India **86** 22.55N 76.00E
Vineland U.S.A. **125** 39.29N 75.02W
Vinh N. Vietnam **94** 18.42N 105.41E
Vinh Loi S. Vietnam **94** 9.16N 105.45E
Vinh Long S. Vietnam **94** 10.15N 105.59E
Vinnitsa U.S.S.R. **75** 49.11N 28.30E
Vire France **68** 48.50N 0.53W
Vire r. France **68** 49.20N 0.53W
Virgin Gorda i. Virgin Is. **127** 18.30N 64.26W
Virginia Rep. of Ire. **57** 53.50N 7.05W
Virginia U.S.A. **124** 47.30N 92.28W
Virginia d. U.S.A. **121** 37.30N 79.00W
Virginia Water town England **12** 51.24N 0.36W
Virgin Is. C. America **127** 18.30N 65.00W
Virovitica Yugo. **71** 45.51N 17.23E
Virton Belgium **73** 49.35N 5.32E
Virunga Nat. Park Zaïre **105** 0.30S 29.15E
Vis i. Yugo. **70** 43.03N 16.10E
Visby Sweden **74** 57.37N 18.20E
Viscount Melville Sd. Canada **122** 74.30N 104.00W
Visé Belgium **73** 50.44N 5.42E
Višegrad Yugo. **71** 43.47N 19.20E
Viseu Portugal **69** 40.40N 7.55W
Vishakhapatnam India **87** 17.42N 83.24E
Viso, Monte mtn. Italy **68** 44.38N 7.05E
Vistula r. Poland **75** 54.23N 18.52E
Vitebsk U.S.S.R. **75** 55.10N 30.14E

Viterbo Italy **70** 42.26N 12.07E
Vitim r. U.S.S.R. **77** 59.30N 112.36E
Vitória Espírito Santo Brazil **129** 20.19S 40.21W
Vitória Bahia Brazil **128** 14.53S 40.52W
Vitoria Spain **69** 42.51N 2.40W
Vittória Italy **70** 36.57N 14.21E
Vizianagaram India **87** 18.07N 83.30E
Vlaardingen Neth. **73** 51.55N 4.20E
Vladimir U.S.S.R. **75** 56.08N 40.25E
Vladivostok U.S.S.R. **95** 43.06N 131.50E
Vlieland i. Neth. **73** 53.15N 5.00E
Vlorë Albania **71** 40.28N 19.27E
Vltava r. Czech. **72** 50.22N 14.28E
Voe Scotland **48** 60.21N 1.15W
Vogelkop f. Asia **89** 1.10S 132.30E
Vogelsberg mtn. W. Germany **72** 50.30N 9.15E
Voghera Italy **70** 44.59N 9.01E
Voi Kenya **105** 3.23S 38.35E
Voiron France **68** 45.22N 5.35E
Volga r. U.S.S.R. **61** 46.45N 47.50E
Volga Uplands hills U.S.S.R. **75** 53.15N 45.45E
Volgograd U.S.S.R. **75** 48.45N 44.30E
Volgograd Resr. U.S.S.R. **61** 51.10N 45.10E
Volkhov r. U.S.S.R. **75** 60.15N 32.15E
Vologda U.S.S.R. **75** 59.10N 39.55E
Vólos Greece **71** 39.22N 22.57E
Volsk U.S.S.R. **75** 52.04N 47.22E
Volta d. Ghana **102** 7.30N 0.25E
Volta r. Ghana **102** 5.50N 0.41E
Volta, L. Ghana **102** 7.00N 0.00
Volta Redonda Brazil **129** 22.31S 44.05W
Volterra Italy **70** 43.24N 10.51E
Volturno r. Italy **70** 41.02N 13.56E
Volzhskiy U.S.S.R. **75** 48.48N 44.45E
Voorburg Neth. **73** 52.05N 4.22E
Vopna Fjördhur est. Iceland **74** 65.50N 14.30W
Vordingborg Denmark **72** 55.01N 11.55E
Vorkuta U.S.S.R. **76** 67.27N 64.00E
Voronezh U.S.S.R. **75** 51.40N 39.13E
Voroshilovgrad U.S.S.R. **75** 48.35N 39.20E
Vosges mts. France **72** 48.10N 7.00E
Voss Norway **74** 60.38N 6.25E
Vouga r. Portugal **69** 40.41N 8.38W
Voves France **68** 48.16N 1.37E
Voznesensk U.S.S.R. **75** 47.34N 31.21E
Vranje Yugo. **71** 42.34N 21.52E
Vratsa Bulgaria **71** 43.12N 23.33E
Vrbas r. Yugo. **71** 45.06N 17.29E
Vršac Yugo. **71** 45.08N 21.18E
Vryburg R.S.A. **106** 26.57S 24.44E
Vyatka r. U.S.S.R. **75** 55.45N 51.30E
Vyatskiye Polyany U.S.S.R. **75** 56.14N 51.08E
Vyazma U.S.S.R. **75** 55.12N 34.17E
Vyazniki U.S.S.R. **75** 56.14N 42.08E
Vyborg U.S.S.R. **74** 60.45N 28.41E
Vychegda r. U.S.S.R. **61** 61.50N 52.30E
Vyrnwy r. Wales **24** 52.45N 3.01W
Vyrnwy, L. Wales **24** 52.46N 3.30W
Vyshka U.S.S.R. **85** 39.19N 49.12E
Vyshniy-Volochek U.S.S.R. **75** 57.34N 34.23E

W

Wa Ghana **102** 10.07N 2.28W
Waal r. Neth. **73** 51.45N 4.40E
Waalwijk Neth. **73** 51.42N 5.04E
Wabash r. U.S.A. **124** 38.25N 87.45W
Wabush City Canada **123** 53.00N 66.50W
Waco U.S.A. **121** 31.33N 97.10W
Wad Pakistan **86** 27.21N 66.30E
Wadden Sea Neth. **73** 53.15N 5.05E
Waddesdon England **16** 51.50N 0.54W
Waddington, Mt. Canada **122** 51.30N 125.00W
Wadebridge England **25** 50.31N 4.51W
Wadesmill England **12** 51.51N 0.03W
Wadhurst England **17** 51.03N 0.21E
Wadi Halfa Sudan **101** 21.55N 31.20E
Wad Medani Sudan **101** 14.24N 33.30E
Wafra Kuwait **85** 28.39N 47.56E
Wageningen Neth. **73** 51.58N 5.39E
Wager Bay town Canada **123** 65.55N 90.40W
Wagga Wagga Australia **108** 35.07S 147.24E
Wahpeton U.S.A. **121** 46.16N 96.36W
Waiau New Zealand **112** 42.39S 173.02E
Waiau r. New Zealand **112** 42.47S 173.23E
Waigeo i. Indonesia **89** 0.05S 130.30E
Waihou r. New Zealand **112** 37.12S 175.33E
Waikato r. New Zealand **112** 37.19S 174.50E
Waikerie Australia **108** 34.11S 139.59E
Waimakariri r. New Zealand **112** 43.23S 172.40E
Waimarie New Zealand **112** 41.33S 171.58E
Wainfleet All Saints England **33** 53.07N 0.16E

Waingapu Indonesia **89** 9.30S 120.10E
Wainwright U.S.A. **122** 70.39N 160.00W
Waipara New Zealand **112** 43.03S 172.47E
Waipukurau New Zealand **112** 40.00S 176.33E
Wairau r. New Zealand **112** 41.32S 174.08E
Wairoa New Zealand **112** 39.03S 177.25E
Wairoa r. New Zealand **112** 36.07S 173.59E
Waitaki r. New Zealand **112** 44.56S 171.10E
Waitara New Zealand **112** 38.59S 174.13E
Waiyeung China **93** 23.05N 114.29E
Wajir Kenya **105** 1.46N 40.05E
Wakasa wan b. Japan **95** 35.50N 135.40E
Wakatipu, L. New Zealand **112** 45.10S 168.30E
Wakayama Japan **95** 34.12N 135.10E
Wakefield England **33** 53.41N 1.31W
Wakeham Canada **123** 61.30N 72.00W
Wakkanai Japan **95** 45.26N 141.43E
Walachian Plain f. Romania **75** 44.30N 26.30E
Walbrzych Poland **72** 50.48N 16.19E
Walbury Hill England **16** 51.21N 1.30W
Walcha Australia **108** 31.00S 151.36E
Walcheren f. Neth. **73** 51.32N 3.35E
Walderslade England **12** 51.21N 0.33E
Wales U.K. **24** 52.30N 3.45W
Walgett Australia **108** 30.03S 148.10E
Wallasey England **32** 53.26N 3.02W
Wallingford England **16** 51.36N 1.07W
Wallington England **12** 51.22N 0.09W
Walls Scotland **48** 60.14N 1.34W
Wallsend England **41** 55.00N 1.31W
Walmer England **17** 51.12N 1.23E
Walney, Isle of England **32** 54.05N 3.12W
Walsall England **16** 52.36N 1.59W
Waltham Abbey England **12** 51.42N 0.01E
Waltham Forest d. England **12** 51.36N 0.02W
Waltham on the Wolds England **33** 52.49N 0.49W
Walthamstow England **12** 51.34N 0.01W
Walton-on-Thames England **12** 51.23N 0.23W
Walton on the Hill England **12** 51.17N 0.02W
Walton on the Naze England **17** 51.52N 1.17E
Walvis B. R.S.A. **106** 22.48S 14.29E
Walvis Bay d. R.S.A. **106** 22.55S 14.35E
Walvis Bay town R.S.A. **106** 22.50S 14.31E
Wamba Kenya **105** 0.58N 37.19E
Wamba Nigeria **103** 8.57N 8.42E
Wamba Zaïre **105** 2.10N 27.59E
Wamba r. Zaïre **104** 4.35S 17.15E
Wami r. Tanzania **105** 6.10S 38.50E
Wanaaring Australia **108** 29.42S 144.14E
Wanaka, L. New Zealand **112** 44.30S 169.10E
Wandsworth d. England **12** 51.27N 0.11W
Wanganella Australia **108** 35.13S 144.53E
Wanganui New Zealand **112** 39.56S 175.00E
Wangaratta Australia **108** 36.22S 146.20E
Wangeroog i. W. Germany **73** 53.50N 7.50E
Wangford Fen f. England **17** 52.25N 0.31E
Wanhsien China **93** 30.52N 108.20E
Wan Kiang r. China **92** 35.13N 108.00E
Wankie Rhodesia **106** 18.18S 26.30E
Wankie Nat. Park Rhodesia **106** 19.00S 26.30E
Wansbeck r. England **41** 55.10N 1.33W
Wanstead England **12** 51.34N 0.02E
Wantage England **16** 51.35N 1.25W
Warangal India **87** 18.00N 79.35E
Waratah B. Australia **108** 38.55S 146.07E
Ward Rep. of Ire. **59** 53.26N 6.20W
Warden R.S.A. **106** 27.50S 28.58E
Wardha India **87** 20.41N 78.40E
Ward Hill Orkney Is. Scotland **49** 58.54N 3.20W
Ward Hill Orkney Is. Scotland **49** 58.58N 3.09W
Ward's Stone mtn. England **32** 54.03N 2.36W
Ware England **12** 51.49N 0.02W
Wareham England **16** 50.41N 2.08W
Warendorf W. Germany **73** 51.57N 8.00E
Warialda Australia **108** 29.33S 150.36E
Wark Forest hills England **41** 55.06N 2.24W
Warley England **16** 52.29N 2.02W
Warlingham England **12** 51.19N 0.04W
Warmbad S.W. Africa **106** 28.29S 18.41E
Warminster England **16** 51.12N 2.11W
Warracknabeal Australia **108** 36.15S 142.28E
Warragul Australia **108** 38.11S 145.55E
Warrego r. Australia **108** 30.25S 145.18E
Warren U.S.A. **124** 41.15N 80.49W
Warrenpoint N. Ireland **57** 54.06N 6.15W
Warri Nigeria **103** 5.36N 5.46E
Warrington England **32** 53.25N 2.38W
Warrnambool Australia **108** 38.23S 142.03E
Warsaw Poland **75** 52.15N 21.00E
Warsop England **33** 53.13N 1.08W
Warta r. Poland **75** 52.45N 15.09E
Warwick Australia **108** 28.12S 152.00E
Warwick England **16** 52.17N 1.36W
Warwickshire d. England **16** 52.13N 1.30W
Washington England **41** 54.55N 1.30W
Washington U.S.A. **125** 38.55N 77.00W
Washington d. U.S.A. **120** 47.00N 120.00W
Washington, Mt. U.S.A. **125** 44.17N 71.19W
Wasior Asia **89** 2.38S 134.27E
Wassy France **68** 48.30N 4.59E

Wast Water l. England 32 54.25N 3.18W
Waswanipi L. Canada 125 49.30N 76.20W
Watampone Indonesia 89 4.33S 120.20E
Watchet England 25 51.10N 3.20W
Waterbury U.S.A. 125 41.33N 73.03W
Waterford Rep. of Ire. 59 52.16N 7.08W
Waterford d. Rep. of Ire. 59 52.30N 6.30W
Waterford Harbour est. Rep. of Ire. 59 52.12N 6.57W
Watergate B. England 25 50.28N 5.06W
Watergrasshill town Rep. of Ire. 58 52.00N 8.21W
Waterloo Belgium 73 50.44N 4.24E
Waterloo Canada 124 43.28N 80.32W
Waterloo U.S.A. 124 42.30N 92.20W
Waterlooville England 16 50.53N 1.02W
Watertown Wisc. U.S.A. 124 43.12N 88.46W
Watertown N.Y. U.S.A. 125 43.57N 75.56W
Watertown S.Dak. U.S.A 121 44.54N 97.08W
Waterville Rep. of Ire. 58 51.50N 10.11W
Waterville U.S.A. 125 44.34N 69.41W
Watford England 12 51.40N 0.25W
Watlam China 93 22.38N 110.10E
Watlington England 16 51.38N 1.00W
Watson Lake town Canada 122 60.07N 128.49W
Watten, Loch Scotland 49 58.29N 3.20W
Watton England 17 52.35N 0.50E
Wau P.N.G. 89 7.22S 146.40E
Wau Sudan 101 7.40N 28.04E
Wauchope Australia 108 31.27S 152.43E
Waukegan U.S.A. 124 42.21N 87.52W
Waukesha U.S.A. 124 43.01N 88.14W
Wausau U.S.A. 124 44.58N 89.40W
Waveney r. England 17 52.29N 1.46E
Wavre Belgium 73 50.43N 4.37E
Waxham England 17 52.47N 1.38E
Waycross U.S.A. 121 31.08N 82.22W
Wealdstone England 12 51.36N 0.20W
Wear r. England 41 54.55N 1.21W
Weardale f. England 41 54.45N 2.05W
Weaver r. England 32 53.19N 2.44W
Weda Indonesia 89 0.30N 127.52E
Weddell Sea Antarctica 136 73.00S 42.00W
Wedmore England 16 51.14N 2.50W
Weert Neth. 73 51.14N 5.40E
Wee Waa Australia 108 30.34S 149.27E
Weifang China 92 36.40N 119.10E
Weihai China 92 37.28N 122.05E
Wei Ho r. Shantung China 92 36.47N 115.42E
Wei Ho r. Shensi China 92 34.27N 109.30E
Weimar E. Germany 72 50.59N 11.20E
Weirton U.S.A. 124 40.24N 80.37W
Weishan Hu l. China 92 34.40N 117.25E
Welhamgreen England 12 51.44N 0.11W
Welkom R.S.A. 106 27.59S 26.44E
Welland Canada 125 45.59N 79.14W
Welland r. England 33 52.53N 0.00
Welling England 12 51.28N 0.08E
Wellingborough England 16 52.18N 0.41W
Wellington Australia 108 32.33S 148.59E
Wellington Salop England 24 52.42N 2.31W
Wellington Somerset England 25 50.58N 3.13W
Wellington New Zealand 112 41.17S 174.47E
Wellingtonbridge Rep. of Ire. 59 52.16N 6.45W
Wellington I. Chile 129 49.30S 75.00W
Wells England 16 51.12N 2.39W
Wellsford New Zealand 112 36.16S 174.32E
Wells-next-the-Sea England 33 52.57N 0.51E
Welshpool Wales 24 52.40N 3.09W
Welwyn England 12 51.50N 0.13W
Welwyn Garden City England 12 51.48N 0.13W
Wem England 32 52.52N 2.45W
Wembere r. Tanzania 105 4.07S 34.15E
Wembley England 12 51.34N 0.18W
Wemyss Bay town Scotland 40 55.52N 4.52W
Wenatchee U.S.A. 120 47.26N 120.20W
Wenchow China 93 28.00N 120.40E
Wendover England 12 51.46N 0.46W
Wenlock Edge hill England 16 52.33N 2.40W
Wenshan China 93 23.20N 104.11E
Wensleydale f. England 32 54.19N 2.04W
Wensum r. England 17 52.37N 1.20E
Wentworth Australia 108 34.06S 141.56E
Wepener R.S.A. 106 29.44S 27.03E
Werne W. Germany 73 51.39N 7.36E
Werris Creek town Australia 108 31.20S 150.41E
Wesel W. Germany 73 51.39N 6.37E
Weser r. W. Germany 72 53.15N 8.30E
Wessel, C. Australia 107 11.00S 136.58E
West Bridgford England 33 52.56N 1.08W
West Bromwich England 16 52.32N 2.01W
West Burra i. Scotland 48 60.05N 1.21W
Westbury England 16 51.16N 2.11W
West Calder Scotland 41 55.51N 3.34W
West Clandon England 12 51.16N 0.30W
Westcott England 12 51.13N 0.20W
Westerham England 12 51.16N 0.05E
Western d. Ghana 102 6.00N 2.40W
Western d. Kenya 105 0.30N 34.30E
Western d. Nigeria 103 7.30N 4.20E
Western Australia d. Australia 107 25.00S 123.00E
Western Cleddau r. Wales 25 51.47N 4.56W

Western Cordillera mts. N. America 136 46.00N 120.00W
Western Germany Europe 72 51.00N 8.00E
Western Ghats mts. India 86 15.30N 74.30E
Western Hajar mts. Oman 85 24.00N 56.30E
Western Isles d. Scotland 48 57.40N 7.10W
Western Sayan mts. U.S.S.R. 77 53.00N 92.00E
Wester Ross f. Scotland 48 57.37N 5.20W
Westerstede W. Germany 73 53.15N 7.56E
Westerwald f. W. Germany 73 50.40N 8.00E
West Felton England 24 52.49N 2.58W
West Frisian Is. Neth. 73 53.20N 5.00E
West Glamorgan d. Wales 25 51.42N 3.47W
West Haddon England 16 52.21N 1.05W
West Ham England 12 51.32N 0.01E
West Hanningfield England 12 51.41N 0.31E
West Horsley England 12 51.17N 0.27W
West Indies C. America 127 21.00N 74.00W
West Irian d. Indonesia 89 4.00S 138.00E
West Kilbride Scotland 40 55.42N 4.51W
West Kingsdown England 12 51.21N 0.14E
West Kirby England 32 53.22N 3.11W
West Lake d. Tanzania 105 2.00S 31.20E
Westland Bight b. New Zealand 112 43.30S 169.30E
West Linton Scotland 41 55.45N 3.21W
West Loch Roag Scotland 48 58.14N 6.53W
West Loch Tarbert Scotland 48 57.55N 6.53W
West Malaysia d. Malaysia 88 4.00N 102.00E
Westmeath d. Rep. of Ire. 57 53.30N 7.30W
West Mersea England 17 51.46N 0.55E
West Midlands d. England 16 52.28N 1.50W
West Nicholson Rhodesia 106 21.06S 29.25E
Weston Malaysia 88 5.14N 115.35E
Weston-super-Mare England 16 51.20N 2.59W
West Palm Beach town U.S.A. 121 26.42N 80.05W
Westport New Zealand 112 41.46S 171.38E
Westport Rep. of Ire. 56 53.48N 9.32W
Westray i. Scotland 49 59.18N 2.58W
Westray Firth est. Scotland 49 59.13N 3.00W
West Schelde est. Neth. 73 51.25N 3.40E
West Siberian Plain f. U.S.S.R. 76 60.00N 75.00E
West Sussex d. England 17 50.58N 0.30W
West Terschelling Neth. 73 53.22N 5.13E
West Thurrock England 12 51.29N 0.17E
West Virginia d. U.S.A. 121 39.00N 80.30W
West Water r. Scotland 49 56.47N 2.35W
West Wickham England 12 51.22N 0.02W
West Wittering England 16 50.42N 0.54W
West Wyalong Australia 108 33.54S 147.12E
West Yorkshire d. England 32 53.45N 1.40W
Wetar i. Indonesia 89 7.45S 126.00E
Wetheral England 41 54.53N 2.50W
Wetherby England 33 53.56N 1.23W
Wewak P.N.G. 89 3.35S 143.35E
Wexford Rep. of Ire. 59 52.20N 6.28W
Wexford d. Rep. of Ire. 59 52.15N 7.30W
Wexford B. Rep. of Ire. 59 52.27N 6.18W
Wey r. England 12 51.23N 0.28W
Weybridge England 12 51.23N 0.28W
Weyburn Canada 120 49.39N 103.51W
Weymouth England 16 50.36N 2.28W
Whakatane New Zealand 112 37.56S 177.00E
Whale r. Canada 123 58.00N 57.50W
Whaley Bridge town England 32 53.20N 2.00W
Whalley England 32 53.49N 2.25W
Whalsay i. Scotland 48 60.22N 0.59W
Whangarei New Zealand 112 35.43S 174.20E
Wharfe r. England 32 53.50N 1.07W
Wharfedale f. England 32 54.00N 1.55W
Wheathampstead England 12 51.49N 0.17W
Wheeler Peak mtn. Nev. U.S.A. 120 38.59N 114.29W
Wheeler Peak mtn. N. Mex. U.S.A. 120 36.34N 105.25W
Wheeling U.S.A. 124 40.05N 80.43W
Whernside mtn. England 32 54.14N 2.25W
Whickham England 41 54.57N 1.40W
Whipsnade England 12 51.52N 0.33W
Whitburn Scotland 41 55.52N 3.41W
Whitby England 33 54.29N 0.37W
Whitchurch Bucks. England 16 51.53N 0.51W
Whitchurch Hants. England 16 51.14N 1.20W
Whitchurch Salop England 32 52.58N 2.42W
White r. Ark. U.S.A. 121 35.30N 91.20W
White r. Ind. U.S.A. 124 38.25N 87.45W
White r. S. Dak. U.S.A. 120 43.40N 99.30W
Whiteabbey N. Ireland 57 54.40N 5.55W
Whiteadder Water r. Scotland 41 55.46N 2.00W
White Coomb mtn. Scotland 41 55.26N 3.20W
Whitefish Pt. U.S.A. 124 46.46N 84.58W
Whitegate Rep. of Ire. 58 52.57N 8.24W
Whitehaven England 32 54.33N 3.35W
Whitehead N. Ireland 57 54.45N 5.43W
Whitehorse Canada 122 60.41N 135.08W
Whitehorse Hill England 16 51.35N 1.35W
White Mountain Peak U.S.A. 120 37.40N 118.15W
White Mts. U.S.A. 125 44.15N 71.10W
Whiten Head Scotland 49 58.34N 4.32W
White Nile r. Sudan 101 15.45N 32.25E
White Parish England 16 51.01N 1.39W
White Russia Soviet Socialist Republic d. U.S.S.R. 75 53.30N 28.00E
Whitesand B. England 25 50.20N 4.20W

White Sea U.S.S.R. 61 65.10N 38.00E
White Volta r. Ghana 102 9.13N 1.15W
Whithorn Scotland 40 54.44N 4.25W
Whitland Wales 24 51.49N 4.38W
Whitley Bay town England 41 55.03N 1.25W
Whitney Canada 125 45.29N 78.15W
Whitney, Mt. U.S.A. 120 36.35N 118.17W
Whitstable England 17 51.21N 1.02E
Whittington England 24 52.53N 3.00W
Whittlesey England 17 52.34N 0.08W
Whitton England 33 53.42N 0.39W
Whitwell England 12 51.53N 0.18W
Whyalla Australia 107 33.04S 137.34E
Wiay i. Scotland 48 57.24N 7.13W
Wichita U.S.A. 121 37.43N 97.20W
Wichita Falls town U.S.A. 120 33.55N 98.30W
Wick Scotland 49 58.26N 3.06W
Wick r. Scotland 49 58.26N 3.06W
Wickford England 12 51.38N 0.31E
Wickham England 16 50.54N 1.11W
Wickham Market England 17 52.09N 1.21E
Wicklow Rep. of Ire. 59 52.59N 6.03W
Wicklow d. Rep. of Ire. 59 53.00N 6.15W
Wicklow Head Rep. of Ire. 59 52.58N 6.00W
Wicklow Mts. Rep. of Ire. 59 53.06N 6.20W
Wick of Gruting b. Scotland 48 60.37N 0.49W
Widford England 12 51.50N 0.04E
Widnes England 32 53.22N 2.44W
Wien see Vienna Austria 72
Wiener Neustadt Austria 72 47.49N 16.15E
Wiesbaden W. Germany 72 50.05N 8.15E
Wigan England 32 53.33N 2.38W
Wight, Isle of England 16 50.40N 1.17W
Wigmore England 12 51.21N 0.36E
Wigston Magna England 16 52.35N 1.06W
Wigton England 41 54.50N 3.09W
Wigtown Scotland 40 54.47N 4.26W
Wigtown B. Scotland 40 54.47N 4.15W
Wilberfoss England 33 53.57N 0.53W
Wilcannia Australia 108 31.33S 143.24E
Wildhorn mtn. Switz. 72 46.22N 7.22E
Wildspitze mtn. Austria 72 46.55N 10.55E
Wildwood U.S.A. 125 38.59N 74.49W
Wilhelm, Mt. P.N.G. 89 6.00S 144.55E
Wilhelmshaven W. Germany 73 53.32N 8.07E
Wilkes-Barre U.S.A. 125 41.15N 75.50W
Willemstad Neth. Antilles 127 12.12N 68.56W
Willersley England 24 52.07N 3.00W
Willesden England 12 51.33N 0.14W
Williamsport U.S.A. 125 41.16N 77.03W
Willington England 41 54.43N 1.41W
Williston R.S.A. 106 31.20S 20.52E
Williston U.S.A. 120 48.09N 103.39W
Williton England 25 51.09N 3.20W
Willmar U.S.A. 121 45.06N 95.00W
Willowmore R.S.A. 106 33.18S 23.30E
Willunga Australia 108 35.18S 138.33E
Wilmington Del. U.S.A. 125 39.46N 75.31W
Wilmington N.C. U.S.A. 121 34.14N 77.55W
Wilmslow England 32 53.19N 2.14W
Wilrijk Belgium 73 51.11N 4.25E
Wilson r. Australia 108 27.36S 141.27E
Wilson, Mt. U.S.A. 120 37.51N 107.51W
Wilson's Promontary c. Australia 108 39.06S 146.23E
Wilstone Resr. England 12 51.48N 0.40W
Wilton England 16 51.05N 1.52W
Wiltshire d. England 16 51.20N 2.00W
Wimbledon England 12 51.26N 0.12W
Wimbledon Park England 12 51.26N 0.17W
Wimborne Minster England 16 50.48N 2.00W
Winburg R.S.A. 106 28.31S 27.01E
Wincanton England 16 51.03N 2.24W
Winchester England 16 51.04N 1.19W
Windermere England 32 54.24N 2.56W
Windermere l. England 32 54.20N 2.56W
Windhoek S.W. Africa 106 22.34S 17.06E
Windlesham England 12 51.22N 0.39W
Windrush r. England 16 51.42N 1.25W
Windsor Canada 124 42.18N 83.00W
Windsor England 12 51.29N 0.38W
Windsor Great Park f. England 12 51.27N 0.37W
Windward Is. C. America 127 13.00N 60.00W
Windward Passage str. Carib. Sea 127 20.00N 74.00W
Wingate England 41 54.44N 1.23W
Wingrave England 12 51.52N 0.44W
Winisk r. Canada 123 55.20N 85.20W
Winkleigh England 25 50.49N 3.57W
Winneba Ghana 102 5.22N 0.38W
Winnebago, L. U.S.A. 124 44.00N 88.25W
Winnipeg Canada 121 49.59N 97.10W
Winnipeg, L. Canada 123 52.45N 98.00W
Winnipegosis, L. Canada 120 52.00N 100.00W
Winnipesaukee, L. U.S.A. 125 43.40N 71.20W
Winona U.S.A. 124 44.02N 91.37W
Winschoten Neth. 73 53.07N 7.02E
Winscombe England 16 51.19N 2.50W
Winsford England 32 53.12N 2.31W
Winslow England 16 51.57N 0.54W
Winston-Salem U.S.A. 121 36.05N 80.05W
Winsum Neth. 73 53.20N 6.31E

Winterswijk Neth. **73** 51.58N 6.44E
Winterthur Switz. **72** 47.30N 8.45E
Winterton England **33** 53.39N 0.37W
Winterton-on-Sea England **17** 52.43N 1.43E
Winton Australia **107** 22.22S 143.00E
Winton New Zealand **112** 46.10S 168.20E
Wirksworth England **33** 53.05N 1.34W
Wirral f. England **32** 53.18N 3.02W
Wisbech England **17** 52.39N 0.10E
Wisconsin d. U.S.A. **124** 44.45N 90.00W
Wisconsin r. U.S.A. **124** 42.57N 91.07W
Wisconsin Rapids town U.S.A. **124** 44.24N 89.50W
Wishaw Scotland **41** 55.47N 3.55W
Wismar E. Germany **72** 53.54N 11.28E
Wissembourg France **72** 49.02N 7.57E
Wissey r. England **17** 52.33N 0.21E
Witham England **12** 51.48N 0.38E
Witham r. England **33** 52.56N 0.04E
Witheridge England **25** 50.55N 3.42W
Withernsea England **33** 53.43N 0.02E
Witney England **16** 51.47N 1.29W
Witten W. Germany **73** 51.26N 7.19E
Wittenberg E. Germany **72** 51.53N 12.39E
Wittenberge E. Germany **72** 52.59N 11.45E
Wittlich W. Germany **73** 49.59N 6.54E
Witu Kenya **105** 2.22S 40.20E
Wiveliscombe England **25** 51.02N 3.20W
Wivenhoe England **17** 51.51N 0.59E
Włocławek Poland **75** 52.39N 19.01E
Wodonga Australia **108** 36.08S 146.09E
Wokam i. Asia **89** 5.45S 134.30E
Woking England **12** 51.20N 0.34W
Wokingham England **16** 51.25N 0.50W
Woldingham England **12** 51.17N 0.02E
Wolf r. U.S.A. **124** 44.00N 88.30W
Wolf Rock i. England **25** 49.56N 5.48W
Wolfsburg W. Germany **72** 52.27N 10.49E
Wolftrap Mtn. Rep. of Ire. **59** 53.04N 7.37W
Wolin Poland **72** 53.51N 14.38E
Wollaston England **16** 52.16N 0.41W
Wollaston L. Canada **122** 58.15N 103.30W
Wollongong Australia **108** 34.25S 150.52E
Wolmaransstad R.S.A. **106** 27.11S 26.00E
Wolseley Australia **108** 36.21S 140.55E
Wolsingham England **41** 54.44N 1.52W
Wolvega Neth. **73** 52.53N 6.00E
Wolverhampton England **16** 52.35N 2.06W
Wolverton England **16** 52.03N 0.48W
Wombwell England **33** 53.31N 1.23W
Wonersh England **12** 51.12N 0.33W
Wonsan N. Korea **91** 39.07N 127.26E
Wonthaggi Australia **108** 33.33S 145.37E
Woodbridge England **17** 52.06N 1.19E
Woodford Rep. of Ire. **58** 53.03N 8.24W
Woodford Halse England **16** 52.10N 1.12W
Wood Green England **12** 51.38N 0.06W
Woodhall Spa England **33** 53.10N 0.12W
Woodmansterne England **12** 51.19N 0.10W
Woodside Australia **108** 38.31S 146.21E
Woodstock England **16** 51.51N 1.20W
Woodville New Zealand **112** 40.20S 175.54E
Wooler England **41** 55.33N 2.01W
Woolwich England **12** 51.29N 0.05W
Woomera Australia **107** 31.11S 136.54E
Wooroorooka Australia **108** 28.59S 145.40E
Wooster U.S.A. **124** 40.46N 81.57W
Wootton Bassett England **16** 51.32N 1.55W
Worcester England **16** 52.12N 2.12W
Worcester R.S.A. **106** 33.39S 19.26E
Worcester U.S.A. **125** 42.17N 71.48W
Workington England **32** 54.39N 3.34W
Worksop England **33** 53.19N 1.09W
Worland U.S.A. **120** 44.01N 107.58W
Wormit Scotland **41** 56.25N 2.28W
Worms W. Germany **72** 49.38N 8.23E
Worms Head Wales **25** 51.34N 4.18W
Worsbrough England **33** 53.33N 1.29W
Worthing England **17** 50.49N 0.21W
Worthington U.S.A. **121** 43.37N 95.36W
Wotton-under-Edge England **16** 51.37N 2.20W
Wowoni i. Indonesia **89** 4.10S 123.10E
Wragby England **33** 53.17N 0.18W
Wrangel I. U.S.S.R. **77** 71.00N 180.00
Wrangell U.S.A. **122** 56.28N 132.23W
Wrangle England **33** 53.03N 0.09E
Wrath, C. Scotland **48** 58.37N 5.01W
Wrexham Wales **24** 53.05N 3.00W
Wrigley Canada **122** 63.16N 123.39W
Wrocław Poland **72** 51.05N 17.00E
Wrotham England **12** 51.19N 0.19E
Wuchin Shan mts. China **93** 18.50N 109.30E
Wuchow China **93** 23.28N 111.21E
Wuhan China **93** 30.37N 114.19E
Wuhu China **93** 31.25N 118.25E
Wu Kiang r. China **93** 29.41N 107.24E
Wukung Shan mts. China **93** 27.15N 114.00E
Wuliang Shan mts. China **94** 23.30N 101.00E
Wuppertal W. Germany **73** 51.15N 7.10E
Würzburg W. Germany **72** 49.48N 9.57E
Wushek China **93** 24.40N 113.31E

Wusih China **93** 31.34N 120.20E
Wutungkiao China **93** 29.20N 103.48E
Wuwei China **92** 38.00N 102.59E
Wuyi Shan mts. China **93** 27.00N 117.00E
Wuyun China **91** 49.15N 129.39E
Wyangala Dam Australia **108** 33.56S 148.57E
Wye England **17** 51.11N 0.56E
Wye r. U.K. **16** 51.37N 2.40W
Wylye England **16** 51.08N 2.01W
Wylye r. England **16** 51.04N 1.48W
Wymondham England **17** 52.34N 1.07E
Wyndham Australia **107** 15.29S 128.05E
Wyoming d. U.S.A. **120** 43.00N 108.00W
Wyre r. England **32** 54.00N 2.55W
Wyre i. Scotland **49** 59.07N 2.58W
Wyre Forest f. England **16** 52.25N 2.25W

X

Xánthi Greece **71** 41.07N 24.55E
Xau, L. Botswana **106** 21.15S 24.50E
Xauen Morocco **69** 35.10N 5.16W
Xieng Khouang Laos **94** 19.21N 103.38E
Xingu r. Brazil **128** 2.00S 52.30W

Y

Yaan China **87** 30.00N 102.59E
Yablonovy Range mts. U.S.S.R. **77** 53.20N 115.00E
Yahuma Zaïre **104** 1.06N 23.10E
Yaicheng China **93** 18.35N 109.13E
Yakima U.S.A. **120** 46.37N 120.30W
Yaku jima i. Japan **95** 30.20N 130.40E
Yakujima kaikyo str. Japan **95** 30.10N 130.10E
Yakutsk U.S.S.R. **77** 62.10N 129.20E
Yallourn Australia **108** 38.09S 146.22E
Yalta U.S.S.R. **75** 44.30N 34.09E
Yalu Kiang r. China **92** 40.10N 124.25E
Yalung Kiang r. China **87** 26.35N 101.44E
Yamagata Japan **95** 38.16N 140.19E
Yamal Pen. U.S.S.R. **76** 70.20N 70.00E
Yaman Tau mtn. U.S.S.R. **76** 54.20N 58.10E
Yambering Guinea **102** 11.49N 12.18W
Yambol Bulgaria **71** 42.28N 26.30E
Yamethin Burma **94** 20.24N 96.08E
Yamuna r. India **86** 25.20N 81.49E
Yana r. U.S.S.R. **77** 71.30N 135.00E
Yanbu Saudi Arabia **84** 24.07N 38.04E
Yangchow China **92** 32.22N 119.26E
Yangchuan China **92** 37.49N 113.28E
Yangminshan Taiwan **93** 25.18N 121.35E
Yangtsun China **92** 39.19N 117.05E
Yangtze Gorges f. China **93** 31.00N 110.00E
Yangtze Kiang r. China **93** 31.40N 121.15E
Yantabulla Australia **108** 29.13S 145.01E
Yao Chad **103** 12.52N 17.34E
Yaoundé Cameroon **103** 3.51N 11.31E
Yap i. Asia **89** 9.30N 138.09E
Yapehe Zaïre **104** 0.10S 24.20E
Yaqui r. Mexico **120** 27.40N 110.30W
Yare r. England **17** 52.34N 1.45E
Yariga daki mtn. Japan **95** 36.21N 137.39E
Yarkand China **90** 38.27N 77.16E
Yarkand r. China **90** 40.30N 80.55E
Yarmouth Canada **121** 43.50N 66.08W
Yarmouth England **16** 50.42N 1.29W
Yarmouth Roads f. England **17** 52.39N 1.48E
Yaroslavl U.S.S.R. **75** 57.34N 39.52E
Yarrow Scotland **41** 55.31N 3.03W
Yarrow r. Scotland **41** 55.32N 2.51W
Yartsevo U.S.S.R. **77** 60.17N 90.02E
Yarty r. England **25** 50.46N 3.01W
Yasanyama Zaïre **104** 4.18N 21.11E
Yass Australia **108** 34.51S 148.55E
Yatakala Niger **102** 14.52N 0.22E
Yazd Iran **85** 31.54N 54.22E
Ye Burma **94** 15.15N 97.50E
Yealmpton England **25** 50.21N 4.00W
Yegorlyk r. U.S.S.R. **75** 46.30N 41.52E
Yegoryevsk U.S.S.R. **75** 55.21N 39.01E
Yei Sudan **105** 4.09N 30.40E
Yelets U.S.S.R. **75** 52.36N 38.30E
Yell i. Scotland **48** 60.35N 1.05W
Yellowknife Canada **122** 62.30N 114.29W
Yellow Sea Asia **91** 35.00N 123.00E
Yellowstone r. U.S.A. **120** 47.55N 103.45W

Yellowstone L. U.S.A. **120** 44.30N 110.20W
Yellowstone Nat. Park U.S.A. **120** 44.35N 110.30W
Yell Sd. Scotland **48** 60.30N 1.11W
Yelsk U.S.S.R. **75** 51.50N 29.10E
Yelwa Nigeria **103** 10.48N 4.42E
Yemen Asia **101** 15.15N 44.30E
Yenagoa Nigeria **103** 4.59N 6.15E
Yen Bai N. Vietnam **94** 21.43N 104.44E
Yencheng China **92** 33.22N 120.05E
Yenchwan China **92** 36.51N 110.05E
Yenisei r. U.S.S.R. **77** 69.00N 86.00E
Yenisei G. U.S.S.R. **76** 73.00N 79.00E
Yeniseysk U.S.S.R. **77** 58.27N 92.13E
Yenki China **95** 42.50N 129.28E
Yentai China **92** 37.27N 121.26E
Yeo r. Avon England **16** 51.24N 2.55W
Yeo r. Somerset England **16** 51.02N 2.49W
Yeovil England **16** 50.57N 2.38W
Yerbent U.S.S.R. **85** 39.23N 58.35E
Yerevan U.S.S.R. **85** 40.10N 44.31E
Yershov U.S.S.R. **75** 51.22N 48.16E
Yeşil r. Turkey **84** 41.22N 36.37E
Yeu Burma **94** 22.49N 95.26E
Yeu, Île d' France **68** 46.43N 2.20W
Yevpatoriya U.S.S.R. **75** 45.12N 33.20E
Yevstratovskiy U.S.S.R. **75** 50.07N 39.45E
Yeysk U.S.S.R. **75** 46.43N 38.17E
Yiewsley England **12** 51.31N 0.27W
Yinchwan China **92** 38.27N 106.18E
Yingkow China **92** 40.39N 122.18E
Yingtak China **93** 24.07N 113.20E
Yingtan China **93** 28.11N 116.55E
Yinkanie Australia **108** 34.21S 140.20E
Yin Shan mts. China **92** 41.20N 111.30E
Yiyang China **93** 28.20N 112.30E
Ylikitka l. Finland **74** 66.10N 28.30E
Y Llethr mtn. Wales **32** 52.50N 4.00W
Yokadouma Cameroon **103** 3.26N 15.06E
Yoko Cameroon **103** 5.29N 12.19E
Yokohama Japan **95** 35.28N 139.28E
Yokosuka Japan **95** 35.20N 139.32E
Yola Nigeria **103** 9.14N 12.32E
Yom r. Thailand **94** 15.47N 100.05E
Yonkers U.S.A. **125** 40.56N 73.54W
Yonne r. France **68** 48.22N 2.57E
York England **33** 53.58N 1.07W
York U.S.A. **125** 39.57N 76.44W
York, C. Australia **107** 10.58S 142.40E
York Factory town Canada **123** 57.08N 92.25W
Yorkshire Wolds hills England **33** 54.00N 0.39W
Yorkton Canada **120** 51.12N 102.29W
Yoshino r. Japan **95** 34.03N 134.34E
Yoshkar Ola U.S.S.R. **75** 56.38N 47.52E
Youghal Rep. of Ire. **58** 51.58N 7.51W
Youghal B. Rep. of Ire. **58** 51.58N 7.50W
Young Australia **108** 34.19S 148.20E
Youngstown U.S.A. **124** 41.05N 80.40W
Yoxford England **17** 52.16N 1.30E
Yozgat Turkey **84** 39.50N 34.48E
Ypres Belgium **73** 50.51N 2.53E
Ystad Sweden **74** 55.25N 13.50E
Ystradgynlais Wales **25** 51.47N 3.45W
Ythan r. Scotland **49** 57.21N 2.01W
Yuan Kiang r. see Red China **94**
Yuan Kiang r. China **93** 29.00N 111.55E
Yuanling China **93** 28.28N 110.15E
Yucatan d. Mexico **126** 19.30N 89.00W
Yucatan Channel Carib. Sea **126** 21.30N 86.00W
Yucatan Pen. Mexico **126** 19.00N 90.00W
Yugoslavia Europe **71** 44.00N 20.00E
Yukikow China **93** 31.29N 118.16E
Yukon r. U.S.A. **122** 62.35N 164.20W
Yukon Territory d. Canada **122** 65.00N 135.00W
Yulin Kwangtung China **93** 18.19N 109.32E
Yulin Shensi China **92** 38.11N 109.33E
Yuma U.S.A. **120** 32.40N 114.39W
Yumen China **90** 40.19N 97.12E
Yungchwan China **93** 29.19N 105.55E
Yungera Australia **108** 34.48S 143.10E
Yunkaita Shan mts. China **93** 22.30N 111.05E
Yun Ling Shan mts. China **94** 26.30N 99.45E
Yunnan d. China **87** 24.15N 101.30E
Yunnan Plateau China **94** 26.00N 104.00E
Yunting Ho r. China **92** 39.10N 117.12E
Yushu China **87** 33.06N 96.48E
Yutze China **92** 37.37N 112.47E
Yuzhno Sakhalinsk U.S.S.R. **91** 46.58N 142.45E
Yvetot France **68** 49.37N 0.45E

Z

Zaandam Neth. **73** 52.27N 4.49E
Zabol Iran **85** 31.00N 61.32E

Zabrze Poland 75 50.18N 18.47E
Zacapa Guatemala 126 15.00N 89.30W
Zacatecas Mexico 126 22.48N 102.33W
Zacatecas d. Mexico 126 24.00N 103.00W
Zadar Yugo. 70 44.08N 15.14E
Zafra Spain 69 38.25N 6.25W
Zagazig Egypt 84 30.36N 31.30E
Zagreb Yugo. 70 45.49N 15.58E
Zagros Mts. Iran 85 32.00N 51.00E
Zahedan Iran 85 29.32N 60.54E
Zahle Lebanon 84 33.50N 35.55E
Zaindeh r. Iran 85 32.40N 52.50E
Zaïre Africa 104 2.00S 22.00E
Zaïre d. Angola 104 6.30S 13.30E
Zaïre r. Zaïre 104 6.00S 12.30E
Zaječar Yugo. 71 43.55N 22.15E
Zakataly U.S.S.R. 85 41.39N 46.40E
Zákinthos i. Greece 71 37.46N 20.46E
Zaliv Petra Velikogo b. U.S.S.R. 95 42.30N 132.00E
Zambezi r. Moçambique/Zambia 105 18.15S 35.55E
Zambezi Zambia 104 13.30S 23.12E
Zambezia d. Moçambique 105 16.30S 37.30E
Zambia Africa 104 14.00S 28.00E
Zamboanga Phil. 89 6.55N 122.05E
Zambue Moçambique 105 15.07S 30.40E
Zamfara r. Nigeria 103 12.04N 4.00E
Zamora Mexico 126 20.00N 102.18W
Zamora Spain 69 41.30N 5.45W
Zamość Poland 75 50.43N 23.15E
Záncara r. Spain 69 38.55N 4.07W
Zanesville U.S.A. 124 39.55N 82.02W
Zanjan Iran 85 36.40N 48.30E
Zanzibar Tanzania 105 6.10S 39.16E

Zanzibar I. Tanzania 105 6.00S 39.20E
Zapala Argentina 129 38.55S 70.10W
Zaporozhye U.S.S.R. 75 47.50N 35.10E
Zara Turkey 84 39.55N 37.44E
Zaragoza Spain 69 41.39N 0.54W
Zarand Iran 85 30.50N 56.35E
Zardeh Kuh mtn. Iran 85 32.21N 50.04E
Zaria Nigeria 103 11.01N 7.44E
Zarqa Jordan 84 32.04N 36.05E
Zary Poland 72 51.40N 15.10E
Zawi Rhodesia 106 17.00S 30.10E
Zaysan U.S.S.R. 90 47.30N 84.57E
Zaysan, L. U.S.S.R. 90 48.00N 83.30E
Zealand i. Denmark 74 55.30N 12.00E
Zebediela R.S.A. 106 24.25S 29.07E
Zeebrugge Belgium 73 51.20N 3.13E
Zeehan Australia 108 41.55S 145.21E
Zeeland d. Neth. 73 51.30N 3.45E
Zeerust R.S.A. 106 25.33S 26.06E
Zeila Somali Rep. 101 11.21N 43.30E
Zeist Neth. 73 52.03N 5.16E
Zelenodolsk U.S.S.R. 75 55.50N 48.30E
Zelenogorsk U.S.S.R. 74 60.15N 29.31E
Zemio C.A.R. 104 5.00N 25.09E
Zenne r. Belgium 73 51.04N 4.25E
Zevenbergen Neth. 73 51.41N 4.42E
Zeya r. U.S.S.R. 77 50.20N 127.30E
Zèzere r. Portugal 69 40.05N 7.40W
Zhdanov U.S.S.R. 75 47.05N 37.34E
Zhitomir U.S.S.R. 75 50.18N 28.40E
Zhlobin U.S.S.R. 75 52.50N 30.00E
Zhob r. Pakistan 86 31.40N 70.54E
Zielana Góra Poland 72 51.57N 15.30E

Ziguinchor Senegal 102 12.35N 16.20W
Zile Turkey 84 40.18N 35.52E
Zilfi Saudi Arabia 85 26.15N 44.50E
Ziling Tso l. China 87 31.40N 88.30E
Zimatlán Mexico 126 16.52N 96.45W
Zimbabwe Ruins Rhodesia 106 20.30S 30.30E
Zimnicea Romania 71 43.38N 25.22E
Zinder Niger 103 13.46N 8.58E
Zlatoust U.S.S.R. 61 55.10N 59.38E
Znamenka U.S.S.R. 75 48.41N 32.36E
Znojmo Czech. 72 48.52N 16.05E
Zomba Malaŵi 105 15.22S 35.22E
Zongo Zaïre 104 4.20N 18.38E
Zonguldak Turkey 84 41.26N 31.47E
Zouerate Mauritania 102 22.35N 12.20W
Zoutkamp Neth. 73 53.21N 6.18E
Zoutpansberg mts. R.S.A. 106 22.50S 29.30E
Zrenjanin Yugo. 75 45.22N 20.23E
Zug Switz. 72 47.10N 8.31E
Zuhreh r. Iran 85 30.04N 49.32E
Zûjar r. Spain 69 38.58N 5.40W
Zûjar Dam Spain 69 38.57N 5.30W
Zululand f. R.S.A. 106 28.10S 31.30E
Zumbo Moçambique 105 15.30S 30.30E
Zungeru Nigeria 103 9.48N 6.03E
Zürich Switz. 72 47.23N 8.33E
Zürich, L. Switz. 72 47.10N 8.50E
Zutphen Neth. 73 52.08N 6.12E
Zwart Berge mts. R.S.A. 106 33.05S 22.00E
Zwickau E. Germany 72 50.43N 12.30E
Zwolle Neth. 73 52.31N 6.06E
Zyryanovsk U.S.S.R. 76 49.45N 84.16E